Mathematik

Gymnasiale Oberstufe

Nordrhein-Westfalen

Qualifikationsphase

Leistungskurskurs

Lösungen

Herausgegeben von

Dr. Anton Bigalke   Dr. Norbert Köhler

Erarbeitet von

Dr. Anton Bigalke
Dr. Norbert Köhler
Dr. Horst Kuschnerow
Dr. Gabriele Ledworuski

unter Mitarbeit der Verlagsredaktion
und Beratung von

Prof. Dr. Andreas Büchter, Dortmund
Gerhard Lowinski, Ratingen
Dr. Christian Wahle, Meschede

Cornelsen

Umschlagfoto: VISUM/Thomas Pflaum

In den Marginalien wird die Seitennummer der Aufgabenstellung im Lehrbuch angezeigt. Beispiel: 15

www.cornelsen.de

1. Auflage, 4. Druck 2023

Alle Drucke dieser Auflage sind inhaltlich unverändert
und können im Unterricht nebeneinander verwendet werden.

Druck: Esser printSolutions GmbH, Bretten

ISBN 978-3-06-041917-3

PEFC
PEFC/04-31-2851

PEFC-zertifiziert
Dieses Produkt stammt aus nachhaltig bewirtschafteten Wäldern und kontrollierten Quellen
www.pefc.de

Inhalt

I. Eigenschaften von Funktionen ... 4

II. Anwendungen der Differentialrechnung ... 26

III. Grundlagen der Integralrechnung ... 35

IV. Anwendungen der Integralrechnung ... 39

V. Exponentielle Prozesse ... 54

VI. Zusammengesetzte Funktionen ... 72

VII. Lineare Gleichungssysteme ... 93

VIII. Geraden ... 98

IX. Skalarprodukt ... 112

X. Ebenen ... 125

XI. Winkel und Abstände ... 146

XII. Grundbegriffe der Wahrscheinlichkeitsrechnung ... 169

XIII. Zufallsgrößen ... 176

XIV. Binomialverteilung und Normalverteilung ... 181

XV. Das Testen von Hypothesen ... 204

XVI. Stochastische Prozesse ... 214

XVII. Aufgaben zur Abiturvorbereitung ... 234

I. Eigenschaften von Funktionen

1. Steigung und erste Ableitung

15 1. A; C; B; C

2. a) richtig b) falsch c) richtig d) richtig e) richtig

3.

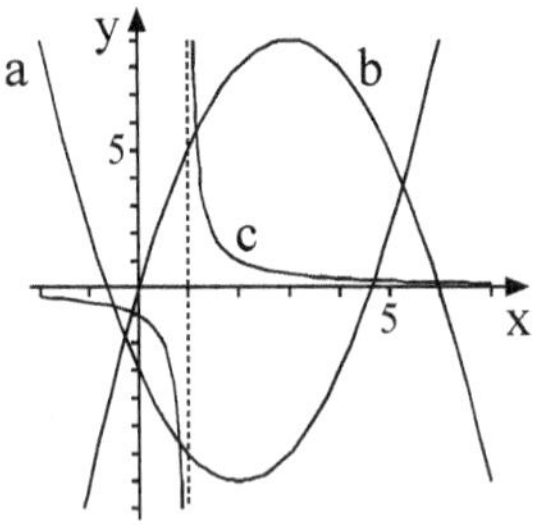

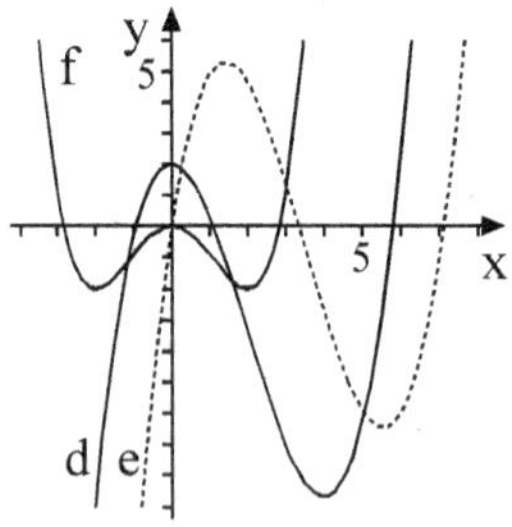

a) $x < 2$: streng m. f.
   $x > 2$: s. m s.
b) $x < 3$: s. m. s.
   $x > 3$: s. m. f.
c) $x \neq 1$: s. m. f.
d) $x < 0$: s. m. s.
   $0 < x < 4$: s. m. f.
   $x > 4$: s. m. s.
e) $x < 1{,}44$: s. m. s; $1{,}44 < x < 5{,}56$: s. m. f.; $x > 5{,}56$: s. m. s.
f) $x < -2$: s. m. f.; $-2 < x < 0$: s.m.s.; $0 < x < 2$: s. m. f.; $x > 2$: s. m. s.

4. a) $f'(x) = 2x-5$, $f'(x) = 0$ für $x = 2{,}5$
   $f'(x) < 0$ gilt für $x < 2{,}5$, dort ist f streng monoton fallend
   $f'(x) > 0$ gilt für $x > 2{,}5$, dort ist f streng monoton steigend
   b) $f'(x) = \frac{1}{3}x^2 - 3$, $f'(x) = 0$, $x = \pm 3$
   $f'(x) > 0$ gilt für $x < -3$, dort ist f streng monoton steigend
   $f'(x) < 0$ gilt für $-3 < x < 3$, dort ist f streng monoton fallend
   $f'(x) > 0$ gilt für $x > 3$, dort ist f streng monoton steigend
   c) $f'(x) = x^3 - 4x$, $f'(x) = 0$, $x = 0$, $x = -2$ und $x = 2$
   $f'(x) < 0$ gilt für $x < -2$, dort ist f streng monoton fallend
   $f'(x) > 0$ gilt für $-2 < x < 0$, dort ist f streng monoton steigend
   $f'(x) < 0$ gilt für $0 < x < 2$, dort ist f streng monoton fallend
   $f'(x) > 0$ gilt für $x > 2$, dort ist f streng monoton steigend
   d) f(x) ist nicht definiert für $x = 0$. $f'(x) = 1 - \frac{4}{x^2}$
   $x < -2$: s. m. s.; $-2 < x < 0$: s. m. f.; $0 < x < 2$: s. m. f.; $x > 2$: s. m. s.
   e) $f'(x) = 2x - 2a^2$, $f'(x) = 0$, $x = a^2$
   $f'(x) < 0$ gilt für $x < a^2$, dort ist f streng monoton fallend
   $f'(x) > 0$ gilt für $x > a^2$, dort ist f streng monoton steigend
   f) $f'(x) = 2x^3 - 2a^2x$, $f'(x) = 0$, $x = 0$, $x = -a$ und $x = a$
   $f'(x) < 0$ gilt für $x < -a$, dort ist f streng monoton fallend
   $f'(x) > 0$ gilt für $-a < x < 0$, dort ist f streng monoton steigend
   $f'(x) < 0$ gilt für $0 < x < a$, dort ist f streng monoton fallend
   $f'(x) > 0$ gilt für $x > a$, dort ist f streng monoton steigend

5.

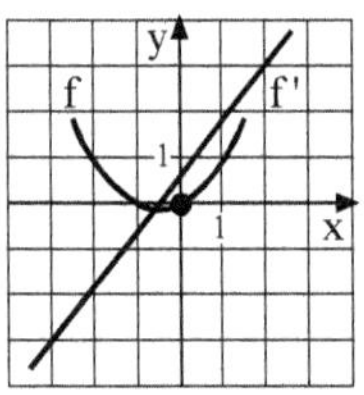

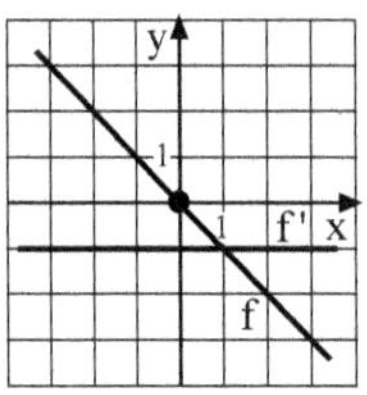

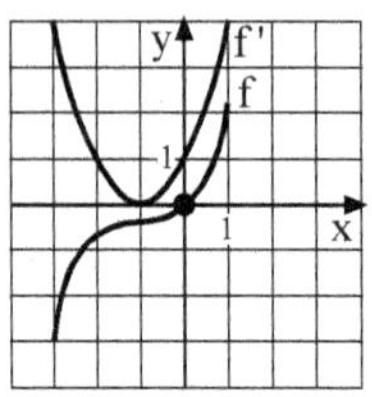

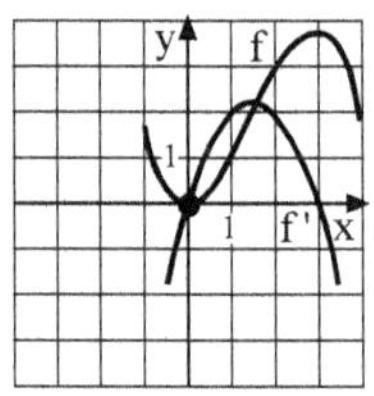

2. Ableitungsregeln und höhere Ableitungen

17

1. a) $f''(x) = 12x^2 + 2$ b) $f''(x) = (n^2-n)x^{n-2} + 12x$
   c) $f^{(4)}(x) = 6$ d) $f'''(x) = -\cos x$

2. a) $f(x) = \frac{1}{12}x^4$ b) $f(x) = x^3$ c) $f(x) = ax^3 + x^2$
   d) $f(x) = \frac{1}{24}x^4$ e) $f(x) = \frac{1}{60}x^5 + \frac{1}{6}x^3$ f) $f(x) = 3x^2$
   g) $f(x) = -\sin x$ h) $f(x) = \frac{1}{2x}$

3. a) $f''(x) = 2 - x$, $f''(-1) = 3$
   b) $f'''(x) = -1$, $f'''(-1) = -1$
   c) $f'''(x) = -6 + 6x$, $f'''(x) = 3$ gilt für $x = 1,5$
   d) $f''(x) = x^2 + x + 1 = (x+0,5)^2 + 0,75$, Scheitel $S(-0,5|0,75)$ nach oben geöffnet
   e) $f^{(4n)}(x) = f(x)$, $n = 1, 2, 3, \ldots$
   f) $f(x) = x^{-1}$, $f'(x) = (-1)x^{-2}$, $f''(x) = 2x^{-3}$, $f'''(x) = -6x^{-4} = -\frac{6}{x^4}$

3. Krümmung und zweite Ableitung

19

1. a) $f'(x) = 2x - 4$, $f''(x) = 2$
   $f'(x) = 0$ für $x = 2$, dort ändert sich das Steigungsverhalten von f von Fallen auf Steigen.
   $f''(x) > 0$ für alle x, d.h. f ist für alle x linksgekrümmt.
   Es gibt also keine Stelle, in der sich das Krümmungsverhalten von f ändert.
   b) $f'(x) = 0,5x^2 - 2$, $f''(x) = x$
   $f'(x) = 0$ gilt für $x = -2$ und $x = 2$, dort ändert sich das Steigungsverhalten von f.
   $f''(x) = 0$ gilt für $x = 0$. $f''(x) < 0$ für $x < 0$ und $f''(x) > 0$ für $x > 0$.
   d.h. f ist für $x < 0$ rechts- und für $x > 0$ linksgekrümmt.
   In $P(0|0)$ ändert sich das Krümmungsverhalten von f.
   c) $f'(x) = -0,5x^2 + 1,5x$, $f''(x) = -x + 1,5$
   $f'(x) = 0$ gilt für $x = 0$ und $x = 3$, dort ändert sich das Steigungsverhalten von f.
   $f''(x) = 0$ für $x = 1,5$. $f''(x) < 0$ für $x < 1,5$ und $f''(x) > 0$ für $x > 1,5$.
   d.h. f ist rechtsgekrümmt für $x < 1,5$ und linksgekrümmt für $x > 1,5$.
   In $P(1,5|f(1,5))$ ändert sich das Krümmungsverhalten von f.

2. a) $f''(x) = 6x + 6 = 0$ gilt für $x = -1$. Dort wechselt das Vorzeichen von f'' von Minus nach Plus, dort liegt der Wendepunkt $W(-1|4)$ von f.
   f ist rechtsgekrümmt für $x < -1$ und linksgekrümmt für $x > -1$.
   b) $f''(x) = 3x = 0$ gilt für $x = 0$. Dort wechselt das Vorzeichen von f'' von Minus nach Plus, dort liegt der Wendepunkt $W(0|0)$ von f.
   f ist rechtsgekrümmt für $x < 0$ und linksgekrümmt für $x > 0$.
   c) $f''(x) = -2 \Rightarrow f''(x) \neq 0 \Rightarrow$ Es gibt keine Wendepunkte. f ist rechtsgekrümmt.
   d) $f''(x) = 1,5x^2 - 1,5x = 0$ gilt für $x = 0$ und $x = 1$. Dort wechselt das Vorzeichen von f'' von Plus nach Minus bzw. von Minus nach Plus.
   Dort liegen die Wendepunkte $W_1(0|0)$ und $W_2(1|-\frac{1}{8})$. f ist linksgekrümmt für $x < 0$, dann rechtsgekrümmt bis $x = 1$, dann wieder linksgekrümmt.

4. Extrempunkte

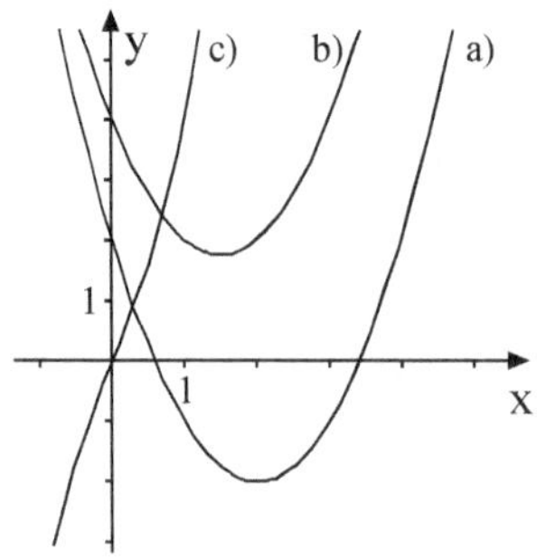

21 1. a) $x = 2$, Extremalstelle
b) $x = 1{,}5$, Extremalstelle
c) keine Extremalstellen

2. Bei der ersten Stelle mit waagerechter Tangente handelt es sich um einen Sattelpunkt. Hier gilt $f'(x_S) = 0$ und $f'(x) > 0$ für die x-Werte aus einer Umgebung von x_S.
Bei der zweiten Stelle mit waagerechter Tangente handelt es sich um ein Maximum. Hier gilt $f'(x_H) = 0$ und $f'(x) > 0$ für $x < x_H$ und $f'(x) < 0$ für $x > x_H$ in einer Umgebung von x_H.

24 3. a) $f'(x) = \frac{1}{2}x - 1 = 0, \quad x = 2, \quad f''(2) = \frac{1}{2} > 0 \Rightarrow T(2 \mid 0)$

b) $f'(x) = 3x^2 - 6x = 0, \quad x = 0, \quad x = 2$
$f''(x) = 6x - 6, \quad f''(0) < 0 \Rightarrow H(0 \mid 0), \quad f''(2) > 0 \Rightarrow T(2 \mid -4)$

c) $f'(x) = ax^2 - a^3 = 0, \quad x = \pm a$
$f''(x) = 2ax, \quad f''(-a) < 0 \Rightarrow H(-a \mid \frac{2}{3}a^4), \quad f''(a) < 0 \Rightarrow H(a \mid -\frac{2}{3}a^4)$

d) $f'(x) = \cos x = 0, \quad x = \frac{\pi}{2}, \quad x = \frac{3}{2}\pi$
$f''(x) = -\sin x, \quad f''(\frac{\pi}{2}) < 0 \Rightarrow H(\frac{\pi}{2} \mid 1), \quad f''(\frac{3}{2}\pi) > 0 \Rightarrow T(\frac{3}{2}\pi \mid -1)$

4. a) $f'(x) = 1 - x^3 = 0$ gilt für $x = 1$.
$f'(0) = 1 > 0$, $f'(2) = -7 < 0$, VZW von Plus nach Minus, also $H(1 \mid \frac{3}{4})$

b) $f'(x) = 2ax - 4a^2 = 0$ gilt für $x = 2a$.
$f'(a) = -2a^2 < 0$, $f'(3a) = 2a^2 > 0$, VZW von Minus nach Plus, also $T(2a \mid -4a^3)$

c) $f'(x) = \frac{2}{\sqrt{x}} - 1 = 0$ gilt für $x = 4$.
$f'(3) > 0$, $f'(5) < 0$, VZW von Plus nach Minus, also $H(4 \mid 4)$.

d) $f'(x) = 1 - \frac{4}{x^2} = 0, \quad x = \pm 2$
$x = -2$: $f'(-3) > 0$, $f'(-1) < 0$, VZW von Plus nach Minus, also $H(-2 \mid -4)$.
$x = 2$: $f'(1) < 0$, $f'(3) > 0$, VZW von Minus nach Plus, also $T(2 \mid 4)$.

25 5. a) $f'(x) = -x^2 - 2x + 3 = 0$ gilt für $x = 1$ und $x = -3$.
$f''(x) = -2x - 2$, $f''(1) < 0$, $H(1 \mid \frac{5}{3})$, $f''(-3) > 0$, $T(-3 \mid -9)$

b) $f'(x) = -x^3 - 4x = 0$ gilt für $x = 0$.
$f''(x) = -3x^2 - 4$, $f''(0) < 0$, $H(0 \mid 2)$

c) $f'(x) = -x^2 = 0$ gilt für $x = 0$.
$f''(x) = -2x$, $f''(0) = 0$, $f'(-1) < 0$, $f'(1) < 0$, kein VZW, also Sattelpunkt

5. Wendepunkte

1. a) $f''(x) = 6x - 6 = 0$ gilt für $x = 1$, $f'''(x) = 6 > 0$, also RL-W(1|–2) 28

b) $f''(x) = \frac{2}{5}x^2 - \frac{8}{5} = 0, \quad x = \pm 2$

$f'''(x) = \frac{4}{5}x, \quad f'''(\pm 2) \neq 0 \Rightarrow RL - W_1(-2 \mid -\frac{8}{3}), \quad LR - W_2(2 \mid -\frac{8}{3})$

c) $f''(x) = -\sin x = 0$ gilt für $x = 0$, $x = \pi$ und $x = 2\pi$

$f'''(x) = -\cos x, \; f'''(0) \neq 0 \Rightarrow W_1(0 \mid 1), \quad f'''(\pi) \neq 0 \Rightarrow W_2(\pi \mid 1), \quad f'''(2\pi) \neq 0 \Rightarrow W_3(2\pi \mid 1)$

2. a) $e'(t) = 0{,}12t^2 - 0{,}24t + 0{,}2 = 0, \quad t^2 - 2t + \frac{5}{3} = 0, \quad t = 1 \pm \sqrt{-\frac{2}{3}}$, keine Lösung

$e'(0) = \frac{5}{3} > 0$, keine Nullstellen, also gilt $e'(t) > 0$

$e(t)$ ist streng monoton steigend für $t \geq 0$, also auch für $0 \leq t \leq 6$.

b) Der schwächste Anstieg liegt im Wendepunkt vor.

$e''(t) = 0{,}24t - 0{,}24 = 0$ gilt für $t = 1$, d.h. im Jahr 2010 ist der Anstieg am schwächsten.

3. 29

t	0	1	2	3	4	5	6	7	8
f(t)	3	3,56	4,78	6	6,56	5,78	3	–2,44	–11,22

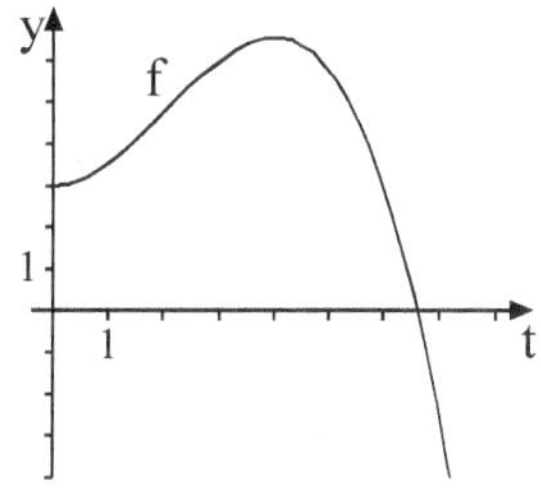

$f'(t) = -\frac{1}{3}t^2 + \frac{4}{3}t = 0, \quad t = 0, \quad t = 4$

$f''(t) = -\frac{2}{3}t + \frac{4}{3}, \quad f''(4) < 0 \Rightarrow H(4 \mid 6{,}56)$

Nach 240 Minuten ist der maximale Wasserstand erreicht.
Das Wasser steht dann ca. 6,56m hoch.
Im Wendepunkt steigt das Wasser am schnellsten.
$f''(t) = 0$ gilt für $t = 2$.
Der Wasserstand steigt dort mit $f'(2) = \frac{4}{3}$ m/h am schnellsten.
Wasserstand wie zu Beobachtungsbeginn, d.h. $f(0) = 3$ führt auf

$f(t) = 3 \Rightarrow -\frac{1}{9}t^3 + \frac{2}{3}t + 3 = 3, \quad t^3 - 6t = 0, \quad t = 6$ (s. auch Tabelle) bzw. $t = 0$

4. a) $f'(x) = 2x, \; f''(x) = 2, \; f'(x) = 0$ gilt für $x = 0, \; f''(0) > 0$, also T(0|0) 30

b) $f'(x) = 3x^2, \; f''(x) = 6x, \; f'''(x) = 6, \; f'(x) = 0$ gilt für $x = 0$

$f''(0) = 0, \; f'''(0) = 6$, S(0|0), RL-W(0|0)

c) $f'(x) = 4x^3, \; f''(x) = 12x^2, \; f'''(x) = 24x, \; f'(x) = 0$ gilt für $x = 0$

VWK: $f'(-1) = -4 < 0, \; f'(1) = 4 > 0$, also T(0|0)

d) $f'(x) = 6x^2 - 12x, \; f''(x) = 12x - 12, \; f'''(x) = 12$

$f'(x) = 0$ gilt für $x = 0$ und $x = 2, \; f''(0) = -12 < 0, \; f''(2) = 12 > 0$, also H(0|0), T(2|–8)

$f''(x) = 0$ gilt für $x = 1, \; f'''(1) = 12$, also RL-W(1|–4)

e) $f'(x) = 12 - 3x^2, \; f''(x) = -6x, \; f'''(x) = -6$

$f'(x) = 0$ gilt für $x = -2$ und $x = 2$, $f''(-2) = 12 > 0$, $f''(2) = -12 < 0$, also T(–2|–16), H(2|16)

$f''(x) = 0$ gilt für $x = 0$, $f'''(0) = -6$, also LR-W(0|0)

f) $f'(x) = \frac{1}{3}x^3 - 4x, \quad f''(x) = x^2 - 4, \quad f'''(x) = 2x$, $f'(x) = 0$ gilt für $x = 0$ und $x = \pm\sqrt{12}$

$f''(0) = -4 < 0, \; f''(\pm\sqrt{12}) = 10 > 0$, H(0|0), $T(\pm\sqrt{12} \mid -12)$

$f''(x) = 0$ gilt für $x = -2$ und $x = 2$, $f'''(-2) = -4$, $f'''(2) = 4$, $LR - W(-2 \mid \frac{20}{3}), \quad RL - W(2 \mid \frac{20}{3})$

30 5. a) H(−2|−1), T(2|1) b) H(9|1,5) c) T(4|3)

6. Bild 1: f = I, f ' = II, da dem Maximum von I die Nullstelle von II entspricht.
Bild 2: f = II, f ' = I, da II monoton steigt und I dort positiv oder 0 ist.
Bild 3: f = II, f ' = I, da dem Minimum von I die Nullstelle von II entspricht.
Bild 4: f = I, f ' = II, da Folgendes gilt:
II ist bis zum Minimum bei x_0 fallend und dann steigend.
I ist bis zur Nullstelle bei x_0 negativ und dann positiv.

7.

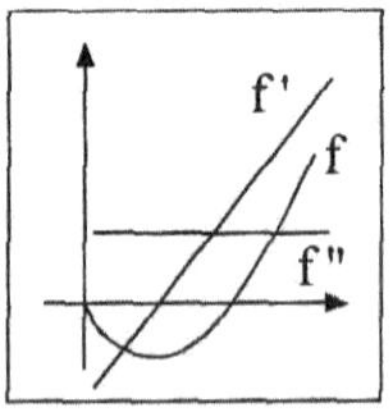

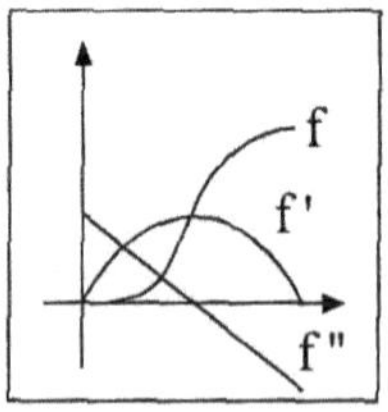

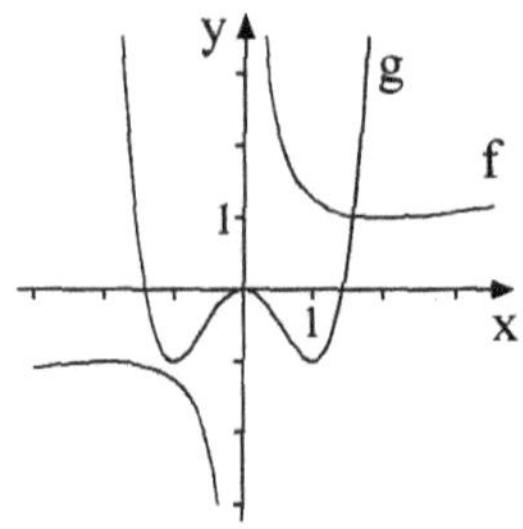

8. a) f: Nullstellen: keine

Extrema: $f'(x) = \frac{1}{4} - \frac{1}{x^2} = 0$, $x = \pm 2$

$f''(x) = 2x^{-3}, f''(-2) < 0, f''(2) > 0$, H(−2|−1), T(2|1)

Wendepunkte: keine

g: Nullstellen: $x = 0$, $x = \pm\sqrt{2}$

Extrema: $f'(x) = 4x^3 - 4x = 0$, $x = 0, x = -1$ und $x = 1$

$f''(x) = 12x^2 - 4, f''(0) < 0, f''(-1) = f''(1) = 8 > 0$

T(−1|−1), H(0|0), T(1|−1)

b) $f'(x) = 3ax^2 + 2bx + c$, $f''(x) = 6ax + 2b$, $f'''(x) = 6a$

$f''(x) = 0$ gilt für $x = -\frac{b}{3a}$, $f'''(-\frac{b}{3a}) = 6a \neq 0$, $W(-\frac{b}{3a} \mid f(-\frac{b}{3a}))$

9. a) $r'(t) = 30t - 3t^2 = 0$ gilt für $t = 0$ und $t = 10$

$r''(t) = 30 - 6t$, $r(10) = -30 < 0$, also Maximum

Nach der 10. Woche erreicht die Absatzrate ein Maximum.

b) Im Wendepunkt: $r''(t) = 0$ gilt für $t = 5$

Zur Zeit $t = 5$, also am Ende der 5. Woche steigt die Absatzrate am stärksten.

c) $m = \frac{r(10)-r(0)}{10-0} = \frac{500 \text{Roller/Woche}}{10 \text{Wochen}} = 50 \frac{\text{Roller/Woche}}{\text{Wochen}}$

6. Kurvendiskussionen

1. **Druckfehler** im Lehrbuch: $h(t) = -5t^2 + 80t$ 32
   a) $h'(t) = -10t + 80 = 0$ gilt für $t = 8$, $h''(8) = -10$, $h''(8) < 0$, also Maximum.
   Nach 8s erreicht die Rakete mit $h(8) = 320$ m ihren höchsten Punkt.
   b) Mit $v(t) = h'(t)$ gilt $v(0) = 80$ m/s = 288 km/h Startgeschwindigkeit

   Halbe Höhe: $-5t^2 + 80t = 160$, $t^2 - 16t + 32 = 0$, $t = 8 \pm \sqrt{32}$, $t \approx 2{,}34$, $t \approx 13{,}66$

   Aufstieg: $v(2{,}34) \approx 56{,}6\frac{m}{s} \approx 203{,}76\frac{km}{h}$; Abstieg: $v(13{,}66) \approx -56{,}6\frac{m}{s} \approx -203{,}76\frac{km}{h}$

2. a) $f'(x) = 2 - 0{,}5x^2 = 0$ gilt für $x = -2$ und $x = 2$

   $f''(x) = -x$, $f''(-2) = 2 > 0$, $f''(2) = -2 < 0$, also $T(-2 \mid -\frac{8}{3})$, $H(2 \mid \frac{8}{3})$

   b) $f'(x) = \frac{2}{3} - \frac{3}{2\sqrt{x}} = 0$, $x = \frac{81}{16}$, $f''(x) = \frac{3}{4}x^{-3/2}$, $f''(\frac{81}{16}) > 0$, $T(\frac{81}{16} \mid -\frac{27}{8})$

   c) $f'(x) = 9a^2x^2 - x^4 = 0$ gilt für $x = 0$, $x = -3a$ und $x = 3a$
   $f''(x) = 18a^2x - 4x^3$, $f''(-3a) = 54a^3 > 0$, $f''(3a) = -54a^3 < 0$
   Resultat: Minimum bei $x = -3a$ und Maximum bei $x = 3a$

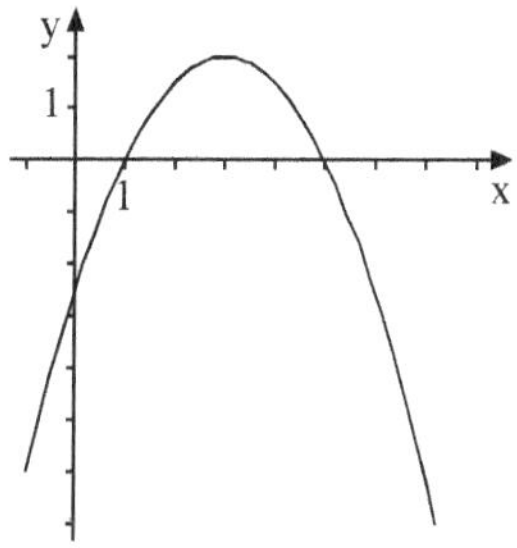

3. Symmetrie: keine Symmetrie zur y-Achse bzw. zum Ursprung, 33
   da gerade und ungerade Exponenten vorkommen
   Nullstellen: $x = 5$ und $x = 1$
   Extrema: $f'(x) = -x + 3 = 0$ gilt für $x = 3$
   $f''(x) = -1 < 0$, also Hochpunkt $H(3 \mid 2)$
   Wendepunkte: keine

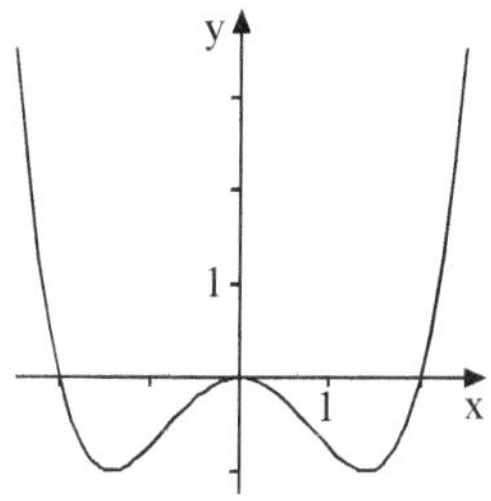

4. Symmetrie: zur y-Achse
   nur gerade Exponenten
   Nullstellen: $x = 0$, $x = -2$, $x = 2$
   Extrema:
   $T_1(-\sqrt{2} \mid -1)$, $T_2(\sqrt{2} \mid -1)$, $H(0 \mid 0)$
   Wendepunkte:
   $W_1(-\sqrt{\frac{2}{3}} \mid -\frac{5}{9})$, $W_2(\sqrt{\frac{2}{3}} \mid -\frac{5}{9})$
   Schnittwinkel von f mit x = 3:
   $f'(3) = 21$, $\alpha \approx 87{,}3°$, Schnittwinkel also etwa 2,7°

   mittlere Steigung zwischen T_1 und H: $m = \frac{0-(-1)}{0-(-\sqrt{2})} = \frac{1}{\sqrt{2}} \approx 0{,}71$

5. **Druckfehler** im Lehrbuch: t: Zeit in Monaten 34

   $e'(t) = -\frac{3}{400}t^2 + \frac{96}{400}t = 0$ gilt für $t = 0$ und $t = 32$
   $e''(32) < 0$, also Maximum bei $t = 32$
   Schnellster Anstieg im Wendepunkt von e.

   $e''(t) = -\frac{6}{400}t + \frac{96}{400} = 0$ gilt für $t = 16$
   Erkrankungsrate dann $e'(16) = 1{,}92$, also 1920 Personen/Monat
   Erlöschen der Epidemie: $e(t) = 0$ gilt für $t = 0$ und $t = 48$, also nach 48 Monaten

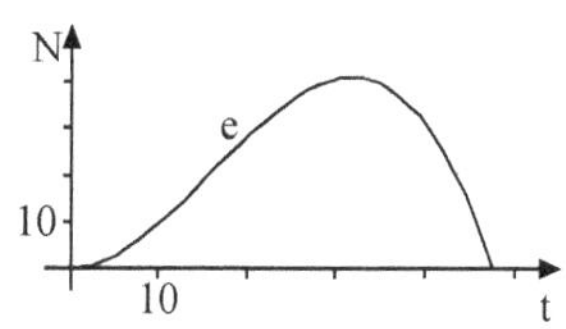

35 6. a) Nullstellen: $x = 0$ und $x = 3$
Extrema: $f'(x) = 1{,}5x^2 - 3x = 0$ gilt für $x = 0$ und $x = 2$.
$f''(x) = 3x - 3$, $f''(0) = -3 < 0$, also $H(0|0)$; $f''(2) = 3 > 0$, also $T(2|-2)$.
Wendepunkte: $f''(x) = 0$ gilt für $x = 1$, $f'''(x) = 3$, also $W(1|-1)$.

b) Nullstellen: $x = 0$ und $x = \pm\frac{1}{2}$
Extrema: $f'(x) = -\frac{3}{2}x^2 + \frac{1}{8} = 0$ gilt für $x = \pm\frac{1}{\sqrt{12}}$
$f''(x) = -3x$, also $T(-\frac{1}{\sqrt{12}} | -\frac{1}{12\cdot\sqrt{12}})$, $H(\frac{1}{\sqrt{12}} | \frac{1}{12\cdot\sqrt{12}})$
Wendepunkte: $f''(x) = 0$ für $x = 0$, $f'''(x) = -3$, RL-Wendepunkt $W(0|0)$

c) Nullstellen: $x = 0$ und $x = -2$
Extrema: $f'(x) = 2x^3 + 3x^2 = 0$ gilt für $x = 0$ und $x = -1{,}5$
$f''(x) = 6x^2 + 6x$, $f''(0) = 0 \Rightarrow$ keine Aussage möglich
VZW-Kriterium: $f'(-1) = 1 > 0$, $f'(1) = 5 > 0$ also Sattelpunkt $S(0|0)$
$f''(-1{,}5) = 4{,}5 > 0$, also Tiefpunkt $T(-\frac{3}{2} | -\frac{27}{32})$
Wendepunkte: $f''(x) = 0$ gilt für $x = 0$ und $x = -1$.
$f'''(x) = 12x + 6$, $f'''(0) = 6 > 0$ also RL-Wendepunkt $S(0|0)$
$f'''(-1) = -6 < 0$, also LR-Wendepunkt $W(-1|-0{,}5)$

7. a) $f'(x) = 0{,}25x^4 - 2x^2 + 3 = 0$, $f''(x) = x^3 - 4x$
$f'(\sqrt{2}) = 0$, $f''(\sqrt{2}) = -2\sqrt{2} < 0 \Rightarrow H(\sqrt{2} | -\frac{2}{15}\sqrt{2})$

b) $f'(x) = 0$: $x^4 - 8x^2 + 12 = 0$, $x^2 = 2$, bzw. $x^2 = 6$, also $x = \pm\sqrt{2}$, $x = \pm\sqrt{6}$
$f''(-\sqrt{2}) = 2\sqrt{2} > 0 \Rightarrow$ Min bei $x = -\sqrt{2}$
$f''(\sqrt{6}) = 2\sqrt{6} > 0 \Rightarrow$ Min bei $x = \sqrt{6}$
$f''(-\sqrt{6}) = -2\sqrt{6} < 0 \Rightarrow$ Max bei $x = -\sqrt{6}$

c) $H(-\sqrt{6} | -1{,}96)$, $T(-\sqrt{2} | -2{,}64)$, $H(\sqrt{2} | 2{,}64)$, $T(\sqrt{6} | 1{,}96)$

d) $f''(x) = 0$ gilt für $x = 0$, $x = -2$ und $x = 2$
$f'''(x) = 3x^2 - 4$: $f'''(-2) = 8 > 0 \Rightarrow$ RLWP $W_1(-2 | -2{,}27)$
$f'''(0) = -4 < 0 \Rightarrow$ LRWP $W_2(0 | 0)$, $f'''(2) = 8 > 0 \Rightarrow$ RLWP $W_3(2 | 2{,}27)$

8. a) Nullstellen: $x = -2$ und $x = 1$; Extrema: $T(0|-0{,}8)$, $H(-2|0)$; Wendepunkt: $W(-1|-0{,}4)$

b) Nullstelle: $x = 19{,}5$; Extrema: $T(0{,}4|1)$, $H(15{,}6|22263)$
Wendepunkte.: $W_1(0|1)$, $W_2(0{,}3|1)$; $W_3(11{,}74|14088)$

c) Nullstellen: $x = 0$ und $x = 1$; Extrema: $T(0{,}61|-0{,}33)$

9. a) $f'(x) = 1 - \cos x = 0$ gilt nur für $x = 0$ und $x = 2\pi$

b) $f''(x) = \sin x = 0$ gilt für $x = 0$, π und 2π
Würde man den Graphen von f nach links und rechts über das Intervall $[0;2\pi]$ hinaus fortsetzen, so entstünden dort Wendepunkte mit der Steigung 0, d.h. Sattelpunkte. Weiter gilt $f'(\pi) = 2$.

10. a) $h(3) = 335{,}2$ Meter 35
b) $h'(t) = 1{,}8t^2 - 18t = 0$ gilt für $t = 0$ und $t = 10$
$h''(t) = 3{,}6t - 18$, $h''(0) < 0$ Maximum, $h''(10) = 18 > 0$ Minimum, geringste Höhe nach $x = 10$
c) Im Wendepunkt: $h''(t) = 0$ gilt für $t = 5$
Zur Zeit $t = 5$ verringert sich die Flughöhe am stärksten mit $h'(5) = -45$ m/min $= -0{,}75$m/s.
Am Intervallende, bei $t = 15$ steigt sie am stärksten an und zwar mit $h'(15) = 135$ m/min.

11. b) $K(500) = 47000$
Die Kosten für eine Uhr betragen 94 Euro.
c) $K'(x) = 0{,}003x^2 - 1{,}8x + 150$
$x^2 - 600x + 50000 = 0$, $x = 500$, $x = 100$
$K''(x) = 0{,}006x - 1{,}8$
$K''(100) = -1{,}2 < 0$, $H(100|79000)$
$K''(500) = 1{,}2 > 0$, $T(500|47000)$
d) $K''(x) = 0$ gilt für $x = 300$
$K'''(x) = 0{,}006$, $W(300|63000)$
e) Ab ca. $x = 370$ bis ca. 780 liegen die Einnahmen über den Kosten.

a) 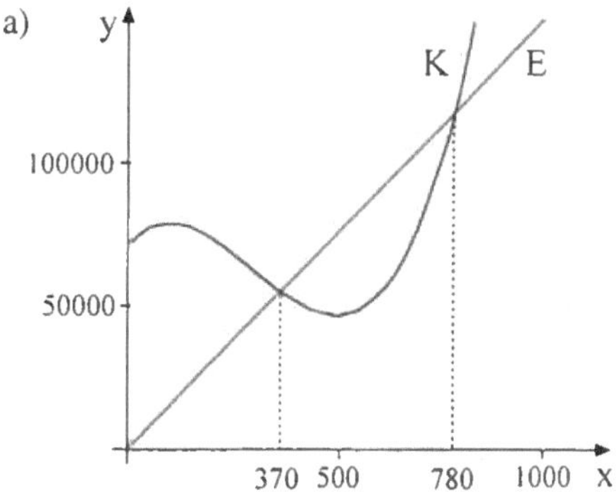

f) $G(x) = -0{,}001x^3 + 0{,}9x^2 - 72000$
$G'(x) = -0{,}003x^2 + 1{,}8x = 0$, $x = 600$
$G''(x) = -0{,}006x + 1{,}8$, $G''(600) = -1{,}8 < 0$ Bei $x = 600$ Stück ist der Gewinn am größten.

12. a) Es kommen nur Potenzterme mit geraden Exponenten im Funktionsterm $f(x) = x^4+2x^2-3$ vor. 36
b) $x = -1$ und $x = 1$ sind die einzigen Nullstellen.
c) $f'(x) = 4x^3 + 4x = 0$ gilt nur für $x = 0$. $f'(x) \leq 0$ für $x \leq 0$, dort ist f monoton fallend.
$f'(x) \geq 0$ für $x \geq 0$, dort ist f monoton steigend.
d) $f(1) = 0$, $f'(1) = 8$, Tangente an f in $P(1|0)$: $y = 8x - 8$
e) $p(0) = c = -4$, $p(1) = a - 4 = 0$, $a = 4$, Resultat: $p(x) = 4x^2 - 4$

13. a) $A(-10|2{,}5)$, $f'(x) = -\frac{3}{100}x^2 + \frac{3}{4}$, $x = -5$, $B(-5|-2{,}5)$, Höhenunterschied: 50m
b) $m = \frac{-5}{5} = -1 = -100\%$ c) $f'(0) = \frac{3}{4}$, $\alpha \approx 36{,}9°$
d) $g'(x) = \frac{9}{400}x^2 - \frac{3}{10}x + \frac{3}{4}$, $g'(0) = \frac{3}{4} = f'(0)$, also knickfrei
$g'(10) = 0$, also ist g waagerecht bei $x = 10$.
e) Die Steigung von g ist im Ursprung maximal, da sie zum Hochpunkt hin bis auf 0 abnimmt (Rechtskrümmung von g) und danach negativ ist.
f) $g''(x) = \frac{9}{200}x - \frac{3}{10} = 0$, $x = \frac{20}{3}$, $W(\frac{20}{3} | \frac{5}{9})$
g) Die Bahn ist von A bis zum Ursprung linksgekrümmt; dann ist sie bis zum Wendepunkt W rechtsgekrümmt, danach bis zum Ende bei $x = 10$ wieder linksgekrümmt.

14. a) $f(3) = f(-3) = 0$
b) $f'(x) = \frac{1}{8}(4x^3 - 16x) = 0$, $x = 0$, $x = \pm 2$
$f''(x) = \frac{1}{8}(12x^2 - 16)$, $f''(0) = -2 < 0 \Rightarrow H(0|-\frac{9}{8})$
$f''(\pm 2) = 4 > 0 \Rightarrow T_1(-2|-\frac{25}{8})$, $T_2(2|-\frac{25}{8})$
c) $f''(x) = 0$, $x = \pm\frac{2}{\sqrt{3}}$ e) $f'(-3) = -7{,}5$, $f'(3) = 7{,}5$
f) Bei $x = -\frac{2}{\sqrt{3}}$ ist die Steigung am größten.

d) 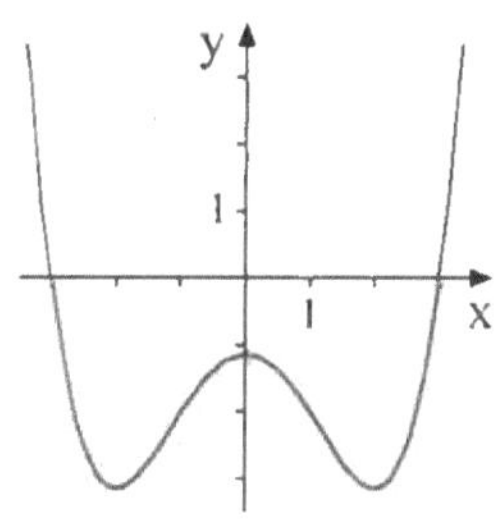

36 15. a) $p(x) = ax^3 + bx^2 + cx + d$, $p''(x) = 6ax + 2b = 0$, $x = -\frac{b}{3a}$, $p'''(-\frac{b}{3a}) = 6a \neq 0$
d.h. bei $x = -\frac{b}{3a}$ liegt ein Wendepunkt.
b) $p(x) = ax^2 + bx + c$, $p'(x) = 2ax + b = 0$, $x = -\frac{b}{2a}$, $p''(-\frac{b}{2a}) = 2a \neq 0$
d.h. $E(-\frac{b}{2a} \mid c - \frac{b^2}{4a})$
c) Für $x \to \pm\infty$ verhält sich das Polynom wie seine größte Potenz also ax^3.
Ist $a > 0$ so gilt folgende Betrachtung:
$ax^3 \to \infty$ für $x \to \infty$ und $ax^3 \to -\infty$ für $x \to -\infty$
d.h. die x-Achse muss mindestens einmal geschnitten werden.
($a < 0$ entsprechend)
d) Funktion 3. Grades ohne Extremum z.B. $p(x) = x^3$.
Genau ein Extremum: nicht möglich
Begründung mit a) und c).
Zwei Extrema: Normalfall

37 16. a) $Q(-1 \mid 0)$
b) $l = \sqrt{3^2 + 1{,}5^2} \approx 3{,}35$

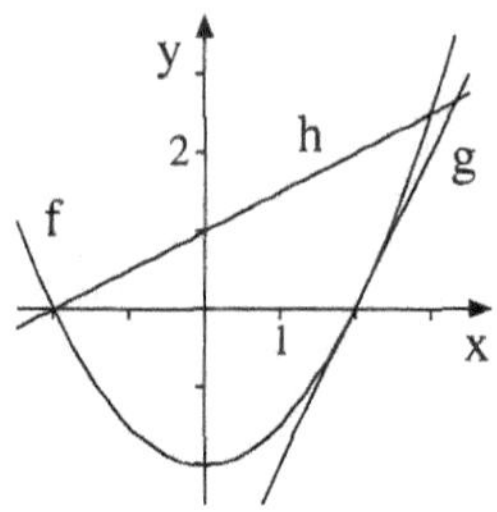

17. a) $P(2 \mid 0)$, $f'(x) = x$, $f'(2) = 2$, Tangente: $y = 2(x-2) + 0 = 2x - 4$
$Q(-2 \mid 0)$, $f'(-2) = -2$, Normale: $y = 0{,}5(x+2) = 0{,}5x + 1$
b) $A = \frac{1}{2} \cdot 4 \cdot \frac{8}{3} = \frac{16}{3}$

38 18. a) $f'(x) = -2x$, $f'(1) = -2$, Tangente: $y = -2(x-1) = -2x + 2$
b) $f'(-1) = 2$, Normale: $y = -0{,}5(x+1) = -0{,}5x - 0{,}5$

19. a) $P(1 \mid 6)$, Normale: $y = -\frac{1}{4}(x-1) + 6 = -\frac{1}{4}x + 6{,}25$
b) $f'(x) = 3ax^2 + 2bx$
$f'(1) = 4$: $3a + 2b = 4$
$f(1) = 6$: $a + b = 6$, $a = -8$, $b = 14$, Resultat: $f(x) = -8x^3 + 14x^2$

39 20. a) $P(1 \mid 1)$, $f'(x) = 2x$, $f'(1) = 2$
Tangente: $y = 2x - 1$, Normale: $y = -0{,}5x + 1{,}5$
b) $P(2 \mid 0)$, $f'(x) = 1 - x$, $f'(2) = -1$
Tangente: $y = -x + 2$, Normale: $y = x - 2$
c) $P(0 \mid 0)$, $f'(x) = 1{,}5x^2 - 1$, $f'(0) = -1$
Tangente: $y = -x$, Normale: $y = x$
d) $P(3 \mid -1{,}5)$, $f'(x) = 1 - x$, $f'(3) = -2$
Tangente: $y = -2x + 4{,}5$, Normale: $y = 0{,}5x - 3$
e) $P(4 \mid 1{,}6)$, $f'(x) = 0{,}2x$, $f'(4) = 0{,}8$
Tangente: $y = 0{,}8x - 1{,}6$, Normale: $y = -1{,}25x + 6{,}6$
f) $P(0 \mid 0)$, $f'(x) = 2x - 4$, $f'(0) = -4$
Tangente: $y = -4x$, Normale: $y = 0{,}25x$

20.g) $P(2|4)$, $f'(x) = 3x^2 - 2x$, $f'(2) = 8$; Tangente: $y = 8x - 12$, Normale: $y = -\frac{1}{8}x + 4{,}25$ 39

h) $P(1|0{,}5)$, $f'(x) = 1 - x$, $f'(1) = 0$; Tangente: $y = 0{,}5$, Normale: $x = 1$

i) $P(-1|1{,}75)$, $f'(x) = -0{,}5x$, $f'(-1) = 0{,}5$; Tangente: $y = 0{,}5x + 2{,}25$, Normale: $y = -2x - 0{,}25$

21.a) Nullstellen: $x = 0$, $x = 4$ 41

$f'(x) = \frac{1}{\sqrt{x}} - 1$, $f''(x) = -\frac{1}{2}x^{-\frac{3}{2}}$

Extrema: $f'(x) = 0$, $x = 1$, $f''(1) < 0$, $H(1|1)$

Wendepunkte: $f''(x) < 0$, keine Wendepunkte

f ist rechtsgekrümmt

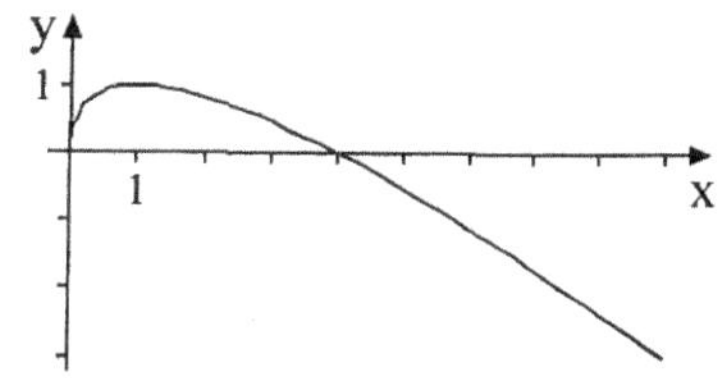

b) Nullstellen: keine

$f'(x) = 1 - x^{-\frac{3}{2}}$, $f''(x) = \frac{3}{2}x^{-\frac{5}{2}}$

Extrema: $f'(x) = 0$, $x = 1$, $f''(1) > 0$, $T(1|3)$

Wendepunkte: $f''(x) > 0$, keine Wendepunkte

f ist linksgekrümmt

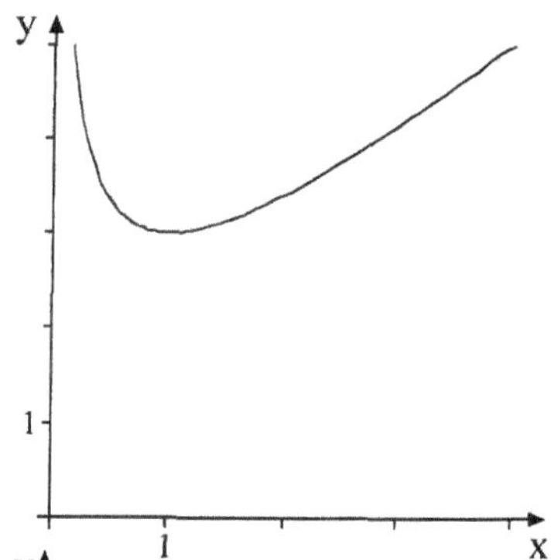

22.a) Die günstigste Verbindung ist vom Tiefpunkt senkrecht zur Straße. 42

$f'(x) = 0$, $x = \sqrt[3]{4}$, $y \approx 1{,}89$

Ersparnis: 0,4

das sind ca. 17,5% < 20%

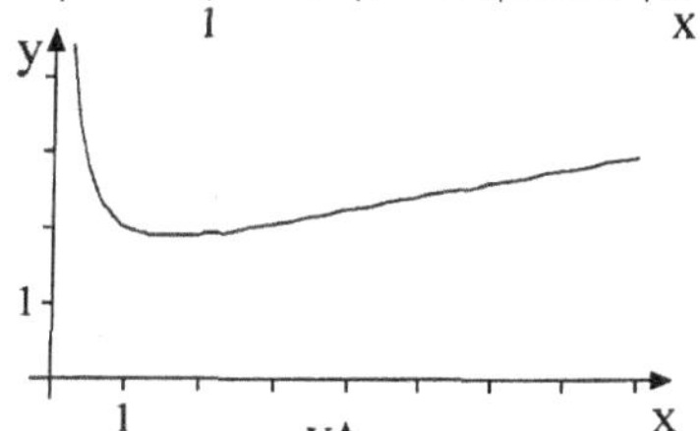

23. Nullstellen: $x = \sqrt[3]{-4} \approx -1{,}59$ 43

$f'(x) = 1 - \frac{8}{x^3}$, $f''(x) = \frac{24}{x^4}$

Extrema: $f'(x) = 0$, $x = 2$, $f''(2) > 0$, $T(2|3)$

Wendepunkte: $f''(x) > 0$, keine

f ist linksgekrümmt

Schnittpunkt mit der Winkelhalbierenden:

$x + \frac{4}{x^2} = -x$, $x = \sqrt[3]{-2} \approx -1{,}26$

Schnittwinkel:

$f'(\sqrt[3]{-2}) = 5$, $\alpha \approx 78{,}7°$, $\beta = 135°$

$\gamma \approx 56{,}3°$

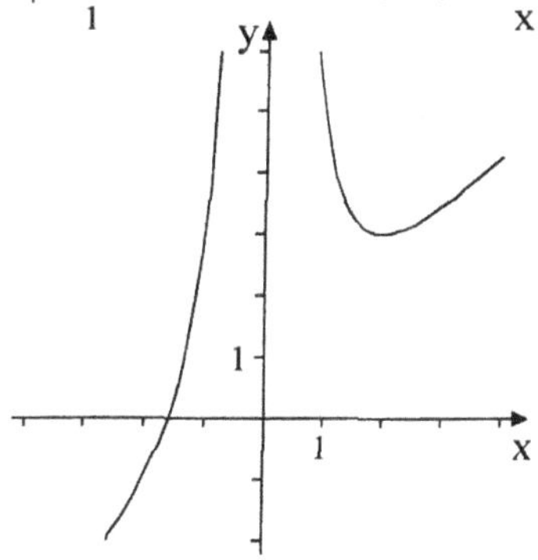

24. Nullstellen: keine

$f'(x) = 1 - \frac{1}{x^2}$, $f''(x) = \frac{2}{x^3}$

Extrema: $f'(x) = 0$, $x = \pm 1$

$f''(-1) < 0$, $H(-1|-2)$, $f''(1) > 0$, $T(1|2)$

Wendepunkte: $f''(x) > 0$, keine

Linkskrümmung für $x > 0$, Rechtskrümmung für $x < 0$

$f(-x) = -x - \frac{1}{x} = -(x + \frac{1}{x}) = -f(x)$: Ursprungssymmetrie

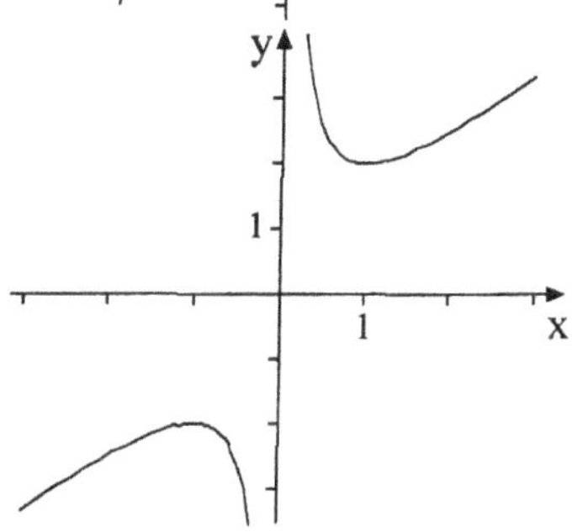

44 25. a) $f'(x) = 1 + \frac{1}{x^2} \neq 0$ keine Extrema

b)

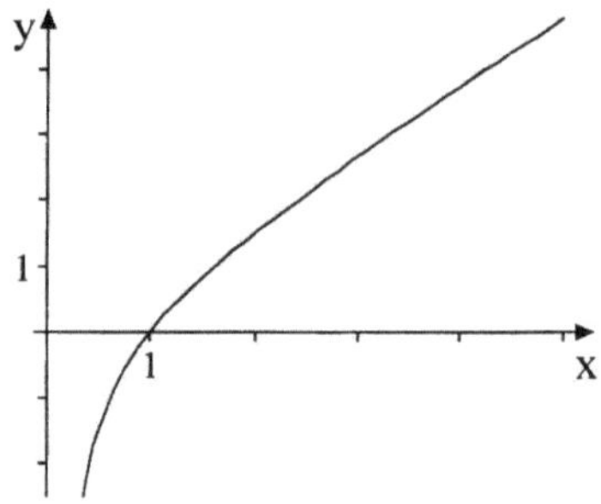

c) $t(x) = f'(x_0) \cdot x - 1$

$t(x_0) = f(x_0)$: $(1 + \frac{1}{x_0^2}) \cdot x_0 - 1 = x_0 - \frac{1}{x_0}$, $x_0 = 2$

$t(x) = \frac{5}{4}x - 1$

d) Schnittwinkel: $\gamma \approx 38{,}7°$

26. a) $D = \mathbb{R}_0^+$

b) Nullstellen: x = 0 , x = 4

$f'(x) = \frac{1}{\sqrt{x}} - 1$, $f''(x) = -\frac{1}{2\sqrt{x^3}}$

Extrema: $f'(x) = 0$, $x = 1$, $f''(1) < 0$, $H(1|1)$
Wendepunkte: $f''(x) < 0$, keine, Rechtskrümmung

c) $f'(0) = \infty$, $\alpha = 0°$

d)

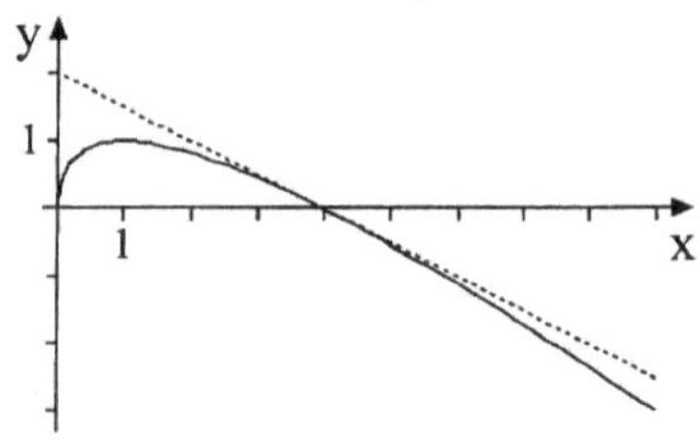

e) $t(x) = f'(x_0) \cdot x + 2$

$t(x_0) = f(x_0)$: $(\frac{1}{\sqrt{x_0}} - 1) \cdot x_0 + 2 = 2\sqrt{x_0} - x_0$, $x_0 = 4$

$t(x) = -\frac{1}{2}x + 2$

27. a) $D = \mathbb{R} / \{0\}$

b) Nullstellen: x = 0,5

$f'(x) = -\frac{2}{x^3} + \frac{2}{x^2}$, $f''(x) = \frac{6}{x^4} - \frac{4}{x^3}$

Extrema: $f'(x) = 0$, $x = 1$, $f''(1) > 0$, $T(1|-1)$

Wendepunkte: $f''(x) = 0$, $x = \frac{3}{2}$, $W(\frac{3}{2}|-\frac{8}{9})$

c)

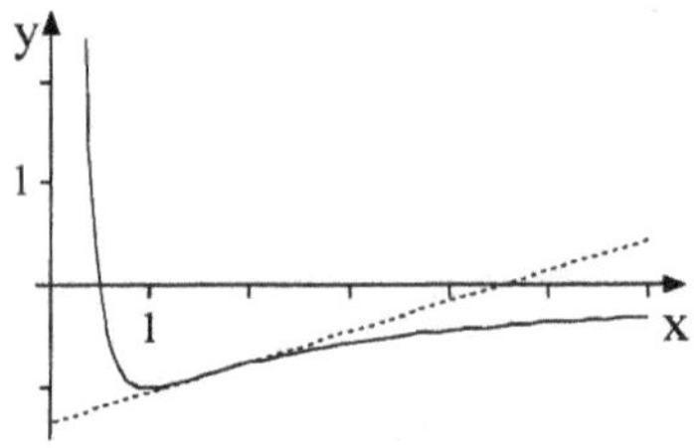

d) $t(x) = \frac{8}{27}(x - \frac{3}{2}) - \frac{8}{9} = \frac{8}{27}x - \frac{4}{3}$

28. a) Nullstellen: x = 0, x = 3

$f'(x) = \frac{3}{2}\sqrt{x} - \frac{3}{2\sqrt{x}}$, $f''(x) = \frac{3}{4\sqrt{x}} + \frac{3}{4\sqrt{x^3}}$

Extrema: $f'(x) = 0$, $x = 1$, $f''(1) > 0$, $T(1|-2)$
Wendepunkte: $f''(x) > 0$, keine

b) $f'(3) = \sqrt{3}$, $\tan^{-1}(\sqrt{3}) = 60°$

c)

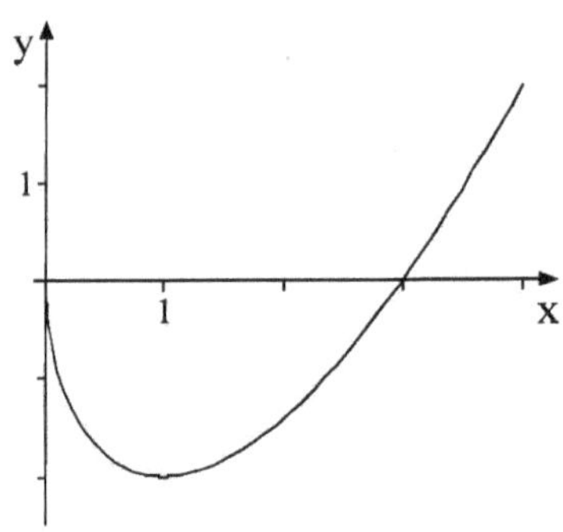

d) $f'(x) = \frac{3}{2}\sqrt{x} - \frac{3}{2\sqrt{x}} = 4$, $x - \frac{8}{3}\sqrt{x} - 1 = 0$

$\sqrt{x} = \frac{4}{3} \pm \sqrt{\frac{25}{9}} = 3$ $(-\frac{1}{3})$, $x = 9$

29. a) 44

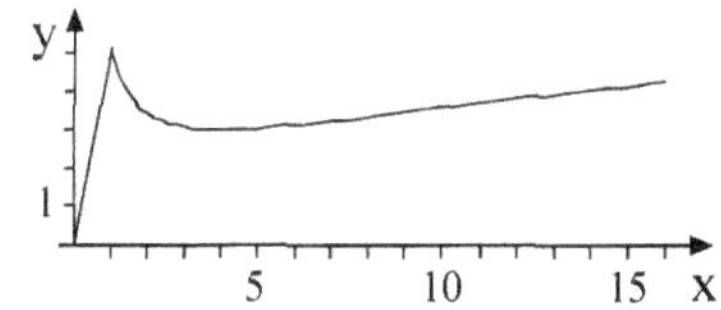

Die Zahl der Abonnenten steigt in der ersten Woche linear von 0 auf 5000. Dann fällt sie zunächst stark, dann langsamer bis t = 4 auf ca.3000. Dann nimmt sie bis t = 16 langsam wieder zu auf ca. 4250.

b) $t>1:\quad A'(t)=\frac{1}{2\sqrt{t}}-\frac{4}{t^2}=0$, $\quad t=4$: Tiefstand A(4) = 3, d.h. 3000 Abos.

c) Sie fällt am stärksten bei T = 1, also nach der ersten Woche

d) $m=\frac{\sqrt{5}+0,8-3}{1}\approx 0,036$, d.h. 36 neue Abos

e) $f'(t)=0,1$ führt auf $t\approx 6,41$.

7. Einfache Kurvenscharen

1. a) Ableitungen: $f_a'(x)=2x-2a,\ f_a''(x)=2$ b) 45

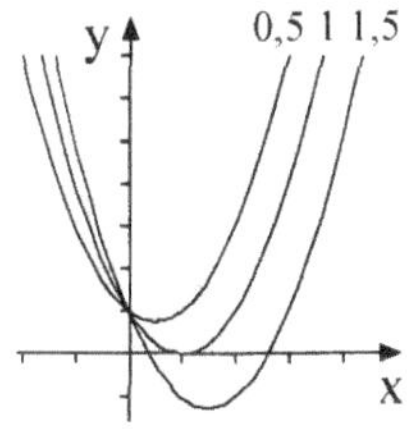

Nullstellen: $x=a\pm\sqrt{a^2-1}$

Extrema: $x=a,\ f_a''(a)=2>0,\ T(a|1-a^2)$

c) $f_a'(4)=8-2a=1$ gilt für a = 3,5

d) keine Nullstellen: a < 1

genau eine Nullstelle: a = 1

2. a) Ableitungen: $f_a'(x)=3x^2-a,\ f_a''(x)=6x,\ f_a'''(x)=6$ 46

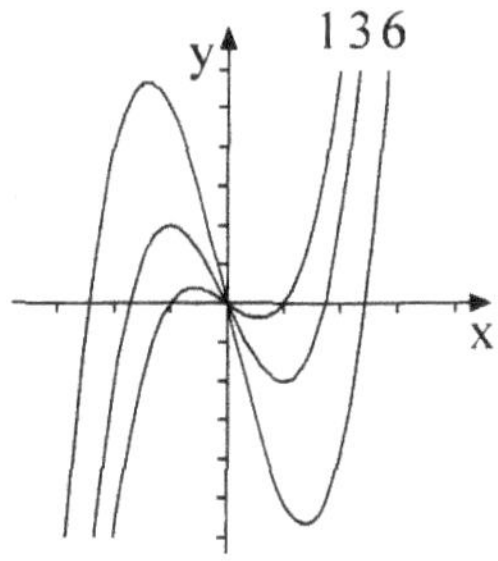

Nullstellen: $x=0,\quad x=\pm\sqrt{a}$

Extrema: $x=\pm\sqrt{\frac{a}{3}},\quad f_a''(\pm\sqrt{\frac{a}{3}})=\pm6\cdot\sqrt{\frac{a}{3}}$

$T(\sqrt{\frac{a}{3}}\,|\,-\frac{2a}{3}\sqrt{\frac{a}{3}}),\quad H(-\sqrt{\frac{a}{3}}\,|\,\frac{2a}{3}\sqrt{\frac{a}{3}})$

Wendepunkte: $x=0,\quad f_a'''(0)=6\neq0\Rightarrow W(0|0)$

b) Ableitungen:

$f_a'(x)=-3x^2+4ax,\ f_a''(x)=-6x+4a,\ f_a'''(x)=-6$

Nullstellen: x = 0, x = 2a

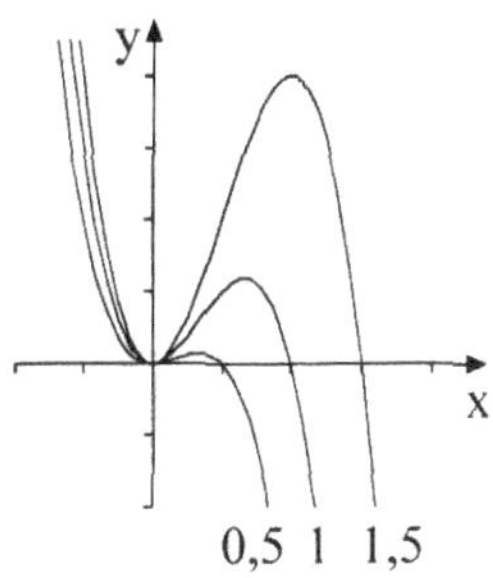

Extrema: $x=0,\quad x=\frac{4}{3}a,\quad f_a''(0)=4a>0\Rightarrow T(0|0)$

$f_a''(\frac{4}{3}a)=-4a<0\Rightarrow H(\frac{4}{3}a\,|\,\frac{32}{27}a^3)$

Wendepunkte: $x=\frac{2}{3}a,\quad f_a'''(\frac{2}{3}a)=-6\neq0\Rightarrow W(\frac{2}{3}a\,|\,\frac{16}{27}a^3)$

c) Ableitungen:

$f_a'(x)=4x^3-2ax,\ f_a''(x)=12x^2-2a,\ f_a'''(x)=24x$

Nullstellen: $x=0,\quad x=\pm\sqrt{a}$

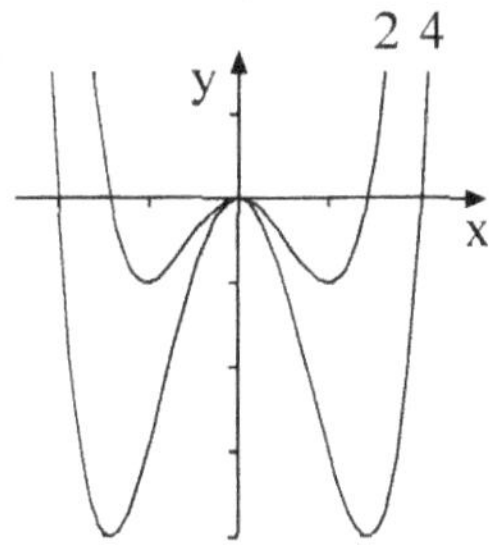

Extrema: $x=0,\quad x=\pm\sqrt{\frac{a}{2}},\quad f_a''(0)=-2a<0\Rightarrow H(00)$

$f_a''(\pm\sqrt{\frac{a}{2}})=4a>0\Rightarrow T(\pm\sqrt{\frac{a}{2}}\,|\,-\frac{a^2}{4})$

Wendepunkte:

$x=\pm\sqrt{\frac{a}{6}},\quad f_a'''(\pm\sqrt{\frac{a}{6}})=\pm24\sqrt{\frac{a}{6}}\neq0\Rightarrow W(\pm\sqrt{\frac{a}{6}}\,|\,-\frac{5}{36}a^2)$

47 3. Nullstellen: $x = 0$ und $x = \frac{1}{a}$

Extrema: $f_a'(x) = 2ax - 1$, $f_a''(x) = 2a$

$x = \frac{1}{2a}$, $f_a''(\frac{1}{2a}) = 2a > 0 \Rightarrow T(\frac{1}{2a} \mid -\frac{1}{4a})$

Ortskurve: $x = \frac{1}{2a}$, $a = \frac{1}{2x}$, $y = -\frac{1}{4a} = -\frac{x}{2}$

4. Ableitungen: $f_a'(x) = 2x^3 - 2ax$, $f_a''(x) = 6x^2 - 2a$, $f_a'''(x) = 12x$

Nullstellen: $x = 0$, $x = \pm\sqrt{2a}$

Extrema: $x = 0$, $x = \pm\sqrt{a}$, $f_a''(0) = -2a < 0 \Rightarrow H(0 \mid 0)$

$f_a''(\pm\sqrt{a}) = 4a > 0 \Rightarrow T(\pm\sqrt{a} \mid -\frac{a^2}{2})$

Wendepunkte: $x = \pm\sqrt{\frac{a}{3}}$, $f_a'''(\pm\sqrt{\frac{a}{3}}) = \pm 12\sqrt{\frac{a}{3}} \neq 0 \Rightarrow W(\pm\sqrt{\frac{a}{3}} \mid -\frac{5}{18}a^2)$

Ortskurve der Extrema: $x = \pm\sqrt{a}$, $a = x^2$, $y = -\frac{a^2}{2} = -\frac{x^4}{2}$

Ortskurve der Wendepunkte: $x = \pm\sqrt{\frac{a}{3}}$, $a = 3x^2$, $y = -\frac{5}{18}a^2 = -2{,}5x^4$

48 5. a) Nullstellen: $x = 0$ und $x = a+1$

Extrema: $f_a'(x) = 2x - a - 1$, $f_a''(x) = 2$

$x = \frac{a+1}{2}$, $f_a''(\frac{a+1}{2}) = 2 > 0 \Rightarrow T(\frac{a+1}{2} \mid -\frac{(a+1)^2}{4})$

b)

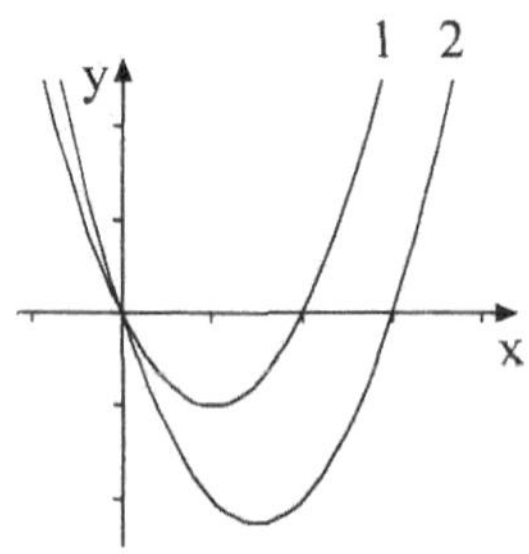

c) $\frac{a+1}{2} = 2$ gilt für $a = 3$

d) Für $a = -1$ extistiert genau eine Nullstelle.

e) $x = \frac{a+1}{2}$, $a = 2x - 1$, $y = -\frac{(a+1)^2}{4} = -\frac{(2x)^2}{4} = -x^2$

f) Der grüne Graph zeigt f_{-2}, der rote zeigt f_3.

6. a) Symmetrie: Punktsymmetrie zum Ursprung

Nullstellen: $x = 0$ und $x = \frac{1}{a}$, $x = -\frac{1}{a}$

Extrema: $f_a'(x) = 1 - 3a^2x^2$, $f_a''(x) = -6a^2x$

$H(\frac{1}{3a}\sqrt{3} \mid \frac{2}{9a}\sqrt{3})$, $T(-\frac{1}{3a}\sqrt{3} \mid -\frac{2}{9a}\sqrt{3})$

Wendepunkte: $f_a'''(x) = -6a^2$

$f_a''(x) = 0 : x = 0$, $f_a'''(0) \neq 0 \Rightarrow W(0 \mid 0)$

b)

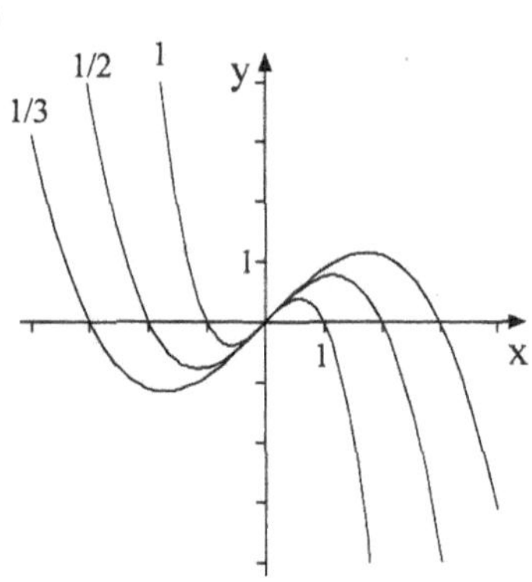

c) Alle Graphen gehen durch P(0|0).

d) $y = \frac{2}{3}x$

7. a) $f_a'(x) = 3x^2 - 3a^2$, $f_a''(x) = 6x$, $f_a'''(x) = 6$ 48

Extrema: $x = -a$, $f_a''(-a) = -6a < 0 \Rightarrow H(-a \mid 4a^3)$

$x = a$, $f_a''(a) = 6a > 0 \Rightarrow T(a \mid 0)$

Wendepunkte: $W(0 \mid 2a^3)$

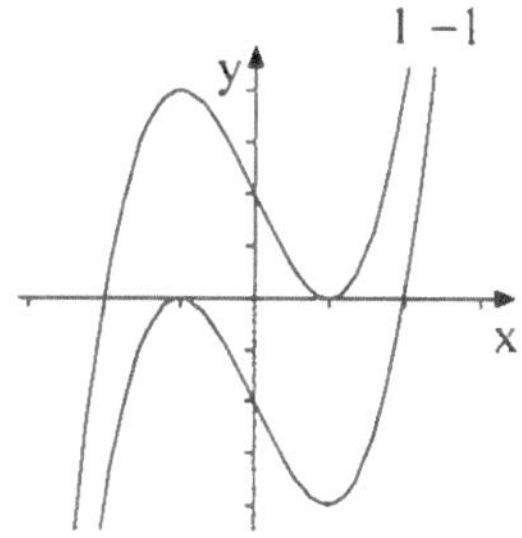

b) $f_a(-2a) = -8a^3 + 6a^3 + 2a^3 = 0$

d) Es gelten $f_a(a) = 0$ und $f_a'(a) = 0$.
Somit berührt f_a in $B(a \mid 0)$ die x-Achse.

e) $f_a(x) = x^3 - 3a^2x + 2a^3$, $f_{-a}(-x) = -x^3 + 3a^2x - 2a^3 = -f_a(x)$

8. a) $x^2 - 2ax + a = 0$, $x = a \pm \sqrt{a^2 - a}$

zwei Lösungen, wenn $a^2 - a > 0$, d.h. $a > 1$ oder $a < 0$
eine Lösung, wenn $a^2 - a = 0$, d.h. $a = 1$
keine Lösung, wenn wenn $a^2 - a < 0$, d.h. $a < 1$

b) $f_a'(x) = 1 - \frac{a}{x^2}$, $f_a''(x) = \frac{2a}{x^3}$, $x = \pm\sqrt{a}$

$f_a''(-\sqrt{a}) = -\frac{2}{\sqrt{a}} < 0 \Rightarrow H(-\sqrt{a} \mid -2\sqrt{a} - 2a)$

$f_a''(\sqrt{a}) = \frac{2}{\sqrt{a}} > 0 \Rightarrow T(\sqrt{a} \mid 2\sqrt{a} - 2a)$

c)

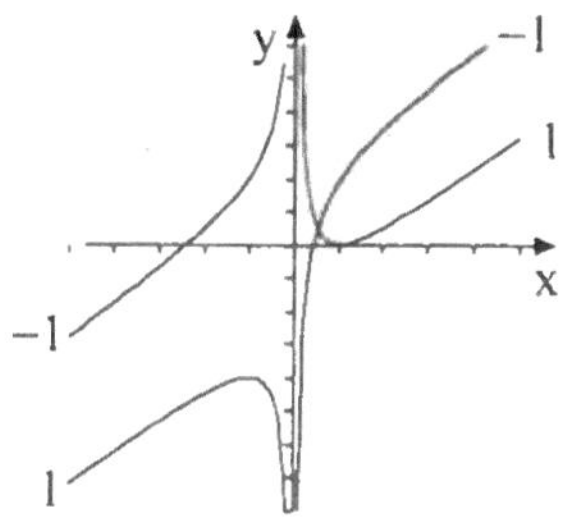

d) $f_a''(x)$ hat keine Nullstellen, da $a > 0$.

f) $f_2(x) = 0$ für $x = 2 \pm \sqrt{2}$

$f_2'(2 + \sqrt{2}) \approx 0{,}83$, $\alpha \approx 39{,}6°$

$f_2'(2 - \sqrt{2}) \approx -4{,}75$, $\alpha \approx 78{,}3°$

e)

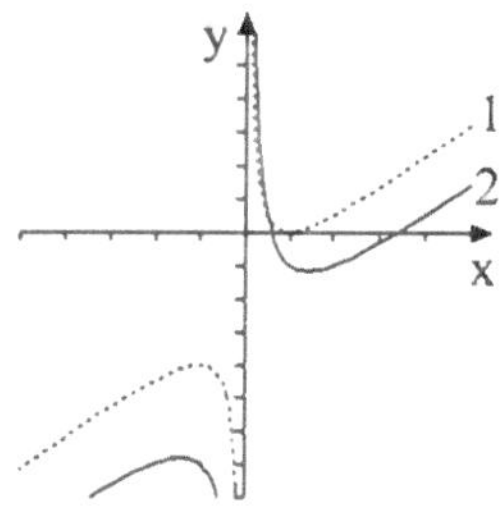

9. a) $y_v'(x) = \frac{1}{2} - \frac{10}{v^2}x = 0$, $x = \frac{v^2}{20}$

$y_v(\frac{v^2}{20}) = \frac{v^2}{80} = 5$, $v = 20\frac{m}{s}$

b) Sprungweite: $2 \cdot \frac{v^2}{20} = \frac{v^2}{10} = \frac{400}{10} = 40m$

c) Linke obere Dachkante des 1. Autos: $P(5 \mid 2)$; $f(5) = 2{,}5 - \frac{5}{400} \cdot 25 = 2{,}1875 > 2$. Er kann.

d) $f'(0) = 0{,}5$, $\alpha \approx 26{,}57°$

10. a) $f_a(1) = -\frac{1}{a}(1 - a - 2 + a + 1) = 0$ 49

b) $f_8(x) = -\frac{1}{8}(x^2 - 10x + 9) = 0$, $x = 9$, $x = 1$, Landung bei x = 9: $H(5 \mid 2)$
maximale Höhe: h = 2m
Abschlagwinkel: $f_8'(x) = -\frac{1}{8}(2x - 10)$, $f_8'(1) = -\frac{1}{8}(-8) = 1$, $\alpha = 45°$

c) $f_a'(x) = -\frac{1}{a}(2x - a - 2) = 0$, $x = \frac{a+2}{2}$, $f_a(\frac{a+2}{2}) = \frac{a}{4} \Rightarrow H(\frac{a+2}{2} \mid \frac{a}{4})$

d) $f_a'(1) = 1$, $\alpha = 45°$

e) $f_a(x) = 0$, $x = \frac{a+2}{2} \pm \sqrt{\frac{a^2+4a+4}{4} - a - 1}$, $x = a + 1$, $x = 1$

f) Ende des Sandbunkers: x = 21, a = 20

49 11. a) $f_2'(t) = -0{,}06t^2 + 1{,}2t = 0$, $t = 0$, $t = 20$

$f_2''(t) = -0{,}12t + 1{,}2$, $f_2''(20) = -1{,}2 < 0$, $H(20 \mid 130)$

Trendwende im Wendepunkt: $f_2''(t) = 0$ gilt für $t = 10$
Geschwindigkeit des Anstiegs: $f_2'(10) = 6$ \$/Monat

b) Es gilt ca. $H(20 \mid 210)$, also $f_a(20) = 40a + 50 = 210$, $a = 4$

c) $f_{-1}(t) = 0{,}01t^3 - 0{,}3t^2 + 50 = 25$, $t^3 - 30t^2 + 2500 = 0$

Wir lösen die Gleichung mithilfe des GTR angenähert.
Resultat: nach ca. 11,68 Monaten

12. a) $f_{15}(x) = 0$: $x^3 - 15x^2 = 0$, $x = 0$, $x = 15$

Wellenlänge 15m

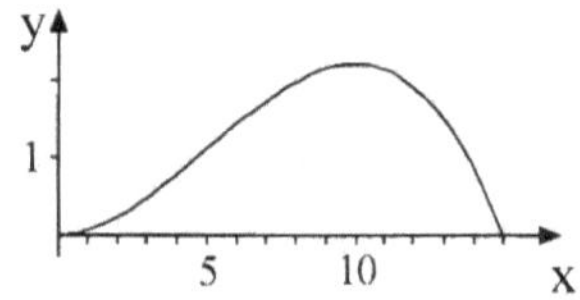

$f_{15}'(x) = -\frac{3}{225}x^2 + \frac{2}{15}x = 0$, $x = 0$ (Min), $x = 10$ (Max)

$f_{15}(10) = -\frac{1000}{225} + \frac{100}{15} \approx 2{,}22\text{m}$

Wellenhöhe ca. 2,22m

b) $a = 5$, $a = 10$ und $a = 20$

c) Im Wendepunkt: $f_{15}''(x) = -\frac{6}{225}x + \frac{2}{15} = 0$, $x = 5$, bei $x = 5$

d) $f_a'(x) = -\frac{3}{a^2}x^2 + \frac{2}{a}x = 0$, $x = 0$ (Min), $x = \frac{2a}{3}$ (Max)

$f_a(\frac{2a}{3}) = -\frac{8a}{27} + \frac{4a}{9} = \frac{4a}{27} = 4$, $a = 27$

50 13. a) $f_{-0,25}(x) = -0{,}5x^3 + 3x$

Nullstellen: $x = 0$ und $x = \pm\sqrt{6}$

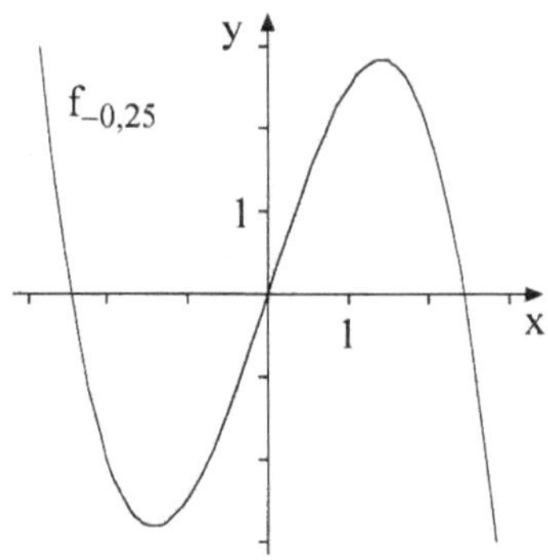

$f'_{-0,25}(x) = -1{,}5x^2 + 3$, $f''_{-0,25}(x) = -3x$, $f'''_{-0,25}(x) = -3$

Extrema: $f'_{-0,25}(x) = 0$ für $x = \pm\sqrt{2}$

$f'_{-0,25}(-\sqrt{2}) > 0 \Rightarrow T(-\sqrt{2} \mid -2\sqrt{2}) \approx (-1{,}41 \mid -2{,}83)$

$f'_{-0,25}(\sqrt{2}) < 0 \Rightarrow H(\sqrt{2} \mid 2\sqrt{2}) \approx (1{,}41 \mid 2{,}83)$

Wendepunkte: $f''_{-0,25}(x) = 0$ für $x = 0$

$f'''_{-0,25}(0) < 0 \Rightarrow$ LRWP $W(0|0)$

b) $H(\sqrt{2} \mid 2\sqrt{2})$

$f_a(\sqrt{2}) = 4a\sqrt{2} + 2\sqrt{2} - 4a\sqrt{2} = 2\sqrt{2}$

c) $f_a'(x) = 6ax^2 + 2 - 4a$, $f_a'(\sqrt{2}) = 8a + 2 = 6$ gilt für $a = 0{,}5$

d) $f_a'(x)$ hat keine Nullstellen für $\frac{4a-2}{6a} < 0$. Dies ist der Fall für $0 < a < 0{,}5$.

Für $a = 0{,}5$ hat f_a' die Nullstelle $x = 0$. Hier liegt ein Sattelpunkt vor.
Für $a = 0$ ist f_a eine lineare Funktion ohne lokale Extrema.

e) Die Wendenormale hat die Steigung $m = -\frac{1}{f_a'(0)} = \frac{1}{4a-2} = \frac{1}{2}$, dies gilt für $a = 1$.

14. a) Nullstellen: $(\frac{1}{12a}x^2 - x + 3a)x = 0$, $x^2 - 12ax + 36a^2 = 0$ 50
gilt für $x = 0$ und $x = 6a$ (doppelte)
$f_a'(x) = \frac{1}{4a}x^2 - 2x + 3a$, $f_a''(x) = \frac{1}{2a}x - 2$, $f_a'''(x) = \frac{1}{2a}$
$f_a'(x) = 0$ gilt für $x = 2a$ und $x = 6a$
$f_a''(2a) = -1 < 0$, $H(2a|\frac{8}{3}a^2)$, $f_a''(6a) = 1 > 0$, $T(6a|0)$

b) Für den Inhalt des Dreiecks gilt:

$A(z) = \frac{1}{2}z \cdot f(z) = \frac{1}{2}(\frac{1}{12}z^4 - z^3 + 3z^2)$, $A'(z) = \frac{1}{2}(\frac{1}{3}z^3 - 3z^2 + 6z)$

$A'(z) = 0$: $\frac{1}{3}z(z^2 - 9z + 18) = 0$ gilt für $z = 0, z = 3$ und $z = 6$

$A''(z) = 0{,}5(z^2 - 6z + 6)$, $A''(3) = -3 < 0$ also Maximum bei $z = 3$; $y = f_1(3) = 2{,}25$

c) Ansatz: $t(x) = f'(4a)(x-4a) + f(4a) = -ax + \frac{16}{3}a^2$
Achsenschnittpunkte: $y = \frac{16}{3}a^2$, $x = \frac{16}{3}a$
Inhalt des Dreiecks: $A = \frac{x \cdot y}{2} = \frac{128}{9}a^3 = 384$ gilt für $a = 3$

15. a) $f_a'(x) = 3x^2 + (6-6a)x - 12a$, $f_a''(x) = 6x + 6 - 6a$
$f_a'(x) = 0$ für $x = -2$ und $x = 2a$
$f_a''(-2) = -6 - 6a < 0$ also Hochpunkt mit $f_a(-2) = -8 + 12 + 12a = 4 + 12a$

b) $f_a''(x) = 0$ für $x = a-1$, $f_a'''(x) = 6 \neq 0$ also Wendepunkt
mit $f_a(a-1) = -2(a-1)^3 - 12a^2 + 12a = -2a^3 - 6a^2 + 6a + 2$

c) $a = 1$: $W(0|0)$, $f_1'(0) = -12$, $t(x) = -12x$

d) $f_a'(a-1) = -3a^2 - 6a - 3 = 0$: $a^2 + 2a + 1 = 0$ gilt für $a = -1$
Also Sattelpunkt $S(-2|-8)$

16. a) $P(4|7{,}5)$: $7{,}5 = a - \frac{b}{16}$ 51

$Q(1|0)$: $0 = a - b$, $a = b$, $120 = 15a$, $a = 8$: $f(x) = 8 - \frac{8}{x^2}$

b) $f'(x) = \frac{16}{x^3} = 1$ gilt für $x = \sqrt[3]{16} \approx 2{,}52$, $y \approx 6{,}74$ (in m)

c) $f(2) = 6$, $f'(2) = 2$, rechte Mantellinie: $t_1(x) = 2x + 2$, linke: $t_2(x) = -2x + 2$

Kegelvolumen: $V = \frac{1}{3}4\pi \cdot 4 = \frac{16}{3}\pi \approx 16{,}76\ m^3$

d) $f'(4) = 0{,}25$ beträgt die Steilheit am oberen Rand.
maximale Steilheit: $f'(1) = 16$

17. a) $18 = 6a$, $a = 3$

b) $f'(x) = \frac{3}{2\sqrt{x}}$, $f'(36) = 0{,}25$ Steilheit am oberen Rand

$f'(x) = \frac{3}{10}$ gilt für $x = 25$

c) (1) $f(x) = 9$ gilt für $x = 9$, $f'(9) = 0{,}5$ beträgt die Steigung der Rampe
(2) $t(x) = 0{,}5x + 4{,}5$
(3) $l = \sqrt{18^2 + 9^2} = \sqrt{405} \approx 20{,}12$ m

8. Funktionsuntersuchungen bei realen Prozessen

52 1. a) Wasserstand nach 10 Minuten: $h(10) = 56{,}25$ cm

b) Ablaufmenge in den ersten 10 Minuten:

$$V = \pi \cdot R^2 \cdot H = \pi \cdot 30^2 \cdot 43{,}75 \approx 123700\ \text{cm}^3 \approx 123{,}7\ \text{Liter}$$

Ablaufmenge in den letzten 10 Minuten: Wasserstand nach 30 Minuten: $h(30) = 6{,}25$ cm

$$V = \pi \cdot R^2 \cdot H = \pi \cdot 30^2 \cdot 6{,}25 \approx 17641{,}46\ \text{cm}^3 \approx 17{,}6\ \text{Liter}$$

c) Wir berechnen zunächst die Höhe Δh einer Wasserschicht in der Tonne, die 10 Liter

Volumen hat: $\pi \cdot R^2 \cdot \Delta h = 10000$ (Ansatz)

$$\Delta h = \frac{10000}{\pi R^2} = \frac{10000}{\pi \cdot 30^2} \approx 3{,}54\ \text{cm}$$

Nun bestimmen wir die Zeit, die benötigt wird, um das Wasser von 100 cm Höhe auf $100 - 3{,}54 = 96{,}46$ cm Höhe ablaufen zu lassen.

$h(t) = 96{,}46$ Ansatz)

$\frac{1}{16}t^2 - 5t + 100 = 96{,}46$, $t^2 - 80t + 56{,}64 = 0$

$t = 40 \pm \sqrt{1543{,}36} \approx 40 \pm 39{,}29 = 0{,}71\ \text{min} \approx 43\text{s}$ ($t = 79{,}29$ min Scheinlös.)

53 2. a) $h(10) = 20 \cdot 10^{1/3} \approx 43{,}09$ cm

b) $h(t) = 100$ (Ansatz), $20t^{1/3} = 100$, $t^{1/3} = 5$, $t = 125$ min

c) Die momentane Steiggeschwindigkeit wird durch die Ableitung $h'(t)$ erfasst.

$h'(t) = \frac{20}{3} \cdot t^{-\frac{2}{3}}$, $h'(10) \approx 1{,}454 \frac{\text{cm}}{\text{min}}$

d) $h'(t) = 1$ (Ansatz), $\frac{20}{3} \cdot t^{-2/3} = 1$, $t \approx 17{,}21$ min

e) In 125 Minuten (s. Aufgabenteil b) wird der Behälter auf die volle Höhe von 100 cm gefüllt:

Die mittlere Steiggeschwindigkeit des Wasserstandes ist daher $\overline{v} = \frac{\Delta h}{\Delta t} = \frac{100\text{cm}}{125\text{min}} = 0{,}8 \frac{\text{cm}}{\text{min}}$.

54 3. a) Gewinnfunktion: $G(x) = 120x - K(x) = 120x - (0{,}01x3 - 1{,}8x^2 + 165x) = -0{,}01x^3 + 1{,}8x^2 - 45x$

b) Wertetabelle: Graph:

x	G(x)
0	0
20	–260
40	440
60	1620
80	2800
100	3500
120	3240
140	1540
160	–2080

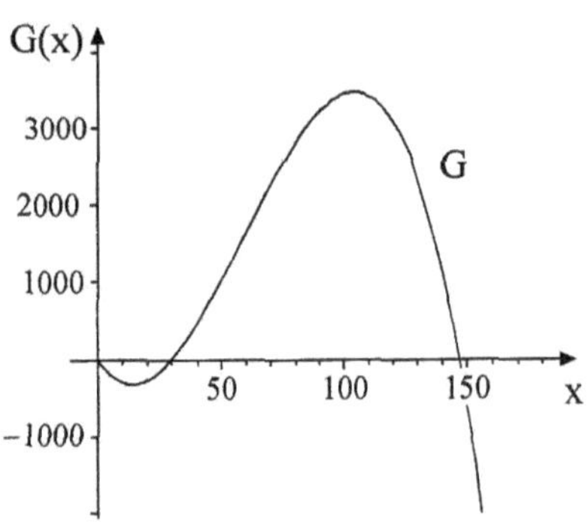

3. c) Wir berechnen die Nullstellen von G: 54

Ansatz: $G(x) = 0$: $-0{,}01x^3 + 1{,}8x^2 - 45x = 0$, $-0{,}01x^2 + 1{,}8x - 45 = 0$

$x^2 - 180x - 4500 = 0$, $x_{1/2} = 90 \pm \sqrt{3600}$, $x_1 = 30$, $x_2 = 150$

Gewinne werden erzielt für Stückmengen x mit $30 < x < 150$.

d) Ansatz: $G'(x) = 0$: $-0{,}03x^2 + 3{,}6x - 45 = 0$, $x^2 - 120x + 1500 = 0$

$x_{1/2} = 60 \pm \sqrt{2100}$, $x_1 \approx 14{,}17$ (Min.), $x_2 \approx 105{,}83$ (Max.)

Es müssen ca. 106 Geräte pro Tag produziert werden, um den Gewinn zu maximieren. Dieser beträgt dann ca. 3545 Euro.

e) Bei der Vollauslastung von 160 Geräten betragen die Kosten $K(160) = 21280$ Euro. Pro Gerät fallen also Kosten von $\frac{21280}{160} = 133$ Euro an. So hoch müsste der Verkaufspreis mindestens sein, um Verluste zu vermeiden.

4. a) Stadt 1: Zu Beginn ($t = 0$) $20\mu g/m^3$, ansteigend bis $t = 10$ auf $45\mu g/m^3$, dann fallend bis $t = 20$ auf $20\mu g/m^3$. 55

Stadt 2: Zu Beginn ($t = 0$) $10\mu g/m^3$, ansteigend bis ca. $t = 12$ auf $52\mu g/m^3$, dann fallend bis $t = 20$ auf $30\mu g/m^3$.

b) $f(4) = 30{,}24\mu g/m^3$; $f(11) = 44{,}50\mu g/m^3$; $g(4) = 23{,}60\mu g/m^3$; $g(11) = 51{,}44\mu g/m^3$

c) Bestimmung der Extrema:

$f'(t) = 0{,}01(t^3 - 30t^2 + 200t) = 0$, $t = 0$, $t = 10$, $t = 20$

$g'(t) = 0{,}01(t^3 - 33t^2 + 250t) = 0$, $t = 0$, $t \approx 11{,}78$, $t \approx 21{,}22$

$f(10) = 45 < 50$, $g(11{,}78) \approx 51{,}79 > 50$

Der Grenzwert wird für g (Stadt 2) überschritten, für f (Stadt 1) nicht.

d) Stärkste Zunahme in den Wendepunkten während der Anstiegphase:

$f''(t) = 0{,}01(3t^2 - 60t + 200) = 0$, $t \approx 4{,}23\ (15{,}77)$

$g''(t) = 0{,}01(3t^2 - 66t + 250) = 0$, $t \approx 4{,}86\ (17{,}14)$

Stärkste Zunahme für f (Stadt 1) für ca. $t = 4{,}23$, für g (Stadt 2) für ca. $t = 4{,}86$.

5. a)

t in h	0	1	2	3	4	5	6
f in km/h	0	2,5	2	0	−2	−2,5	0

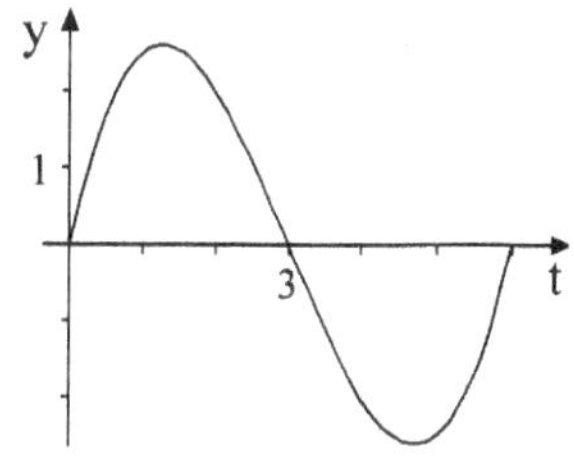

b) $f(t) = 0$: $t = 0$ bzw. $t^2 - 9t + 18 = 0$, also $t = 3$, $t = 6$

Die Staulänge nimmt ab 7.00 Uhr zu bis 10.00 Uhr. Dann nimmt sie wieder ab, bis 13.00 Uhr.

c) $f'(t) = \frac{1}{4}(3t^2 - 18t + 18) = 0$, $t = 3 \pm \sqrt{3}$, $t \approx 1{,}27$, $t \approx 4{,}73$

Stärkste Zunahme: ca. $t = 1{,}27$, stärkste Abnahme: ca. $t = 4{,}73$

d) $F'(t) = \frac{1}{4}t^3 - \frac{9}{4}t^2 + \frac{18}{4}t = \frac{1}{4}(t^3 - 9t^2 + 18) = f(t)$

Staulänge bei $t = 0$: $F(0) = 0$

e) $F(2) - F(1) \approx 1{,}44$km ; die Staulänge wächst um ca. 1,44km

$F'(t) = f(t) = 0$: $\Rightarrow t = 0$ (Min), $t = 3$ (Max), $t = 6$ (Min)

Der Stau ist um 10 Uhr mit ca. 5,06km am längsten und hat sich um 13 Uhr aufgelöst.

55 6. a) Eingabe der Funktionsgleichung und Zeichnung mit dem GTR:

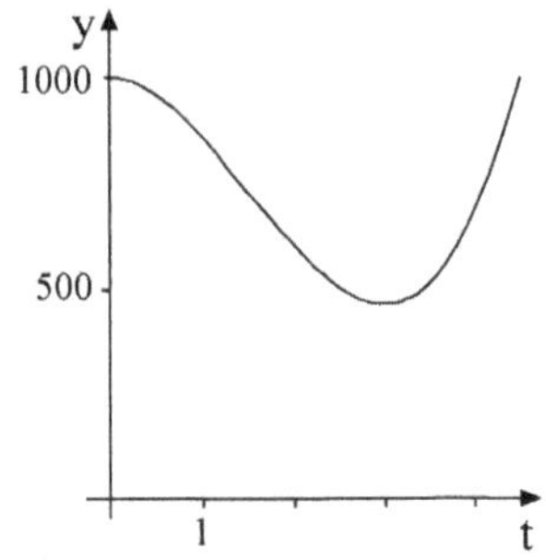

b) $p'(t) = 120t^2 - 360t = 0$, $t = 0$, $t = 3$

$p''(t) = 240t - 360$, $p''(0) = -360 < 0 \Rightarrow H(0 \mid 1000)$

$p''(3) = 360 > 0 \Rightarrow T(3 \mid 460)$

Der Druck ist für t = 3 am niedrigsten (460mbar).

c) Im Wendepunkt fällt p am schnellsten.

$p''(t) = 240t - 360 = 0$, $t = 1{,}5$

d) $40t^3 - 180t^2 + 1000 = 750$, $t^3 - 4{,}5t^2 + 6{,}25 = 0$

Näherungslösungen: (ca. 1,4) und 4,13

Der Druck bleibt für 2,73 min unter 750mbar.

57 7. b) $v(t) = s'(t) = 0{,}24t - 72$

c) $v(0) = -72$ m/s $= -259{,}2$km/h

Das negative Vorzeichen bedeutet, dass s(t) fällt, d.h. die Sonde bewegt sich mit 259,2 km/s auf den Mond zu.

d) $v(240) = -14{,}4$m/s ; $s(240) = 632$m

Die Sonde bewegt sich wegen des negativen Vorzeichens von v auf den Kometen zu.

a)

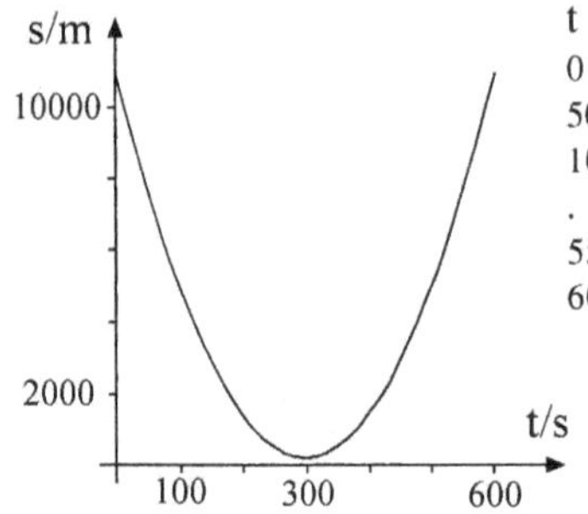

t	h(t)
0	11000
50	7700
100	5000
.	.
550	7700
600	11000

e) $v(t) = 0{,}24t - 72 = 0 \Rightarrow t = 300$s

Minimaler Abstand: $s(300) = 200$m

8. a) $U(x) = 120x$

$G(x) = U(x) - K(x) = -0{,}02x^3 + 3x^2 - 52x - 2400$

b)

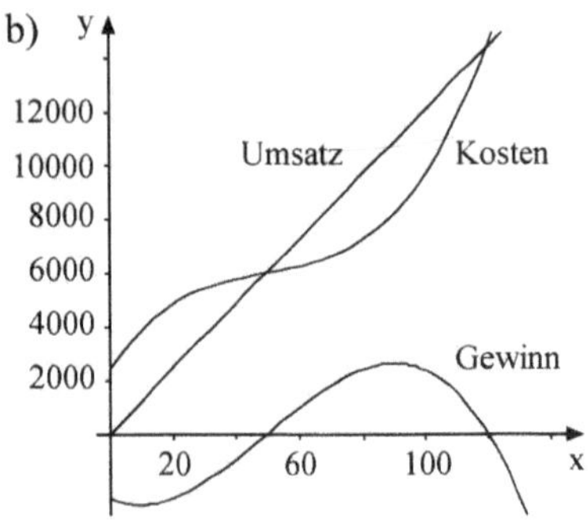

c) Ablesen aus dem Graphen ergibt, dass die Gewinnfunktion zwischen x = 50 und x = 120 positiv ist.

Der Gewinnbereich ist also $50 < x < 120$.

Ergänzung: Rechnerische Lösung:

$G(x) = 0$: $-0{,}02x^3 + 3x^2 - 52x - 2400 = 0$

$x^3 - 150x^2 + 2600x + 120000 = 0$

Wir lösen mit dem GTR: x = 50, 120 und –20

d) Ansatz: $G'(x) = 0$

$-0{,}06x^2 + 6x - 52 = 0$, $x^2 - 120x + 866{,}67 = 0$, $x = 90{,}41$ (Max.) ($x = 9{,}59$ Min.)

$G(90) \approx 2640$, $G(91) \approx 2639{,}53$

Eine Stückzahl von $x \approx 90$ maximiert den Tagesgewinn.

e) x = 130 Fahrräder verursachen Kosten von K(130) = 18000 Euro.

Um diese auszugleichen, muss man pro Fahrrad $\frac{18000}{130} \approx 138{,}46$ € erlösen.

9. b) $c(0,75) \approx 51{,}05 \mu g / cm^3$ 57

a)

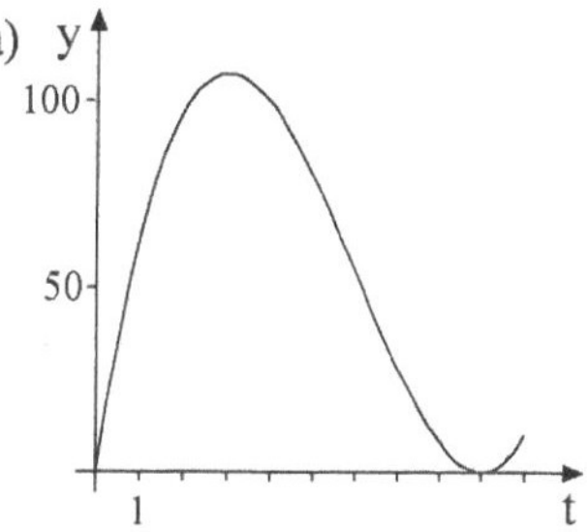

c) $c(t) = 0: \quad t(t^2 - 18t + 81) = 0, \quad t = 0, \quad t = 9$
Nach 9 Stunden ist das Medikament völlig abgebaut.

d) $c'(t) = 3t^2 - 36t + 81 = 0, \quad t = 3, \quad t = 9, \quad c(3) = 108$
Die maximale Konzentration beträgt 108 und wird nach 3 Stunden angenommen.

e) Die Konzentration steigt von t = 0 bis t = 3.
Sie sinkt dann von t = 3 bis t = 9.

f) im Wendepunkt: $c''(t) = 6t - 36 = 0, \quad t = 6$
stärkste Abnahme bei t = 6.

g) $c(t) = t^3 - 18t^2 + 81t > 80$ gilt ab ca. t = 1,38 bis t = 5
Schmerzfrei für ca. 3,62 Stunden, also etwas weniger als 4 Stunden.

10. a) $f(x) = ax^2 + bx + c$, $f'(x) = 2ax + b$ 58

$f(0) = 90 = c$, $f(12) = 96$: $144a + 12b + 90 = 96$, $f'(4) = 0$: $8a + b = 0$, $a = -0{,}125b$

$144 \cdot (-0{,}125b) + 12b = 6 \Rightarrow b = -1$, $a = 0{,}125$

$f(x) = 0{,}125x^2 - x + 90$

b) $f(x) = g(x): \quad 0{,}01x^3 - 0{,}125x^2 + 0{,}06x = 0, \quad x(x^2 - 12{,}5x + 6) = 0$

$x = 0, \quad x = 0{,}5, \quad x = 12$

Beide Preise starten zur Zeit x = 0 mit einem Preis von 90 \$. Der Ölpreis fällt zunächst unter den Gaspreis, überholt diesen jedoch bei x = 0,5, bis sich beide bei x = 12 wieder treffen.
Der Ölpreis fällt von x = 0, bis x = 4, danach steigt er bis x = 12.

$g'(x) = 0{,}03x^2 - 0{,}94 = 0, \quad x \approx 5{,}6, \quad g''(x) = 0{,}06x, \quad g''(5{,}6) > 0 \Rightarrow \text{TP}$

Der Gaspreis fällt bis ca. x = 5,6, danach steigt er bis x = 12.

c) minimaler Ölpreis: $f(4) = 88$ \$/Barrel
minimaler Gaspreis: $g(5{,}6) \approx 86{,}49$ \$/Barreläquivalent

d) Die mittlere jährliche Preissteigerungsrate beträgt jeweils 6\$/Barrel bzw. Barreläquivalent.

e) $g''(x) = 0$ für $x = 0$
Die momentane Preissteigerungsrate beim Gas ist am rechten Rand maximal mit $g'(12) = 3{,}38$.

f) Differenzfunktion:

$d(x) = -0{,}01x^3 + 0{,}125x^2 - 0{,}06x, \quad d'(x) = -0{,}03x^2 + 0{,}25x - 0{,}06 = 0$

$x^2 - \frac{25}{3} + 2 = 0, \quad x \approx 0{,}25, \quad x \approx 8{,}09, \quad d''(x) = -0{,}06x + 0{,}25$

$d''(0{,}25) \approx 0{,}235 > 0 \Rightarrow \text{Min}, \quad d''(8{,}09) \approx -0{,}235 < 0 \Rightarrow \text{Max}$

Nach ca. 8,09 Monaten war die Preisdifferenz Öl/Gas am größten.

11. a) Es gilt h(0) = 1, d.h. der Schwerpunkt des Springers liegt in 1m Höhe.
Nach dem Sprung landet er in 0,5m Höhe auf der Matte.
Gesucht ist also die Dauer des Fluges von 1m nach 0,5m Höhe.
Start in 1m Höhe: t = 0

Ende in 0,5m Höhe: $h(t) = -5t^2 + 9t + 1 = 0{,}5, \quad t^2 - \frac{9}{5}t - 0{,}1 = 0, \quad t \approx 1{,}85, \quad (t \approx -0{,}05)$

Der Flug dauert ca. 1,85s.

58 11. b) Wir stellen h in der Scheitelpunktsform dar: $h(t) = -5(t - \frac{9}{10})^2 + \frac{101}{20}$, $S(\frac{9}{10} \mid \frac{101}{20})$

Der Schwerpunkt liegt also $\frac{1}{20}m = 5cm$ über der Latte, d.h. sie wird gerissen.

c) $v(t) = h'(t) = -10t + 9$, $v(1{,}85) = -9{,}5\frac{m}{s}$

Er landet mit 9,5m/s bzw. mit 34,2 km/h auf der Matte.

d) $-5t^2 + 9t + 1 = 5$, $t^2 - \frac{9}{5} + \frac{4}{5} = 0$, $t = 1$, $t = 0{,}8$

Der Schwerpunkt befindet sich 0,2 Sekunden über der Latte.

12. b) $m = \frac{h(100) - h(0)}{100} = \frac{\frac{10}{3} - 120}{100} \approx -1{,}17\frac{m}{Tag}$

a)

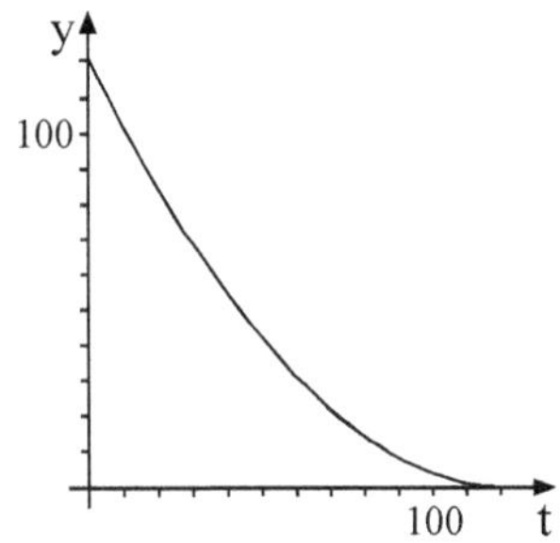

c) $h'(t) = \frac{1}{60}t - 2$, $h'(0) = -2\frac{m}{Tag}$, $h'(50) \approx -1{,}17\frac{m}{Tag}$

zu Beginn: –2m/Tag , in der Mitte: ca. –1,17m/Tag

d) $h'(t) = -1$: $\frac{1}{60}t - 2 = -1$, $t = 60$

am 60. Tag

e) $h(t) = 7{,}5$: $t^2 - 240t + 13500 = 0$, $t = 90$, $t = 150$

am 90. Tag

f) $h(t) = 0$ gilt für $t = 120$

am 120. Tag

Test

62 1. a) $f'(x) = -3x^2 + 6x = 0$ gilt für $x = 0$ und $x = 2$.

$f'(x) < 0$ gilt für $x < 0$ und für $x > 2$, dort ist f streng monoton fallend.

$f'(x) > 0$ gilt für $0 < x < 2$, dort ist f streng monoton steigend.

b) $f''(x) = -6x + 6 = 0$ gilt für $x = 1$.

$f''(x) > 0$ gilt für $x < 1$, dort ist f linksgekrümmt.

$f''(x) < 0$ gilt für $x > 1$, dort ist f rechtsgekrümmt.

2. a) $f'(x) = 0$ ist notwendig für einen Hochpunkt.

b) $f'(x) = 0$ und $f''(x) < 0$ ist hinreichend für einen Hochpunkt.

3. a) Der Term von f enthält gerade und ungerade Exponenten, d.h. keine Standardsymmetrie. 62
Nullstellen: x = 0 und x = 3

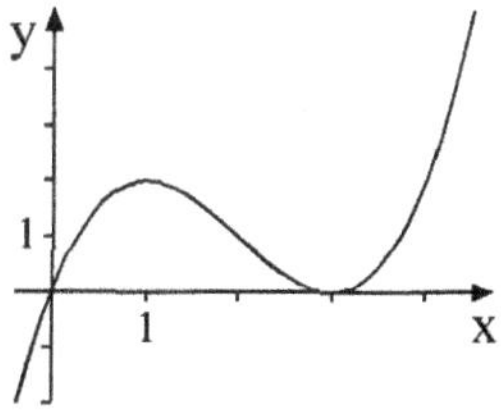

Extrema: $f'(x) = \frac{3}{2}x^2 - 6x + \frac{9}{2} = 0, \quad x = 1, \quad x = 3$

$f''(x) = 3x - 6, \quad f''(1) = -3 < 0 \Rightarrow H(1|2)$

$f''(3) = 3 > 0 \Rightarrow T(3|0)$

Wendepunkt: $f''(x) = 0$ gilt für x = 2, $f'''(x) = 3 > 0$, W(2|1)

b) $f'(0) = 4{,}5, \quad \alpha \approx 77{,}5$

4. a) H(−2|−2), T(2|2)

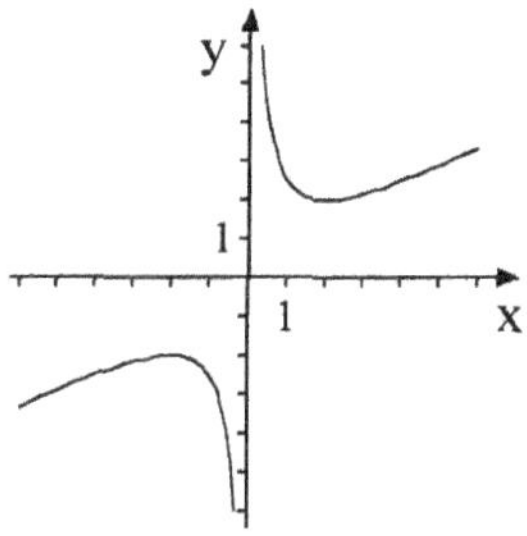

b) $f'(x) = 0{,}5 - \frac{2}{x^2}, \quad f'(1) = -1{,}5$

$t(x) = -1{,}5 + 4$

Schnittpunkte mit den Achsen:

$X(\frac{8}{3}|0), \quad Y(0|4)$

5. a)

t	0	2	4	6	8	10	12	14	16
d	200	218,7	253,9	272	242,7	133,3	−88	−453,3	−994,7

b) $d'(t) = -\frac{6}{5}t^2 + 12t = 0, \quad t = 0, \quad t = 10, \quad d''(t) = -\frac{12}{5}t + 12$

$d''(0) = 12 > 0 \Rightarrow T(0|200), \quad d''(10) = -12 < 0 \Rightarrow H(10|400)$

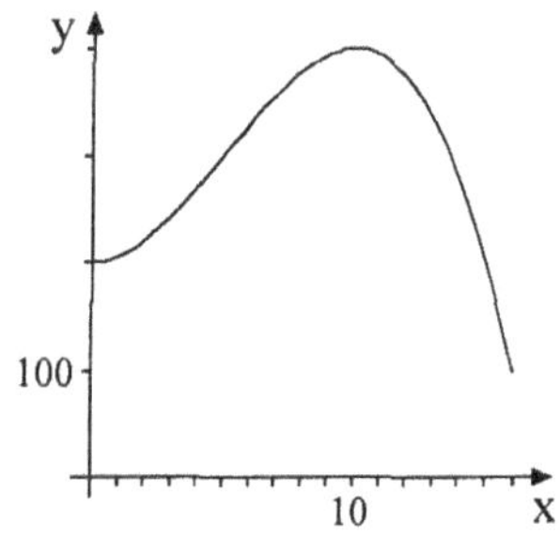

c) im Wendepunkt:
$d''(t) = 0$ gilt für t = 5
Für t = 5 ändert sich die Durchflussrate am stärksten.

d) $d(t) = 250: \quad t^3 - 15t^2 + 125 = 0$ hat die
Näherunglösungen 3,26 und 14,40 (62,66).
Der Alarm dauert ca. 11,14 min und beginnt ca. 3,26min nach Beginn des Unwetters.

6. a) Nullstellen: x = 0 und x = 3a
Extrema:

$f_a'(x) = \frac{3}{4}x^2 - \frac{3}{2}ax, \quad f_a''(x) = \frac{3}{2}x - \frac{3}{2}a$

$f_a'(x) = 0 \Rightarrow \quad x = 0, \quad x = 2a$

$f_a''(0) = -\frac{3}{2}a < 0 \Rightarrow H(0|0), \quad f_a''(2a) = \frac{3}{2}a > 0 \Rightarrow T(2a|-a^3)$

Wendepunkte: $f_a''(x) = 0$ gilt für x = a, $W(a|-\frac{1}{2}a^3)$

b) Für a = 1,5.

c) Für a = 2.

d)

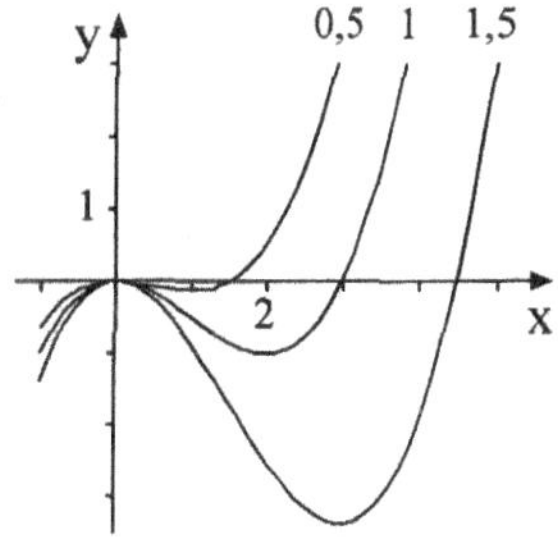

e) $x = 2a, \quad a = 0{,}5x$

$y = -a^3 = -\frac{1}{8}x^3$

II. Anwendungen der Differentialrechnung
1. Extremalprobleme

65 1. $P = a \cdot b^2$, $a+b = 60$, $a = 60 - b$, $P(b) = 60b^2 - b^3$, $P'(b) = -3b^2 + 120b = 0$, $b = 40$, $a = 20$

2. $A(x) = \text{Breite} \cdot \text{Höhe} = x \cdot (3 - \frac{x}{2}) = -\frac{1}{2}x^2 + 3x$, $A'(x) = -x + 3 = 0 \Rightarrow x = 3$
$A''(x) = -1$, $A''(3) = -1 < 0 \Rightarrow \text{Max}$

3. $A = 2rh + \frac{1}{2}\pi \cdot r^2$, $20 = 2r + 2h + r\pi$, $A(r) = 20r - 2r^2 - 0{,}5\pi r^2$
$A'(r) = 20 - 4r - \pi r$, $A'(r) = 0$, $r \approx 2{,}8$ m, $A \approx 28\text{m}^2$, $A''(r) = -4 - \pi < 0 \Rightarrow \text{Max}$

66 4. $A(x) = \frac{1}{2}(12 - x) \cdot (x - \frac{1}{12}x^2) = \frac{1}{24}x^3 - x^2 + 6x$
$A'(x) = \frac{1}{8}x^2 - 2x + 6 = 0$, $x = 12$, $x = 4$
$A''(x) = \frac{1}{4}x - 2$, $A''(4) = -1 < 0 \Rightarrow P(4 \mid \frac{7}{3})$

67 5. $A = \pi r^2 + x^2$, $2\pi r + 4x = 10$, $x = 2{,}5 - 0{,}5\pi r$, $A(r) = (\pi + 0{,}25\pi^2)r^2 - 2{,}5\pi r + 6{,}25$
$A'(r) = 2(\pi + 0{,}25\pi^2)r - 2{,}5\pi = 0$, $r = \frac{2{,}5}{2 + 0{,}5\pi} \approx 0{,}70$, $x \approx 1{,}40$, $A_{min} \approx 3{,}50\text{m}^2$

69 6. $A = 400h + 200b$, $h \cdot b = 250$, $A(h) = 400h + \frac{50000}{h}$, $A'(h) = 400 - \frac{50000}{h^2}$
$A'(h) = 0$, $h \approx 11{,}18$ cm, $b \approx 22{,}36$cm

7. $M = x + 3y$, $3 = xy$, $M(y) = \frac{3}{y} + 3y$, $M'(y) = -\frac{3}{y^2} + 3 = 0$, $y = 1$ m, $x = 3$ m

8. $K = 8\pi r^2 + 2\pi rh$, $1000 = \pi r^2 h \Rightarrow h = \frac{1000}{\pi r^2}$
$K(r) = 8\pi r^2 + \frac{2000}{r}$, $K'(r) = 0 \Rightarrow$ $r \approx 3{,}41$ cm, $h \approx 27{,}31$ cm

71 9. $V = \pi r^2 h$, $\pi r^2 + 2\pi rh = 2$, $h = \frac{1}{\pi r} - \frac{r}{2}$, $V(r) = r - \frac{\pi}{2}r^3$

a) $V' = 1 - \frac{3}{2}\pi r^2 = 0 \Rightarrow r = \sqrt{\frac{2}{3\pi}} \approx 0{,}4607\text{ m} = 46{,}07\text{cm} \Rightarrow h \approx 46{,}07\text{ cm}$

b) $V = \pi r^2 h$, $\pi r^2 + 2\pi rh = M \Rightarrow h = \frac{M}{2\pi r} - \frac{r}{2}$, $V(r) = \frac{M}{2} \cdot r - \frac{\pi}{2}r^3$
$V'(r) = \frac{M}{2} - \frac{3\pi}{2}r^2 = 0 \Rightarrow r = \sqrt{\frac{M}{3\pi}} \Rightarrow h = \sqrt{\frac{M}{3\pi}}$

10. $A = (xy \cdot \sqrt{2} + y^2) \cdot 10$, $2x + 4y = 50$, $x = 25 - 2y$
$A(y) = 10\sqrt{2} \cdot (25y - 2y^2) + 10y^2$
$A'(y) = 10\sqrt{2} \cdot (25 - 4y) + 20y = 0 \Rightarrow y \approx 9{,}67 \Rightarrow x \approx 5{,}66$

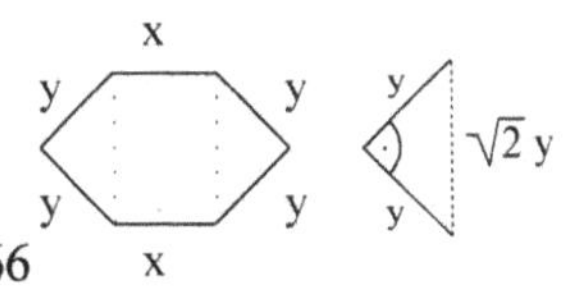

11. $A = xy$, $\frac{x}{50} = \frac{80-y}{80}$, $A(y) = -\frac{5}{8}y^2 + 50y$, $A'(y) = 0$, $y = 40$ cm, $x = 25$ cm

12. x sei die Preissenkung, U der Umsatz 72
   a) Die Besucherzahl steigt auf $100 + 10x$, der Preis fällt auf $12 - x$. Der Umsatz ist also dann $U(x) = (100+10x)(12-x) = -10x2 + 20x$, $U'(x) = -20x + 20 = 0$ für $x = 1$
   optimaler Eintrittspreis: 11 Euro
   b) $G(x) = U(x) - K(x) = (100+10x)(12-4-x) - 300$, $G'(x) = 0$ für $x = -1$
   $x = -1$ wäre eine Preiserhöhung von 1 Euro. Da eine solche nicht in Frage kommt, muss er den am nächsten liegenden erlaubten Wert nehmen, also den Randwert $x = 0$. Es bleibt also beim alten Preis von 12 Euro.

12. a) relatives Maximum: $f(-3) = 28$ 73
   relatives Minimum: $f(1) = -4$ absolutes Minimum: $f(1) = -4$
   linker Randwert: $f(-2) = 23$
   rechter Randwert: $f(6) = 271$ absolutes Maximum: $f(6) = 271$
   b) rel. Min.: $f(1{,}5) = -13{,}5$ absolutes Minimum: $f(1{,}5) = -13{,}5$
   rel. Max.: $f(-1{,}5) = 13{,}5 = f(3)$ absolutes Maximum: $f(-1{,}5) = f(3) = 13{,}5$
   (Randwerte: $f(-2) = 11$, $f(3) = 13{,}5$)
   c) rel. Min: $f(0) = 0$ und $f(1) = 0$ absolutes Minimum: $f(0) = f(1) = 0$
   rel. Max.: $f(0{,}5) = 1/16$
   linker Randwert: $f(-2) = 36$ absolutes Maximum: $f(-2) = 36$
   rechter Randwert: $f(2) = 4$

13. $V = \frac{1}{2} h \cdot b \cdot 2 = h \cdot b$, $1 = \sqrt{h^2 + \frac{b^2}{4}}$, $h = \sqrt{1 - \frac{b^2}{4}}$ 77

$$V(b) = \sqrt{1 - \frac{b^2}{4}} \cdot b, \quad V^2(b) = \left(1 - \frac{b^2}{4}\right) \cdot b^2 = b^2 - \frac{1}{4} b^4$$

$$(V^2(b))' = 2b - b^3 = 0, \quad b = \sqrt{2}, \quad h = \sqrt{\frac{1}{2}} \approx 0{,}71$$

Das Zelt müsste ca. 71 cm hoch sein.

14. $V = \frac{\pi}{4} y^2 \cdot \pi$, $2(x + y) = 30$, $y = 15 - x$

$$V(x) = \frac{225}{4} \pi \cdot x - \frac{15}{2} \pi \cdot x^2 + \frac{\pi}{4} x^3, \quad V'(x) = \frac{3}{4} \pi \cdot x^2 - 15\pi x + \frac{225}{4} \pi = 0, \quad x = 5 \quad (x = 15)$$

Für $x = 5$ und $y = 10$ ergibt sich das maximale Volumen.

15. $V = 2\pi r^2 + \frac{\pi}{3} r^2 h$, $r^2 + h^2 = 5$, $r^2 = 5 - h^2$

$$V(h) = -\frac{\pi}{3} h^3 - 2\pi h^2 + \frac{5}{3} \pi h + 10\pi, \quad V'(h) = -\pi h^2 - 4\pi h + \frac{5}{3} \pi = 0 \Rightarrow h^2 + 4h - \frac{5}{3} = 0$$

$$h = -2 \pm \sqrt{\frac{17}{3}} \approx -2 \pm 2{,}38 \Rightarrow h \approx 0{,}38 \quad (h \approx -4{,}38), \quad r \approx 2{,}20$$

16. $A = 2rh$, $R^2 = r^2 + \frac{1}{4} h^2$, $h = \sqrt{4R^2 - 4r^2}$

$$A(r) = 2r \cdot \sqrt{4R^2 - 4r^2}, \quad A^2(r) = 16r^2 \cdot R^2 - 16r^4, \quad (A^2(r))' = 32r \cdot R^2 - 64r^3 = 0$$

$$r = \frac{R}{\sqrt{2}} \approx 0{,}71R, \quad h = \sqrt{2} \cdot R \approx 1{,}41R$$

Ergibt maximalen Flächeninhalt für $r = 0{,}71R$ und $h = 1{,}41R$.

77 Kugelversion der Aufgabe:

$M = 2\pi rh$, $R^2 = r^2 + 0{,}25h^2$, $h = \sqrt{4R^2 - 4r^2}$

$M(r) = 2\pi r \cdot \sqrt{4R^2 - 4r^2}$, $M^2(r) = 16R^2\pi^2 r^2 - 16\pi^2 r^4$, $(M^2(r))' = 32R^2\pi^2 r - 64\pi^2 r^3$

$(M^2(r))' = 0 \Rightarrow r = 0$, $r = \frac{R}{\sqrt{2}} \approx 0{,}71R$, $h = \sqrt{2} \cdot R \approx 1{,}41R$

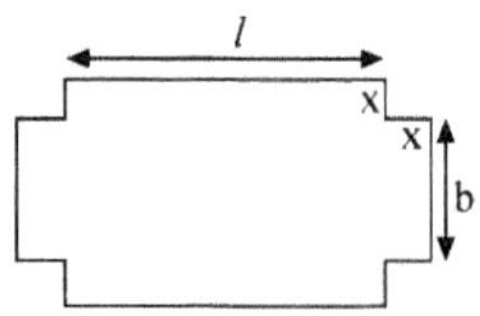

79 17. $V = l \cdot b \cdot h$, $l = 45-2x$, $b = 24-2x$, $h = x$
$V(x) = 4x^3 - 138x^2 + 1080x$
$V'(x) = 12x^2 - 276x + 1080 = 0$, $x = 5$ cm

18. **Druckfehler** im Lehrbuch: Die Innenwand kostet nur 200 Euro
$A = xy$, $160000 = 1800(x+y) + 200(x+2y)$, $x = \frac{11}{10}y - 80$
$A(y) = 80y - \frac{11}{10}y^2$, $y \approx 36{,}36$ m, $x \approx 40$ m

19. $S = m + n$, $m \cdot n = 100$
$S(m) = m + \frac{100}{m}$, $S'(m) = 1 - \frac{100}{m^2} = 0$: $m = 10 \Rightarrow n = 10$

20. a) $A(x) = (4-x)(2-\frac{1}{x}) = 9 - \frac{4}{x} - 2x$, $A'(x) = \frac{4}{x^2} - 2 = 0$
$\Rightarrow x = \sqrt{2}$, $a = \frac{4-\sqrt{2}}{2}$, $b = 4-\sqrt{2}$, $A = 2{,}59 \cdot 1{,}29 = 3{,}34$
b) $B(x) = (4-x) + (2-\frac{1}{x}) = 6 - x - \frac{1}{x}$, $B'(x) = -1 + \frac{1}{x^2} = 0$
$\Rightarrow x = 1$, $a = 1$, $b = 3$, $B = 3+1 = 4$

80 21. $K = 600x^2 + 1500xh$, $200 = 2x^2h$, $h = \frac{100}{x^2}$, $K(x) = 600x^2 + 150000 \cdot \frac{1}{x}$
$K'(x) = 1200x - 150000 \cdot \frac{1}{x^2} = 0$, $x = 5$
Die Maße Breite 5 m, Länge 10 m und Höhe 4 m ergeben minimale Kosten von 45000 Euro

22. $A = 2{,}5xy + 1{,}5x \cdot (y + 0{,}5x) = 4xy + 0{,}75x^2$, $48 = 0{,}25x^2 \cdot y$, $y = \frac{192}{x^2}$
$A(x) = \frac{768}{x} + \frac{3}{4}x^2$, $A'(x) = -\frac{768}{x^2} + \frac{3}{2}x = 0$, $x = 8$, $y = 3$
Der Materialverbrauch ist für x = 8 cm und y = 24 cm minimal.

23. $A = (x+2) \cdot (y+4)$ mit $xy = 288$, $y = \frac{288}{x}$
$A(x) = (x+2) \cdot (\frac{288}{x} + 4) = 4x + \frac{576}{x} + 296$, $A'(x) = 4 - \frac{576}{x^2} = 0 \Rightarrow x = 12, y = 24$
Resultat: Das optimale Blatt hat die Maße 14 cm auf 28 cm.
Zusatzaufgabe: Alle Ränder 1 cm breit:
$A = (x+2) \cdot (y+2)$ mit $xy = 288$, $y = \frac{288}{x}$
$A(x) = (x+2) \cdot (\frac{288}{x} + 2) = 2x + \frac{576}{x} + 292$, $A'(x) = 2 - \frac{576}{x^2} = 0 \Rightarrow x = \sqrt{288} \approx 17$, $y \approx 17$
Resultat: Das optimale Blatt hat die Maße 19 cm auf 19 cm.

24. $A=(x+12)\cdot y-144$, $2x+12+y-2=100$, $y=90-2x$ 81
$A(x)=(x+12)\cdot(90-2x)-144=-2x^2+66x+936$, $A'(x)=-4x+66$, $A'(x)=0$ für $x=16{,}5$, $y=57$
Resultat: Die maximale Koppelfläche beträgt $(16{,}5+12)\cdot 57-144=1480{,}5\ m^2$
Frontzaun 55 m (+ 2 m Tor), linker Zaun 16,5 m, rechter Zaun 28,5 m

25. $x^2\cdot y=80$, $y=\frac{80}{x^2}$

$K(x)=5x^2+\frac{320}{x}$, $K'(x)=10x-\frac{320}{x^2}=0$, $x\approx 3{,}17$, $y\approx 7{,}94$

$K''(x)=10+\frac{640}{x^3}$, $K''(3{,}17)=30>0\Rightarrow$ Min

Für $x=3{,}17$ und $y=7{,}94$ sind die Kosten minimal.

26. $A(x)=400-4(\frac{(20-x)x}{2})=400-40x+2x^2$

$A'(x)=-40+4x=0$, $x=10$ $(A''(x)=4>0\Rightarrow \text{Min})$

27. $L(x)=\sqrt{x^2+(\frac{3}{2}-\frac{1}{2}x^2)^2}$, $L^2(x)=\frac{9}{4}-\frac{1}{2}x^2+\frac{1}{4}x^4$, $(L^2(x))'=x^3-x=0$

$x=1$, $L(1)=\sqrt{2}\approx 1{,}4142$

Der Weg wird mindestens 141,42 m lang.

28. **Fehler** im 1. und 2. Druck des Schulbuches: 82
Der Spiegelrest hat die Form eines rechtwinkligen Dreiecks.

a) H.B.: $A=x\cdot y$ b) N.B.: $\frac{100}{80}=\frac{100-y}{x}$

c) $y=100-\frac{100x}{80}$, $A(x)=100x-\frac{10}{8}x^2$, $A'(x)=100-\frac{20}{8}x=0$, $x=40$, $y=50$

29. H.B.: $V=\pi r^2\cdot h$, N.B.: $\frac{H}{R}=\frac{H-h}{r}$, $h=H-\frac{Hr}{R}$, $V(r)=\pi r^2\cdot(H-\frac{Hr}{R})=\pi Hr^2-\frac{\pi H}{R}r^3$

$V'(r)=2\pi Hr-3\frac{\pi H}{R}r^2=0$, $r=\frac{2}{3}R$ $(r=0)$, $h=\frac{1}{3}H$

30. H.B.: $V=\pi r^2\cdot h$, N.B.: $r^2+(\frac{h}{2})^2=R^2$, $r=\sqrt{R^2-(\frac{h}{2})^2}$

$V(h)=\pi(R^2-(\frac{h}{2})^2)\cdot h=\pi R^2h-\frac{\pi h^3}{4}$, $V'(h)=\pi R^2-\frac{3\pi h^2}{4}=0$, $h=\sqrt{\frac{4}{3}}R$, $r=\sqrt{\frac{2}{3}}R$

31. H.B.: $O=\pi rs+\pi r^2$, N.B.: $s=\sqrt{h^2+r^2}$, $h=\frac{3V}{\pi r^2}$, $s=\sqrt{\frac{9V^2}{\pi^2r^4}+r^2}=\frac{1}{\pi r^2}\sqrt{9V^2+\pi^2r^6}$

$O(r)=\sqrt{\frac{9V^2}{r^2}+\pi^2r^4}+\pi r^2$, $O'(r)=\frac{-\frac{18V^2}{r^3}+4\pi^2r^3}{2\cdot\sqrt{\frac{9V^2}{r^2}+\pi^2r^4}}+2\pi r=0$, $-\frac{18V^2}{r^3}+4\pi^2r^3=-4\pi\cdot\sqrt{9V^2+\pi^2r^6}$

$\frac{324V^4}{r^6}-144V^2\pi^2+16\pi^4r^6=144\pi^2V^2+16\pi^4r^6$

$324V^4=288V^2\pi^2r^6$, $r\approx 0{,}7\cdot\sqrt[3]{V}$

Ist V = 1 Liter, so beträgt die minimale Oberfläche ca. $6{,}1\,dm^2$.

2. Rekonstruktionen

84 1. a) Ansatz: $f(x) = ax^2 + bx + c$, $f'(x) = 2ax + b$

$f(0) = -2{,}5 \qquad c = -2{,}5$

$f'(3) = 0 \qquad 6a + b = 0$

$f(3) = 2 \qquad 9a + 3b = 4{,}5$, $a = -0{,}5$, $b = 3$

Resultat: $f(x) = -0{,}5x^2 + 3x - 2{,}5$

b) Ansatz: $f(x) = ax^3 + bx^2 + cx + d$, $f'(x) = 3ax^2 + 2bx + c$, $f''(x) = 6ax + 2b$

$f(-2) = 6 \qquad -8a + 4b - 2c + d = 6$

$f''(-2) = 0 \qquad -12a + 2b = 0$

$f'(-4) = 0 \qquad 48a - 8b + c = 0$

$f'(-2) = -12 \qquad 12a - 4b + c = -12$, $36a - 4b = 12$, $a = 1$, $b = 6$, $c = 0$, $d = -10$

Resultat: $f(x) = x^3 + 6x^2 - 10$

86 2. $f(x) = x^3 + 6x^2 + 9x + 4$ 3. $f(x) = \frac{1}{2}x^2 - x - 4$

4. Ansatz: $f(x) = ax^3 + bx$, $f(0) = g(0)$, $f'(0) = -\frac{1}{g'(0)}$, $f(1) = g(1) \Rightarrow f(x) = 4{,}5x^3 - 2x$

5. $f(x) = \frac{1}{8}x^4 - x^2 + 2$ 6. $f(x) = -x^3 + 3x^2$

7. a) $f(x) = \frac{1}{5}x^2 - \frac{2}{5}x - 3$ b) $f(x) = \frac{9}{8}x^4 + 3x^3$

8. a) $f(x) = \frac{2}{9}(x-3)^2$ b) $f(x) = 2x^3 - 6x^2 + 6x - 4$

87 9. a) $f(x) = x^3 - 3x$ b) $f(x) = -x^3 + 3x^2$

89 10. a) $f(0) = 0 \Rightarrow c = 0$, $f(50) = 0 \Rightarrow 2500a + 50b = 0$

$f(25) = 12{,}5 \Rightarrow 625a + 25b = 12{,}5 \Rightarrow 50b = 50 \Rightarrow b = 1 \Rightarrow a = -\frac{1}{50}$

Resultat: $f(x) = -\frac{1}{50}x^2 + x$

b) $f(47) = -\frac{1}{50}47^2 + 47 = 2{,}82$

Resultat: Der Torwart hat keine Chance, da ihm 12 cm fehlen.

c) $\tan\alpha = f'(0) = 1 \Rightarrow \alpha = 45°$

d) Ansatz: $f(x) = ax^2 + bx + c$

$f(0) = 0 \Rightarrow c = 0$, $f(50) = 0 \Rightarrow 2500a + 50b = 0$

$f(25) = 15 \Rightarrow 625a + 25b = 15 \Rightarrow 50b = 60 \Rightarrow b = 1{,}2 \Rightarrow a = -\frac{3}{125}$

Resultat: $f(x) = -\frac{3}{125}x^2 + 1{,}2x$

$f'(x) = -\frac{6}{125}x + 1{,}2$, $f'(0) = 1{,}2 \Rightarrow \tan\alpha = 1{,}2 \Rightarrow \alpha \approx 50{,}19°$

11. Ansatz: $f(x) = ax^3 + bx^2 + cx$, $f'(x) = 3ax^2 + 2bx + c$ 89
$f'(0) = -1$ $c = -1$
$f'(4) = 2$ $48a + 8b = 3$
$f(4) = 0$ $64a + 16b = 4$, $a = \frac{1}{16}$, $b = 0$
Resultat: $f(x) = \frac{1}{16}x^3 - x$
a) Südlichster Punkt: $T(2{,}31|-1{,}54)$
b) Nein, denn eine Parabel hätte in ihren beiden Nullstellen - abgesehen vom Vorzeichen - die gleiche Steigung. Dies ist hier nicht der Fall.

12. a) $f'(x) = 2ax + b$, $f(0) = 0 \Rightarrow c = 0$, $f'(0) = 0{,}5 \Rightarrow b = 0{,}5$
$f'(100) = -1 \Rightarrow 200a + 0{,}5 = -1 \Rightarrow a = -\frac{3}{400}$
Resultat: $f(x) = -\frac{3}{400}x^2 + 0{,}5x$
b) $f(100) = -25$, der Höhenunterschied beträgt 25 m.
c) $f(x) = 0$ für $x = 0$ und $x = \frac{200}{3} \approx 66{,}67$
Der höchste Punkt der Bahn liegt genau zwischen den Nullstellen, also bei $\frac{100}{3} \approx 33{,}33$ m.
$f(\frac{100}{3}) = 8{,}33$. Der höchste Punkt liegt 8,33 m höher als Punkt A.

13. a) $B(v) = av^2 + bv + c$ 90
$B(10) = 9{,}1$: $100a + 10b + c = 9{,}1$
$B(30) = 7{,}9$: $900a + 30b + c = 7{,}9$, $800a + 20b = -1{,}2$
$B(100) = 10$: $10000a + 100b + c = 10$, $9900a + 90b = 0{,}9$, $6300a = 6{,}3$
$a = \frac{1}{1000}$, $b = -\frac{1}{10}$, $c = 10$, $B(v) = \frac{1}{1000}v^2 - \frac{1}{10}v + 10$
b) $B'(v) = \frac{1}{500}v - \frac{1}{10} = 0$ gilt für $v = 50$, $B(50) = 7{,}5$ minimaler Spritverbrauch bei $v = 50$ km/h
c) $B(v) = 12{,}4$: $v^2 - 100v - 2400 = 0$, $v = 120$ km/h

14. a) $f(x) = ax^3 + bx^2 + cx$, $f'(x) = 3ax^2 + 2bx + c$
$f'(-4) = 0$: $48a - 8b + c = 0$
$f'(0) = 0$: $c = 0$
$f(-4) = 2$: $-64a + 16b = 2$, $32a = 2$, $a = \frac{1}{16}$, $b = \frac{3}{8}$
$f(x) = \frac{1}{16}x^3 + \frac{3}{8}x^2$, $g(x) = -\frac{1}{8}(x-9)^2 + 2 = -\frac{1}{8}x^2 + \frac{18}{8}x - \frac{65}{8}$
b) $f''(x) = \frac{3}{8}x + \frac{3}{4} = 0$ für $x = -2$, $f(-2) = 1$
In $P(-2|1)$ ist f mit $f'(-2) = -0{,}75$ am steilsten abfallend.
$g'(x) = -\frac{1}{4}x + \frac{9}{4}$
Am linken Rand, in $Q(5|0)$ ist g mit $g'(5) = 1$ am steilsten ansteigend.

15. a) $h(0) = 0$ d.h. $d = 0$ $h'(t) = 3at^2 + 2bt$
$h'(0) = 0$ d.h. $c = 0$
$h(4) = 2$ $64a + 16b = 2$
$h'(4) = 0{,}75$ $48a + 8b = 0{,}75$, $-32a = 0{,}5$, $a = -\frac{1}{64}$, $b = \frac{3}{16}$, $h(t) = -\frac{1}{64}t^3 + \frac{3}{16}t^2$
b) $h'(t) = -\frac{3}{64}t^2 + \frac{3}{8}t = 0$ gilt für $t = 8$, $h(8) = 4$ m maximale Höhe nach 8 Wochen
c) $h''(t) = -\frac{6}{64}t + \frac{3}{8} = 0$ gilt für $t = 4$, $h'(4) = 0{,}75$ nach 4 Wochen

91 16. a) $f(0) = 4$ d.h. $d = 4$ $f'(x) = 3ax^2 + 2bx + c$

$f'(10) = 0$ $300a + 20b + c = 0$

$f'(30) = 0$ $2700a + 60b + c = 0$, $2400a + 40b = 0$

$f(10) = 10$ $1000a + 100b + 10c = 6$, $-2000a - 100b = 6$,

$a = \frac{3}{2000}$, $b = -\frac{9}{100}$, $c = \frac{135}{100}$, $f(x) = \frac{3}{2000}x^3 - \frac{9}{100}x^2 + \frac{135}{100}x + 4$

b) $g(x) = -\frac{1}{10}(x-40)^2 + 10 = -\frac{1}{10}x^2 + 8x - 150$

c) $f'(x) = \frac{9}{2000}x^2 - \frac{18}{100}x + \frac{135}{100} = 0 \Rightarrow$ $x^2 - 40x + 300 = 0$, $x = 10$ und $x = 30$

Tiefste Stelle bei $x = 30$: $f(30) = 4$; das Dach ist dort 4 m hoch.

d) $f'(0) = \frac{135}{100}$ ist die Steigung am linken Rand.

$g'(x) = -\frac{1}{5}x + 8$, $g'(50) = -2$ ist die Steigung am rechten Rand.

$f'(40) = 1{,}35$ ist die Steigung an der Dachspitze.

e) $\tan 40° = 0{,}8391$, $f''(x) = \frac{9}{1000}x - 0{,}18 = 0$ gilt für $x = 20$, $f'(20) = -0{,}45$

d.h. für $10 < x < 30$ ist das Dach bei $x = 20$ mit $m = -0{,}45$ am steilsten und daher begehbar.

Ansatz: $\frac{9}{2000}x^2 - \frac{18}{100}x + 1{,}35 = 0{,}84$, $x^2 - 40x + \frac{340}{3} = 0$

Dies gilt für $x = 3{,}1$ und $x = 36{,}9$, also ist das Dach für $x < 3{,}1$ und für $36{,}9 < x < 40$ schwer begehbar.

$g'(x) = -\frac{1}{5}x + 8 = -0{,}84$ gilt für $x = 44{,}25$

d.h. auch für $x > 44{,}25$ ist das Dach schwer begehbar.

17. a) $f(x) = -10 - \frac{1}{50}x^2$

b) Benötigt werden: Ein Pfeiler der Länge $f(0) = 10$

und je zwei Pfeiler der Längen 13,125 m, 22,5 m , 38,125 m und 60 m.

c) Das rechtwinklige Dreieck, das den 60 m-Pfeiler als Seite hat, ist gleichschenklig, also ist die Strecke von der 50 m-Marke bis B ebenfalls 60 m lang.

Damit gilt $|A;B| = 220$ m.

d) $f'(x) = -\frac{1}{25}x$, $f'(50) = -2$, Steigungswinkel: 63,4°; Schnittwinkel: 180°-45°-63,4°= 71,6°

18. a) $f(x) = ax^2 + bx + c$, $f'(x) = 2ax + b$

$f'(9) = 0$: $18a + b = 0$

$f(0) = 2$ $c = 2$

$f(20) = 0$ $400a + 20b + 2 = 0$, $40a = -2$, $a = -\frac{1}{20}$, $b = \frac{18}{20}$, $f(x) = -\frac{1}{20}x^2 + \frac{18}{20}x + 2$

b) $f'(x) = -\frac{1}{10}x + \frac{18}{20}$, $f'(0) = 0{,}9$ d.h. Abwurfwinkel ca. 42°

$f'(20) = -1{,}1$ d.h. Aufschlagwinkel ca. $-47{,}7°$

c) $\alpha = 45°$: $f'(0) = 1$, $b = 1$

$f'(9) = 18a + 1 = 0$, $a = -\frac{1}{18}$

$f(x) = -\frac{1}{18}x^2 + x + 2$, $f'(x) = -\frac{1}{9}x + 1$

$f(x) = 0$: $x^2 - 18x - 36 = 0$, $x = 19{,}82$ m neue Wurfweite

$f'(19{,}82) = -1{,}2$, neuer Aufschlagwinkel ca. $-50{,}2°$

Maximalhöhe: $f(9) = 6{,}5$ m

92

19. a) $s'(t) = 3at^2 + 2bt + c$
$s(0) = 0: \quad d = 0$
$s'(0) = 0: \quad c = 0$
$s'(8) = 0: \quad 192a + 16b = 0$
$s(4) = 4: \quad 64a + 16b = 4\,,\; 128a = -4\,,\; a = -\frac{1}{32}\,,\quad b = \frac{3}{8}$
$s(t) = -\frac{1}{32}t^3 + \frac{3}{8}t^2$
b) $s(8) = 8$ km beträgt die gesamte Fahrstrecke.
c) Im Wendepunkt ist v maximal: $s''(t) = -\frac{3}{16}t + \frac{3}{4} = 0\,,\quad t = 4\,,\; v = s'(4) = 1{,}5\frac{\text{km}}{\text{min}} = 90\frac{\text{km}}{\text{h}}$
d) $s'(t) = 1{,}125$ führt auf $t^2 - 8t + 12 = 0$ mit den Lösungen $t = 4 \pm 2$.
Nach 2 und 6 Minuten gilt v = 67,5 km/h.

20. a) $g'(x) = 2ax + b\,,\; f'(x) = -\frac{6}{x^2}\,,\; f'(2) = -1{,}5\,,\; f(2) = 3$
$g'(2) = -1{,}5 = 4a + b$
$g(2) = 3 = 4a + 2b + c$
$g'(0) = 0\,,\; b = 0\,,\; a = -\frac{3}{8}\,,\quad c = \frac{36}{8}$
Resultat: $g(x) = -\frac{3}{8}x^2 + \frac{9}{2}$
b) $g(x) = 0$: $x = -\sqrt{12} \approx -3{,}46$
$g'(x) = -\frac{3}{4}x\,,\quad g'(-3{,}46) \approx 2{,}6 \Rightarrow \alpha \approx 69°$ Winkel mit der Straße
c) $h(x) = mx + n\,,\; m = 2{,}6\,,\; 0 = 2{,}6 \cdot (-3{,}46) + n\,,\; n = 9$
$h(x) = 2{,}6x + 9$
d) $h(-6) = -6{,}6$, der Kanal trifft nicht auf die Stadt S.

21. a) $h(0) = 300 \;\Rightarrow\; c = 300$
$h(50) = 125000a + 2500b + 300 = 200$
$h(100) = 1000000a + 10000b + 300 = 100 \qquad \Rightarrow\; a = \frac{1}{2500}\,,\quad b = -\frac{150}{2500}$
$h(t) = \frac{1}{2500}t^3 - \frac{150}{2500}t^2 + 300$
b) $h(20) = 279{,}2$ Wert in Ordnung
$h(70) = 143{,}2$ Wert zu groß
$h(120) = 127{,}2$ Wert in Ordnung

Test

96 1. $x \cdot y = 225, \quad y = \frac{225}{x}, \quad S = x + y, \quad S(x) = x + \frac{225}{x}$

$S'(x) = 1 - \frac{225}{x^2} = 0, \quad x = 15, \quad y = 15 \quad (S''(x) = \frac{450}{x^3}, \quad S''(15) = \frac{4}{30} > 0)$

2. $K = 0{,}5x \cdot 40 + 0{,}5x \cdot 20 + 0{,}5h \cdot 20 = 30$

$30 = 30x + 10h, \quad h = 3 - 3x$

$V(x) = 0{,}25x \cdot h = 0{,}75(x - x^2), \quad V'(x) = 0{,}75(1 - 2x) = 0$

$x = 0{,}5, \quad h = 1{,}5 \quad (V''(x) = -1{,}5 < 0 \Rightarrow \text{Max})$

3. $A(x) = 2x \cdot f(x) = 8x - \frac{8}{3}x^3$

$A'(x) = 8 - 8x^2 = 0, \quad x = 1 \quad (A''(x) = -16x, \quad A''(1) = -16 < 0 \Rightarrow \text{Max})$

Resultat: $P(1 \mid \frac{8}{3})$

4. a) $f(x) = ax^2 + bx + c, \quad f'(x) = 2ax + b$

$f(10) = 7{,}5: \quad 7{,}5 = 100a + 10b + c, \quad f(0) = 0, \quad c = 0$

$f'(10) = 0{,}5: \quad 0{,}5 = 20a + b, \quad 5 = 5b, \quad b = 1, \quad a = -0{,}025$

b) $f(x) = -0{,}025x^2 + x$, $f(x) = 0$: $x = 0$ und $x = 40$
Der Bogen ist 40m breit.
In der Mitte gilt: $f(20) = 10$, also ist er 10m hoch.

c) $f'(x) = -0{,}05x + 1$, $f'(0) = 1$, also $\alpha = 45°$.

5. a) $f(x) = ax^3 + bx^2 + cx + d, \quad f'(x) = 3ax^2 + 2bx + c, \quad f''(x) = 6ax + 2b$

$f(1) = 6: \quad 6 = a + b + c + d$

$f'(1) = 0: \quad 0 = 3a + 2b + c$

$f''(4) = 0: \quad 0 = 24a + 2b$

$f(-1) = 2: \quad 2 = -a + b - c + d, \quad a = \frac{1}{11}, \quad b = -\frac{12}{11}, \quad c = \frac{21}{11}, \quad d = \frac{56}{11}$

$f(x) = \frac{1}{11}x^3 - \frac{12}{11}x^2 + \frac{21}{11}x + \frac{56}{11}$

b) $f(4) = \frac{12}{11}, \quad f'(4) = -\frac{27}{11}$

$t(x) = -\frac{27}{11}(x - 4) + \frac{12}{11} = -\frac{27}{11}x + \frac{120}{11}$

2. Stammfunktion und unbestimmtes Integral

1. a) $\int 10x^4 dx = 2x^5 + C$ b) $\int (x^2 - 6x + 4)dx = \frac{1}{3}x^3 - 3x^2 + 4x + C$ 103

c) $\int (x + \sqrt{x})dx = \frac{1}{2}x^2 + \frac{2}{3}\sqrt{x^3} + C$ d) $\int \frac{4}{x^2}dx = -\frac{4}{x} + C$

e) $\int (2 + \frac{3}{x^2})dx = 2x - \frac{3}{x} + C$ f) $\int (12x^3 + 4x^2)dx = 3x^4 + \frac{4}{3}x^3 + C$

g) $\int (2x^2 - \frac{5}{x^2})dx = \frac{2}{3}x^3 + \frac{5}{x} + C$ h) $\int (2x^3 - 4x^{-0,5})dx = \frac{1}{2}x^4 - 8\sqrt{x} + C$

2. a) $F_c(x) = \frac{1}{3}x^3 + C, F_c(1) = 1, C = \frac{2}{3}, F_c(x) = \frac{1}{3}x^3 + \frac{2}{3}$ 105

b) $F_c(x) = -\frac{1}{3}x^3 + x + C, F_c(0) = 4, C = 4, F_c(x) = -\frac{1}{3}x^3 + x + 4$

c) $F_c(x) = \frac{1}{2}x^2 + 2x + C, F_c(1) = 0, C = -2{,}5, F_c(x) = \frac{1}{2}x^2 + 2x - 2{,}5$

3. a) $F'(x) = 4 \cdot \frac{1}{2}x^3 + 0 = 2x^3$ b) $F'(x) = \frac{3}{2} \cdot \frac{8}{3} \cdot x^{\frac{1}{2}} = 4\sqrt{x}$ 106

c) $F'(x) = 2x + (-1) \cdot \frac{6}{x^2} + 0 = 2x - \frac{6}{x^2}$ d) $F(x) = 4x^2 + 4x + 1, F'(x) = 8x + 4$

4. a) $F(x) = \frac{1}{7}x^7 + C$ b) $F(x) = 2x^3 + C$ c) $F(x) = \frac{1}{2}x^{2n} + C$

d) $F(x) = \frac{4}{3}x^3 + x^2 + C$ e) $F(x) = \frac{1}{2}x^4 - 2x^2 + x + C$ f) $F(x) = \frac{a}{3}x^3 + 3x^2 + C$

g) $F(x) = -\frac{3}{x} + C$ h) $F(x) = \frac{2}{3}x^3 + x + C$ i) $F(x) = \frac{1}{2}x^2 - \frac{3}{x} + C$

j) $F(x) = 4\sqrt{x^3} + C$ k) $F(x) = \frac{3}{4}\sqrt[3]{x^4} + C$ l) $F(x) = ax^3 + C$

5. a) $F(x) = \frac{1}{6}(2x+1)^3 + C$ b) $F(x) = \frac{2}{3}(\frac{1}{2}x+1)^3 + C$ c) $F(x) = -\frac{1}{3\cdot(3x+2)} + C$

d) $F(x) = \frac{2}{3}\sqrt{(2x+1)^3} + C$

6. I:C, II:D, III:E, IV:A, V:F, VI:B

7. a) Im 3. Schritt: $6 \cdot \int x^{-2}dx = -6 \cdot x^{-1} + C$

b) lineare Substitutionsregel: $\int (2x+1)^2 dx = \frac{1}{2} \cdot \frac{(2x+1)^3}{3} + C$

c) $\int 4x^{\frac{3}{2}}dx = 4x^{\frac{5}{2}} \cdot \frac{2}{5} + C$

d) $\int (3x^2 + 2a)dx = x^3 + 2ax + C$

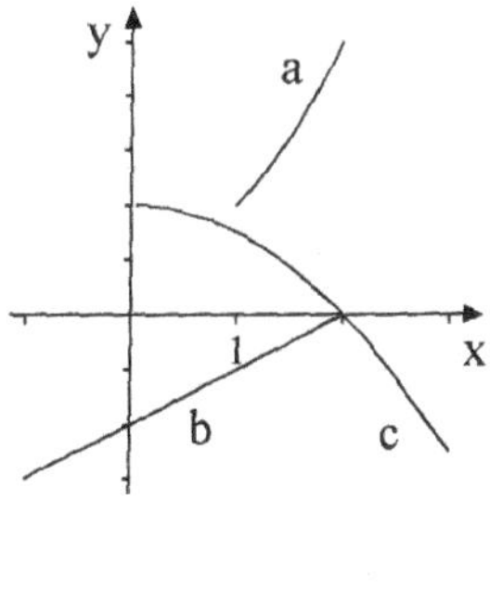

3. Das bestimmte Integral

1. a) $\int_1^2 (x^2 + 1)dx = [\frac{1}{3}x^3 + x]_1^2 = \frac{10}{3}$ 112

ist der Flächeninhalt unter f über [1;2].

112 b) $\int_{-1}^{2}(x-2)dx=[\frac{1}{2}x^2-2x]_{-1}^{2}=-\frac{9}{2}$

Die Fläche zwischen f und der x-Achse über $[-1;2]$ hat den Inhalt 4,5.

c) $\int_{0}^{3}(2-\frac{1}{2}x^2)dx=[2x-\frac{1}{6}x^3]_0^3=\frac{3}{2}$ Zwischen 0 und 3 liegt die Nullstelle $x=2$.

Flächenbilanz:

Das oberhalb der x-Achse gelegene Flächenstück ist um 1,5 größer als das unterhalb gelegene Flächenstück. $\int_{0}^{2}(2-\frac{1}{2}x^2)dx=\frac{8}{3}$, $\int_{2}^{3}(2-\frac{1}{2}x^2)dx=-\frac{7}{6}$, $\frac{8}{3}-\frac{7}{6}=\frac{3}{2}$

2. $A=\int_{1}^{4}(-x^2+5x-4)dx=[-\frac{1}{3}x^3+\frac{5}{2}x^2-4x]_1^4=4,5$

3. a) $\int_{-1}^{4}(3x^2-4x+1)dx=[x^3-2x^2+x]_{-1}^{4}=40$ b) $\int_{2}^{5}\frac{1}{x^2}dx=[-\frac{1}{x}]_2^5=\frac{3}{10}$

c) $\int_{0}^{1}(x+1)^2dx=[\frac{1}{3}(x+1)^3]_0^1=\frac{7}{3}$ d) $\int_{a}^{2a}(2x+5)dx=[x^2+5x]_a^{2a}=3a^2+5a$

e) $\int_{0}^{\pi}\sin x\,dx=[-\cos x]_0^{\pi}=2$ f) $\int_{-1}^{1}(2a-ax)dx=[2ax-\frac{a}{2}x^2]_{-1}^{1}=4a$

113 4. (1) $\int_{a}^{a}f(x)dx=F(a)-F(a)=0$ (3) $\int_{b}^{a}f(x)dx=F(b)-F(a)=-(F(a)-F(b))=-\int_{a}^{b}f(x)dx$

5. a) $\int_{-2}^{3}(4x^2-3x+5)dx+\int_{-2}^{3}(3x-5)dx=\int_{-2}^{3}4x^2dx=[\frac{4}{3}x^3]_{-2}^{3}=\frac{140}{3}\approx 46,67$

b) $\int_{-2}^{2}x^2dx+\int_{3}^{5}x^2dx+\int_{2}^{3}x^2dx=\int_{-2}^{5}x^2dx=[\frac{1}{3}x^3]_{-2}^{5}=\frac{133}{3}\approx 44,33$

114 6. a) $\int_{1}^{3}(x+1)dx=[\frac{1}{2}x^2+x]_1^3=7,5-1,5=6$ b) $\int_{-2}^{2}(4-x^2)dx=[4x-\frac{1}{3}x^3]_{-2}^{2}=\frac{32}{3}$

c) $\int_{-2}^{2}0,25x^3dx=[\frac{1}{16}x^4]_{-2}^{2}=0$ d) $\int_{0}^{2}(x^2-2x+1)dx=[\frac{1}{3}x^3-x^2+x]_0^2=\frac{2}{3}$

e) $\int_{0}^{4}(4-x)dx=[4x-\frac{1}{2}x^2]_0^4=8$ f) $\int_{1}^{3}(\frac{1}{4}x^2-x+1)dx=[\frac{1}{12}x^3-\frac{1}{2}x^2+x]_1^3=\frac{1}{6}$

g) $\int_{0}^{2}(x^2-4)dx=[\frac{1}{3}x^3-4x]_0^2=-\frac{16}{3}$ h) $\int_{0}^{2}(x^3-3x^2+3x-1)dx=[\frac{1}{4}x^4-x^3+\frac{3}{2}x^2-x]_0^2=0$

7. Skizzen: S. 35 114
Das bestimmte Integral stellt die Flächenbilanz dar:
Flächenanteile oberhalb der x-Achse – Flächenanteile unterhalb der x-Achse

8. a) $\int_1^a (2x+1)dx = [x^2+x]_1^a = a^2+a-2$ b) $\int_a^{2a} (4-x^2)dx = [4x-\frac{1}{3}x^3]_a^{2a} = 4a-\frac{7}{3}a^3$

c) $\int_0^{a^2} (3x^2-3)dx = [x^3-3x]_0^{a^2} = a^6-3a^2$ d) $\int_0^{3a} (x^2-ax)dx = [\frac{1}{3}x^3-\frac{a}{2}x^2]_0^{3a} = 4,5a^3$

9. a) $\int_1^3 \frac{9}{x^2}dx = [-\frac{9}{x}]_1^3 = 6$ b) $\int_4^9 2\sqrt{x}dx = [\frac{4}{3}\sqrt{x^3}]_4^9 = 25\frac{1}{3}$

c) $\int_0^1 x^{\frac{5}{2}}dx = [\frac{2}{7}\sqrt{x^7}]_0^1 = \frac{2}{7}$ d) $\int_0^{\pi} 2\sin x dx = [-2\cos x]_0^{\pi} = 4$

10. a) Das zweite Integral wird aufgeteilt, beim vierten werden die Grenzen getauscht.

$$-\int_{-2}^{4} 4x^3dx + \int_{-2}^{1} 4x^3dx + \int_{-2}^{1} 2x^3dx + \int_{1}^{4} 4x^3dx - \int_{-2}^{1} 2x^3dx = 0$$

Das 1. Integral hebt sich mit dem 2. und 4. auf; ebenso heben sich das 3. und 5. auf.

b) Das erste und das dritte Integral werden zusammengelegt.

$$\int_2^3 (6x^3-3)dx + \int_{-2}^{2} (6x^3-3)dx = \int_{-2}^{3} (6x^3-3)dx = [\frac{3}{2}x^4-3x]_{-2}^3 = 82,5$$

11. a) $\int_2^5 (\frac{1}{2}x^2-\frac{5}{2}x)dx = -6,75 \Rightarrow A_1 = 6,75$, $\int_5^6 (\frac{1}{2}x^2-\frac{5}{2}x)dx \approx 1,42 \Rightarrow A_2 \approx 1,42 \Rightarrow A \approx 8,17$

b) $\int_{-2}^{4} (\frac{1}{8}x^3-\frac{1}{2}x^2)dx = [\frac{1}{32}x^4-\frac{1}{6}x^3]_{-2}^4 = -4,5 \Rightarrow A = 4,5$

4. Flächeninhaltsfunktion und Integralfunktion

1. a) $A_0(x) = 0,1x^2$ b) $A_0(x) = \frac{1}{2}x+\frac{1}{8}x^2$ c) $A_0(x) = x-\frac{1}{4}x^2$ 116

2. a) $I_a(x) = \frac{1}{3}x^3-x^2+\frac{2}{3}$ b) $I_a(x) = \frac{2}{3}x^{\frac{3}{2}}-x+\frac{1}{3}$ c) $I_a(x) = x-\frac{1}{3}x^3$ 119

d) $I_a(x) = 4x+4\cos x-4\pi+4$

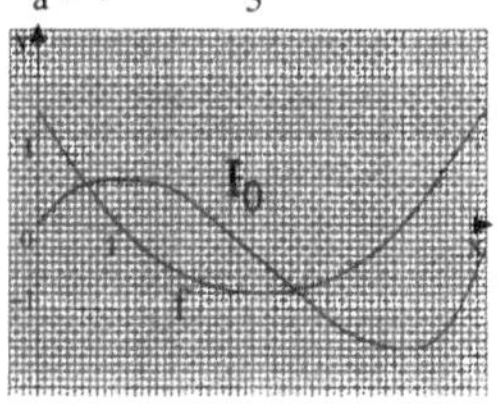

3. $\int_1^6 f(x)dx \approx -\frac{1}{100}(30+79+80+31) \approx -2,2$ 120

Test

124 1. a) $F(x) = \frac{1}{5}x^5 + C$ b) $F(x) = -\frac{3}{x} + C$

c) $F(x) = \frac{1}{2}x^4 - \frac{1}{2}x^2 + 3x + C$ d) $F(x) = 2ax^4 + C$

e) $F(x) = nx^n + C$ f) $F(x) = -\cos x - \sin x + C$

2. a) $F'(x) = 3x^2 + 4x + 1 = 2(1{,}5x^2 + 2x - 1) + 3 = f(x)$

b) $F'(x) = 9x^2 + 6x + 1 = (3x+1)^2 = f(x)$

c) $F'(x) = 2\sin x = f(x)$

d) $F'(x) = 8x^3 + 4bx + 2ax^3 = (8+2a)x^3 + 4bx = f(x)$

e) $F'(x) = -\frac{2}{x^2} = -2x^{-2} = f(x)$

f) $F(x) = \sqrt{2} \cdot \sqrt{x}$, $F'(x) = \sqrt{2} \cdot \frac{1}{2\sqrt{x}} = \frac{1}{\sqrt{2} \cdot \sqrt{x}} = \frac{1}{\sqrt{2x}} = f(x)$

3. $F(x) = x^3 - x^2 + C$, $F(2) = -1$: $C = -5$, $F(x) = x^3 - x^2 - 5$

4. a) $\int (3 - x^2)dx = 3x - \frac{1}{3}x^3 + C$ b) $\int_2^4 (2x - x^2)dx = [x^2 - \frac{1}{3}x^3]_2^4 = -\frac{20}{3}$

c) $\int_1^2 (3x + 6x^3)dx = [\frac{3}{2}x^2 + \frac{3}{2}x^4]_1^2 = 27$

d) $\int_0^a (6ax^2 - a^2x)dx = [2ax^3 - \frac{1}{2}a^2x^2]_0^a = 1{,}5a^4$

5. a) $F(x) = \frac{1}{9}x^3 + x$, $A = F(3) - F(1) = \frac{44}{9}$

b) Nullstellen: $x = 2$ und $x = 4$

Bestimmtes Integral: $\int_2^4 f(x)dx = [\frac{1}{3}x^3 - 3x^2 + 8x]_2^4 = -\frac{4}{3} \Rightarrow A = \frac{4}{3}$

6. a) Ansatz: $f(x) = ax^2 + bx + c$, $f'(x) = 2ax + b$

$P(0|6) \Rightarrow f(0) = 6 \Rightarrow c = 6$

Hochpunkt $H(6|8) \Rightarrow \left\{\begin{matrix} f(6) = 8 \Rightarrow 36a + 6b + 6 = 8 \\ f'(6) = 0 \Rightarrow 12a + b = 0 \end{matrix}\right\} \Rightarrow \begin{matrix} a = -\frac{1}{18} \\ b = \frac{2}{3} \\ c = 6 \end{matrix}$

$\Rightarrow f(x) = -\frac{1}{18}x^2 + \frac{2}{3}x + 6$

b) $F(x) = -\frac{1}{54}x^3 + \frac{1}{3}x^2 + 6x$, $A = F(12) - F(0) = 88$

IV. Anwendungen der Integralrechnung
1. Bestimmte Integrale und Flächeninhalte

1. Fläche über dem Intervall [0;1]: $\int_0^1 (\sqrt{x}-1)dx = [\frac{2}{3}x^{3/2} - x]_0^1 = -\frac{1}{3}$, $A_1 = \frac{1}{3}$ 127

Fläche über dem Intervall [1;4]: $\int_1^4 (\sqrt{x}-1)dx = [\frac{2}{3}x^{3/2} - x]_1^4 = \frac{5}{3}$, $A_2 = \frac{5}{3}$

Gesamtfläche: $A = A_1 + A_2 = 2$

2. Flächen unter Funktionsgraphen

1. a) $A = \int_0^2 (x^2 - x + 1)dx = [\frac{1}{3}x^3 - \frac{1}{2}x^2 + x]_0^2 = \frac{8}{3}$ b) $A = \int_1^3 \frac{1}{x^2}dx = [-\frac{1}{x}]_1^3 = \frac{2}{3}$ 129

c) $A = |\int_0^1 (x^3 - x)dx| = |[\frac{1}{4}x^4 - \frac{1}{2}x^2]_0^1| = \frac{1}{4}$ d) $A = |\int_0^1 (x^3 - x)dx| + \int_1^2 (x^3 - x)dx = \frac{5}{2}$

e) $A = \int_0^1 (-2x^2 + 2)dx = [-\frac{2}{3}x^3 + 2x]_0^1 = \frac{4}{3}$

f) $A(x) = \int_{-\sqrt{3}}^0 (\frac{1}{2}x^3 - \frac{3}{2}x)dx + |\int_0^1 (\frac{1}{2}x^3 - \frac{3}{2}x)dx| = [\frac{1}{8}x^4 - \frac{3}{4}x^2]_{-\sqrt{3}}^0 + |[\frac{1}{8}x^4 - \frac{3}{4}x^2]_0^1| = \frac{7}{4}$

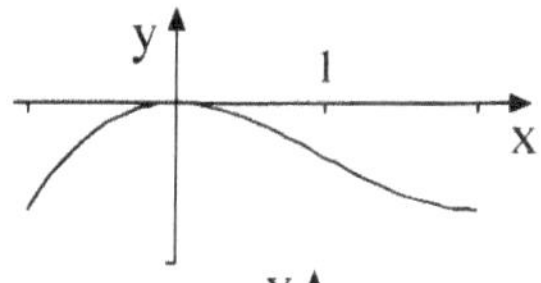

2. a) Nullstellen: 0 und 3 130

$\int_{-1}^2 (\frac{1}{6}x^3 - \frac{1}{2}x^2)dx = [\frac{1}{24}x^4 - \frac{1}{6}x^3]_{-1}^2 = -\frac{7}{8}$, $A = \frac{7}{8}$

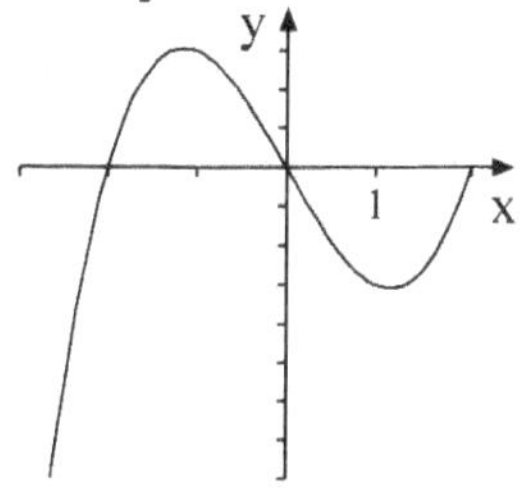

b) Nullstellen: ± 2 und 0, Ursprungssymmetrie

$A = |\int_{-3}^{-2} (x^3 - 4x)dx| + 2 \cdot \int_{-2}^0 (x^3 - 4x)dx = \frac{25}{4} + 8 = 14\frac{1}{4}$

c) $f(x) = \frac{1}{4}(x^3 - 7x + 6)$, $F(x) = \frac{1}{4}(\frac{1}{4}x^4 - \frac{7}{2}x^2 + 6x)$

$A = F(1) - F(-3) + F(1) - F(2)$

$= 0{,}6875 + 7{,}3125 + 0{,}6875 - 0{,}5 = 8{,}1875$

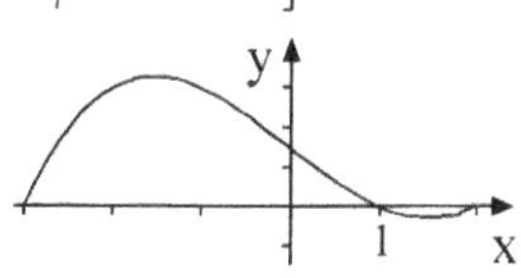

d) $F(x) = -\frac{2}{x}$, $A = F(3) - F(1) = -\frac{2}{3} + 2 = \frac{4}{3}$

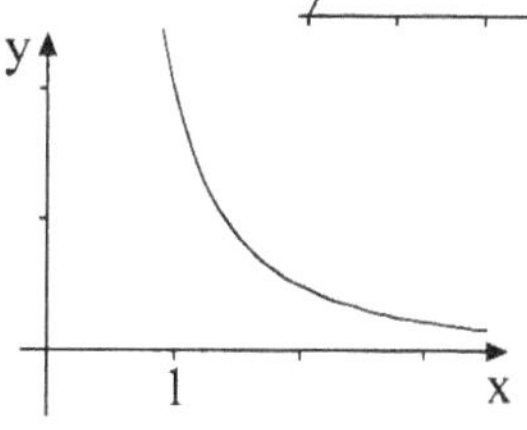

130 3. $F(x) = -\frac{1}{6}x^3 + x^2$

$A = F(4) - F(2) + F(4) - F(5) = \frac{16}{3} - \frac{16}{6} + \frac{16}{3} - \frac{25}{6} = \frac{23}{6} \approx 3{,}83$

131 4. $\int_0^u \frac{-4}{x+1}dx = [-4\ln(x+1)]_0^u = -4\ln(u+1) \Rightarrow \quad A(u) = 4\ln(u+1), \quad \lim_{u\to\infty} A(u) = \infty$

132 5. a) $f(1) = 0, \ f(4) = 0$

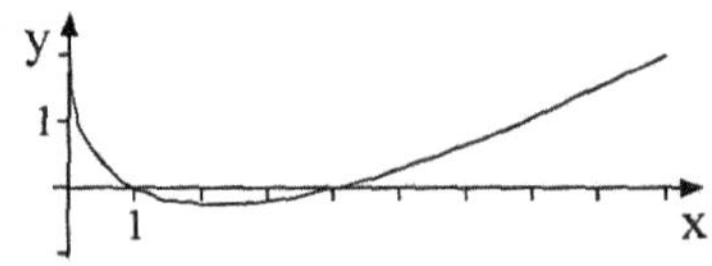

b) $A_1 = \int_0^1 f(x)dx = [\frac{1}{2}x^2 + 2x - 2x^{\frac{3}{2}}]_0^1 = 0{,}5$

$A_2 = |\int_1^4 f(x)dx| = |[\frac{1}{2}x^2 + 2x - 2x^{\frac{3}{2}}]_1^4| = 0{,}5$

gleicher Inhalt

6. $A = \int_1^4 f(x)dx = [\frac{2}{3}x^{\frac{3}{2}} - x - \frac{1}{x}]_1^4 = \frac{13}{2} + \frac{4}{3} = \frac{29}{12} \approx 2{,}42$

7. $A = \int_1^6 f(x)dx = [\frac{1}{2}x^2 + 4\sqrt{x} - 2x]_1^6 \approx 15{,}80 - 2{,}5 = 13{,}3$

134 8. a) $\int_{-1}^1 f(x)dx = \frac{176}{75} \approx 2{,}35, \quad \int_1^3 f(x)dx = -\frac{304}{75} \approx -4{,}05, \quad A = \frac{480}{75} = 6{,}4$

b) $\int_{-2}^1 f(x)dx = -3{,}15 \Rightarrow A = 3{,}15$

135 9. $4 = \int_{-a}^0 f(x)dx = [\frac{1}{4}x^4 - \frac{a^2}{2}x^2]_{-a}^0 = \frac{a^4}{4}, \quad a = 2$

10. $\int_0^4 x^2 dx = [\frac{1}{3}x^3]_0^4 = \frac{64}{3}, \quad [\frac{1}{3}x^3]_0^a = \frac{a^3}{3} = \frac{1}{8}\cdot\frac{64}{3}, \quad a = 2$

136 11. $f(x) = -ax^2 + a, \quad A = \int_0^1 f(x)dx = [-\frac{a^3}{3} + ax]_0^1 = \frac{2}{3}a = 1, \quad a = \frac{3}{2} \Rightarrow f(x) = -\frac{3}{2}x^2 + \frac{3}{2}$

12. $f(x) = ax^2 + bx + c, \quad f(0) = -1, \quad c = -1$

$f'(x) = 2ax + b, \quad f'(4) = 0, \quad b = -8a$

$\int_0^1 (ax^2 - 8ax - 1)\,dx = [\frac{1}{3}ax^3 - 4ax^2 - x]_0^1 = -\frac{11}{3}a - 1, \quad A = \frac{11}{3}a + 1 = 12, \quad a = 3$

$f(x) = 3x^2 - 24x - 1$ A unterhalb der x – Achse!

13. Die Parabel ist nach unten geöffnet und hat die Nullstellen $x_1 = 0$ und $x_2 = u$, daher: 136
$P(x) = -ax(x-u)\ (a > 0)$.
Der Scheitelpunkt ist $S(\frac{u}{2} \mid 9)$: $p(\frac{u}{2}) = \frac{a}{4}u^2 = 9 \Rightarrow a = \frac{36}{u^2}$

$$\int_0^u -\frac{36}{u^2}(x^2 - ux)dx = [-\frac{36}{u^2}(\frac{1}{3}x^3 - \frac{u}{2}x^2)]_0^u = 6u = 36 \Rightarrow u = 6, \quad a = 1 \Rightarrow f(x) = -x^2 + 6x$$

14. a) $A = \frac{1}{4}$ b) $A = \frac{5}{3}$ c) $A = \frac{8}{3}$ 137

15. a) $A = 12 + 1{,}11 = 13{,}11$ b) $A = \frac{7}{6} + \frac{32}{6} = \frac{13}{2}$ c) $A = 3{,}5 + 8 = 11{,}5$

d) $A = \frac{8}{5}$ e) $A = 0{,}30625 + 5{,}2 = 5{,}50625$

f) $A = 1{,}75 + 4 + 1{,}265625 = 7{,}015625$

16. a) $x = -2,\ x = -1,\ x = 2,\ A \approx 5{,}91$ b) $x = -2; -1; 1; 2,\ A \approx 3{,}26$

c) $x = -2; 0; 2,\ A \approx 3{,}90$ d) $x = 0; 3,\ A = 2{,}625$

17. a) Nullstellen: −3, 0, 1 , $A = 7{,}33 + 0{,}58 + 11{,}39 = 19{,}3$
b) Nullstellen: −2, 1 (doppelt) , $A = 6{,}75 + 1{,}25 = 8$
c) Nullstellen: −2, 1, 3 , $A = 10{,}667 + 2{,}417 = 13{,}084$
d) Nullstellen: ±1 , $A = 6{,}533 + 2{,}933 + 53{,}066 = 62{,}532$

18. $g(x) = \frac{1}{4}(3 + 2x - x^2)$, $G(x) = \frac{1}{4}(3x + x^2 - \frac{1}{3}x^3)$

$h(x) = \frac{1}{4}(x^2 - 9)$, $H(x) = \frac{1}{4}(\frac{1}{3}x^3 - 9x)$

$A = 2(G(3) - G(0) + H(0) - H(3)) = 2(\frac{9}{4} - 0 + 0 + \frac{18}{4}) = 13{,}5$

19. $F(x) = \frac{3}{100}(-\frac{1}{12}x^4 + \frac{5}{3}x^3)$, $A = 2(F(10) - F(0)) = \frac{6}{100}(-\frac{10000}{12} + \frac{5000}{3}) = 50\ m^2$ 140

$f(10) = 5 \Rightarrow$ Rechteckfläche $= 100 \Rightarrow$ Querschnittsfläche $= 100 - 50 = 50$
Der Inhalt des Querschnitts beträgt 50 m^2.

20. Torbogen: $f(x) = -1{,}2x^2 + 4{,}8$ (Ursprung: Bodenmitte unter dem Torbogen)

Fläche unter f: $A = 2\int_0^2 f(x)dx = 2[-\frac{1{,}2}{3}x^3 + 4{,}8x]_0^2 = 2(-\frac{9{,}6}{3} + 9{,}6) = \frac{38{,}4}{3} \approx 12{,}8$

Flächeninhalt des Turms: $A_T \approx 80 - 12{,}8 = 67{,}2$, Höhe des Angebots: 1680 Euro

21. Ansatz: $f(x) = ax^3 + bx^2 + cx + d$, $f'(x) = 3ax^2 + 2bx + c$
a) $f(0) = 6,\ d = 6$
$f(2) = 3,\ 3 = 8a + 4b + 2c + 6$
$f(4) = 0,\ 0 = 64a + 16b + 4c + 6$
$f'(2) = 0,\ 0 = 12a + 4b + c$ Resultat: $f(x) = -\frac{3}{8}x^3 + \frac{9}{4}x^2 + -\frac{9}{2}x + 6$
b) $F(x) = -\frac{3}{32}x^4 + \frac{3}{4}x^3 - \frac{9}{4}x^2 + 6x$, $A = F(4) - F(0) = 12\ km^2$
Ganz ohne Integralrechnung:
Schneidet man parallel zur x–Achse bei y = 3 das Flächenstück ab, passt es um 180° gedreht genau in die Rechteckfläche rechts vom Wendepunkt. Also $A = 3 \cdot 4 = 12\ km^2$

140 22. a) $f(x)=\frac{1}{25}x^2-\frac{2}{5}x+2$

b) $f(1)=f(9)=\frac{41}{25}\mathrel{\hat=}16{,}4\text{m}$, $f(2)=f(8)=\frac{34}{25}\mathrel{\hat=}13{,}6\text{m}$
$f(3)=f(7)=\frac{29}{25}\mathrel{\hat=}11{,}6\text{m}$, $f(4)=f(6)=\frac{26}{25}\mathrel{\hat=}10{,}4\text{m}$

c) $F(x)=\frac{1}{75}x^3-\frac{2}{10}x+2x$
Tafel 1: $A_1=A_4\approx 149{,}33\text{ m}^2$
Tafel 2: $A_2=A_3\approx 109{,}33\text{ m}^2$, $A=A_1+A_2+A_3+A_4\approx 517{,}32\text{m}^2$

3. Flächen zwischen Funktionsgraphen

141 1. $A=4{,}5$ 2. $A=0{,}333$ 3. $A=3{,}0833$ 4. $A=0{,}417$

143 5. a) $A=1{,}333$ b) $A=21{,}333$ c) $A=0{,}296$

d) Schnittstellen: $x=0$ und $x=4$, $A=\frac{4}{3}\approx 1{,}33$

e) Schnittstellen: $x=1$ und $x=4$, $A=\frac{27}{8}\approx 3{,}375$

f) Schnittstellen: $x=0$ und $x=1$, $A=\frac{1}{3}$

6. a) $A=\int_0^a(-2x^2+2a^2)dx=[-\frac{2}{3}x^3+2a^2x]_0^a=\frac{4}{3}a^3=36,\quad a=3$

b) $A=\int_0^a(ax-x^2)dx=[\frac{a}{2}x^2-\frac{1}{3}x^3]_0^a=\frac{1}{6}a^3=\frac{4}{3},\quad a=2$

c) $A=\int_0^{1/a}(1-a^2x^2)dx=[x-\frac{a^2}{3}x^3]_0^{1/a}=\frac{2}{3a}=\frac{2}{3},\quad a=1$

144 7. Schnittstellen: −7, 0, 1 , A = 1,25

8. Grenzen: 0, 1 , A = 1,417

146 9. a) Grenzen: −2, −1, 0, 1 ; A = 2,25 + 0,25 + 0,25 = 2,75

b) Grenzen: −1, 0, 2 ; A = 1,75 + 4 = 5,75

c) Grenzen: −3, −2, 0, 2 ; A = 3,125 + 2 + 2 = 7,125

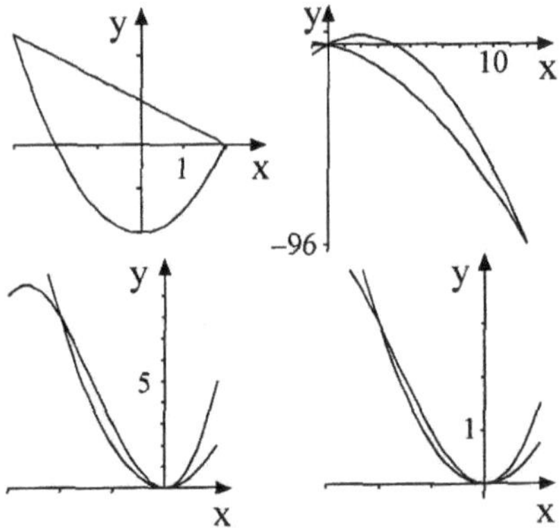

147 10. a) Schnittstellen: − 3 ; 2 , $A\approx 10{,}42$

b) Schnittstellen: 0 ; 12 , $A=144$

c) Schnittstellen: − 2 ; 0 , $A=\frac{4}{3}$

d) Schnittstellen: − 2 ; 0 , $A=\frac{1}{3}$

11. a) Schnittstellen: −1, 1 , A = 0,667

b) Integrationsstellen: −1, 1 , A = 10/3

12. a) Grenzen: 0, 1, $\sqrt[3]{2}$, A = 0,5 + 0,119 = 0,619 147
b) $f(x) = x^2$, $g(x) = 2x + 2$, $h(x) = x^2 - 2x + 2$
Grenzen: $1 - \sqrt{3}$, 0, 1 , A = 0,797 + 1 = 1,797

13. a) Schnittstellen: 0 ; $\frac{1}{a}$, für a = 0,5
b) Schnittstellen: – 2a ; a, für a = 1
c) Schnittstellen: 0 ; 2+a , für a = 4
d) Schnittstellen: –a ; 0 ; a , für a = 2

14. a = 4

15. $A_{gelb} = \frac{1}{12}$, $A_{blau} = \int_{-\sqrt{a}}^{0} (x^3 - ax)dx = \frac{a^2}{4} = \frac{1}{12}$, $a = \sqrt{\frac{1}{3}} \approx 0,577$

16. $f(x) = 0,2x^2 - 0,8$, $g(x) = -0,4x^2 + 1,6$ 148
Integration von g – f über [– 2 ; 2] liefert
$A = 6,4\ cm^2$ und daher $V = 10,24\ cm^3 = 10240\ mm^3$.

17. a) obere Parabel: $f(x) = -\frac{4}{36}x^2 + 4$, untere Parabel: $g(x) = \frac{5}{36}x^2 - 5$ 149

b) $A = 2\int_0^6 (f(x) - g(x))dx = 2[-\frac{1}{12}x^3 + 9x]_0^6 = 72\ m^2$ beträgt die Gebäudefront.

18. a) $f(x) = -x + 10$

b) $A = \int_{-10}^{10} (f(x) - g(x))dx = [-\frac{5}{4000}x^4 + \frac{1}{4}x^2 + 10x]_{-10}^{10} = 200$

ohne Integralrechnung: Schneidet man längs der x-Achse das untere Flächenstück ab und dreht es um 180°, so kann man es am Flusslauf zu einem Dreieck zusammenfügen.

Also $A = \frac{1}{2}20 \cdot 20 = 200$

19. a) $f(x) = -\frac{1}{8}x^2 + 2$, $g(x) = \frac{3}{16}x^2 - 3$

b) $A = \int_{-5}^{-4} (g(x) - f(x))dx + 2\int_{-4}^{0} (f(x) - g(x))dx = [\frac{5}{48}x^3 - 5x]_{-5}^{-4} + 2[-\frac{5}{48}x^3 + 5x]_{-4}^{0}$
$\approx 1,35 + 26,67 = 28,02$

Der Flächeninhalt des Logos beträgt ca. 28,02 dm^2.

c) Fensterfläche: $A_F = 9 \cdot 5 = 45\ dm^2$
Der Anteil Logo:Fensterfläche beträgt also ca. 62 %, d.h. ca. 31 % Lichtreduktion.

d) $d(x) = f(x) - g(x) = -\frac{5}{16}x^2 + 5 = 2,5$, $x = \pm\sqrt{8} \approx \pm 2,83$

Im Bereich $-2,83 \le x \le 2,83$ ist das Logo mindestens 25 cm hoch.

Bzw. $d(x) = g(x) - f(x)$: $-5 \le x \le -4,9$, d.h. der letzte cm Schwanzende ebenfalls

149 20. a) $g(x) = -\frac{1}{4}x^2 + 5$, $h(x) = \frac{1}{2}x - 1$

b) $A = 2\int_0^2 (g(x) - f(x))dx + 2\int_2^4 (g(x) - h(x))dx$

$= 2[\frac{1}{20}x^5 - \frac{5}{12}x^3 + 5x]_0^2 + 2[-\frac{1}{12}x^3 - \frac{1}{4}x^2 + 6x]_2^4 \approx 16{,}53 + 8{,}67 = 25{,}2$

Der Flächeninhalt beträgt also ca. 25,2 ha oder 252000 m^2.

c) $n(x) = -\frac{1}{6}x^2 + 2$, $A = 2\int_0^3 (g(x) - n(x))dx + 2\int_3^4 (g(x) - h(x))dx$

$= 2[-\frac{1}{36}x^3 + 3x]_0^3 + 2[-\frac{1}{12}x^3 - \frac{1}{4}x^2 + 6x]_3^4 \approx 16{,}5 + 2{,}33 = 18{,}83$

Das ergibt 1883 Parzellen.

150 21. a) $f(x) = -\frac{1}{8}x^2 + 4$, $g(x) = -\frac{1}{128}x^4 + \frac{1}{4}x^2$

b) $A = 2\int_0^4 (f(x) - g(x))dx = 2[\frac{1}{640}x^5 - \frac{1}{8}x^3 + 4x]_0^4 \approx 19{,}20$

$V = 1{,}5 \cdot A = 28{,}8$, d.h. das Becken fasst 28,8 m^3 bzw. 28800 Liter Wasser.

c) $f'(x) = -0{,}25x$, $f'(4) = -1$, $g'(4) = 0$, $\alpha = -45°$, $\beta = 0° \Rightarrow \gamma = 45°$

Der Winkel beträgt 45°.

22. a) $f(x) = -\frac{40}{10000}(x - 100)^2 + 40 = -\frac{1}{250}x^2 + \frac{4}{5}x$, $g(x) = \frac{2}{5}x$

b) $A = \int_0^{100} (f(x) - g(x))dx = [-\frac{1}{750}x^3 + \frac{1}{5}x^2]_0^{100} = -\frac{1000000}{750} + \frac{10000}{5} \approx 666{,}67$

$V = 1000 \cdot A \approx 666.667\,m^3$

23. a) $f(x) = -\frac{1}{32}x^4 + \frac{1}{4}x^2 + 1$, $g(x) = \frac{3}{8}x^2$

b) $A = 2\int_0^2 (f(x) - g(x))dx = 2[-\frac{1}{160}x^5 - \frac{1}{24}x^3 + x]_0^2 = 2(\frac{22}{15}) \approx 2{,}93$

$V \approx 2{,}93 \cdot 0{,}3 = 0{,}879\,m^3$, $m = V \cdot 0{,}7\frac{g}{cm^3} = V \cdot 700\frac{kg}{m^3} \approx 615{,}3\,kg$

24. $f(1) = g(1) = 1$, also ist die Schwanzflosse 1 m lang.

$A = \int_0^1 (g(x) - f(x))dx + \int_1^4 (f(x) - g(x))dx + A_{Halbkreis}$

$= [\frac{1}{9}(\frac{1}{3}x^3 - 4x^2 + 16x) - \frac{2}{3}\sqrt{x^3}]_0^1 + [\frac{2}{3}\sqrt{x^3} - \frac{1}{9}(\frac{1}{3}x^3 - 4x^2 + 16x)]_1^4 + 1{,}57 \approx 5{,}94$

$5{,}94\,m^2 \cdot 1\,mm = 59400\,cm^2 \cdot 0{,}1\,cm = 5940\,cm^3 = 5{,}94$ Liter

10 Liter reichen also nicht für einen 1 mm dicken Anstrich (nur für 0,84 mm).

4. Der Mittelwert einer Funktion

1. a) $\bar{y} = \frac{1}{1-0} \cdot \int_0^1 e^x dx = 1 \cdot (e^1 - e^0) = e - 1 \approx 1{,}72$ 151

b)

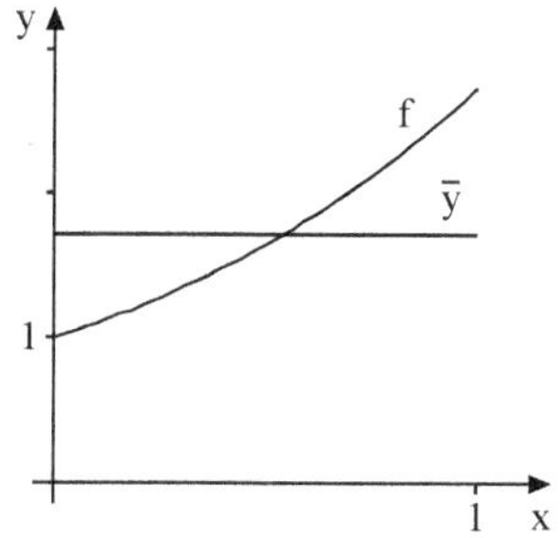

2. a) $\bar{y} = \frac{1}{2-0} \cdot \int_0^2 x dx = \frac{1}{2} \cdot [\frac{x^2}{2}]_0^2 = 1$ 152

b) $\bar{y} = 2$

c) $\bar{y} = \frac{1}{2-0} \cdot \int_0^2 x^2 dx = \frac{1}{2}[\frac{x^3}{3}]_0^2 = \frac{8}{6} \approx 1{,}33$

d) $\bar{y} = \frac{16}{3} \approx 5{,}33$

e) $\bar{y} = \frac{1}{2-0} \cdot \int_0^2 x^3 dx = \frac{1}{2}[\frac{x^4}{4}]_0^2 = 2$

f) $\bar{y} = 16$

g) $\bar{y} = \frac{1}{e-1} \cdot \int_1^e \frac{1}{x} dx = \frac{1}{e-1}[\ln |x|]_1^e = \frac{1}{e-1} \approx 0{,}58$

h) $\bar{y} = \frac{1}{\frac{\pi}{2}-0} \cdot \int_0^{\pi/2} \sin x dx = \frac{1}{\pi/2}[-\cos x]_0^{\pi/2} = \frac{2}{\pi} \approx 0{,}64$

3. Für lineare Funktionen proportional.

4. a) Mittelwert 1/3.

b) $\bar{y} = \frac{1}{3}$, $f(x) = \frac{1}{3}$ existiert nicht.

5. $\bar{y} = 1{,}589 \cdot 2 + 1{,}629 \cdot 4 + 1{,}579 \cdot 1 + 1{,}659 \cdot 4 + 1{,}559 \cdot 1 + 1{,}619 \cdot 2 = \frac{22{,}709}{14} \approx 1{,}622$

6. a) Ja, z.B. $f(x) = \begin{cases} 1 & -a \le x < 0 \\ -1 & 0 \le x \le a \end{cases}$ oder $f(x) = 0$

b) Ja, z.B. $f(x) = \begin{cases} 3 & -a \le x < 0 \\ 1 & 0 \le x \le a \end{cases}$ oder $f(x) = 0$

5. Rekonstruktion von Beständen

155 1. $N(t) = 0{,}001t^2 + 0{,}05t + 2$
$N(20) = 3{,}4$, der Zugewinn beträgt also 1,4 Mio

2. a) $s(t) = -\frac{1}{6}t^3 + 6t^2$
b) $v(t) = 0$: $t = 0$ (Start) und $t = 24$ (Fahrtende)
$s(24) = 1152$ m hat das Fahrzeug insgesamt zurückgelegt.

158 3. a) Ansatz: $v(x) = at^2 + bt + c$
$v(0) = 6$: $6 = c$
$v(1) = 3$: $3 = a + b + 6$
$v(3) = 0$: $0 = 9a + 3b + 6$, $-9 = 6a - 12$, $a = 0{,}5$, $b = -\frac{7}{2}$
$v(x) = \frac{1}{2}t^2 - \frac{7}{2}t + 6$

b) $\Delta h = \int_0^3 v(t)dt = [\frac{1}{6}t^3 - \frac{7}{4}t^2 + 6t]_0^3 = 6{,}75$

Höhe nach 3 Tagen : $h = 1\text{ m} + 6{,}75\text{ cm} = 1{,}0675\text{ m}$

c) $v(t) = 1$: $\frac{1}{2}t^2 - \frac{7}{2}t + 6 = 1$, $t^2 - 7t + 10 = 0$, $t = \frac{7}{2} - \sqrt{2{,}25} = 2$
Nach 2 Tagen ändert sich die Höhe erstmalig nur noch um 1 cm/Tag.
Sie ist dann $s(2) = [\frac{1}{6}t^3 - \frac{7}{4}t^2 + 6t]_0^2 = \frac{19}{3} \approx 6{,}33\text{ cm} + 1\text{ m} = 1{,}0633\text{ m}$ hoch.

159 4. a) $W(t) = \int P(t)dt = -\frac{1}{12960}t^4 + \frac{1}{108}t^3$
b) $W(90) = 1687{,}5$ Wattminuten $= 28{,}125$ Wh $\approx 0{,}028$ kWh
c) $P'(t) = -\frac{1}{1080}t^2 + \frac{1}{18}t$, $P''(t) = -\frac{1}{540}t + \frac{1}{18}$

$P'(t) = 0$: $t = 60$, $P''(60) = -\frac{1}{9} + \frac{1}{18} < 0$

Zur Zeit $t = 60$ war die Leistung maximal.

160 5. $A(t) = \int_0^{400} a(t)dt = [\frac{1}{450}(-\frac{1}{3}t^3 + 100t^2 + 80000t)]_0^{400} \approx 59259$
Es werden 59259 Manntage benötigt.

161 6. a) $h(t) = \frac{1}{216}(\frac{5}{3}t^3 - 60t^2 + 480t) + 5$
b) $h'(t) = 0$: $t^2 - 24t + 96 = 0$, $t = 12 \pm\sqrt{48}$
$t_1 = 5{,}07$, $t_2 = 18{,}93$

$h''(t) = \frac{1}{216}(10t - 120)$, $h''(5{,}07) < 0$, $h''(18{,}93) > 0$

Zur Zeit $t = 5{,}07$ war der Wasserstand am höchsten.
Zur Zeit $t = 18{,}93$ war der Wasserstand am niedrigsten.

c) Der Wasserstand ändert sich zur Zeit $T = 0$ bzw. $t = 24$ mit ca. 2,22m/h Steigen am schnellsten. Es sind globale Randextrema.
Das schnellste Fallen findet dagegen bei $t = 12$ mit ca. $-1{,}11$m/h statt.

7. $s(t) = -0{,}004t^3 + 3{,}6t^2$, $s(60) = 12096$ m 161
Es legt 12096 Meter zurück.

8. a) $B(t) = 5t^4 - 100t^3 + 500t^2 + C$
$B(1) = 405$, $C = 0$, $B(t) = 5t^4 - 100t^3 + 500t^2$
b) $B(3) = 2205$ Besucher sind nach 3 Stunden anwesend.
c) $B'(t) = 0$: $20t(t^2-15t+50) = 0$, $t_1 = 0$, $t_2 = 10$, $t_3 = 5$
$B''(t) = 60t^2 - 600t + 1000$, $B''(0) > 0$ Minimum, $B''(5) < 0$ Maximum, $B''(10) > 0$ Minimum
Nach 5 Stunden ist die Besucherzahl mit 3125 am größten.
d) $B''(t) = 0$: $t_1 = 7{,}89$, $t_2 = 2{,}11$ (Lage der Wendepunkte)
Bei $t = 2{,}11$ steigt die Besucherzahl am schnellsten.
e) Nach ca. 10 Stunden ist das Fest zu Ende, da $B(10) = 0$ gilt.

9. a) $h(t) = 30t - 5t^2 + 35$
b) $h(t) = 0$: $-5t^2 + 30t + 35 = 0$, $t_1 = 7$ ($t_2 = -1$)
Der Ball trifft nach 7 Sekunden mit $v(7) = -40$ m/s am Boden auf.
(Das Minuszeichen gibt die Richtung der Bewegung an.)
Die Gipfelhöhe ist nach 3 Sekunden erreicht: $h(3) = 80$ m.

10. a) $s(t) = 30t - 5t^2$ 162
b) $v(t) = 0$: $t = 3$, $s(3) = 45$ m
100 m vor dem LKW steht das Reh, nach 1 s ist der LKW noch 70 m von dem Reh entfernt, der Bremsweg beträgt von nun an 45 m, also kommt der LKW 25 m vor dem Reh zum Stehen. Kein Unfall!

11. a) $h(t) = -0{,}04t^3 + 0{,}6t^2 + 520$
b) $h'(t) = v(t) = 0$: $t_1 = 0$, $t_2 = 10$min
$h''(t) = v'(t) = -0{,}24t + 1{,}2$, $h''(10) = -1{,}2 < 0$, Maximum
$h(10) = 540$ m ist die maximale Höhe.
c) $h(t) = 520$: $-0{,}04t^2(t-15) = 0$, $t_1 = 0$, $t_2 = 15$
Nach 15 Minuten ist er wieder auf Starthöhe.

12. b) $N'(t) = \frac{1}{4\sqrt{t}} - 0{,}1$, $N'(t) = 0$: $t = 6{,}25$

a)

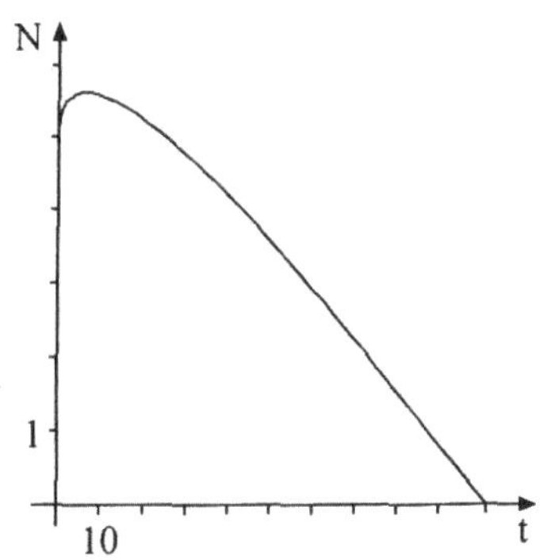

c) $N(t) = 5 + 0{,}5\sqrt{t} - 0{,}1t = 3{,}6$
$t - 5\sqrt{t} - 14 = 0$, $\sqrt{t} = 2{,}5 \pm \sqrt{20{,}25}$
$t_1 = 49$ ($t_2 = 4$)
Nach 49 Tagen waren 3600 Mann im Einsatz.

d) $\int\limits_0^{100} N(t)dt = [5t + \frac{1}{3}\sqrt{t^3} - 0{,}05t^2]_0^{100} \approx 333{,}33$
Insgesamt waren ca. 333.333 Manntage erforderlich.

162 13. Höhengewinn: $h(t)=\int(-0{,}1t^3+t^2dt=-0{,}025t^4+\frac{1}{3}t^3+C$

$h(0)=5\Rightarrow C=5\Rightarrow h(t)=-0{,}025t^4+\frac{1}{3}t^3+5$

a) Dauer der Wachstumsphase:

$v(t)=0$ (am Ende der Wachstumsphase)

$-0{,}1t^3+t^2=0$

$t^2(-0{,}1t+1)=0,\quad t=0$ bzw. $t=10$ Wochen

$v'(t)=-0{,}3t^2+2t,\quad v''(t)=-0{,}6t+2,\quad v''(10)=-10<0\Rightarrow$ Max

b) Max. Höhe: $h(10)\approx 88{,}33\text{cm}$

c) Schnellstes Wachstum: Maximum von v' (im Wendepunkt von h)

$v'(t)=0$: $-t(0{,}3t-2)=0,\ t_1=0,\ t_2=\frac{2}{0{,}3}\approx 6{,}67$ Wochen

$t=0$, bzw. $t=6{,}67,\quad h(\frac{20}{3})\approx 54{,}38\text{cm}$

Zum Zeitpunkt des schnellsten Wachstums wird die Pflanze ca. 54,38 cm hoch sein.

163 14. a) Geschwindigkeitsfunktion: $f(t)=\begin{cases}80 & 0\le t\le 2\\ 120-20t & 2\le t\le 4\\ 40 & 4\le t\le 5\\ 240-40t & 5\le t\le 6\end{cases}$

b) Δs ist die Fläche unter v $\triangleq$ 17 Kästchen.

Ein Kästchen entspricht $20\frac{\text{km}}{\text{h}}\cdot 1\,\text{min}=20\frac{\text{km}}{60\,\text{min}}\cdot 1\,\text{min}=\frac{1}{3}\text{km}\Rightarrow \Delta s=\frac{17}{3}\text{km}\approx 5{,}67\text{km}$

c) Durchschnittsgeschwindigkeit: 5,67km in 6min, $\overline{v}=\frac{\Delta s}{\Delta t}=\frac{5{,}67\,\text{km}}{6\,\text{min}}=\frac{56{,}7\,\text{km}}{60\,\text{min}}=56{,}7\frac{\text{km}}{\text{h}}$

15. a) $f_1(x)=160-40x,\quad 0\le x\le 2$

$f_3(x)=80,\quad 6\le x\le 8$

$f_4(x)=-20(x-8)+80=-20x+240,\quad 8\le x\le 12$

b) $f_2(2)=f_2(6)=80,\ f_2(4)=120,\ f_2'(4)=0$

c) $\Delta s=\int_0^2(160-40x)dx+\int_2^6(-10x^2+80x-40)dx+\int_6^8 80dx+\int_8^{12}(-20x+240)dx$

$=[160x-20x^2]_0^2+[-\frac{10}{3}x^3+40x^2-40x]_2^6+[80x]_6^8+[-10x^2+240x]_8^{12}$

$=240+(480-\frac{160}{3})+160+(1440-1280)=\frac{2960}{3}\approx 986{,}67\text{m}$

d) Durchschnittsgeschwindigkeit: $\overline{v}=\frac{\Delta s}{\Delta t}=\frac{986{,}67}{12}\approx 82{,}22\frac{\text{m}}{\text{min}}\approx 1{,}37\frac{\text{m}}{\text{s}}$

16. a)

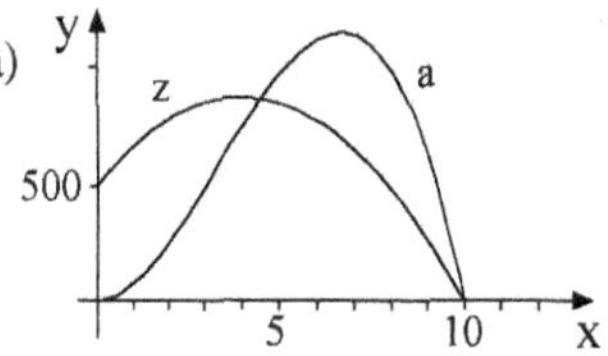

b) Gleichstand:

$z(t)=a(t)$

$-24t^2+190t+500=-7{,}8t^3+78t^2$

$7{,}8t^3-102t^2+190t+500=0$

$t\approx 4{,}5,\quad t=10$

16. b) Maximum von z: $z'(t) = -24t + 190 = 0 \Rightarrow t \approx 3{,}96\text{h} \mathrel{\hat{=}} 15{,}58\text{Uhr}$ 163

$z''(t) = -48 < 0 \Rightarrow \text{Max}, \quad z_{max} \approx z(3{,}96) \approx 876{,}04 \frac{\text{Besucher}}{\text{h}}$

Maximum von a: $a'(t) = -23{,}4t^2 + 156t = 0 \Rightarrow t = 0(\text{Min}), \quad t \approx 6{,}67\text{h} \mathrel{\hat{=}} 18{,}40\text{Uhr}$

$a_{max} \approx a(6{,}67) \approx 1155{,}55 \frac{\text{Besucher}}{\text{h}}$

$z(4{,}5) = 869, \quad a(4{,}5) = 868{,}725 \ ; \ z(10) = a(10) = 0$

c) $\Delta N = \int_0^{10} z(t)dt = [-8t^3 + 95t^2 + 500t]_0^{10} = 6500$ Besucher hatte das Volksfest.

d) Solange z > a gilt, wächst die Besucherzahl, bei z = a bleibt sie konstant und ab z < a sinkt die Besucherzahl. Bei x = 4,5 (s. b) ist die Besucherzahl maximal.

Sie beträgt $\Delta N = \int_0^{4,5} (z(t) - a(t))dt = [1{,}95t^4 - 34t^3 + 95t^2 + 500t]_0^{4,5} \approx 1875$.

e) $\Delta N = \int_0^{10} a(t)dt = [-1{,}95t^4 + 26t^3]_0^{10} = 6500$

6. Uneigentliche Integrale

165 1. a) $\int_2^\infty 4\cdot x^{-5}dx = [-x^{-4}]_2^\infty = \frac{1}{16}$ b) $\int_1^\infty \frac{2}{\sqrt{x}}dx = [4\sqrt{x}]_1^\infty = \infty$

c) $\int_1^\infty (\frac{1}{x^2}+\frac{1}{x^3})dx = [-\frac{1}{x}-\frac{1}{2x^2}]_1^\infty = 1{,}5$ d) $\int_0^1 (x+\frac{2}{\sqrt{x}})dx = [\frac{1}{2}x^2+4\sqrt{x}]_0^1 = 4{,}5$

e) $\int_0^9 (\frac{1}{\sqrt{x}}-1)dx = [2\sqrt{x}-x]_0^9 = -3$ f) $\int_0^8 (\frac{1}{\sqrt[3]{x^2}}+1)dx = [3x^{\frac{1}{3}}+x]_0^8 = 14$

2. Die Rechnung ist nicht korrekt. Man müsste $\int_{-1}^0 f(x)dx$ und $\int_0^4 f(x)dx$ untersuchen.

3. $f = g$: $\frac{1}{2}x = \frac{4}{x^2}$, $x = 2$

$$A = \int_0^2 \frac{1}{2}x\,dx + \int_2^\infty \frac{4}{x^2}dx = [\frac{1}{4}x^2]_0^2 + [-\frac{4}{x}]_2^\infty = 1+2 = 3$$

7. Das Volumen von Rotationskörpern

1. $f(x) = a\sqrt{x}$, $P(20 \mid 30)$, $30 = a\sqrt{20}$, $a = \frac{15}{\sqrt{5}}$, $f(x) = 3\sqrt{5x}$ 167

$$V = \pi\int_0^{20} (3\sqrt{5x})^2 dx = \pi\int_0^{20} 45x dx = \pi[\tfrac{45}{2}x^2]_0^{20} = 9000\pi \approx 28274{,}33 cm^3 \approx 28{,}3 \text{ Liter}$$

2. $V = \pi\int_1^2 (x^2+1)^2 dx = \pi[\frac{1}{5}x^5 + \frac{2}{3}x^3 + x]_1^2 = 37{,}28$ 168

3. $V = \pi\int_0^h r^2 dx = [\pi r^2 \cdot x]_0^h = \pi r^2 h$

4. a) $V = \pi\int_1^4 x dx = \pi[\frac{1}{2}x^2]_1^4 = 7{,}5\pi \approx 23{,}56$ 170

b) $V = \pi\int_{-1}^{1} (x^8 - 2x^6 + x^4) dx = \pi[\frac{1}{9}x^9 - \frac{2}{7}x^7 + \frac{1}{5}x^5]_{-1}^{1} = 2\pi \cdot (\frac{1}{9} + \frac{1}{5} - \frac{2}{7}) \approx 0{,}16$

c) $V = \pi \cdot \int_{-2}^{1} (\frac{1}{4}x^2 + 2x + 4) dx = \pi[\frac{1}{12}x^3 + x^2 + 4x]_{-2}^{1} = 9{,}75\pi \approx 30{,}63$

d) $V = \pi\int_0^4 ((x-2)^4 - 8(x-2)^2 + 16) dx = \pi[\frac{1}{5}(x-2)^5 - \frac{8}{3}(x-2)^3 + 16x]_0^4 \approx 107{,}23$

e) $V = \pi\int_{-1}^{1} (1 - x^2) dx = \pi[x - \frac{1}{3}x^3]_{-1}^{1} = \frac{4}{3}\pi$

f) $V = \pi\int_0^2 f^2(x) dx = \pi[\frac{1}{7}x^7 - \frac{2}{3}x^6 + \frac{6}{5}x^5 - x^4 + \frac{1}{3}x^3]_0^2 = \frac{24}{35}\pi \approx 2{,}15$

5. a) $f(x) = b \cdot \sqrt{1 - (\frac{x}{a})^2}$, $f(0) = 2$, $b = 2$, $f(3) = 0$, $a = 3$

$f(x) = 2 \cdot \sqrt{1 - \frac{x^2}{9}}$

b) $V = 2\pi\int_0^3 f^2(x) dx = 8\pi[x - \frac{x^3}{27}]_0^3 = 16\pi \approx 50{,}27$

Das Eivolumen beträgt ca. $50{,}27 cm^3$.

170 6. a) $f(x) = a\sqrt{x}$, $f(3) = 2$, $a \approx 1{,}15$, $f(x) = 1{,}15\sqrt{x}$

b) Volumen: $V = 4\pi \cdot 4 - 4\pi\int_0^3 \frac{x}{3}dx = 4\pi \cdot 4 - 4\pi[\frac{1}{6}x^2]_0^3 = 10\pi \approx 31{,}42$

c) $V_{Zylinder} = \pi \cdot 4 \cdot h \approx 6\pi \quad \Rightarrow \quad h = 1{,}5$

Die Flüssigkeit steht bis zur Höhe von 1,5 auf der x-Achse, also 2,5 über dem Boden des Behälters.

7. a) $f(5) = 3 \Rightarrow c = 15$, $f(x) = \frac{15}{x}$

b) Durchmesser: $f(15) = 1$, $d = 2$ cm

c) $V = 9\pi \cdot 15 + \pi \cdot \int_5^{15} \frac{225}{x^2}dx = 135\pi + \pi \cdot [-\frac{225}{x}]_5^{15} = \pi(135 + 30) \approx 518{,}36\text{ cm}^3$

d) $g(x) = \frac{1}{25}x^2 + 2$

e) $V = 45\pi + 2\pi \cdot \int_0^5 (g(x))^2 dx + 30\pi$

$= 75\pi + 2\pi \cdot [\frac{1}{3125}x^4 + \frac{4}{75}x^3 + 4x]_0^5 = \pi(75 + \frac{166}{3}) \approx 409{,}45\text{ cm}^3$

f) $A = 5 \cdot 6 + 4\int_0^5 (\frac{1}{25}x^2 + 2)dx + 2\int_5^{15} \frac{15}{x}dx$

$= 30 + 4[\frac{1}{75}x^3 + 2x]_0^5 + 2[15 \cdot \ln x]_5^{15} = 30 + \frac{140}{3} + 30(\ln 15 - \ln 5) \approx 109{,}63\text{ cm}^2$

171 Streifzüge

Scheinwerfer

$f(x) = \sqrt{10} \cdot \sqrt{x}$, $g(x) = 10 \cdot \sqrt{11 - x}$

$V = \pi\int_0^{10} 10x\,dx + \pi\int_{10}^{11} 100(11 - x)dx = \pi[5x^2]_0^{10} + \pi[100(11x - \frac{1}{2}x^2]_{10}^{11} = 550\pi \approx 1727{,}88\text{cm}^3$

Test

1. a) $A = \int_{-1}^{1} f(x)dx = [\frac{1}{4}x^4 - \frac{1}{6}x^3 - \frac{1}{4}x^2 + x]_{-1}^{1} = \frac{5}{3}$ 174

   b) Nullstellen: $x = 1$ und $x = 3$, $A = \int_{1}^{3} f(x)dx = [-\frac{1}{3}x^3 + 2x^2 - 3x]_1^3 = \frac{4}{3}$

   c) Schnittpunkte: $x^2 - 7x + 10 = 0, \quad x = 2, \quad x = 5$

   $$A = \int_{2}^{5} (g(x) - f(x))dx = [-\frac{1}{3}x^3 + \frac{7}{2}x^2 - 10x]_2^5 = -\frac{25}{6} - (-\frac{26}{3}) = 4{,}5$$

2. a) Ansatz: $f(x) = ax^2 + 3, \quad f(2) = 0 \Rightarrow A = -\frac{3}{4}$

   Resultat: $f(x) = -\frac{3}{4}x^2 + 3$

   b) $A_f = \int_{-2}^{2} f(x)dx = [-\frac{1}{4}x^3 + 3x]_{-2}^{2} = 8, \quad A_g = \int_{-1,5}^{1,5} g(x)dx = [-\frac{10}{27}x^3 + 2{,}5x]_{-1,5}^{1,5} = 5$

   Querschnittsfläche: $G = 3m^2$, Betonmenge: $V = 30m^3$

3. a) $\int_{0}^{10} w'(t)dt = [-0{,}008t^3 + 0{,}06t^2 + 9{,}8t]_0^{10} = 96$ Wölfe

   b) $F(20) = 156$
   Zu Beginn waren es 16 Wölfe.

4. a) $\int v(t)dt = 0{,}0005t^3 - 0{,}15t^2 + C, \quad h(t) = 0{,}0005t^3 - 0{,}15t^2 + 2000$

   b) $h(120) = 704$m Höhe nach 2 Minuten, $v(120) = -14{,}4$ m/s

   c) $v(t) = 0$: $t^2 - 200t = 0$: $t = 0$ und $t = 200$
   Nach 200 Sekunden erfolgt die Landung in $h(200) = 0$m Höhe.

5. $V = \pi\int_{0}^{4} 4x dx - \pi\int_{0}^{4} \frac{1}{16}x^4 dx = \pi[2x^2]_0^4 - \pi[\frac{1}{80}x^5]_0^4 = \pi(32 - \frac{64}{5}) = 19{,}2\pi \approx 60{,}32$

V. Exponentielle Prozesse
1. Grundlagen

177 1. Zerfallsfunktion: $N(t) = 20 \cdot 0{,}87^t$

Halbwertszeit: $T = \frac{\log 0{,}5}{\log 0{,}87} \approx 4{,}98 \approx 5$

179 2. $K_M(t) = 10000 \cdot 1{,}05^t$, $20000 = 10000 \cdot 1{,}05^t \Rightarrow 2 = 1{,}05^t \Rightarrow t \approx 14{,}207$

Nach 14 Jahren sind 20000 € noch nicht erreicht, aber nach 15 Jahren.

$K_M(t) = K_D(t)$: $10000 \cdot 1{,}05^t = 8000 \cdot 1{,}07^t$, $\ln\frac{5}{4} = t \cdot \ln\frac{1{,}07}{1{,}05} \Rightarrow t \approx 11{,}826$

Die ersten 11 Jahre und auch im 12. Jahr besitzt Müller das größere Kapital. Erst nach 12 Jahren liegt Dorn vorne.

Den Ansatz $30000 = 10000 \cdot 1{,}05^t + 8000 \cdot 1{,}07^t$ löst man durch Probieren:

Nach 8 Jahren beträgt das gemeinsame Kapital etwa 28520 € und nach 9 Jahren hat mit 30220,96 € die 30000 €-Grenze überschritten.

180 3. 1. Tabelle: Quotient stets etwa 1,8 (Wachstum) , $N(t) = 50 \cdot 1{,}8^t$

2. Tabelle: Quotient stets etwa 0,6 (Zerfall) , $N(t) = 9260 \cdot 0{,}6^t$

3. Tabelle: Quotient stets etwa 1,96 (Wachstum) , $N(t) = 100 \cdot 1{,}4^t$

4. Tabelle: Quotient stets etwa 1,21 (Wachstum) , $N(t) = 200 \cdot 1{,}1^t$

(beim letzten Wert wg. der Zeitspanne $1{,}21^2$)

4. a)

t	0	1	2	3	4	5
N(t)	5	6,2	7,8	9,8	12,2	15,2

Quotient stets etwa 1,25

b) $N(t) = 5 \cdot 1{,}25^t$ c) $T \approx 3{,}1$

d) $10 = 5 \cdot 1{,}25^t \Rightarrow t = \frac{\log 2}{\log 1{,}25} \approx 3{,}1$

5. b) $10 = 0{,}5 \cdot 1{,}5^x \Rightarrow x = \frac{\log 20}{\log 1{,}5} \approx 7{,}4$

$10 = 3 \cdot 0{,}4^x \Rightarrow x = \frac{\log \frac{10}{3}}{\log 0{,}4} \approx -1{,}31$

c) $0{,}5 \cdot 1{,}5^x = 3 \cdot 0{,}4^x$, $3{,}75^x = 6 \Rightarrow x = \frac{\log 6}{\log 3{,}75} \approx 1{,}36$

d) Probieren mit dem TR: $[0{,}65; 2{,}4]$

a)

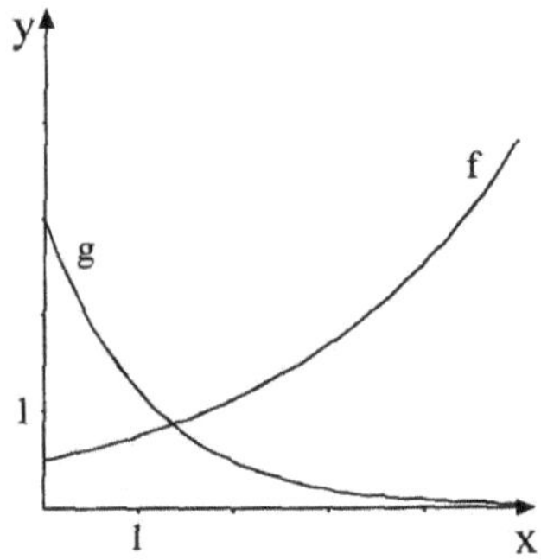

6. a) Ansatz: $N(t) = 1000 \cdot a^t$, Punktprobe mit $(6|160000)$: 180

$160000 = 1000 \cdot a^6 \quad \Leftrightarrow \quad a^6 = 160 \quad \Rightarrow \quad a = \sqrt[6]{160} \approx 2{,}33$

$N(t) = 1000 \cdot 2{,}33^t$

b) $T = \frac{\log 2}{\log 2{,}33} \approx 0{,}82$

c) $1000000 = 1000 \cdot 2{,}33^t \quad \Rightarrow \quad t = \frac{\log 1000}{\log 2{,}33} \approx 8{,}17$, $0{,}17h = 0{,}17 \cdot 60\,\text{min} \approx 10\,\text{min}$

Etwa um 18.10 Uhr wird die Infektionsdosis erreicht sein.

d) $N(8) = 1000 \cdot 2{,}33^8 \approx 868655$

Neue Wachstumsfunktion ab 18.00 Uhr:

$N_{12°}(t) = 868655 \cdot a^t \quad mit \quad 4 \cdot 0{,}82 = \frac{\log 2}{\log a} \quad \Leftrightarrow \quad \log a = \frac{\log 2}{3{,}28} \approx 0{,}092 , \quad a = 10^{0{,}092} \approx 1{,}24$

$N_{12°}(t) = 868655 \cdot 1{,}24^t$

$1000000 = 868655 \cdot 1{,}24^t \quad \Rightarrow \quad t = \frac{\log \frac{1000000}{868655}}{\log 1{,}24} \approx 0{,}65\ h = 39\,\text{min}$

Etwa um 18.39 Uhr, also ein Aufschub von etwa 29 Minuten.

2. Die natürliche Exponentialfunktion $f(x) = e^x$

182 1. c) $(3^x)' = \lim\limits_{h\to 0} \frac{3^{x+h} - 3^x}{h} = (\lim\limits_{h\to 0} \frac{3^h - 1}{h}) \cdot 3^x$

h	0,001	0,0001	0,00001	$\to$ 1
$\frac{3^h - 1}{h}$	1,09922	1,0987	1,099	$\to$ 1,099

$(3^x)' \approx 1{,}099 \cdot 3^x$

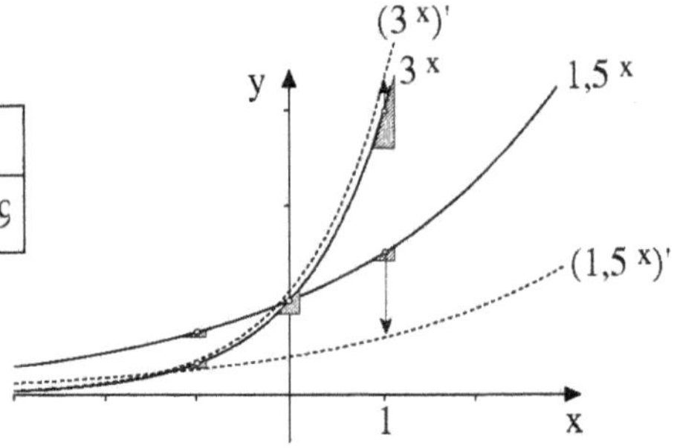

d) $f'(0{,}5) = 1{,}099 \cdot \sqrt{3} \approx 1{,}904$

e) $t(x) = mx + n \Rightarrow m = f'(1) \approx 3{,}297$

$f(1) = 3 \Rightarrow 3 = 3{,}297 + n \Rightarrow n = -0{,}297$

$t(x) = 3{,}297x - 0{,}297$

2. a,b) s.o.

c) $(1{,}5^x)' = (\lim\limits_{h\to 0} \frac{1{,}5^h - 1}{h}) \cdot 1{,}5^x$

h	0,001	0,0001
$\frac{1{,}5^h - 1}{h}$	0,405	0,4055

$(1{,}5^x)' \approx 0{,}4055 \cdot 1{,}5^x$

3. $(a^x)' = \lim\limits_{h\to 0} \frac{a^{x+h} - a^x}{h} = (\lim\limits_{h\to 0} \frac{a^h - 1}{h}) \cdot a^x$

185 4. c)

$e^{-x} = 5$

$\ln(e^{-x}) = \ln 5$

$-x = \ln 5$

$x = -\ln 5$

oder:

$e^{-x} = 5$

$\frac{1}{e^x} = 5$

$e^x = 0{,}2$

$\ln(e^x) = \ln 0{,}2$

$x = \ln 0{,}2 = -1{,}609$

a, b)

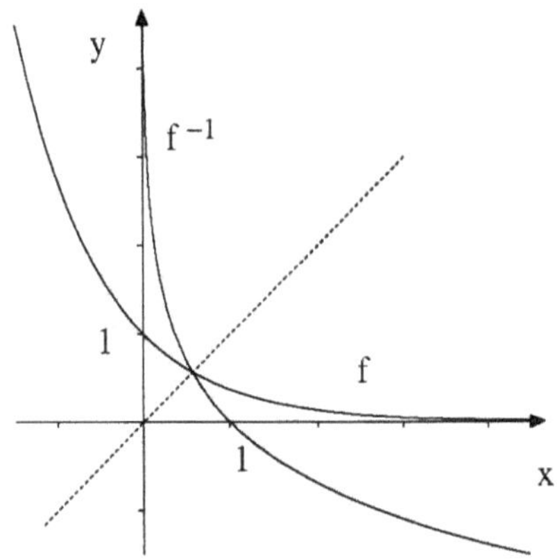

3. Die Produktregel

187 1. a) $f'(x) = 4x^3 \cdot x^5 + x^4 \cdot 5x^4 = 9x^8$ $\quad f'(x) = [x^9]' = 9x^8$

b) $f'(x) = 4x \cdot 3x^4 + 2x^2 \cdot 12x^3 = 36x^5$ $\quad f'(x) = [6x^6]' = 36x^5$

c) $f'(x) = (3x^2 + 2x) \cdot (x^2 + x) + (x^3 + x^2) \cdot (2x + 1) = 5x^4 + 8x^3 + 3x^2$

$f'(x) = [x^5 + 2x^4 + x^3]' = 5x^4 + 8x^3 + 3x^2$

d) $f'(x) = \frac{1}{2\sqrt{x}} \cdot \sqrt{x} + \sqrt{x} \cdot \frac{1}{2\sqrt{x}} = 1$ $\quad f'(x) = [x]' = 1$

e) $f'(x) = 3x^2 \cdot \frac{1}{x} - x^3 \cdot \frac{1}{x^2} = 2x$ $\quad f'(x) = [x^2]' = 2x$

f) $f'(x) = (3ax^2 + 2bx) \cdot \frac{1}{x^2} - (ax^3 + bx^2) \cdot \frac{2}{x^3} = a$ $\quad f'(x) = [ax + b]' = a$

2. Bei der Produktregel stellen beide Faktoren selbst Funktionen dar. 187

Bei der Faktorregel ist einer der Faktoren eine Konstante.

Herleitung: $g(x) = a \cdot f(x)$, $g'(x) = a' \cdot f(x) + a \cdot f'(x) = a \cdot f'(x)$ $(a' = 0)$

3. $f'(x) = 2x \cdot x^3 \cdot x^4 + x^2 \cdot 3x^2 \cdot x^4 + x^2 \cdot x^3 \cdot 4x^3 = 9x^8$, $f(x) = x^9$

4. a) $f'(x) = (1+x) \cdot e^x$ b) $f'(x) = \cos x - x \cdot \sin x$ c) $f'(x) = (2x + x^2) \cdot e^x$ 188

d) $f'(x) = (\cos x + \sin x) \cdot e^x$ e) $f'(x) = 2x \cdot \sqrt{x} + x^2 \cdot \frac{1}{2\sqrt{x}} = 2{,}5x \cdot \sqrt{x}$

f) $f'(x) = \frac{1}{x} - \frac{x+3}{x^2} = \frac{-3}{x^2}$ g) $f'(x) = \cos x \cdot \sin x + \sin x \cdot \cos x = 2 \sin x \cdot \cos x$

h) $f'(x) = -2\frac{x+1}{x^3} + \frac{1}{x^2} = \frac{-x-2}{x^3}$

5. A, IV ; B, VI ; C, III ; D, I ; E, II ; F, V

6. $f'(x) = \sin x + x \cdot \cos x$, $f'(\pi) = -\pi$, $t(x) = -\pi(x - \pi) = -\pi x + \pi^2$

7. a) $(\cos x)' = -\sin x$ b) $(e^x)' = e^x$ c) Regel falsch

4. Die Kettenregel

1. a) $f'(x) = 2(3x+1) \cdot 3$ b) $f'(x) = -2 \cdot e^{1-0{,}5x}$ c) $f'(x) = \pi \cdot \cos(\pi x)$ 190

d) $f'(x) = \frac{1}{2\sqrt{\frac{1}{2}x-1}} \cdot \frac{1}{2}$ e) $f'(x) = 2a \cdot (ax+b)$ f) $f'(x) = a \cdot e^{ax+b}$

g) $f'(x) = ab \cdot \cos(bx)$ h) $f'(x) = \frac{a}{2\sqrt{\frac{x}{b}}} \cdot \frac{1}{b} = \frac{a}{2\sqrt{bx}}$

2. a) $f'(x) = 2(1 - 3x^4) \cdot (-12x^3) = -24x^3 + 72x^7$ b) $f'(x) = e^{x^2} \cdot 2x$ 191

c) $f'(x) = -\sin(x^2) \cdot 2x$ d) $f'(x) = e^{\frac{1}{x}} \cdot (-\frac{1}{x^2})$ e) $f'(x) = \frac{2x+1}{2\sqrt{x^2+x}}$

f) $f'(x) = -\frac{2x}{(x^2+1)^2}$ g) $f'(x) = \ln 2 \cdot 2^{x^2+3x} \cdot (2x+3)$ h) $f'(x) = e^{e^x} \cdot e^x$

3. a) $f'(x) = -x \cdot e^{-0{,}5x^2}$, $f'(1) = -e^{-0{,}5}$

b) $f'(x) = \frac{1}{\sqrt{2x+2}}$, $P(1|2)$

$t(x) = \frac{1}{2}(x-1) + 2 = \frac{1}{2}x + 1{,}5$

192 4. a) $f'(x) = 2^x \cdot \ln 2$, $F(x) = \frac{1}{\ln 2} \cdot 2^x$

b) $f'(x) = 0{,}5^x \cdot \ln 0{,}5$, $F(x) = \frac{1}{\ln 0{,}5} \cdot 0{,}5^x$

c) $f'(x) = 3^{-x} \cdot \ln \frac{1}{3}$, $F(x) = \frac{1}{\ln \frac{1}{3}} \cdot 3^{-x}$

d) $f'(x) = 2 \cdot 1{,}5^x \cdot \ln 1{,}5$, $F(x) = \frac{2}{\ln 1{,}5} \cdot 1{,}5^x - x$

e) Druckfehler im Lehrbuch: $f(x) = x - 0{,}5^{-x}$

$f'(x) = 1 - 0{,}5^{-x} \cdot \ln 2$, $F(x) = \frac{1}{2}x^2 - \frac{1}{\ln 2} \cdot 0{,}5^{-x}$

f) $f(x) = 4 \cdot 1{,}44^x$, $f'(x) = 4 \cdot 1{,}44^x \cdot \ln 1{,}44$, $F(x) = \frac{4}{\ln 1{,}44} \cdot 1{,}44^x$

5. $A = \int_0^1 0{,}5e^x dx + \int_1^3 3 \cdot 0{,}5^x dx = [0{,}5e^x]_0^1 + [\frac{3}{\ln 0{,}5} \cdot 0{,}5^x]_1^3 \approx 0{,}86 + 1{,}62 = 2{,}48$

6. a)

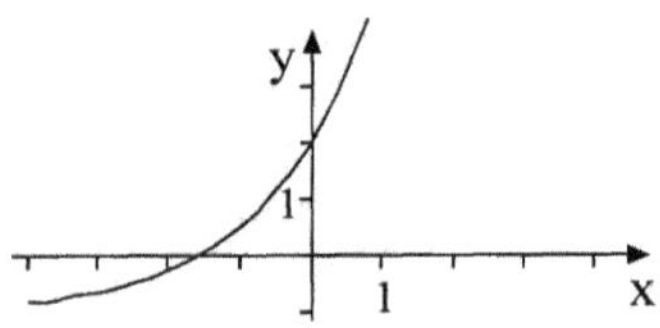

b) $f'(x) = 3 \cdot 2^x \cdot \ln 2$

c) $3 \cdot 2^x \cdot \ln 2 = 1$, $x = \frac{\ln \frac{1}{3 \ln 2}}{\ln 2} \approx -1{,}056$

d) $f(x) = 0$, $x = \frac{\ln \frac{1}{3}}{\ln 2} \approx -1{,}585$

$t(x) = 0{,}69x + 1{,}099$

e) $f(x) \to \infty$ für $x \to \infty$

193 7. a) $f'(x) = (2x + x^2) \cdot e^x$

b) $f'(x) = (-\frac{1}{x^2} + \frac{1}{x}) \cdot e^x = \frac{-1+x}{x^2} \cdot e^x$

c) $f'(x) = \sqrt{x} + \frac{x}{2\sqrt{x}} = 1{,}5\sqrt{x}$

d) $f'(x) = (\cos x + \sin x) \cdot e^x$

e) $f'(x) = (\frac{1}{2\sqrt{x}} + \sqrt{x}) \cdot e^x$

f) $f'(x) = \frac{1}{2\sqrt{x}} \cdot \cos x - \sqrt{x} \cdot \sin x$

8. a) $f'(x) = -3 \cdot e^{2-3x}$ b) $f'(x) = -x \cdot e^{-\frac{x^2}{2}}$ c) $f'(x) = 2\cos(2x-1)$

d) $f'(x) = \frac{1}{\sqrt{x}} \cdot e^{2\sqrt{x}}$ e) $f'(x) = 2(e^x + 1) \cdot e^x$ f) $f'(x) = -\frac{e^x}{(e^x+1)^2}$

9. a) $f'(x) = (1-4x) \cdot e^{-4x}$ b) $f'(x) = (\frac{-1}{x^2} + \frac{2}{x}) \cdot e^{2x-1}$ 193

c) $f'(x) = (2\cos(2x+1) - \sin(2x+1)) \cdot e^{-x}$

d) $f'(x) = 2x - 2xe^{x^2}$

e) $f'(x) = (2x - 2x^2) \cdot e^{-2x}$

f) $f'(x) = (\frac{1}{2\sqrt{x}} + \frac{1}{2}) \cdot e^{\sqrt{x}}$

g) $f'(x) = -\frac{2e^{2x}}{(e^{2x})^2} = -\frac{2}{e^{2x}}$

h) $f'(x) = \frac{e^x}{2\sqrt{e^x}}$

i) $f'(x) = 2(x^2 - e^{-2x}) \cdot (2x + 2e^{-2x})$

10. a) $f'(x) = (4x^2 + 2x + 8) \cdot e^{4x}$

b) $f'(x) = 2 \cdot e^{2x} - 2 \cdot e^x$

c) $f'(x) = 8 \cdot e^{2x} + 16 \cdot e^x$

11. $A(x) = x \cdot f(x) = 2x \cdot e^{-x}$, $A'(x) = (2-2x) \cdot e^{-x} = 0$: $x = 1$, $y = \frac{2}{e}$

12. a) $f'(x) = (x^2 - x) + (x+2) \cdot (2x-1) = 3x^2 + 2x - 2$

$f(x) = x^3 + x^2 - 2x$, $f'(x) = 3x^2 + 2x - 2$

b) $f'(x) = 4(2x+1) + 1 = 8x + 5$, $f(x) = 4x^2 + 5x + 1$, $f'(x) = 8x + 5$

13. a) IV b) I c) II d) III 194

14. a) $f'(x) = (-x-1) \cdot e^{-x}$, $f'(0) = -1$, $\alpha = 135°$

b) $f'(x) = \sin\frac{x}{2} + \frac{x}{2} \cdot \cos\frac{x}{2}$, $f'(\pi) = 1$, $\alpha = 45°$

15. $f'(x) = (4-4x) \cdot e^{-x}$, $f'(2) = -4e^{-2}$

$t(x) = -4e^{-2}(x-2) + 8e^{-2} = -4e^{-2}x + 16e^{-2}$

$x = 4$, $y = 16e^{-2}$, $A = 32e^{-2} \approx 4{,}33$

16. a) $F'(x) = (1 + x + 2) \cdot e^x = f(x)$

b) $F'(x) = (1 + 2x) \cdot e^{2x} = f(x)$

c) $F'(x) = (2x - x^2) \cdot e^{-x} = f(x)$

194 17. a) $F(x) = -2 \cdot e^{-x}$ b) $F(x) = 2 \cdot e^{0{,}5x}$ c) $F(x) = -2 \cdot e^{-0{,}5x}$

d) $F(x) = (-x-2) \cdot e^{-x}$ e) $F(x) = 2 \cdot e^{2x-2}$ f) $F(x) = \frac{a}{b} \cdot e^{bx}$

18. a) $x = -1$

b) $f'(x) = (1{,}5 - 0{,}5x) \cdot e^{-0{,}25x}$, $f''(x) = (\frac{1}{8}x - \frac{7}{8}) \cdot e^{-0{,}25x}$

$f'(x) = 0$: $x = 3$, $f''(3) < 0$: $H(3 \mid 8e^{-0{,}75})$

c) $f''(x) = 0$: $x = 7$: $W(7 \mid 16e^{-1{,}75})$

d)

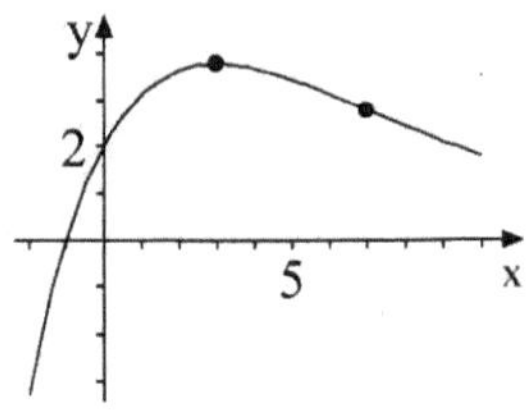

19. a) $p(1) = 80 + 120e^{-0{,}5} \approx 153$

b) $p'(t) = (120 - 60t) \cdot e^{-0{,}5t}$, $p'(t) = 0$: $t = 2$
Nach 2 Minuten.

c) $p'(3) \approx -13{,}39$

d) $p''(t) = (30t - 120) \cdot e^{-0{,}5t}$, $p''(t) = 0$: $t = 4$
Nach 4 Minuten.

e) $80 + 120t \cdot e^{-0{,}5t} = 100$, $t \approx 7{,}65$

5. Die Beziehung zwischen lnx und $\frac{1}{x}$

1. a) $f^{-1}(x) = x^2$ 195

   b) $(f^{-1})'(x) = 2x \Rightarrow f'(x) = \frac{1}{(f^{-1})'(f(x))} = \frac{1}{2f(x)} = \frac{1}{2\sqrt{x}}$

2. a) $f'(x) = \frac{1}{x} = \tan 30, \quad x \approx 1{,}73 \ (\sqrt{3})$

   b) $t(x) = 1 \cdot (x-1) = x - 1$

3. a) $(\ln(g(x)))' = \frac{1}{g(x)} \cdot g'(x) = \frac{1}{x+1} \cdot 1 = \frac{1}{x+1}$ 196

   b) $w(t) = [10 \cdot \ln(t+1) + 0{,}1t]_0^{30} = 10\ln 31 + 3 \approx 37 \text{ m}^3$, also kein Überlaufen

4. a) $A = \ln e = 1$ b) $2 = \ln u$ d.h. $u = e^2$ 197

5. a) $\frac{2}{x^2} = \frac{1}{x}, \quad x = 2$

   b) $f'(x) = -\frac{4}{x^3}, \quad f'(2) = -\frac{1}{2}, \quad \alpha \approx 153{,}4°$

   $g'(x) = -\frac{1}{x^2}, \quad g'(2) = -\frac{1}{4}, \quad \beta \approx 166°,$ Schnittwinkel $\gamma \approx 12{,}6°$

   c) $f'(2) = -\frac{1}{2}, \quad f(2) = \frac{1}{2}, \quad t(x) = -\frac{1}{2}(x-2) + \frac{1}{2} = -\frac{1}{2}x + 1{,}5$
   $t(x) = 0$ gilt für $x = 3$: $A = \frac{1{,}5 \cdot 3}{2} = 2{,}25$

   d) $A_{blau} = \int_1^2 \left(\frac{2}{x^2} - \frac{1}{x}\right)dx = \left[-\frac{2}{x} - \ln x\right]_1^2 = 1 - \ln 2 \approx 0{,}307$

   $A_{gelb} = \int_2^5 \left(\frac{1}{x} - \frac{2}{x^2}\right)dx = \left[\ln x + \frac{2}{x}\right]_2^5 = \ln 5 + \frac{2}{5} - \ln 2 - 1 \approx 0{,}316$

   Die gelbe Fläche ist etwas größer als die blaue.

6. a) $f'(x) = \frac{1}{x+1}$ b) $f'(x) = \frac{2}{2x+1}$ c) $f'(x) = \ln x$

   d) $f'(x) = \ln(3x)$

7. a) $F'(x) = \frac{2}{|x+1|} = \frac{2}{(x+1)} = f(x)$

   b) $F'(x) = 0{,}5\left(2x + 2 \cdot \frac{2}{|2x+2|}\right) = x + \frac{1}{x+1} = f(x)$

8. a) $e^x = \frac{1}{x}, \quad x \approx 0{,}56714$

   b) $f'(x) = e^x, \quad f'(0{,}56714) \approx 1{,}7632$

   $g'(x) = -\frac{1}{x^2}, \quad g'(0{,}56714) \approx -3{,}1090$

   Am steilsten sind die Graphen im Schnittpunkt, g fällt dort stärker als f steigt.

   c) $g'(4) = -\frac{1}{16}, \quad g(4) = \frac{1}{4}, \quad t(x) = -\frac{1}{16}(x-4) + \frac{1}{4} = -\frac{1}{16}x + \frac{1}{2}$, Schnittpunkt: X(8|0)

   d) $A = \int_{-2}^{0{,}567} e^x dx + \int_{0{,}567}^{3} \frac{1}{x} dx = [e^x]_{-2}^{0{,}567} + [\ln x]_{0{,}567}^{3} \approx 1{,}628 + 1{,}666 = 3{,}294$

6. Elementare Funktionsuntersuchungen

198 1. b) $W=[1;\infty)$, $\lim\limits_{x\to-\infty} f(x)=1$

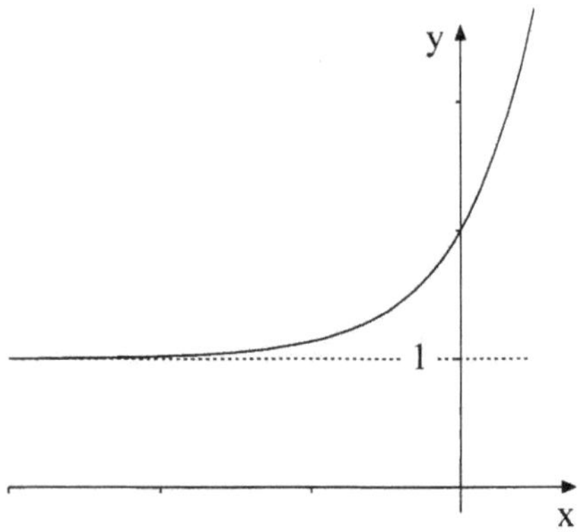

c) $1{,}1 = e^{2x} + 1$

$0{,}1 = e^{2x}$

$x = \frac{\ln 0{,}1}{2} \approx -1{,}15$

d) $1000 = e^{2x} + 1$

$999 = e^{2x}$

$x = \frac{\ln 999}{2} \approx 3{,}45$

199 2. $2{,}5 \cdot e^x = e^{2x}$

$2{,}5 = e^x$

$\ln 2{,}5 = x$

$x \approx 0{,}92$, $y \approx 6{,}30$

3. $d(x) = e^x - 2x^2$, $x \approx 1{,}4879$

200 4. $f'(x) = -x \cdot e^x$, $f''(x) = (-1-x) \cdot e^x = 0$: $x = -1$, $y = \frac{2}{e}$, $f'(-1) = \frac{1}{e}$

$t(x) = \frac{1}{e}(x+1) + \frac{2}{e} = \frac{1}{e}x + \frac{3}{e}$, $t(2) = \frac{5}{e} \approx 1{,}84$

Er landet in der Barriere.

5. a) $f(x) = x - 2 + e^{-x}$ 201

$f'(x) = 1 - e^{-x}$, $f'(x) = 0 \Rightarrow e^{-x} = 1 \Rightarrow x = 0$

$f''(x) = e^{-x}$, $f''(0) = e^{-0} = 1 > 0 \Rightarrow \text{Min}$, $f(0) = -2 + e^0 = -1 \Rightarrow T(0|-1)$

b) $f(x) = x^2 \cdot e^{x+1}$

$f'(x) = (2x + x^2) \cdot e^{x+1}$

$f''(x) = (2 + 4x + x^2) \cdot e^{x+1}$

$f'(x) = 0 \Rightarrow x(2 + x) = 0, x = 0, x = -2$

$f''(0) = 2e > 0 \Rightarrow T(0|0)$

$f''(-2) = -2e^{-1} < 0 \Rightarrow H(-2|\frac{4}{e})$

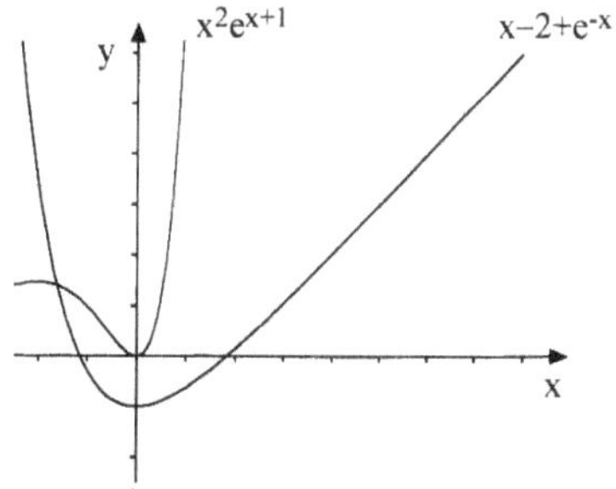

6. a) $f(x) = 2e^x - e^{-x}$

$f'(x) = 2e^x + e^{-x}$

$f''(x) = 2e^x - e^{-x}$

$f''(x) = 0 \Rightarrow x = -\frac{\ln 2}{2} \approx -0{,}35$

$f'''(x) = 2e^x + e^{-x}$

$f'''(-\frac{\ln 2}{2}) \approx 2{,}83 \Rightarrow \text{RL} - \text{WP}$, $W(-\frac{\ln 2}{2}|0)$

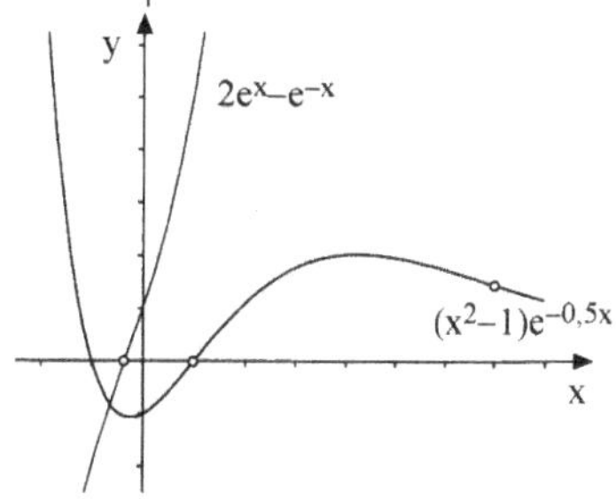

b) $f(x) = (x^2 - 1)e^{-0,5x}$

$f'(x) = (2x - 0{,}5x^2 + 0{,}5)e^{-0,5x}$

$f''(x) = (0{,}25x^2 - 2x + 1{,}75)e^{-0,5x}$, $f''(x) = 0, x = 4 \pm \sqrt{9}, x = 7$, $x = 1$

$f'''(x) = (-\frac{1}{8}x^2 + \frac{3}{2}x - \frac{23}{8})e^{-0,5x}$

$f'''(1) = -1{,}5e^{-0,5} < 0 \Rightarrow \text{LR} - \text{WP}(1|0), f'''(7) = 1{,}5e^{-0,5} > 0 \Rightarrow \text{RL} - \text{WP}(7|1{,}45)$

7. a) $d(x) = e^{-x} + e^{x-1}$, $d'(x) = -e^{-x} + e^{x-1}$, $e^{x-1} = e^{-x}$, $e^{2x-1} = 1$, $x = 0{,}5$ 202

b) $d(x) = 0{,}5x + 2{,}5 - e^{x^2}$, $d'(x) = 0{,}5 - 2x \cdot e^{x^2} = 0$: $x \approx 0{,}236$

8. a) $f'(x) = (-0{,}5x + 1{,}5) \cdot e^{-0,5x}$, $f(x) = 0$: $x = 1$ 203

$g(x) = e^{-0,5}(x - 1) = e^{-0,5}x - e^{-0,5}$

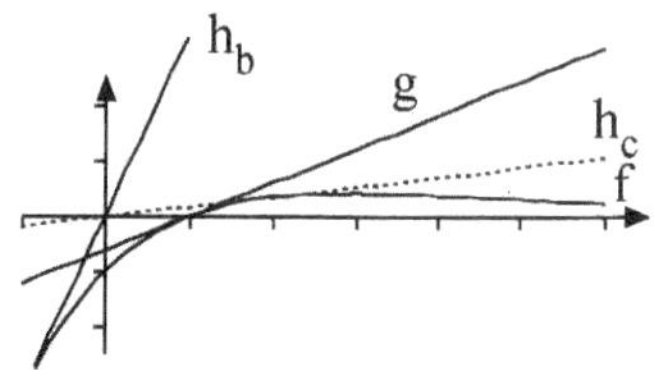

b) $f'(-1) = 2e^{0,5}$, $f(-1) = -2e^{0,5}$

$h_b(x) = 2e^{0,5}(x + 1) - 2e^{0,5} = 2e^{0,5}x$

c) Ursprungstangente trifft f: $f'(x) \cdot x = f(x)$: $(-0{,}5x^2 + 1{,}5x) \cdot e^{-0,5x} = (x - 1) \cdot e^{-0,5x}$

$$x^2 - x - 2 = 0, \quad x = 2, \quad x = -1$$

An der Stelle $x = 2$.

203 9. a) $f'(x) = 2 - e^{-x} = 0: \quad x = -\ln 2$

$T(-\ln 2 \mid -2\ln 2 - 1) \approx (-0{,}69 \mid -2{,}39)$

b) $f'(x) = 0{,}5(1-x)\cdot e^{-0{,}5x} = 0: \quad x = 1$

$H(1 \mid 2e^{-0{,}5}) \approx (1 \mid 1{,}21)$

c) $f'(x) = (2x - x^2 + 1)\cdot e^{-x} = 0: \quad x = 1 \pm \sqrt{2}$

$T(-0{,}41 \mid -1{,}25), \quad H(2{,}41 \mid 0{,}43)$

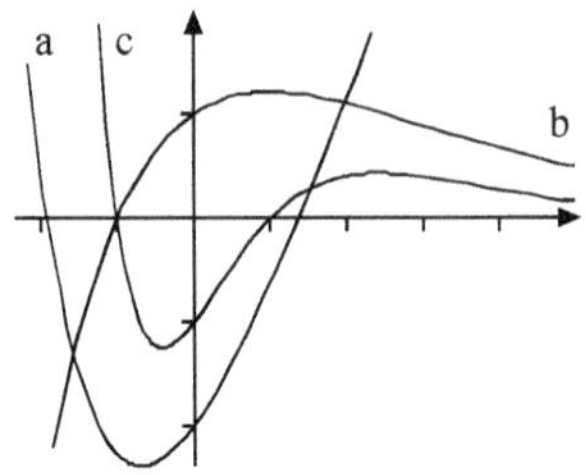

10. a) $f'(x) = 0{,}5e^x + e^{-x}, \quad f''(x) = 0{,}5e^x - e^{-x} = 0: \quad x = \ln\sqrt{2}, \quad W(\ln\sqrt{2} \mid 0) \approx (0{,}35 \mid 0)$

b) $f'(x) = (2{,}5x - 0{,}5x^2 - 1)\cdot e^{-0{,}5x}, \quad f''(x) = (0{,}25x^2 - \frac{9}{4}x + 3)\cdot e^{-0{,}5x} = 0:$

$x = 4{,}5 \pm \sqrt{8{,}25}, \quad W(1{,}63 \mid 0{,}45), \quad W(7{,}37 \mid 1{,}78)$

c) $f'(x) = e^x - 2x, \quad f''(x) = e^x - 2 = 0, \quad x = \ln 2, \quad W(0{,}69 \mid -0{,}48)$

11. $A(x) = x\cdot f(x) = 4x\cdot e^{-x}, \quad A'(x) = 4(1-x)\cdot e^{-x} = 0: \quad x = 1, \quad P(1 \mid \frac{4}{e}) \approx (1 \mid 1{,}47)$

12. $U(x) = 2x + 2\cdot f(x) = 2x + 8e^{-x}, \quad U'(x) = 2 - 8e^{-x} = 0: \quad x = -\ln 0{,}25, \quad P(1{,}39 \mid 1)$

13. a) $f'(x) = (1 - 0{,}5x)\cdot e^{-0{,}5x}, \quad f''(x) = (0{,}25x - 1)\cdot e^{-0{,}5x}$

b) $f'(x) = 0: \quad x = 2, \quad y = 0{,}74, \quad P(2 \mid \frac{2}{e}) \approx (2 \mid 0{,}74)$

c) $f''(x) = 0: \quad x = 4, \quad y \approx 0{,}54, \quad W(4 \mid \frac{4}{e^2}), \quad f'(4) \approx -0{,}14$

$n(x) = \frac{1}{0{,}14}(x-4) + 0{,}54 = 7{,}41x - 28{,}03$

205 14. $f = g: \quad e^x = e^{1-x}, \quad x = \frac{1}{2}$

$$A = \int_{-1}^{0{,}5} e^x dx + \int_{0{,}5}^{1} e^{1-x} dx = e^x \Big|_{-1}^{0{,}5} + e^{1-x} \Big|_{0{,}5}^{1} \approx 1{,}93$$

15. a) $\frac{1}{4}(e^x - 1) = 2 - e^x, \quad e^x = \frac{9}{5}, \quad x = \ln\frac{9}{5}$

$$A = \int_0^{\ln 9/5} (2 - e^x - \tfrac{1}{4}(e^x - 1))dx = 2x - e^x - \tfrac{1}{4}(e^x - x)\Big|_0^{\ln(9/5)} \approx 0{,}323$$

b) $\frac{1}{2}e^{0{,}5x} = e^{1-\frac{1}{4}x}, \quad \frac{1}{2} = e^{1-\frac{3}{4}x}, \quad \frac{3}{4}x = 1 - \ln 0{,}5, \quad x \approx 2{,}26$

$$A = \int_0^{2{,}26} (e^{1-\frac{1}{4}x} - \tfrac{1}{2}e^{0{,}5x})dx = -4e^{1-\frac{1}{4}x} - e^{0{,}5x}\Big|_0^{2{,}26} \approx 2{,}598$$

16. a) $$A = \lim_{k\to\infty} \int_0^k (e^{-x} - e^{-2x})dx = \lim_{k\to\infty} (-e^{-x} + \tfrac{1}{2}e^{-2x})\Big|_0^k = 0{,}5$$

7. Wachstums- und Zerfallsprozesse

1. a) $f(0) = 27000$: $a = 27000$, $f(6) = 20000$: $k = \frac{\ln\frac{20}{27}}{-6} \approx 0{,}05$ 208

   Resultat: $f(t) = 27000 \cdot e^{-0{,}05t}$

   b) $f(t) = 13500$: $t = \frac{\ln 0{,}5}{-0{,}05} \approx 13{,}86$: Nach ca. 13,86 Monaten.

   c) $f(5) - f(6) \approx 21028 - 20000 = 1028$: Er sinkt um 1028 Autos.

2. $N(t) = c \cdot a^t = 10000 \cdot 1{,}1^t = 10000 \cdot e^{\ln 1{,}1 \cdot t} \approx 10000 \cdot e^{0{,}0953t}$ 209

   $10000 \cdot e^{0{,}0953t} = 1000000$: $t = \frac{\ln 100}{0{,}0953} \approx 48{,}32$

   Nach ca. 48,32 Jahren wird die Millionengrenze erreicht.

3. a) Anfangsbestand: $N_0 = 1000$
   Bestand nach einem Tag: $N(1) \approx 933{,}33\text{mg}$

   täglicher Zerfall: $\frac{66{,}67}{1000} \approx 6{,}67\%$

   b) Halbwertszeit: $T = \frac{\ln 2}{k} = 10{,}05$ ca. 10 Tage
   Ausgangswert zu Beginn: 1000mg, 1% davon sind 10mg

   Nach n-maliger Halbwertszeit gilt $\frac{1000}{2^n} = 10$, $n = \frac{\ln 100}{\ln 2} \approx 6{,}64$

   Die Probe ist nach ca. 66 Tagen ausgebrannt. Probe: $1000 \cdot e^{-0{,}069 \cdot 66} \approx 10{,}5$

   Alternativ: $10 = 1000 \cdot e^{-0{,}069t}$, $t \approx 66{,}7$

4. a) $N_1(5) \approx 23213$ Einwohner

   b) $N_1(t) = 30000 \cdot e^{-0{,}0513t} = 20000$, $t = \frac{\ln\frac{2}{3}}{-0{,}0513} \approx 7{,}904$
   Am Ende des 8. Jahres.

   c) $N_1'(t) = -1539 \cdot e^{-0{,}0513t}$, $N_1'(0) \approx -1539$, $N_1'(10) \approx -921$

   d) $N_1 = N_2$: $30000 \cdot e^{-0{,}0513t} = 10000 \cdot e^{0{,}09531t}$, $3 = e^{0{,}14661t}$, $t \approx 7{,}493$
   $N_1(7{,}493) \approx 20426$

   Nach ca. $7\frac{1}{2}$ Jahren haben beide Städte jeweils ca. 20426 Einwohner.

   e) $s(t) = N_1(t) + N_2(t)$, $s'(t) = -1539 \cdot e^{-0{,}0513t} + 953{,}1 \cdot e^{0{,}09531t} = 0$, $t = \frac{\ln\frac{1539}{953{,}1}}{0{,}14661} \approx 3{,}27$

   Nach ca. 3,27 Jahren ist die Summe minimal.

209 5. a) stündlich 0,2 Promille Abbau: $a(t) = 1{,}8 - 0{,}2 \cdot t$

b) $1{,}8 \cdot 0{,}8^t = 1{,}8 \cdot e^{\ln 0{,}8 \cdot t} = 1{,}8 \cdot e^{-0{,}2231t} = b(t)$

c) $a(6) = 0{,}6 > 0{,}5$: Nein!

d) $1{,}8 \cdot e^{-0{,}2231t} = 0{,}5: \quad t = \frac{\ln \frac{1{,}8}{0{,}5}}{0{,}2231} \approx 5{,}74$

Um kurz vor 6^{00} Uhr ist die Grenze erreicht.

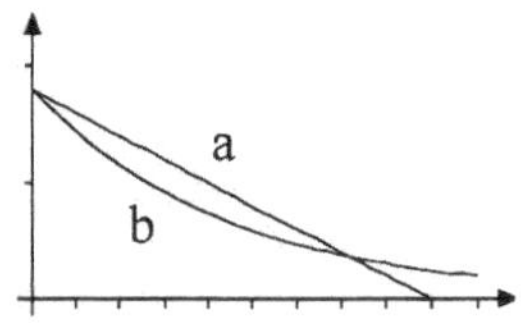

e) $d(t) = 1{,}8 - 0{,}2 \cdot t - 1{,}8 \cdot e^{-0{,}2231t}$

$d'(t) = -0{,}2 + 0{,}402 \cdot e^{-0{,}2231t}, \quad d'(t) = 0: \quad t = \frac{\ln \frac{0{,}2}{0{,}402}}{-0{,}2231} \approx 3{,}13$

Nach ca. 3,13 Stunden ist der Unterschied am größten.

f) $a = b: \quad 1{,}8 - 0{,}2 \cdot t = 1{,}8 \cdot e^{-0{,}2231t}$

Nach ca. 7,19 Stunden zeigen beide Modelle den gleichen Wert 0,362 an.

6. a) Kettenregel: $p'(h) = -0{,}00013 \cdot 1013 \cdot e^{-0{,}00013h} = -0{,}00013 \cdot p(h)$

b) $p(2000) \approx 781{,}10\text{mbar}, \quad p(8882) \approx 319{,}26\text{mbar}$

c) $1013 \cdot e^{-0{,}00013h} = 500, \quad h \approx 5431\text{m}$

211 7. $30 = 40 - 25 \cdot e^{-0{,}1 \cdot t}, \quad 0{,}4 = e^{-0{,}1 \cdot t}$

$t = \frac{\ln 0{,}4}{-0{,}1} \approx 9{,}16$

$30 = 40 - 25 \cdot e^{-0{,}2 \cdot t}, \quad 0{,}4 = e^{-0{,}2 \cdot t}$

$t = \frac{\ln 0{,}4}{-0{,}2} \approx 4{,}58$

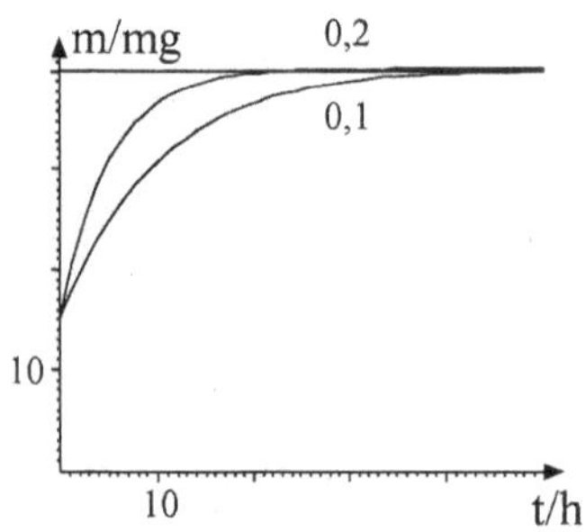

30g werden nach ca. 9,16 Tagen ($k = 0{,}1$)
bzw. nach ca. 4,58 Tagen ($k = 0{,}2$) erreicht.
Wachstumsgeschwindigkeit: $m'(x) = 25k \cdot e^{-kt}$
$k = 0{,}1$: $m'(0) = 2{,}5$; $m'(10) = 0{,}92$
$k = 0{,}2$: $m'(0) = 5$; $m'(10) = 0{,}68$

213 8. b) $N(0) = 2$; Anfangsbestand: 2000

$G = \lim_{t \to \infty} N(t) = 10$; Grenzbestand: 10000

c) $N(3) = 10 - 8e^{-0{,}6} \approx 5{,}61$
Bestand zur Zeit $t = 3$: 5610

d) $8 = 10 - 8e^{-0{,}2t}, \quad t = \frac{\ln \frac{2}{8}}{-0{,}2} \approx 6{,}93$

Nach ca. 7 Stunden hat sich der Anfangsbestand vervierfacht.

e) $N'(t) = 1{,}6e^{-0{,}2t}$, $N'(0) = 1{,}6$, $N'(10) = 1{,}6e^{-2} \approx 0{,}22$
Die Wachstumsgeschwindigkeit beträgt zu Beginn 1600 und nach 10 Stunden 220 Individuen pro Stunde.

a)

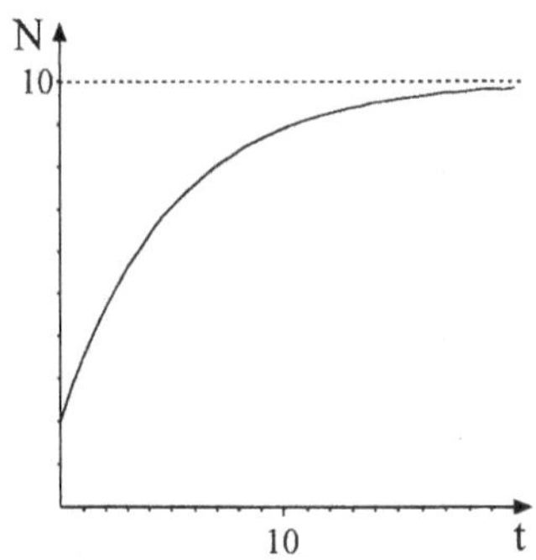

9. a) 213

t	0	20	40	60	80	100
W	0	393469	632121	776870	864665	917915

b) $W(50) \approx 713495\,m^3$, $W(200) \approx 993262\,m^3$

$$\lim_{t \to \infty} W(t) = 1000000 m^3$$

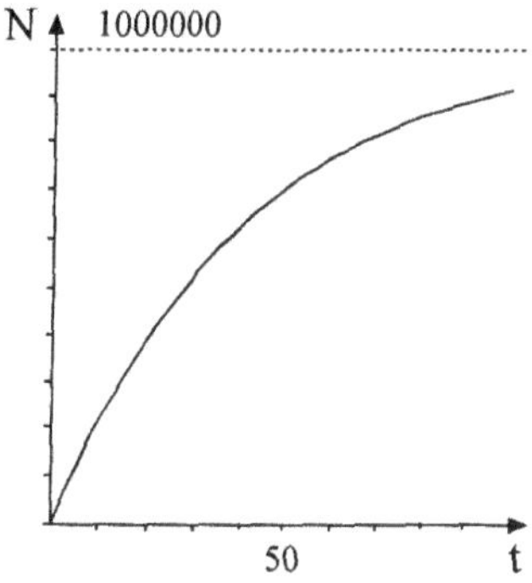

c) Wegen b) kann er nicht völlig gefüllt werden.
$600000 = 1000000(1-e^{-0,025t})$

$e^{-0,025t} = 1-0,6 = 0,4$, $t = \frac{\ln 0,4}{-0,025} \approx 36,65$

Nach ca. 37 Stunden ist er zur Hälfte gefüllt.

d) $W'(t) = 25000e^{-0,025t}$, $W'(20) = 15163$, $W'(0) = 25000$
Der konstante Zufluss beträgt 25000 m^3/h,
nach 20 Stunden füllt sich der See noch
mit ca. 15163 m^3/h.

10. a) $T(t) = 20 + c \cdot e^{-kt}$, $T(0) = 2000$: $c = 1980$

$T(10) = 20 + 1980 \cdot e^{-10k} = 1800$: $k = \frac{\ln\frac{1780}{1980}}{-10} \approx 0,011$

$T(t) = 20 + 1980 \cdot e^{-0,011t}$

b) $T(t) = 20 + 1980 \cdot e^{-0,011t} = 1538$: $t = \frac{\ln\frac{1518}{1980}}{-0,011} \approx 24,15$

Es dauert etwas länger als 24 Minuten.

c) $T'(t) = -21,78 \cdot e^{-0,011t}$, $T'(0) = -21,78$ °C/min

11. a) $L(t) = 500 - 500 \cdot e^{kt}$, $L(1) = 40$: $500 - 500e^k = 40$, $k = \frac{\ln\frac{460}{500}}{1} \approx -0,0834$ 214

$L(t) = 500 - 500 \cdot e^{-0,0834t}$

b) $250 = 500 - 500 \cdot e^{-0,0834t}$, $t = \frac{\ln 2}{0,0834} \approx 8,31$

Er benötigt etwas mehr als 8 Stunden.

c) Ansatz: $L_A(t) = N_0 - N_0 \cdot e^{kt}$

$N(1-e^k) = 50$ und $N(1-e^{2k}) = 98$

$\frac{1-e^{2k}}{1-e^k} = \frac{98}{50}$, $1+e^k = \frac{98}{50}$, $k = \ln\frac{48}{50} \approx -0,0408$

$N = \frac{50}{1-e^{-0,0408}} \approx 1250$, $L_A(t) = 1250(1-e^{-0,0408})$

Anjas Kapazitätsgrenze liegt bei 1250 Vokabeln.

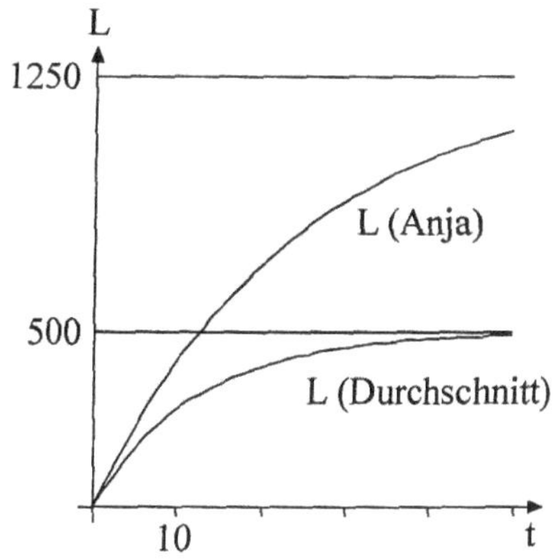

d) $L'(t) = 41,7 \cdot e^{-0,0834t} = 10$, $t \approx 17,12$
Nach ca. 17 Stunden sinkt die Lernrate
auf 10 Vokabeln pro Stunde.
Anjas Lernrate nach 10 Stunden:

$L_A'(10) = 51 \cdot e^{-0,408} \approx 34$ Vokabeln pro Stunde

214 12. a) $N'(t) = k \cdot (800 - N(t))$, $N(t) = 800 - 300 \cdot e^{kt}$

$N(3) = 800 - 300 \cdot e^{3k} = 700$, $k \approx -0{,}366$

$N(t) = 800 - 300 \cdot e^{-0{,}366t}$

b) Nach 5 Jahren sind es $N(5) \approx 752$ Wölfe.

d) $N(9) \approx 789$, $N(t) = 789 \cdot 0{,}9^t = 100$, $t \approx 19{,}6$

Im 20. Jahr nach Beginn des Absinkens
also im 29. Jahr seit Beobachtungsbeginn.

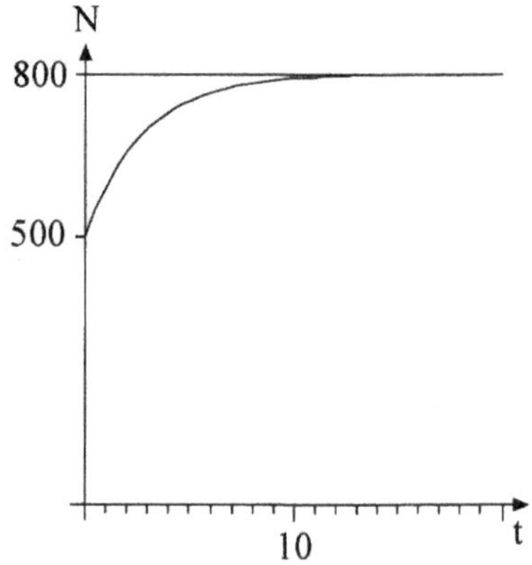

13. a) $P(5)$: $300000(1 - e^{-5k}) = 32135$, $k \approx 0{,}0227$

b) P(30): ca. 148000 Personen

c) Maximalkapazität: 300000 Personen

$300000(1 - e^{-0{,}0227t}) = 270000$

$0{,}1 = e^{-0{,}0227t}$, $t \approx 101$

Nach 101 Minuten, also ca. 41 Minuten nach Beginn des Spiels beträgt die Auslastung 90%.

d) $P'(t) = 6810 \cdot e^{-0{,}0227t}$, $P'(0) \approx 6810$, $P'(30) \approx 3447$

Zu Beginn beträgt die Einlassgeschwindigkeit ca. 6800 Personen pro Minute,
nach 30 Minuten sind es ca. 3450 Personen pro Minute.

215 14. a) $20 - 18e^{-0{,}12t} = 15$, $t = \frac{\ln\frac{5}{18}}{-0{,}12} \approx 10{,}67$, Resultat: nach ca. 10,7 Stunden

b) Wachstumsgeschwindigkeit: $m'(t) = 2{,}16e^{-0{,}12t}$
zum Zeitpunkt $t = 0$: ca. 2,16 mg/h
zum Zeitpunkt $t = 24$: ca. 0,12 mg/h

216 15. Punktprobe mit den angegebenen Daten:
$4{,}69 = 4 + ae^{-2k}$, $a = 0{,}69e^{2k}$

$4{,}47 = 4 + 0{,}69e^{-3k}$, $k = \frac{\ln\frac{0{,}47}{0{,}69}}{-3} \approx 0{,}13$, $a \approx 0{,}89$, Resultat: $h(t) = 4 + 0{,}89e^{-0{,}13t}$

Sinkgeschwindigkeit:

mittlere: $\frac{h(10)-h(0)}{10-0} = \frac{-4{,}89+4{,}24}{10} = -0{,}065$, sie beträgt 65 m/min

maximale: $h'(t) = -0{,}1157e^{-0{,}13t}$ ist streng monoton fallend, ist also bei $t = 0$ maximal
Die maximale Sinkgeschwindigkeit beträgt also ca. 116 m/min.

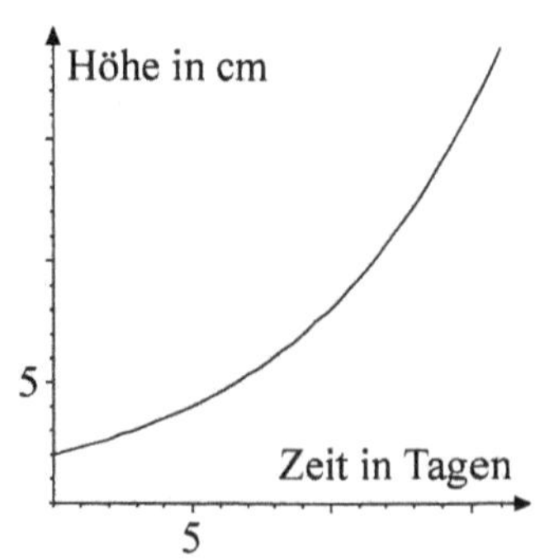

217 16. b) Es gilt $\frac{h(4)}{h(0)} = \frac{h(8)}{h(4)} = \dots$, also liegt unbegrenztes exponentielles Wachstum vor.
Es gilt $h(t) = 2 \cdot 1{,}75^{0{,}25t} \approx 2e^{0{,}14t}$

c) mittlere Wachstumsgeschwindigkeit: 217

$\frac{h(10)-h(0)}{10-0} = \frac{8,1-2}{10} = 0,61\,\text{cm/Tag}$

momentane zu Beginn des 10. Tages
d.h. für t = 9: $h'(t) = 0,28e^{0,14t}$, $h'(9) = 0,99$
bzw. $h'(t) = 0,5 \cdot 1,75^{0,25t} \cdot \ln 1,75$, $h'(9) = 0,99$, also ca. 1cm/Tag

d) $40 = 2e^{0,14t}$, $t = \frac{\ln 20}{0,14} \approx 21,40$ d.h. ca. in der Mitte des 22. Tages

bzw. $40 = 2 \cdot 1,75^{0,25t}$, $t = \frac{\ln 20}{0,25 \cdot \ln 1,75} \approx 21,41$ d.h. ca. in der Mitte des 22. Tages

17. a) $h_1(10) = 13,19$, $h_2(10) = 13,8$
1 ml enthält nach h_1 ca 13,2 Mio. und nach h_2 ca. 13,8 mio. Keime.

b) h_1: $7,5 = 5 + 10e^{-0,02t}$, $t = \frac{\ln 0,25}{-0,02} \approx 69,31$, h_2: $7,5 = 15 - 0,12t$, $t = 62,5$

Halbe Keimzahl ist nach h_1 nach ca. 69,3 und nach h_2 nach ca. 62,5 Stunden erreicht.

c) $d(t) = 5 + 10e^{-0,02t} - 15 + 0,12t$, $d'(t) = -0,2e^{-0,02t} + 0,12$, $t = \frac{\ln \frac{-0,12}{-0,2}}{-0,02} \approx 25,54$

Im Laufe der 26. Stunde ist der Unterschied am größten.

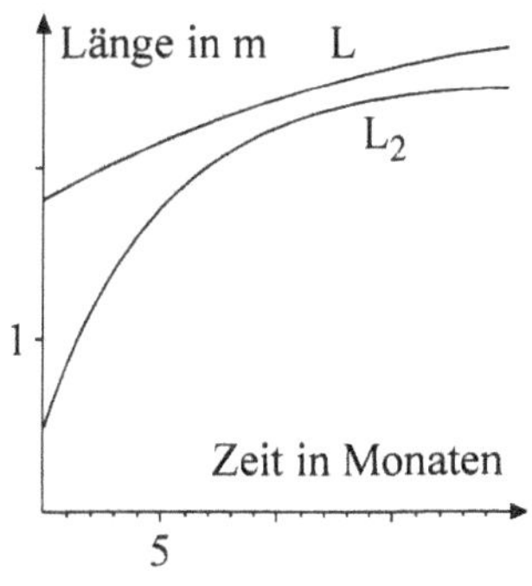

18. a) $L(0) = 1,8$, $L(12) = 2,48$: $L(t) = 3 - 1,2e^{-0,07t}$
b) Wenn das Wachstumsgesetz über t = 12 hinaus gilt, gibt es kein Maximum.
3 Meter ist eine obere Schranke für seine Länge.
c) 75% der theoretische Maximallänge sind 2,25 m.

$2,25 = 3 - 1,2e^{-0,07t}$, $t = \frac{\ln \frac{-0,75}{-1,2}}{-0,07} \approx 6,71$

Im Laufe des 7. Monats ist diese Länge erreicht.
momentane Wachstumsgeschwindigkeit: $L'(t) = 0,084e^{-0,07t}$, $L'(6,71) = 0,0525$
Seine Wachstumsgeschwindigkeit beträgt dann ca. 5,25 cm/Monat.
d) $d(t) = 3 - 1,2e^{-0,07t} - 2,5 + 2e^{-0,2t}$, $d'(t) = 0,084e^{-0,07t} - 0,4e^{-0,2t}$

$d'(t) = 0$: $0,21 = e^{-0,13t}$, $t = \frac{\ln 0,21}{-0,13} = 12$

Nach einem Jahr ist ihre Längendifferenz am geringsten.

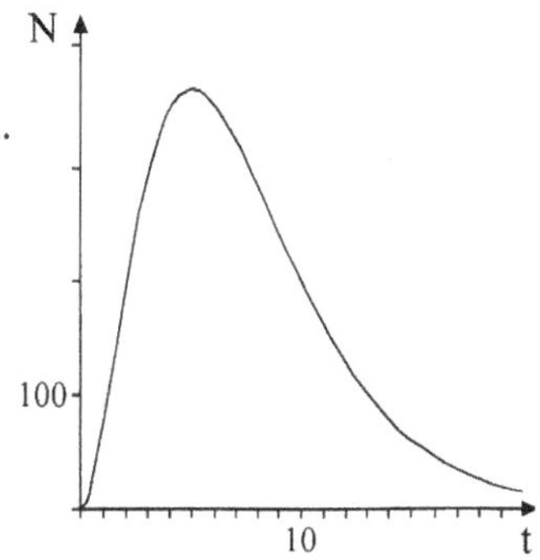

19. a) Nullstellen: keine (wg. $t > 0$)
$N'(t) = (-16t^2+80t)e^{1-0,4t}$
$N''(t) = (6,4t^2-64t+80)e^{1-0,4t}$
$N'''(t) = (-2,56t^2+38,4t-96)e^{1-0,4t}$
Extrema: $N'(t) = 0$ für $t = 5$, $N''(5) < 0$, $H(5|368)$

217 19. Wendepunkte: $N''(t) = 0$:

$t^2 - 10t + 12{,}5 = 0$

$t_{1/2} = 5 \pm \sqrt{12{,}5}$, $x_1 \approx 1{,}46$, $x_2 \approx 8{,}54$

$N'''(1{,}46) \neq 0$, $N'''(8{,}54) \neq 0$

$W_1(1{,}46 \mid 129)$, $W_2(8{,}54 \mid 260)$

b) Im Hochpunkt, also nach 5 Tagen hat die Population mit ca. 368 Fliegen ihr Maximum.
c) Die größten Änderungsraten werden in den Wendepunkten erreicht.
Nach ca. 1,46 Tagen beträgt die Wachstumsgeschwindigkeit $N'(1{,}46) = 125$ Fliegen pro Tag, d.h. Moment der stärksten Zunahme der Population.
Nach ca. 8,54 Tagen beträgt die Wachstumsabnahmegeschwindigkeit $N'(8{,}54) = -43$ Fliegen pro Tag, d.h. Moment der stärksten Abnahme der Population .

219 Streifzug

$N(0) = \frac{5000}{1+b} = 200 \Rightarrow b = 24$, $N(1) = \frac{5000}{1+24 \cdot e^{-k}} = 240 \Rightarrow k \approx 0{,}19$

$N(t) = \frac{5000}{1+24 \cdot e^{-0{,}19t}} = 4000 \Rightarrow t = \frac{\ln \frac{\frac{5}{4}-1}{24}}{-0{,}19} \approx 24$

Nach ca. 24 Tagen erreicht die Population die 4000-Grenze.

Die Population ist durch $N(t) \to 5000$ für $t \to \infty$ nach oben begrenzt, alsokann die Zahl 8000 nicht erreicht werden.

Test

1. a) $f'(x) = -2e^{-2x}$ b) $f'(x) = -x \cdot e^x$ c) $f'(x) = (2x - 4x^2) \cdot e^x$ 222

2. a) Nullstellen: $x = 0$

Extrema: $f'(x) = (2 - 2x) \cdot e^{-x}$, $f''(x) = (2x - 4) \cdot e^{-x}$

$f'''(x) = (6 - 2x) \cdot e^{-x}$

$f'(x) = 0$: $x = 1$, $f''(1) < 0$, $H(1|2/e)$

Wendepunkte: $f''(x) = 0$: $x = 2$, $f'''(2) > 0$, $W(2|4/e^2)$

b) $f(x) \to 0$ für $x \to \infty$; $f(x) \to -\infty$ für $x \to -\infty$

c) $t(x) = 2x$

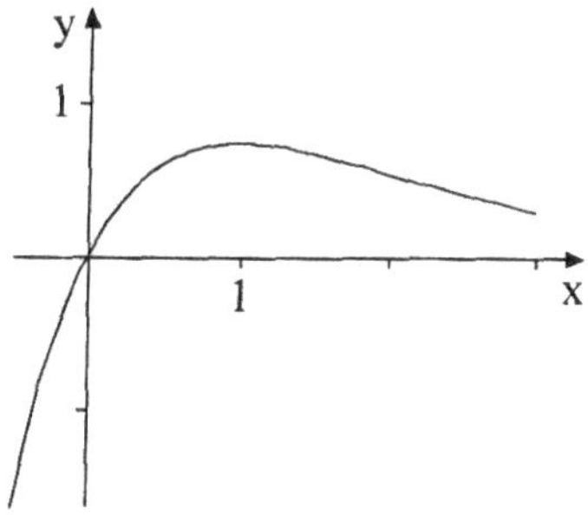

3. a) $f(t) = 90 + at$, $f(12) = 90 + 12t = 150$, $a = 5$

$f(t) = 90 + 5t$

b) $f(t) = a \cdot e^{bt}$, $a = 90$, $150 = 90 \cdot e^{12b}$, $b \approx 0{,}043$

$f(t) = 90 \cdot e^{0{,}043t}$

c) $d(t) = 90 \cdot e^{0{,}043t} - 90 - 5t$, $d'(t) = 3{,}87 \cdot e^{0{,}043t} - 5 = 0$, $t \approx 5{,}96$

Im Verlauf des 6. Jahres.

4. a) $T_A = \frac{\ln 2}{0{,}22} \approx 3{,}15$, $T_B = \frac{\ln 2}{0{,}15} \approx 4{,}62$

b)

t	0	5	10	15	20
A	300	901,25	2707,50	8133,79	24435,26
B	900	1905,30	4033,52	8538,96	18076,98

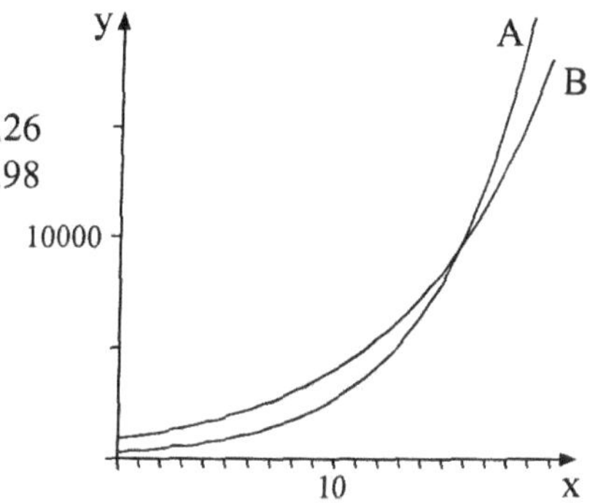

c) A: $300 \cdot e^{0{,}22t} = 2000$, $t \approx 8{,}62$

B: $900 \cdot e^{0{,}15t} = 2000$, $t \approx 5{,}32$

d) $300 \cdot e^{0{,}22t} = 900 \cdot e^{0{,}15t}$, $e^{0{,}07t} = 3$, $t \approx 15{,}69$

e) $N_B'(t) = 135 \cdot e^{0{,}15t}$, $N_B'(0) = 135$

$N_A'(t) = 66 \cdot e^{0{,}22t} = 135$, $t \approx 3{,}25$

5. a) $N(10) \approx 16{,}48$, $N(t) = 30$: $t \approx 22{,}91$, maximal 50

b) $N'(t) = 2 \cdot e^{-0{,}04t}$, $N'(0) = 2$, $N'(t) = 1$: $t \approx 17{,}33$

c) $N(60) \approx 45{,}5$

$N(t) = 45{,}5 \cdot e^{-0{,}04(t-60)} = 45{,}5 \cdot e^{2{,}4} \cdot e^{-0{,}04t}$

$\approx 501{,}6 \cdot e^{-0{,}04t} = 5$, $t \approx 115{,}2$

Nach weiteren 55,2 min.

1. Zusammensetzung von Funktionen

224 1. a) $f(g(x)) = e^{-g(x)} = e^{2x-1}$, $g(f(x)) = -2f(x)+1 = 1-2e^{-x}$

b) $f(g(x)) = \sqrt{g(x)+1} = \sqrt{x^2+1}$, $g(f(x)) = (f(x))^2 = x+1$

2. a) äußere Funktion: $f(x) = 3e^x + 1$, innere Funktion: $g(x) = 2x$
b) äußere Funktion: $f(x) = x^2 - 2$, innere Funktion: $g(x) = \sin x$

225 3. a) $f'(x) = 2x\cdot(1-x)+x^2\cdot(-1) = -3x^2+2x$

b) $f'(x) = 2x\cdot e^x + x^2\cdot e^x = (x^2+2x)\cdot e^x$

c) $f'(x) = e^x\cdot(e^x-2)+e^x\cdot e^x = 2e^{2x}-2e^x$

d) $f'(x) = \cos^2 x - \sin^2 x$

e) $f'(x) = \frac{1}{2\sqrt{x}}\cdot x + \sqrt{x} = 1{,}5\sqrt{x}$

f) $f'(x) = -\frac{1}{x^2}\cdot e^x + \frac{1}{x}\cdot e^x = \frac{x-1}{x^2}\cdot e^x$

4. a) $f'(x) = 6(2x+1)^2$

b) $f'(x) = -2e^{-2x}$

c) $f'(x) = 2\cos(2x+1)$

d) $f'(x) = \frac{3}{\sqrt{3x-3}}$

e) $f'(x) = (4-x)\cdot e^{-0{,}5x}$

f) $f'(x) = (2x^2+2x)\cdot e^{2x-1}$

226 5. a) $F(x) = -2e^{-x}+x$

b) $F(x) = 0{,}25e^{2x-1}$

c) $F(x) = -2\cos x + x$

d) $F(x) = \frac{2}{3}(x-2)^{\frac{3}{2}} = \frac{2}{3}\sqrt{(x-2)^3}$

6. a) $F'(x) = (2x-x^2)\cdot e^{-x} = f(x)$

b) $F'(x) = (2x-6)\cdot e^{-0{,}5x} = f(x)$

2. Untersuchung von Exponentialfunktionen

231

1. a) $f'(x) = xe^x$, $f''(x) = (1+x)e^x$, $f'''(x) = (2+x)e^x$

   b) Nullstelle ist $x = 1$

   c) Extremum: $f'(x) = 0$ für $x = 0$, $f''(0) = 1 > 0$, $T(0|-1)$

   Wendepunkt: $f''(x) = 0$ für $x = -1$, $f'''(-1) = e^{-1} \neq 0$, $W(-1|-2e^{-1})$

   d) $f(x) \to \infty$ für $x \to \infty$, $f(x) \to 0$ für $x \to -\infty$

   e) Graph siehe Aufgabe

2. a) $F'(x) = (x-2+1)e^x = (x-1)e^x = f(x)$

   b) $A = -(F(1)-F(0)) = -(-e+2) \approx 0{,}718282\ \text{km}^2 = 718282\ \text{m}^2$

   Verkaufspreis: 57462560 Euro

   c) $B = -(F(0)-F(-2)) = -(-2+4e^{-2}) \approx 1458659\ \text{m}^2$

3. a) $f'(x) = e^x - 1$, $f''(x) = e^x$

   Extrema: $f'(x) = 0$ für $x = 0$, $f''(0) = 1 > 0$, $T(0|1)$

   Wendepunkt: $f''(x) \neq 0$, kein Wendepunkt

   b) Da der Tiefpunkt bei $y = 1 > 0$ liegt und kein Wendepunkt existiert, kann f keine Nullstellen besitzen.

   c) $P(1|e-1)$, $z(x) = (e-1)x$, $f'(1) = e - 1$: z mündet tangential in die Autobahn.

   $|BP| = \sqrt{1+(e-1)^2} \approx 2\ \text{km}$

   In 60 min werden 30 km zurückgelegt, also braucht man für 2 km 4 Minuten.

   d) $A = \int_0^1 (f(x) - z(x))dx = \int_0^1 (e^x - ex)dx = [e^x - \frac{e}{2}x^2]_0^1 = e - \frac{e}{2} - 1 \approx 0{,}359\ \text{km}^2 \approx 36\ \text{ha}$

4. a) Nullstelle: $x = 0$

   Extrema: $f'(x) = (1+x)e^{x+1}$, $f''(x) = (2+x)e^{x+1}$

   $f'''(x) = (3+x)e^{x+1}$

   $f'(x) = 0$ für $x = -1$, $f''(-1) = 1 > 0$, $T(-1|-1)$

   Wendepunkt: $f''(x) = 0$ für $x = -2$, $f'''(-2) = e^{-1} \neq 0$

   $W(-2|-0{,}74)$

   b)

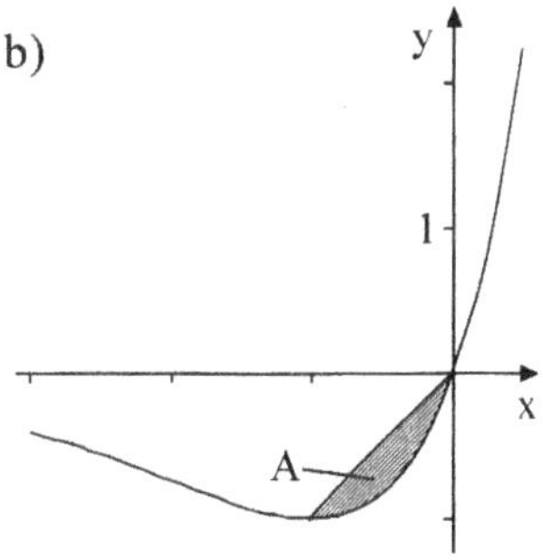

   c) $P(-1|-1)$: $s(x) = x$

   Größe des Flächenstücks:

   $$A = \int_{-1}^{0} (s(x) - f(x))dx = \int_{-1}^{0} (x - xe^{x+1})dx = [\tfrac{1}{2}x^2 - (x-1)e^{x+1}]_{-1}^{0} = e - \tfrac{1}{2} - 2 \approx 0{,}22$$

   Streckenlänge: $l = \sqrt{(-1)^2 + (-1)^2} = \sqrt{2} \approx 1{,}41$

232 5. Nullstellen: $x = 0$, $x = -2$

Ableitungen: $f'(x) = (-x^2 + 2) \cdot e^{-x}$, $f''(x) = (x^2 - 2x - 2) \cdot e^{-x}$

Extrema: $f'(x) = 0$: $x = \pm\sqrt{2} \approx \pm 1{,}41$

$f''(-1{,}41) > 0 \Rightarrow T(-1{,}41 \mid -3{,}41)$, $f''(1{,}41) < 0 \Rightarrow H(1{,}41 \mid 1{,}17)$

Wendepunkte: $f''(x) = 0$: $x = 1 \pm \sqrt{3}$, $W(-0{,}73 \mid -1{,}93)$, $W(2{,}73 \mid 0{,}84)$

Flächeninhalt: $\int_{-2}^{0} (x^2 + 2x) \cdot e^{-x} dx = -4$, $A = 4$

234 6. a) Nullstelle: $x = -1$

$f'(x) = (1-x)e^{-0{,}5x}$, $f''(x) = (-1{,}5+0{,}5x)e^{-0{,}5x}$

$f'''(x) = (1{,}25-0{,}25x)e^{-0{,}5x}$

Extremum: $f'(x) = 0$ für $x = 1$, $f''(1) = -e^{-0{,}5} < 0$

$H(1 \mid 4e^{-0{,}5}) = H(1 \mid 2{,}43)$

Wendepunkt: $f''(x) = 0$ für $x = 3$, $f'''(3) \neq 0$

$W(3 \mid 8e^{-1{,}5}) = W(3 \mid 1{,}79)$

Verhalten für $|x| \to \infty$:

$x \to -\infty$: $f(x) \to -\infty$, $x \to \infty$: $f(x) \to 0$

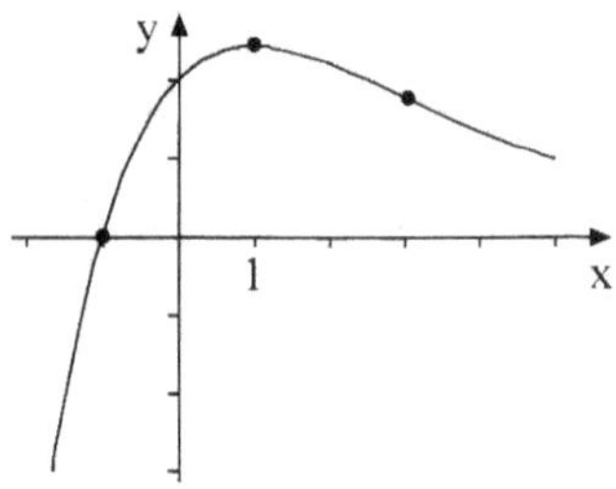

b) Nullstelle: $x = 1$

$f'(x) = (x-2)e^{2-x}$, $f''(x) = (3-x)e^{2-x}$

$f'''(x) = (x-4)e^{2-x}$

Extremum: $f'(x) = 0$ für $x = 2$, $f''(2) = 1 > 0$

$T(2 \mid -1)$

Wendepunkt: $f''(x) = 0$ für $x = 3$, $f'''(3) = -e^{-1} \neq 0$

$W(3 \mid -2e^{-1}) = W(3 \mid 0{,}74)$

Verhalten für $|x| \to \infty$:

$x \to -\infty$: $f(x) \to \infty$, $x \to \infty$: $f(x) \to 0$

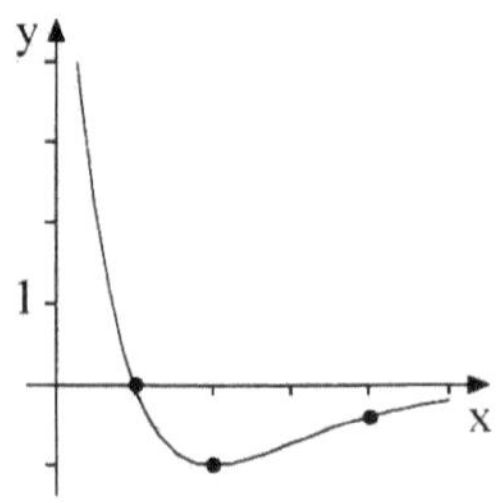

c) Nullstelle: $e^{2x} = 2$, $x = \frac{\ln 2}{2} \approx 0{,}35$

$f'(x) = e^x + 2e^{-x}$, $f''(x) = e^x - 2e^{-x}$

$f'''(x) = e^x + 2e^{-x}$

Extrema: keine

Wendepunkt: $f''(x) = 0$ für $x = \frac{\ln 2}{2} \approx 0{,}35$, $f'''(0{,}35) \neq 0$

$W(0{,}35 \mid 0)$

Verhalten für $|x| \to \infty$:

$x \to -\infty$: $f(x) \to -\infty$, $x \to \infty$: $f(x) \to \infty$

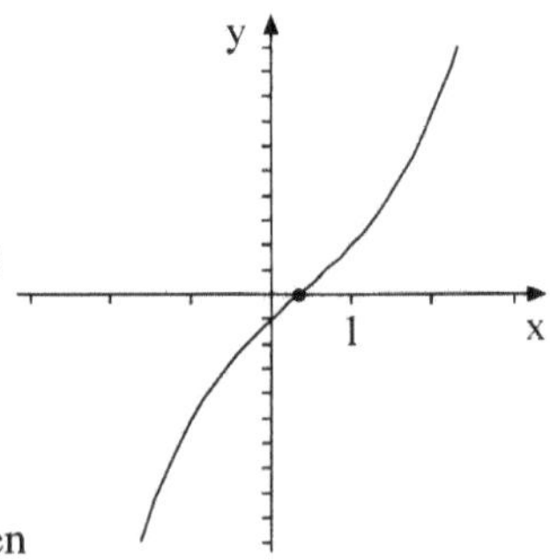

7.

I	II	III	IV
f	h	g	k

Untersuchung der Nullstellen

8.

I	II	III	IV
C	A	B	D

9. a) $f'(x) = (2-x^2)\,e^{-0,25x^2}$, $f'(x) = 0$ für $x = \pm\sqrt{2}$ 234

Höhe der Dammkrone: $h = f(\sqrt{2}) = 2\sqrt{2}\,e^{-0,5} \approx 1{,}72$ m

Breite der Rinne: $2\sqrt{2} \approx 2{,}83$ m

b) $F'(x) = 2x\,e^{-0,25x^2} = f(x)$

c) $A = 2\int_0^{\sqrt{2}} (1{,}72 - f(x))dx = 2[1{,}72x + 4e^{-0,25x^2}]_0^{\sqrt{2}} \approx 1{,}72\ m^2$

$V = 400 \cdot A \approx 688\ m^3$

d) $\tan 40° \approx 0{,}84$

Im Wendepunkt ist der Damm am steilsten. $f''(x) = (0{,}5x^3-3x)\,e^{-0,25x^2}$

$f''(x) = 0$ für $x = 0$ und $x = \sqrt{6}$, $f'(\sqrt{6}) = -4e^{-1,5} \approx -0{,}89$

Der Rasenmäher kommt nicht über die Wendepunktlinie hinauf.

10. a) Nullstelle: $x = 0$ 235

Verhalten für $x \to \pm\infty$:

$\lim\limits_{x\to\infty} f(x) = 0$, $\lim\limits_{x\to-\infty} f(x) = -\infty$

b) $f'(x) = (4-2x)e^{-0,5x}$ Extrema: H(2|2,94)

$f''(x) = (x-4)e^{-0,5x}$ Wendepunkte: (4|2,17)

$f'''(x) = (3-0{,}5x)e^{-0,5x}$

f ist streng monoton steigend für $x < 2$

und streng monoton fallend für $x > 2$.

f ist für $x < 4$ rechts- und für $x > 4$ linksgekrümmt.

c) $t(x) = mx+n$, $m = f'(4) = -\frac{4}{e^2}$

$t(x) = -\frac{4}{e^2}(x-4) + \frac{16}{e^2} = -\frac{4}{e^2}x + \frac{32}{e^2}$

d)

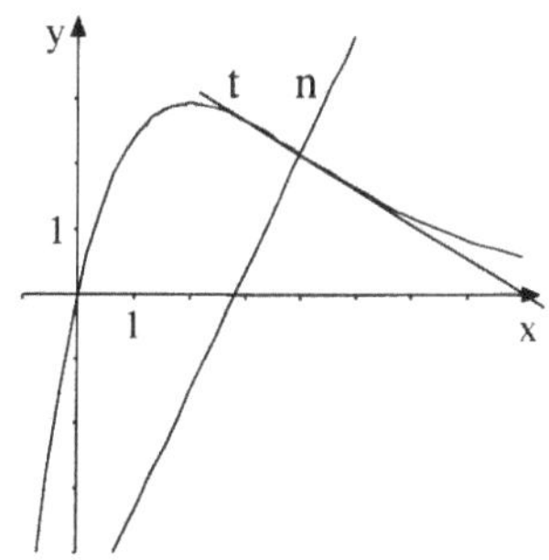

11. b) $f'(x) = \frac{1}{2}e^{\frac{x}{2}}$, $g'(x) = -\frac{1}{4}e^{1,5-\frac{x}{4}}$

c) Schnittpunkt: f = g: $e^{\frac{x}{2}} = e^{\frac{3}{2}-\frac{x}{4}}$ | ln

$\frac{x}{2} = \frac{3}{2} - \frac{x}{4}$, $x = 2$, S(2|e)

$\tan\alpha = f'(2) = \frac{1}{2}e \Rightarrow \alpha \approx 53{,}66°$

$\tan\beta = g'(2) = -\frac{1}{4}e \Rightarrow \beta \approx -34{,}20°$

Schnittwinkel: $\gamma = \alpha + |\beta| \approx 87{,}86°$

d) $h(x) = mx$, I. $mx = e^{\frac{x}{2}}$

II. $m = \frac{1}{2}e^{\frac{x}{2}}$, B(2|e) , $h(x) = \frac{e}{2}\cdot x$

a)

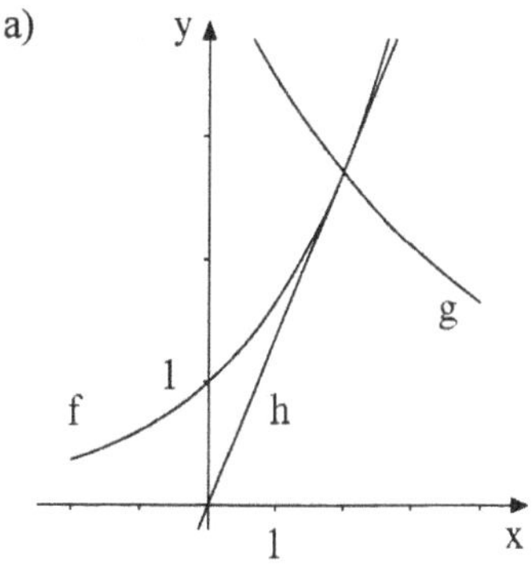

235 e) $A = \int_0^2 (g(x) - f(x))dx = [-4e^{\frac{3}{2}-\frac{x}{4}} - 2e^{\frac{x}{2}}]_0^2 = -4e - 2e + 4e^{\frac{3}{2}} + 2 \approx 3{,}62$

12. a) $F'(x) = (4x+8-8)e^{-0,5x} = f(x)$

b) Nullstelle von n: $x = (e^2 - \frac{16}{e^2}) \cdot \frac{4}{e^2} = \frac{e^4-16}{e^4} \cdot 4 = 4 - \frac{64}{e^4} \approx 2{,}83$

$$A = \int_0^4 f(x)dx - \int_{4-\frac{64}{e^4}}^{4} n(x)dx = [(-8x-16)e^{-0,5x}]_0^4 - \frac{1}{2} \cdot \frac{64}{e^4} \cdot \frac{16}{e^2} = -\frac{48}{e^2} + 16 - \frac{512}{e^6} \approx 8{,}23$$

13. $A(u) = u \cdot f(u) = 4u^2 \cdot e^{-0,5u}$, $A'(u) = (8u - 2u^2) \cdot e^{-0,5u}$, $A'(u) = 0$ für $u = 4$

$u \to \infty$: $A(u) \to 0$

14. a) $h = f(0) = 2$

b) In den Wendepunkten ist das Profil am steilsten.

$f'(x) = -\frac{1}{2}x \cdot e^{-\frac{1}{8}x^2}$, $f''(x) = (\frac{1}{8}x^2 - \frac{1}{2}) \cdot e^{-\frac{1}{8}x^2}$, $f''(x) = 0$: $x = \pm 2$

$f'(2) = -e^{-0,5} = \tan\alpha$, $\alpha \approx 148{,}76°$, $f'(-2) = e^{-0,5} = \tan\beta$, $\beta \approx 31{,}23°$

c) $g(x) = 1{,}5 - \frac{1}{1{,}5} \cdot x^2 = \frac{3}{2} - \frac{2}{3}x^2$, $A = 2\int_0^{1,5} g(x)dx = 2[\frac{3}{2}x - \frac{2}{9}x^3]_0^{1,5} = 3$

Die Glasfäche beträgt 3 m^2.

d) $1 = 2 \cdot e^{-\frac{1}{8}x^2}$, $\ln 0{,}5 = -\frac{1}{8}x^2$, $x_{1/2} = \pm\sqrt{-8\ln 0{,}5} \approx \pm 2{,}35$

Die Antenne muss rechts oder links von der Gaubenmitte mindestens den Abstand 2,35m haben.

236 15. a) $f'(x) = (1-x) \cdot e^{-0,5x}$, $f''(x) = (\frac{1}{2}x - \frac{3}{2}) \cdot e^{-0,5x}$

monoton steigend: $x < 1$; monoton fallend: $x > 1$

Extremalpunkt: $H(1 \mid \frac{4}{\sqrt{e}}) \approx (1 \mid 2{,}43)$

b) $f'(x) > 0$ für $x < 1$; $f'(x) = 0$ für $x = 1$; $f'(x) < 0$ für $x > 1$ (stimmt mit g überein)

c) $f = f'$: $2x + 2 = 1 - x$: $x = -\frac{1}{3}$; Schnittpunkt: $S(-\frac{1}{3} \mid \frac{4}{3}e^{\frac{1}{6}}) \approx (-0{,}33 \mid 1{,}58)$

Steigungswinkel von f: $f'(-\frac{1}{3}) = \frac{4}{3}e^{\frac{1}{6}} = \tan\alpha$, $\alpha \approx 57{,}7°$

Steigungswinkel von f': $f''(-\frac{1}{3}) = -\frac{10}{6}e^{\frac{1}{6}} = \tan\alpha$, $\alpha \approx 108{,}5°$

Schnittwinkel von f und f': $\gamma = \beta - \alpha = 50{,}8°$

d) $d(x) = f(x) - f'(x) = (3x+1) \cdot e^{-0,5x}$ Für $u = \frac{5}{3}$ ist die Strecke maximal.

$d'(x) = (2{,}5 - 1{,}5x) \cdot e^{-0,5x} = 0$: $x = \frac{5}{3}$

e) $F'(x) = -4(-0{,}5 - 0{,}5x) \cdot e^{-0,5x} = (2 + 2x) \cdot e^{-0,5x} = f(x)$

$A(u) = F(u) - F(0) = -4(u+3) \cdot e^{-0,5u} + 12$

$A(4) = -28 \cdot e^{-2} + 12 \approx 8{,}21$, $A(u) \underset{u\to\infty}{\to} 12$

236

16. a) $X(0|0) = Y(0|0)$, $X(-2|0)$

b) Ableitungen: $f'(x) = (-x^2 + 2) \cdot e^{-x}$, $f''(x) = (x^2 - 2x - 2) \cdot e^{-x}$

Extrema: $f'(x) = 0$: $x = \pm\sqrt{2} \approx \pm 1{,}41$

$f''(-1{,}41) > 0 \Rightarrow T(-1{,}41 | -3{,}41)$, $f''(1{,}41) < 0 \Rightarrow H(1{,}41 | 1{,}17)$

Wendepunkte: $f''(x) = 0$: $x = 1 \pm \sqrt{3}$, $W(-0{,}73 | -1{,}93)$, $W(2{,}73 | 0{,}84)$

c) Es gilt f(x) > 0 für x > 0, also ist F dort streng monoton steigend.

d) $F'(x) = -(-x^2 - 4x - 4 + 2x + 4) \cdot e^{-x} = (x^2 + 2x) \cdot e^{-x} = f(x)$

Extrempunkte von F: $H(-2|4)$, $T(0|0)$

$$F(x) = 4 - \underbrace{(x+2)^2 \cdot e^{-x}}_{>\ 0} < 4$$

e) $F(0) = 0$, $F(4) = 3{,}34$, also starke Infektion.

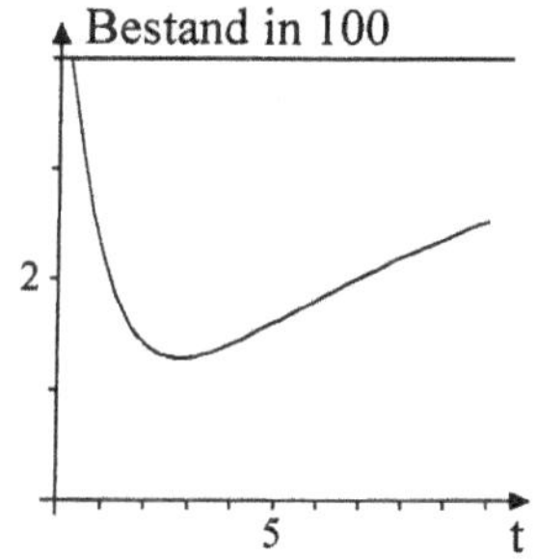

17. a) f(0) = 5, also ein Anfangsbestand von 500 Füchsen.
Er fällt zunächst stark auf ein Minimum bei ca. t = 3.
Dann nimmt er langsam wieder zu.

b) $f'(t) = -5e^{-t} + 0{,}4e^{-0{,}1t}$, $f''(t) = 5e^{-t} - 0{,}04e^{-0{,}1t}$

Extrema: $f'(x) = 0$: $x = \frac{\ln\frac{5}{0{,}4}}{0{,}9} \approx 2{,}81$, $T(2{,}81 | 1{,}28)$

Wendepunkt: $f''(x) = 0$: $x = \frac{\ln\frac{5}{0{,}04}}{0{,}9} \approx 5{,}36$, $W(5{,}36 | 1{,}68)$

Der y-Wert des Tiefpunktes ist größer als null, das sichtert den Bestand für die Zukunft. Beim Wendepunkt ist die Steigung, d.h. die Zuwachsrate von f am größten. Ab jetzt wird sie mit zunehmender Zeit t immer kleiner, sie geht gegen null. Der Bestand strebt gegen 400 Füchse.

c) $F(t) = 4t - 5e^{-t} + 40e^{-0{,}1t}$, $A = F(10) - F(0) \approx 19{,}71$

d.h. in den 10 Jahren lebten insgesamt 1971 Füchse im Gebiet.

d) Dies stellt den Mittelwert des Bestandes über die 10 Jahre dar.

238 18. a) $\ln\frac{a}{2} = 2, \quad a = 2e^2$

b) $\ln\frac{a}{4} = 0, \quad a = 4$

c) $F_a(x) = \frac{1}{2}e^{2x} - a\cdot e^x$

d) $A = F(\ln a) - F(0) = \frac{1}{2}a^2 - a^2 - \frac{1}{2} + a = a - \frac{1}{2} - \frac{1}{2}a^2 = -2, \quad a^2 - 2a - 3 = 0, \quad a = 3\ (-1)$

239 19. $F_a'(x) = (a^2x + a - a)\cdot e^{-ax} = a^2x\cdot e^{-ax} = f_a(x)$

$A = F_1(1) - F_1(0) = -2e^{-1} + 1 \approx 0{,}26$

20. $x\cdot e^{-x} = 4x\cdot e^{-2x}, \quad x = 0, \quad x_s = \ln 4$

Schnittwinkel: $f_1'(x) = (1-x)e^{-x}, \quad f_1'(\ln 4) \approx -0{,}097, \quad \alpha \approx 174{,}5°$

$f_2'(x) = (4-8x)e^{-2x}, \quad f_2'(\ln 4) \approx -0{,}443, \quad \beta \approx 156{,}1°, \quad \gamma \approx 18{,}4°$

21. $f_a'(x) = (a^2 - a^3x)e^{-ax}, \quad f_a'(0) = a^2, \quad t(x) = a^2x$

$45°: \ a^2 = 1, \quad a = 1, \quad 60°: \ a^2 \approx 1{,}73, \quad a \approx 1{,}32\ (\sqrt[4]{3})$

22. $x = \frac{2}{a}, \quad a = \frac{2}{x}, \quad y = \frac{2a}{e^2}, \quad y(x) = \frac{4}{e^2}\cdot\frac{1}{x}$

240 23. a) b) s. Bsp. S. 237

c) $x = \ln\frac{a}{2}, \quad a = 2e^x, \quad y = -\frac{a^2}{4}, \quad y(x) = -e^{2x}$

d) $F_a(x) = \frac{1}{2}e^{2x} - a\cdot e^x$

$A = F_a(0) - F_a(\ln a) = \frac{1}{2} - a - \frac{1}{2}a^2 + a^2 = \frac{1}{2}a^2 - a + \frac{1}{2}$

24. a) Ableitungen: $f_a'(x) = e^x(1-a-ax)$

$f_a''(x) = e^x(1-2a-ax), \quad f_a'''(x) = e^x(1-3a-ax)$

Nullstellen: $x = \frac{1}{a}$, Extrema: $H\left(\frac{1-a}{a} \,\middle|\, ae^{\frac{1-a}{a}}\right)$

Wendepunkte: $W\left(\frac{1-2a}{a} \,\middle|\, 2ae^{\frac{1-2a}{a}}\right)$

$\lim\limits_{x\to\infty} f(x) = -\infty, \quad \lim\limits_{x\to-\infty} f(x) = 0$

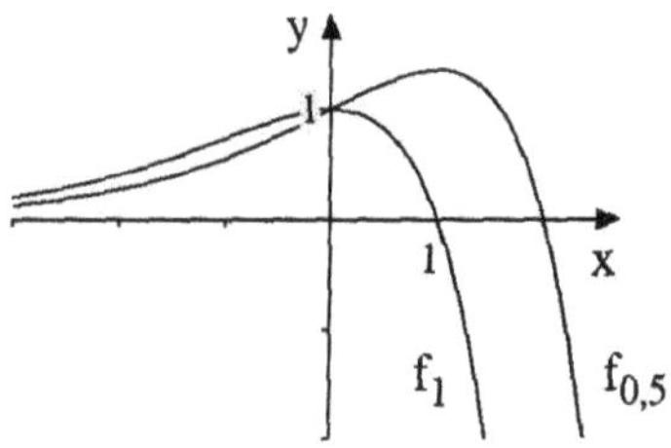

c) $\frac{1-2a}{a} = 3 \ \Rightarrow \ a = \frac{1}{5}$

d) $\tan(\pm 60°) \approx \pm 1{,}732, a \approx 2{,}732$

e) $f_a'\left(\frac{1-2a}{a}\right) = a\cdot e^{\frac{1-2a}{a}}, \quad t(x) = a\cdot e^{\frac{1-2a}{a}}\left(x - \frac{1-2a}{a}\right) + 2a\cdot e^{\frac{1-2a}{a}} = a\cdot e^{\frac{1-2a}{a}}\cdot x + (4a-1)\cdot e^{\frac{1-2a}{a}}$

$t(x) = 0: \quad 0 = ax + 4a - 1, \quad x = \frac{1-4a}{a} = -2, \quad a = \frac{1}{2}$

240

25. a) $f_a'(x) = a - e^{-x}$, $f_a''(x) = e^{-x}$

Extrema: $x = -\ln a$, $f_a''(-\ln a) = a > 0$

$\Rightarrow T(-\ln a \mid -a\ln a + a)$

Wendepunkte: keine

$f_a \to \infty$ für $x \to \infty$, $f_a \to \infty$ für $x \to -\infty$

b)

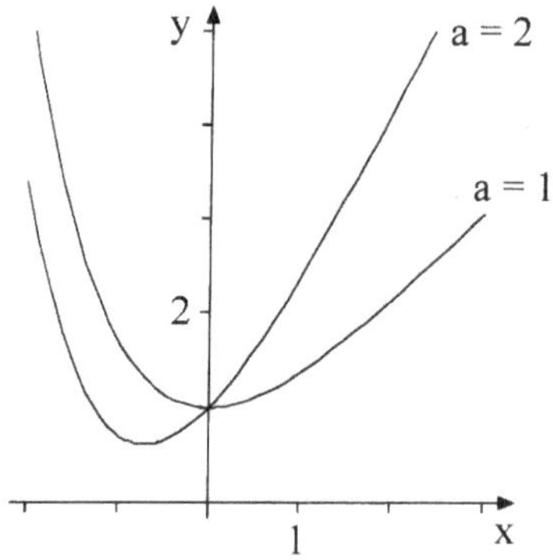

c) $f(0) = 1$, $f'(0) = a-1$, $t(x) = (a-1)x + 1$

d) $x = -\ln a$, $a = e^{-x}$

$y = -a\ln a + a$, $y(x) = x \cdot e^{-x} + e^{-x}$

e) $F_a(x) = \frac{a}{2}x^2 - e^{-x}$

f) $ax + e^{-x} = a + e^{-x}$, $x = 1$

$A = \int_0^1 (a - ax)dx = [ax - \frac{a}{2}x^2]_0^1 = \frac{a}{2} = 1 \Rightarrow a = 2$

26. a) $f_a'(x) = 1 - ae^{-x}$, $f_a''(x) = ae^{-x}$

Extrema: $f_a'(x) = 0$, $x = -\ln\frac{1}{a} = \ln a$

$f_a''(\ln a) = 1 > 0 \Rightarrow T(\ln a \mid \ln a + 1)$

Wendepunkte: $f_a''(x) \neq 0$, keine

$-\ln\frac{1}{a}$ bzw. $\ln a$ existiert nur für $a > 0$

b) auf der x-Achse: $a = e^{-1}$; auf der y-Achse: $a = 1$

c) $x = \ln a$, $a = e^x$, $y = \ln a + 1$, $y(x) = x + 1$

d)

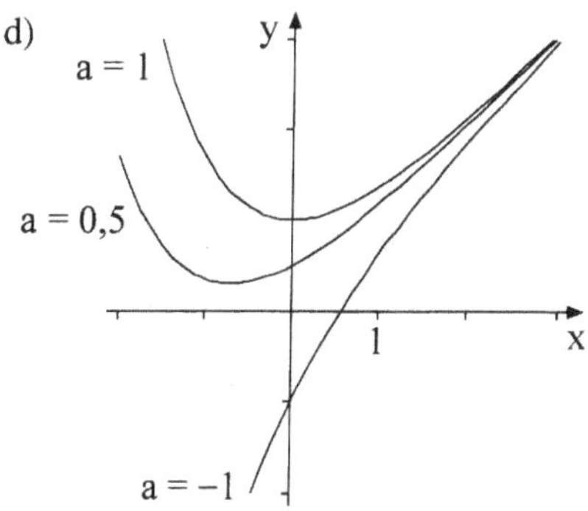

3. Modellierung mit Exponentialfunktionen

242 1. a) $f'(x) = (1-0{,}5x)e^{0{,}5x}$, $f'(x) = 0$ für $x = 2$, $f(2) = 2e \approx 5{,}44$
Die maximale Nord–Süd–Ausdehnung beträgt ca. 544 m.
$f(-4) = 8e^{-2} \approx 1{,}08$: Die Begrenzungsmauer ist ca. 108 m lang.

b) $F'(x) = (0{,}5a-2-x)e^{0{,}5x}$, $4 = 0{,}5a - 2$, $a = 12$

$$A = \int_{-4}^{4} f(x)dx = F(4) - F(-4) \approx 26{,}8495$$

Das Gehege ist ca. 268495 m^2 groß.

243 2. $g(0) = 10 = a$

$g(20) = 2 = 10 \cdot e^{-20b}$, $b = \frac{\ln 0{,}2}{-20} \approx 0{,}08$, $g(x) = 10 \cdot e^{-0{,}08x}$

$$A = 2 \cdot \int_{0}^{20} 10 \cdot e^{-0{,}08x}dx = 2 \cdot [-125 \cdot e^{-0{,}08x}]_0^{20} \approx 199{,}52$$

Der Flächeninhalt des Querschnittes beträgt ca. 199,52 cm^2.

244 3. a) $f(0) = 2{,}4 - 0{,}2 \cdot 2 = 2$, Höhe stimmt
$f(-1) = -0{,}05 \approx 0$, $f(1) \approx 0$, Breite stimmt

b) $f'(x) = -0{,}2(2{,}5e^{2{,}5x} - 2{,}5e^{-2{,}5x}) = -0{,}5(e^{2{,}5x} - e^{-2{,}5x})$
$f'(-1) \approx 6{,}05$, $\alpha \approx 80{,}6°$
Am linken unteren Torbogen muss die Säge unter ca. 81° angesetzt werden.

c) Zu streichende Fläche: $A = 4 \cdot 8 - A_{Torbogen}$

$$A_{Torbogen} = 2\int_{0}^{1} f(x)dx = 2[2{,}4x - 0{,}2(\tfrac{2}{5}e^{2{,}5x} - \tfrac{2}{5}e^{-2{,}5x})]_0^1 \approx 2{,}86$$

$A \approx 32 - 2{,}86 = 29{,}14$
Die zu streichende Fläche beträgt ca. 29 m^2.

4. a) $G'(x) = (2x-20)\,e^{\frac{x-10}{5}} = g(x)$

$$A = A_{gelb} + A_{rot} = \int_{0}^{8} f(x)dx + \int_{0}^{10} g(x)dx$$

$$= [-\tfrac{1}{24}x^3 + \tfrac{1}{2}x^2]_0^8 + |[(10x-150)e^{\frac{x-10}{5}}]_0^{10}| \approx 40{,}37$$

Der Flächeninhalt beträgt ca. 40,37 FE = 403700 m^2 = 40,37 ha.

b) $g'(x) = (\tfrac{2}{5}x - 2)e^{\frac{x-10}{5}}$, $g'(x) = 0$ für $x = 5$, $g(5) \approx -3{,}68$

Die Nord–Süd–Ausdehnung beträgt ca. 368 m.

5. a) $4 - f(4) = 4 + 40e^{-5} \approx 4{,}27$: Der rechte Beckenrand ist ca. 42,7 m lang. 244
Oberer Rand: $f(x) = 4$, $4 = -10xe^{-x-1}$:
schrittweises Probieren, beginnend mit $x = -0{,}5$ führt auf $x \approx -0{,}6$
Der obere Rand ist ca. 46 m lang.
b) $f'(x) = (10x-10)e^{-x-1}$, $f'(x) = 0$ für $x = 1$, $f(1) = -10e^{-2} \approx -1{,}35$
Die maximale vertikale Ausdehnung beträgt ca. 53,5 m.
c) $F'(x) = 10(1-x-1)e^{-x-1} = -10xe^{-x-1} = f(x)$

$$A = \int_{-0,6}^{4} (4 + 10xe^{-x-1})dx = [4x - 10(x+1)e^{-x-1}]_{-0,6}^{4} \approx 20{,}74$$

Es werden ca. 2074 m^2 Fliesen benötigt.

6. $f'(2) = -1$, $g(x) = \frac{1}{8}(x-6)^2 = \frac{1}{8}x^2 - \frac{3}{2}x + \frac{9}{2}$ 246
$F'(x) = (-1 + x + 1) \cdot e^{2-x} = x \cdot e^{2-x} = f(x)$

$$A = F(2) - F(0) + \int_2^6 g(x)dx = -3 + e^2 + [\tfrac{1}{24}x^3 - \tfrac{3}{4}x^2 + \tfrac{9}{2}x]_2^6 \approx 7{,}06$$

7. a) I. $g(0) = f(0) = 0$: $b = 0$ 247
II. $g(6) = f(6) = 0{,}6$: $a = 0{,}1$, $g(x) = 0{,}1x$
b) $f'(x) = 0$: $x = 2$, $H(2|1{,}47)$
$f''(x) = 0$: $x = 4$, $W(4|1{,}08)$

c)

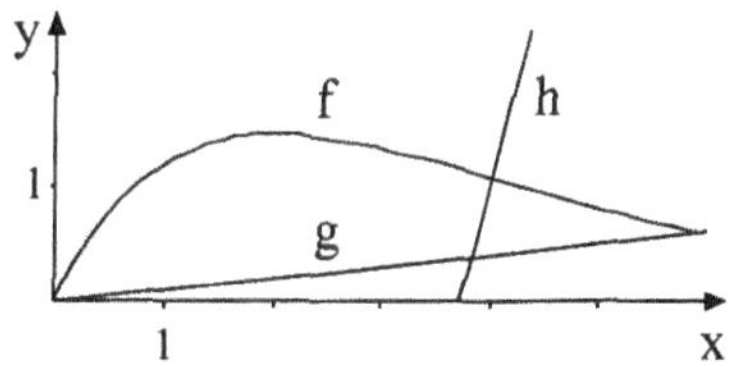

d) $F'(x) = (-4+2x+4)e^{-0,5x} = 2xe^{-0,5x}$

e) $A = \int_0^6 (f(x) - g(x))dx = [(-4x-8)e^{-0,5x} - 0{,}05x^2]_0^6 \approx 4{,}61$

f) Ansatz: $h(x) = mx + n$

I. $m = -\frac{1}{f'(4)} \approx 3{,}69$

II. $W(4|1{,}08)$: $1{,}08 = 3{,}69 \cdot 4 + n$, $n = -13{,}68$, $h(x) = 3{,}69x - 13{,}68$
Schnittpunkt mit Südufer:
$0{,}1x = 3{,}69x - 13{,}68$, $x = 3{,}81$, $y = 0{,}38$

Länge der Brücke: $l = \sqrt{(4-3{,}81)^2 + (1{,}08-0{,}38)^2} \approx 0{,}725$, ca. 725 m.

g) $A_1 = \int_0^4 (f(x) - g(x))dx - \int_{3,81}^4 (h(x) - g(x))dx$
$= [(-4x-8)e^{-0,5x} - 0{,}05x^2]_0^4 - [-\frac{3{,}59}{2}x^2 + 13{,}68x]_{3,81}^4$
$\approx 3{,}95 - 0{,}06 = 3{,}89$

$A_2 \approx 0{,}06 + \int_4^6 (f(x) - g(x))dx = 0{,}06 + [(-4x-8)e^{-0,5x} - 0{,}05x^2]_4^6$
$\approx 0{,}06 + 0{,}65 = 0{,}71$

Probe: $A_1 + A_2 = 3{,}89 + 0{,}71 = 4{,}60$
A_1 ist sogar mehr als fünfmal so groß wie A_2.

247 8 a) Bereich von f: $f(x)=2$: $2=2{,}5(1-e^{-0{,}7x})$, $x=2{,}3$; $0 \leq x \leq 2{,}3$
$h(x)=0{,}5x^2+bx+c$, $h'(x)=x+b$
I. $h(6)=0$: $0=18+6b+c$
II. $h'(6)=0$: $0=6+b$, $b=-6$, $c=18$, $h(x)=0{,}5x^2-6x+18$
Bereich für h: $h(x)=2$: $2=0{,}5x^2-6x+18$, $x^2-12x+32=0$, $x=4$, $4 \leq x \leq 6$
Bereich für g: $g(x)=2$, $2{,}3 \leq x \leq 4$

b) $A=\int_0^{2,3} f(x)dx=[2{,}5x+3{,}57e^{-0{,}7x}]_0^{2,3} \approx 2{,}89$
Für den vorderen Bereich werden ca. 2,89 m^2 benötigt, Kosten ca. 2312 Euro.

c) $f'(x)=1$: $1=1{,}75e^{-0{,}7x}$, $x=0{,}8$
$f(0{,}8)=1{,}07$: Das obere Antennenende liegt in 2,07m Höhe, ragt also 7cm hinaus.

d) Oberer Punkt der Verstrebung: $P(5|f(5))=P(5|0{,}5)$
Steigung der Verstrebung: $h'(5)=-1$, $m=1$ daher unterer Punkt $Q(4{,}5|0)$
Länge der Verstrebung: $l=\sqrt{0{,}5^2+0{,}5^2}=\sqrt{0{,}5}\approx 0{,}71$m

249 9. a) $h(0)=2$: $2=b$
$h(1)=3$: $3=(a+2)e^{-0{,}1}$, $a=1{,}32$
$h(t)=(1{,}32t+2)e^{-0{,}1t}$

b) $h'(t)=(1{,}12-0{,}132t)e^{-0{,}1t}$
$h'(t)=0$ für $t\approx 8{,}48$, $h(8{,}48)\approx 5{,}63<6$
Er kommt nicht in die Gefahrenzone.

c) Im Wendepunkt: $h''(t)=(0{,}0132t-0{,}244)e^{-0{,}1t}$, $h''(t)=0$ für $t\approx 18{,}48$
Nach ca. 18,5 Stunden fällt sie am stärksten.

d) $h(t)=2$: $2=(1{,}32t+2)e^{-0{,}1t}$
Schrittweises Probieren, z.B. t = 30, 31.
Nach ca. 30,5 Stunden ist die Ausgangskonzentration wieder erreicht.

10. b) B_1: $20 = 10e^{0,1t}$, $t \approx 6,93$

a)

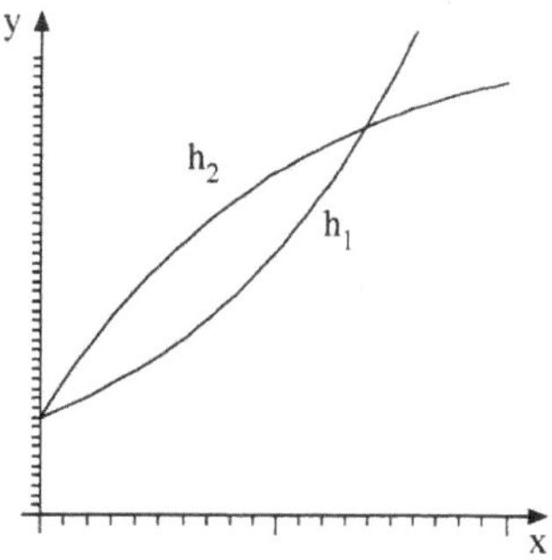

250

B_2: $20 = 50-40e^{-0,1t}$, $t \approx 2,88$
Blume 1 erreicht 20 cm Höhe nach ca. 7 Tagen, bei Blume 2 sind es ca. 3 Tage.

c) $h_2'(t) = 4e^{-0,1t}$, $1 = 4e^{-0,1t}$ gilt für $t \approx 14$
Am 14. Tag wächst Blume 2 um 1 cm.

d) $d(t) = h_2(t) - h_1(t) = 50 - 40e^{-0,1t} - 10e^{0,1t}$
$d'(t) = 4e^{-0,1t} - e^{0,1t}$, $d'(t) = 0$, $4 = e^{0,2t}$, $t \approx 6,93$
$d(6,93) \approx 10$
Nach ca. 7 Tagen ist die Differenz mit ca. 10 cm lokal maximal.

e) $d(t) = 0$: Probieren liefert:
$d(10) \approx 8$, $d(15) \approx -3,7$, $d(14) \approx -0,4$, $d(13) \approx 2,4$
Im Laufe des 14. Tages überholt Blume 1 Blume 2, d.h. sie sind für einen Moment gleich groß.

11. a) $h(0) = 240$, $h(12) = 263$ 251
Franz hat 240 Hasen gekauft. Nach einem Jahr sind es 263 Hasen.

b) $h'(t) = (8-t)e^{-0,05t}$, $h'(0) = 8$: Die Wachstumsrate beträgt 8 Hasen/Monat.

c) $h'(t) = 0$ gilt für $t = 8$, $h''(t) = (0,05t-1,4)e^{-0,05t}$, $h''(8) = -e^{-0,4} < 0$, Max.
Nach 8 Monaten erreicht die Population ihr Maximum.

d) $h''(t) = 0$ gilt für $t = 28$: Nach 28 Monaten verringert sich die Population am stärksten.

12. a) Nullstellen: $t = 0$ und $t = 6$
Die Epidemie dauert 6 Wochen.

b) Ableitungen: $N'(t) = (-t^2 + 4t + 6) \cdot e^{t-6}$, $N''(t) = (-t^2 + 2t + 10) \cdot e^{t-6}$

Extrema: $N' = 0$: $t = 2 \pm \sqrt{10}$, $N''(5,16) < 0 \Rightarrow H(5,16 \mid 1,87)$

Nach 5,16 Wochen ist mit ca. 1,87 Millionen Erkrankten das Maximum erreicht.

c) Die Erkranktenzahl steigt im Wendepunkt am schnellsten.

$N'' = 0$: $t = 1 \pm \sqrt{11}$, $N'(4,32) \approx 0,86$, $N(4,32) \approx 1,35$

Die Erkranktenzahl steigt nach 4,32 Wochen am schnellsten mit ca. 1,35 Millionen.
Die Erkrankungsrate beträgt ca. 0,86 Millionen/Woche.

13. a) $v(1) = 0$, $v(3,51) \approx 0$
$v > 0$ für $t \in (0;1)$, $v < 0$ für $t \in (1;3,51)$, $v > 0$ für $t > 3,51$

b) $v'(t) = (-100 + 50t) \cdot e^{-0,5(t-1)}$, $v'(t) = 0$: $t = 2$, $v(2) \approx -21,31$
Die Sinkgeschwindigkeit ist bei $t = 2$ mit $v(2) \approx -21,31$ m/min am größten.

c) $V'(t) = (2 - t - 2) \cdot e^{-0,5(t-1)} = -t \cdot e^{-0,5(t-1)} = v(t)$

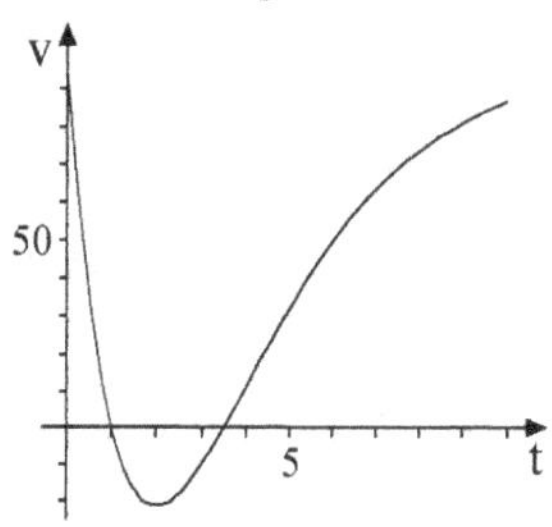

$h(t) = 100t + (200t + 400) \cdot e^{-0,5(t-1)} - 559,5$
vor dem Absinken bei $t = 1$: $h(1) = 140,5$m
geringste Höhe nach der Sinkphase bei
$t \approx 3,51$: $h(3,51) \approx 105,65$m
10min nach dem Ausklinken: $h(10) \approx 467,16$m

252 14. a) $v'(t) = (20-2t)e^{-0,1t}$, $v'(t) = 0$ gilt für $t = 10$, $v(10) \approx 73{,}6$ m/s
Die Maximalgeschwindigkeit beträgt 73,6 m/s.
b) $s'(t) = (-200+20t+200)e^{-0,1t} = v(t)$ und $s(0) = 0$
c) $l = s(30) \approx 1602$: Die Wegstrecke beträgt ca. 1602 m.

253 15. a) $G(t) = \int s(t)dt = -6 \cdot e^{-0,5t} + C$, $C = 6$, da der Fluss zunächst giftfrei war.
b) $G_1 = G(1) - G(0) \approx 2{,}36g$, $G_2 = G(2) - G(1) \approx 1{,}43g$
c) $G_{gesamt} = \lim\limits_{t \to \infty}[G(t) - G(0)] = 6g$
d) $\bar{s} = \frac{1}{5}\int\limits_0^5 s(t)dt = \frac{1}{5}[-6 \cdot e^{-0,5t} + 6]_0^5 = \frac{1}{5}(-6e^{-2,5} + 6) \approx 1{,}10$

254 16. a) $m(t) = t - 1000e^{-0,01t} + C$, $m(0) = 0$, $C = 1000$
$m(t) = t - 1000e^{-0,01t} + 1000$
b) $m'(t) = 3$, $3 = 1 + 10e^{-0,01t}$ gilt für $t \approx 161$
Nach 161 Tagen sinkt die Fördergeschwindigkeit unter 3 Tonnen/Tag.
$\text{Ölmenge} = \int\limits_0^{161} m'(t)dt = [t - 1000e^{-0,01t} + 1000]_0^{161} \approx 961{,}1$
Es werden 961 Tonnen gefördert.

17. a) $h(t) = \frac{1}{-0{,}05}e^{-0,05t} + C = -20e^{-0,05t} + C$, $h(0) = 20 \Rightarrow C = 40$
$h(t) = 40 - 20e^{-0,05t}$
b) $h(t) = 30$, $30 = 40 - 20e^{-0,05t}$ gilt für $t \approx 13{,}86$
Am 14. Tag läuft der Speicher über.

18. a) $L(t) = 20e^{-0,02t} + C$, $L(0) = 30$, $C = 10$
$L(t) = 10 + 20e^{-0,02t}$
b) $L(t) = 15$, $15 = 10 + 20e^{-0,02t}$ gilt für $t \approx 69{,}31$
Nach ca. 69 Jahren wird der Gletscher nur noch 15 km lang sein.

19. a) $z(t) = c \cdot e^{-kt}$, $t = 0$: $c = 20$; $t = 1$: $18{,}09 = 20 \cdot e^{-k}$, $k \approx 0{,}1$, $z(t) = 20 \cdot e^{-0,1t}$
b) $10 = 20 \cdot e^{-0,1t}$, $t \approx 6{,}93$ Nach etwa 7 Stunden.
c) $M(t) = \int z(t)dt = -200 \cdot e^{-0,1t} + C$, $C = 200$ (wg. $M(0) = 0$)
d) $M(24) = 182$mg

255 20. a) $f(10) = 5e^{-2,5} \approx 0{,}41$: Nach 10 Jahren beträgt die Zuwachsrate 410 Elefanten.
b) Die Population fiel bis zum Tiefpunkt bei $t = 0$. Dann steigt sie wieder.
c) Sie wächst im Wendepunkt bei $t = 4$ am stärksten.
d) $F'(t) = 0{,}5e^{-0,25t}(t+4) - 2e^{-0,25t} = 0{,}5t \cdot e^{-0,25t} = f(t)$
e) $G(t) = F(t) + C$ mit $G(0) = -8 + C = 2{,}5$, $C = 10{,}5$
f) Die Maximalpopulation beträgt 10500 Elefanten.

21. a) $f(5) = 2500e^{-0,5} \approx 1516,33$ 255
Nach 5 Minuten rufen ca. 1516 Zuschauer an.

b) $f'(t) = (500 - 50t) \cdot e^{-0,1t} = 0$ gilt für $t = 10$, $f(10) = 1839$
Die maximale Anrufrate beträgt 1839.

c) $500t \cdot e^{-0,1t} = 919,5$, $t \approx 27$

d) Am stärksten im Wendepunkt: $f''(t) = (5t - 100) \cdot e^{-0,1t} = 0$ gilt für $t = 20$

e) $F'(t) = 500 \cdot e^{-0,1t}(t + 10) - 5000 \cdot e^{-0,1t} = 500t \cdot e^{-0,1t} = f(t)$
$G = F(60) - F(0) \approx 49132$

4. Untersuchung weiterer zusammengesetzter Funktionen

256 1. a) D: $-1 \le x \le 1$, Nullstellen: $x=-1$, $x=1$

b) D: $x \le 4$, Nullstellen: $x=0$, $x=4$

c) D: $x \le -1$ und $x \ge 2$, Nullstellen: $x=-1$, $x=2$

257 2. $f'(x)=\frac{1}{2\sqrt{x}}-\frac{4}{x^2}$, $f''(x)=-\frac{1}{4\sqrt{x^3}}+\frac{8}{x^3}$

Extrema: $f'(x)=0$, $x=4$, $f''(4)>0 \Rightarrow T(4\,|\,3)$

Wendepunkte: $f''(x)=0$, $x \approx 10{,}08$, $W(10{,}08\,|\,3{,}57)$

3. Nullstellen: $x=0$, $x=4$

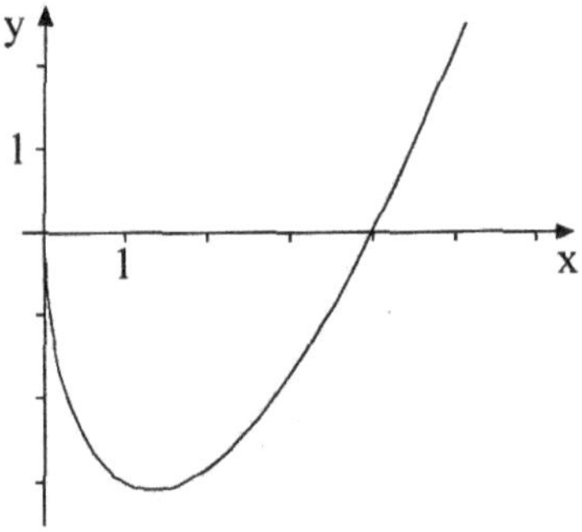

$f(x)=x^{\frac{3}{2}}-4\sqrt{x}$, $f'(x)=\frac{3}{2}\sqrt{x}-\frac{2}{\sqrt{x}}$, $f''(x)=\frac{3}{4\sqrt{x}}+\frac{1}{\sqrt{x^3}}$

Extrema: $f'(x)=0$, $x=\frac{4}{3}$, $f''(\frac{4}{3})>0 \Rightarrow T(\frac{4}{3}\,|\,-3{,}08)$

$A=\left|\int_0^4 f(x)dx\right|=[\frac{2}{5}x^{\frac{5}{2}}-\frac{8}{3}x^{\frac{3}{2}}]_0^4=\frac{128}{15}\approx 8{,}53$

4. positive Nullstelle: $x=4$, $f'(4)=2$, $f(4)=0$
$t(x)=2(x-4)=2x-8$

258 5. a) $f(x)=x^{\frac{3}{2}}-6\sqrt{x}$, $f'(x)=\frac{3}{2}\sqrt{x}-\frac{3}{\sqrt{x}}=0$, $x=2$, $T(2\,|\,-5{,}66)$ (VW von – nach +)

b) $f(x)=9\sqrt{x}-x^{\frac{3}{2}}$, $f'(x)=\frac{9}{2\sqrt{x}}-\frac{3}{2}\sqrt{x}=0$, $x=3$, $H(3\,|\,10{,}39)$ (VW von + nach –)

c) $f'(x)=\frac{4-2x}{2\sqrt{4x-x^2}}=0$, $x=2$, $H(2\,|\,2)$ (VW von + nach –)

259 6. a) D: $x \ge -2$, Nullstellen: $x=-2$ und $x=0$

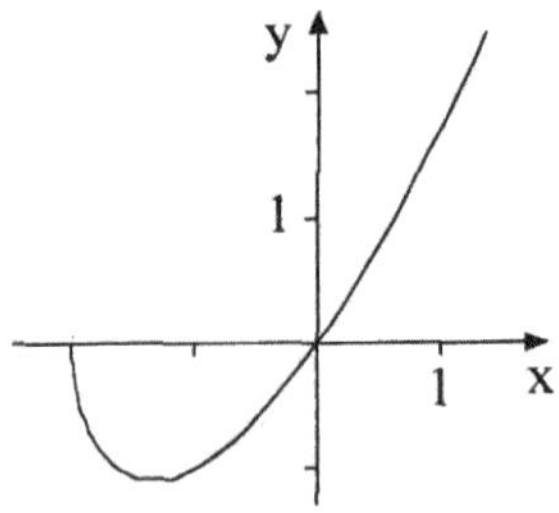

b) $f'(x)=\sqrt{x+2}+\frac{x}{2\sqrt{x+2}}$

c) $f'(2)=\frac{5}{2}$, $f(2)=4$, $t(x)=\frac{5}{2}(x-2)+4=\frac{5}{2}x-1$

7. a) D: $x \ge -1$, Nullstellen: $x=2$

b) $f'(x)=\frac{3x^2}{2\sqrt{x^3+1}}$ c) $t(x)=2(x-2)$

8. $A=\int_0^9 (3x-x^{\frac{3}{2}})dx=[\frac{3}{2}x^2-\frac{2}{5}x^{\frac{5}{2}}]_0^9=24{,}3$

9. $V=8\pi\int_0^1 (1-x^2)dx=8\pi[x-\frac{1}{3}x^3]_0^1=\frac{16}{3}\pi \approx 16{,}76$

10\. a) $D = [0;6]$ 259

Nullstellen: $x = 0$ und $x = 6$

b) $f'(x) = \frac{6-2x}{2\sqrt{6x-x^2}} = 0, \quad x = 3$

c) $V = \pi\int_0^6 (6x - x^2)dx = \pi[3x^2 - \frac{1}{3}x^3]_0^6 = 36\pi \approx 113{,}10$

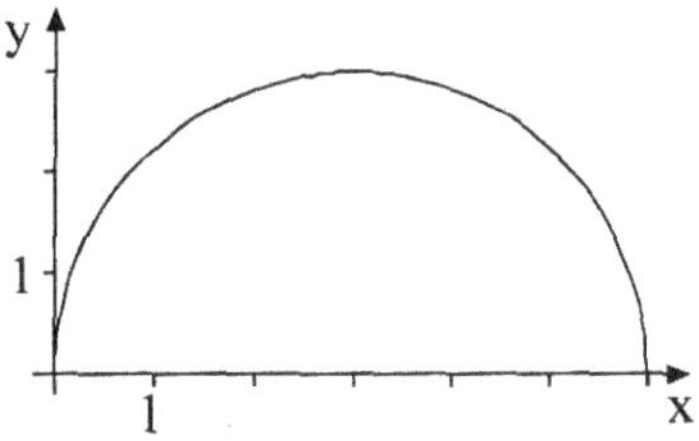

11\. a) $D: \quad x \leq 6$

Nullstellen: $x = 0$ und $x = 6$

b) $F'(x) = \frac{2}{5}\frac{-5(6-x)^4}{2\sqrt{(6-x)^5}} - 4\frac{-3(6-x)^2}{2\sqrt{(6-x)^3}} = -\sqrt{(6-x)^3} + 6\sqrt{6-x}$

$= \sqrt{6-x}(6-(6-x)) = x\sqrt{6-x} = f(x)$

c) $A = F(6) - F(0) = 0 - (\frac{2}{5}\sqrt{6^5} - 4\sqrt{6^3}) \approx 23{,}52$

12\. a) $D = \mathbb{R}_0^+$

Nullstellen: $x = 0$ und $x = a^2$

$f'(x) = \frac{a}{2\sqrt{x}} - 1, \quad f'(x) = 0, \quad x = \frac{a^2}{4}, \quad H(\frac{a^2}{4} \mid \frac{a^2}{4})$

Vorzeichenwechsel von + nach –

b) Ortskurve: $x = \frac{a^2}{4}, \quad a = 2\sqrt{x}, \quad y = \frac{a^2}{4}, \quad y(x) = x$

c) $x = a^2, \quad f_a'(a^2) = -\frac{1}{2}$

$t(x) = -\frac{1}{2}(x - a^2) = -\frac{1}{2}x + \frac{a^2}{2} = 3, \quad a = \sqrt{6}$

d) $A = \int_0^{a^2} f_a(x)dx = [\frac{2}{3}ax^{\frac{3}{2}} - \frac{1}{2}x^2]_0^{a^2} = \frac{1}{6}a^4 = 216, \quad a = 6$

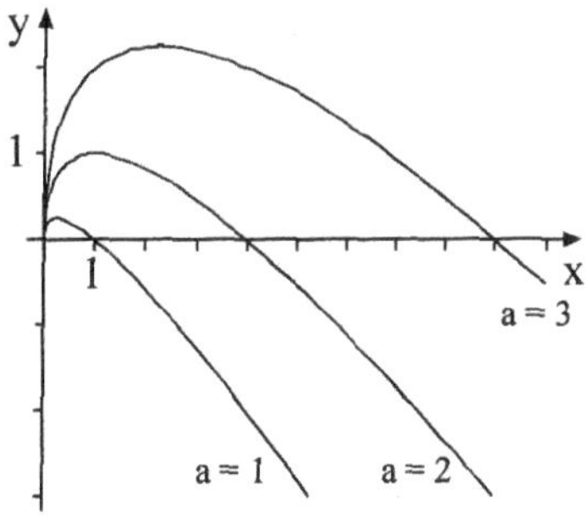

261 13. a) $D = \mathbb{R} / \{0\}$

Nullstelle: x = −1

g dominiert für große |x|-Werte.

h dominiert für kleine |x|-Werte.

b)

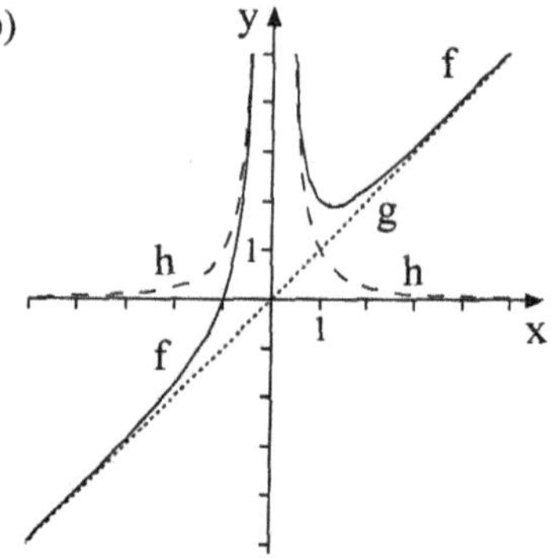

c) Für $x \to \pm\infty$ geht f wie g gegen ± unendlich.

Bei Annäherung an 0 geht f wie h gegen unendlich.

d) $f'(x) = 1 - \frac{2}{x^3}$, $f''(x) = \frac{6}{x^4}$

Extrema: $f'(x) = 0$, $x = \sqrt[3]{2}$

$f''(\sqrt[3]{2}) > 0 \Rightarrow T(\sqrt[3]{2} \mid \sqrt[3]{2} + \frac{1}{\sqrt[3]{4}})$

Wendepunkte: $f''(x) \neq 0$, keine

e) $f'(-1) = 3$, $y(x) = 3(x+1) = 3x + 3$

$3x + 3 = x + \frac{1}{x^2}$, $2x^3 + 3x^2 - 1 = 0$, $x = \frac{1}{2}$

14. $f \to 0$ für $x \to \pm\infty$

f hat den Tiefpunkt T(1|−6), ist also linksgekrümmt. Da $f \to 0$ für $x \to \infty$ muss der Graph in Rechtskrümmungübergehen, d.h. es gibt einen Wendepunkt recht von T.

263 15. a) $D = \mathbb{R} / \{0\}$

$x \to 0$ von links, $f \to -\infty$

$x \to 0$ von rechts, $f \to \infty$

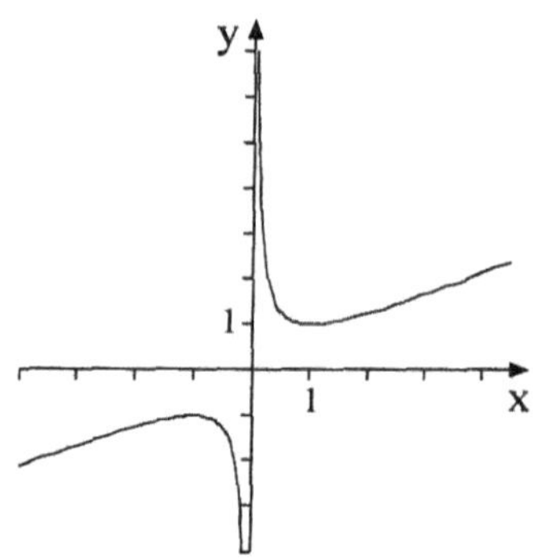

b) $f(-x) = -\frac{1}{2}x - \frac{1}{2x} = -(\frac{1}{2}x + \frac{1}{2x}) = -f(x)$

also Symmetrie zum Ursprung

c) $f'(x) = \frac{1}{2} - \frac{1}{2x^2}$, $f''(x) = \frac{1}{4x^3}$

d) Extrema: $f'(x) = 0$, $x = \pm 1$

$f''(-1) < 0 \Rightarrow H(-1 \mid -1)$, $f''(1) > 0 \Rightarrow T(1 \mid 1)$

Wendepunkte: $f''(x) \neq 0$, keine

e) $F(x) = \frac{1}{4}x^2 + \frac{1}{2}\ln x$, $A = F(4) - F(1) = 4 + \frac{1}{2}\ln 4 - \frac{1}{4} \approx 4{,}44$

f) $V = \pi \int_1^4 (\frac{1}{4}x^2 + \frac{1}{2} + \frac{1}{4x^2})dx = \pi[\frac{1}{12}x^3 + \frac{1}{2}x - \frac{1}{4x}]_1^4 = \frac{111}{16}\pi \approx 21{,}79$

16. b) $D = \mathbb{R} / \{0\}$

a)

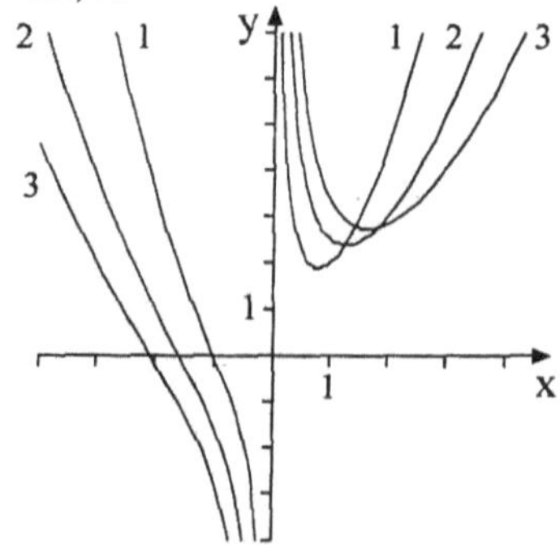

c) Nullstelle: x = −a

d) $f_a'(x) = -\frac{a}{x^2} + \frac{2}{a^2}x$, $f_a''(x) = \frac{2a}{x^3} + \frac{2}{a^2}$

Extrema: $f_a'(x) = 0$, $x = \frac{a}{\sqrt[3]{2}}$

$f_a''(\frac{a}{\sqrt[3]{2}}) > 0 \Rightarrow T(\frac{a}{\sqrt[3]{2}} \mid \sqrt[3]{2} + \frac{1}{\sqrt[3]{4}})$

263

16. e) Wendepunkt: $f_a''(x) = 0$, $x = -a$, $W(-a \mid 0)$

f) $F_a(x) = a \ln x + \frac{x^3}{3a^2}$, $A = F_2(4) - F_2(1) = 2\ln 4 + \frac{63}{12} \approx 8{,}02$

17. a) x = 3 ist die Nullstelle des Nenners.

linksseitige Annäherung: $f_a \to -\infty$

rechtsseitige Annäherung: $f_a \to \infty$

b) $x = 4a + 3$

c) $f_a'(x) = -\frac{40a}{(x-3)^2}$, $f_a'(4a+3) = -\frac{5}{2a}$, $t(x) = -\frac{5}{2a}(x - 4a - 3) = -\frac{5}{2a}x + 10 + \frac{15}{2a}$

d) Basisdurchmesser: $2(4+3) \cdot 10\text{m} = 140\text{m}$

Mündungsdurchmesser: $\frac{40}{x-3} - 10 = 20$, $x = \frac{4}{3} + 3$, $d_M = 2(\frac{4}{3} + 3) \cdot 10 \approx 86{,}67$

e) am Boden: $f_1'(7) = -2{,}5$, $\alpha \approx 111{,}8°$

an der Mündung: $f_1'(\frac{13}{3}) = -22{,}5$, $\beta \approx 92{,}5°$

f) $A(a) = \frac{1}{2}(10 + \frac{15}{2a}) \cdot (4a+3) = \frac{1}{2}(40a + 60 + \frac{45}{2a})$

$A'(a) = \frac{1}{2}(40 - \frac{45}{2a^2}) = 0$, $a = \sqrt{\frac{45}{80}}$, $A''(a) = \frac{1}{2} \cdot \frac{45}{a^3} > 0 \Rightarrow \text{Min}$

5. Exkurs: Anwendungen

264 1. a) Nullstellen: keine

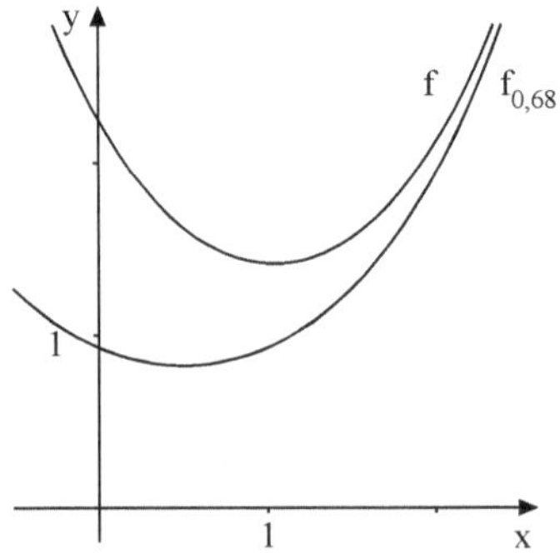

Ableitungen: $f'(x)=\frac{1}{4}e^{x}-2e^{-x}$

$f''(x)=\frac{1}{4}e^{x}+2e^{-x}$

$f'''(x)=\frac{1}{4}e^{x}-2e^{-x}$

Extrema: T(1,04|1,41)
Wendepunkte: keine

b) $F(x)=\int f(x)dx=\frac{1}{4}e^{x}-2e^{-x}+C$

c) $A=\int_0^1 f(x)dx=[\frac{1}{4}e^{x}-2e^{-x}]_0^1\approx 1{,}69$

d) $f_a'(x)=\frac{1}{4}e^{x}-ae^{-x}=0,\quad x=\frac{\ln 4a}{2}=0{,}5,\quad a=\frac{e}{4}\approx 0{,}68$

265 2. a) $f(2)=e+e^{-1}\approx 3{,}09\,\text{m}$

b) $f(0)=2 \;\Rightarrow\;$ Durchhang: $3{,}09-2\approx 1{,}09\,\text{m}$

c) $f'(x)=\frac{1}{2}e^{\frac{x}{2}}-\frac{1}{2}e^{-\frac{x}{2}},\quad f'(2)=\frac{1}{2}e-\frac{1}{2}e^{-1}\approx 1{,}18=\tan\beta \Rightarrow \beta\approx 49{,}6°=\alpha$

d) $A=\int_{-2}^{2} f(x)dx=[2e^{\frac{x}{2}}-2e^{-\frac{x}{2}}]_{-2}^{2}=4(e-e^{-1})\approx 9{,}4\,\text{m}^2$

3. a) $f(x)=203{,}14-\frac{28{,}14}{2}(e^{\frac{x}{28{,}14}}+e^{-\frac{x}{28{,}14}}),\quad h=f(50)\approx 117{,}29\text{m}$

b) $f(x)=216{,}5-\frac{73}{4}(e^{\frac{x}{36{,}5}}+e^{-\frac{x}{36{,}5}})$

$f'(x)=-\frac{73}{4}(\frac{1}{36{,}5}\cdot e^{\frac{x}{36{,}5}}-\frac{1}{36{,}5}\cdot e^{-\frac{x}{36{,}5}})=-\frac{1}{2}(e^{\frac{x}{36{,}5}}-e^{-\frac{x}{36{,}5}})$

$f'(90)\approx -5{,}84,\quad \alpha\approx 99{,}7°$ (Steigungswinkel), $\beta\approx 80{,}3°$

c) $A=2\int_0^{90}(216{,}5-\frac{73}{4}(e^{\frac{x}{36{,}5}}+e^{-\frac{x}{36{,}5}}))dx-2\int_0^{75}(203{,}14-\frac{28{,}14}{2}(e^{\frac{x}{28{,}14}}+e^{-\frac{x}{28{,}14}}))dx$

$=2([216{,}5x-\frac{73}{4}\cdot 36{,}5(e^{\frac{x}{36{,}5}}-e^{-\frac{x}{36{,}5}})]_0^{90}-[203{,}14x-\frac{28{,}14^2}{2}(e^{\frac{x}{28{,}14}}-e^{-\frac{x}{28{,}14}})]_0^{75})$

$=2(11699{,}73-9572{,}96)\approx 4253{,}5\text{m}^2$

267 4. a) $f(x)=a+b\cdot e^{-x^2}$

$\left.\begin{array}{l} f(0)=1{,}2 \;\Rightarrow\; a+b=1{,}2 \\ f(1{,}5)=0{,}7 \;\Rightarrow\; a+b\cdot e^{-1{,}5^2}=0{,}7 \end{array}\right\} \Rightarrow\; b(1-e^{-1{,}5^2})=0{,}5,\quad b\approx 0{,}56,\quad a\approx 0{,}64$

Resultat: $f(x)=0{,}64+0{,}56\cdot e^{-x^2}$

b) In den Wendepunkten: $f'(x)=-1{,}12x\cdot e^{-x^2},\quad f''(x)=(2{,}24x^2-1{,}12)\cdot e^{-x^2}$

$f''(x)=0:\quad x=\pm\sqrt{0{,}5}\approx \pm 0{,}707,\quad f'(\pm 0{,}707)\approx \mp 0{,}48$

In etwa 707m Entfernung von der Bergmitte ist der Anstieg am steilsten.

4. c) $0{,}8 = 0{,}64 + 0{,}56 \cdot e^{-x^2}$, $\ln 0{,}29 \approx -x^2$, $x \approx \pm 1{,}11$, $E(-1{,}11 \mid 0{,}8)$ 267

Länge: $l = \sqrt{1{,}11^2 + 0{,}4^2} \approx 1{,}18$

Der Eingang liegt bei $E(-1{,}11|0{,}8)$; die Länge beträgt 1180m.

d) Tunnelmitte: $M(-0{,}555|1)$

Austrittspunkt des Schachtes: $P(-0{,}555|f(-0{,}555))$ bzw. $P(-0{,}555|1{,}05)$

Schachtlänge: 50m

5. a) $f'(x) = -2x \cdot e^{-x^2}$, $f''(x) = (4x^2 - 2) \cdot e^{-x^2}$, $f'''(x) = (12x - 8x^3) \cdot e^{-x^2}$

$f''(x) = 0$: $x = \pm\sqrt{0{,}5} \approx \pm 0{,}707$, $f'''(0{,}707) \neq 0$, $W_2(\sqrt{\frac{1}{2}} \mid \frac{1}{\sqrt{e}})$

$t(x) = f'(\frac{1}{\sqrt{2}})(x - \frac{1}{\sqrt{2}}) + f(\frac{1}{\sqrt{2}}) = -0{,}86x + 1{,}21$

b) $-0{,}86 = \tan\beta$, $\beta = -40{,}69°$

$\alpha = 90° - 40{,}7° = 49{,}3°$

c) $g(x) = mx$, I. $mx = e^{-x^2}$, II. $m = \frac{1}{2xe^{-x^2}}$

$\Rightarrow \frac{1}{2xe^{-x^2}} \cdot x = e^{-x^2}$, $\frac{1}{2} = e^{-2x^2}$, $x^2 = \frac{\ln 0{,}5}{-2}$, $x \approx \pm 0{,}59$ $(x < 0)$

$\Rightarrow g(x) = mx$, $x = -0{,}59$, $m \approx -1{,}2$, $g(x) = -1{,}2x$

6. $A = x \cdot y = 2z \cdot e^{-z^2}$

$A' = e^{-z^2}(2 - 4z^2) = 0$, $z = \pm\sqrt{\frac{1}{2}}$

$A''(\sqrt{\frac{1}{2}}) = -5{,}7e^{-0{,}5} < 0 \Rightarrow$ Max, $A_{max} \approx 0{,}86$

7. a) $g(x) = ax^2 + c$, $g(0) = 0 + c = 1$, $c = 1$

$g(\frac{1}{\sqrt{2}}) = \frac{a}{2} + 1 = 0{,}61 \Rightarrow a = -0{,}79$, $g(x) = -0{,}79x^2 + 1$

b) $d(x) = -0{,}79x^2 + 1 - e^{-x^2}$

$d'(x) = -1{,}57x + 2xe^{-x^2} = 0$, $2e^{-x^2} = 1{,}57$, $x = \pm\sqrt{-\ln 0{,}79} \approx \pm 0{,}49$

$d''(x) = -1{,}57 + 2e^{-x^2} - 4x^2 \cdot e^{-x^2}$

$d''(0{,}49) < 0 \Rightarrow H(0{,}49 \mid 0{,}02)$

c) $A = \int_{-\sqrt{0,5}}^{\sqrt{0,5}} (-0{,}79x^2 + 1)\,dx = [-\frac{0{,}79}{3}x^3 + x]_{-\sqrt{0,5}}^{\sqrt{0,5}} = 2 \cdot [-\frac{0{,}79}{3}x^3 + x]_0^{\sqrt{0,5}} \approx 1{,}23$

Die Radiokarbonmethode 271

$N(600) = 3 \cdot 10^{-11} \cdot e^{-0{,}00012 \cdot 600} \approx 2{,}79 \cdot 10^{-11}\%$

Test

272 1. a) $f'(x) = (4 - x) \cdot e^{1-0,5x}$, $f''(x) = (-3 + 0,5x) \cdot e^{1-0,5x}$

b) Nullstellen: x = 2

Extrema: x = 4: H(4|1,47)

Wendepunkte: x = 6: W(6|1,08)

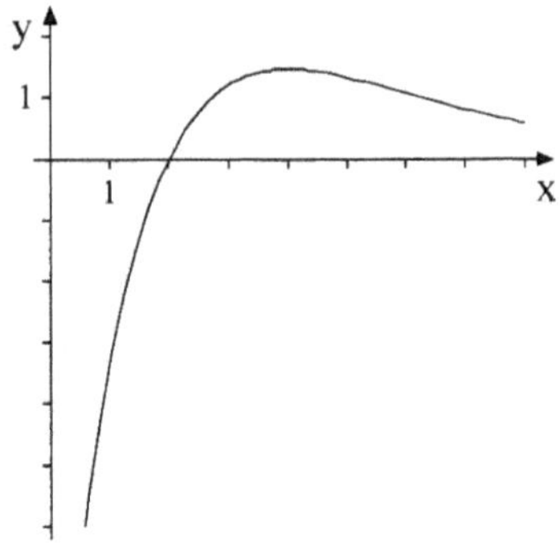

d) $t(x) \approx -0,27(x-6) + 1,08 = -0,27x + 2,7$

e) $F'(x) = (2x - 4) \cdot e^{1-0,5x}$

$A = F(10) - F(2) = 40e^{-4} + 8e \approx 7,27$

2. a) $f'(x) = (4-2x)e^{-0,5x}$, $f'(x) = 0$: $x = 2$, $f(2) = \frac{8}{e} \approx 2,94$

P(2|2,94) ist der nördlichste Punkt.

b) $F'(x) = (-8+4x+8)e^{-0,5x} = f(x)$

c) Fußweg: $g(x) = \frac{1}{3}x - 2$

$$A = \int_0^6 (f(x) - g(x))dx = [(-8x - 16)e^{-0,5x} - \tfrac{1}{6}x^2 + 2x]_0^6 \approx 2,81 - (-16) = 18,81$$

d) $f'(0) = 4 \Rightarrow \alpha \approx 76°$

Der Winkel beträgt ca. 14°.

e) $f''(x) = (x-4)e^{1-0,5x}$, $f''(x) = 0$: $x = 4$, W(4|2,17)

$n(x) = -\frac{1}{f'(4)}(x - 4) + 2,17 \approx 1,85x - 5,22$

$n(x) = g(x)$: $x \approx 2,12$, P(2,12|−1,29)

3. a) $w'(0) = -17$, $t = \ln\frac{9}{16} \cdot (-50) \approx 28,77$

b) $w(t) = 800 \cdot e^{-0,22t} - t - 200$

c) $w(7) \approx 488,5$

d) $\overline{w} \approx \frac{1}{7}(488,5 - 600) \approx -15,93$

e) $w(t) = 0$, $t \approx 56,8$, d.h. kurz nach Beginn der 9. Woche

VII. Lineare Gleichungssysteme

1. Grundlagen

1. a) $L = \{(4;1)\}$ b) $L = \{(1;2)\}$ c) $L = \{(4;0{,}5)\}$ d) $L = \{(1;8)\}$ 276

2. a) $L = \{(2;3)\}$ b) $L = \{(-3;1)\}$

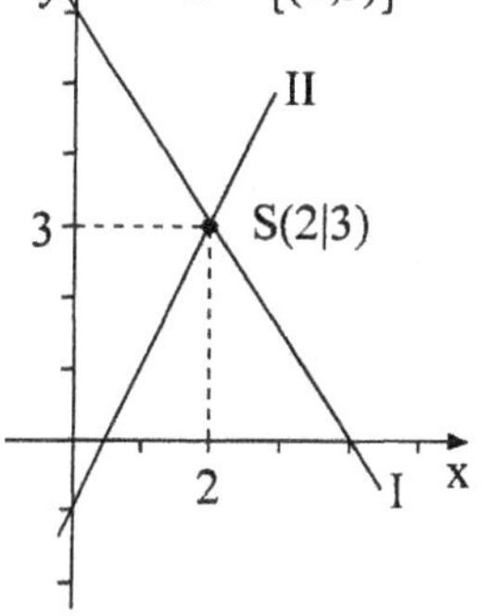

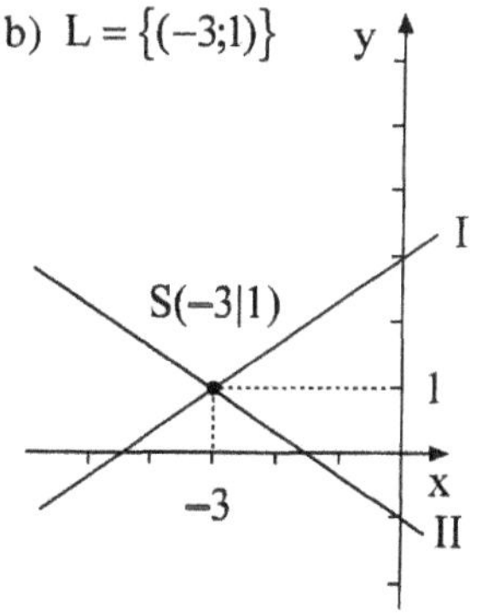

3. a) $x = 4$, $y = 7$ b) $x = 3$, $y = 2$ c) $x = \frac{1}{2}$, $y = \frac{1}{3}$ 277

   d) unlösbar e) $x = \frac{7}{3} - \frac{4}{3}c$, $y = c \in \mathbb{R}$

   f) $x = 2$, $y = -2$ g) unlösbar h) $x = 3+2c$, $y = c \in \mathbb{R}$

4. a) $a \neq -10$ b) für alle $a \in \mathbb{R}$ c) $a \neq \pm 4$ d) $a \neq \pm 2$

5. a) $x = 1$, $y = -1$ b) $x = 3$, $y = 2$ c) $x = 5$, $y = 2$ d) $x = 2$, $y = 1$ 278
   e) $x = -1$, $y = 0$ f) $x = 5$, $y = -2$

6. a) $x = 2$, $y = -3$ b) $x = -2(1+c)$, $y = c \in R$

   c) unlösbar, $L = \{\ \}$ d) $x = 1+3c$, $y = c \in R$

   e) $x = 2$, $y = 2$ f) unlösbar, $L = \{\ \}$

7. a) für $a \in \mathbb{R} \setminus \{-6\}$ b) für $a \in \mathbb{R}$

   c) für $a \in \mathbb{R} \setminus \{-3; 3\}$

8. Gesucht ist eine zweistellige Zahl mit der Zehnerziffer x und der Einerziffer y: $xy = 10x + y$
   Die Quersumme ist die Summe der Ziffern: $x + y$. Somit erhält man das Gleichungssystem:
   I $10x + y = 7(x+y)$
   II $10y + x = 10x + y - 27$, Lösung: $x = 6$, $y = 3$, gesuchte Zahl: 63

278 9. x = Menge der hellgrünen Farbe
y = Menge der dunkelgrünen Farbe

Gleichungssystem: I $0{,}3x + 0{,}6y = 6$
II $0{,}7x + 0{,}4y = 10$
(Gesamtmenge III $x + y = 16$)

Lösung: x = 12 , y = 4: Es ergeben sich 12 Liter hellgrüne und 4 Liter dunkelgrüne Farbe.

10.

	Alter vor 3 Jahren	jetzt	Alter in 4 Jahren
Max	$x-3$	x	$x+4$
Moritz	$y-3$	y	$y+4$

LGS: I $y+4=2(x+4)$ (Aussage von Max)
II $y-3=3(x-3)$ (Aussage von Moritz)

Lösung des LGS: x = 10 , y = 24

Max ist jetzt 10 Jahre alt, Moritz ist 24 Jahre alt.

2. Das Lösungsverfahren von Gauß

281 1. a) $L=\{(1;-3;3)\}$ b) $L=\{(3{,}5;0{,}5;2)\}$ c) $L=\{(2;2;2)\}$ d) $L=\{(0;4;2)\}$
e) $L=\{(4;-2;2)\}$ f) $L=\{(2;3;2)\}$

2. a) $L=\{(0;2;3)\}$ b) $L=\{(-2;3;4)\}$ c) $L=\{(1;-3;1)\}$ d) $L=\{(4;6;8)\}$
e) $L=\{(1;2;3)\}$ f) $L=\{(1;1;-2)\}$

3. a) $L=\{(4;3;-2)\}$ b) $L=\{(-2;2;3)\}$ c) $L=\{(3;-2;1)\}$
d) $L=\{(4;6;8)\}$ e) $L=\{(4;-6;2)\}$ f) $L=\{(4;5;6)\}$

4. a, b, c seien die Ziffern der Zahl z, d.h. $z = 100a + 10b + c$.
Dann gilt:
I. $a+b+c = 14$
II. $100c + 10b + a - 22 = 2(100a + 10b + c)$
III. $b = a + c$

Lösung: $a=2$, $b=7$, $c=5$, $z=275$

5. Ansatz: $f(x) = ax^2 + bx + c$, $f'(x) = 2ax + b$

$f(1) = 0$ $a + b + c = 0$
$f(2) = 6$ $4a + 2b + c = 6$
$f'(2) = 8$ $4a + b = 8$

Lösung: $a = 2$, $b = 0$, $c = -2$ Resultat: $f(x) = 2x^2 - 2$

6. a) aus I: $x = 8 - 1{,}5y$ in II: $3{,}25y^2 - 24y + 35 = 0$
$y_1 \approx 5{,}38$, $x_1 \approx -0{,}07$, $y_2 = 2$, $x_2 = 5$

b) I – III: $y^2 = 4$, $y = 2\,(-2)$, $x = 1$, $z = \pm 3$

3. Lösbarkeitsuntersuchungen

1. a) $L=\{(-1+2c;4-3c;c); c\in\mathbb{R}\}$ b) $L=\{\ \}$ c) $L=\{(3+2c;1+c;c); c\in\mathbb{R}\}$ 283

2. a) $L=\{(2;2)\}$, eindeutig lösbar b) $L=\{\ \}$, unlösbar c) $L=\{(5;-2)\}$ 284
   d) $L=\{\ \}$, unlösbar e) $L=\{(0;5;-1)\}$
   f) $L=\{(-1+2{,}5c-1{,}5d;5-8c+5d;c;d); c,d\in\mathbb{R}\}$, unendlich viele Lösungen
   g) $L=\{\ \}$, unlösbar h) $L=\{(2-1{,}5c-d;4-3c-2d;c;d); c,d\in\mathbb{R}\}$
   i) $L=\{(3+2c-d;c;d); c,d\in\mathbb{R}\}$

3. a) $L=\{(\frac{1}{2};8;2)\}$ b) $L=\{(2;3;-1)\}$ c) $L=\{(1;3;3)\}$ 285
   d) $L=\{\ \}$ e) $L=\{(-3c;-1-c;c); c\in\mathbb{R}\}$ f) $L=\{(6;2;-3)\}$

4. a) $L=\{\ \}$
   b) $x=3$, $y=2$, $z=1$
   c) $x=2-\frac{1}{3}c$, $y=2+\frac{2}{3}c$, $z=c$
   d) $x=5$, $y=-2$, $z=1$
   e) $x=1-\frac{4}{7}c$, $y=-1+\frac{2}{7}c$, $z=c$
   f) $L=\{\ \}$

5. a) eindeutig lösbar, $L=\{(2;-1;-2;0)\}$
   b) unendlich viele Lösungen, $L=\{(1-c;c;c;c); c\in\mathbb{R}\}$
   c) unendlich viele Lösungen, $L=\{(c-2d;c-d;d;c;d); c,d\in\mathbb{R}\}$

6. $$\begin{aligned} 3x + 16y + 40z &= 30 \\ 2x + 30z &= 10 \\ 8y + 10z &= 10 \end{aligned}$$
   Lösung: $x=2$, $y=1$, $z=0{,}2$

7. s: Anzahl der Schnecken, r: Anzahl der Raben, k: Anzahl der Katzen
   39 Köpfe: $s + r + k = 39$
   57 Füße: $s + 2r + 4k = 57$
   $2r = 4k + 6$ Die Raben haben 6 Füße mehr als die Katzen.

   Lösung: $s=27$, $r=9$, $k=3$

4. Lineare Gleichungssysteme mit dem GTR untersuchen

287 1. a) $x = 2, y = 2, z = 5$ b) $x = -3c$, $y = -1-2c$, $z = c$
c) keine Lösung d) $x = -3, y = 4, z = 6$ e) keine Lösung
f) $x = 1, y = 7+c$, $z = c$

2. a) $x = 2$, $y = -2+c$, $z = c$ b) $x = -8+9c$, $y = 7-5c$ $z = c$
c) keine Lösung d) $x = 2-3c$, $y = 1-c$, $z = c$
e) keine Lösung f) $x = 3$, $y = -2$, $z = 1$

289 3. a) $x = 3, y = 2, z = 1$ b) $x = -c$, $y = 1+c$, $z = c$ c) keine Lösung

4. s. Ü2

290 5. $x = 1, y = -1, z = 5$

292 6. a) $x = -1, y = 2$ b) $x = 3, y = 2, z = 0$ c) $x = 4, y = 3, z = 5$

7. a) $x = 2, y = 8$ b) $x = 2, y = 2, z = 1$ c) $x = 2, y = 5, z = -2$

293 8. a) $x = 3, y = -5, z = -2$ b) $x = -c, y = -c, z = c$ c) keine Lösung

294 9. a) $x = 1, y = -2, z = 4$ b) $x = c+2, y = 2-2c, z = c$ c) $x = 3, y = 5, z = -2$
d) $x = 3c+1, y = c-2, z = c$ e) keine Lösung f) $x = 2, y = -3, z = 1, t = 5$

10. a)
$$\begin{array}{rcl} x+2y-4z &=& 8 \\ 2x-y+2z &=& -4 \\ 3x-3y-6z &=& 24 \end{array}$$
b)
$$\begin{array}{rcl|l} x+2y-4z &=& 8 & x = 0 \\ y-2z &=& 4 & y = -2 \\ -12z &=& 36 & z = -3 \end{array}$$

11.
$$\begin{array}{rrrr|rrrr|l} 1 & 2 & -3 & 1 & 1 & 2 & -3 & 1 & x = 6 \\ 2 & 5 & -4 & 10 & 0 & 1 & 2 & 8 & y = 2 \\ 3 & 6 & -8 & 6 & 0 & 0 & 25 & 75 & z = 3 \end{array}$$

12. a) $x = -3, y = 4, z = 1$ b) $x = 4-c, y = 3+2c, Z = c$ c) keine Lösung
d) $x = 3 + 2c$, $y = 4 - 3c$, $z = c$

13.
$$\begin{array}{lllcr|l} x & +y & +z & = & 16 & x = 4 \\ x & +y & & = & z+2 & y = 5 \\ 2y & +x & & = & 2z & z = 7 \end{array}$$

Test

1. $x = 4\,,\ y = 4$ 298

2. a) $x = 1\,,\ y = 3\,,\ z = 2$ b) $x = 6\,,\ y = 6\,,\ z = 4$

3. a) $x = -2\,,\ y = 3\,,\ z = 5$ b) Widerspruch, keine Lösung

4. $x + y + z = 30$
   $x - 4 = y - 4 + z - 4$
   $z - 4 = 2(y - 4)$ Lösung: $x = 13$ (Marina), $y = 7$ (Emma), $z = 10$ (Julia)

5. $f(2) = 0$: $8a + 4b + 16 = 2$
   $f''(2) = 0$: $12a + 2b = 0$ Lösung: $a = 1\,,\ b = -6\,,\ f(x) = x^3 - 6x^2 + 16$

6. a) $\begin{array}{ll} x + y + z & = 6 \\ x + y - z & = 0 \\ x - y & = 1 \end{array}$ b) $\begin{array}{ll} x + y + z & = 6 \\ x + y - z & = 0 \\ 2x + 2y & = 5 \end{array}$ c) $\begin{array}{ll} x + y + z & = 6 \\ x + y - z & = 0 \\ 2x + 2y & = 6 \end{array}$

7. Subtrahiert man die erste Gleichung 2-mal von der zweiten, so erhält man:
   $(4 - a)y = a - 3\,,\quad y = \frac{a-3}{4-a}$, d.h. für $a = 4$ ist das System nicht lösbar.

VIII. Geraden 1. Geraden im Raum

302 1.

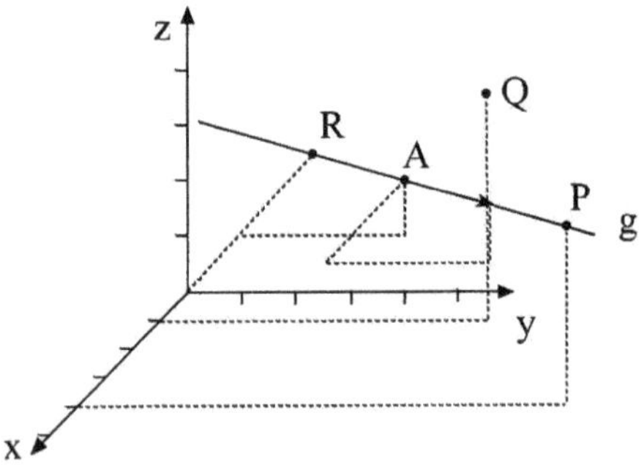

$P \in g$, 2mal den Richtungsvektor an A angesetzt ($r = 2$)

$Q \notin g$, Gleichungssystem liefert Widerspruch

$R \in g$ ($r = -1$), R liegt vor A

2.

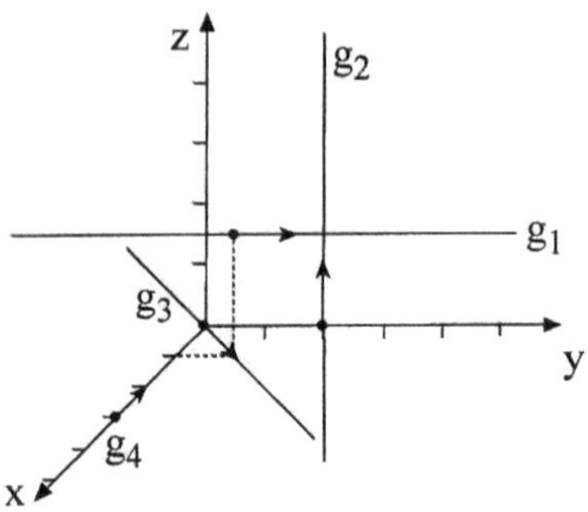

a) g_1 ist parallel zur y-Achse.

b) g_2 ist parallel zur z-Achse.

c) g_3 ist eine Ursprungsgerade entlang der Winkelhalbierenden in der x-y-Ebene.

d) g_4 ist die x-Achse.

3. a) $\vec{x} = \begin{pmatrix} 3 \\ 3 \end{pmatrix} + r\begin{pmatrix} -1 \\ -2 \end{pmatrix}$ b) $\vec{x} = \begin{pmatrix} -3 \\ 1 \\ 0 \end{pmatrix} + r\begin{pmatrix} 7 \\ -1 \\ 2 \end{pmatrix}$ c) $\vec{x} = \begin{pmatrix} -3 \\ 2 \\ 1 \end{pmatrix} + r\begin{pmatrix} 7 \\ -1 \\ 6 \end{pmatrix}$

4. a) $\vec{x} = \begin{pmatrix} 3 \\ 2 \\ 0 \end{pmatrix} + r\begin{pmatrix} 0 \\ 1 \\ 0 \end{pmatrix}$ b) $\vec{x} = r\begin{pmatrix} a \\ 2a \\ -a \end{pmatrix}$ oder $\vec{x} = r\begin{pmatrix} 1 \\ 2 \\ -1 \end{pmatrix}$

303 5.

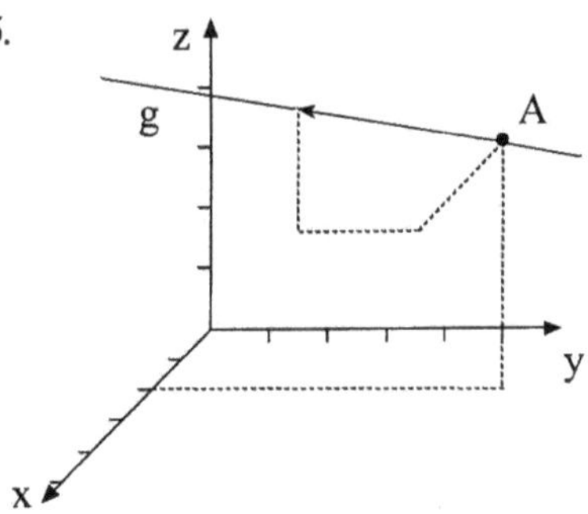

6. a) g: $\vec{x} = \begin{pmatrix} 1 \\ 2 \\ 0 \end{pmatrix} + r\begin{pmatrix} 2 \\ -6 \\ 0 \end{pmatrix}$

b) g: $\vec{x} = \begin{pmatrix} -3 \\ 2 \\ 1 \end{pmatrix} + r\begin{pmatrix} 6 \\ -1 \\ 1 \end{pmatrix}$

c) g: $\vec{x} = \begin{pmatrix} 3 \\ 3 \\ -4 \end{pmatrix} + r\begin{pmatrix} -1 \\ -2 \\ 7 \end{pmatrix}$

d) g: $\vec{x} = \begin{pmatrix} a_1 \\ a_2 \\ a_3 \end{pmatrix} + r\begin{pmatrix} b_1-a_1 \\ b_2-a_2 \\ b_3-a_3 \end{pmatrix}$

7. a) $\begin{pmatrix} 1 \\ 3 \\ 0 \end{pmatrix} = \begin{pmatrix} 3 \\ 2 \\ 0 \end{pmatrix} + r\begin{pmatrix} -4 \\ 2 \\ 0 \end{pmatrix} \begin{matrix} \Leftrightarrow r=0,5 \\ \Leftrightarrow r=0,5 \end{matrix}$, $P \in g$ b) $P \notin g$ c) $P \in g$ d) $P \notin g$

8. I*l*, II*k*, III*n*, IV*g*, V*p*, VI*h*, VII*f*, VIII*e*, IX*m*

9. a) g: $\vec{x} = \begin{pmatrix} 3 \\ 2 \\ 0 \end{pmatrix} + r\begin{pmatrix} 0 \\ 1 \\ 0 \end{pmatrix}$ b) g: $\vec{x} = \begin{pmatrix} 0 \\ 0 \\ 0 \end{pmatrix} + r\begin{pmatrix} 2 \\ 4 \\ -2 \end{pmatrix}$ c) g: $\vec{x} = \begin{pmatrix} 0 \\ 0 \\ 0 \end{pmatrix} + r\begin{pmatrix} 1 \\ 0 \\ 1 \end{pmatrix}$

2. Lagebeziehungen

1. a) g_{AB}: $\vec{x} = \begin{pmatrix} 2 \\ 2 \\ 4 \end{pmatrix} + r\begin{pmatrix} 2 \\ 2 \\ -2 \end{pmatrix}$ P liegt auf g (r = –1), aber nicht auf $\overline{AB}$. Q liegt auf g (r = 0,5) 304

und sogar auf $\overline{AB}$. R liegt nicht auf g.

b) $\begin{pmatrix} 4+t \\ 5t \\ t \end{pmatrix} = \begin{pmatrix} 2 \\ 2 \\ 4 \end{pmatrix} + r\begin{pmatrix} 2 \\ 2 \\ -2 \end{pmatrix} \quad \Rightarrow \quad t = 1 \quad (r = 1{,}5)$

2. a) g schneidet h in S(-4|-1|8) (r = -2, s = 1). 307
b) g ist echt parallel zu h.
c) g und h sind windschief.
d) g schneidet h in S(6|2|-1) (r = 2, s = 3)

3. $\overline{CD}$: $\vec{x} = \begin{pmatrix} 2 \\ -2 \\ 3 \end{pmatrix} + t\begin{pmatrix} -4 \\ 2 \\ -2 \end{pmatrix}$, $\overline{EF}$: $\vec{x} = \begin{pmatrix} 2 \\ 0 \\ 0 \end{pmatrix} + k\begin{pmatrix} -2 \\ 3 \\ 3 \end{pmatrix}$
g schneidet h in S(4|-1,5|3,5) (r = 1,5 , s = 0,5)
g ist echt parallel zu CD.
g und EF sind windschief, ebenso h und CD sowie CD und EF.
h und EF sind echt parallel.

4. Ursprung in E, x-Achse in Richtung EA:

a) g_{AG}: $\vec{x} = \begin{pmatrix} 8 \\ 0 \\ 0 \end{pmatrix} + r\begin{pmatrix} -8 \\ 6 \\ 4 \end{pmatrix}$, g_{BH}: $\vec{x} = \begin{pmatrix} 8 \\ 6 \\ 0 \end{pmatrix} + s\begin{pmatrix} -8 \\ -6 \\ 4 \end{pmatrix}$

b) g_{AG} und g_{BH} schneiden sich in S(4|3|2) (r = s = 0,5)

c) h_{AM}: $\vec{x} = \begin{pmatrix} 8 \\ 0 \\ 0 \end{pmatrix} + r\begin{pmatrix} -4 \\ 6 \\ 2 \end{pmatrix}$, $g_{BH} = h_{AM}$: $S(\frac{16}{3} \mid 4 \mid \frac{4}{3})$, $r = \frac{2}{3}$, $s = \frac{1}{3}$

5. a) Mit g: $\vec{x} = \begin{pmatrix} 0 \\ 0 \\ 15 \end{pmatrix} + r\begin{pmatrix} -1 \\ 3 \\ 0{,}5 \end{pmatrix}$: Lediglich der Wolf wird getroffen. 308

Entfernung: $|\overline{PW}| = \sqrt{155^2 + 465^2 + 77{,}5^2} \approx 496{,}24 \text{ dm} \approx 50 \text{ m}$

d.h. $v = 50\,\frac{m}{s} = 180\,\frac{km}{h}$

b) Elchscheibenrichtung: $\vec{w} = \begin{pmatrix} -160 \\ 640 \\ 80 \end{pmatrix}$, bzw. $\begin{pmatrix} -1 \\ 4 \\ 0{,}5 \end{pmatrix}$

6. a) g_{AB}: $\vec{x} = \begin{pmatrix} 20 \\ 20 \\ 0 \end{pmatrix} + r\begin{pmatrix} 200 \\ 400 \\ 80 \end{pmatrix}$, S_1 erfüllt die Geradengleichung, ist also geeignet.

S_2 muss von 30m auf 40m Höhe gebracht werden um geeignet zu sein.
S_3 ist nicht geeignet, auch nicht durch Kürzen oder Verlängern.

b) Drahtlänge: $|\overline{AB}| = \sqrt{200^2 + 400^2 + 80^2} \approx 454{,}31 \text{ m}$

$v = 20\,\frac{km}{h} \approx 5{,}56\,\frac{m}{s}$, $t \approx \frac{454{,}31}{5{,}56}\,s \approx 81{,}71s$

c) $\tan\gamma = \frac{80}{\sqrt{200^2 + 400^2}}$, $\gamma \approx 10{,}14°$

308 7. **Druckfehler** im Lehrbuch 1. und 2. Druck: A(11|0|–9)

Belüftungsbohrung b: $\vec{x} = \begin{pmatrix} 8 \\ 2 \\ 0 \end{pmatrix} + r\begin{pmatrix} 1 \\ 1 \\ -4 \end{pmatrix}$, Überlaufkanal k: $\vec{x} = \begin{pmatrix} 8 \\ 12 \\ -6 \end{pmatrix} + s\begin{pmatrix} 3 \\ -12 \\ -3 \end{pmatrix}$

b = k: Schnittpunkt S(10|4|-8) (r = 2, s = 2/3)

Länge des Bohrers: $|\overline{TS}| = \sqrt{4+4+64} \approx 8{,}5$ LE, also ca. 850m

Versorgungsleitung g: $\vec{x} = \begin{pmatrix} 8 \\ 12 \\ 0 \end{pmatrix} + t\begin{pmatrix} 6 \\ -10 \\ -10 \end{pmatrix}$

Gleichsetzen von g und b bzw. g und k liefert jeweils einen Widerspruch.
Daher wird weder b noch k getroffen.

Bohrdauer: $|\overline{EN}| = \sqrt{236} \approx 15{,}36\text{LE} = 1536\text{m}$
$t = \frac{1536\text{m}}{0{,}2\text{m/min}} = 7680\,\text{min} \approx 5{,}3\,\text{Tage}$

311 8. a) g: $\vec{x} = \begin{pmatrix} 0 \\ 0 \\ 5 \end{pmatrix} + r\begin{pmatrix} 1 \\ 2 \\ -1 \end{pmatrix}$

P liegt auf g (r = 3) , Q liegt nicht auf g (Wid.)

b) g: $\vec{x} = \begin{pmatrix} 6 \\ 3 \\ 0 \end{pmatrix} + r\begin{pmatrix} -6 \\ 3 \\ 6 \end{pmatrix}$

P liegt auf g (r = 2/3) , Q liegt nicht auf g (Wid.)

9. Alle Geradenpunkte haben die z–Koordinate 3, da $\vec{m} = \begin{pmatrix} 2 \\ -2 \\ 0 \end{pmatrix}$ nur in x– und y–Richtung verschiebt. Daher können die Punkte P und Q nicht auf g liegen.

10. a) g_{AB}: $\vec{x} = \begin{pmatrix} 2 \\ 1 \\ 4 \end{pmatrix} + r\begin{pmatrix} 3 \\ 6 \\ -3 \end{pmatrix}$ P liegt auf $\overline{AB}$ $(0 < r = 1/3 < 1)$

b) g_{AB}: $\vec{x} = \begin{pmatrix} -2 \\ 4 \\ 5 \end{pmatrix} + r\begin{pmatrix} 4 \\ 4 \\ 4 \end{pmatrix}$ P liegt auf $\overline{AB}$ $(0 < r = 0{,}5 < 1)$

c) g_{AB}: $\vec{x} = \begin{pmatrix} 3 \\ 0 \\ 7 \end{pmatrix} + r\begin{pmatrix} 1 \\ 1 \\ -1 \end{pmatrix}$ P liegt nicht auf $\overline{AB}$ $(r = 4 > 1)$

d) g_{AB}: $\vec{x} = \begin{pmatrix} 2 \\ 1 \\ 3 \end{pmatrix} + r\begin{pmatrix} 4 \\ 6 \\ -2 \end{pmatrix}$ P liegt nicht auf g (Wid.)

11. P liegt offensichtlich außerhalb des Dreiecks. 311

Vermutung: $Q \in \overline{BC}$

$g_{BC}: \ \vec{x} = \begin{pmatrix} 0 \\ 6 \\ 3 \end{pmatrix} + r\begin{pmatrix} 3 \\ -3 \\ -3 \end{pmatrix}$

mit $r = \frac{2}{3}$ gilt $\vec{x} = \begin{pmatrix} 2 \\ 4 \\ 1 \end{pmatrix} \Rightarrow \ Q \in \overline{BC}$

Vermutung: $R \in \overline{AC}$

$\begin{pmatrix} 2 \\ 5{,}5 \\ 4{,}5 \end{pmatrix}$ in $g_{AC}: \ \begin{pmatrix} 2 \\ 5{,}5 \\ 4{,}5 \end{pmatrix} = \begin{pmatrix} 0 \\ 6 \\ 6 \end{pmatrix} + r\begin{pmatrix} 3 \\ -3 \\ -6 \end{pmatrix}$ Wid. $R \notin \overline{AC}$

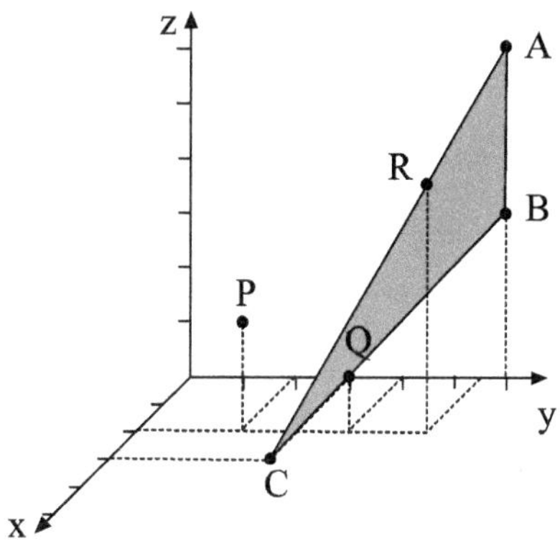

12. g | | k, aber nicht identisch
g und v sind identisch
v und k sind parallel aber nicht identisch ebenso w und h sowie g und u sowie u und v
u und k sind identisch

$w: \ \vec{x} = \begin{pmatrix} 6 \\ -1 \\ -1 \end{pmatrix} + r\begin{pmatrix} -4 \\ 2 \\ -2 \end{pmatrix}, \quad u: \ \vec{x} = \begin{pmatrix} 1 \\ 2 \\ -6 \end{pmatrix} + t\begin{pmatrix} 8 \\ -4 \\ 2 \end{pmatrix}$

13. a) $g_{AB}: \ \vec{x} = \begin{pmatrix} 3 \\ 1 \\ 2 \end{pmatrix} + r\begin{pmatrix} 2 \\ 2 \\ 2 \end{pmatrix}, \quad g_{CD}: \ \vec{x} = \begin{pmatrix} 2 \\ 1 \\ 1 \end{pmatrix} + s\begin{pmatrix} 1 \\ 2 \\ 1 \end{pmatrix}$, gleichsetzen ergibt $S(1|-1|0)$ $(r = s = -1)$

b) $g_{AB}: \ \vec{x} = \begin{pmatrix} 1 \\ 0 \\ 0 \end{pmatrix} + r\begin{pmatrix} 0 \\ 1 \\ 1 \end{pmatrix}, \quad g_{CD}: \ \vec{x} = \begin{pmatrix} 2 \\ 4 \\ 5 \end{pmatrix} + s\begin{pmatrix} 1 \\ 2 \\ 3 \end{pmatrix}$, $S(1|2|2)$ $(r = 2, s = -1)$

c) $g_{AB}: \ \vec{x} = \begin{pmatrix} 4 \\ 1 \\ 5 \end{pmatrix} + r\begin{pmatrix} 2 \\ -1 \\ 1 \end{pmatrix}, \quad g_{CD}: \ \vec{x} = \begin{pmatrix} 1 \\ 2 \\ 3 \end{pmatrix} + s\begin{pmatrix} -3 \\ 3 \\ 0 \end{pmatrix}$, $S(0|3|3)$ $(r = -2, s = 1/3)$

14. a) $\begin{array}{lll} 1+r = 0 & \Rightarrow & r=-1 \\ -r = 1+s & & \Rightarrow 1 = 2 \\ 1 = s & \Rightarrow & s=1 \end{array}$ Wid., also windschief

b) Gleichsetzen wie in a) liefert Widerspruch, also windschief
c) Gleichsetzen wie in a) liefert Widerspruch, also windschief

15. $g \cap h$: Gleichsetzen liefert $A(1|0|2)$ $(r = 1, s = -2)$ 312

$g \cap k$: Gleichsetzen liefert $B(3|6|0)$ $(r = 3, t = 0)$

$h \cap k$: Gleichsetzen liefert $C(0|3|6)$ $(s = -1, t = -3)$

16. a) $g_{AB}: \ \vec{x} = \begin{pmatrix} -1 \\ 1 \\ 1 \end{pmatrix} + r\begin{pmatrix} 2 \\ 0 \\ -2 \end{pmatrix}, \quad g_{CD}: \ \vec{x} = \begin{pmatrix} 1 \\ 1 \\ 1 \end{pmatrix} + s\begin{pmatrix} -1 \\ 0 \\ 1 \end{pmatrix}, \quad \begin{pmatrix} 2 \\ 0 \\ -2 \end{pmatrix}, \begin{pmatrix} -1 \\ 0 \\ 1 \end{pmatrix}$ kollinear $\Rightarrow$ parallel

$\begin{pmatrix} 1 \\ 1 \\ 1 \end{pmatrix} = \begin{pmatrix} -1 \\ 1 \\ 1 \end{pmatrix} + r\begin{pmatrix} 2 \\ 0 \\ -2 \end{pmatrix}$ Widerspruch, nicht identisch

b) $g_{AB}: \ \vec{x} = \begin{pmatrix} 4 \\ 2 \\ 1 \end{pmatrix} + r\begin{pmatrix} -4 \\ 2 \\ 2 \end{pmatrix}, \quad g_{CD}: \ \vec{x} = \begin{pmatrix} 1 \\ 2 \\ 1 \end{pmatrix} + s\begin{pmatrix} 2 \\ 2 \\ 2 \end{pmatrix}$, Gleichsetzen liefert $S(2|3|2)$ $(r = s = 0{,}5)$

312 c) g_{AB}: $\vec{x} = \begin{pmatrix} 2 \\ 0 \\ 4 \end{pmatrix} + r\begin{pmatrix} 2 \\ 2 \\ -1 \end{pmatrix}$, g_{CD}: $\vec{x} = \begin{pmatrix} 6 \\ 4 \\ 2 \end{pmatrix} + s\begin{pmatrix} 4 \\ 4 \\ -2 \end{pmatrix}$, parallel und identisch

17. a) g: $\vec{x} = \begin{pmatrix} 0 \\ 0 \\ 2 \end{pmatrix} + r\begin{pmatrix} 6 \\ 8 \\ -2 \end{pmatrix}$, h: $\vec{x} = \begin{pmatrix} 3 \\ 0 \\ 0 \end{pmatrix} + s\begin{pmatrix} -3 \\ 8 \\ 4 \end{pmatrix}$, A(0|0|2), B(6|8|0), C(3|0|0), D(0|8|4)

$g \cap h$: S(2|8/3|4/3) (r = s = 1/3)

b) g: $\vec{x} = \begin{pmatrix} 2 \\ 0 \\ 0 \end{pmatrix} + r\begin{pmatrix} -2 \\ 4 \\ 2 \end{pmatrix}$, h: $\vec{x} = \begin{pmatrix} 2 \\ 0 \\ 4 \end{pmatrix} + s\begin{pmatrix} -2 \\ 6 \\ -4 \end{pmatrix}$, Gleichsetzen liefert Wid., windschief

18. a) $g_{AC}: \vec{x} = \begin{pmatrix} 3 \\ 1 \\ 2 \end{pmatrix} + r\begin{pmatrix} 2 \\ 8 \\ 2 \end{pmatrix}$, $g_{BD}: \vec{x} = \begin{pmatrix} 6 \\ 2 \\ 2 \end{pmatrix} + s\begin{pmatrix} -5 \\ 2 \\ 1 \end{pmatrix}$

$g_{AC} \cap g_{BD}: s = \frac{1}{2}, r = \frac{1}{4} \Rightarrow$ ebenes Viereck

b) $g_{AC}: \vec{x} = \begin{pmatrix} 4 \\ 0 \\ 0 \end{pmatrix} + r\begin{pmatrix} -4 \\ 3 \\ 4 \end{pmatrix}$, $g_{BD}: \vec{x} = \begin{pmatrix} 4 \\ 3 \\ 1 \end{pmatrix} + s\begin{pmatrix} 0 \\ -3 \\ 2 \end{pmatrix}$

$g_{AC} \cap g_{BD}$: Wid.

nicht eben

c) g_{AC}: $\vec{x} = \begin{pmatrix} 5 \\ 2 \\ 0 \end{pmatrix} + r\begin{pmatrix} -4 \\ 4 \\ 0 \end{pmatrix}$, g_{BD}: $\vec{x} = \begin{pmatrix} 1 \\ 2 \\ 6 \end{pmatrix} + s\begin{pmatrix} 5 \\ 5 \\ -8 \end{pmatrix}$, $g_{AC} \cap g_{BD}$: Wid., nicht eben

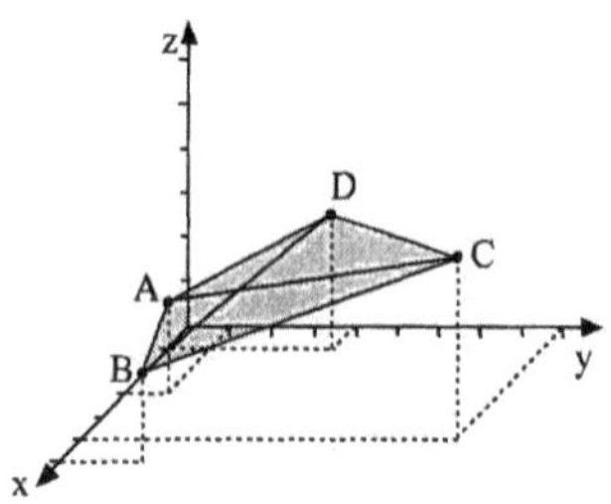

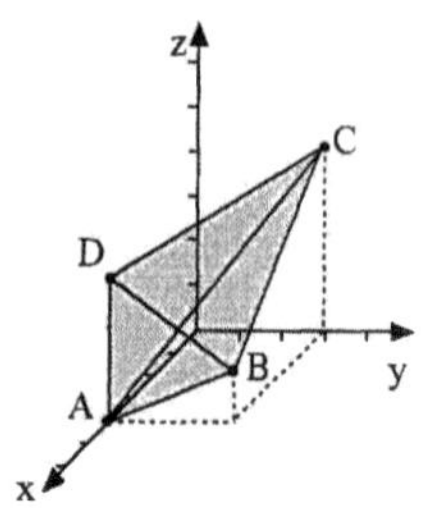

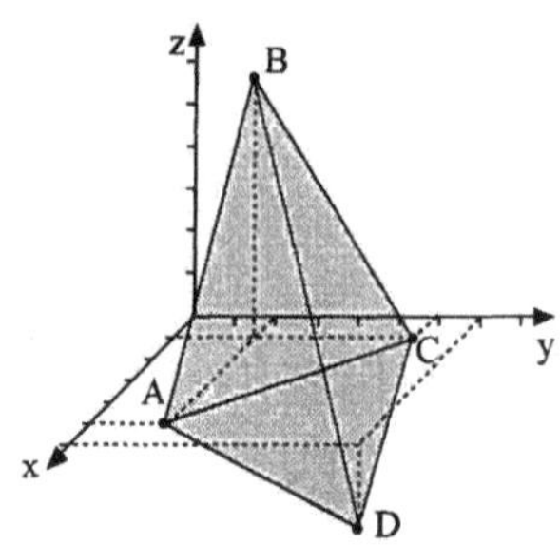

19. A(6|0|0), B(6|6|0), C(0|6|0), S(3|3|6), M(1,5|4,5|3), N(4|2|4)

Gleichsetzen liefert den Schnittpunkt T(2,4|3,6|2,4) (r = 0,8, s = 0,6)

g_{AM}: $\vec{x} = \begin{pmatrix} 6 \\ 0 \\ 0 \end{pmatrix} + r\begin{pmatrix} -4{,}5 \\ 4{,}5 \\ 3 \end{pmatrix}$, $\frac{2}{3}\overrightarrow{AS} = \begin{pmatrix} -2 \\ 2 \\ 4 \end{pmatrix}$, g_{CN}: $\vec{x} = \begin{pmatrix} 0 \\ 6 \\ 0 \end{pmatrix} + s\begin{pmatrix} 4 \\ -4 \\ 4 \end{pmatrix}$

20. a) Für a = 2 liegt P auf g_a, Q liegt für kein a auf g_a. 313
b) g_a und h schneiden sich für a = 1 in S(-2|6|8).
c) g_a verläuft für a = 0 parallel zur z-Achse.
d) g_a schneidet die x-Achse für a = 3 in X(4|0|0).

21. a) Für a = 2 liegt P auf g_a, Q liegt für kein a auf g_a. 314
b) g_a und h schneiden sich für a = 1 in S(-2|6|8).
c) g_a verläuft für a = 0 parallel zur z-Achse.
d) g_a schneidet die x-Achse für a = 3 in X(4|0|0).

22. a) $g_0: \ \vec{x} = \begin{pmatrix} 2 \\ 0 \\ 0 \end{pmatrix} + s\begin{pmatrix} -2 \\ 0 \\ 2 \end{pmatrix}, \quad g_1: \ \vec{x} = \begin{pmatrix} 2 \\ 1 \\ 0 \end{pmatrix} + s\begin{pmatrix} -2 \\ 0 \\ 2 \end{pmatrix}$
b) $g_a: \ \vec{x} = \begin{pmatrix} 2 \\ a \\ 0 \end{pmatrix} + s\begin{pmatrix} -1 \\ 0 \\ 1 \end{pmatrix}$
c) g_{12} schneidet h in S(1|12|1).

23. a) $\overline{AB}: \ \vec{x} = \begin{pmatrix} 8 \\ 2 \\ -2 \end{pmatrix} + s\begin{pmatrix} 7 \\ 14 \\ -7 \end{pmatrix}$, $\overline{AB} = g_a$ liefert r = 1, s = $\frac{3}{7}$ und a = 6 und S(11|8|-5).
b) $g_a = \begin{pmatrix} 22 \\ 6 \\ -14 \end{pmatrix}$ liefert r = 2, a = 4, $g_a = \begin{pmatrix} 12 \\ 16 \\ -4 \end{pmatrix}$ liefert r = 2, a = 9.
Nur der 1. Hohlraum wird von einer Bohrung getroffen (a = 0, 2, ..., 10).
c) Senkrecht nach unten bedeutet: Richtungsvektor = $\begin{pmatrix} 0 \\ 0 \\ a-11 \end{pmatrix}$, das geht nicht.

24. a) $g_a = \begin{pmatrix} 11 \\ 14 \\ 12 \end{pmatrix}$ liefert r = 1, a = 3, der Lichtstrahl g_3 trifft den Eingang.
b) $\overline{PQ} = g_a$ liefert r = 1, a = 1, der Lichtstrahl g_1 trifft die Treppe bei R(9|18|4).
c) $\overrightarrow{BS} = \begin{pmatrix} -8 \\ -8 \\ 16 \end{pmatrix}$, diese Richtung kann für kein a erreicht werden.

25. a) $g_a: \ \vec{x} = \begin{pmatrix} a+3 \\ a \\ 1 \end{pmatrix} + r\begin{pmatrix} -2 \\ 1 \\ 2 \end{pmatrix}$ 315
b) P liegt auf keiner Geraden der Schar.
c) g_{-1} schneidet die z-Achse in Z(0|0|3)
g_{-4} schneidet die y-Achse in Y(0|–4,5|0)
$g_{0,5}$ schneidet die x-Achse in X(4,5|0|0).

315 26. **Druckfehler** im Lehrbuch: $g_a:\ \vec{x}=\begin{pmatrix}2+a\\4-a\\5\end{pmatrix}+r\begin{pmatrix}0\\1\\-1\end{pmatrix}$

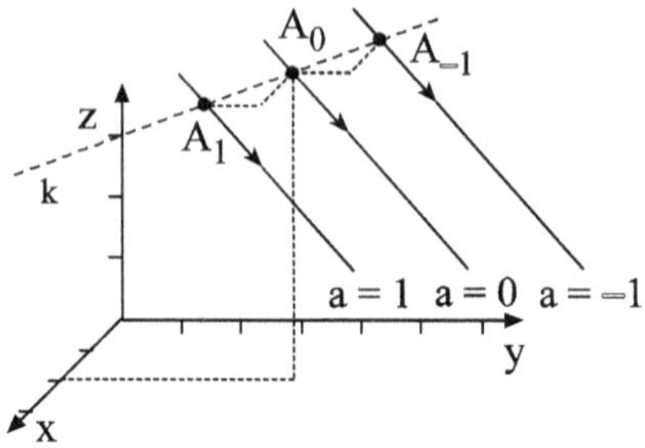

a) Die Geraden liegen alle parallel zueinander. Ihre Stützpunkte liegen auf der Geraden $k:\ \vec{x}=\begin{pmatrix}2\\4\\5\end{pmatrix}+a\begin{pmatrix}1\\-1\\0\end{pmatrix}$.

b) g_{-2} schneidet die z-Achse in Z(0|0|11).

c) Keine Gerade der Schar geht durch den Punkt P.

d) Es gibt keine Gerade der Schar, die durch den Ursprung geht.

e) h und g_a sind parallel. Es muss ein a geben, so dass g_a und h identisch sind, d.h. der Stützvektor muss auf h liegen. Resultat: $s = 2$, $a = 3$

27. a) Die Geraden der Schar haben denselben Stützpunkt A(5|1|4), ihre Richtungsvektoren drehen sich um ihn und liegen in einer Ebene. Für r = 1 liegen ihre Endpunkte auf der Geraden $k:\ \vec{x}=\begin{pmatrix}5\\3\\8\end{pmatrix}+a\begin{pmatrix}1\\0\\-2\end{pmatrix}$.

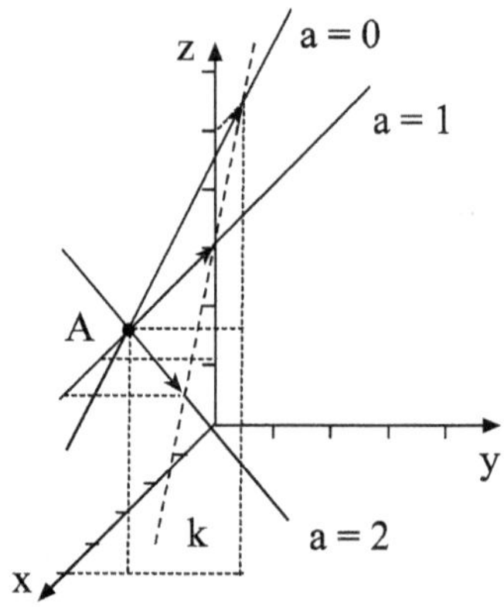

b) g_6 ist parallel zu $\vec{v}$.

c) $g_{3,5}$ geht durch P mit x = 8,5.

d) g_{10} schneidet die z-Achse in Z(0|0|12).

e) $g_{10/7}$ schneidet die y-Achse in Y(0|−6|0).

f) g_{-2} schneidet die x-Achse in X(6|0|0).

28. a) Die Geraden der Schar haben alle denselben Stützpunkt A(2|4|2). Ihre Richtungsvektoren drehen sich um A und bilden eine Ebene. Für r = 1 liegen die Endpunkte der Richtungsvektoren auf der Geraden $k:\ \vec{x}=\begin{pmatrix}2\\5\\2\end{pmatrix}+a\begin{pmatrix}1\\0\\1\end{pmatrix}$.

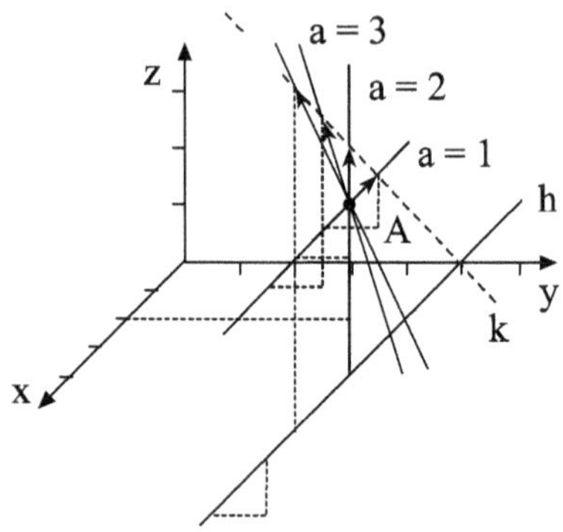

b) $g_4 \cap h$ liefert einen Widerspruch, also sind g_4 und h windschief.

c) Es gibt keine Gerade g_a, die parallel zu h ist.

d) $g_{0,5}$ geht durch den Ursprung.

e) g_0 ist parallel zur y-Achse.

f) g_2 schneidet h im Punkt S(−4|1|−4).

3. Spurpunkte mit Anwendungen

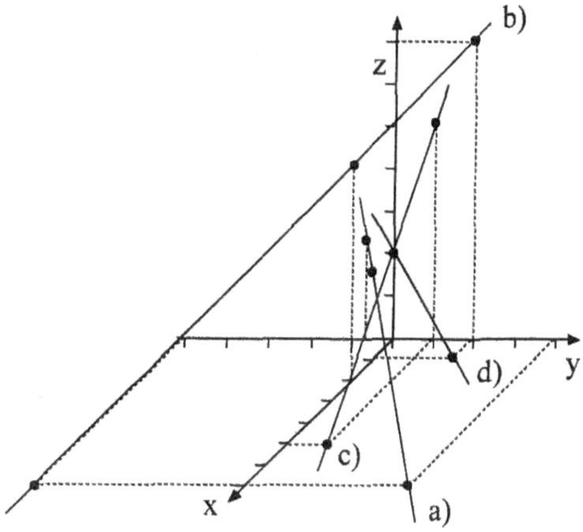

1. a) g_{AB}: $\vec{x}=\begin{pmatrix}10\\6\\-1\end{pmatrix}+r\begin{pmatrix}-6\\-4\\2\end{pmatrix}$, $x=0 \Leftrightarrow r=5/3$, $y=0 \Leftrightarrow r=1{,}5$, $z=0 \Leftrightarrow r=0{,}5$ 316

   $S_{yz}(0|-\frac{2}{3}|\frac{7}{3})$, $S_{xz}(1|0|2)$, $S_{xy}(7|4|0)$

   b) g_{AB}: $\vec{x}=\begin{pmatrix}-2\\4\\9\end{pmatrix}+r\begin{pmatrix}6\\-6\\-6\end{pmatrix}$, $x=0 \Leftrightarrow r=1/3$, $y=0 \Leftrightarrow r=2/3$, $z=0 \Leftrightarrow r=1{,}5$

   $S_{yz}(0|2|7)$, $S_{xz}(2|0|5)$, $S_{xy}(7|-5|0)$

   c) g_{AB}: $\vec{x}=\begin{pmatrix}4\\1\\1\end{pmatrix}+r\begin{pmatrix}-6\\0\\6\end{pmatrix}$, $x=0 \Leftrightarrow r=2/3$, $y=0$ nicht möglich, $z=0 \Leftrightarrow r=-1/6$

   $S_{yz}(0|1|5)$, $S_{xy}(5|1|0)$

   d) $S_{xz}(0|0|2)=S_{yz}$, $S_{xy}(1|2|0)$

2. Eine Gerade besitzt z.B. 2 Spurpunkte, wenn sie zu einer Koordinatenebene parallel ist,

   z.B. g: $\vec{x}=\begin{pmatrix}2\\3\\1\end{pmatrix}+r\begin{pmatrix}1\\1\\0\end{pmatrix}$ (parallel zur x-y-Ebene).

   Eine Gerade hat z.B. nur einen Spurpunkt, wenn sie parallel zu einer Koordinatenachse ist,

   z.B. g: $\vec{x}=\begin{pmatrix}4\\3\\5\end{pmatrix}+r\begin{pmatrix}1\\0\\0\end{pmatrix}$ (parallel zur x-Achse).

3. g_{AS}: $\vec{x}=\begin{pmatrix}2\\2\\0\end{pmatrix}+r\begin{pmatrix}4\\4\\8\end{pmatrix}$ Schnittpunkt mit dem Wasserspiegel für $z=2 \Rightarrow r=\frac{1}{4}$, $S_1(3|3|2)$

   g_{CS}: $\vec{x}=\begin{pmatrix}2\\12\\0\end{pmatrix}+r\begin{pmatrix}4\\-6\\8\end{pmatrix}$, $z=2 \Rightarrow r=\frac{1}{4}$, $S_2(3|10{,}5|2)$

   g_{BS}: $\vec{x}=\begin{pmatrix}10\\6\\0\end{pmatrix}+r\begin{pmatrix}-4\\0\\8\end{pmatrix}$, $z=2 \Rightarrow r=\frac{1}{4}$, $S_3(9|6|2)$

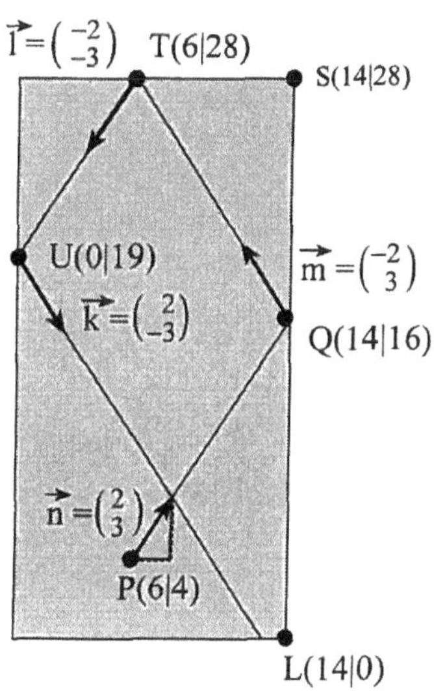

4. rechnerisch: 317

   Gleichung des Strahls g: g: $\vec{x}=\begin{pmatrix}6\\4\end{pmatrix}+r\begin{pmatrix}2\\3\end{pmatrix}$

   Schnittpunkt mit Bande A für $x=14$, $r=4$ und $Q(14|16)$

   Gleichung des Strahls h: h: $\vec{x}=\begin{pmatrix}14\\16\end{pmatrix}+s\begin{pmatrix}-2\\3\end{pmatrix}$

   Schnittpunkt mit Bande B für $y=28$, $s=4$ und $T(6|28)$

   Gleichung des Strahls k: k: $\vec{x}=\begin{pmatrix}6\\28\end{pmatrix}+t\begin{pmatrix}-2\\-3\end{pmatrix}$

   Schnittpunkt mit Bande C für $x=0$, $t=3$ und $U(0|19)$

   Gleichung des Strahls l: l: $\vec{x}=\begin{pmatrix}0\\19\end{pmatrix}+r\begin{pmatrix}2\\-3\end{pmatrix}$

   Schnittpunkt mit Bande D für $y=0$, $r=\frac{19}{3}$ und $V(\frac{38}{3}|0)$

   Die Kugel trifft das Loch nicht.

318 5. Eckpunkte des Schrankes:
A(2|2|0), B(2|4|0), C(2|4|4), D(2|2|4)
Gleichung des Lichtstrahls durch C:

$$g: \vec{x} = \begin{pmatrix} 2 \\ 4 \\ 4 \end{pmatrix} + r\begin{pmatrix} -1 \\ 1 \\ -1 \end{pmatrix}$$

Schnittpunkt von g mit der y-z-Ebene:
x = 0, also r = 2 und C '(0|6|2)
Fußpunkt des Lotes von C ' auf die y-Achse: C "(0|6|0)

Analoge Rechnung für D liefert D '(0|4|2), D "(0|4|0)

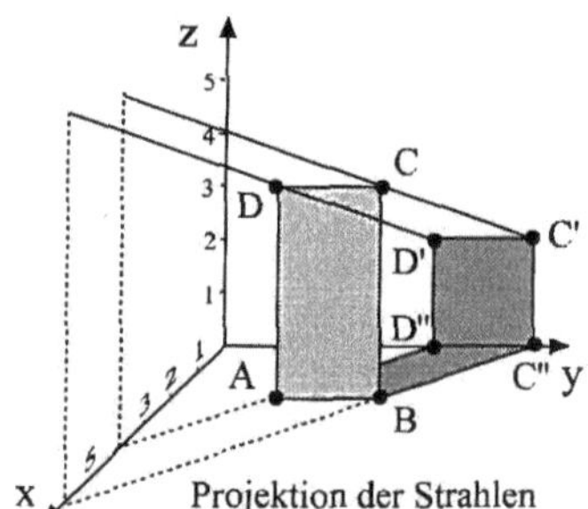

Projektion der Strahlen in der x-y-Ebene und y-z-Ebene

319 6. $g: \vec{x} = \begin{pmatrix} 1 \\ 3 \\ 6 \end{pmatrix} + r\begin{pmatrix} 1 \\ 1 \\ -3 \end{pmatrix}$, $\begin{matrix} x=0 \Leftrightarrow r=-1 \\ y=0 \Leftrightarrow r=-3 \\ z=0 \Leftrightarrow r=2 \end{matrix}$

$S_{yz}(0|2|9)$, $S_{xz}(-2|0|15)$, $S_{xy}(3|5|0)$

$h: \vec{x} = \begin{pmatrix} -1 \\ 4 \\ 6 \end{pmatrix} + s\begin{pmatrix} 2 \\ -2 \\ -2 \end{pmatrix}$, $\begin{matrix} x=0 \Leftrightarrow s=0{,}5 \\ y=0 \Leftrightarrow s=2 \\ z=0 \Leftrightarrow s=3 \end{matrix}$

$S_{yz}(0|3|5)$, $S_{xz}(3|0|2)$, $S_{xy}(5|-2|0)$

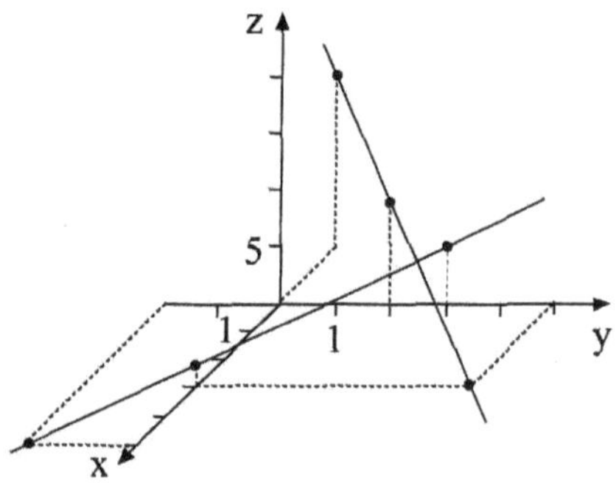

7. Eine Gerade hat nur einen Spurpunkt, wenn die Gerade parallel zu einer Koordinatenachse verläuft oder wenn sie eine Ursprungsgerade ist.
Eine Gerade hat nur 2 Spurpunkte, wenn sie parallel zu einer Koordinatenebene verläuft oder eine Koordinatenachse schneidet.
Eine Gerade hat unendlich viele Spurpunkte, wenn sie in einer Koordinatenebene liegt.
Ansonsten hat eine Gerade 3 Spurpunkte.

a) g hat zwei Spurpunkte, da g parallel zur x-z-Ebene verläuft.
b) g hat drei Spurpunkte.
c) g hat nur zwei verschiedene Spurpunkte, da S_{xz} und $S_{xy}(-2|0|0)$ zusammenfallen.
d) g hat unendlich viele Spurpunkte, da es unendlich viele Schnittpunkte mit der x-z-Ebene gibt.
e) g hat einen Spurpunkt, da g parallel zur z-Achse verläuft.
f) g ist eine Ursprungsgerade, g schneidet alle 3 Koordinatenebenen im Ursprung.

8. rechnerisch:

g: $\vec{x} = \begin{pmatrix} 2 \\ 4 \end{pmatrix} + r\begin{pmatrix} 3 \\ -1 \end{pmatrix}$, Bande A: y = 0, A(14|0)

h: $\vec{x} = \begin{pmatrix} 14 \\ 0 \end{pmatrix} + s\begin{pmatrix} 3 \\ 1 \end{pmatrix}$, Bande B: x = 22, B(22|8/3)

k: $\vec{x} = \begin{pmatrix} 22 \\ 8/3 \end{pmatrix} + t\begin{pmatrix} -3 \\ 1 \end{pmatrix}$, Bande D: x = 0, C(0|10)

l: $\vec{x} = \begin{pmatrix} 0 \\ 10 \end{pmatrix} + v\begin{pmatrix} 3 \\ 1 \end{pmatrix}$, Bande C: y = 14, D(12|14)

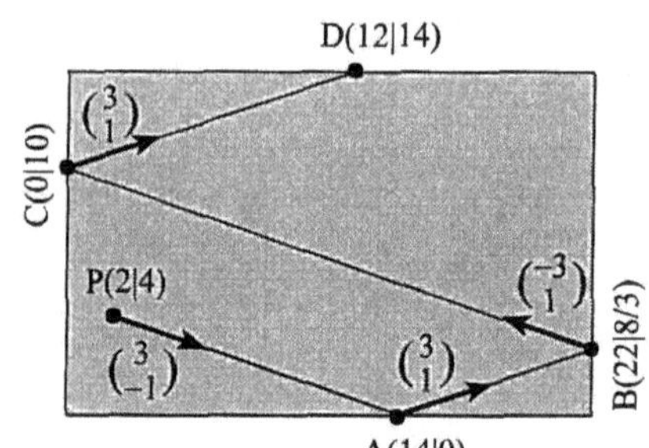

9. a) P(4|6|0), Q(4|6|3) 319

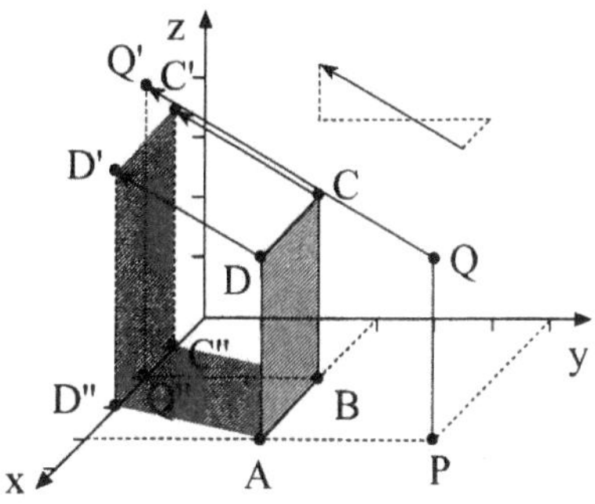

$\begin{pmatrix}4\\6\\3\end{pmatrix}+r\begin{pmatrix}-1\\-3\\1\end{pmatrix}$, $y=0 \Rightarrow r=2$, Q'(2|0|5), Q''(2|0|0)

b) $\vec{m}=\begin{pmatrix}-1\\-3\\1\end{pmatrix}$, C': g: $\vec{x}=\begin{pmatrix}2\\3\\3\end{pmatrix}+r\begin{pmatrix}-1\\-3\\1\end{pmatrix}$

$y=0$, $r=1 \Rightarrow$ C'(1|0|4) $\Rightarrow$ C''(1|0|0)

D': h: $\vec{x}=\begin{pmatrix}4\\3\\3\end{pmatrix}+s\begin{pmatrix}-1\\-3\\1\end{pmatrix}$

$y=0$, $s=1 \Rightarrow$ D'(3|0|4) $\Rightarrow$ D''(3|0|0)

10. rechnerisch:

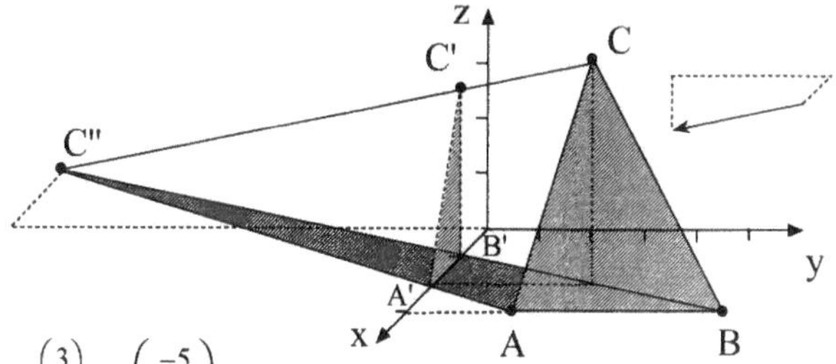

Strahl durch C: g: $\vec{x}=\begin{pmatrix}2\\3\\4\end{pmatrix}+r\begin{pmatrix}-1\\-3\\-1\end{pmatrix}$

$y=0$: $r=1$, C'(1|0|3)

$z=0$: $r=4$, C''(−2|−9|0)

$g_{C''A}$: $\vec{x}=\begin{pmatrix}3\\2\\0\end{pmatrix}+r\begin{pmatrix}-5\\-11\\0\end{pmatrix}$

$y=0$: $r=\frac{2}{11}$, A'($\frac{23}{11}$|0|0), $g_{C''B}$: $\vec{x}=\begin{pmatrix}3\\6\\0\end{pmatrix}+r\begin{pmatrix}-5\\-15\\0\end{pmatrix}$, $y=0$: $r=0{,}4$, B'(1|0|0)

11. a) Fluggerade von A: g_A: $\vec{x}=\begin{pmatrix}-8\\3\\2\end{pmatrix}+r\begin{pmatrix}4\\-4\\2\end{pmatrix}$, *Startpunkt* : $z=0$ *gilt für* $r=-1$ $\Rightarrow F(-12\,|\,7\,|\,0)$ 320

Reiseflughöhe 10000m = 10km: $z=10$ gilt für $r=4 \Rightarrow$ T(8|−13|10)

b) Fluggerade von B: g_B: $\vec{x}=\begin{pmatrix}10\\-10\\5\end{pmatrix}+s\begin{pmatrix}-2\\2\\-1\end{pmatrix}$. Das Gleichsetzen von g_A und g_B liefert einen Widerspruch, d.h; es gibt keine Kollision.

c) $|\overrightarrow{BC}|=\left|\begin{pmatrix}14\\-9\\1\end{pmatrix}\right|=\sqrt{278}\approx 16{,}67\text{km}$

d) Flugbahn von Beta ab C: h_B: $\vec{x}=\begin{pmatrix}10\\-10\\5\end{pmatrix}+t\begin{pmatrix}-5\\4\\-1\end{pmatrix}$

Berechnung des Punktes in 1km Höhe: $z=1$ gilt für $t=4 \Rightarrow$ W(−10|6|1)

Berechnung der Richtung zum Flughafen: $\overrightarrow{v_2}=\overrightarrow{WF}=\begin{pmatrix}-2\\1\\-1\end{pmatrix}$

320 12. a) 1. Flugbahn von Gamma: g: $\vec{x} = \begin{pmatrix} 10 \\ 1 \\ 0,8 \end{pmatrix} + r \begin{pmatrix} 5 \\ 6 \\ 0,2 \end{pmatrix}$

2. Zusammenhang zwischen den Parametern r und der Zeit: Die Änderung des Parameters r um eine Einheit entspricht einer Änderung der Zeit um 2 Minuten.

b) Seit dem Start in A sind 10 Minuten vergangen. Also ist r = 5. Das Flugzeug befindet sich in F(35|31|1,8). Seine mittlere Geschwindigkeit auf dem Flug von A nach F beträgt:

$\frac{|\overrightarrow{AF}|\text{km}}{10\text{min}} \approx \frac{39{,}06\text{km}}{10\text{min}} \approx 3{,}9\frac{\text{km}}{\text{min}} = 234{,}38\frac{\text{km}}{\text{h}}$

Die Höhe 4000m, d.h. z = 4 bzw. r = 16, erreicht das Flugzeug nach 32 Minuten.

c) Flugbahn von Delta: h: $\vec{x} = \begin{pmatrix} 100 \\ 130 \\ 3,7 \end{pmatrix} + r \begin{pmatrix} -5 \\ -9 \\ -0,1 \end{pmatrix}$

Gleichsetzen von g und h liefert s = 7, r = 11 , d.h. S(65|67|3)
Die Bahnen schneiden sich. Theoretisch wäre also die Kollision möglich, praktisch aber nicht, weil das erste Flugzeug zu einer anderen Zeit am möglichen Kollisionspunkt ist als das zweite Flugzeug.
Das 1. Flugzeug ist wegen r = 11 um 10.00+11 · 2min = 10.22 Uhr am Punkt S.
Beim 2. Flugzeug entspricht eine Änderung des Parameters s um eine Einheit einer Änderung der Zeit um eine Minute. Wegen s = 7 ist es also bereits um 10.00+7 · 1min = 10.07 Uhr am Punkt S.

13. **Druckfehler** im 1. Druck: Z(500|600|–80)

g: $\vec{x} = \begin{pmatrix} 100 \\ 200 \\ 0 \end{pmatrix} + r \begin{pmatrix} 4 \\ 4 \\ -0,8 \end{pmatrix}$, $\left|\begin{pmatrix} 4 \\ 4 \\ -0,8 \end{pmatrix}\right| \approx 5{,}71\frac{\text{m}}{\text{s}} \approx 20{,}57\frac{\text{km}}{\text{h}} \approx 11{,}1$ Knoten (r in Sekunden)

Nach 100s neuer Kurs: g_{xy} : $\vec{x} = \begin{pmatrix} 500 \\ 600 \\ -80 \end{pmatrix} + r \begin{pmatrix} 4 \\ 4 \\ 0 \end{pmatrix}$, $\left|\begin{pmatrix} 4 \\ 4 \\ 0 \end{pmatrix}\right| \approx 5{,}66\frac{\text{m}}{\text{s}} \approx 20{,}36\frac{\text{km}}{\text{h}} \approx 11$ Knoten

Kurs der Tauchkugel: h : $\vec{x} = \begin{pmatrix} 700 \\ 800 \\ 0 \end{pmatrix} + s \begin{pmatrix} 0 \\ 0 \\ -0,5 \end{pmatrix}$, g_{xy} = h: s = 160 , r = 50, S(700|800|-80)
Das U-Boot durchfährt den Schnittpunkt S ca. 10 s vor der Tauchkugel.

321 14. a) g_{AB}: $\vec{x} = \begin{pmatrix} -7 \\ -3 \\ -8 \end{pmatrix} + r \begin{pmatrix} 5 \\ 3 \\ -1 \end{pmatrix}$, g_{CD}: $\vec{x} = \begin{pmatrix} 4 \\ -6 \\ -6 \end{pmatrix} + s \begin{pmatrix} 3 \\ 5 \\ -2 \end{pmatrix}$, $g_{AB} = g_{CD}$: s = 3 und r = 4: S(13|9|–12).

b) Länge: $|\overrightarrow{AS}| = \left|\begin{pmatrix} 20 \\ 12 \\ -4 \end{pmatrix}\right| = \sqrt{560} \approx 23{,}66 = 2366\text{m}$, Dauer: $\frac{2366}{5} = 473{,}3$ Tage

Länge: $|\overrightarrow{CS}| = \left|\begin{pmatrix} 9 \\ 15 \\ -6 \end{pmatrix}\right| = \sqrt{342} \approx 18{,}49 = 1849\text{ m}$, Dauer: $\frac{1849}{473{,}2} \approx 3{,}91\frac{\text{m}}{\text{Tag}}$

c) k: $\vec{x} = \begin{pmatrix} 13 \\ 9 \\ -12 \end{pmatrix} + t \begin{pmatrix} 2 \\ 1 \\ 2 \end{pmatrix}$. z = 0 gilt für t = 6 $\Rightarrow$ P(25|15|0)

d) Streckenlänge von $\overrightarrow{PS}$: $|\overrightarrow{PS}| = \left|\begin{pmatrix} -12 \\ -6 \\ -12 \end{pmatrix}\right| = \sqrt{324} = 18\text{km}$

Man muss also von P aus 2/3 dieser Strecke - das sind dann 12km - in Richtung S gehen:

$\vec{x} = \begin{pmatrix} 25 \\ 15 \\ 0 \end{pmatrix} + \frac{2}{3}\begin{pmatrix} -12 \\ -6 \\ -12 \end{pmatrix} = \begin{pmatrix} 17 \\ 11 \\ -8 \end{pmatrix}$. Die Bohrung endet im Stollen bei Q(17|11|–8). Die Bohrung beginnt an der Oberfläche im Punkt P(17|11|0). Sie ist 8 Einheiten, d.h. 800m tief.

15. a) $\overline{AS}: \vec{x} = r\begin{pmatrix}-50\\50\\50\end{pmatrix}, \overline{BS}: \vec{x} = \begin{pmatrix}0\\100\\0\end{pmatrix} + s\begin{pmatrix}-50\\-50\\50\end{pmatrix}, \overline{CS}: \vec{x} = \begin{pmatrix}-100\\100\\0\end{pmatrix} + t\begin{pmatrix}50\\-50\\50\end{pmatrix}, \overline{DS}: \vec{x} = \begin{pmatrix}-100\\0\\0\end{pmatrix} + k\begin{pmatrix}50\\50\\50\end{pmatrix}$ 321

b) P(−10|90|10)

c) Hilfspunkt P ': von P aus 90m in -x-Richtung, 10m in -y-Richtung, 10m in z-Richtung

P '(−100|80|20), $\overline{PP'}: \quad \vec{x} = \begin{pmatrix}-10\\90\\10\end{pmatrix} + a\begin{pmatrix}-90\\-10\\10\end{pmatrix}$

Schnittpunkt von $\overline{PP'}$ mit $\overline{CS}$: Gleichsetzen liefert a = 0,8; t = 0,36; Q(−82|82|18)
Die Rampe endet im Punkt Q(−82|82|18).
Im Punkt R(−55|85|15) hat die Rampe eine Höhe von 15 m.

d) Setzt man die z-Komponente von $\overline{AS}$ gleich 20, so erhält man r = 0,4 und damit A'(−20|20|20), analog B'(−20|80|20), C'(−80|80|20), D'(−80|20|20)
Flächeninhalt 25 bedeutet Kantenlänge 5.

Eine Strahlensatzfigur liefert: $\frac{50}{100} = \frac{h}{5} \quad \Rightarrow \quad h = 2,5$

In 47,5 m Höhe hat das Querschnittsquadrat 5 m Breite und den Inhalt 25 m^2.

e) Lichtstrahlen längs g_a : $\vec{x} = \begin{pmatrix}50\\-50\\100\end{pmatrix} + r\begin{pmatrix}-1-a\\3-a\\a-2\end{pmatrix}$

Eine Punktprobe mit B zeigt, dass B mit r = 50, a = 0 auf g_0 liegt.
Entsprechend folgt, dass S mit r = 50, a = 1 auf g_1 liegt.

f) Setzt man g_a gleich $\overline{BS}$, so folgt r = 50; eingesetzt und umgeformt folgt:

$\begin{pmatrix}0\\100\\0\end{pmatrix} + t\begin{pmatrix}-50\\-50\\50\end{pmatrix} = \begin{pmatrix}50\\-50\\50\end{pmatrix} + 50\begin{pmatrix}-1\\3\\-2\end{pmatrix} + 50\begin{pmatrix}-a\\-a\\a\end{pmatrix} = \begin{pmatrix}0\\100\\0\end{pmatrix} + 50\begin{pmatrix}-a\\-a\\a\end{pmatrix}$, d.h. für $0 \le t \le 1$

durchläuft $\overline{BS}$ die Punkte auf $\overline{BS}$ und damit durchläuft sie auch g_a für $0 \le a \le 1$.

g) Lichtstrahl TS: h : $\vec{x} = \begin{pmatrix}50\\-50\\100\end{pmatrix} + t\begin{pmatrix}-100\\100\\-50\end{pmatrix}$ schneidet die x-y-Ebene (t = 2) in P(−150|150|0).

Schattengerade: s : $\vec{x} = \begin{pmatrix}0\\100\\0\end{pmatrix} + r\begin{pmatrix}-150\\50\\0\end{pmatrix}$

Schattenpunkte: $0 \le r \le 1$

16. a) nächste Seite 322

b) CDHG ist offensichtlich die leichteste Wand (flach) gefolgt von BCGF (steil), dann folgt ADHE (senkrecht) am schwierigsten dürfte ABFE (Überhang) sein.

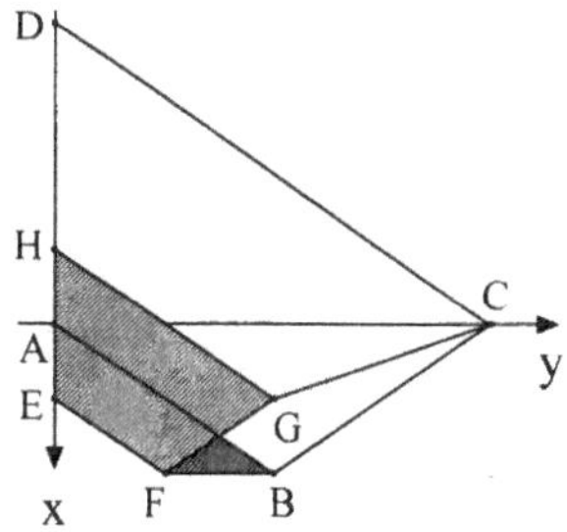

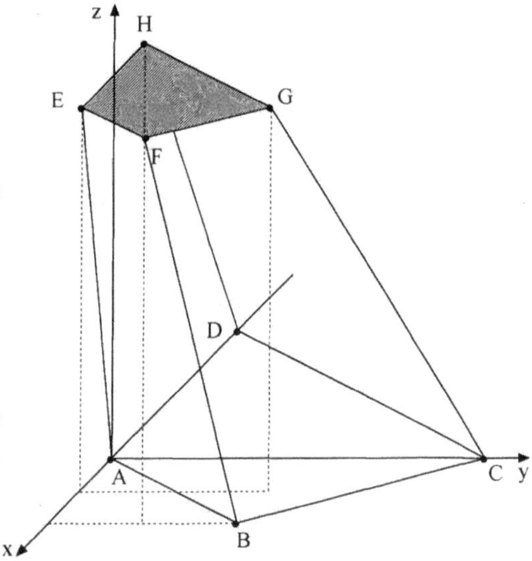

322 16. c) $\overline{AE}: \ \vec{x} = r\begin{pmatrix}2\\0\\12\end{pmatrix}, \quad \overline{BF}: \ \vec{x} = \begin{pmatrix}4\\6\\0\end{pmatrix} + s\begin{pmatrix}0\\-3\\12\end{pmatrix}$

$\overline{AE} = \overline{BF} \Rightarrow \quad r = 2, \quad s = 2, \quad S(4|0|24)$

$\overline{CG}: \ \vec{x} = \begin{pmatrix}0\\12\\0\end{pmatrix} + t\begin{pmatrix}2\\-6\\12\end{pmatrix}, \quad t = 2$

$\overline{DH}: \ \vec{x} = \begin{pmatrix}-8\\0\\0\end{pmatrix} + k\begin{pmatrix}6\\0\\12\end{pmatrix}, \quad k = 2$

d) Der Zeichnung zu b) entnehmen wir, dass sich die Grundfläche der Pyramide zerlegen lässt in zwei Dreiecke:

$A_{ABC} = 0{,}5 \cdot 12 \cdot 4 = 24$

$A_{ACD} = 0{,}5 \cdot 12 \cdot 8 = 48$

Damit gilt für die Grundfläche $A = 72 \text{ m}^2$.

Volumen der Pyramide: $V = \frac{1}{3}G \cdot h = \frac{1}{3}72 \cdot 24 = 576\text{m}^3$

Für die abgeschnittene Pyramide gilt: h = 12

Grundfläche: $A_{Trapez} = 3 \cdot 4 = 12, A_{Dreieck} = \frac{1}{2} \cdot 3 \cdot 4 = 6$, also $A_{oben} = 18 \text{ m}^2$.

Volumen der abgeschnittenen Pyramide: $V_{oben} = \frac{1}{3}G \cdot h = \frac{1}{3}18 \cdot 12 = 72\text{m}^3$

Volumen des Stumpfes: $V_{Stumpf} = V - V_{oben} = 576 - 72 = 504\text{m}^3$

e) A'(1|0|6), B'(4|4,5|6), C'(1|9|6), D'(−5|0|6)

f) $g_a: \ \vec{x} = \begin{pmatrix}4\\0\\24\end{pmatrix} + r\begin{pmatrix}-2-2a\\3a\\12\end{pmatrix}$

$g_{-1} = \overline{BF}$: 1. Der Stützvektor stimmt, denn beide Geraden gehen durch S(4|0|24).
2. Der Richtungsvektor stimmt für a = -1 überein

analog: $g_{-2} = \overline{CG}$

g) Die z-Komponente ist konstant.

17. Ursprung in A, x-Achse durch D und A.

a) Mitte von $\overline{EF}$: $M_1(0|4|0)$, Mitte von $\overline{HG}$: $M_2(-2|4|1{,}5)$

$|M_1M_2| = 2{,}5$; $|GH| = 2$; Flächeninhalt des Eingangs: $A = \frac{2+4}{2} \cdot 2{,}5 = 7{,}5$

b) Lichtquelle: S'(-4|4|2)

H(-2|3|1,5), $\overline{S'H}: \ \vec{x} = \begin{pmatrix}-4\\4\\2\end{pmatrix} + r\begin{pmatrix}2\\-1\\-0{,}5\end{pmatrix}$, z = 0 für r = 4, H'(4|0|0)

G(-2|5|1,5), $\overline{S'G}: \ \vec{x} = \begin{pmatrix}-4\\4\\2\end{pmatrix} + r\begin{pmatrix}2\\1\\-0{,}5\end{pmatrix}$, z = 0 für r = 4, G'(4|8|0)

Mitte von H'G': $M_3(4|4|0)$; $|M_1M_3| = 4$

Flächeninhalt der beleuchteten Fläche: $A = \frac{4+8}{2} \cdot 4 = 24$

c) Wird die Lichtquelle höher gebracht, so wandert die Beleuchtungsgrenze H 'G ' näher an EF heran. Im Grenzfall (Lichtquelle in S) liegt H 'G ' auf EF. 322
Wird die Lichtquelle weiter herunter gelassen, so entfernt sich H 'G ' weiter von EF.
Im Grenzfall (Lichtquelle in 1,5m Höhe) geht H 'G ' nach unendlich.
In beiden Fällen bleiben die Winkel des beleuchteten Trapezes erhalten.

d) $\overline{M_1S}$: $\vec{x} = \begin{pmatrix} 0 \\ 4 \\ 0 \end{pmatrix} + r\begin{pmatrix} -4 \\ 0 \\ 3 \end{pmatrix}$, x = -8 gilt für r = 2, in 6 m Höhe muss die Kamera sein.

Test

1. a) g: $\vec{x} = \begin{pmatrix} 3 \\ 0 \\ 1 \end{pmatrix} + r\begin{pmatrix} -3 \\ 6 \\ 3 \end{pmatrix}$ 328

b) $\begin{pmatrix} 1 \\ 4 \\ 3 \end{pmatrix} = \begin{pmatrix} 3 \\ 0 \\ 1 \end{pmatrix} + r\begin{pmatrix} -3 \\ 6 \\ 3 \end{pmatrix}$ gilt für $r = \frac{2}{3}$. Wegen $0 < r < 1$ liegt P auf der Strecke AB.

2. a) Schnittpunkt von g und h:

$r = \frac{1}{3}$, $s = -2$, S(3 | 4 | 4)

b)

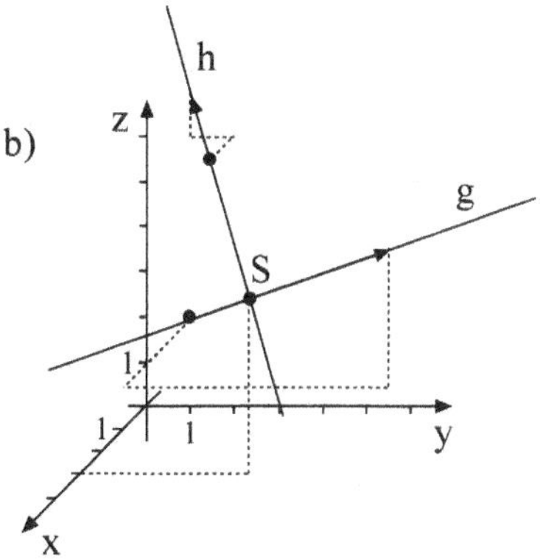

c) S_{xy} d.h. z = 0: $S_{xy}(7|8|0)$
S_{yz} d.h. x = 0: $S_{yz}(0|1|7)$
S_{xz} d.h. y = 0: $S_{xz}(-1|0|8)$

3. **Druckfehler**: a = −1, 0, 1 und 2

a) Alle Geraden der Schar haben denselben Stützpunkt A(0|0|2). Ihre Richtungsvektoren drehen sich um A und spannen dabei eine Ebene auf. Die Endpunkte der Richtungsvektoren für r = 1 liegen auf der Geraden k: $\vec{x} = \begin{pmatrix} 0 \\ 2 \\ 2 \end{pmatrix} + a\begin{pmatrix} 1 \\ 0 \\ 2 \end{pmatrix}$.

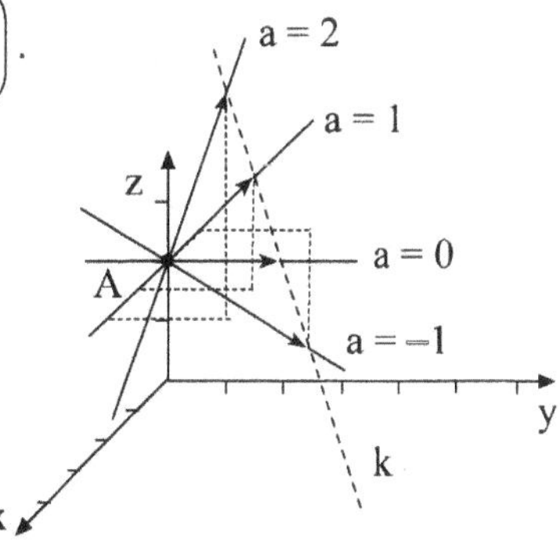

b) g_6 enthält P(3|1|8) (r = 0,5).
c) g_a ist für kein a parallel zu h.
d) Schnittpunkt S(−5|−1|−8) für a = 10.

4. a) g: $\vec{x} = \begin{pmatrix} 4 \\ 0 \\ 6 \end{pmatrix} + r\begin{pmatrix} 1 \\ 3 \\ -1{,}5 \end{pmatrix}$, $z = 0 \Rightarrow r = 4$

P(8|12|0), der Anflug dauert 4min.

b) aus a) 4 + r = 6 ergibt r = 2, y = 6 und z = 3
Mittelpunkt bei 2,9; Rand bei 2,92
d.h. 80m Sicherheitsabstand nach unten

c) h: $\vec{x} = \begin{pmatrix} 12 \\ 0 \\ 0 \end{pmatrix} + s\begin{pmatrix} -14 \\ 14 \\ 7 \end{pmatrix}$; h = g : r = 2, s = 3/7; Kollisionskurs mit S(6|6|3)

Der Flieger ist nach 2min bei S, der Hubschrauber nach $5 \cdot \frac{3}{7} = \frac{15}{7} = 2\frac{1}{7}$min, also 1/7min später, also keine Kollision.

IX. Skalarprodukt
1. Das Skalarprodukt

330 1. a) $\vec{a}\cdot\vec{b} = |\vec{a}|\cdot|\vec{b}|\cdot\cos\gamma = \sqrt{10}\cdot\sqrt{18}\cdot\cos 63° \approx 6{,}09$

b) $\vec{a}\cdot\vec{b} = 5\cdot 4\cdot 0{,}8 = 16$

c) $|\vec{a}| = \sqrt{34}$, $|\vec{b}| = \sqrt{61}$, $\gamma = 180° - 50{,}19° - 59{,}04° = 70{,}77°$, $\vec{a}\cdot\vec{b} = \sqrt{34\cdot 61}\cdot\cos 70{,}77° = 15$

d) $|\vec{a}| = \sqrt{20}$, $|\vec{b}| = \sqrt{52}$, $\gamma = 56{,}31° - 26{,}57° \approx 29{,}74°$, $\vec{a}\cdot\vec{b} \approx 28$

332 2. a) Messen: $|\vec{a}| \approx 5{,}7$, $|\vec{b}| \approx 4{,}5$, $\gamma \approx 72°$, $\vec{a}\cdot\vec{b} \approx 7{,}92$

$|\vec{a}| = 5$, $|\vec{b}| \approx 6{,}4$, $\gamma \approx 88°$, $\vec{a}\cdot\vec{b} \approx 1{,}12$

$|\vec{a}| \approx 4{,}5$, $|\vec{b}| = 5$, $\gamma \approx 117°$, $\vec{a}\cdot\vec{b} \approx -10{,}21$

b) Koordinatenform: $\vec{a}\cdot\vec{b} = \begin{pmatrix}-4\\4\end{pmatrix}\cdot\begin{pmatrix}2\\4\end{pmatrix} = 8$, $\vec{a}\cdot\vec{b} = \begin{pmatrix}-3\\-4\end{pmatrix}\cdot\begin{pmatrix}5\\-4\end{pmatrix} = 1$, $\vec{a}\cdot\vec{b} = \begin{pmatrix}-2\\-4\end{pmatrix}\cdot\begin{pmatrix}5\\0\end{pmatrix} = -10$

3. a) $\vec{a}\cdot\vec{b} = 0$, $\vec{a}\cdot\vec{c} = 16$, $\vec{b}\cdot\vec{c} = 9$

b) $\overrightarrow{DA}\cdot\overrightarrow{DF} = 36$, $\overrightarrow{FB}\cdot\overrightarrow{FD} = -15$, $\overrightarrow{AF}\cdot\overrightarrow{AD} = 0$, $\overrightarrow{DC}\cdot\overrightarrow{DF} = 40$

c) Die Innenwinkel in einem Sechseck betragen 120°.

$\vec{a}\cdot\vec{b} = 5\cdot 5\cdot\cos 60° = 12{,}5$, $\vec{a}\cdot\vec{c} = 5\cdot 5\cdot\cos 120° = -12{,}5$, $\vec{a}\cdot\vec{d} = 5\cdot 5\cdot\cos 180° = -25$

$(\vec{a}+\vec{b})\cdot\vec{c} = |\vec{a}+\vec{b}|\cdot 5\cdot\cos 90° = 0$, $(\vec{a}+\vec{b}+\vec{c})\cdot(\vec{d}+\vec{e}+\vec{f}) = 10\cdot 10\cdot\cos 180° = -100$

4. a) -2 b) $a^2 + a$ c) 0 d) -1

5. a) $2a^2 + 4a + 2 = 0$, $a = -1$ b) $a + 4a + a = 1$, $a = 1/6$ c) $4a + 5 = 6$, $a = 0{,}25$

6. a) $\overrightarrow{SB}\cdot\overrightarrow{SC} = \begin{pmatrix}3\\3\\-3\end{pmatrix}\cdot\begin{pmatrix}-3\\3\\-3\end{pmatrix} = 9$, $\overrightarrow{AD}\cdot\overrightarrow{DC} = 0$, $\overrightarrow{AC}\cdot\overrightarrow{BD} = 0$, $\overrightarrow{BA}\cdot\overrightarrow{BS} = 18$

b) $\overrightarrow{SA} = \begin{pmatrix}3\\-3\\-3\end{pmatrix}$, $\overrightarrow{SB} = \begin{pmatrix}3\\3\\-3\end{pmatrix}$, $\overrightarrow{SA}\cdot\overrightarrow{SB} = \begin{pmatrix}3\\-3\\-3\end{pmatrix}\begin{pmatrix}3\\3\\-3\end{pmatrix} = 9$

$|\overrightarrow{SA}| = \sqrt{27} = |\overrightarrow{SB}|$, $\overrightarrow{SA}\cdot\overrightarrow{SB} = 9 = \sqrt{27}\cdot\sqrt{27}\cdot\cos\alpha \Rightarrow \alpha \approx 70{,}53°$

7. 1. Methode: $(r\vec{a})\cdot\vec{b} = |r\vec{a}|\cdot|\vec{b}|\cdot\cos\gamma = r|\vec{a}|\cdot|\vec{b}|\cdot\cos\gamma = r\cdot(\vec{a}\cdot\vec{b})$

2. Methode: $(r\vec{a})\cdot\vec{b} = \begin{pmatrix}ra_1\\ra_2\\ra_3\end{pmatrix}\cdot\begin{pmatrix}b_1\\b_2\\b_3\end{pmatrix} = ra_1b_1 + ra_2b_2 + ra_3b_3$

$= r(a_1b_1 + a_2b_2 + a_3b_3) = r\cdot(\vec{a}\cdot\vec{b})$

8. $\vec{a} = \begin{pmatrix}1\\-1\\2\end{pmatrix}, \vec{b} = \begin{pmatrix}0\\2\\3\end{pmatrix}, \vec{c} = \begin{pmatrix}1\\0\\-1\end{pmatrix}, \vec{a}\cdot(\vec{b}\cdot\vec{c}) = \vec{a}\cdot(\begin{pmatrix}0\\2\\3\end{pmatrix}\cdot\begin{pmatrix}1\\0\\-1\end{pmatrix}) = \vec{a}\cdot(-3) = -3\vec{a} = -3\begin{pmatrix}1\\-1\\2\end{pmatrix} = \begin{pmatrix}-3\\3\\-6\end{pmatrix}$ 333

$(\vec{a}\cdot\vec{b})\cdot\vec{c} = (\begin{pmatrix}1\\-1\\2\end{pmatrix}\cdot\begin{pmatrix}0\\2\\3\end{pmatrix})\cdot\vec{c} = 4\vec{c} = 4\begin{pmatrix}1\\0\\-1\end{pmatrix} = \begin{pmatrix}4\\0\\-4\end{pmatrix} \neq \vec{a}\cdot(\vec{b}\cdot\vec{c})$

9. a) $(\vec{a}+\vec{b})^2 = (\vec{a}+\vec{b})\cdot(\vec{a}+\vec{b}) = \vec{a}\cdot(\vec{a}+\vec{b}) + \vec{b}\cdot(\vec{a}+\vec{b}) = (\vec{a}+\vec{b})\cdot\vec{a} + (\vec{a}+\vec{b})\cdot\vec{b}$

$= \vec{a}\cdot\vec{a} + \vec{b}\cdot\vec{a} + \vec{a}\cdot\vec{b} + \vec{b}\cdot\vec{b} = \vec{a}^2 + \vec{a}\cdot\vec{b} + \vec{a}\cdot\vec{b} + \vec{b}^2 = \vec{a}^2 + 2\vec{a}\cdot\vec{b} + \vec{b}^2$

b) $(\vec{a}+\vec{b})\cdot(\vec{a}-\vec{b}) = \vec{a}\cdot(\vec{a}-\vec{b}) + \vec{b}\cdot(\vec{a}-\vec{b}) \quad (-\vec{b} = +(-\vec{b}))$

$= \vec{a}\cdot\vec{a} + \vec{a}\cdot(-\vec{b}) + \vec{b}\cdot\vec{a} + \vec{b}\cdot(-\vec{b}) = \vec{a}^2 - \vec{a}\cdot\vec{b} + \vec{a}\cdot\vec{b} - \vec{b}^2$

$= \vec{a}^2 - \vec{b}^2$

10. a) z.B. $\vec{a} = \begin{pmatrix}1\\-1\\2\end{pmatrix}, \quad \vec{b} = \begin{pmatrix}0\\2\\3\end{pmatrix}, \quad (\vec{a}\cdot\vec{b})^2 = (\begin{pmatrix}1\\-1\\2\end{pmatrix}\begin{pmatrix}0\\2\\3\end{pmatrix})^2 = 4^2 = 16$

$\vec{a}^2\cdot\vec{b}^2 = (\begin{pmatrix}1\\-1\\2\end{pmatrix}\cdot\begin{pmatrix}1\\-1\\2\end{pmatrix})\cdot(\begin{pmatrix}0\\2\\3\end{pmatrix}\cdot\begin{pmatrix}0\\2\\3\end{pmatrix}) = 6\cdot 13 = 78 \neq (\vec{a}\cdot\vec{b})^2$

b) z.B. $\vec{a} = \begin{pmatrix}1\\-1\\0\end{pmatrix}, \quad \vec{b} = \begin{pmatrix}2\\2\\8\end{pmatrix}, \quad \vec{a}\cdot\vec{b} = \begin{pmatrix}1\\-1\\0\end{pmatrix}\cdot\begin{pmatrix}2\\2\\8\end{pmatrix} = 0$ aber $\vec{a} \neq \vec{0}, \quad \vec{b} \neq \vec{0}$

11. a) $\vec{a} = \vec{b}, \vec{c}$ bel.: $\vec{a}\cdot\vec{c} = \begin{pmatrix}a_1\\a_2\\a_3\end{pmatrix}\cdot\begin{pmatrix}c_1\\c_2\\c_3\end{pmatrix} = \begin{pmatrix}b_1\\b_2\\b_3\end{pmatrix}\cdot\begin{pmatrix}c_1\\c_2\\c_3\end{pmatrix} = \vec{b}\cdot\vec{c}$ (da $\begin{pmatrix}a_1\\a_2\\a_3\end{pmatrix} = \begin{pmatrix}b_1\\b_2\\b_3\end{pmatrix}$ ist)

b) Annahme: $\vec{x}\cdot\vec{c} = \vec{y}\cdot\vec{c} \Rightarrow \vec{x} = \vec{y}$

Gegenbeispiel: $\vec{x} = \begin{pmatrix}1\\2\\-1\end{pmatrix}, \quad \vec{c} = \begin{pmatrix}1\\3\\-1\end{pmatrix}, \quad \vec{x}\cdot\vec{c} = \begin{pmatrix}1\\2\\-1\end{pmatrix}\cdot\begin{pmatrix}1\\3\\-1\end{pmatrix} = 8$

$\vec{y} = \begin{pmatrix}2\\2\\0\end{pmatrix}, \quad \vec{y}\cdot\vec{c} = \begin{pmatrix}2\\2\\0\end{pmatrix}\cdot\begin{pmatrix}1\\3\\-1\end{pmatrix} = 8 = \vec{x}\cdot\vec{c}$, aber $\vec{x} \neq \vec{y}$

2. Winkel- und Flächenberechnungen

335 1. a) $\cos\gamma = \frac{6}{\sqrt{10}\cdot\sqrt{18}}$, $\gamma \approx 63,43°$ b) $\cos\gamma = \frac{-10}{\sqrt{14\cdot 20}}$, $\gamma \approx 126,70°$

c) $\cos\gamma = \frac{0}{\sqrt{41\cdot 21}}$, $\gamma = 90°$

2. a) $\cos\alpha = \frac{5}{\sqrt{13\cdot 17}}$, $\alpha \approx 70,35°$ b) $\cos\alpha = \frac{44}{\sqrt{40\cdot 61}}$, $\alpha \approx 27,03°$

3. a) 71,57° ; 63,43° ; 45° b) 66,14° ; 69,77° ; 44,1°
c) 29,35° ; 96,99° ; 53,66° d) 50,77° ; 50,77° ; 78,46°

4. Der Ansatz $\cos 45° = \frac{24+2z}{6\cdot\sqrt{36+z^2}} = 0,707$ führt auf $24+2z = 0,707\cdot 6\cdot\sqrt{36+z^2}$.
Quadrieren und umformen: $z^2 - \frac{48}{7}z + \frac{36}{7} = 0$, $z_1 = 6$, $z_2 = \frac{6}{7}$.

336 5. $\vec{a}$ ist orthogonal zu $\vec{c}$, $\vec{e}$ (für a = −1,5). $\vec{b}$ ist orthogonal zu $\vec{c}$, $\vec{e}$ (für a = −0,5).
$\vec{c}$ ist orthogonal zu $\vec{a}, \vec{b}, \vec{e}$ (für $a = \frac{8}{3}$). $\vec{d}$ ist orthogonal zu $\vec{e}$ (für a = −5).
$\vec{e}$ ist orthogonal zu
$\vec{a}$ (für a = −1,5), $\vec{b}$ (für a = −0,5), $\vec{c}$ (für $a = \frac{8}{3}$), $\vec{d}$ (für a = −5), $\vec{f}$ (für a = 0,5).
$\vec{f}$ ist orthogonal zu $\vec{e}$ (für a = 0,5).

6. a) rechtwinklig bei B b) rechtwinklig bei A c) rechtwinklig bei A

337 7. $\vec{a},\vec{c}$ $\vec{a},\vec{e}$ (a = −1,5) $\vec{b},\vec{c}$ $\vec{b},\vec{e}$ (a = −0,5)
$\vec{c},\vec{e}$ ($a = \frac{8}{3}$) $\vec{d},\vec{e}$ (a = −5) $\vec{e},\vec{f}$ ($a = \frac{1}{2}$)

8. a) nein b) nein c) ja d) ja für a = 6 und für a = 15

9. a) $\vec{x} = \begin{pmatrix}1\\-1\\0\end{pmatrix}$ b) $\vec{x} = \begin{pmatrix}-3\\4\\-6\end{pmatrix}$ c) $\vec{x} = \begin{pmatrix}2\\-1\\1\end{pmatrix}$

338 10. a) $\Delta ABC: A_1 = \frac{1}{2}\cdot\sqrt{464} \approx 10,77$; $\Delta ABD: A_2 = \frac{1}{2}\cdot\sqrt{200} \approx 7,07$
$\Delta BCD: A_3 = \frac{1}{2}\cdot\sqrt{374} \approx 9,67$; $\Delta ACD: A_4 = \frac{1}{2}\cdot\sqrt{206} \approx 7,18$
$O \approx 34,69$

b) A(1 | 1 | 4), B(4 | 4 | 4), C(1 | 5 | 2), D(2 | 4 | 6)
$O = A_1 + A_2 + A_3 + A_4 \approx 7,35 + 5,20 + 5,20 + 7,35 = 25,10$

11. Der Ansatz $15 = \frac{1}{2}\cdot\sqrt{\begin{pmatrix}0\\-3\\z-2\end{pmatrix}^2 \cdot \begin{pmatrix}6\\-3\\4\end{pmatrix}^2 - (1+4z)^2}$ führt auf die quadratische Gleichung
$z^2 - \frac{28}{5}z - \frac{12}{5} = 0$ mit den Lösungen $z_1 = 6$ und $z_2 = -0,4$.

12.a) 339

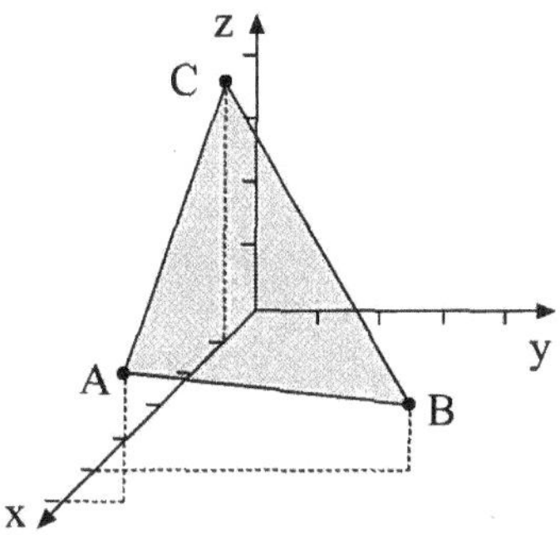

$\overrightarrow{CA} = \begin{pmatrix} 5 \\ 1 \\ -2 \end{pmatrix}, \overrightarrow{CB} = \begin{pmatrix} 4 \\ 5 \\ -3 \end{pmatrix}$

$\overrightarrow{AC} = \begin{pmatrix} -5 \\ -1 \\ 2 \end{pmatrix}, \overrightarrow{AB} = \begin{pmatrix} -1 \\ 4 \\ -1 \end{pmatrix}$

$\cos\gamma = \frac{31}{\sqrt{30 \cdot 50}}, \quad \gamma \approx 36{,}83°$

$\cos\alpha = \frac{-1}{\sqrt{30 \cdot 18}}, \quad \alpha \approx 92{,}47°$

$\beta = 180° - \alpha - \gamma \approx 50{,}70°$

b) $A = \frac{1}{2}\sqrt{\overrightarrow{AC}^2 \cdot \overrightarrow{AB}^2 - (\overrightarrow{AC} \cdot \overrightarrow{AB})^2} = \frac{1}{2}\sqrt{30 \cdot 18 - 1} \approx 11{,}61$

13. A(0|0), B(8|0), C(12|4), D(4|4), M(6|2), $\overrightarrow{MB} = \begin{pmatrix} 2 \\ -2 \end{pmatrix}$, $\overrightarrow{MC} = \begin{pmatrix} 6 \\ 2 \end{pmatrix}$, $\overrightarrow{MD} = \begin{pmatrix} -2 \\ 2 \end{pmatrix}$

$|AB| = 8$, $|BC| = \sqrt{32}$, $|AC| = \sqrt{160}$, $|BD| = \sqrt{32}$

$\cos\phi = \frac{8}{\sqrt{8 \cdot 40}}$, $\phi \approx 63{,}43°$, $\cos\varepsilon = \frac{-8}{\sqrt{8 \cdot 40}}$, $\varepsilon \approx 116{,}57°$ ($\varepsilon = 180° - \phi$)

Flächeninhalt: I. konventionell: $A = |AB| \cdot h = 8 \cdot 4 = 32$

II. mittels Skalarprodukt: $A = \sqrt{\overrightarrow{AB}^2 \cdot \overrightarrow{AD}^2 - (\overrightarrow{AB} \cdot \overrightarrow{AD})^2} = \sqrt{64 \cdot 32 - 32^2} = \sqrt{1024} = 32$

14. a) z.B. C(4|−1|0) b) z.B. C(−4|5|4) c) z.B. C(1|−4|2)

15. C(8|2) bzw. C(0|8) rechter Winkel bei B oder C(5|−2) bzw. C(−3|4) rechter Winkel bei A rechter Winkel bei C ist schwieriger: C muss auf der zu AB Senkrechten durch $M_{AB}(2{,}5|3)$ liegen:

$y = -\frac{3}{4}(x - 2{,}5) + 3 = -\frac{3}{4}x + \frac{39}{8}$, $C(x \mid -\frac{3}{4}x + \frac{39}{8})$

$$\begin{pmatrix} x-1 \\ -\frac{3}{4}x + \frac{39}{8} - 1 \end{pmatrix} \cdot \begin{pmatrix} x-4 \\ -\frac{3}{4}x + \frac{39}{8} - 5 \end{pmatrix} = \frac{25}{16}x^2 - \frac{250}{32}x + \frac{225}{64} = 0$$

$\Rightarrow \quad x^2 - 5x + \frac{9}{4} = 0 \quad \Rightarrow \quad C(4{,}5 \mid 1{,}5)$ bzw. $C(0{,}5 \mid 4{,}5)$

16. Ist h die Höhe des Quaders, so muss gelten: $\begin{pmatrix} 4 \\ -3 \\ h \end{pmatrix} \cdot \begin{pmatrix} -4 \\ -3 \\ h \end{pmatrix} = 9 - 16 + h^2 = 0$, also $h = \sqrt{7}$

17. a) Man lege den Koordinatenursprung in den Mittelpunkt des Quadrates ABCD.
Dann gilt: A(0|−4|0), B(4|0|0), C(0|4|0), D(−4|0|0), S(0|0|3), T(0|0|−3)
Da alle Seitendreiecke kongruent sind, genügt es, die Winkel für ein Dreieck zu bestimmen: $\cos\alpha = \frac{16}{\sqrt{32 \cdot 25}}$, $\alpha \approx 55{,}55°$, $\cos\beta = \frac{16}{5\sqrt{32}} \Rightarrow \beta \approx 55{,}55°$, $\gamma \approx 68{,}9°$

b) $\cos(\sphericalangle ASC) = \frac{\begin{pmatrix} 0 \\ -4 \\ -3 \end{pmatrix} \cdot \begin{pmatrix} 0 \\ 4 \\ -3 \end{pmatrix}}{25}$, $\sphericalangle ASC = 106{,}26°$, $\cos(\sphericalangle SBT) = \frac{\begin{pmatrix} -4 \\ 0 \\ 3 \end{pmatrix} \cdot \begin{pmatrix} -4 \\ 0 \\ -3 \end{pmatrix}}{25}$, $\sphericalangle SBT = 73{,}74°$

c) Oberfläche: $O = 8 \cdot A_{ABS}$, $A_{ABS} = \frac{1}{2}\sqrt{\begin{pmatrix} 4 \\ 4 \\ 0 \end{pmatrix}^2 \cdot \begin{pmatrix} 0 \\ 4 \\ 3 \end{pmatrix}^2 - 16^2} \approx 11{,}66$, $O \approx 93{,}3$

339 18. a) A(8|0|0), B(8|8|0), C(0|8|0), D(0|0|0), E(6|2|5), F(6|6|5), G(2|6|5), H(2|2|5)

b) $\cos(\sphericalangle ABF) = \frac{\begin{pmatrix}0\\-8\\0\end{pmatrix}\cdot\begin{pmatrix}-2\\-2\\5\end{pmatrix}}{8\sqrt{33}}$, $\sphericalangle ABF = 69{,}63°$

c) g_{BH}: $\vec{x} = \begin{pmatrix}8\\8\\0\end{pmatrix} + r\begin{pmatrix}-6\\-6\\5\end{pmatrix}$, g_{DF}: $\vec{x} = \begin{pmatrix}0\\0\\0\end{pmatrix} + s\begin{pmatrix}6\\6\\5\end{pmatrix}$, $g_{BH} \cap g_{DF}: r = s = \frac{2}{3}$, $S(4|4|\frac{10}{3})$

$\cos\gamma = \frac{\left|\begin{pmatrix}-6\\-6\\5\end{pmatrix}\cdot\begin{pmatrix}6\\6\\5\end{pmatrix}\right|}{97}$, $\gamma \approx 61{,}02°$

d) O_{Stumpf} = Quadratfl. ABCD + Quadratfl. EFGH + $4A_{ABFE}$ = 64 + 16 + $4 \cdot 32{,}31$ = 209,24

$A_{AFE} = \frac{1}{2}\sqrt{64\cdot 63 - 16^2} + \frac{1}{2}\sqrt{33\cdot 16 - 8^2} = 21{,}54 + 10{,}77 = 32{,}31$

3. Der Winkel zwischen Geraden

340 1. a) $S(-2|0|-3)$, $\cos\gamma = \frac{1}{6}$, $\gamma \approx 80{,}41°$ b) $S(2|0)$, $\cos\gamma = \frac{3}{5}$, $\gamma \approx 53{,}13°$

341 2. a) $\begin{pmatrix}1\\1\end{pmatrix}\cdot\begin{pmatrix}2\\1\end{pmatrix} = 3 \neq 0$, g und h stehen nicht senkrecht zueinander.

b) $\begin{pmatrix}3\\-2\\1\end{pmatrix}\cdot\begin{pmatrix}2\\1\\-4\end{pmatrix} = 0$, g und h stehen senkrecht zueinander.

c) $\begin{pmatrix}3\\-1\end{pmatrix}\cdot\begin{pmatrix}-1\\a\end{pmatrix} = -3 - a = 0$ für a = –3, also sind g und h für diesen Wert senkrecht.

d) $\begin{pmatrix}2\\1\\-4\end{pmatrix}\cdot\begin{pmatrix}a\\2\\-1\end{pmatrix} = 2a + 6 = 0$ für a = –3, also sind g und h für diesen Wert senkrecht.

3. a) g = h für r = 2, s = 3 ; S(7|4), $\gamma = 26{,}57°$
b) g=h für r = -2, s = -3 ; S(-1|-3|8) , $\gamma = 22{,}21°$
c) g=h für r = 3, s = 1,5 ; S(5|4) , $\gamma = 90°$
d) g=h für $r = -\frac{1}{2}$, $s = \frac{1}{3}$; S(2|0|6) , $\gamma = 40{,}2°$

4. x-Achse: $\frac{\left|\begin{pmatrix}1\\0\\0\end{pmatrix}\cdot\begin{pmatrix}1\\2\\4\end{pmatrix}\right|}{\sqrt{21}} = \frac{1}{\sqrt{21}} \approx 0{,}218 \Rightarrow \gamma = 77{,}40°$, y-Achse: $\frac{\left|\begin{pmatrix}0\\1\\0\end{pmatrix}\cdot\begin{pmatrix}1\\2\\4\end{pmatrix}\right|}{\sqrt{21}} = \frac{2}{\sqrt{21}} \approx 0{,}436 \Rightarrow \gamma = 64{,}12°$

z-Achse: $\frac{\left|\begin{pmatrix}0\\0\\1\end{pmatrix}\cdot\begin{pmatrix}1\\2\\4\end{pmatrix}\right|}{\sqrt{21}} = \frac{4}{\sqrt{21}} \approx 0{,}873 \Rightarrow \gamma = 29{,}21°$

5. $\frac{\left|\begin{pmatrix}1\\0\\0\end{pmatrix}\cdot\begin{pmatrix}3\\4\\t\end{pmatrix}\right|}{\sqrt{25+t^2}} = \frac{3}{\sqrt{25+t^2}} = \cos 60° = 0{,}5 \Rightarrow \sqrt{25+t^2} = 6 \Rightarrow t = \pm\sqrt{11}$

6. a) M(5|1) b) $\vec{n} = \begin{pmatrix}1\\4\end{pmatrix}$ c) $g_{AB}: \vec{x} = \begin{pmatrix}5\\1\end{pmatrix} + r\begin{pmatrix}1\\4\end{pmatrix}$

d) $\begin{pmatrix}5\\1\end{pmatrix} + r\begin{pmatrix}1\\4\end{pmatrix} = \begin{pmatrix}3\\4\end{pmatrix} + s\begin{pmatrix}1\\-1\end{pmatrix}$ führt auf r = 0,2 , s = 2,2 ; S(5,2|1,8)

4. Das Vektorprodukt

1\. a) $\begin{pmatrix}2\\1\\5\end{pmatrix}\times\begin{pmatrix}3\\4\\2\end{pmatrix}=\begin{pmatrix}1\cdot2-5\cdot4\\5\cdot3-2\cdot2\\2\cdot4-1\cdot3\end{pmatrix}=\begin{pmatrix}-18\\11\\5\end{pmatrix}$ b) $\begin{pmatrix}-1\\3\\7\end{pmatrix}\times\begin{pmatrix}2\\0\\1\end{pmatrix}=\begin{pmatrix}3\cdot1-7\cdot0\\7\cdot2-(-1)\cdot1\\(-1)\cdot0-3\cdot2\end{pmatrix}=\begin{pmatrix}3\\15\\-6\end{pmatrix}$ 343

c) $\begin{pmatrix}1\\8\\0\end{pmatrix}\times\begin{pmatrix}-2\\-1\\1\end{pmatrix}=\begin{pmatrix}8\cdot1-0\cdot(-1)\\0\cdot(-2)-1\cdot1\\1\cdot(-1)-8\cdot(-2)\end{pmatrix}=\begin{pmatrix}8\\-1\\15\end{pmatrix}$ d) $\begin{pmatrix}2\\1\\3\end{pmatrix}\times\begin{pmatrix}4\\2\\6\end{pmatrix}=\begin{pmatrix}6-6\\12-12\\4-4\end{pmatrix}=\begin{pmatrix}0\\0\\0\end{pmatrix}$

2\. a) $\begin{pmatrix}1\\1\\-3\end{pmatrix}\times\begin{pmatrix}5\\-2\\3\end{pmatrix}=\begin{pmatrix}3-6\\-15-3\\-2-5\end{pmatrix}=\begin{pmatrix}-3\\-18\\-7\end{pmatrix}$ b) $\begin{pmatrix}9\\6\\5\end{pmatrix}$ c) $\begin{pmatrix}-9\\-6\\11\end{pmatrix}$ d) $\begin{pmatrix}-9\\-6\\-5\end{pmatrix}$ e) $\begin{pmatrix}1\\1\\-3\end{pmatrix}\times\begin{pmatrix}-9\\-6\\11\end{pmatrix}=\begin{pmatrix}-7\\16\\3\end{pmatrix}$

3\. a) $\vec a=\overrightarrow{AB}=\begin{pmatrix}1\\6\\-4\end{pmatrix},\quad \vec b=\overrightarrow{AD}=\begin{pmatrix}-4\\1\\1\end{pmatrix}$ 345

$A=|\vec a\times\vec b|=\left|\begin{pmatrix}1\\6\\-4\end{pmatrix}\times\begin{pmatrix}-4\\1\\1\end{pmatrix}\right|=\left|\begin{pmatrix}10\\15\\25\end{pmatrix}\right|=\sqrt{10^2+15^2+25^2}\approx 30{,}82$

b) $\vec a=\overrightarrow{AB}=\begin{pmatrix}-5\\4\\0\end{pmatrix},\quad \vec b=\overrightarrow{AC}=\begin{pmatrix}-5\\0\\6\end{pmatrix},\quad A=\frac{1}{2}|\vec a\times\vec b|=\frac{1}{2}\left|\begin{pmatrix}-5\\4\\0\end{pmatrix}\times\begin{pmatrix}-5\\0\\6\end{pmatrix}\right|=\frac{1}{2}\left|\begin{pmatrix}24\\30\\20\end{pmatrix}\right|\approx 21{,}66$

4\. $V=|(\vec a\times\vec b)\cdot\vec c|=\left|\left(\begin{pmatrix}8\\0\\0\end{pmatrix}\times\begin{pmatrix}2\\2\\1\end{pmatrix}\right)\cdot\begin{pmatrix}1\\1\\3\end{pmatrix}\right|=\left|\begin{pmatrix}0\\-8\\16\end{pmatrix}\cdot\begin{pmatrix}1\\1\\3\end{pmatrix}\right|=|0-8+48|=40$ 346

5\. $\vec a=\overrightarrow{AB}=\begin{pmatrix}-3\\1\\-1\end{pmatrix},\quad \vec b=\overrightarrow{AC}=\begin{pmatrix}-3\\-3\\1\end{pmatrix},\quad \vec c=\overrightarrow{AD}=\begin{pmatrix}-3\\0\\3\end{pmatrix}$

$V=\frac{1}{6}|(\vec a\times\vec b)\cdot\vec c|=\frac{1}{6}\left|\left(\begin{pmatrix}-3\\1\\-1\end{pmatrix}\begin{pmatrix}-3\\-3\\1\end{pmatrix}\right)\cdot\begin{pmatrix}-3\\0\\3\end{pmatrix}\right|=\frac{1}{6}\left|\begin{pmatrix}-2\\6\\12\end{pmatrix}\cdot\begin{pmatrix}-3\\0\\3\end{pmatrix}\right|=\frac{1}{6}|6+36|=7$

6\. a) $\vec a\times\vec b=\begin{pmatrix}2\\-10\\-6\end{pmatrix}$ b) $\vec a\times\vec b=\begin{pmatrix}8\\16\\4\end{pmatrix}$ c) $\vec a\times\vec b=\begin{pmatrix}0\\4\\2\end{pmatrix}$ 347

7\. a) $\vec a\times\vec b=\begin{pmatrix}-1\\3\\9\end{pmatrix},\quad \vec b\times\vec a=\begin{pmatrix}1\\-3\\-9\end{pmatrix},\quad \vec c\times\vec a=\begin{pmatrix}-5\\-6\\24\end{pmatrix},\quad (\vec a\times\vec b)\times\vec c=\begin{pmatrix}-33\\1\\-4\end{pmatrix}$

$(\vec a\times\vec b)\cdot\vec c=\begin{pmatrix}-1\\3\\9\end{pmatrix}\cdot\begin{pmatrix}0\\4\\1\end{pmatrix}=12+9=21$

b) $\begin{pmatrix}-1\\3\\9\end{pmatrix}\cdot\begin{pmatrix}-6\\1\\-1\end{pmatrix}=0\Rightarrow\vec a\times\vec b\perp\vec a,\quad \begin{pmatrix}-1\\3\\9\end{pmatrix}\cdot\begin{pmatrix}3\\-2\\1\end{pmatrix}=0\Rightarrow\vec a\times\vec b\perp\vec b$

c) $\vec a\times\vec b$ und $\vec b\times\vec a$ stehen beide senkrecht zu $\vec a$ und $\vec b$ (gemeinsam).
$\vec b\times\vec a$ hat dieselbe Länge wie $\vec a\times\vec b$, weist nur in die entgegengesetzte Richtung, da $\vec b\times\vec a=-\vec a\times\vec b$ ist.
Während $\vec a,\vec b,\vec a\times\vec b$ ein Rechtssystem bilden, bilden $\vec a,\vec b,\vec b\times\vec a$ ein Linkssystem.

347 8. $(r\cdot\vec{a})\times(s\vec{b})=\begin{pmatrix}ra_1\\ra_2\\ra_3\end{pmatrix}\times\begin{pmatrix}sb_1\\sb_2\\sb_3\end{pmatrix}=\begin{pmatrix}ra_2\cdot sb_3-ra_3\cdot sb_2\\ra_3\cdot sb_1-ra_1\cdot sb_3\\ra_1\cdot sb_2-ra_2\cdot sb_1\end{pmatrix}=\begin{pmatrix}rs(a_2b_3-a_3b_2)\\rs(a_3b_1-a_1b_3)\\rs(a_1b_2-a_2b_1)\end{pmatrix}=r\cdot s\begin{pmatrix}a_2b_3-a_3b_2\\a_3b_1-a_1b_3\\a_1b_2-a_2b_1\end{pmatrix}$

$=r\cdot s\cdot(\vec{a}\times\vec{b})$

9. $(\vec{a}\times\vec{b})\cdot\vec{c}=\begin{pmatrix}a_2b_3-a_3b_2\\a_3b_1-a_1b_3\\a_1b_2-a_2b_1\end{pmatrix}\cdot\begin{pmatrix}c_1\\c_2\\c_3\end{pmatrix}=a_2b_3c_1-a_3b_2c_1+a_3b_1c_2-a_1b_3c_2+a_1b_2c_3-a_2b_1c_3$

$(\vec{b}\times\vec{c})\cdot\vec{a}=\begin{pmatrix}b_2c_3-b_3c_2\\b_3c_1-b_1c_3\\b_1c_2-b_2c_1\end{pmatrix}\cdot\begin{pmatrix}a_1\\a_2\\a_3\end{pmatrix}=b_2c_3a_1-b_3c_2a_1+b_3c_1a_2-b_1c_3a_2+b_1c_2a_3-b_2c_1a_3$

$(\vec{c}\times\vec{a})\cdot\vec{b}=\begin{pmatrix}c_2a_3-c_3a_2\\c_3a_1-c_1a_3\\c_1a_2-c_2a_1\end{pmatrix}\cdot\begin{pmatrix}b_1\\b_2\\b_3\end{pmatrix}=c_2a_3b_1-c_3a_2b_1+c_3a_1b_2-c_1a_3b_2+c_1a_2b_3-c_2a_1b_3$

Alle 3 rechten Seiten stimmen überein.

10.a) $\vec{a}=\overrightarrow{AB}=\begin{pmatrix}-2\\4\\-3\end{pmatrix}$, $\vec{b}=\overrightarrow{AC}=\begin{pmatrix}-2\\3\\0\end{pmatrix}$, $A=\frac{1}{2}|\vec{a}\times\vec{b}|=\frac{1}{2}\left|\begin{pmatrix}-2\\4\\-3\end{pmatrix}\times\begin{pmatrix}-2\\3\\0\end{pmatrix}\right|=\frac{1}{2}\left|\begin{pmatrix}9\\6\\2\end{pmatrix}\right|=\frac{11}{2}=5{,}5$

b) $\vec{a}=\overrightarrow{AB}=\begin{pmatrix}-2\\3\\3\end{pmatrix}$, $\vec{b}=\overrightarrow{AC}=\begin{pmatrix}-3\\0\\5\end{pmatrix}$, $A=\frac{1}{2}|\vec{a}\times\vec{b}|=\frac{1}{2}\left|\begin{pmatrix}-2\\3\\3\end{pmatrix}\times\begin{pmatrix}-3\\0\\5\end{pmatrix}\right|=\frac{1}{2}\left|\begin{pmatrix}15\\1\\9\end{pmatrix}\right|\approx 8{,}76$

11.a) $\overrightarrow{AB}=\begin{pmatrix}6\\2\\2\end{pmatrix}=\overrightarrow{DC}$, $\overrightarrow{BC}=\begin{pmatrix}-2\\6\\-10\end{pmatrix}=\overrightarrow{AD}$

b) $A=\left|\begin{pmatrix}6\\2\\2\end{pmatrix}\times\begin{pmatrix}-2\\6\\-10\end{pmatrix}\right|=\left|\begin{pmatrix}-32\\56\\40\end{pmatrix}\right|=\sqrt{5760}\approx 75{,}89$

12. $\vec{a}=\overrightarrow{AB}=\begin{pmatrix}0\\7\\0\end{pmatrix}$, $\vec{b}=\overrightarrow{BC}=\begin{pmatrix}-3\\0\\0\end{pmatrix}$

$\vec{c}=\overrightarrow{AE}=\begin{pmatrix}-1\\1\\4\end{pmatrix}$

$V=\left|\left(\begin{pmatrix}0\\7\\0\end{pmatrix}\times\begin{pmatrix}-3\\0\\0\end{pmatrix}\right)\cdot\begin{pmatrix}-1\\1\\4\end{pmatrix}\right|=\left|\begin{pmatrix}0\\0\\21\end{pmatrix}\cdot\begin{pmatrix}-1\\1\\4\end{pmatrix}\right|=84$

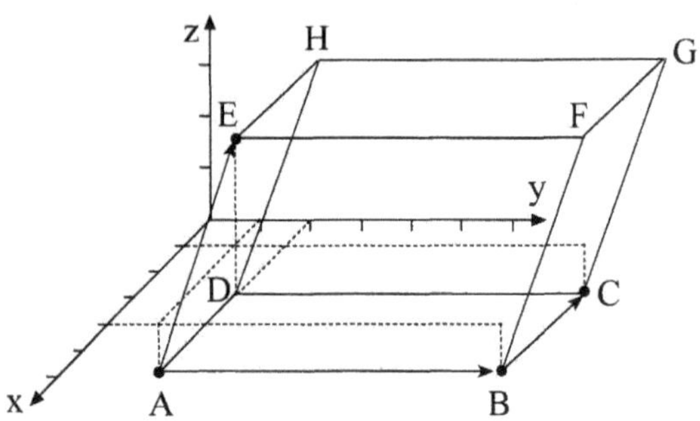

13 a) $\vec{a}=\overrightarrow{AB}=\begin{pmatrix}-5\\4\\0\end{pmatrix}$, $\vec{b}=\overrightarrow{AC}=\begin{pmatrix}-5\\0\\0\end{pmatrix}$, $\vec{c}=\overrightarrow{AD}=\begin{pmatrix}-3\\2\\6\end{pmatrix}$

$V=\frac{1}{6}|(\vec{a}\times\vec{b})\cdot\vec{c}|=\frac{1}{6}\left|\left(\begin{pmatrix}-5\\4\\0\end{pmatrix}\times\begin{pmatrix}-5\\0\\0\end{pmatrix}\right)\cdot\begin{pmatrix}-3\\2\\6\end{pmatrix}\right|=\frac{1}{6}\left|\begin{pmatrix}0\\0\\20\end{pmatrix}\cdot\begin{pmatrix}-3\\2\\6\end{pmatrix}\right|=20$

b) $\vec{a}=\overrightarrow{AB}=\begin{pmatrix}-3\\4\\-2\end{pmatrix}$, $\vec{b}=\overrightarrow{AC}=\begin{pmatrix}-5\\1\\-1\end{pmatrix}$, $\vec{c}=\overrightarrow{AD}=\begin{pmatrix}-3\\1\\4\end{pmatrix}$

$V=\frac{1}{6}|(\vec{a}\times\vec{b})\cdot\vec{c}|=\frac{1}{6}\left|\left(\begin{pmatrix}-3\\4\\-2\end{pmatrix}\times\begin{pmatrix}-5\\1\\-1\end{pmatrix}\right)\cdot\begin{pmatrix}-3\\1\\4\end{pmatrix}\right|=\frac{1}{6}\left|\begin{pmatrix}-2\\7\\17\end{pmatrix}\cdot\begin{pmatrix}-3\\1\\4\end{pmatrix}\right|=13{,}5$

14. **Druckfehler** in 1.-3. Druck: D(0|-2|0) 347

Die Pyramide mit viereckiger Grundfläche kann in zwei Pyramiden mit dreieckiger Grundfläche zerlegt werden, z.B. in die Pyramide P_1 mit der Grundfläche ACD und der Spitze S und in die Pyramide P_2 mit der Grundfläche ABC und der Spitze S. Wir können die Volumina von P_1 und P_2 mit dem Spatprodukt berechnen.

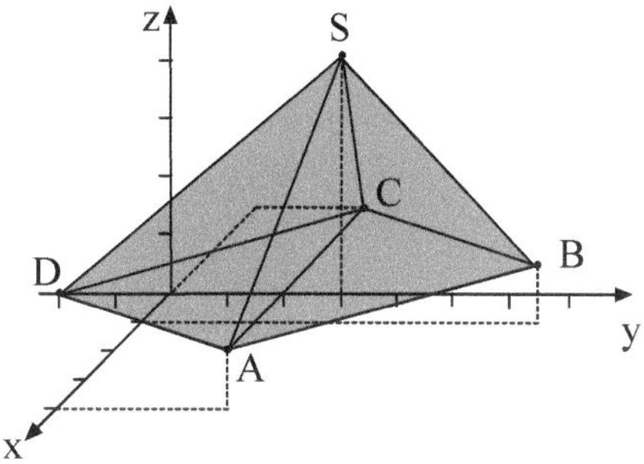

$$V(P_1) = \tfrac{1}{6}\left|(\overrightarrow{AC} \times \overrightarrow{AD}) \cdot \overrightarrow{AS}\right| = \tfrac{1}{6}\left|\left(\begin{pmatrix}-7\\-1\\-1\end{pmatrix} \times \begin{pmatrix}-4\\-5\\-1\end{pmatrix}\right) \cdot \begin{pmatrix}-4\\0\\3\end{pmatrix}\right| = \tfrac{1}{6}\left|\begin{pmatrix}-4\\-3\\31\end{pmatrix} \cdot \begin{pmatrix}-4\\0\\3\end{pmatrix}\right| = \tfrac{109}{6}$$

$$V(P_2) = \frac{1}{6}\left|(\overrightarrow{AB} \times \overrightarrow{AC}) \cdot \overrightarrow{AS}\right| = \frac{1}{6}\left|\left(\begin{pmatrix}-3\\4\\0\end{pmatrix} \times \begin{pmatrix}-7\\-1\\-1\end{pmatrix}\right) \cdot \begin{pmatrix}-4\\0\\3\end{pmatrix}\right| = \frac{1}{6}\left|\begin{pmatrix}-4\\-3\\31\end{pmatrix} \cdot \begin{pmatrix}-4\\0\\3\end{pmatrix}\right| = \frac{109}{6}$$

$$V(P) = V(P_1) + V(P_2) = \tfrac{109}{3}$$

15. a) Annahme: $(\vec{a} \times \vec{b}) \cdot \vec{c} = 0$. Dann ist $\vec{c}$ orthogonal zu $\vec{a} \times \vec{b}$.
Da $\vec{a} \times \vec{b}$ orthogonal zu $\vec{a}$ und zu $\vec{b}$ ist, liegt $\vec{c}$ in der von $\vec{a}$ und $\vec{b}$ aufgespannten Ebene. $\vec{a}, \vec{b}, \vec{c}$ sind dann l.a.
Folglich folgt aus $(\vec{a} \times \vec{b}) \cdot \vec{c} \neq 0$, dass $\vec{a}, \vec{b}, \vec{c}$ l.u. sind.

b) Annahme: $\vec{a}, \vec{b}, \vec{c}$ l.a. $\Rightarrow$

1. Fall: $\vec{c}$ lässt sich als Linearkombination von $\vec{a}$ und $\vec{b}$ ausdrücken. $\vec{c}$ liegt in der von $\vec{a}$ und $\vec{b}$ aufgespannten Ebene (Der Spat hat das Volumen 0). Oder: $\vec{a} \times \vec{b}$ ist senkrecht auf dieser Ebene, also auch auf $\vec{c}$, daraus folgt:
$(\vec{a} \times \vec{b}) \cdot \vec{c} = 0$.

2. Fall: $\vec{a}$ oder $\vec{b}$ lässt sich als Linearkombination darstellen. o.B.d.A. sei es $\vec{a}$.
$\vec{a}$ liegt in der von $\vec{b}$ und $\vec{c}$ aufgespannten Ebene.
$\vec{b} \times \vec{c}$ ist senkrecht zu $\vec{a}$: $(\vec{b} \times \vec{c}) \cdot \vec{a} = 0$
Nach Übung 9 gilt: $(\vec{a} \times \vec{b}) \cdot \vec{c} = (\vec{b} \times \vec{c}) \cdot \vec{a} = 0$

Daher gilt: $\vec{a}, \vec{b}, \vec{c}$ l.a. $\Rightarrow$ $(\vec{a} \times \vec{b}) \cdot \vec{c} = 0$
Folglich: $\vec{a}, \vec{b}, \vec{c}$ l.u. $\Rightarrow$ $(\vec{a} \times \vec{b}) \cdot \vec{c} \neq 0$

c) $\vec{a} = \begin{pmatrix}1\\2\\4\end{pmatrix}$, $\vec{b} = \begin{pmatrix}-2\\3\\1\end{pmatrix}$, $\vec{c} = \begin{pmatrix}2\\0\\-3\end{pmatrix}$

$\vec{a}, \vec{b}, \vec{c}$ sind l.u., wenn $(\vec{a} \times \vec{b}) \cdot \vec{c} \neq 0$ ist. Wir bilden also $(\vec{a} \times \vec{b}) \cdot \vec{c}$:

$$(\vec{a} \times \vec{b}) \cdot \vec{c} = \left(\begin{pmatrix}1\\2\\4\end{pmatrix} \times \begin{pmatrix}-2\\3\\1\end{pmatrix}\right) \cdot \begin{pmatrix}2\\0\\-3\end{pmatrix} = \begin{pmatrix}-10\\-9\\7\end{pmatrix} \cdot \begin{pmatrix}2\\0\\-3\end{pmatrix} = -20 - 21 = -41 \neq 0$$

D. Zusammengesetzte Aufgaben

348 1. a) $\overrightarrow{AB} = \begin{pmatrix} -3 \\ 3 \end{pmatrix}$, $\overrightarrow{AC} = \begin{pmatrix} -6 \\ 0 \end{pmatrix}$, $\overrightarrow{BC} = \begin{pmatrix} -3 \\ -3 \end{pmatrix}$

$|\overrightarrow{AB}| = |\overrightarrow{BC}| = \sqrt{18}$, das Dreieck ist gleichschenklig.

$\overrightarrow{AB} \cdot \overrightarrow{BC} = 0$, das Dreieck ist rechtwinklig.

b) $A = \frac{1}{2} |\overrightarrow{AB}| \cdot |\overrightarrow{BC}| = 9$

c) $\overrightarrow{OD} = \overrightarrow{OA} + \overrightarrow{BC} = \begin{pmatrix} 2 \\ -2 \end{pmatrix}$, D(2 | −2)

d) $\overrightarrow{OM} = \overrightarrow{OA} + \frac{1}{2}\overrightarrow{AC} = \begin{pmatrix} 2 \\ 1 \end{pmatrix}$, M(2 | 1)

2. a) $\overrightarrow{AB} = \begin{pmatrix} -4 \\ -2 \\ -6 \end{pmatrix}$, $\overrightarrow{AC} = \begin{pmatrix} -4 \\ 0 \\ 3 \end{pmatrix}$

$r \cdot \overrightarrow{AC} \neq \overrightarrow{AB}$ für alle $r \in \mathbb{R}$, die Vektoren sind nicht kollinear.

b) $\overrightarrow{OD} = \overrightarrow{OA} + \overrightarrow{BC} = \begin{pmatrix} 2 \\ 2 \\ 3 \end{pmatrix} + \begin{pmatrix} -2 \\ 2 \\ 9 \end{pmatrix} = \begin{pmatrix} 0 \\ 4 \\ 12 \end{pmatrix}$, D(0 | 4 | 12)

c) Winkel α: $\cos\alpha = \frac{\overrightarrow{AB} \cdot \overrightarrow{AC}}{|\overrightarrow{AB}| \cdot |\overrightarrow{AC}|} = \frac{6}{\sqrt{56} \cdot \sqrt{45}}$, $\alpha \approx 83{,}1°$

Winkel β: $\cos\beta = \frac{\overrightarrow{BA} \cdot \overrightarrow{BC}}{|\overrightarrow{BA}| \cdot |\overrightarrow{BC}|} = \frac{50}{\sqrt{56} \cdot \sqrt{89}}$, $\beta \approx 44{,}9°$

3. a) $\overrightarrow{AB} = \begin{pmatrix} 3 \\ 4 \\ 8 \end{pmatrix}$, $\overrightarrow{AC_t} = \begin{pmatrix} 0 \\ t-1 \\ 4 \end{pmatrix}$, $\overrightarrow{BC_t} = \begin{pmatrix} -3 \\ t-5 \\ -4 \end{pmatrix}$

$r \cdot \overrightarrow{AC_t} \neq \overrightarrow{AB}$ für alle $r \in \mathbb{R}$, die Vektoren sind nicht kollinear.

$s \cdot \overrightarrow{AC_t} \neq \overrightarrow{BC}$ für alle $s \in \mathbb{R}$, die Vektoren sind nicht kollinear.

b) $\overrightarrow{AB} \cdot \overrightarrow{AC_t} = 4t + 28 = 0$ für $t = -7$.

c) $A = \frac{1}{2} \cdot |\overrightarrow{AB} \times \overrightarrow{AC_2}| = \frac{1}{2} \cdot \left| \begin{pmatrix} 3 \\ 4 \\ 8 \end{pmatrix} \times \begin{pmatrix} 0 \\ 1 \\ 4 \end{pmatrix} \right| = \frac{1}{2} \cdot \left| \begin{pmatrix} 8 \\ -12 \\ 3 \end{pmatrix} \right| = \frac{1}{2}\sqrt{217}$

348

4. a) $\overrightarrow{AB} = \overrightarrow{DC} = \begin{pmatrix} -3 \\ 3 \\ 0 \end{pmatrix}$, $\overrightarrow{BC} = \overrightarrow{AD} = \begin{pmatrix} -3 \\ -3 \\ 0 \end{pmatrix}$

alle Seiten haben die gleiche Länge (Parallelogramm)

$\overrightarrow{AB} \cdot \overrightarrow{BC} = 0$ (rechter Winkel)

b)

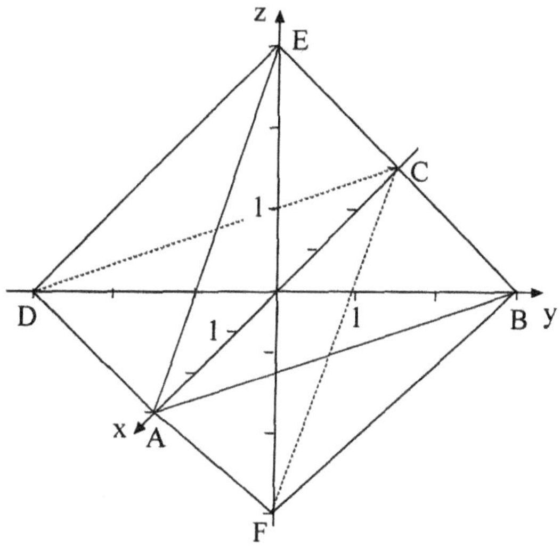

c) Volumen: Beide Pyramiden haben das gleiche Volumen.

$V = 2 \cdot \frac{1}{3} \cdot |\overrightarrow{AB}| \cdot |\overrightarrow{AD}| \cdot |\overrightarrow{OE}| = 36$

Oberfläche: Die 8 Dreiecke haben den gleichen Flächeninhalt.

$O = 8 \cdot \frac{1}{2} \cdot |\overrightarrow{DA} \times \overrightarrow{DE}| = 4 \cdot 9 \cdot \sqrt{3}$

5. a) $\overrightarrow{DA} \cdot \overrightarrow{OB_t} = 6 - 6t = 0$ nur für $t = 1$

$\overrightarrow{DA} \cdot \overrightarrow{OC_t} = 4t - 4 = 0$ nur für $t = 1$

$\overrightarrow{OB_t} \cdot \overrightarrow{OC_t} = t - 1 = 0$ nur für $t = 1$

b) $V = \frac{1}{6} \cdot |\overrightarrow{OA}| \cdot |\overrightarrow{OB_1}| \cdot |\overrightarrow{OC_1}|$

$= \frac{1}{6} \cdot \sqrt{12} \cdot \sqrt{14} \cdot \sqrt{42} = 14$

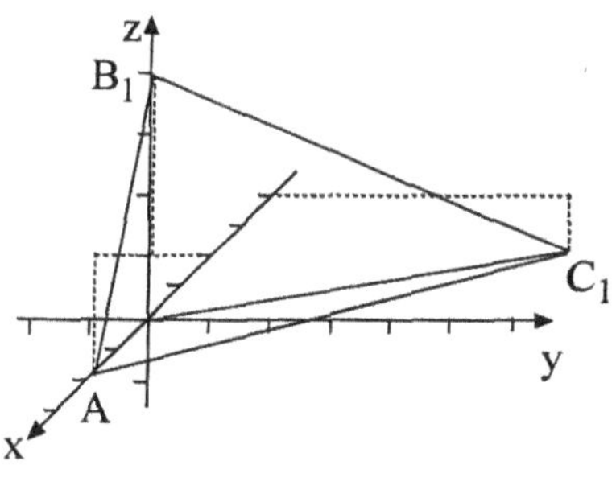

348 5. c) $\overrightarrow{AB_1} = \begin{pmatrix} 0 \\ 1 \\ 5 \end{pmatrix}$, $\overrightarrow{AC_1} = \begin{pmatrix} -2 \\ 7 \\ 1 \end{pmatrix}$, $\overrightarrow{B_1C_1} = \begin{pmatrix} -2 \\ 6 \\ -4 \end{pmatrix}$

Winkel bei A: $\cos\alpha = \frac{12}{\sqrt{26}\cdot\sqrt{54}}$, $\alpha \approx 71{,}32°$

Winkel bei B_1: $\cos\beta = \frac{14}{\sqrt{26}\cdot\sqrt{56}}$, $\beta \approx 68{,}48°$

Winkel bei C_1: $\gamma \approx 40{,}20°$

d) Mittelpunkt von $\overrightarrow{OA}$: $M_1(-1\,|\,-1\,|\,-1)$

Mittelpunkt von $\overrightarrow{AB_t}$: $M_2(-2\,|\,-1{,}5\,|\,\frac{3t-2}{2})$

Mittelpunkt von $\overrightarrow{B_tC_t}$: $M_3(-t-2\,|\,2\,|\,\frac{3t-1}{2})$, $\overrightarrow{M_1M_2} = \overrightarrow{M_4M_3} = \begin{pmatrix} -1 \\ -0{,}5 \\ 1{,}5t \end{pmatrix}$

Mittelpunkt von $\overrightarrow{C_tO}$: $M_4(-t-1\,|\,2{,}5\,|\,-0{,}5)$, $\overrightarrow{M_2M_3} = \overrightarrow{M_1M_4} = \begin{pmatrix} -t \\ 3{,}5 \\ 0{,}5 \end{pmatrix}$

Damit hat das Viereck OAB_tC_t zwei Paare gleichlanger Seiten, es ist ein Parallelogramm.

6. b) Mit den Bezeichnungen der Zeichnung:

$\overrightarrow{OM} = \frac{1}{2}\vec{a} + \vec{c} = \begin{pmatrix} 4 \\ 1 \\ 3 \end{pmatrix}$, $\overrightarrow{OL} = \frac{1}{2}\vec{a} + \vec{b} = \begin{pmatrix} 5 \\ 4 \\ 0 \end{pmatrix}$

$\overrightarrow{OK} = \frac{1}{2}\vec{a} + \frac{1}{2}\vec{b} + \frac{1}{2}\vec{c} = \frac{1}{2}\begin{pmatrix} 9 \\ 5 \\ 3 \end{pmatrix}$

c) $\overrightarrow{OM} + \frac{1}{2}\overrightarrow{ML} = \begin{pmatrix} 4 \\ 1 \\ 3 \end{pmatrix} + \frac{1}{2}\begin{pmatrix} 1 \\ 3 \\ -3 \end{pmatrix} = \begin{pmatrix} 4{,}5 \\ 2{,}5 \\ 1{,}5 \end{pmatrix} = \frac{1}{2}\begin{pmatrix} 9 \\ 5 \\ 3 \end{pmatrix} = \overrightarrow{OK}$

K teilt ML im Verhältnis 1:1.

a)

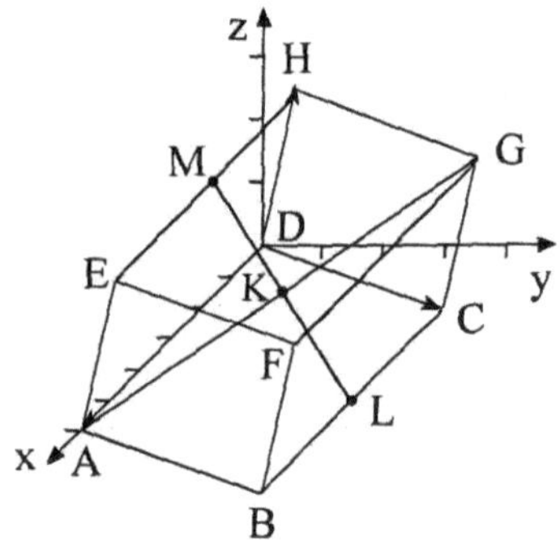

Test

1. a) $\vec{a}\cdot\vec{b}=\begin{pmatrix}5\\2\end{pmatrix}\cdot\begin{pmatrix}4\\-1\end{pmatrix}=18$ b) $\begin{pmatrix}1\\2\\-2\end{pmatrix}\cdot\begin{pmatrix}3\\3\\4\end{pmatrix}=1$ c) $\begin{pmatrix}1\\a\\2\end{pmatrix}\cdot\begin{pmatrix}2a\\-3\\a\end{pmatrix}=a$ 352

2. $\vec{a}=\begin{pmatrix}5\\2\\1\end{pmatrix}$, $\vec{b}=\begin{pmatrix}1\\3\\1\end{pmatrix}$, $\cos\gamma=\frac{12}{\sqrt{30\cdot 11}}\approx 0{,}661$, $\gamma\approx 48{,}7°$

3. $\vec{a}=\begin{pmatrix}4\\6\\-3\end{pmatrix}$, $\vec{b}=\begin{pmatrix}-4\\6\\3\end{pmatrix}$, $\cos\gamma=\frac{11}{61}\approx 0{,}18$, $\gamma\approx 79{,}6°$

4. a) $\cos\alpha=\dfrac{\begin{pmatrix}-2\\0\\4\end{pmatrix}\cdot\begin{pmatrix}0\\-5\\4\end{pmatrix}}{\sqrt{20\cdot 41}}=\frac{16}{\sqrt{820}}$, $\alpha\approx 56°$, $\cos\beta=\dfrac{\begin{pmatrix}2\\-5\\0\end{pmatrix}\cdot\begin{pmatrix}2\\0\\-4\end{pmatrix}}{\sqrt{29\cdot 20}}=\frac{4}{\sqrt{580}}$, $\beta\approx 80{,}4°$

$\cos\gamma=\dfrac{\begin{pmatrix}0\\5\\-4\end{pmatrix}\cdot\begin{pmatrix}-2\\5\\0\end{pmatrix}}{\sqrt{41\cdot 29}}=\frac{25}{\sqrt{1189}}\approx 43{,}5°$

$A=\frac{1}{2}\cdot\sqrt{\begin{pmatrix}-2\\0\\4\end{pmatrix}^2\cdot\begin{pmatrix}0\\-5\\4\end{pmatrix}^2-\left(\begin{pmatrix}-2\\0\\4\end{pmatrix}\cdot\begin{pmatrix}0\\-5\\4\end{pmatrix}\right)^2}=\frac{1}{2}\cdot\sqrt{20\cdot 41-16^2}\approx 11{,}87$

b) $V=\frac{1}{3}G\cdot h=\frac{1}{3}\cdot 4\cdot 5=\frac{20}{3}\approx 6{,}67$ VE mit G: ABD, D(4|8|4)

5. $4x+6y+2z=0$ gilt für $\vec{n}=\begin{pmatrix}2\\-3\\5\end{pmatrix}$
$x+4y+2z=0$

6. $\overrightarrow{AB}=\begin{pmatrix}2\\4\\1\end{pmatrix}$, $\overrightarrow{BC}=\begin{pmatrix}-5\\2\\2\end{pmatrix}$, $\overrightarrow{AB}\cdot\overrightarrow{BC}=0$, also rechtwinklig

7. a) x-Achse: $\cos\alpha=\dfrac{\begin{pmatrix}3\\4\\3\end{pmatrix}\cdot\begin{pmatrix}1\\0\\0\end{pmatrix}}{\sqrt{34}}=\frac{3}{\sqrt{34}}$, $\alpha\approx 59°$, y-Achse: $\cos\beta=\dfrac{\begin{pmatrix}3\\4\\3\end{pmatrix}\cdot\begin{pmatrix}0\\1\\0\end{pmatrix}}{\sqrt{34}}=\frac{4}{\sqrt{34}}$, $\beta\approx 46{,}7°$

z-Achse: $\cos\gamma=\dfrac{\begin{pmatrix}3\\4\\3\end{pmatrix}\cdot\begin{pmatrix}0\\0\\1\end{pmatrix}}{\sqrt{34}}=\frac{3}{\sqrt{34}}$, $\gamma\approx 59°$

b) $\cos\gamma=\dfrac{\begin{pmatrix}3\\4\\t\end{pmatrix}\cdot\begin{pmatrix}0\\0\\1\end{pmatrix}}{\sqrt{25+t^2}}=\frac{t}{\sqrt{25+t^2}}=\sqrt{0{,}5}$ $\Leftrightarrow$ $t^2=\frac{1}{2}(25+t^2)$, $t=\pm 5$

352 8. a)

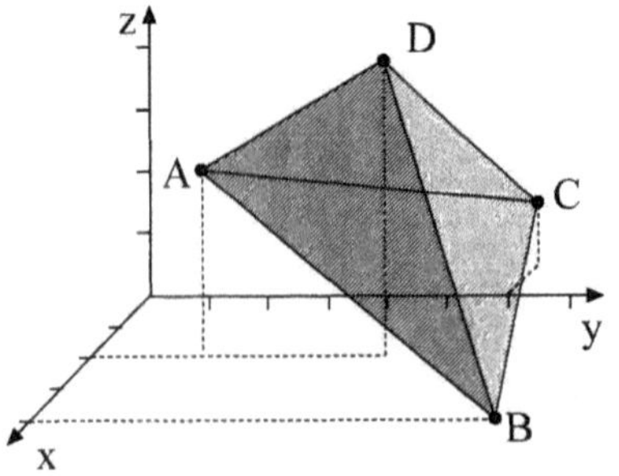

$$\overrightarrow{AB} = \begin{pmatrix} 2 \\ 6 \\ -3 \end{pmatrix}, \quad \overrightarrow{BC} = \begin{pmatrix} -5 \\ -2 \\ 1 \end{pmatrix}$$

$$\overrightarrow{AC} = \begin{pmatrix} -3 \\ 4 \\ -2 \end{pmatrix}, \quad \overrightarrow{BD} = \begin{pmatrix} -2 \\ -3 \\ 6 \end{pmatrix}$$

$$\overrightarrow{AD} = \begin{pmatrix} 0 \\ 3 \\ 3 \end{pmatrix}, \quad \overrightarrow{CD} = \begin{pmatrix} 3 \\ -1 \\ 5 \end{pmatrix}$$

b) Berechnung der 4 Dreiecksflächen mithilfe des Vektorproduktes:

$$1.\ \Delta ABC: G = \tfrac{1}{2} \left| \vec{a} \times \vec{b} \right| = \tfrac{1}{2} \left| \begin{pmatrix} 2 \\ 6 \\ -3 \end{pmatrix} \times \begin{pmatrix} -3 \\ 4 \\ -2 \end{pmatrix} \right| = \tfrac{1}{2} \left| \begin{pmatrix} 0 \\ 13 \\ 26 \end{pmatrix} \right| \approx 14{,}53$$

$$2.\ \Delta ABD: A = \tfrac{1}{2} \left| \vec{a} \times \vec{c} \right| = \tfrac{1}{2} \left| \begin{pmatrix} 2 \\ 6 \\ -3 \end{pmatrix} \times \begin{pmatrix} 0 \\ 3 \\ 3 \end{pmatrix} \right| = \tfrac{1}{2} \left| \begin{pmatrix} 27 \\ -6 \\ 6 \end{pmatrix} \right| \approx 14{,}15$$

$$3.\ \Delta ACD: A = \tfrac{1}{2} \left| \vec{b} \times \vec{c} \right| = \tfrac{1}{2} \left| \begin{pmatrix} -3 \\ 4 \\ -2 \end{pmatrix} \times \begin{pmatrix} 0 \\ 3 \\ 3 \end{pmatrix} \right| = \tfrac{1}{2} \left| \begin{pmatrix} 18 \\ 9 \\ -9 \end{pmatrix} \right| \approx 11{,}02$$

$$4.\ \Delta BCD: A = \tfrac{1}{2} \left| \begin{pmatrix} -5 \\ -2 \\ 1 \end{pmatrix} \times \begin{pmatrix} -2 \\ -3 \\ 6 \end{pmatrix} \right| = \tfrac{1}{2} \left| \begin{pmatrix} -9 \\ 28 \\ 11 \end{pmatrix} \right| \approx 15{,}7$$

Oberfläche: $O \approx 55{,}40$

c) $V = \frac{1}{6} \left| (\vec{a} \times \vec{b}) \cdot \vec{c} \right| = \frac{1}{6} \left| \left(\begin{pmatrix} 2 \\ 6 \\ -3 \end{pmatrix} \times \begin{pmatrix} -3 \\ 4 \\ -2 \end{pmatrix} \right) \cdot \begin{pmatrix} 0 \\ 3 \\ 3 \end{pmatrix} \right| = \frac{1}{6} \left| \begin{pmatrix} 0 \\ 13 \\ 26 \end{pmatrix} \cdot \begin{pmatrix} 0 \\ 3 \\ 3 \end{pmatrix} \right| = 19{,}5$

X. Ebenen

1. Ebenengleichungen

1. a) $\vec{x} = \begin{pmatrix} 3 \\ 0 \\ 0 \end{pmatrix} + r\begin{pmatrix} -3 \\ 4 \\ 0 \end{pmatrix} + s\begin{pmatrix} -3 \\ 0 \\ 2 \end{pmatrix}$ b) $\vec{x} = \begin{pmatrix} 2 \\ 0 \\ 1 \end{pmatrix} + r\begin{pmatrix} 1 \\ 2 \\ -1 \end{pmatrix} + s\begin{pmatrix} -2 \\ 3 \\ 1 \end{pmatrix}$ c) $\vec{x} = \begin{pmatrix} 4 \\ 2 \\ 1 \end{pmatrix} + r\begin{pmatrix} -1 \\ 3 \\ 0 \end{pmatrix} + s\begin{pmatrix} -4 \\ -2 \\ 3 \end{pmatrix}$ 355

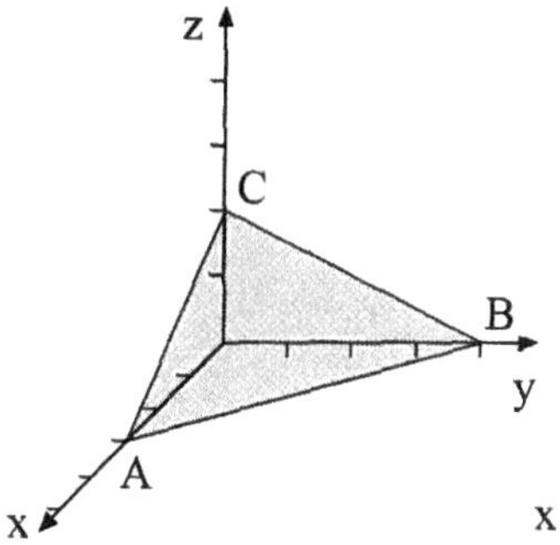

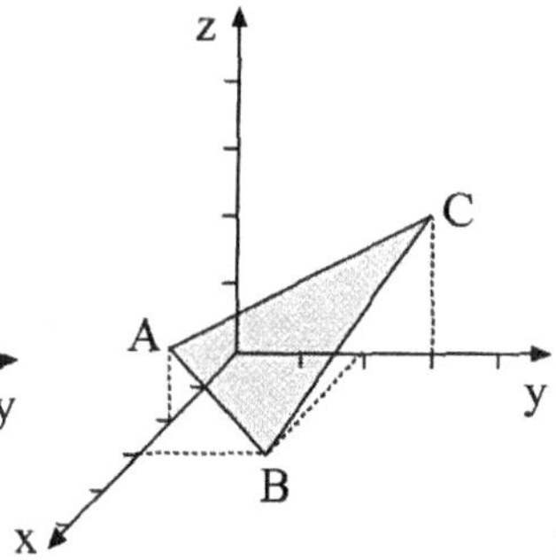

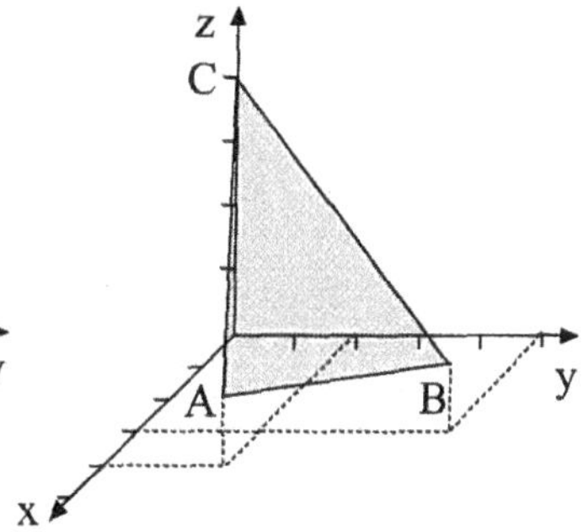

2. $E_1: \ \vec{x} = \begin{pmatrix} 1 \\ 1 \\ 0 \end{pmatrix} + r\begin{pmatrix} 5 \\ 5 \\ 1 \end{pmatrix} + s\begin{pmatrix} 1 \\ 3 \\ 4 \end{pmatrix}$, E_{ABS}

$E_2: \ \vec{x} = \begin{pmatrix} 6 \\ 6 \\ 1 \end{pmatrix} + r\begin{pmatrix} -3 \\ 0 \\ 0 \end{pmatrix} + s\begin{pmatrix} -4 \\ -2 \\ 3 \end{pmatrix}$, E_{BCS}

$E_3: \ \vec{x} = \begin{pmatrix} 1 \\ 1 \\ 0 \end{pmatrix} + r\begin{pmatrix} 2 \\ 5 \\ 1 \end{pmatrix} + s\begin{pmatrix} 1 \\ 3 \\ 4 \end{pmatrix}$, E_{ACS}

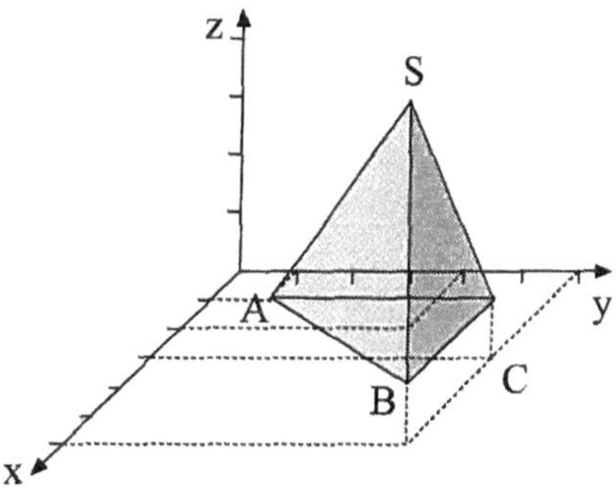

3. $E_1: \ \vec{x} = \begin{pmatrix} 4 \\ 2 \\ 0 \end{pmatrix} + r\begin{pmatrix} -4 \\ 0 \\ 2 \end{pmatrix} + s\begin{pmatrix} -1 \\ -2 \\ 2 \end{pmatrix}$ 356

$E_2: \ \vec{x} = \begin{pmatrix} 4 \\ 4 \\ 1 \end{pmatrix} + r\begin{pmatrix} 1 \\ 3 \\ 0 \end{pmatrix} + s\begin{pmatrix} -4 \\ 0 \\ 1 \end{pmatrix}$, $E_3: \ \vec{x} = \begin{pmatrix} 3 \\ 8 \\ 0 \end{pmatrix} + r\begin{pmatrix} 0 \\ 3 \\ 0 \end{pmatrix} + s\begin{pmatrix} -3 \\ 1 \\ 3 \end{pmatrix}$

4. a) $\vec{x} = \begin{pmatrix} 0 \\ 0 \\ 0 \end{pmatrix} + r\begin{pmatrix} 1 \\ 0 \\ 0 \end{pmatrix} + s\begin{pmatrix} 0 \\ 1 \\ 0 \end{pmatrix}$, $\vec{x} = \begin{pmatrix} 0 \\ 0 \\ 0 \end{pmatrix} + r\begin{pmatrix} 0 \\ 1 \\ 0 \end{pmatrix} + s\begin{pmatrix} 0 \\ 0 \\ 1 \end{pmatrix}$, $\vec{x} = \begin{pmatrix} 2 \\ 0 \\ 3 \end{pmatrix} + r\begin{pmatrix} 1 \\ 0 \\ 0 \end{pmatrix} + s\begin{pmatrix} 0 \\ 0 \\ 1 \end{pmatrix}$

b) $\vec{x} = \begin{pmatrix} 2 \\ 3 \\ 0 \end{pmatrix} + r\begin{pmatrix} 1 \\ 0 \\ 0 \end{pmatrix} + s\begin{pmatrix} 0 \\ 0 \\ 2 \end{pmatrix}$ c) $\vec{x} = \begin{pmatrix} -1 \\ 0 \\ -1 \end{pmatrix} + r\begin{pmatrix} 2 \\ 0 \\ 0 \end{pmatrix} + s\begin{pmatrix} 0 \\ 1 \\ 0 \end{pmatrix}$ d) $\vec{x} = \begin{pmatrix} 0 \\ 0 \\ 0 \end{pmatrix} + r\begin{pmatrix} 3 \\ 1 \\ 0 \end{pmatrix} + s\begin{pmatrix} 0 \\ 0 \\ 5 \end{pmatrix}$

e) $\vec{x} = \begin{pmatrix} 0 \\ 0 \\ 0 \end{pmatrix} + r\begin{pmatrix} 0 \\ 1 \\ 1 \end{pmatrix} + s\begin{pmatrix} 2 \\ 0 \\ 0 \end{pmatrix}$ f) $\vec{x} = \begin{pmatrix} 1 \\ -1 \\ 1 \end{pmatrix} + r\begin{pmatrix} 3 \\ 2 \\ 1 \end{pmatrix} + s\begin{pmatrix} 1 \\ -1 \\ 0 \end{pmatrix}$

5. a) $\vec{x} = \begin{pmatrix} 1 \\ 0 \\ 1 \end{pmatrix} + r\begin{pmatrix} 1 \\ -1 \\ 1 \end{pmatrix} + s\begin{pmatrix} 0 \\ 1 \\ 0 \end{pmatrix}$ b) $\vec{x} = \begin{pmatrix} 1 \\ 0 \\ 0 \end{pmatrix} + r\begin{pmatrix} -1 \\ 1 \\ 0 \end{pmatrix} + s\begin{pmatrix} -1 \\ 0 \\ 1 \end{pmatrix}$ c) $\vec{x} = \begin{pmatrix} 0 \\ 0 \\ 0 \end{pmatrix} + r\begin{pmatrix} 3 \\ 2 \\ 1 \end{pmatrix} + s\begin{pmatrix} 1 \\ 2 \\ 1 \end{pmatrix}$

d) z.B. $\vec{x} = \begin{pmatrix} 2 \\ -1 \\ 4 \end{pmatrix} + r\begin{pmatrix} 4 \\ 6 \\ 8 \end{pmatrix} + s\begin{pmatrix} 1 \\ 0 \\ 0 \end{pmatrix}$, $\overrightarrow{AC}$ ist kollinear zu $\overrightarrow{AB}$, daher ist die Ebene E nicht eindeutig festgelegt. Jeder zu $\begin{pmatrix} 4 \\ 6 \\ 8 \end{pmatrix}$ nicht kollinearer Vektor ist einsetzbar und legt eine Ebene E fest, die A, B und C enthält.

356 6. a) E_{ABCD}: $\vec{x}=\begin{pmatrix}0\\0\\0\end{pmatrix}+r\begin{pmatrix}1\\0\\0\end{pmatrix}+s\begin{pmatrix}0\\1\\0\end{pmatrix}$, E_{EFGH}: $\vec{x}=\begin{pmatrix}0\\0\\5\end{pmatrix}+r\begin{pmatrix}1\\0\\0\end{pmatrix}+s\begin{pmatrix}0\\1\\0\end{pmatrix}$

E_{AEHD}: $\vec{x}=\begin{pmatrix}0\\0\\0\end{pmatrix}+r\begin{pmatrix}1\\0\\0\end{pmatrix}+s\begin{pmatrix}0\\0\\1\end{pmatrix}$, E_{DCGH}: $\vec{x}=\begin{pmatrix}0\\0\\0\end{pmatrix}+r\begin{pmatrix}0\\1\\0\end{pmatrix}+s\begin{pmatrix}0\\0\\1\end{pmatrix}$

E_{ABFE}: $\vec{x}=\begin{pmatrix}5\\0\\0\end{pmatrix}+r\begin{pmatrix}0\\1\\0\end{pmatrix}+s\begin{pmatrix}0\\0\\1\end{pmatrix}$, E_{BCGF}: $\vec{x}=\begin{pmatrix}5\\5\\0\end{pmatrix}+r\begin{pmatrix}-1\\0\\0\end{pmatrix}+s\begin{pmatrix}0\\0\\1\end{pmatrix}$

b) E_{BEG}: $\vec{x}=\begin{pmatrix}5\\5\\0\end{pmatrix}+r\begin{pmatrix}0\\-5\\5\end{pmatrix}+s\begin{pmatrix}-5\\0\\5\end{pmatrix}$, E_{DBE}: $\vec{x}=\begin{pmatrix}0\\0\\0\end{pmatrix}+r\begin{pmatrix}5\\5\\0\end{pmatrix}+s\begin{pmatrix}5\\0\\5\end{pmatrix}$

E_{DEG}: $\vec{x}=\begin{pmatrix}0\\0\\0\end{pmatrix}+r\begin{pmatrix}5\\0\\5\end{pmatrix}+s\begin{pmatrix}0\\5\\5\end{pmatrix}$, E_{DBG}: $\vec{x}=\begin{pmatrix}0\\0\\0\end{pmatrix}+r\begin{pmatrix}5\\5\\0\end{pmatrix}+s\begin{pmatrix}0\\5\\5\end{pmatrix}$

7. a) Ein Punkt der Ebene E, für dessen Parameter $0\le r\le 1$ und $0\le s\le 1$ gilt, liegt in dem von $(\vec{b}-\vec{a})$ und $(\vec{c}-\vec{a})$ aufgespannten Parallelogramm.

b) Ein Punkt der Ebene E, für den $r\ge 0, s\ge 0, r+s=1$ gilt, liegt auf der Strecke BC.

c) Ein Punkt der Ebene E mit $r=s$ liegt auf der Geraden durch A und D wobei der Punkt D den Ortsvektor $\overrightarrow{OD}=\overrightarrow{OB}+\overrightarrow{AC}$ besitzt.

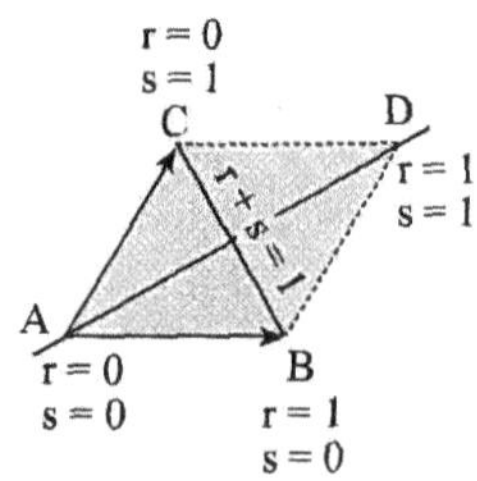

358 8. a) E: $\vec{x}=\begin{pmatrix}1\\1\\-3\end{pmatrix}+r\begin{pmatrix}-1\\1\\5\end{pmatrix}+s\begin{pmatrix}1\\0\\-2\end{pmatrix}$, $\vec{n}=\begin{pmatrix}2\\-3\\1\end{pmatrix}$, E: $\left(\vec{x}-\begin{pmatrix}1\\1\\-3\end{pmatrix}\right)\cdot\begin{pmatrix}2\\-3\\1\end{pmatrix}=0$

b) $\vec{n}=\begin{pmatrix}1\\-1\\1\end{pmatrix}$, E: $\left(\vec{x}-\begin{pmatrix}1\\1\\1\end{pmatrix}\right)\cdot\begin{pmatrix}1\\-1\\1\end{pmatrix}=0$

359 9. $E_1=E_5$, $E_2=E_6$, $E_3=E_4$

10. a) E: $\vec{x}=\begin{pmatrix}3\\0\\0\end{pmatrix}+r\begin{pmatrix}-3\\6\\0\end{pmatrix}+s\begin{pmatrix}-3\\0\\4\end{pmatrix}$ bzw. $\left(\vec{x}-\begin{pmatrix}3\\0\\0\end{pmatrix}\right)\cdot\begin{pmatrix}4\\2\\3\end{pmatrix}=0$

b) E: $\left(\vec{x}-\begin{pmatrix}0\\0\\4\end{pmatrix}\right)\cdot\begin{pmatrix}0\\0\\1\end{pmatrix}=0$ bzw. $\vec{x}=\begin{pmatrix}0\\0\\4\end{pmatrix}+r\begin{pmatrix}1\\0\\0\end{pmatrix}+s\begin{pmatrix}0\\1\\0\end{pmatrix}$

c) E: $\vec{x}=\begin{pmatrix}2\\0\\0\end{pmatrix}+r\begin{pmatrix}0\\1\\0\end{pmatrix}+s\begin{pmatrix}-2\\2\\4\end{pmatrix}$ bzw. $\left(\vec{x}-\begin{pmatrix}2\\0\\0\end{pmatrix}\right)\cdot\begin{pmatrix}2\\0\\1\end{pmatrix}=0$

11. a) A(6|0|0), B(0|4|0), C(0|0|4) 361
    b) Achsenabschnitte: X(5|0|0), Y(0|2|0), Z(0|0|2,5)
    c) A(4|0|0), C(0|0|2)
    kein y-Achsenabschnitt
    Die Ebene verläuft parallel zur y-Achse.

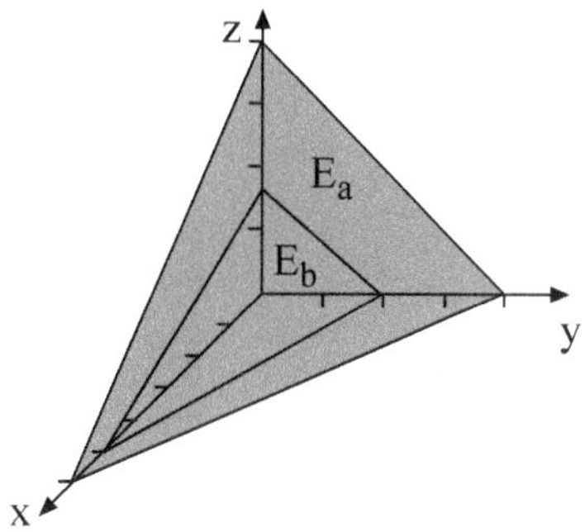

12. a) Die Achsenschnittpunkte sind X(3|0|0), Y(0|4|0), Z(0|0|3). Wir setzen diese Achsenschnittpunkte in die Achsenabschnittsform ein und erhalten E: $\frac{x}{3}+\frac{y}{4}+\frac{z}{3}=1$ bzw. 362
    E: $4x+3y+4z=12$.
    b) X(2|0|0), Y(0|5|0), Z(0|0|–3) $\Rightarrow$ E: $\frac{x}{2}+\frac{y}{5}+\frac{z}{-3}=1$ bzw. E: $15x+6y-10z=30$
    c) X(3|0|0), Y(0|2|0), parallel zur z-Achse $\Rightarrow$ E: $\frac{x}{3}+\frac{y}{2}=1$ bzw. E: $2x+3y=6$
    d) y-z-Ebene, geht durch den Ursprung, parallel zur y- und z-Achse $\Rightarrow$ E: $x=0$
    e) parallel zur x-Achse, Y(0|3|0), Z(0|0|4) $\Rightarrow$ E: $4y+3z=12$
    f) X(3,5|0|0), Y(0|7|0), Z(0|0|3) $\Rightarrow$ E: $6x+3y+7z=21$

13. a) X(2|0|0), Y(0|1|0), Z(0|0|4)
    b) X(-4|0|0), Y(0|3|0), Z(0|0|1,5)
    c) X(-2|0|0), Y(0|4|0), Z(0|0|-2)
    d) kein X (parallel zur x-Achse) Y(0|3|0), Z(0|0|2)
    e) X(2|0|0), kein Y, kein Z (da parallel zur y- und z-Achse)
    f) kein X, kein Y, Z(0|0|2) (da parallel zur x- und y-Achse)

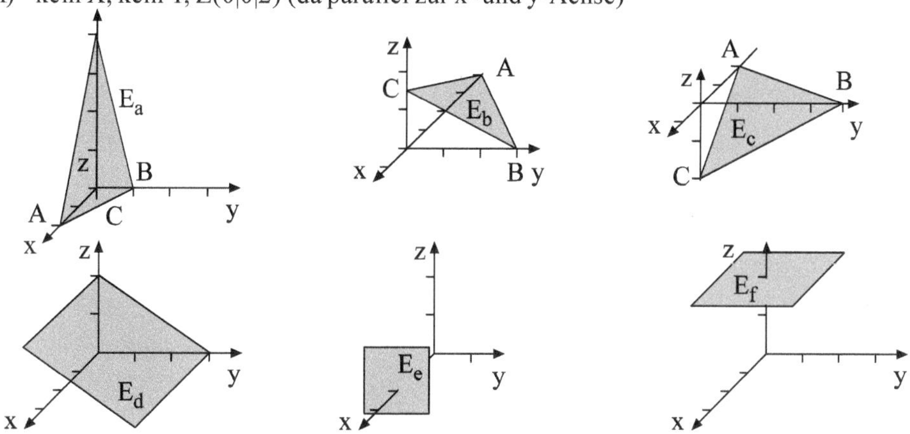

14. a) $\vec{x}=\begin{pmatrix}1\\2\\-2\end{pmatrix}+r\begin{pmatrix}-1\\3\\2\end{pmatrix}+s\begin{pmatrix}4\\-2\\0\end{pmatrix}$, $\left[\vec{x}-\begin{pmatrix}1\\2\\-2\end{pmatrix}\right]\cdot\begin{pmatrix}2\\4\\-5\end{pmatrix}=0$, $2x+4y-5z=20$ 363

    b) $\vec{x}=\begin{pmatrix}2\\1\\1\end{pmatrix}+r\begin{pmatrix}2\\1\\1\end{pmatrix}+s\begin{pmatrix}1\\2\\3\end{pmatrix}$, $\left[\vec{x}-\begin{pmatrix}2\\1\\1\end{pmatrix}\right]\cdot\begin{pmatrix}1\\-5\\3\end{pmatrix}=0$, $x-5y+3z=0$

363 15. a) $E: [\vec{x} - \begin{pmatrix} -3 \\ 0 \\ 0 \end{pmatrix}] \cdot \begin{pmatrix} -4 \\ 5 \\ 3 \end{pmatrix} = 0$ b) $E: [\vec{x} - \begin{pmatrix} 4 \\ 0 \\ 0 \end{pmatrix}] \cdot \begin{pmatrix} 1 \\ 0 \\ 2 \end{pmatrix} = 0$

c) $E: [\vec{x} - \begin{pmatrix} 1 \\ 0 \\ 0 \end{pmatrix}] \cdot \begin{pmatrix} 3 \\ -2 \\ 1 \end{pmatrix} = 0$ d) $E: [\vec{x} - \begin{pmatrix} 5 \\ 2 \\ 3 \end{pmatrix}] \cdot \begin{pmatrix} -1 \\ 4 \\ 5 \end{pmatrix} = 0$

16. a) $E: [\vec{x} - \begin{pmatrix} 0 \\ 2 \\ 0 \end{pmatrix}] \cdot \begin{pmatrix} -2 \\ 2 \\ 3 \end{pmatrix} = 0$ b) $E: [\vec{x} - \begin{pmatrix} 0 \\ 5 \\ 0 \end{pmatrix}] \cdot \begin{pmatrix} 2 \\ 1 \\ -3 \end{pmatrix} = 0$

c) $E: [\vec{x} - \begin{pmatrix} 0 \\ 0 \\ 0 \end{pmatrix}] \cdot \begin{pmatrix} 0 \\ 0 \\ 1 \end{pmatrix} = 0$ bzw $\vec{x} \cdot \begin{pmatrix} 0 \\ 0 \\ 1 \end{pmatrix} = 0$

d) $E: [\vec{x} - \begin{pmatrix} 0 \\ 0 \\ 0 \end{pmatrix}] \cdot \begin{pmatrix} 0 \\ 1 \\ 0 \end{pmatrix} = 0$ bzw $\vec{x} \cdot \begin{pmatrix} 0 \\ 1 \\ 0 \end{pmatrix} = 0$

e) $E: [\vec{x} - \begin{pmatrix} 0 \\ 0 \\ 0 \end{pmatrix}] \cdot \begin{pmatrix} 1 \\ -1 \\ 0 \end{pmatrix} = 0$ bzw $\vec{x} \cdot \begin{pmatrix} 1 \\ -1 \\ 0 \end{pmatrix} = 0$

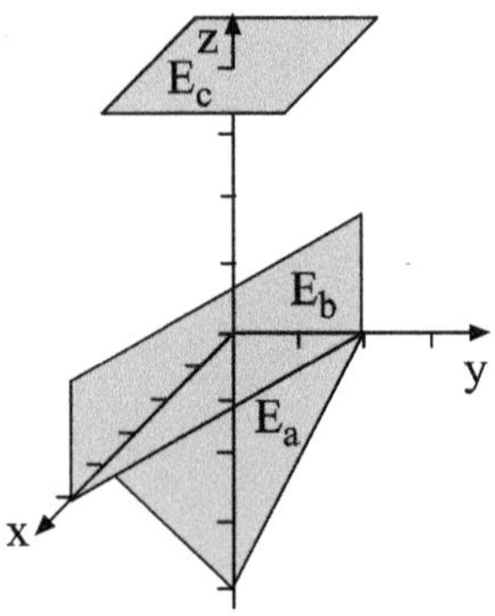

17. a) X(4|0|0), Y(0|2|0), Z(0|0|–4)
b) X(5|0|0), Y(0|2|0)
Die Ebene verläuft parallel zur z-Achse.
c) Z(0|0|4), Die Ebene geht durch den Punkt Z und verläuft parallel zur x-y-Ebene.

18. a) E: $z = 0$ b) E: $3x + 6y + 2z = 12$ c) E: $x = 2$

d) $X(6|0|0) \in E$, E: $2x + y = 12$

e) E: $\vec{x} = \begin{pmatrix} 2 \\ -1 \\ 5 \end{pmatrix} + r\begin{pmatrix} -3 \\ -2 \\ 4 \end{pmatrix} + s\begin{pmatrix} 0 \\ 0 \\ 1 \end{pmatrix}$, E: $2x - 3y = 7$

f) $E_1: x + y - z = 3$, $E_2: x + z = 2$

2.Lagebeziehungen

1. a) $P(-2|10|7) \in E_1$ $(r = 2,\ s = -1)$, $Q(1|1|1) \notin E_1$ (Wid.) 365
   b) $P(2|1|1) \in E_2$, $Q(1|0|1) \notin E_2$ (Wid.)

2. a) $A \in E,\ B \notin E$
   b) $3a - (a+1) + 4 = 5$ gilt für $a = 1$, $P(3|2|2) \in E$
   c) $a - (2a+3) + 2(3-2a) = 5$ gilt für $a = -\frac{2}{5}$, $P(-\frac{2}{5} \mid \frac{11}{5} \mid \frac{19}{5}) \in E$

3. a) $[\begin{pmatrix}3\\2\\1\end{pmatrix} - \begin{pmatrix}2\\1\\1\end{pmatrix}] \cdot \begin{pmatrix}1\\-1\\2\end{pmatrix} = 0$, also liegt A in E. $[\begin{pmatrix}1\\4\\2\end{pmatrix} - \begin{pmatrix}2\\1\\1\end{pmatrix}] \cdot \begin{pmatrix}1\\-1\\2\end{pmatrix} = -2 \neq 0$, also liegt B nicht in E.

   $[\begin{pmatrix}-1\\2\\3\end{pmatrix} - \begin{pmatrix}2\\1\\1\end{pmatrix}] \cdot \begin{pmatrix}1\\-1\\2\end{pmatrix} = 0$, also liegt C in E.

   b) $[\begin{pmatrix}a\\a+3\\3\end{pmatrix} - \begin{pmatrix}2\\1\\1\end{pmatrix}] \cdot \begin{pmatrix}1\\-1\\2\end{pmatrix} = 0$, für alle $a \in \mathbb{R}$, also liegt D in E.

   $[\begin{pmatrix}a\\2a\\3\end{pmatrix} - \begin{pmatrix}2\\1\\1\end{pmatrix}] \cdot \begin{pmatrix}1\\-1\\2\end{pmatrix} = 0$ für $a = 3$, also liegt F für $a = 3$ in E.

   c) E: $x - y + 2z = 3$ d) E: $\vec{x} = \begin{pmatrix}2\\1\\1\end{pmatrix} + r\begin{pmatrix}1\\1\\0\end{pmatrix} + s\begin{pmatrix}2\\0\\-1\end{pmatrix}$

4. E_{ABC}: $\vec{x} = \begin{pmatrix}6\\3\\1\end{pmatrix} + r\begin{pmatrix}0\\6\\0\end{pmatrix} + s\begin{pmatrix}-6\\0\\2\end{pmatrix} = \begin{pmatrix}3\\5\\2\end{pmatrix} \Rightarrow \begin{matrix}s=0{,}5\\r=1/3\\s=0{,}5\end{matrix}$ 366

   P liegt im Dreieck.
   Q liegt nicht im Dreieck ($r = \frac{2}{3}$, $s = \frac{1}{2}$, $r + s = \frac{7}{6} > 1$).
   R liegt nicht auf E, also auch nicht im Dreieck.

5. a) $\overrightarrow{AB} = \begin{pmatrix}-2\\2\\2\end{pmatrix} = \overrightarrow{DC}$, $\overrightarrow{AD} = \begin{pmatrix}-3\\0\\2\end{pmatrix} = \overrightarrow{BC}$

   b) $\begin{pmatrix}2\\1{,}5\\1{,}5\end{pmatrix} = \begin{pmatrix}4\\1\\0\end{pmatrix} + 0{,}25\begin{pmatrix}-2\\2\\2\end{pmatrix} + 0{,}5\begin{pmatrix}-3\\0\\2\end{pmatrix}$, also liegt P im Parallelogramm.

   $\begin{pmatrix}-2\\4\\5\end{pmatrix} = \begin{pmatrix}4\\1\\0\end{pmatrix} + 1{,}5\begin{pmatrix}-2\\2\\2\end{pmatrix} + 1\begin{pmatrix}-3\\0\\2\end{pmatrix}$, $r = 1{,}5 > 1$, Q liegt nicht im Parallelogramm.

369 6. a) g: $\vec{x} = \begin{pmatrix}5\\4\\3\end{pmatrix} + r\begin{pmatrix}2\\3\\2\end{pmatrix}$

$2(5+2r)+3(4+3r)+3(3+2r)=12$

$\Rightarrow \quad r=-1 \Rightarrow \quad S(3|1|1)$

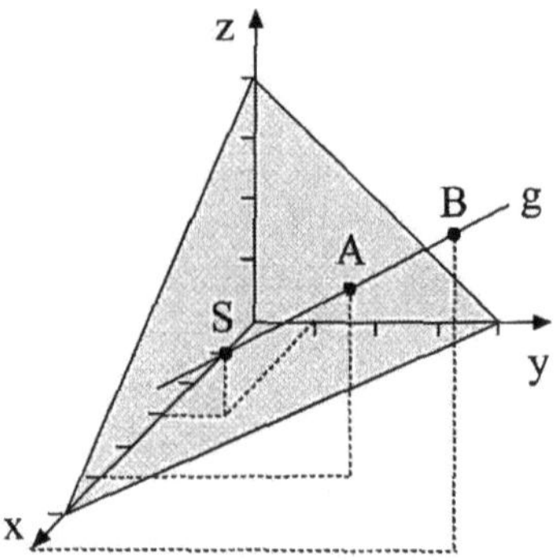

b) g: $\vec{x} = r\begin{pmatrix}4\\6\\4\end{pmatrix}$

$6(4r)+4(6r)=24 \Rightarrow \quad r=\frac{1}{2} \Rightarrow \quad S(2|3|2)$

c) $g: \quad \vec{x} = \begin{pmatrix}2\\0\\2\end{pmatrix} + r\begin{pmatrix}4\\4\\-2\end{pmatrix}, \quad E: \quad x+2y+4z=12$

$2+4r+2\cdot 4r+4(2-2r)=12$

$\Rightarrow \quad r=\frac{1}{2} \Rightarrow \quad S(4|2|1)$

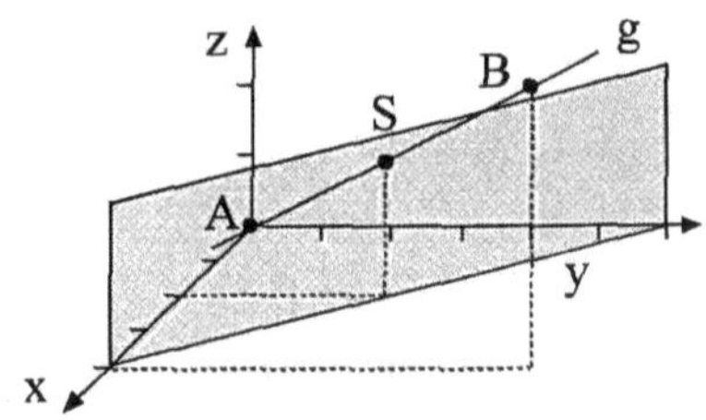

7. a) $2(-1+2r)+6r+2r=4$

$r=0{,}5$, Schnittpunkt $S(0|3|1)$

b) $4r+4(3-2r)+2(2+2r)=8$

Wid., g und E sind echt parallel.

c) $2(1+2r)+2(2+r)+3(-2r)=6$

allgemeingültig, g liegt in E.

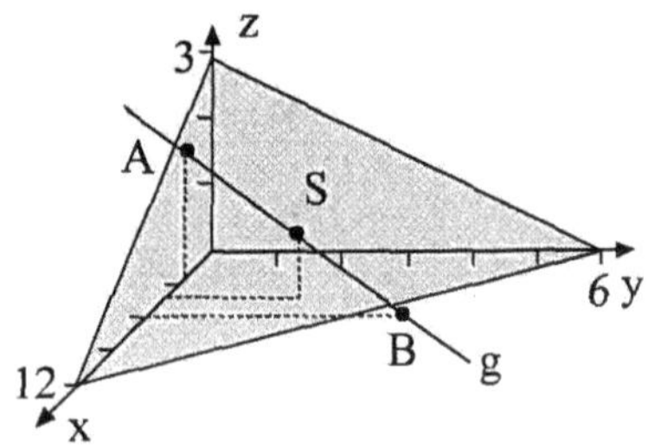

8. $\left[\begin{pmatrix}1\\2\\2\end{pmatrix} + r\begin{pmatrix}2\\-1\\1\end{pmatrix} - \begin{pmatrix}2\\2\\3\end{pmatrix}\right] \cdot \begin{pmatrix}-1\\-1\\1\end{pmatrix} = 0$ für alle r, also liegt g in E_1.

$\left[\begin{pmatrix}1\\2\\2\end{pmatrix} + r\begin{pmatrix}2\\-1\\1\end{pmatrix} - \begin{pmatrix}2\\-3\\2\end{pmatrix}\right] \cdot \begin{pmatrix}2\\2\\-2\end{pmatrix} = 8 \neq 0$, also verläuft g parallel zu E_2 außerhalb der Ebene.

9. a) A(0|0|0), B(6|0|0), C(6|6|0), D(0|6|0), E(0|0|6), F(6|0|6), G(6|6|6), H(0|6|6)

b) $E_1: \quad \vec{x} = \begin{pmatrix}6\\0\\0\end{pmatrix} + r\begin{pmatrix}0\\6\\6\end{pmatrix} + s\begin{pmatrix}-6\\0\\6\end{pmatrix}$

c) FD: $\vec{x} = \begin{pmatrix}6\\0\\6\end{pmatrix} + t\begin{pmatrix}-6\\6\\-6\end{pmatrix}$ in E_1 liefert $t=\frac{1}{3}$, S(4|2|4)

d) Wegen $\overrightarrow{BE} \parallel \overrightarrow{CH}$ ist h parallel zu E_1, also kein Schnittpunkt.

10. a) E_{FBC}: $\vec{x} = \begin{pmatrix}4\\4\\0\end{pmatrix} + r\begin{pmatrix}1\\0\\0\end{pmatrix} + s\begin{pmatrix}-1\\-1\\4\end{pmatrix}$ bzw. $\left(\vec{x} - \begin{pmatrix}4\\4\\0\end{pmatrix}\right) \cdot \begin{pmatrix}0\\4\\1\end{pmatrix} = 0, \quad g: \quad \vec{x} = \begin{pmatrix}-6\\16\\8\end{pmatrix} + t\begin{pmatrix}2{,}5\\-6{,}5\\-2\end{pmatrix}$

g in E_{FBC} eingesetzt liefert t = 2, Eintrittspunkt $S_E(-1|3|4)$

E_{DAE}: $\vec{x} = \begin{pmatrix}4\\-4\\0\end{pmatrix} + r\begin{pmatrix}1\\0\\0\end{pmatrix} + s\begin{pmatrix}-1\\1\\4\end{pmatrix}$ bzw. $\left(\vec{x} - \begin{pmatrix}4\\-4\\0\end{pmatrix}\right) \cdot \begin{pmatrix}0\\4\\-1\end{pmatrix} = 0$

g in E_{DAE} eingesetzt liefert t = 3, Austrittspunkt $S_E(1{,}5|-3{,}5|2)$

b) Länge des Kanals: $d(S_E;S_A) = \sqrt{2,5^2+6,5^2+2^2} \approx 7,25$ 369

c) PQ: $\vec{x} = \begin{pmatrix} -1 \\ 15 \\ 0 \end{pmatrix} + t\begin{pmatrix} 2 \\ -6 \\ -1 \end{pmatrix}$ eingesetzt in E_{FBC}: $t = 2$, T(3|3|4) auf der Kante BF

11. a) $E: \vec{x} = \begin{pmatrix} 2 \\ 1 \\ -1 \end{pmatrix} + s\begin{pmatrix} 6 \\ 6 \\ 3 \end{pmatrix} + t\begin{pmatrix} 4 \\ 8 \\ 8 \end{pmatrix}$, $s = \frac{1}{3}$, $t = \frac{1}{4}$, $r = 3$ 370

Wegen $0 \le s,t \le 1$ und $s+t \le 1$ liegt der Schnittpunkt S(5|5|2) im Dreieck.

b) $E: \vec{x} = \begin{pmatrix} 2 \\ 8 \\ 3 \end{pmatrix} + s\begin{pmatrix} 4 \\ 3 \\ -5 \end{pmatrix} + t\begin{pmatrix} 0 \\ -2 \\ 2 \end{pmatrix}$, $s = -\frac{1}{2}$, $t = -\frac{17}{4}$, $r = -2$

Der Schnittpunkt S(0|15|–3) liegt außerhalb des Dreiecks.

12. $g: \vec{x} = \begin{pmatrix} 2 \\ 2 \\ 0 \end{pmatrix} + r\begin{pmatrix} 3 \\ 1 \\ 4 \end{pmatrix}$ 372

13. a) $g: \vec{x} = \begin{pmatrix} 5 \\ -5 \\ 1 \end{pmatrix} + r\begin{pmatrix} 4 \\ -1 \\ -1 \end{pmatrix}$

b) $g: \vec{x} = [\begin{pmatrix} 5 \\ -5 \\ 1 \end{pmatrix} + r\begin{pmatrix} 4 \\ -1 \\ -1 \end{pmatrix} - \begin{pmatrix} 2 \\ 2 \\ 1 \end{pmatrix}]\begin{pmatrix} 4 \\ -1 \\ -1 \end{pmatrix} = 19 + 18r = 0 \Rightarrow r = -\frac{19}{18} \Rightarrow F(\frac{14}{18} \mid -\frac{71}{18} \mid \frac{37}{18})$

c) $\overrightarrow{OA}' = \overrightarrow{OA} + 2\overrightarrow{AF} = \begin{pmatrix} 5 \\ -5 \\ 1 \end{pmatrix} + 2\begin{pmatrix} -76/18 \\ 19/18 \\ 19/18 \end{pmatrix} = \begin{pmatrix} -31/9 \\ -26/9 \\ 28/9 \end{pmatrix} \Rightarrow A'(-\frac{31}{9} \mid -\frac{26}{9} \mid \frac{28}{9})$

14. Der Mittelpunkt M der Strecke AA' ist Ebenenpunkt, $\overrightarrow{AA}'$ ist ein Normalenvektor von E.

$M(2 \mid 3,5 \mid 2,5)$, $\overrightarrow{AA}' = \begin{pmatrix} 2 \\ -3 \\ -3 \end{pmatrix}$, $E: [\vec{x} - \begin{pmatrix} 2 \\ 3,5 \\ 2,5 \end{pmatrix}] \cdot \begin{pmatrix} 2 \\ -3 \\ -3 \end{pmatrix} = 0$

15. a) P liegt auf E, Q liegt auf E. b) P liegt nicht auf E, Q liegt auf E. 373
c) P liegt auf E, Q liegt nicht auf E. d) P liegt nicht auf E, Q liegt auf E.

16. a) E: $\vec{x} = \begin{pmatrix} 1 \\ 1 \\ -1 \end{pmatrix} + r\begin{pmatrix} 2 \\ 4 \\ 2 \end{pmatrix} + s\begin{pmatrix} 4 \\ 4 \\ 8 \end{pmatrix}$ b) $r = 0,5$, $s = -0,75$, D liegt auf E.
c) F liegt mit $r = 0,5$ und $s = 0,75$ auf E, aber wegen $r + s = 1,25 > 1$ nicht im Dreieck ABC.

17. a) $5(10+3r) - 2(4+2r) + 8 - r = 10$, $r = -4$, g und E schneiden sich in S(–2|–4|12)
b) S(1|4|–3) ($r = 1$, $s = 2$, $t = -2$)

c) $g: \vec{x} = \begin{pmatrix} 1 \\ 1 \\ 1 \end{pmatrix} + r\begin{pmatrix} 4 \\ 2 \\ -2 \end{pmatrix}$, $E: \vec{x} = \begin{pmatrix} 3 \\ 3 \\ 3 \end{pmatrix} + s\begin{pmatrix} 0 \\ -3 \\ -9 \end{pmatrix} + t\begin{pmatrix} -3 \\ -6 \\ -9 \end{pmatrix}$, S(3|2|0) ($r = 0,5$, $s = 1/3$, $t = 0$)

d) $g: \vec{x} = \begin{pmatrix} 3 \\ 4 \\ 0 \end{pmatrix} + r\begin{pmatrix} 0 \\ 0 \\ 1 \end{pmatrix}$, $E: \frac{x}{3} + \frac{y}{3} + \frac{z}{9} = 1$ bzw. $3x + 3y + z = 9$, S(3|4|–12) für $r = -12$

e) $2(4+2r) - 2(1+r) + (1-2r) = 8$ liefert Widerspruch, g liegt echt parallel zu E.
f) g und E schneiden sich in S(4|7|0) für $r = 4$.
g) g liegt in E (allgemeingültige Lösung).
h) g und E schneiden sich in S(4|2|5) für $r = -3$.

373 i) g und E sind echt parallel (Wid.)

j) g und E schneiden sich in S(0,5|−0,5|0) für r = 0,5

18. a) $E_{\alpha\beta\gamma}: \ \vec{x} = \begin{pmatrix} 4 \\ 4 \\ 8 \end{pmatrix} + r \begin{pmatrix} -4 \\ 16 \\ -8 \end{pmatrix} + s \begin{pmatrix} -20 \\ 12 \\ -4 \end{pmatrix}$ bzw. $\left(\vec{x} - \begin{pmatrix} 4 \\ 4 \\ 8 \end{pmatrix}\right) \cdot \begin{pmatrix} 2 \\ 9 \\ 17 \end{pmatrix} = 0$

P: $\left(\begin{pmatrix} -4 \\ 16 \\ 6 \end{pmatrix} - \begin{pmatrix} 4 \\ 4 \\ 8 \end{pmatrix}\right) \cdot \begin{pmatrix} 2 \\ 9 \\ 17 \end{pmatrix} = 58 \neq 0, \quad P \notin E_{\alpha\beta\gamma}$, analog $Q, R \notin E_{\alpha\beta\gamma}$

b) $g_{AB}: \ \vec{x} = \begin{pmatrix} 10 \\ 3 \\ 1 \end{pmatrix} + r \begin{pmatrix} -6 \\ 4 \\ 2 \end{pmatrix}, \quad E_{\alpha\beta\delta}: \ \begin{pmatrix} 6-6r \\ -1+4r \\ -7+2r \end{pmatrix} \cdot \begin{pmatrix} 8 \\ 7 \\ 10 \end{pmatrix} = -29 \neq 0$

$E_{\alpha\beta\delta}$ wird nicht getroffen. Analog: $E_{\beta\gamma\delta}$ wird in S(−8|15|7) getroffen.
$E_{\alpha\gamma\delta}$ wird nicht, $E_{\alpha\beta\gamma}$ wird in T(−2|11|5) getroffen.

374 19. a) g schneidet zwar die Ebene, in der das Parallelogramm liegt, aber mit s = 0,5 < 1 und t=2 > 1 nicht das Parallelogramm.

b) g schneidet das Parallelogramm (r = 2, s = 2/3, t = 2/3)

20. a) $g_{AM}: \ \vec{x} = \begin{pmatrix} 6 \\ 0 \\ 0 \end{pmatrix} + t \begin{pmatrix} -3 \\ 6 \\ 3 \end{pmatrix}, \quad E_{BCE}: \ \vec{x} = \begin{pmatrix} 0 \\ 6 \\ 0 \end{pmatrix} + r \begin{pmatrix} 6 \\ 0 \\ 0 \end{pmatrix} + s \begin{pmatrix} 6 \\ -6 \\ 6 \end{pmatrix}$, S(4|4|2) (r = s=1/3, t=2/3)

b) p: $\vec{x} = \begin{pmatrix} 3 \\ 6 \\ 3 \end{pmatrix} + t \begin{pmatrix} 0 \\ 6 \\ 0 \end{pmatrix} \cap E_{BCE}$, T(3|3|3) (r = 0, s = 0,5, t = −0,5)

c) $h_{MD}: \ \vec{x} = t \begin{pmatrix} 3 \\ 6 \\ 3 \end{pmatrix} \cap E_{BCE}$, S*(2|4|2) liegt wegen $r + s = 0 + \frac{1}{3} < 1$ im Dreieck ($t = \frac{2}{3}$).

d) $|MA| = \sqrt{54}, \quad |MS| = \sqrt{6}, \quad |MS| : |MA| = \frac{\sqrt{6}}{\sqrt{54}} = \frac{1}{3}$, S teilt $\overline{MA}$ wie 1 : 2.

21. a) $|\overrightarrow{AB}| = |\overrightarrow{AC}| = |\overrightarrow{BC}| = \sqrt{162} \approx 12{,}73 \ ; \ |\overline{AS}| = |\overline{BS}| = |\overline{CS}| = 9$

b) $\overrightarrow{AS} = \begin{pmatrix} 3 \\ 6 \\ 6 \end{pmatrix}, \quad \overrightarrow{BS} = \begin{pmatrix} 6 \\ -6 \\ 3 \end{pmatrix}, \quad \overrightarrow{CS} = \begin{pmatrix} 6 \\ 3 \\ -6 \end{pmatrix}, \quad \overrightarrow{AS} \cdot \overrightarrow{BS} = \overrightarrow{AS} \cdot \overrightarrow{CS} = \overrightarrow{BS} \cdot \overrightarrow{CS} = 0$

c) $g_{PQ}: \ \vec{x} = \begin{pmatrix} 8 \\ 7 \\ 7 \end{pmatrix} + t \begin{pmatrix} -4 \\ 7 \\ 4 \end{pmatrix}, \ E_{SBC}: \ \vec{x} = \begin{pmatrix} 15 \\ 3 \\ 3 \end{pmatrix} + r \begin{pmatrix} -6 \\ 6 \\ -3 \end{pmatrix} + s \begin{pmatrix} -6 \\ -3 \\ 6 \end{pmatrix}, \quad \left(\vec{x} - \begin{pmatrix} 15 \\ 3 \\ 3 \end{pmatrix}\right) \cdot \begin{pmatrix} 1 \\ 2 \\ 2 \end{pmatrix} = 0$

Gleichsetzen liefert t = −0,5, also $T_1(10|3{,}5|5)$.

$E_{SCA}: \ \vec{x} = \begin{pmatrix} 15 \\ 3 \\ 3 \end{pmatrix} + r \begin{pmatrix} -3 \\ -6 \\ -6 \end{pmatrix} + s \begin{pmatrix} -6 \\ -3 \\ 6 \end{pmatrix}, \quad \left(\vec{x} - \begin{pmatrix} 15 \\ 3 \\ 3 \end{pmatrix}\right) \cdot \begin{pmatrix} 2 \\ -2 \\ 1 \end{pmatrix} = 0$ g_{PQ} in E_{SCA}: t = -1, $T_2(12|0|3)$

$l = |\overline{T_1T_2}| = \left|\begin{pmatrix} 2 \\ -3{,}5 \\ -2 \end{pmatrix}\right| \sqrt{20{,}25} = 4{,}5$

22. a) $\overrightarrow{AE} = \begin{pmatrix}4\\4\\4\end{pmatrix},\ \overrightarrow{BF} = \begin{pmatrix}4\\4\\4\end{pmatrix},\ \overrightarrow{DH} = \begin{pmatrix}4\\4\\4\end{pmatrix},\ \overrightarrow{CG} = \begin{pmatrix}4\\4\\4\end{pmatrix} \Rightarrow \overrightarrow{AE} \parallel \overrightarrow{BF} \parallel \overrightarrow{DH} \parallel \overrightarrow{CG}$ 374

$\overrightarrow{AB} = \begin{pmatrix}2\\4\\6\end{pmatrix} = \overrightarrow{DC} = \overrightarrow{EF} = \overrightarrow{HG} \Rightarrow \overrightarrow{AB} \parallel \overrightarrow{DC} \parallel \overrightarrow{EF} \parallel \overrightarrow{HG}$

b) $\begin{pmatrix}6\\7\\10\end{pmatrix} = r\begin{pmatrix}2\\4\\6\end{pmatrix} + s\begin{pmatrix}3\\3\\6\end{pmatrix} + t\begin{pmatrix}4\\4\\4\end{pmatrix}$ wegen $0 < r = 0{,}5,\ s = 2/3,\ t = 0{,}75 < 1$ liegt P im Spat.
Ein analoger Ansatz mit Q liefert $r = -0{,}5 < 0$, also liegt Q nicht im Spat.

c) $g_{AG}:\ \vec{x} = t\begin{pmatrix}9\\11\\16\end{pmatrix},\quad E_{BFH}:\ \vec{x} = \begin{pmatrix}2\\4\\6\end{pmatrix} + r\begin{pmatrix}4\\4\\4\end{pmatrix} + s\begin{pmatrix}5\\3\\4\end{pmatrix}$

$g_{AG} \cap E_{BFH}$ liefert $S(4{,}5|5{,}5|8)$ $(r = 0,\ s = 0{,}5,\ t = 0{,}5)$.

23.a) $[\begin{pmatrix}2\\0\\0\end{pmatrix} + r\begin{pmatrix}1\\-2\\3\end{pmatrix} - \begin{pmatrix}0\\4\\0\end{pmatrix}] \cdot \begin{pmatrix}-3\\6\\5\end{pmatrix} = -30 \neq 0$, also verläuft g parallel zu E und liegt nicht in E. 375

b) Normalenvektor von E und Richtungsvektor von g sind kollinear, daher sind g und E zueinander orthogonal.

c) $4(-4+5r)-3(-5+6r)+(3-2r) = 5$
führt auf $2 = 5$, also verläuft g parallel zu E und liegt nicht in E.

24. a) $g:\ \vec{x} = \begin{pmatrix}3\\2\\-6\end{pmatrix} + r\begin{pmatrix}3\\1\\4\end{pmatrix},\quad g \cap E:\ r = \frac{1}{2},\quad F(4{,}5|2{,}5|-4),\ A'(6|3|-2)$

b) $g:\ \vec{x} = \begin{pmatrix}4\\0\\8\end{pmatrix} + r\begin{pmatrix}2\\-1\\1\end{pmatrix},\quad g \cap E:\ r = -2,\quad F(0|2|6),\ A'(-4|4|4)$

c) $g: \vec{x} = \begin{pmatrix}3\\7\\-4\end{pmatrix} + r\begin{pmatrix}1\\3\\-1\end{pmatrix},\ E: (\vec{x} - \begin{pmatrix}0\\2\\0\end{pmatrix}) \cdot \begin{pmatrix}1\\3\\-1\end{pmatrix} = 0,\ g \cap E:\ r = -2,\ F(1|1|-2),\ A'(-1|-5|0)$

25. a) $E:\ (\vec{x} - \begin{pmatrix}3\\4\\2\end{pmatrix}) \cdot \begin{pmatrix}4\\8\\-2\end{pmatrix} = 0$ b) $E:\ (\vec{x} - \begin{pmatrix}2{,}5\\2\\-2\end{pmatrix}) \cdot \begin{pmatrix}1\\2\\4\end{pmatrix} = 0$ c) $E:\ (\vec{x} - \begin{pmatrix}1\\4\\3{,}5\end{pmatrix}) \cdot \begin{pmatrix}-1\\-1\\-2{,}5\end{pmatrix} = 0$

26. a) C ist Geradenpunkt: $\overrightarrow{OC} = \begin{pmatrix}2\\2\\2r\end{pmatrix},\quad \overrightarrow{CA} \cdot \overrightarrow{CB} = \begin{pmatrix}2\\2\\-2r\end{pmatrix} \cdot \begin{pmatrix}-1\\-1\\-2r\end{pmatrix} = 0 \Rightarrow r = \pm 1$

$C_1(2|2|2)$ oder $C_2(2|2|-2)$

$h_1:\ \vec{x} = \begin{pmatrix}2\\2\\2\end{pmatrix} + s\begin{pmatrix}1\\-1\\0\end{pmatrix},\quad h_2:\ \vec{x} = \begin{pmatrix}2\\2\\-2\end{pmatrix} + s\begin{pmatrix}1\\-1\\0\end{pmatrix},\quad \begin{pmatrix}1\\-1\\0\end{pmatrix} \cdot \overrightarrow{CB} = 0,\ \overrightarrow{CA} \cdot \begin{pmatrix}1\\-1\\0\end{pmatrix} = 0$

b) $\overrightarrow{OC} = \begin{pmatrix}r\\2+r\\r\end{pmatrix},\quad \overrightarrow{CA} \cdot \overrightarrow{CB} = \begin{pmatrix}1-r\\-r\\1-r\end{pmatrix} \cdot \begin{pmatrix}-1-r\\1-r\\7-r\end{pmatrix} = 0$

$r^2 - 3r + 2 = 0,\quad r_1 = 2,\ r_2 = 1,\quad C_1(2|4|2),\quad C_2(1|3|1)$

$h_1:\ \vec{x} = \begin{pmatrix}2\\4\\2\end{pmatrix} + s\begin{pmatrix}11\\-8\\5\end{pmatrix},\quad h_2:\ \vec{x} = \begin{pmatrix}1\\3\\1\end{pmatrix} + s\begin{pmatrix}3\\0\\1\end{pmatrix}$

375 27. a) $\begin{pmatrix}1\\-2\\-1\end{pmatrix}\cdot\begin{pmatrix}3\\2\\-1\end{pmatrix}=0$, $g \parallel E$, g liegt nicht in E, da A(2|0|1) nicht in E liegt.

b) A(2|0|1) wird an E gespiegelt: Lotgerade h: $\vec{x}=\begin{pmatrix}2\\0\\1\end{pmatrix}+s\begin{pmatrix}3\\2\\-1\end{pmatrix}$, Lotfußpunkt F(0,5|−1|1,5)

A'(−1|−2|2), Spiegelgerade g' parallel zu E und zu g: g': $\vec{x}=\begin{pmatrix}-1\\-2\\2\end{pmatrix}+s\begin{pmatrix}1\\-2\\-1\end{pmatrix}$

376 28. Die für eine Kollision in Frage kommende Pyramidenseite ist die Seitenfläche ABS. Dies erkennt man, wenn man den Grundriss in der x-y-Ebene zeichnet. (Ansonsten müsste man mit allen Pyramidenseitenflächen eine Schnittuntersuchung durchführen.)

E_{ABS}: $\vec{x}=\begin{pmatrix}0\\-16\\0\end{pmatrix}+r\begin{pmatrix}16\\16\\0\end{pmatrix}+s\begin{pmatrix}0\\16\\12\end{pmatrix}$, $g_{F_1F_2}$: $\vec{x}=\begin{pmatrix}56\\-44\\15\end{pmatrix}+t\begin{pmatrix}-8\\8\\-1\end{pmatrix}$

$E_{ABS}\cap g_{F_1F_2} \Rightarrow s=0{,}75,\ t=6,\ r=0{,}5$

E_{ABS} und g_{F1F2} schneiden sich im Punkt T(8|4|9). Wegen r+s = 1,25 > 1 liegt T aber nicht im Dreieck ABS. Das Flugzeug kollidiert also nicht.

29. a)

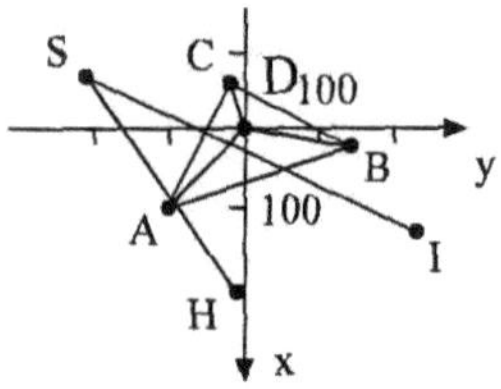

b) Der Grundriss zeigt, dass die Sichtlinien HS und IS durch die Pyramide genau dann gehen, wenn sie die Pyramidenfläche ABD durchdringen.

c) Trägerebene des Dreiecks ABD: E: $\vec{x}=\begin{pmatrix}100\\-100\\20\end{pmatrix}+r\begin{pmatrix}-80\\240\\0\end{pmatrix}+s\begin{pmatrix}-100\\100\\60\end{pmatrix}$

Geraden durch H, S und I, S: g_{HS}: $\vec{x}=\begin{pmatrix}210\\-10\\0\end{pmatrix}+t\begin{pmatrix}-280\\-200\\100\end{pmatrix}$, g_{IS}: $\vec{x}=\begin{pmatrix}130\\230\\0\end{pmatrix}+k\begin{pmatrix}-200\\-440\\100\end{pmatrix}$

Schnittpunkt von g_{HS} und E: P(70|−110|50), Schnittpunkt von g_{IS} und E: Q(30|10|50)

P liegt nicht im Parallelogramm, das von $\overrightarrow{AB}$ und $\overrightarrow{AD}$ aufgespannt wird (s = 0,5, r = −0,25 < 0). Also liegt P auch nicht im Dreieck ABD, die Sichtlinie HS wird nicht unterbrochen.

Q liegt sowohl im von $\overrightarrow{AB}$ und $\overrightarrow{AD}$ also auch in dem von $\overrightarrow{BA}$ und $\overrightarrow{BD}$ aufgespannten Parallelogramm (r = 0,25, s = 0,5, 0 < r+s < 1). Also liegt Q im Dreieck ABD, d.h., die Sichtlinie IS wird unterbrochen.

30. Es gilt: E(0|0|4), F(0|8|4), G(−4|8|6), H(−4|0|6), A(−2|2|5), B(−2|2|6).
Ebenengleichung der Dachfläche EFGH:

E: $\vec{x}=\begin{pmatrix}0\\0\\4\end{pmatrix}+r\begin{pmatrix}0\\8\\0\end{pmatrix}+s\begin{pmatrix}-4\\0\\2\end{pmatrix}$, g: $\vec{x}=\begin{pmatrix}-2\\2\\6\end{pmatrix}+t\begin{pmatrix}2\\8\\-3\end{pmatrix}$, $E\cap g \Rightarrow s=\frac{1}{4},\ t=\frac{1}{2},\ r=\frac{3}{4}$

g schneidet E in T(−1|6|4,5). T liegt wegen $0 \le r,s \le 1$ auf der Dachfläche EFGH (im Parallelogramm EFGH). Länge des Schattenbildes: $|AT|=\left|\begin{pmatrix}1\\4\\-0{,}5\end{pmatrix}\right|=\sqrt{17{,}25}\approx 4{,}15$

31. a) $2(2-r-s)+4s+6r=8$, $s=2-2r$ in E einsetzen: Schnittgerade g: $\vec{x}=\begin{pmatrix}0\\8\\0\end{pmatrix}+r\begin{pmatrix}1\\-8\\3\end{pmatrix}$ 377

b) E: $\vec{x}=r\begin{pmatrix}1\\2\\2\end{pmatrix}+s\begin{pmatrix}-1\\0\\6\end{pmatrix}$, $r-s+2r+2r+6s=5$, $s=1-r$ in E einsetzen: g: $\vec{x}=\begin{pmatrix}-1\\0\\6\end{pmatrix}+r\begin{pmatrix}2\\2\\-4\end{pmatrix}$

c) E: $\vec{x}=\begin{pmatrix}4\\0\\0\end{pmatrix}+r\begin{pmatrix}-4\\2\\0\end{pmatrix}+s\begin{pmatrix}-4\\0\\4\end{pmatrix}$, $4-4r-4s+2r+4s=2$, $r=1$ in E: g: $\vec{x}=\begin{pmatrix}0\\2\\0\end{pmatrix}+s\begin{pmatrix}-4\\0\\4\end{pmatrix}$

a) b) c)

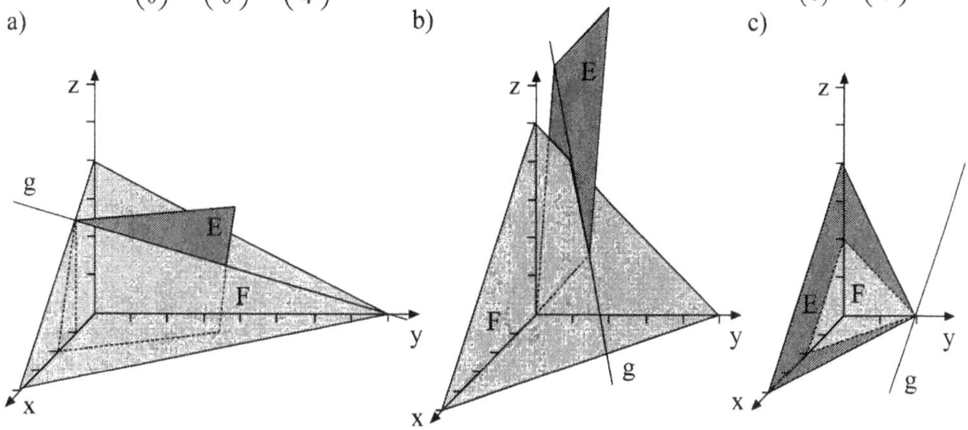

32. a) $3(2-2s)+6(2r+3s)+4(3-3r-3s)=36$, $18=36$ Wid., E und F sind echt parallel zueinander. 378

b) $3(8-2r+8s)+6(3r-2s)+4(3-3r-3s)=36$, $36=36$ wahr, E und F sind identisch.

c) F: $\vec{x}=\begin{pmatrix}4\\4\\0\end{pmatrix}+r\begin{pmatrix}-4\\0\\3\end{pmatrix}+s\begin{pmatrix}-4\\-4\\0\end{pmatrix}$, $3(4-4r-4s)+6(4-4s)+4(3r)=36$, $s=0$

E und F schneiden sich in der Schnittgeraden g: $\vec{x}=\begin{pmatrix}4\\4\\0\end{pmatrix}+r\begin{pmatrix}-4\\0\\3\end{pmatrix}$.

d) F: $\vec{x}=\begin{pmatrix}6\\0\\0\end{pmatrix}+r\begin{pmatrix}-6\\3\\0\end{pmatrix}+s\begin{pmatrix}-6\\0\\4{,}5\end{pmatrix}$, $3(6-6r-6s)+18r+18s=36$, $18=36$ Wid., echt parallel

e) F: $\vec{x}=\begin{pmatrix}6\\0\\0\end{pmatrix}+r\begin{pmatrix}-6\\12\\0\end{pmatrix}+s\begin{pmatrix}-6\\0\\9\end{pmatrix}$, $3(6-6r-6s)+6(12r)+4(9s)=36$, $s=1-3r$

E und F schneiden sich in der Schnittgeraden g: $\vec{x}=\begin{pmatrix}0\\0\\9\end{pmatrix}+r\begin{pmatrix}4\\4\\-9\end{pmatrix}$.

33. E: $\vec{x}=\begin{pmatrix}4\\4\\1\end{pmatrix}+r\begin{pmatrix}0\\-3\\3\end{pmatrix}+s\begin{pmatrix}-2\\0\\3\end{pmatrix}$, $2(4-2s)-6(4-3r)+5(1+3r+3s)=0$, $s=1-3r$

E und F schneiden sich in der Schnittgeraden g: $\vec{x}=\begin{pmatrix}2\\4\\4\end{pmatrix}+r\begin{pmatrix}6\\-3\\-6\end{pmatrix}$.

$-1{,}5(4-2s)-(4-3r)-(1+3r+3s)=-11$, $-11=-11$ wahr, E und G sind identisch.
$3(4-2s)+2(4-3r)+2(1+3r+3s)=6$, $22=6$ Wid., E und H sind echt parallel.

34. E ist zu E_1 echt parallel (P(2|2|−2) liegt nicht in E). Die Normalenvektoren von E und E_2 sind kollinear, Q(0|2|0) liegt in E und E_2, die Ebenen sind identisch. 380

35. E_2: $\vec{x}=\begin{pmatrix}1\\0\\1\end{pmatrix}+r\begin{pmatrix}3\\0\\2\end{pmatrix}+s\begin{pmatrix}1\\2\\0\end{pmatrix}$, $E_1\cap E_2$: $r=s$, g: $\vec{x}=\begin{pmatrix}1\\0\\1\end{pmatrix}+r\begin{pmatrix}4\\2\\2\end{pmatrix}$

380 36. $E_2\colon\ \left(\vec{x}-\begin{pmatrix}-2\\1\\2\end{pmatrix}\right)\cdot\begin{pmatrix}1\\0\\1\end{pmatrix}=0,\quad E_2\colon\ \vec{x}=\begin{pmatrix}-2\\1\\2\end{pmatrix}+r\begin{pmatrix}0\\1\\0\end{pmatrix}+s\begin{pmatrix}2\\1\\-2\end{pmatrix}$

$E_1\cap E_2\colon\ r=5-9s,\quad g\colon\ \vec{x}=\begin{pmatrix}-2\\6\\2\end{pmatrix}+s\begin{pmatrix}2\\-8\\-2\end{pmatrix}$

381 37. a) $g_{xz}\colon\ \vec{x}=\begin{pmatrix}20/3\\0\\-1\end{pmatrix}+s\begin{pmatrix}-50/3\\0\\10\end{pmatrix},\quad g_{yz}\colon\ \vec{x}=\begin{pmatrix}0\\-16\\15\end{pmatrix}+s\begin{pmatrix}0\\40\\-30\end{pmatrix}$

b) $E_1\colon\ g_{xz}\colon\ \vec{x}=\begin{pmatrix}-1\\0\\5\end{pmatrix}+r\begin{pmatrix}3\\0\\-1\end{pmatrix},\quad g_{yz}\colon\ \vec{x}=\begin{pmatrix}0\\1\\3\end{pmatrix}+r\begin{pmatrix}0\\-3\\5\end{pmatrix},\quad g_{xy}\colon\ \vec{x}=\begin{pmatrix}-1\\3\\0\end{pmatrix}+s\begin{pmatrix}5\\-1\\0\end{pmatrix}$

$E_2\colon\ \vec{x}=r\begin{pmatrix}1\\2\\0\end{pmatrix}+s\begin{pmatrix}0\\3\\1\end{pmatrix},\quad g_{xz}\colon\ \vec{x}=s\begin{pmatrix}-3\\0\\2\end{pmatrix},\quad g_{yz}\colon\ \vec{x}=s\begin{pmatrix}0\\3\\1\end{pmatrix},\quad g_{xy}\colon\ \vec{x}=r\begin{pmatrix}1\\2\\0\end{pmatrix}$

c) $E\colon\ \vec{x}=\begin{pmatrix}1\\1\\0\end{pmatrix}+r\begin{pmatrix}1\\0\\0\end{pmatrix}+s\begin{pmatrix}0\\0\\3\end{pmatrix}$ Der Ansatz $0 = 1 + 0r + 0s$ liefert keine Lösung.

382 38. a) $-6(1+r)+4(2+2r-4s)+3(-3r+3s)=-12,\ s=2-r,\ g\colon\ \vec{x}=\begin{pmatrix}1\\-6\\6\end{pmatrix}+r\begin{pmatrix}1\\6\\-6\end{pmatrix}$

b) $3(-r+s)+(1+r+2s)+(2+2r-2s)=3,\ s=0,\ g\colon\ \vec{x}=\begin{pmatrix}0\\1\\2\end{pmatrix}+r\begin{pmatrix}-1\\1\\2\end{pmatrix}$

c) $3+r-3s+2(3-3r-s)=4,\ r=1-s,\ g\colon\ \vec{x}=\begin{pmatrix}4\\0\\1\end{pmatrix}+s\begin{pmatrix}-4\\2\\2\end{pmatrix}$

d) $12s+3r=6,\ r=2-4s,\ g\colon\ \vec{x}=\begin{pmatrix}-3\\0\\6\end{pmatrix}+s\begin{pmatrix}9\\6\\-12\end{pmatrix}$

39. a) Subtrahiert man beide Geradengleichungen, so erhält man $4y + z = 4$. Mit $z = 4t$ (bel.) folgt $y = 1-t$, $x = 3-3t$ und damit: $g\colon\ \vec{x}=\begin{pmatrix}3\\1\\0\end{pmatrix}+t\begin{pmatrix}-3\\-1\\4\end{pmatrix}$.

b) Addition: $4x+4z=8$ $(z=t)$, $x=2-t$ in $E_1\colon y=3-1{,}5t$: $g\colon\ \vec{x}=\begin{pmatrix}2\\3\\0\end{pmatrix}+t\begin{pmatrix}-1\\-1{,}5\\1\end{pmatrix}=\begin{pmatrix}2\\3\\0\end{pmatrix}+t'\begin{pmatrix}-2\\-3\\2\end{pmatrix}$

c) E_1 in Koordinatenform: $x + y + z = 5$

$3-2v+4-u-3v-3+3v=5,\ u=-2v-1,\ g\colon\ \vec{x}=\begin{pmatrix}3\\5\\-3\end{pmatrix}+v\begin{pmatrix}-2\\-1\\3\end{pmatrix}$

d) $E_1\colon 3x+4z=12,\ 12u+12v=12,\ v=1-u,\ g\colon\ \vec{x}=\begin{pmatrix}0\\0\\3\end{pmatrix}+u\begin{pmatrix}4\\4\\-3\end{pmatrix}$

40. a) $E\colon\ \vec{x}=r\begin{pmatrix}0\\0\\6\end{pmatrix}+s\begin{pmatrix}6\\6\\0\end{pmatrix}$ bzw. $E\colon x-y=0$, $F\colon\ \vec{x}=\begin{pmatrix}6\\2\\6\end{pmatrix}+r\begin{pmatrix}0\\4\\-4\end{pmatrix}+s\begin{pmatrix}-3\\4\\0\end{pmatrix}$

F in E: $6-3s-2-4r-4s=0,\ r=1-7/4s,\ g\colon\ \vec{x}=\begin{pmatrix}6\\6\\2\end{pmatrix}+s\begin{pmatrix}-3\\-3\\7\end{pmatrix}$

b) $\frac{x}{6}+\frac{y}{3}+\frac{z}{3}=1$ bzw. $x+2y+2z=6$, $F\colon\ \vec{x}=\begin{pmatrix}6\\3\\0\end{pmatrix}+r\begin{pmatrix}0\\3\\0\end{pmatrix}+s\begin{pmatrix}-6\\0\\2\end{pmatrix}$

$6-6s+2(3+3r)+2(2s)=6,\ s=3+3r,\ g\colon\ \vec{x}=\begin{pmatrix}-12\\3\\6\end{pmatrix}+r\begin{pmatrix}-18\\3\\6\end{pmatrix}$

41\. a) E_1: $\vec{x}=\begin{pmatrix}2\\0\\3\end{pmatrix}+r\begin{pmatrix}1\\-1\\3\end{pmatrix}+s\begin{pmatrix}-1\\1\\3\end{pmatrix}$ bzw. $x+y=2$ 382

E_2: $\vec{x}=\begin{pmatrix}2\\2\\0\end{pmatrix}+r\begin{pmatrix}-2\\2\\6\end{pmatrix}+s\begin{pmatrix}-5\\5\\0\end{pmatrix}$

E_3: $3x+3y+2z=12$

$E_1 \cap E_2$: $2-2r-5s+2+2r+5s=2,\ 4=2$ Wid.

die Ebenen E_1 und E_2 sind parallel.

(zur Kontrolle E_2 in Koordinatenform: $x+y=4$)

$E_1 \cap E_3$: $3(2+r-s)+3(-r+s)+2(3+3r+3s)=12$

$r=-s$, Schnittgerade g : $\vec{x}=\begin{pmatrix}2\\0\\3\end{pmatrix}+s\begin{pmatrix}-2\\2\\0\end{pmatrix}$

b)

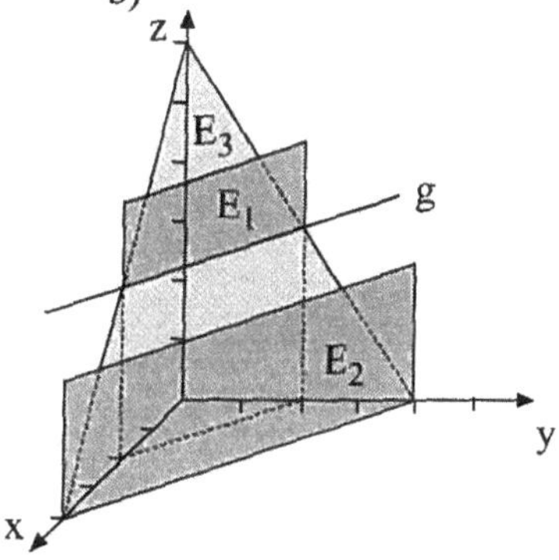

42\. a) $2(-2+r+2s)-2+r+3-3s=6$, $s=9-3r$, Schnittgerade g: $\vec{x}=\begin{pmatrix}16\\-2\\-24\end{pmatrix}+r\begin{pmatrix}-5\\1\\9\end{pmatrix}$ 383

b) $7+r+s-1-r-4-s=2,\ 2=2$, die Ebenen sind identisch.

c) $2(5r+5s)-5(-1+r+2s)-5(-1+r)=8,\ 10=8$ Wid., die Ebenen verlaufen echt parallel.

d) Subtrahiert man das Doppelte der ersten Gleichung von der zweiten, so erhält man $y=0{,}4$.

In E_1 eingesetzt folgt $z=2{,}4$ und mit $x=t$: g: $\vec{x}=\begin{pmatrix}0\\0{,}4\\2{,}4\end{pmatrix}+t\begin{pmatrix}1\\0\\0\end{pmatrix}$ (Schnittgerade)

e) Subtrahiert man das Doppelte der ersten Gleichung von der zweiten, so erhält man $0=-8$, also verlaufen die Ebenen echt parallel.

f) Analog zu e) erhält man $0=0$, die Ebenen sind identisch.

43\. a) g_{xy}: $\vec{x}=\begin{pmatrix}9\\0\\0\end{pmatrix}+r\begin{pmatrix}9\\4\\0\end{pmatrix}$, g_{xz}: $\vec{x}=\begin{pmatrix}3\\0\\2\end{pmatrix}+r\begin{pmatrix}-3\\0\\1\end{pmatrix}$, g_{yz}: $\vec{x}=\begin{pmatrix}0\\0\\3\end{pmatrix}+r\begin{pmatrix}0\\4\\3\end{pmatrix}$

b) g_{xy}: $\vec{x}=\begin{pmatrix}0\\5\\0\end{pmatrix}+r\begin{pmatrix}-3\\4\\0\end{pmatrix}$, g_{xz}: $\vec{x}=\begin{pmatrix}10\\0\\5\end{pmatrix}+r\begin{pmatrix}5\\0\\4\end{pmatrix}$, g_{yz}: $\vec{x}=\begin{pmatrix}0\\-5\\-6\end{pmatrix}+r\begin{pmatrix}0\\-5\\-3\end{pmatrix}$

c) g_{xy}: $\vec{x}=\begin{pmatrix}0\\3\\0\end{pmatrix}+r\begin{pmatrix}1\\0{,}6\\0\end{pmatrix}$, g_{xz}: $\vec{x}=\begin{pmatrix}0\\0\\-15\end{pmatrix}+r\begin{pmatrix}1\\0\\-3\end{pmatrix}$, g_{yz}: $\vec{x}=\begin{pmatrix}0\\0\\-15\end{pmatrix}+r\begin{pmatrix}0\\1\\5\end{pmatrix}$

d) g_{xy}: $\vec{x}=\begin{pmatrix}0\\4\\0\end{pmatrix}+r\begin{pmatrix}1\\0\\0\end{pmatrix}$, g_{xz}: $\vec{x}=\begin{pmatrix}0\\0\\-6\end{pmatrix}+r\begin{pmatrix}1\\0\\0\end{pmatrix}$

44\. Koordinatengleichung: E: $x-2y-3z+1=0$

3\. Spurgerade: g_3: $\vec{x}=\begin{pmatrix}0\\-1\\1\end{pmatrix}+r\begin{pmatrix}0\\-3\\2\end{pmatrix}$

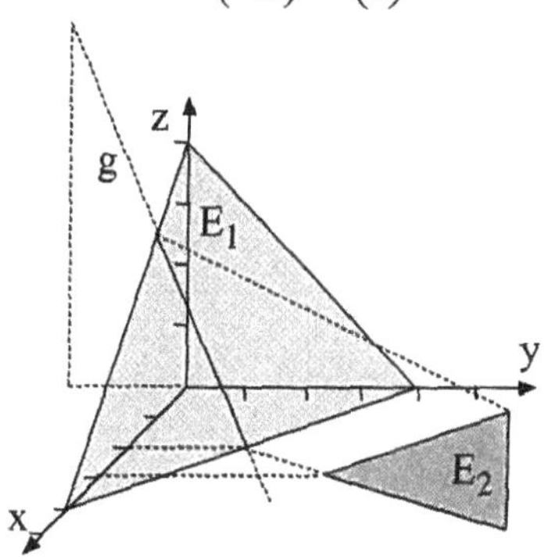

45\. E_1: $x+y+z=4$, E_2: $\vec{x}=\begin{pmatrix}3\\4\\0\end{pmatrix}+r\begin{pmatrix}2\\4\\0\end{pmatrix}+s\begin{pmatrix}2\\4\\2\end{pmatrix}$

$3+2r+2s+4+4r+4s+2s=4$, $r=-0{,}5-4/3s$, g: $\vec{x}=\begin{pmatrix}2\\2\\0\end{pmatrix}+s'\begin{pmatrix}-2\\-4\\6\end{pmatrix}$

383 46. a) 1. 3 Ebenen können parallel verlaufen.
2. 3 Ebenen können sich in einer Geraden schneiden.
3. 2 Ebenen können parallel liegen, die 3. Ebene kann die beiden anderen schneiden.
4. 3 Ebenen können identisch sein.

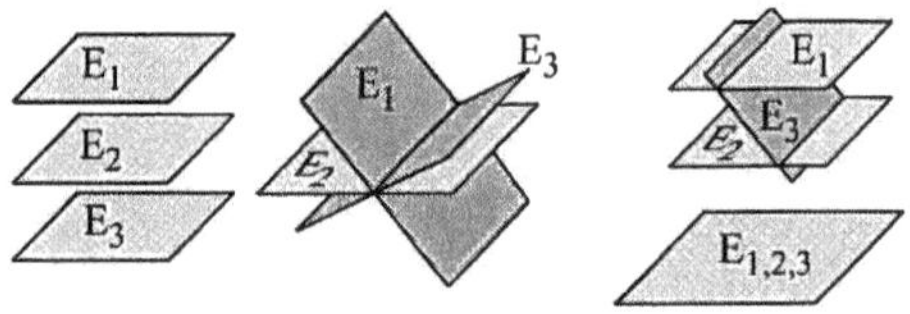

b) 1. E_1, E_3: $3-r-3(1+r-s)=0$, $s=4/3r$

g_1: $\vec{x}=\begin{pmatrix}3\\3\\1\end{pmatrix}+r'\begin{pmatrix}3\\-3\\-1\end{pmatrix}$, E_2, E_3: $6u-3(u-v)=0$, $v=-u$, g_2: $\vec{x}=\begin{pmatrix}6\\0\\0\end{pmatrix}+u\begin{pmatrix}-6\\6\\2\end{pmatrix}$

$g_1 \cap g_2$ liefert eine allgemeingültige Aussage, also sind die Geraden identisch.
Oder: Die Richtungsvektoren beider Geraden sind kollinear. Da P(6|0|0) auf g_1 liegt, sind die Geraden identisch.
Die 3 Ebenen haben also eine gemeinsame Schnittgerade $g = g_1 = g_2$.

2. E_1, E_2: Subtrahiert man das Dreifache der ersten Gleichung von der zweiten, so erhält man $y=3$. Mit $z=t$ folgt dann aus Gleichung I $x=1-t$; g_1: $\vec{x}=\begin{pmatrix}1\\3\\0\end{pmatrix}+t\begin{pmatrix}-1\\0\\1\end{pmatrix}$

E_1, E_3: $3r+r+s+s=4$, $s=2-2r$, g_2: $\vec{x}=\begin{pmatrix}0\\2\\2\end{pmatrix}+r\begin{pmatrix}3\\-1\\-2\end{pmatrix}$

$g_1 \cap g_2$: S(−3|3|4) $(r=-1, t=4)$

Je 2 Ebenen schneiden sich in einer Geraden, die jedoch nicht identisch sind. Diese beiden Schnittgeraden g_1 und g_2 schneiden sich in dem Schnittpunkt S(−3|3|4).

384 47. a) $E: \vec{x}=\begin{pmatrix}-20\\30\\-200\end{pmatrix}+r\begin{pmatrix}140\\150\\120\end{pmatrix}+s\begin{pmatrix}100\\90\\80\end{pmatrix}$ bzw. $\left(\vec{x}-\begin{pmatrix}-20\\30\\-200\end{pmatrix}\right)\cdot\begin{pmatrix}3\\2\\-6\end{pmatrix}=0$ bzw $3x+2y-6z=1200$

$E': \vec{x}=\begin{pmatrix}-20\\30\\-236\end{pmatrix}+r\begin{pmatrix}140\\150\\116\end{pmatrix}+s\begin{pmatrix}100\\90\\76\end{pmatrix}$ bzw. $\left(\vec{x}-\begin{pmatrix}-20\\30\\-236\end{pmatrix}\right)\cdot\begin{pmatrix}2\\2\\-5\end{pmatrix}=0$ bzw $2x+2y-5z=1200$

b) Parametergleichung von E' in Koordinatengleichung von E:
$-60+420r+300s+60+300r+180s+1416-696r-456s=1200$, $s=-9-r$

g: $\vec{x}=\begin{pmatrix}-920\\-780\\-920\end{pmatrix}+r\begin{pmatrix}40\\60\\40\end{pmatrix}$

c) h: $\vec{x}=\begin{pmatrix}-200\\200\\0\end{pmatrix}+r\begin{pmatrix}2\\-2\\-1\end{pmatrix}$ in E: $-600+6r+400-4r+6r=1200$, $r=175$, S(150|−150|−175)

h in E': $r=240$, S'(280|−280|−240), $d(T;S)=\sqrt{350^2+350^2+175^2}=525$

d) P(−100|450|z) in E eingesetzt liefert $z=-100$, P'(−100|450|z') in E' liefert $z'=-100$
Die Bohrung trifft die Gerade g, in der das Flöz endet.

48. a) E_1 steht senkrecht zu E_2 und zu E_3, E_2 steht nicht senkrecht zu E_3. 384
b) keine Orthogonalitäten

49. a) F: $(\vec{x} - \begin{pmatrix} 1 \\ 2 \\ 4 \end{pmatrix}) \cdot \begin{pmatrix} 2 \\ -3 \\ 2 \end{pmatrix} = 0$ b) F: $(\vec{x} - \begin{pmatrix} -2 \\ 6 \\ -2 \end{pmatrix}) \cdot \begin{pmatrix} 0 \\ -3 \\ 2 \end{pmatrix} = 0$

50. E: $(\vec{x} - \begin{pmatrix} 1 \\ 2 \\ 3 \end{pmatrix}) \cdot \begin{pmatrix} 1 \\ 0 \\ 0 \end{pmatrix} = 0 \; , \; x = 1$

51. **Druckfehler** im 1. und 2. Druck des Schulbuchs: g: $\vec{x} = \begin{pmatrix} 3 \\ -1 \\ 0 \end{pmatrix} + r \begin{pmatrix} -4 \\ 3 \\ -2 \end{pmatrix}$

Parametergleichung von E: $\vec{x} = \begin{pmatrix} 3 \\ -1 \\ 0 \end{pmatrix} + r \begin{pmatrix} -4 \\ 3 \\ -2 \end{pmatrix} + s \begin{pmatrix} 2 \\ 0 \\ -4 \end{pmatrix}$

Normalenvektor von E: $\vec{n} = \begin{pmatrix} 6 \\ 10 \\ 3 \end{pmatrix}$; Normalengleichung: E: $[\vec{x} - \begin{pmatrix} 3 \\ -1 \\ 0 \end{pmatrix}] \cdot \begin{pmatrix} 6 \\ 10 \\ 3 \end{pmatrix} = 0$

52. a) $\begin{pmatrix} 2 \\ -1 \\ 1 \end{pmatrix} \cdot \begin{pmatrix} a \\ 4 \\ -2 \end{pmatrix} = 0 \Rightarrow a = 3$

b) $\begin{pmatrix} 1 \\ -a \\ 1 \end{pmatrix} = r \cdot \begin{pmatrix} 1 \\ 2 \\ 3 \end{pmatrix} + s \cdot \begin{pmatrix} 3 \\ 1 \\ -1 \end{pmatrix} \Rightarrow r = 0{,}4; s = 0{,}2; a = -1$

c) $\begin{pmatrix} 1 \\ 1 \\ -1 \end{pmatrix} \cdot \begin{pmatrix} a \\ 2a \\ -6 \end{pmatrix} = 0 \Rightarrow a = -2$

53. a) P in E_a: $a = 4$ 385
b) Richtungsvektor von g ist senkrecht zum Normalenvektor von E_a
Stützvektor von g in E_a: $a = 3$

c) parallel zur x-Achse: $\begin{pmatrix} a \\ 2 \\ a-2 \end{pmatrix} \cdot \begin{pmatrix} 1 \\ 0 \\ 0 \end{pmatrix} = 0, \quad a = 0$

parallel zur y-Achse: keine
parallel zur z-Achse: $a = 2$

d) $\begin{pmatrix} a \\ 2 \\ a-2 \end{pmatrix} \cdot \begin{pmatrix} 1 \\ 2 \\ 1 \end{pmatrix} = 0, \quad a = -1$

e) $E_0: \; 2y - 2z = 4, \quad E_0: \; \vec{x} = \begin{pmatrix} 0 \\ 2 \\ 0 \end{pmatrix} + r \begin{pmatrix} 1 \\ 0 \\ 0 \end{pmatrix} + s \begin{pmatrix} 0 \\ 1 \\ 1 \end{pmatrix}$

$E_2: \; 2x + 2y = 4, \quad E_0$ in $E_2: \; 2r + 4 + 2s = 4, \quad r = -s, \quad g: \; \vec{x} = \begin{pmatrix} 0 \\ 2 \\ 0 \end{pmatrix} + s \begin{pmatrix} -1 \\ 1 \\ 1 \end{pmatrix}$

P(0|2|0) erfüllt die Ebenengleichung E_a und $\begin{pmatrix} -1 \\ 1 \\ 1 \end{pmatrix} \cdot \begin{pmatrix} a \\ 2 \\ a-2 \end{pmatrix} = 0$

386 54. a) P in E_a: a = 2,5 ; A in E_a:a = 1,5

b) Der Ansatz $\begin{pmatrix}2\\2\\1\end{pmatrix}\cdot\begin{pmatrix}x\\y\\z\end{pmatrix}=0$, $\begin{pmatrix}2\\2\\1\end{pmatrix}\cdot\begin{pmatrix}u\\v\\w\end{pmatrix}=0$, $\begin{pmatrix}u\\v\\w\end{pmatrix}\cdot\begin{pmatrix}x\\y\\z\end{pmatrix}=0$ liefert z.B. $\begin{matrix}F: & x-y=0\\ G: & x+y-4z=0\end{matrix}$

55. a) Ja, $F = E_3$

b) E_{-1} enthält den Ursprung.

c) E_1 ist parallel zur x-Achse, E_2 ist parallel zur y-Achse, keine Parallelität zur z-Achse.

d) $\begin{pmatrix}a-1\\4-2a\\1\end{pmatrix}\cdot\begin{pmatrix}1\\1\\1\end{pmatrix}=0$, a = 4, g verläuft parallel zu E_4.

e) $\begin{pmatrix}a-1\\4-2a\\1\end{pmatrix}=r\begin{pmatrix}-4\\4\\-2\end{pmatrix}$, $\begin{matrix}a=3\\r=-0{,}5\\r=-0{,}5\end{matrix}$, E_3 ist orthogonal zu h.

388 56. a) Bestimmung der Schnittgeraden von E_0 und E_1:

E_0: 4y – 2z = 6 , z = 2y – 3 ; E_1: 2x + 3y – 2z = 6 , x = 3 – 1,5y + z , y = 2r (gewählt)

Schnittgerade: g: $\vec{x}=\begin{pmatrix}0\\0\\-3\end{pmatrix}+r\begin{pmatrix}1\\2\\4\end{pmatrix}$

Nachweis, dass g in E_a (für alle a) liegt:

Koordinaten von g in E_a einsetzen: 2ar + (4–a)2r – 2(4r–3) = 6 , 0 = 0 ⇒ g liegt in E_a.

Bestimmung einer Ebene F, die g enthält und nicht zu E_a gehört:

$2ax + 4y - ay - 2z - 6 = 0 \Leftrightarrow 4y - 2z - 6 + a(2x - y) = 0$

Die Ebene F: 2x – y = 0 enthält g, da 2r – 2r = 0 gilt. Diese Ebene F gehört aber nicht zu E_a.

b) Schnittgerade von E_0 und E_1: E_0: x + 5z = 0 , E_1: x + y + 3z = 0

z = r , x = –5r , y = –x – 3z = 2r , g: $\vec{x}=r\begin{pmatrix}-5\\2\\1\end{pmatrix}$ (Ursprungsgerade)

Nachweis, dass g in E_a liegt: –5r +2ar + (5-2a)r = 0 , 0 = 0 ⇒ g liegt in E_a (für alle a)

Bestimmung von F: x + ay + (5–2a)z = 0 , x + 5z + a(y–2z) = 0

F: y – 2z = 0 ist die gesuchte Ebene. F gehört offensichtlich nicht zu E_a.

F enthält g: 2r – 2r = 0

c) Schnittgerade: g: $\vec{x}=\begin{pmatrix}2{,}5\\1\\0\end{pmatrix}+r\begin{pmatrix}1\\-2\\2\end{pmatrix}$

g liegt in E_a: 2a(2,5+r) + 2(1–2r) + (2–a)2r = 5a + 2 , 2 = 2 ⇒ g liegt in E_a (für alle a)

Bestimmung von F: E_a: 2ax + 2y + 2z – az – 5a – 2 = 0 , 2y + 2z – 2 + a(2x–z–5) = 0

F: 2x – z = 5 , 5+2r–2r = 5, g liegt in F, F gehört nicht zu E_a.

d) Schnittgerade: g: $\vec{x}=\begin{pmatrix}0\\-1\\-1\end{pmatrix}+r\begin{pmatrix}1\\0\\0\end{pmatrix}$, g liegt in E_a, F: –2y + z = 1, g liegt in F, $F \notin E_a$

57. a) $\begin{pmatrix}2-a\\a-2\\4-2a\end{pmatrix}=r\begin{pmatrix}1\\-1\\2\end{pmatrix}$ b) Q in E_a liefert a = 4. c) $\frac{12}{2-a}=2 \Rightarrow a=-4$

58. Druckfehler im Schulbuch: F: $-2x + 2y - 6z = -8$ 389

a) Ansatz: $F = b \cdot E_a$: $bx + bay - b(2a-1)z = 4b$, F: $-2x + 2y - 6z = -8$
Koeffizientenvergleich: $b = -2$, $a = -1$, F gehört zu E_a und ist mit E_{-1} identisch.

b) $P(-2|1|1)$ in E_a einsetzen und nach a auflösen: $a = -5$, $P \in E_{-5}$: $x - 5y + 11z = 4$

c) Die Ebene ist parallel zur z-Achse, wenn $-(2a-1) = 0$ gilt, also für $a = 0{,}5$.
$E_{0,5}$: $x + 0{,}5y = 4$ ist parallel zur z-Achse.

d) $O(0|0|0)$ ist in keiner Ebene der Schar enthalten, da $0 + a \cdot 0 - (2a-1) \cdot 0 = 4$ für alle a einen Widerspruch darstellt.

e) Schnittgerade von E_0 und E_1: $E_0 \cap E_1$: g: $\vec{x} = \begin{pmatrix} 4 \\ 0 \\ 0 \end{pmatrix} + r \begin{pmatrix} -1 \\ 2 \\ 1 \end{pmatrix}$
g in E_a einsetzen: $4 - r + 2ar - (2a-1)r = 4$ liefert $4 = 4$

59. a) $8 + 2a = 0$, $a = -4$

b) $\begin{pmatrix} 2 \\ a \\ 6 \end{pmatrix} \cdot \begin{pmatrix} 3 \\ 0 \\ -1 \end{pmatrix} = 0$, $P(1|2|1)$ in E_a: $0 = 0$, d.h. P erfüllt die Ebenengleichung für alle a.

c) $\begin{pmatrix} 2 \\ a \\ 6 \end{pmatrix} = r \begin{pmatrix} -4 \\ 6 \\ -12 \end{pmatrix}$, $\begin{matrix} r=-0{,}5 \\ a=-3 \\ r=-0{,}5 \end{matrix}$, h in E_{-3}: $r = 0{,}5$, $S(1|4|2)$

d) $\frac{8+2a}{6} = 3 \Rightarrow a = 5$, $X(9|0|0)$, $Y(0|\frac{18}{5}|0)$

e) $\begin{pmatrix} 2 \\ 4 \\ 6 \end{pmatrix} \cdot \begin{pmatrix} 2 \\ -10 \\ 6 \end{pmatrix} = 0$; 2 weitere z.B. E_{10} und E_{-4}

60. a) Die Ursprungsebene muss $O(0|0|0)$ enthalten: $(a+2)0 + (2-a)0 = a+1$ gilt für $a = -1$
Die Ebene E_{-1}: $x + 3z = 0$ enthält den Ursprung.

b) $Z(0|0|5)$ in E_a einsetzen und nach a auflösen: $a = 1{,}5$, $E_{1,5}$: $3{,}5x + 0{,}5z = 2{,}5$ enthält Z.

c) Koordinaten von g in E_a einsetzen und nach a auflösen liefert $a = 0{,}25$.
$E_{0,25}$: $2{,}25x + 1{,}75z = 1{,}25$ enthält g.

d) $E_0 \cap E_1$: g: $\vec{x} = \begin{pmatrix} 0{,}75 \\ 0 \\ -0{,}25 \end{pmatrix} + r \begin{pmatrix} 0 \\ 1 \\ 0 \end{pmatrix}$, g liegt in E_a und ist Trägergerade von E_a.

61. a) $X(\frac{a+2}{a+1}|0|0)$, $Y(0|\frac{a+2}{2}|0)$, $Z(0|0|\frac{a+2}{3-2a})$

b) P in E_a: $a = 2$

c) E_{-2} enthält den Ursprung. $E_{1,5}$ ist parallel zur z-Achse.

d) E_0: $x + 2y + 3z = 2$, E_0: $\vec{x} = \begin{pmatrix} 0 \\ 1 \\ 0 \end{pmatrix} + r \begin{pmatrix} 2 \\ -1 \\ 0 \end{pmatrix} + s \begin{pmatrix} 3 \\ 0 \\ -1 \end{pmatrix}$

E_1: $2x + 2y + z = 3$, E_0 in E_1: $2r + 5s = 1$, $r = 0{,}5 - 2{,}5s$, g: $\vec{x} = \begin{pmatrix} 1 \\ 0{,}5 \\ 0 \end{pmatrix} + s \begin{pmatrix} -2 \\ 2{,}5 \\ -1 \end{pmatrix}$

e) $\begin{pmatrix} 4 \\ -5 \\ 2 \end{pmatrix} \cdot \begin{pmatrix} a+1 \\ 2 \\ 3-2a \end{pmatrix} = 0$, $P(3|-2|1)$ in E_a: $0 = 0$, d.h. P liegt in allen Ebenen der Schar E_a.

f) $\begin{pmatrix} 1 \\ 4 \\ -1 \end{pmatrix} = r \begin{pmatrix} a+1 \\ 2 \\ 3-2a \end{pmatrix}$, $\begin{matrix} a=-0{,}5 \\ r=2 \\ a=7/4 \end{matrix}$ Widerspruch, keine

Zusammengesetzte Aufgaben

390 1. a) E: $\vec{x} = \begin{pmatrix} -2 \\ 5 \\ 2 \end{pmatrix} + r\begin{pmatrix} 4 \\ -2 \\ -2 \end{pmatrix} + s\begin{pmatrix} 4 \\ -6 \\ 0 \end{pmatrix}$ (Dreipunktegleichung)

$\text{I. } x = -2 + 4r + 4s \qquad 3\cdot\text{I} + 2\cdot\text{II: IV.: } 3x + 2y = 4 + 8r$
$\text{II. } y = 5 - 2r - 6s \quad ,$
$\text{III. } z = \quad 2 - 2r \qquad \text{IV} + 4\cdot\text{III: } 3x + 2y + 4z = 12 \quad , \text{ E: } 3x + 2y + 4z = 12$

b) P auf g: P liegt für $t = 2$ auf g.
P auf E:
Gleichsetzen ergibt einen Widerspruch,
P liegt nicht auf E.

c) $g \cap E: 3(14-8t) + 2(-1+2t) + 4(-1+t) = 12, t = 1{,}5$
Schnittpunkt S(2|2|0,5)

d) $g \cap$ x–y–Ebene: $z = 0, t = 1$
Schnittpunkt Q(6|1|0)
$g \cap$ y–z–Ebene: $x = 0, t = 1{,}75$
Schnittpunkt R(0|2,5|0,75)

e) $S_x(4|0|0)$, $S_y(0|6|0)$, $S_z(0|0|3)$

f)

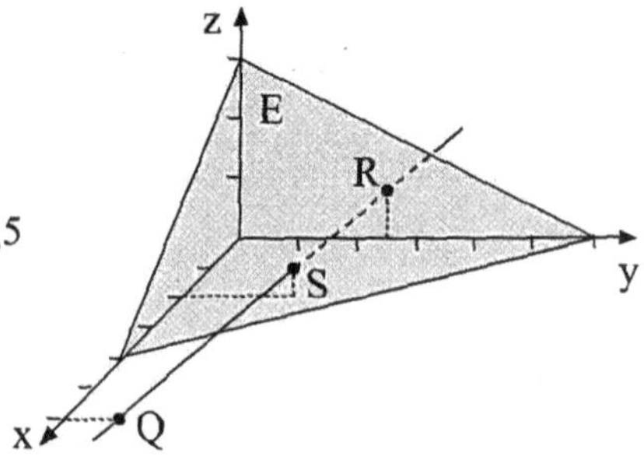

2. b) g: $\vec{x} = \begin{pmatrix} 0 \\ 0 \\ 12 \end{pmatrix} + r\begin{pmatrix} 4 \\ 4 \\ -4 \end{pmatrix}$

$g \cap$ x–y–Ebene: $z = 0, r = 3$, Q(12|12|0)

c) Diese Ebene schneidet die y–Achse bei Y(0|12|0) und die z–Achse bei Z(0|0|4,8).
Die Ebene E ist parallel zur x–Achse.

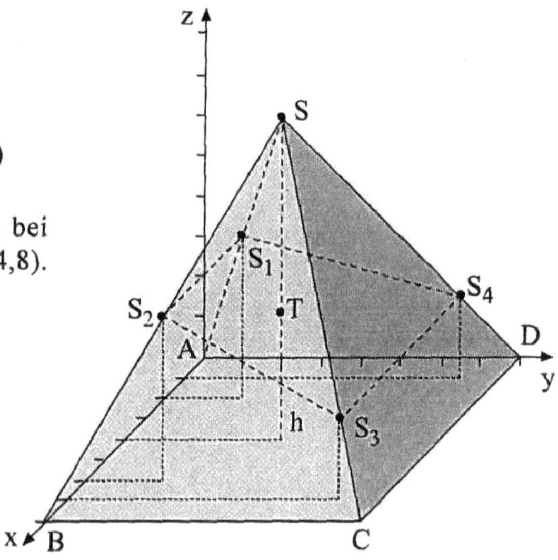

$g_{AS}: \vec{x} = r\begin{pmatrix} 4 \\ 4 \\ 8 \end{pmatrix}$

$g_{BS}: \vec{x} = \begin{pmatrix} 8 \\ 0 \\ 0 \end{pmatrix} + r\begin{pmatrix} -4 \\ 4 \\ 8 \end{pmatrix}$

$g_{CS}: \vec{x} = \begin{pmatrix} 8 \\ 8 \\ 0 \end{pmatrix} + r\begin{pmatrix} -4 \\ -4 \\ 8 \end{pmatrix}$

$g_{DS}: \vec{x} = \begin{pmatrix} 0 \\ 8 \\ 0 \end{pmatrix} + r\begin{pmatrix} 4 \\ -4 \\ 8 \end{pmatrix}$, $g_{AS} \cap E: r = 0{,}5 \Rightarrow S_1(2|2|4)$, $g_{BS} \cap E: r = 0{,}5 \Rightarrow S_2(6|2|4)$

$g_{CS} \cap E: \quad r = 0{,}25 \Rightarrow S_3(7|7|2)$, $g_{DS} \cap E: \quad r = 0{,}25 \Rightarrow S_4(1|7|2)$

$S_1S_2S_3S_4$ ist ein Trapez, da $\overrightarrow{S_3S_4} = \begin{pmatrix} -6 \\ 0 \\ 0 \end{pmatrix}$ und $\overrightarrow{S_1S_2} = \begin{pmatrix} 4 \\ 0 \\ 0 \end{pmatrix}$ parallel sind.

d) h: $\vec{x} = \begin{pmatrix} 4 \\ 4 \\ 0 \end{pmatrix} + r\begin{pmatrix} 0 \\ 0 \\ 1 \end{pmatrix}$, $h \cap E: r = 3{,}2 \Rightarrow T(4|4|3{,}2)$

3. a) g_{DF}: $\vec{x} = t\begin{pmatrix}4\\4\\4\end{pmatrix}$, E: $\vec{x} = \begin{pmatrix}4\\2\\4\end{pmatrix} + r\begin{pmatrix}0\\2\\-2\end{pmatrix} + s\begin{pmatrix}-2\\2\\0\end{pmatrix}$ bzw. E: $x + y + z = 10$ **390**

$4t + 4t + 4t = 10$, $t = 5/6$, $S(\frac{10}{3}|\frac{10}{3}|\frac{10}{3})$

b) $V = \frac{1}{3}G \cdot h$ mit $h = \overline{FR} = 2$ und $G = A_{\Delta PFQ} = \frac{1}{2}\overline{PF} \cdot \overline{FQ} = \frac{1}{2}2 \cdot 2 = 2$, $V = \frac{1}{3}2 \cdot 2 = \frac{4}{3}$

c) h_{QR}: $\vec{x} = \begin{pmatrix}4\\4\\2\end{pmatrix} + t\begin{pmatrix}-2\\0\\2\end{pmatrix}$, $S_{xy}(6|4|0)$, $S_{yz}(0|4|6)$, S_{xz} gibt es nicht

d) F: $\vec{x} = \begin{pmatrix}4\\4\\0\end{pmatrix} + r\begin{pmatrix}-4\\-4\\0\end{pmatrix} + s\begin{pmatrix}-4\\-4\\4\end{pmatrix}$, $4-4r-4s+4-4r-4s+4s = 10$, $s = -0{,}5-2r$

Schnittgerade k: $\vec{x} = \begin{pmatrix}6\\6\\-2\end{pmatrix} + r\begin{pmatrix}4\\4\\-8\end{pmatrix}$

e) g_{BH}: $\vec{x} = \begin{pmatrix}4\\4\\0\end{pmatrix} + t\begin{pmatrix}-4\\-4\\4\end{pmatrix}$, $t = -0{,}5$, $T(6|6|-2)$

4. a) $S(0|2|5)$ $(r = 1, s = 1)$ **391**

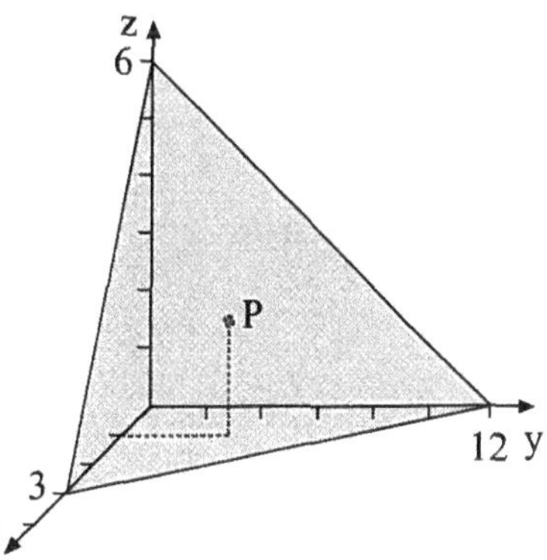

b) E: $\vec{x} = \begin{pmatrix}1\\2\\3\end{pmatrix} + r\begin{pmatrix}-1\\0\\2\end{pmatrix} + s\begin{pmatrix}0\\-2\\1\end{pmatrix}$

c) E: $4x + y + 2z = 12$, $X(3|0|0)$, $Y(0|12|0)$, $Z(0|0|6)$

d) k: $\vec{x} = \begin{pmatrix}4\\0\\3\end{pmatrix} + t\begin{pmatrix}-4\\3\\a-3\end{pmatrix}$

$4(4-4t) + 3t + 2(3+t(a-3)) = 12$, $t(2a-19) = -10$

Für $a = 9{,}5$ ergibt sich der Widerspruch $0 = -10$.

Für $a = 9{,}5$ ist k parallel zu E.

e) $V = \frac{1}{3}G \cdot h = \frac{1}{3} \cdot \frac{6 \cdot 12}{2} \cdot 3 = 36$

f) $x = 1$ und $y = 2$ in E: $4x + y + 2z = 12$ einsetzen liefert $z = 3$. $Q(1|2|3)$ liegt auf E, $P(1|2|2)$ liegt mit $z = 2 > 0$ unterhalb der Ebene E, er liegt also im Innern der Pyramide.

5. a) E: $\vec{x} = \begin{pmatrix}4\\4\\0\end{pmatrix} + r\begin{pmatrix}0\\-4\\4\end{pmatrix} + s\begin{pmatrix}-4\\0\\4\end{pmatrix}$, E: $x + y + z = 8$

b) g: $\vec{x} = t\begin{pmatrix}4\\4\\4\end{pmatrix}$ in E: $t = 2/3$, $S(\frac{8}{3}|\frac{8}{3}|\frac{8}{3})$ Anhand des Parameters $t = 2/3$ kann man erkennen, dass DS doppelt so lang ist wie SQ.

c) F: $\vec{x} = \begin{pmatrix}4\\2\\0\end{pmatrix} + u\begin{pmatrix}-4\\2\\0\end{pmatrix} + v\begin{pmatrix}-4\\2\\4\end{pmatrix}$, $4-4u-4v+2+2u+2v+4v = 8$, $v = 1+u$, h: $\vec{x} = \begin{pmatrix}0\\4\\4\end{pmatrix} + u\begin{pmatrix}-8\\4\\4\end{pmatrix}$

d) k: $\vec{x} = \begin{pmatrix}0\\0\\6\end{pmatrix} + t\begin{pmatrix}1{,}5\\6\\-6\end{pmatrix}$, Schnittpunkt mit der Deckfläche PQRT: E_{PQRT}: $z = 4$, $t = \frac{1}{3}$, $W_1(\frac{1}{2}|2|4)$

Schnittpunkt mit der Seitenfläche BCRQ: E_{BCRQ}: $y = 4$, $t = \frac{2}{3}$, $W_2(1|4|2)$

Der Strahl k trifft den Würfel zuerst in $W_1(\frac{1}{2}|2|4)$ und verlässt ihn in $W_2(1|4|2)$ wieder.

$k \cap E$: $\begin{pmatrix}0\\0\\6\end{pmatrix} + t\begin{pmatrix}1{,}5\\6\\-6\end{pmatrix} = \begin{pmatrix}4\\4\\0\end{pmatrix} + r\begin{pmatrix}0\\-4\\4\end{pmatrix} + s\begin{pmatrix}-4\\0\\4\end{pmatrix}$ liefert $r = -1$, $s = 0{,}5$, $t = 4/3$, $Z(2|8|-2)$

Aber Z liegt wegen $r < 0$ nicht im Dreieck BRP.

391 6. a) E_a: $\vec{x} = \begin{pmatrix} 2 \\ 1 \\ 1 \end{pmatrix} + r\begin{pmatrix} 1 \\ -1 \\ 1 \end{pmatrix} + s\begin{pmatrix} a-2 \\ -a-1 \\ 1 \end{pmatrix}$ bzw. E_a: $ax + (a-3)y - 3z = 3a - 6$

b) Ein Koeffizientenvergleich liefert $a = 0{,}5$, F gehört zur Schar.

c) $E_1 \cap E_4$: g: $\vec{x} = \begin{pmatrix} 3 \\ 0 \\ 2 \end{pmatrix} + r\begin{pmatrix} -1 \\ 1 \\ -1 \end{pmatrix}$

Die Gerade g enthält die Punkte A (r = 1) und B (r = 0).
Da die Punkte A und B in allen Ebenen der Schar liegen, gilt dies auch für g.

d) Der Ansatz $h \cap E_a$ liefert $a = -3$. h liegt also in E_{-3}.

e) $\begin{pmatrix} 2 \\ 1 \\ 1 \end{pmatrix} \cdot \begin{pmatrix} a \\ -a \\ 2 \end{pmatrix} = a + 2 = 0$ gilt für $a = -2$. Für $a = -2$ ist das Dreieck bei O rechtwinklig.

f) X(−3|0|0), Y(0|1,5|0), Z(0|0|1)

g_{xy}: $\vec{x} = \begin{pmatrix} -3 \\ 0 \\ 0 \end{pmatrix} + r\begin{pmatrix} 2 \\ 1 \\ 0 \end{pmatrix}$, g_{yz}: $\vec{x} = \begin{pmatrix} 0 \\ 1{,}5 \\ 0 \end{pmatrix} + r\begin{pmatrix} 0 \\ -3 \\ 2 \end{pmatrix}$ g_{xz}: $\vec{x} = \begin{pmatrix} -3 \\ 0 \\ 0 \end{pmatrix} + r\begin{pmatrix} 3 \\ 0 \\ 1 \end{pmatrix}$

Test

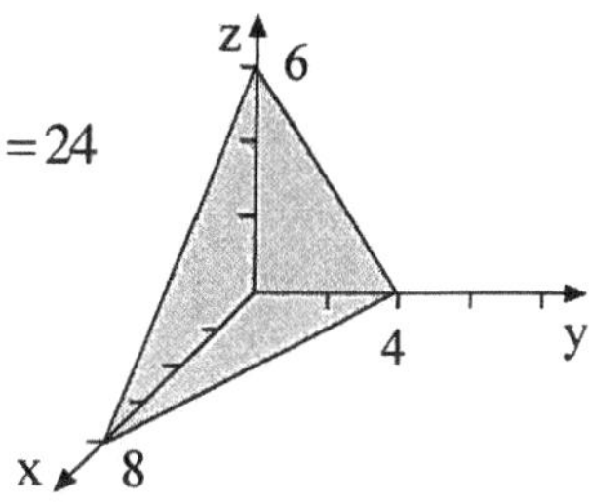

1. a) E: $\vec{x}=\begin{pmatrix}0\\2\\3\end{pmatrix}+r\begin{pmatrix}4\\0\\-3\end{pmatrix}+s\begin{pmatrix}2\\1\\-3\end{pmatrix}$, $\left(\vec{x}-\begin{pmatrix}0\\2\\3\end{pmatrix}\right)\cdot\begin{pmatrix}3\\6\\4\end{pmatrix}=0$, $3x+6y+4z=24$ 396

   b) $P \notin E$

   c) $X(8|0|0)$, $Y(0|4|0)$, $Z(0|0|6)$

2. a) $E: \left(\vec{x}-\begin{pmatrix}3\\2\\0\end{pmatrix}\right)\cdot\begin{pmatrix}2\\3\\3\end{pmatrix}=0$, $2x+3y+3z=12$

   b) $\begin{pmatrix}-3\\2\\0\end{pmatrix}\cdot\begin{pmatrix}2\\3\\3\end{pmatrix}=0 \Rightarrow g \parallel E$, $P(3|2|1) \notin E \Rightarrow$ g liegt nicht in E, g ist echt parallel zu E.

   c) $y=0$: $2+2t=0$, $t=-1$, $S(6|0|1)$

3. a) $\vec{n}=\begin{pmatrix}1\\-2\\1\end{pmatrix}$, $\begin{pmatrix}1\\-2\\1\end{pmatrix}\cdot\begin{pmatrix}-4\\1\\3\end{pmatrix}=-3\neq 0 \Rightarrow E_1$ nicht parallel zu E_2

   $1-4r+4s-2-2r-4s+2+3r-3s=4$, $r=-1-s$, $\vec{x}=\begin{pmatrix}5\\0\\-1\end{pmatrix}+s\begin{pmatrix}8\\1\\-6\end{pmatrix}$

   b) $y=0$: $1+r+2s=0$, $r=-1-2s$, g_{xz}: $\vec{x}=\begin{pmatrix}5\\0\\-1\end{pmatrix}+s\begin{pmatrix}12\\0\\-9\end{pmatrix}$

4. a) Ansatz: $F=b\cdot E_a$ und Koeffizientenvergleich liefert einen Widerspruch, $F \notin E_a$

   b) E_a parallel zur x-Achse: $3+a=0$, $a=-3$, E_{-3}: $2y-3z=14$ ist parallel zur x-Achse
   Punktprobe: $a=4$, E_4: $7x+2y+4z=14$ enthält den Punkt P

   c) $\begin{pmatrix}2\\1\\-1\end{pmatrix}\cdot\begin{pmatrix}3+a\\2\\a\end{pmatrix}=8+a=0$, d.h. E_{-8}: $-5x+2y-8z=14$ verläuft parallel zu g.

   d) $E_0 \cap E_1$: g: $\vec{x}=\begin{pmatrix}0\\7\\0\end{pmatrix}+r\begin{pmatrix}2\\-3\\-2\end{pmatrix}$, $E_a \cap g$: $14=14$, g liegt in E_a für alle a

   e) $(3+a)(3+2r-2s)+2(1+3s)+a(r+2s)=14$, $r(a+2)=1-a$
   Für $a=-2$ folgt $0=3$, ein Widerspruch, E_{-2} und G verlaufen also parallel.

   f) Einsetzen der Koordinaten von h in die Koordinatengleichung von E_a liefert $t(4a-2)=-19-10a$, für $a=0{,}5$ erhält man $0=-24$, Widerspruch, h $\parallel$ zu $E_{0,5}$

   Für $a\neq 0{,}5$ schneidet h die Ebene E_a in genau einem Punkt ($t=\frac{-19-10a}{4a-2}$).

XI. Winkel und Abstände
1. Schnittwinkel

398 1. $g \cap h$: $r = s = 1$, $S(1|2|3)$, $\cos\gamma = \frac{\left|\begin{pmatrix}1\\2\\2\end{pmatrix}\cdot\begin{pmatrix}-1\\2\\1\end{pmatrix}\right|}{\left|\begin{pmatrix}1\\2\\2\end{pmatrix}\right|\cdot\left|\begin{pmatrix}-1\\2\\1\end{pmatrix}\right|} = \frac{5}{3\sqrt{6}}$, $\gamma \approx 47{,}12°$

2. $\cos\gamma = \frac{\left|\begin{pmatrix}-2\\2\\2\end{pmatrix}\cdot\begin{pmatrix}0\\4\\-2\end{pmatrix}\right|}{\left|\begin{pmatrix}-2\\2\\2\end{pmatrix}\right|\cdot\left|\begin{pmatrix}0\\4\\-2\end{pmatrix}\right|} = \frac{4}{\sqrt{12 \cdot 20}}$, $\gamma \approx 75{,}04°$, g: $\vec{x} = \begin{pmatrix}2\\1\\0\end{pmatrix} + r\begin{pmatrix}-2\\2\\2\end{pmatrix}$, h: $\vec{x} = \begin{pmatrix}1\\0\\2\end{pmatrix} + s\begin{pmatrix}0\\4\\-2\end{pmatrix}$

399 3. a) $\sin\gamma = \frac{\left|\begin{pmatrix}-3\\3\\3\end{pmatrix}\cdot\begin{pmatrix}3\\-2\\2\end{pmatrix}\right|}{\left|\begin{pmatrix}-3\\3\\3\end{pmatrix}\right|\cdot\left|\begin{pmatrix}3\\-2\\2\end{pmatrix}\right|} = \frac{9}{\sqrt{27 \cdot 17}}$, $\gamma \approx 24{,}84°$ b) $\sin\gamma = \frac{\left|\begin{pmatrix}-3\\3\\3\end{pmatrix}\cdot\begin{pmatrix}11\\15\\2\end{pmatrix}\right|}{\left|\begin{pmatrix}-3\\3\\3\end{pmatrix}\right|\cdot\left|\begin{pmatrix}11\\15\\2\end{pmatrix}\right|} = \frac{18}{\sqrt{27 \cdot 350}}$, $\gamma \approx 10{,}67°$

c) $\sin\gamma = \frac{\left|\begin{pmatrix}-3\\3\\3\end{pmatrix}\cdot\begin{pmatrix}0\\0\\1\end{pmatrix}\right|}{\left|\begin{pmatrix}-3\\3\\3\end{pmatrix}\right|\cdot\left|\begin{pmatrix}0\\0\\1\end{pmatrix}\right|} = \frac{3}{\sqrt{27}}$, $\gamma \approx 35{,}26°$, g: $\vec{x} = \begin{pmatrix}1\\0\\-2\end{pmatrix} + r\begin{pmatrix}-3\\3\\3\end{pmatrix}$

400 4. E_2: $\vec{x} = \begin{pmatrix}1\\1\\0\end{pmatrix} + r\begin{pmatrix}0\\0\\1\end{pmatrix} + s\begin{pmatrix}1\\1\\0\end{pmatrix} = \begin{pmatrix}1+s\\1+s\\r\end{pmatrix} = \begin{pmatrix}x\\y\\z\end{pmatrix}$ in E_1: $1 + s + 2(1+s) + 2r = 6$, $r = -\frac{3}{2}s + \frac{3}{2}$

g: $\vec{x} = \begin{pmatrix}1\\1\\1{,}5\end{pmatrix} + s\begin{pmatrix}1\\1\\-1{,}5\end{pmatrix}$, $\cos\gamma = \frac{\left|\begin{pmatrix}1\\2\\2\end{pmatrix}\cdot\begin{pmatrix}1\\-1\\0\end{pmatrix}\right|}{\left|\begin{pmatrix}1\\2\\2\end{pmatrix}\right|\cdot\left|\begin{pmatrix}1\\-1\\0\end{pmatrix}\right|} = \frac{1}{3\sqrt{2}}$, $\gamma \approx 76{,}37°$

401 5. A(3|1|0), B(4|5|0), C(1|2|0), S(2|2|3), F(2|2|0)

a) $\overline{AB}, \overline{AS}$: $\cos\gamma = \frac{\begin{pmatrix}1\\4\\0\end{pmatrix}\cdot\begin{pmatrix}-1\\1\\3\end{pmatrix}}{\sqrt{17 \cdot 11}} = \frac{3}{\sqrt{187}}$, $\gamma \approx 77{,}33°$

$\overline{AS}, \overline{CS}$: $\cos\gamma = \frac{\begin{pmatrix}1\\-1\\-3\end{pmatrix}\cdot\begin{pmatrix}-1\\0\\-3\end{pmatrix}}{\sqrt{11 \cdot 10}} = \frac{8}{\sqrt{110}}$, $\gamma \approx 40{,}29°$

b) $\overline{AS}, \overline{AF}$: $\cos\alpha = \frac{\begin{pmatrix}-1\\1\\3\end{pmatrix}\cdot\begin{pmatrix}-1\\1\\0\end{pmatrix}}{\sqrt{11 \cdot 2}} = \frac{2}{\sqrt{22}}$, $\alpha \approx 64{,}76°$

$\overline{BF}, \overline{BS}$: $\cos\beta = \frac{\begin{pmatrix}-2\\-3\\0\end{pmatrix}\cdot\begin{pmatrix}-2\\-3\\3\end{pmatrix}}{\sqrt{13 \cdot 22}} = \frac{13}{\sqrt{286}}$, $\beta \approx 39{,}76°$

$\overline{CF}, \overline{CS}$: $\cos\gamma = \frac{\begin{pmatrix}1\\0\\0\end{pmatrix}\cdot\begin{pmatrix}1\\0\\3\end{pmatrix}}{\sqrt{10}} = \frac{1}{\sqrt{10}}$, $\gamma \approx 71{,}57°$ Die Kante CS ist am steilsten.

c) $\cos\delta = \frac{\begin{pmatrix}-1\\1\\3\end{pmatrix}\cdot\begin{pmatrix}0\\0\\-3\end{pmatrix}}{3\sqrt{11}} = \frac{9}{3\sqrt{11}}$, $\delta \approx 25{,}24°$

6\. a) $g \cap h$: $s = r = -1$, $S(1|1|3)$, $\cos\gamma = \frac{\left|\begin{pmatrix}1\\1\\-1\end{pmatrix}\cdot\begin{pmatrix}2\\0\\-1\end{pmatrix}\right|}{\sqrt{3\cdot 5}} = \frac{3}{\sqrt{15}}$, $\gamma \approx 39{,}23°$ 401

b) $g \cap h$: $s = 1$, $r = 2$, $S(4|4|4)$, $\cos\gamma = \frac{\left|\begin{pmatrix}1\\1\\1\end{pmatrix}\cdot\begin{pmatrix}2\\-1\\2\end{pmatrix}\right|}{3\sqrt{3}} = \frac{3}{3\sqrt{3}}$, $\gamma \approx 54{,}74°$

c) $g \cap h$: $s = -2$, $r = 1$, $S(6|6|0)$, $\cos\gamma = \frac{\left|\begin{pmatrix}2\\2\\-1\end{pmatrix}\cdot\begin{pmatrix}2\\2\\1\end{pmatrix}\right|}{3\cdot 3} = \frac{7}{9}$, $\gamma \approx 38{,}94°$

d) $\overline{AB} = g$: $\vec{x} = \begin{pmatrix}0\\6\\0\end{pmatrix} + r\begin{pmatrix}0\\-6\\3\end{pmatrix}$, $\overline{CD} = h$: $\vec{x} = \begin{pmatrix}4\\2\\0\end{pmatrix} + s\begin{pmatrix}-2\\0\\1\end{pmatrix}$

$g \cap h$: $s = 2$, $r = \frac{2}{3}$, $S(0|2|2)$, $\cos\gamma = \frac{3}{\sqrt{45}\cdot\sqrt{5}} = \frac{3}{15}$, $\gamma \approx 78{,}46°$

7\. a) $g \cap E$: $r = 1$, $S(1|1|3)$, $\sin\gamma = \frac{\left|\begin{pmatrix}1\\1\\1\end{pmatrix}\cdot\begin{pmatrix}3\\3\\2\end{pmatrix}\right|}{\sqrt{3}\cdot\sqrt{22}} = \frac{8}{\sqrt{66}}$, $\gamma \approx 79{,}98°$

b) $g \cap E$: $r = -1$, $S(-1|1|2)$, $\sin\gamma = \frac{\left|\begin{pmatrix}1\\1\\2\end{pmatrix}\cdot\begin{pmatrix}-1\\1\\2\end{pmatrix}\right|}{\sqrt{6}\cdot\sqrt{6}} = \frac{4}{6}$, $\gamma \approx 41{,}81°$

c) $E: 2x + 2y + z = 4$, $g \cap E$: $r = -1$, $S(1|1|0)$, $\sin\gamma = \frac{\left|\begin{pmatrix}1\\1\\1\end{pmatrix}\cdot\begin{pmatrix}2\\2\\1\end{pmatrix}\right|}{\sqrt{3}\cdot\sqrt{9}} = \frac{5}{\sqrt{27}}$, $\gamma \approx 74{,}21°$

8\. a) $E: z = 0$, $g \cap E$: $r = 2$, $S(4|3|0)$

$\sin\gamma = \frac{\left|\begin{pmatrix}0\\1\\-1\end{pmatrix}\cdot\begin{pmatrix}0\\0\\1\end{pmatrix}\right|}{\sqrt{2}} = \frac{1}{\sqrt{2}}$, $\gamma = 45°$

$F: y = 0$, $g \cap F$: $r = -1$, $T(4|0|3)$

$\sin\gamma = \frac{\left|\begin{pmatrix}0\\1\\-1\end{pmatrix}\cdot\begin{pmatrix}0\\1\\0\end{pmatrix}\right|}{\sqrt{2}} = \frac{1}{\sqrt{2}}$, $\gamma = 45°$

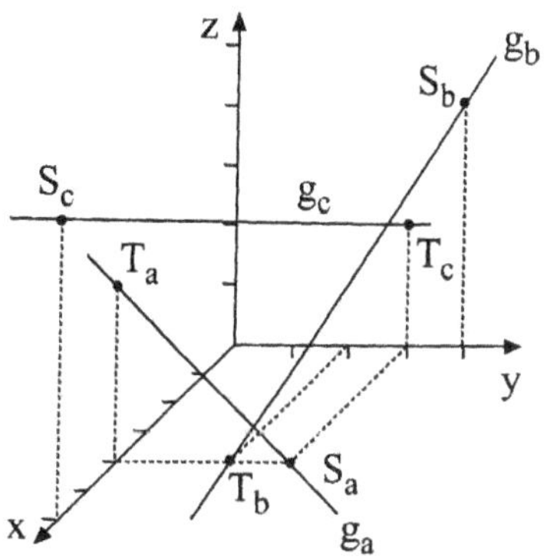

b) $E: z = 0$, $g \cap E$: $r = -1$, $T(4|2|0)$

$\sin\gamma = \frac{\left|\begin{pmatrix}-2\\1\\2\end{pmatrix}\cdot\begin{pmatrix}0\\0\\1\end{pmatrix}\right|}{3} = \frac{2}{3}$, $\gamma \approx 41{,}81°$

$F: x = 0$, $g \cap F$: $r = 1$, $S(0|4|4)$, $\sin\gamma = \frac{\left|\begin{pmatrix}-2\\1\\2\end{pmatrix}\cdot\begin{pmatrix}1\\0\\0\end{pmatrix}\right|}{3} = \frac{2}{3}$, $\gamma \approx 41{,}81°$

c) $E: y = 0$, $g \cap E$: $r = -2$, $S(6|0|5)$, $\sin\gamma = \frac{\left|\begin{pmatrix}-2\\1\\-1\end{pmatrix}\cdot\begin{pmatrix}0\\1\\0\end{pmatrix}\right|}{\sqrt{6}} = \frac{1}{\sqrt{6}}$, $\gamma \approx 24{,}09°$

$F: x = 0$, $g \cap F$: $r = 1$, $T(0|3|2)$, $\sin\gamma = \frac{\left|\begin{pmatrix}-2\\1\\-1\end{pmatrix}\cdot\begin{pmatrix}1\\0\\0\end{pmatrix}\right|}{\sqrt{6}} = \frac{2}{\sqrt{6}}$, $\gamma \approx 54{,}74°$

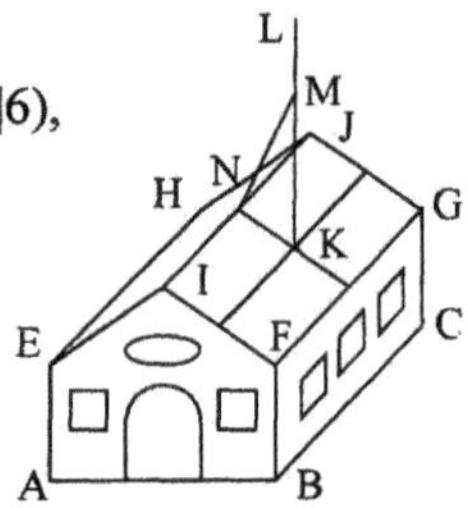

402 9. A(16|0|0), B(16|12|0), C(0|12|0), D(0|0|0), E(16|0|6), F(16|12|6), G(0|12|6), H(0|0|6), I(16|6|10), J(0|6|10), K(8|9|8), L(8|9|20), M(8|9|16), N(8|6|10)

$$\overrightarrow{DK} = \overrightarrow{DG} + \tfrac{1}{2}\overrightarrow{GF} + \tfrac{1}{2}\overrightarrow{FI} = \begin{pmatrix}0\\12\\6\end{pmatrix} + \tfrac{1}{2}\begin{pmatrix}16\\0\\0\end{pmatrix} + \tfrac{1}{2}\begin{pmatrix}0\\-6\\4\end{pmatrix} = \begin{pmatrix}8\\9\\8\end{pmatrix}$$

$$\overrightarrow{DN} = \overrightarrow{DJ} + \tfrac{1}{2}\overrightarrow{JI} = \begin{pmatrix}0\\6\\10\end{pmatrix} + \tfrac{1}{2}\begin{pmatrix}16\\0\\0\end{pmatrix} = \begin{pmatrix}8\\6\\10\end{pmatrix}$$

a) $g_{KL}: \vec{x} = \begin{pmatrix}8\\9\\8\end{pmatrix} + r\begin{pmatrix}0\\0\\12\end{pmatrix}$, $E_{FGIJ}: \vec{x} = \begin{pmatrix}16\\12\\6\end{pmatrix} + s\begin{pmatrix}-16\\0\\0\end{pmatrix} + t\begin{pmatrix}0\\-6\\4\end{pmatrix}$ bzw. $\left(\vec{x} - \begin{pmatrix}16\\12\\6\end{pmatrix}\right)\cdot\begin{pmatrix}0\\2\\3\end{pmatrix} = 0$

$$\sin\gamma = \frac{\left|\begin{pmatrix}0\\0\\12\end{pmatrix}\cdot\begin{pmatrix}0\\2\\3\end{pmatrix}\right|}{12\sqrt{13}} = \frac{36}{12\sqrt{13}},\ \gamma \approx 56{,}31°$$

b) Winkel zwischen Stab und Antenne:

$$\overrightarrow{MN} = \begin{pmatrix}0\\-3\\-6\end{pmatrix},\quad \overrightarrow{MK} = \begin{pmatrix}0\\0\\-8\end{pmatrix},\quad \cos\gamma = \frac{\left|\begin{pmatrix}0\\-3\\-6\end{pmatrix}\cdot\begin{pmatrix}0\\0\\-8\end{pmatrix}\right|}{8\sqrt{45}} = \frac{48}{8\sqrt{45}},\ \gamma \approx 26{,}57°$$

Winkel zwischen Stab und Dachfläche: $\sin\gamma = \frac{\left|\begin{pmatrix}0\\-3\\-6\end{pmatrix}\cdot\begin{pmatrix}0\\2\\3\end{pmatrix}\right|}{\sqrt{45\cdot 13}} = \frac{24}{\sqrt{45\cdot 13}},\ \gamma \approx 82{,}87°$

10. a) Schnittwinkel mit der x–Achse: $\sin\alpha = \frac{\left|\begin{pmatrix}1\\0\\0\end{pmatrix}\cdot\begin{pmatrix}3\\2\\2\end{pmatrix}\right|}{\sqrt{17}} = \frac{3}{\sqrt{17}},\ \alpha \approx 46{,}69°$

y–Achse: $\sin\beta = \frac{2}{\sqrt{17}},\ \beta \approx 29{,}02°$, z–Achse: $\sin\gamma = \frac{2}{\sqrt{17}},\ \gamma \approx 29{,}02°$

b) $\sin\alpha = \frac{2}{3},\ \alpha \approx 41{,}81°$, $\sin\beta = \frac{1}{3},\ \beta \approx 19{,}47°$, $\sin\gamma = \frac{2}{3},\ \gamma \approx 41{,}81°$

c) $\vec{n} = \begin{pmatrix}0\\4\\3\end{pmatrix}$, $\sin\alpha = 0$ (kein Schnitt), $\sin\beta = \frac{4}{5},\ \beta \approx 53{,}13°$, $\sin\gamma = \frac{3}{5},\ \gamma \approx 36{,}87°$
E ist parallel zur x–Achse.

11. a) $\cos\gamma = \frac{\left|\begin{pmatrix}2\\-3\\2\end{pmatrix}\cdot\begin{pmatrix}-2\\1\\0\end{pmatrix}\right|}{\sqrt{17\cdot 5}} = \frac{7}{\sqrt{85}},\ \gamma \approx 40{,}60°$

b) $\cos\gamma = \frac{\left|\begin{pmatrix}5\\1\\1\end{pmatrix}\cdot\begin{pmatrix}-1\\1\\1\end{pmatrix}\right|}{\sqrt{27\cdot 3}} = \frac{3}{\sqrt{81}},\ \gamma \approx 70{,}53°$

c) $\cos\gamma = \frac{\left|\begin{pmatrix}2\\-1\\3\end{pmatrix}\cdot\begin{pmatrix}1\\-1\\-1\end{pmatrix}\right|}{\sqrt{14\cdot 3}} = 0,\ \gamma = 90°$

d) $\cos\gamma = \frac{\left|\begin{pmatrix}2\\0\\1\end{pmatrix}\cdot\begin{pmatrix}1\\0\\-1\end{pmatrix}\right|}{\sqrt{5\cdot 2}} = \frac{1}{\sqrt{10}},\ \gamma \approx 71{,}57°$

e) $\cos\gamma = \frac{\left|\begin{pmatrix}1\\1\\0\end{pmatrix}\cdot\begin{pmatrix}0\\1\\0\end{pmatrix}\right|}{\sqrt{2}} = \frac{1}{\sqrt{2}},\ \gamma = 45°$

12. a) $\cos\gamma = \frac{\left|\begin{pmatrix}-2\\3\\6\end{pmatrix}\cdot\begin{pmatrix}1\\2\\2\end{pmatrix}\right|}{3\cdot 7} = \frac{16}{21},\ \gamma \approx 40{,}37°$

b) $\cos\gamma = \frac{\left|\begin{pmatrix}1\\6\\2\end{pmatrix}\cdot\begin{pmatrix}2\\-3\\6\end{pmatrix}\right|}{\sqrt{41\cdot 7}} = \frac{4}{7\sqrt{41}},\ \gamma \approx 84{,}88°$

c) $\cos\gamma = \frac{\left|\begin{pmatrix}1\\2\\8\end{pmatrix}\cdot\begin{pmatrix}1\\0\\0\end{pmatrix}\right|}{\sqrt{69}} = \frac{1}{\sqrt{69}},\ \gamma \approx 83{,}09°$

13. a) E_0: $\left(\vec{x}-\begin{pmatrix}-1\\0\\0\end{pmatrix}\right)\cdot\begin{pmatrix}1\\-1\\1\end{pmatrix}=0$, E_1: $\left(\vec{x}-\begin{pmatrix}1\\0\\0\end{pmatrix}\right)\cdot\begin{pmatrix}1\\0\\2\end{pmatrix}=0$, E_1 nicht parallel E_2 402

$E_0 \cap E_1$: E_1: $\vec{x}=\begin{pmatrix}1\\0\\0\end{pmatrix}+r\begin{pmatrix}0\\1\\0\end{pmatrix}+s\begin{pmatrix}-2\\0\\1\end{pmatrix}$, $s=2-r$

$$g:\ \vec{x}=\begin{pmatrix}-3\\0\\2\end{pmatrix}+r\begin{pmatrix}2\\1\\-1\end{pmatrix},\quad \cos\gamma=\frac{\left|\begin{pmatrix}1\\-1\\1\end{pmatrix}\cdot\begin{pmatrix}1\\0\\2\end{pmatrix}\right|}{\sqrt{3\cdot 5}}=\frac{3}{\sqrt{15}}\Rightarrow\gamma\approx 39{,}23°$$

b) Ansatz: $$\sin 45°=\frac{\left|\begin{pmatrix}0\\1\\0\end{pmatrix}\cdot\begin{pmatrix}1\\a-1\\a+1\end{pmatrix}\right|}{\sqrt{2a^2+3}}=\frac{|a-1|}{\sqrt{2a^2+3}}\Leftrightarrow\frac{1}{\sqrt{2}}=\frac{\pm(a-1)}{\sqrt{2a^2+3}}\Rightarrow\frac{1}{2}=\frac{(a-1)^2}{2a^2+3}\Rightarrow a=-\frac{1}{4}$$

14. a) hinten lin ks: (0|0|0), (0|0|3), vorne links: (0|10|0), (0|10|3), rechts: (–10|10|0), (–10|10|3) 403
Gaube: (–3|10|3), (–7|10|3), (–5|10|6), (–5|7,5|6), First: (0|5|9), (–10|5|9)
Lüfter: (–2|6|8,8), (–2|6|9,8)

$$E_1:\ \vec{x}=\begin{pmatrix}0\\10\\3\end{pmatrix}+r\begin{pmatrix}-1\\0\\0\end{pmatrix}+s\begin{pmatrix}0\\-5\\6\end{pmatrix},\quad \left(\vec{x}-\begin{pmatrix}0\\10\\3\end{pmatrix}\right)\cdot\begin{pmatrix}0\\6\\5\end{pmatrix}=0$$

$$E_2:\ \vec{x}=\begin{pmatrix}0\\0\\3\end{pmatrix}+r\begin{pmatrix}-1\\0\\0\end{pmatrix}+s\begin{pmatrix}0\\5\\6\end{pmatrix},\quad \left(\vec{x}-\begin{pmatrix}0\\0\\3\end{pmatrix}\right)\cdot\begin{pmatrix}0\\-6\\5\end{pmatrix}=0$$

$$E_3:\ \vec{x}=\begin{pmatrix}-3\\10\\3\end{pmatrix}+r\begin{pmatrix}0\\1\\0\end{pmatrix}+s\begin{pmatrix}-2\\0\\3\end{pmatrix},\quad \left(\vec{x}-\begin{pmatrix}-3\\10\\3\end{pmatrix}\right)\cdot\begin{pmatrix}3\\0\\2\end{pmatrix}=0$$

b) $\cos\gamma=\frac{\begin{pmatrix}0\\6\\5\end{pmatrix}\cdot\begin{pmatrix}0\\0\\1\end{pmatrix}}{\sqrt{61}}$, $\gamma\approx 50{,}2°$

c) $\cos\gamma=\frac{\begin{pmatrix}3\\0\\2\end{pmatrix}\cdot\begin{pmatrix}0\\0\\1\end{pmatrix}}{\sqrt{13}}$, $\gamma\approx 56{,}3°$ ist steiler

d) E_1,E_2: $\gamma=180°-50{,}2°-50{,}2°=79{,}6°$, E_1, E_3: $\cos\gamma=\frac{\begin{pmatrix}0\\6\\5\end{pmatrix}\cdot\begin{pmatrix}3\\0\\2\end{pmatrix}}{\sqrt{61\cdot 13}}$, $\gamma\approx 69{,}2°$

e) g: $\vec{x}=\begin{pmatrix}-3\\10\\3\end{pmatrix}+r\begin{pmatrix}-2\\-2{,}5\\3\end{pmatrix}$, $l=\sqrt{19{,}25}\approx 4{,}39$, $\cos\gamma=\frac{\begin{pmatrix}-2\\-2{,}5\\3\end{pmatrix}\cdot\begin{pmatrix}1\\0\\0\end{pmatrix}}{\sqrt{19{,}25}}$, $\gamma\approx 117{,}1°\ (46{,}9°)$

f) $\cos\gamma=\frac{\begin{pmatrix}-1{,}25\\1{,}25\\-1{,}5\end{pmatrix}\cdot\begin{pmatrix}0\\0\\1\end{pmatrix}}{\sqrt{5{,}375}}$, $\gamma\simeq 130{,}3°$

403 15. a) E_{ABS}: $\vec{n}=\begin{pmatrix}0\\-2\\0{,}5\end{pmatrix}$, $\overrightarrow{LU}=\begin{pmatrix}0\\12{,}5\\2\end{pmatrix}$, $\sin\alpha=\left|\frac{\begin{pmatrix}0\\-2\\0{,}5\end{pmatrix}\cdot\begin{pmatrix}0\\12{,}5\\2\end{pmatrix}}{\sqrt{4{,}25\cdot 160{,}25}}\right|=\frac{24}{\sqrt{4{,}25\cdot 160{,}25}}$, $\alpha\approx 66{,}9^\circ$

b) $\overrightarrow{UV}_{\text{grün}}=\begin{pmatrix}0\\5{,}5\\-2\end{pmatrix}$, $\cos\beta=\left|\frac{\begin{pmatrix}0\\5{,}5\\-2\end{pmatrix}\cdot\begin{pmatrix}0\\12{,}5\\2\end{pmatrix}}{\sqrt{34{,}25\cdot 160{,}25}}\right|=\frac{64{,}75}{\sqrt{34{,}25\cdot 160{,}25}}$, $\beta\approx 29{,}1^\circ$

$\overrightarrow{VW}_{\text{grün}}=\begin{pmatrix}0\\10\\-8\end{pmatrix}$, $\cos\gamma=\left|\frac{\begin{pmatrix}0\\5{,}5\\-2\end{pmatrix}\cdot\begin{pmatrix}0\\10\\-8\end{pmatrix}}{\sqrt{34{,}25\cdot 164}}\right|=\frac{71}{\sqrt{34{,}25\cdot 164}}$, $\gamma\approx 18{,}7^\circ$

c) $\cos\delta=\left|\frac{\begin{pmatrix}0\\5{,}5\\-2\end{pmatrix}\cdot\begin{pmatrix}0\\0\\1\end{pmatrix}}{\sqrt{34{,}25}}\right|=\frac{2}{\sqrt{34{,}25}}$, $\delta\approx 70^\circ\ (110^\circ)$ d) $\cos\gamma=\left|\frac{\begin{pmatrix}2\\0\\0{,}5\end{pmatrix}\cdot\begin{pmatrix}0\\2\\0{,}5\end{pmatrix}}{4{,}25}\right|=\frac{0{,}25}{4{,}25}$, $\gamma\approx 86{,}6^\circ$

16. a) $\sin\gamma=\frac{\begin{pmatrix}2\\1\\2\end{pmatrix}\cdot\begin{pmatrix}1\\-1\\2\end{pmatrix}}{3\sqrt{6}}=\frac{5}{3\sqrt{6}}$, $\gamma\approx 42{,}9^\circ$

b) $\sin\gamma=\frac{\begin{pmatrix}2\\1\\2\end{pmatrix}\cdot\begin{pmatrix}1\\-1\\a\end{pmatrix}}{3\sqrt{a^2+2}}=\frac{1+2a}{3\sqrt{a^2+2}}=\sqrt{0{,}5}$, $\frac{1+4a+4a^2}{9a^2+18}=0{,}5$, $a^2-8a+16=0$, $a=4$

c) $\begin{pmatrix}2\\1\\2\end{pmatrix}\cdot\begin{pmatrix}1\\-1\\a\end{pmatrix}=1+2a=0$, $a=-\frac{1}{2}$, $g_{-0{,}5}\parallel E$

Für kein a sind E und g_a orthogonal, weil der Normalenvektor von E und der Richtungsvektor von g_a für kein a kollinear sind.

2. Abstandsberechnungen

1. a) 1. Lotgerade g: $\vec{x} = \begin{pmatrix} 5 \\ -5 \\ 6 \end{pmatrix} + r\begin{pmatrix} 4 \\ -4 \\ 2 \end{pmatrix}$ 2. Schnittpunkt von g und E: F(1|−1|4) (r = −1) 404

   3. Abstand von P und F: $d = \sqrt{16+16+4} = 6$

   b) 1. Lotgerade g: $\vec{x} = \begin{pmatrix} -3 \\ 7 \\ 5 \end{pmatrix} + r\begin{pmatrix} -4 \\ 5 \\ 1 \end{pmatrix}$ 2. Schnittpunkt von g und E: F(1|2|4) (r = −1)

   3. Abstand von P und F: $d = \sqrt{16+25+1} \approx 6,48$

2. a) E: $(\vec{x} - \begin{pmatrix} 1 \\ 0 \\ 3 \end{pmatrix}) \cdot \begin{pmatrix} 1/3 \\ 2/3 \\ 2/3 \end{pmatrix} = 0$ b) E: $\frac{1}{\sqrt{6}}(\vec{x} - \begin{pmatrix} 3 \\ 0 \\ 0 \end{pmatrix}) \cdot \begin{pmatrix} 2 \\ 1 \\ -1 \end{pmatrix} = 0$ 405

   c) E: $\frac{1}{\sqrt{19}}(\vec{x} - \begin{pmatrix} 1 \\ 4 \\ 3 \end{pmatrix}) \cdot \begin{pmatrix} 1 \\ -3 \\ 3 \end{pmatrix} = 0$

3. a) A(4|2|4), B(4|4|2), C(0|4|4), S(4|4|4) 407

   E: $\vec{x} = \begin{pmatrix} 4 \\ 2 \\ 4 \end{pmatrix} + r\begin{pmatrix} 0 \\ 2 \\ -2 \end{pmatrix} + s\begin{pmatrix} -4 \\ 2 \\ 0 \end{pmatrix}$, E: $(\vec{x} - \begin{pmatrix} 4 \\ 2 \\ 4 \end{pmatrix}) \cdot \begin{pmatrix} 1/3 \\ 2/3 \\ 2/3 \end{pmatrix} = 0$

   $h = d(S,E) = \left| \left(\begin{pmatrix} 4 \\ 4 \\ 4 \end{pmatrix} - \begin{pmatrix} 4 \\ 2 \\ 4 \end{pmatrix} \right) \cdot \begin{pmatrix} 1/3 \\ 2/3 \\ 2/3 \end{pmatrix} \right| = \frac{4}{3}$

   b) Restvolumen = $V_{Würfel} - V_{Pyramide} = 64 - \frac{1}{3}G \cdot h = 64 - \frac{1}{3} \cdot \frac{1}{2}\sqrt{8 \cdot 20 - 16} \cdot \frac{4}{3} = 61\frac{1}{3}$
   c) Gerade durch O und S:

   g: $\vec{x} = t\begin{pmatrix} 4 \\ 4 \\ 4 \end{pmatrix}$, $g \cap E$: $(\begin{pmatrix} 4t \\ 4t \\ 4t \end{pmatrix} - \begin{pmatrix} 4 \\ 2 \\ 4 \end{pmatrix}) \cdot \begin{pmatrix} 1 \\ 2 \\ 2 \end{pmatrix} = 0$, $t = 0{,}8$, F(3,2|3,2|3,2)

   F in E: $0 < s = 0{,}2$, $r = 0{,}4 < 1$, $r + s = 0{,}6 < 1$, F liegt im Dreieck ABC.

4. a) P: $d(P,E) = \left| \frac{1}{\sqrt{6}} \left(\begin{pmatrix} 0 \\ 1 \\ 2 \end{pmatrix} - \begin{pmatrix} 0 \\ 0 \\ 4 \end{pmatrix} \right) \cdot \begin{pmatrix} 2 \\ 1 \\ 1 \end{pmatrix} \right| = \left| \frac{-1}{\sqrt{6}} \right| \approx 0,41$ 408

   Q: $d(Q,E) = \left| \frac{1}{\sqrt{6}} \left(\begin{pmatrix} -1 \\ 2 \\ 5 \end{pmatrix} - \begin{pmatrix} 0 \\ 0 \\ 4 \end{pmatrix} \right) \cdot \begin{pmatrix} 2 \\ 1 \\ 1 \end{pmatrix} \right| = \frac{1}{\sqrt{6}} \approx 0,41$

   R: $d(R,E) = \left| \frac{1}{\sqrt{6}} \left(\begin{pmatrix} 1 \\ 1 \\ 1 \end{pmatrix} - \begin{pmatrix} 0 \\ 0 \\ 4 \end{pmatrix} \right) \cdot \begin{pmatrix} 2 \\ 1 \\ 1 \end{pmatrix} \right| = 0 \Rightarrow R \in E$

   T: $d(T,E) = \left| \frac{1}{\sqrt{6}} \left(\begin{pmatrix} 1 \\ 3 \\ 2 \end{pmatrix} - \begin{pmatrix} 0 \\ 0 \\ 4 \end{pmatrix} \right) \cdot \begin{pmatrix} 2 \\ 1 \\ 1 \end{pmatrix} \right| = \frac{3}{\sqrt{6}} \approx 1,22$

   Q und T liegen im gleichen Halbraum (positive Vorzeichen).

   c) $\frac{1}{\sqrt{6}} \left(\begin{pmatrix} 0 \\ 0 \\ 0 \end{pmatrix} - \begin{pmatrix} 0 \\ 0 \\ 4 \end{pmatrix} \right) \cdot \begin{pmatrix} 2 \\ 1 \\ 1 \end{pmatrix} = \frac{-4}{\sqrt{6}}$, O liegt auf der gleichen Seite wie P (negative Vorzeichen).

409 5. a) Lotgerade g: $\vec{x}=\begin{pmatrix}4\\6\\6\end{pmatrix}+r\begin{pmatrix}1\\2\\2\end{pmatrix}$, $g\cap E$: $r=-2$, $F(2|2|2)$, $d=\sqrt{4+16+16}=6$

b) Lotgerade g: $\vec{x}=\begin{pmatrix}9\\0\\2\end{pmatrix}+r\begin{pmatrix}3\\4\\0\end{pmatrix}$, $g\cap E$: $r=-1$, $F(6|-4|2)$, $d=\sqrt{9+16}=5$

c) Lotgerade g: $\vec{x}=\begin{pmatrix}6\\-1\\-5\end{pmatrix}+r\begin{pmatrix}2\\-3\\-6\end{pmatrix}$, $g\cap E$: $r=-1$, $F(4|2|1)$, $d=\sqrt{4+9+36}=7$

d) $E: (\vec{x}-\begin{pmatrix}0\\6\\6\end{pmatrix})\cdot\begin{pmatrix}0\\-2\\3\end{pmatrix}=0$, $g: \vec{x}=\begin{pmatrix}2\\7\\-2\end{pmatrix}+r\begin{pmatrix}0\\-2\\3\end{pmatrix}$, $g\cap E: r=2$, $F(2|3|4)$, $d=\sqrt{36+16}\approx 7{,}21$

6. a) E: $\vec{x}=\begin{pmatrix}1\\1\\3\end{pmatrix}+r\begin{pmatrix}1\\-2\\2\end{pmatrix}+s\begin{pmatrix}-1\\0\\2\end{pmatrix}$, E: $(\vec{x}-\begin{pmatrix}1\\1\\3\end{pmatrix})\cdot\begin{pmatrix}2/3\\2/3\\1/3\end{pmatrix}=0$

b) E: $\vec{x}=\begin{pmatrix}3\\4\\-1\end{pmatrix}+r\begin{pmatrix}3\\-2\\2\end{pmatrix}+s\begin{pmatrix}-3\\1\\0\end{pmatrix}$, E: $(\vec{x}-\begin{pmatrix}3\\4\\-1\end{pmatrix})\cdot\begin{pmatrix}2/7\\6/7\\3/7\end{pmatrix}=0$

c) E: $\vec{x}=\begin{pmatrix}7\\3\\2\end{pmatrix}+r\begin{pmatrix}4\\-2\\0\end{pmatrix}+s\begin{pmatrix}2\\-2\\1\end{pmatrix}$, E: $(\vec{x}-\begin{pmatrix}7\\3\\2\end{pmatrix})\cdot\begin{pmatrix}1/3\\2/3\\2/3\end{pmatrix}=0$

7. a) E: $(\vec{x}-\begin{pmatrix}3\\0\\2\end{pmatrix})\cdot\begin{pmatrix}6/7\\3/7\\2/7\end{pmatrix}=0$, $d(P,E)=7$, $d(Q,E)=3$

b) E: $(\vec{x}-\begin{pmatrix}8\\0\\0\end{pmatrix})\cdot\begin{pmatrix}1/3\\-2/3\\2/3\end{pmatrix}=0$, $d(P,E)=3$, $d(Q,E)=6$

c) E: $(\vec{x}-\begin{pmatrix}6\\0\\0\end{pmatrix})\cdot\begin{pmatrix}2/7\\3/7\\6/7\end{pmatrix}=0$, $d(P,E)=5$, $d(Q,E)=7$

d) E: $(\vec{x}-\begin{pmatrix}6\\-2\\2\end{pmatrix})\cdot\begin{pmatrix}3/5\\4/5\\0\end{pmatrix}=0$, $d(P,E)=3{,}6$, $d(Q,E)=0$, $Q\in E$

e) E: $(\vec{x}-\begin{pmatrix}2\\2\\0\end{pmatrix})\cdot\begin{pmatrix}6/11\\9/11\\2/11\end{pmatrix}=0$, $d(P,E)=11$, $d(Q,E)=11$

f) E: $(\vec{x}-\begin{pmatrix}3\\2\\-2\end{pmatrix})\cdot\begin{pmatrix}6/19\\-6/19\\17/19\end{pmatrix}=0$, $d(P,E)=16$, $d(Q,E)=20$

8. a) E: $\vec{x}=\begin{pmatrix}7\\1\\0\end{pmatrix}+r\begin{pmatrix}0\\6\\2\end{pmatrix}+s\begin{pmatrix}-6\\6\\4\end{pmatrix}$, E: $\frac{1}{\sqrt{11}}(\vec{x}-\begin{pmatrix}7\\1\\0\end{pmatrix})\cdot\begin{pmatrix}-1\\1\\-3\end{pmatrix}=0$, $h=d(S,E)=\frac{11}{\sqrt{11}}\approx 3{,}32$

b) $A=\sqrt{\begin{pmatrix}0\\6\\2\end{pmatrix}^2\cdot\begin{pmatrix}-6\\0\\2\end{pmatrix}^2-(\begin{pmatrix}0\\6\\2\end{pmatrix}\cdot\begin{pmatrix}-6\\0\\2\end{pmatrix})^2}=\sqrt{1584}\approx 39{,}8$ (ABCD ist ein Parallelogramm)

$V=\frac{1}{3}A\cdot h=\frac{1}{3}\cdot\sqrt{1584}\cdot\frac{11}{\sqrt{11}}=44$

c) Lotgerade g: $\vec{x}=\begin{pmatrix}7\\2\\4\end{pmatrix}+r\begin{pmatrix}-1\\1\\-3\end{pmatrix}$, $g\cap E$: $r=1$, $F(6|3|1)$

9. a) E: $(\vec{x} - \begin{pmatrix}0\\-3\\1\end{pmatrix}) \cdot \begin{pmatrix}2/3\\-2/3\\1/3\end{pmatrix} = 0$, $d(P,E) = |-\frac{22}{3}|$, $d(Q,E) = |-\frac{4}{3}|$, $d(O,E) = |-\frac{7}{3}|$ 409

O, P und Q liegen im gleichen Halbraum bezüglich E.

b) E: $(\vec{x} - \begin{pmatrix}2\\0\\0\end{pmatrix}) \cdot \begin{pmatrix}6/7\\-2/7\\3/7\end{pmatrix} = 0$, $d(P,E) = |\frac{4}{7}|$, $d(Q,E) = |\frac{4}{7}|$, $d(O,E) = |\frac{-12}{7}|$

P und Q liegen im gleichen Halbraum bezüglich E.
O liegt im anderen Halbraum als Q und P.

10. a) Parallelität: $\begin{pmatrix}1\\6\\2\end{pmatrix} \cdot \begin{pmatrix}6\\-2\\3\end{pmatrix} = 0$, E: $(\vec{x} - \begin{pmatrix}0\\-2\\1\end{pmatrix}) \cdot \begin{pmatrix}6/7\\-2/7\\3/7\end{pmatrix} = 0$, $d(g,E) = 7$ 410

b) Parallelität: $\begin{pmatrix}-4\\3\\2\end{pmatrix} \cdot \begin{pmatrix}2\\2\\1\end{pmatrix} = 0$, E: $(\vec{x} - \begin{pmatrix}0\\0\\5\end{pmatrix}) \cdot \begin{pmatrix}2/3\\2/3\\1/3\end{pmatrix} = 0$, $d(g,E) = 3$

c) Parallelität: $\begin{pmatrix}4\\2\\-4\end{pmatrix} = -2\begin{pmatrix}-2\\-1\\2\end{pmatrix}$, $E \parallel F$, $E: (\vec{x} - \begin{pmatrix}4\\0\\0\end{pmatrix}) \cdot \begin{pmatrix}2/3\\1/3\\-2/3\end{pmatrix} = 0$, $P(13|0|0) \in F$, $d(P,E) = 6$

d) Parallelität: $\begin{pmatrix}12\\-5\\13\end{pmatrix} = 2\begin{pmatrix}6\\-2,5\\6,5\end{pmatrix}$, $E \parallel F$

$E: \frac{1}{\sqrt{338}}(\vec{x} - \begin{pmatrix}-17\\0\\0\end{pmatrix}) \cdot \begin{pmatrix}12\\-5\\13\end{pmatrix} = 0$, $P(9|0|2) \in F$, $d(P,E) = \sqrt{338} \approx 18,38$

11. a) 1. Hilfsebene H: $(H \perp g, P \in H)$ H: $(\vec{x} - \begin{pmatrix}4\\6\\-2\end{pmatrix}) \cdot \begin{pmatrix}-1\\1\\1\end{pmatrix} = 0$ 411

2. Lotfußpunkt F: $g \cap H$: $(\begin{pmatrix}4-r\\r\\1+r\end{pmatrix} - \begin{pmatrix}4\\6\\-2\end{pmatrix}) \cdot \begin{pmatrix}-1\\1\\1\end{pmatrix} = 0$, $r = 1 \Rightarrow F(3|1|2)$

3. Abstand von P und F: $g \cap H$: $d = |\begin{pmatrix}3\\1\\2\end{pmatrix} - \begin{pmatrix}4\\6\\-2\end{pmatrix}| = \sqrt{1+25+16} = \sqrt{42} \approx 6,48$

b) H: $(\vec{x} - \begin{pmatrix}2\\1\\8\end{pmatrix}) \cdot \begin{pmatrix}-4\\4\\2\end{pmatrix} = 0$, $g \cap H$: $r = \frac{1}{2}$, $F(2|4|2)$, $d = \sqrt{45} \approx 6,71$

c) H: $(\vec{x} - \begin{pmatrix}0\\0\\0\end{pmatrix}) \cdot \begin{pmatrix}5\\-5\\0\end{pmatrix} = 0$, $g \cap H$: $r = \frac{2}{5}$, $F(6|6|7)$, $d = \sqrt{121} = 11$

412 12. a) I. $\overrightarrow{AB}=\begin{pmatrix}6\\-8\\0\end{pmatrix},\quad \overrightarrow{CD}=\begin{pmatrix}6\\-8\\0\end{pmatrix}$, II. $\overrightarrow{AB}=\begin{pmatrix}2\\4\\-4\end{pmatrix},\quad \overrightarrow{CD}=\begin{pmatrix}4\\8\\-8\end{pmatrix}$

b) $\overrightarrow{AB}=\begin{pmatrix}4\\6\\1\end{pmatrix},\quad \overrightarrow{DC}=\begin{pmatrix}4\\6\\1\end{pmatrix},\quad \overrightarrow{BC}=\begin{pmatrix}-2\\1\\2\end{pmatrix},\quad \overrightarrow{AD}=\begin{pmatrix}-2\\1\\2\end{pmatrix}$

$$A=\sqrt{\begin{pmatrix}4\\6\\1\end{pmatrix}^2\cdot\begin{pmatrix}-2\\1\\2\end{pmatrix}^2-\left(\begin{pmatrix}4\\6\\1\end{pmatrix}\cdot\begin{pmatrix}-2\\1\\2\end{pmatrix}\right)^2}=\sqrt{477}\approx 21{,}84$$

413 13. a) F(7|6|4), G(4|5|5), H(5|2|4)

b) 1. Im Drachen sind die Diagonalen orthogonal: $\overrightarrow{AC}\cdot\overrightarrow{BD}=\begin{pmatrix}-6\\3\\3\end{pmatrix}\cdot\begin{pmatrix}-2\\-4\\0\end{pmatrix}=0$

2. Eine Diagonale wird von der anderen halbiert: Mittelpunkt von BD sei M.

$\vec{m}=\begin{pmatrix}5\\5\\2\end{pmatrix}+\frac{1}{2}\begin{pmatrix}-2\\-4\\0\end{pmatrix}=\begin{pmatrix}4\\3\\2\end{pmatrix}$ in g_{AC}: $\vec{x}=\begin{pmatrix}8\\1\\0\end{pmatrix}+r\begin{pmatrix}-6\\3\\3\end{pmatrix}$ mit $r=\frac{2}{3}$ erfüllt

c) T: $\vec{x}=\begin{pmatrix}8\\1\\0\end{pmatrix}+r\begin{pmatrix}-6\\3\\3\end{pmatrix}+s\begin{pmatrix}-3\\1\\4\end{pmatrix},\quad \left(\vec{x}-\begin{pmatrix}8\\1\\0\end{pmatrix}\right)\cdot\begin{pmatrix}3\\5\\1\end{pmatrix}=0$

d) $d(F;T)=\left(\begin{pmatrix}7\\6\\4\end{pmatrix}-\begin{pmatrix}8\\1\\0\end{pmatrix}\right)\cdot\begin{pmatrix}3\\5\\1\end{pmatrix}\cdot\frac{1}{\sqrt{35}}=\frac{26}{\sqrt{35}}\approx 4{,}39$

e) E_{ABC}: $\vec{x}=\begin{pmatrix}8\\1\\0\end{pmatrix}+r\begin{pmatrix}-3\\4\\2\end{pmatrix}+s\begin{pmatrix}-6\\3\\3\end{pmatrix},\quad \left(\vec{x}-\begin{pmatrix}8\\1\\0\end{pmatrix}\right)\cdot\begin{pmatrix}2\\-1\\5\end{pmatrix}=0$

$d(E;E_{ABC})=\left(\begin{pmatrix}10\\2\\2\end{pmatrix}-\begin{pmatrix}8\\1\\0\end{pmatrix}\right)\cdot\begin{pmatrix}2\\-1\\5\end{pmatrix}\cdot\frac{1}{\sqrt{30}}=\frac{13}{\sqrt{30}}\approx 2{,}37$

$V=A\cdot h,\quad A=\sqrt{\begin{pmatrix}-3\\4\\2\end{pmatrix}^2\cdot\begin{pmatrix}-6\\3\\3\end{pmatrix}^2-\left(\begin{pmatrix}-3\\4\\2\end{pmatrix}\cdot\begin{pmatrix}-6\\3\\3\end{pmatrix}\right)^2}=\sqrt{270}\approx 16{,}43,\quad V=39$

413

14. b) E: $\vec{x} = r\begin{pmatrix}1\\0\\0\end{pmatrix}+s\begin{pmatrix}2\\6\\3\end{pmatrix},\quad \vec{x}\cdot\begin{pmatrix}0\\-1\\2\end{pmatrix}=0$

a) 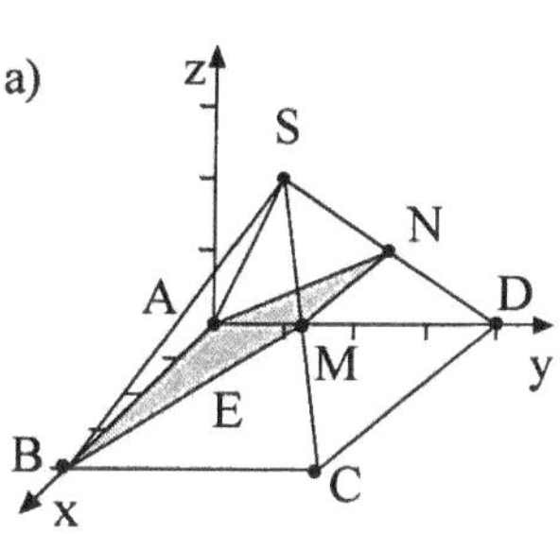

c) $d(C;E) = \left|\begin{pmatrix}8\\8\\0\end{pmatrix}\cdot\begin{pmatrix}0\\-1\\2\end{pmatrix}\cdot\frac{1}{\sqrt{5}}\right| = \frac{8}{\sqrt{5}} \approx 3{,}58$

$d(D;E) = \left|\begin{pmatrix}0\\8\\0\end{pmatrix}\cdot\begin{pmatrix}0\\-1\\2\end{pmatrix}\cdot\frac{1}{\sqrt{5}}\right| = \frac{8}{\sqrt{5}} \approx 3{,}58$

$d(S;E) = \left|\begin{pmatrix}4\\4\\6\end{pmatrix}\cdot\begin{pmatrix}0\\-1\\2\end{pmatrix}\cdot\frac{1}{\sqrt{5}}\right| = \frac{8}{\sqrt{5}} \approx 3{,}58$

d) $M(6|6|3),\ \overrightarrow{MN} = \begin{pmatrix}-4\\0\\0\end{pmatrix},\quad \overrightarrow{CD} = \begin{pmatrix}-8\\0\\0\end{pmatrix},\quad 2\cdot\overrightarrow{MN} = \overrightarrow{CD}$

Ebene T $\perp$ $\overrightarrow{CD}$ durch M: $\left(\vec{x}-\begin{pmatrix}6\\6\\3\end{pmatrix}\right)\cdot\begin{pmatrix}-8\\0\\0\end{pmatrix}=0,\quad g_{CD}:\ \vec{x}=\begin{pmatrix}8\\8\\0\end{pmatrix}+r\begin{pmatrix}-8\\0\\0\end{pmatrix}$

g_{CD} in E: $\begin{pmatrix}2-8r\\2\\-3\end{pmatrix}\cdot\begin{pmatrix}-8\\0\\0\end{pmatrix} = 16-64r = 0,\quad r=\frac{1}{4},\quad F(6|8|0),\quad d(F;M)=\sqrt{13}\approx 3{,}61$

$A = \frac{a+c}{2}\cdot h = \frac{8+4}{2}\cdot\sqrt{13} \approx 21{,}63$

e) $\overrightarrow{CS} = \begin{pmatrix}-4\\-4\\6\end{pmatrix},\quad \sin\gamma = \frac{\begin{pmatrix}-4\\-4\\6\end{pmatrix}\cdot\begin{pmatrix}0\\-1\\2\end{pmatrix}}{\sqrt{68\cdot 5}},\quad \gamma\approx 60{,}2°$

15. b) E: $\vec{x} = \begin{pmatrix}7\\3\\1\end{pmatrix}+r\begin{pmatrix}4\\-2\\3\end{pmatrix}+s\begin{pmatrix}1\\2\\2\end{pmatrix},\quad \left(\vec{x}-\begin{pmatrix}7\\3\\1\end{pmatrix}\right)\cdot\begin{pmatrix}2\\1\\-2\end{pmatrix}=0$

a) 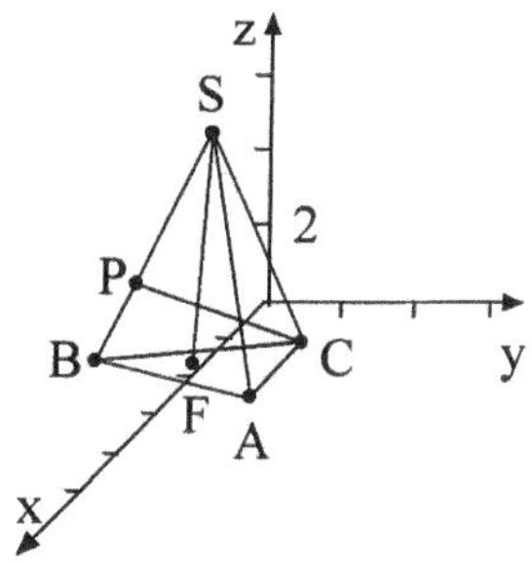

c) $h = d(S;E) = \left|\left(\begin{pmatrix}5\\1\\7\end{pmatrix}-\begin{pmatrix}7\\3\\1\end{pmatrix}\right)\cdot\begin{pmatrix}2\\1\\-2\end{pmatrix}\cdot\frac{1}{3}\right| = \frac{18}{3} = 6$

g_S: $\vec{x} = \begin{pmatrix}5\\1\\7\end{pmatrix}+r\begin{pmatrix}2\\1\\-2\end{pmatrix}$ in E: $\begin{pmatrix}-2+2r\\-2+r\\6-2r\end{pmatrix}\cdot\begin{pmatrix}2\\1\\-2\end{pmatrix} = -18+9r=0,\ r=2$

$F(9|3|3),\ h=\sqrt{16+4+16}=6$

d) E_C: $\left(\vec{x}-\begin{pmatrix}8\\5\\3\end{pmatrix}\right)\cdot\begin{pmatrix}-6\\0\\3\end{pmatrix}=0,\quad g_{BS}:\ \vec{x}=\begin{pmatrix}11\\1\\4\end{pmatrix}+r\begin{pmatrix}-6\\0\\3\end{pmatrix}$ in E_C: $r=\frac{1}{3}$, $P(9|1|5)$, $d(P;C)=\sqrt{21}$

e) $\sin\gamma = \left|\frac{\begin{pmatrix}-6\\0\\3\end{pmatrix}\cdot\begin{pmatrix}2\\1\\-2\end{pmatrix}}{3\sqrt{45}}\right| = \frac{6}{\sqrt{45}},\quad \gamma\approx 63{,}4°$

16. a) C(11|6|4), F(9|4|12), G(13|2|8), H(9|-2|6)

b) T: $\vec{x} = \begin{pmatrix}7\\8\\8\end{pmatrix}+r\begin{pmatrix}0\\-6\\-6\end{pmatrix}+s\begin{pmatrix}-2\\-8\\2\end{pmatrix},\quad \left(\vec{x}-\begin{pmatrix}7\\8\\8\end{pmatrix}\right)\cdot\begin{pmatrix}5\\-1\\1\end{pmatrix}=0,\quad d(A;T)=\begin{pmatrix}-4\\-4\\-2\end{pmatrix}\cdot\begin{pmatrix}5\\-1\\1\end{pmatrix}\cdot\frac{1}{\sqrt{27}}\approx 3{,}46$

c) $g_{DE}:\ \vec{x}=\begin{pmatrix}7\\2\\2\end{pmatrix}+r\begin{pmatrix}-2\\-2\\8\end{pmatrix},\ E_B:\ \left(\vec{x}-\begin{pmatrix}7\\8\\8\end{pmatrix}\right)\cdot\begin{pmatrix}-2\\-2\\8\end{pmatrix}=0,\quad \begin{pmatrix}-2r\\-6-2r\\-6+8r\end{pmatrix}\cdot\begin{pmatrix}-2\\-2\\8\end{pmatrix}=-36+72r,\ S(6|1|6)$

$d(S;B)=\sqrt{54}\approx 7{,}35$

d) $G=\frac{1}{2}\sqrt{\begin{pmatrix}0\\-6\\-6\end{pmatrix}^2\cdot\begin{pmatrix}-2\\-8\\2\end{pmatrix}^2-\left(\begin{pmatrix}0\\-6\\-6\end{pmatrix}\cdot\begin{pmatrix}-2\\-8\\2\end{pmatrix}\right)^2}=\frac{1}{2}\sqrt{3888}\approx 31{,}18,\quad V=\frac{31{,}18\cdot 3{,}46}{3}\approx 36$

414 17. a) $d(P;E) = \left|\left(\begin{pmatrix}6{,}2\\6{,}2\\0{,}3\end{pmatrix}-\begin{pmatrix}10\\0\\10\end{pmatrix}\right)\cdot\begin{pmatrix}5\\5\\1\end{pmatrix}\cdot\frac{1}{\sqrt{51}}\right| \approx 0{,}32 \Rightarrow$ kein Alarm bis zum Punkt P.

$d(Q;E) = \left|\left(\begin{pmatrix}6{,}1\\6{,}1\\0{,}3\end{pmatrix}-\begin{pmatrix}10\\0\\10\end{pmatrix}\right)\cdot\begin{pmatrix}5\\5\\1\end{pmatrix}\cdot\frac{1}{\sqrt{51}}\right| \approx 0{,}18 \Rightarrow$ Alarmauslösung zwischen P und Q.

b) $R(x|x|0{,}3)$: $\begin{pmatrix}x-10\\x\\-9{,}7\end{pmatrix}\cdot\begin{pmatrix}5\\5\\1\end{pmatrix}\cdot\frac{1}{\sqrt{51}} = 0{,}30 \Rightarrow \quad (10x-59{,}7)\cdot\frac{1}{\sqrt{51}} = 0{,}30 \Rightarrow \quad x \approx 6{,}18$

Bei $R(6{,}18|6{,}18|0{,}3)$ beträgt der Abstand 0,30 m. Dort wird der Alarm ausgelöst.

18. a) $G\colon \vec{x} = \begin{pmatrix}0\\0\\-20\end{pmatrix}+r\begin{pmatrix}50\\50\\5\end{pmatrix}+s\begin{pmatrix}0\\50\\5\end{pmatrix},\quad \vec{n} = \begin{pmatrix}0\\-1\\10\end{pmatrix},\quad \left(\vec{x}-\begin{pmatrix}0\\0\\-20\end{pmatrix}\right)\cdot\begin{pmatrix}0\\-1\\10\end{pmatrix} = 0$

b) $d(A;G) = \begin{pmatrix}50\\50\\20\end{pmatrix}\cdot\begin{pmatrix}0\\-1\\10\end{pmatrix}\cdot\frac{1}{\sqrt{101}} = 14{,}93,\quad d(B;G) = \begin{pmatrix}75\\75\\20\end{pmatrix}\cdot\begin{pmatrix}0\\-1\\10\end{pmatrix}\cdot\frac{1}{\sqrt{101}} = 12{,}44$

Wassertiefe: Jeweils Geraden senkrecht zur Wasseroberfläche:

$g_A\colon \quad \vec{x} = \begin{pmatrix}50\\50\\0\end{pmatrix}+r\begin{pmatrix}0\\0\\-1\end{pmatrix}$; in G: $\begin{pmatrix}50\\50\\20-r\end{pmatrix}\cdot\begin{pmatrix}0\\-1\\10\end{pmatrix} = 150-10r = 0,\quad r = 15$

$F_A(50|50|-15)$, Wassertiefe bei A: 15m

$g_B\colon \quad \vec{x} = \begin{pmatrix}75\\75\\0\end{pmatrix}+r\begin{pmatrix}0\\0\\-1\end{pmatrix}$; in G: $\begin{pmatrix}75\\75\\20-r\end{pmatrix}\cdot\begin{pmatrix}0\\-1\\10\end{pmatrix} = 125-10r = 0,\quad r = 12{,}5$

$F_B(75|75|-12{,}5)$, Wassertiefe bei B: 12,5m

c) $C(x|x|0)$: $\left|\begin{pmatrix}x\\x\\20\end{pmatrix}\cdot\begin{pmatrix}0\\-1\\10\end{pmatrix}\cdot\frac{1}{\sqrt{101}}\right| = 2 \Rightarrow \quad \frac{-x+200}{\sqrt{101}} = 2 \Rightarrow \quad x \approx 179{,}9 \Rightarrow \quad C(179{,}9|179{,}9|0)$

19. a) $E_{Berg}\colon \quad \vec{x} = \begin{pmatrix}0\\5\\0\end{pmatrix}+r\begin{pmatrix}5\\5\\2\end{pmatrix}+s\begin{pmatrix}10\\5\\2\end{pmatrix};\quad \vec{n} = \begin{pmatrix}0\\-2\\5\end{pmatrix},\quad E\colon\left(\vec{x}-\begin{pmatrix}0\\5\\0\end{pmatrix}\right)\cdot\begin{pmatrix}0\\-2\\5\end{pmatrix} = 0$

b) $d(A;E) = \left[\begin{pmatrix}1\\6\\1\end{pmatrix}-\begin{pmatrix}0\\5\\0\end{pmatrix}\right]\cdot\begin{pmatrix}0\\-2\\5\end{pmatrix}\cdot\frac{1}{\sqrt{29}} \approx 0{,}56\text{km},\quad d(B;E) = \left[\begin{pmatrix}2\\7\\1\end{pmatrix}-\begin{pmatrix}0\\5\\0\end{pmatrix}\right]\cdot\begin{pmatrix}0\\-2\\5\end{pmatrix}\cdot\frac{1}{\sqrt{29}} \approx 0{,}19\text{km}$

c) 1. Der Helikopter fliegt auf der Geraden $g\colon \quad \vec{x} = \begin{pmatrix}2\\7\\1\end{pmatrix}+r\begin{pmatrix}1\\1\\0\end{pmatrix}$. Er durchfliegt also die Punkte $C(2+r|7+r|1)$. Ansatz:

$d(C,E) = 0{,}1 \Rightarrow \quad \begin{pmatrix}2+r\\2+r\\1\end{pmatrix}\cdot\begin{pmatrix}0\\-2\\5\end{pmatrix}\cdot\frac{1}{\sqrt{29}} = 0{,}1 \Rightarrow \quad r = 0{,}23 \Rightarrow \quad C(2{,}23|7{,}23|1)$

ist der Punkt des Kurswechsels.

2. Der neus Kurs muss parallel zur Bergebene verlaufen. Sein Richtungsvektor $\vec{m} = \begin{pmatrix}1\\1\\x\end{pmatrix}$ muss daher zum Normalenvektor $\vec{n} = \begin{pmatrix}0\\-2\\5\end{pmatrix}$ der Bergebene orthogonal sein. Daher $\vec{m} = \begin{pmatrix}1\\1\\0{,}4\end{pmatrix}$. Der Kurs lautet dann: $h\colon \quad \vec{x} = \begin{pmatrix}2\\7\\1\end{pmatrix}+s\begin{pmatrix}1\\1\\0{,}4\end{pmatrix}$.

20\. a) Abstand der Fronten: $d(E_A;E_B)=D(A;E_B)=\left|\left(\begin{pmatrix}250\\-230\\3\end{pmatrix}-\begin{pmatrix}-95\\410\\4\end{pmatrix}\right)\cdot\begin{pmatrix}-1\\2\\0\end{pmatrix}\cdot\frac{1}{\sqrt{5}}\right|\approx 727\text{ km}$ 415

b) 1.Geschwindigkeit der Fronten: $d(A;A')=\sqrt{20^2+40^2}\approx 44{,}72$, $v_A=44{,}72\,\frac{\text{km}}{\text{h}}$

$d(B;B')=\sqrt{30^2+60^2}\approx 67{,}08$, $v_B=67{,}08\,\frac{\text{km}}{\text{h}}$

2\. Abstand der Fronten: $d(E_{A'};E_{B'})=D(A';E_{B'})=\left|\left(\begin{pmatrix}230\\-190\\3\end{pmatrix}-\begin{pmatrix}-65\\350\\4\end{pmatrix}\right)\cdot\begin{pmatrix}-1\\2\\0\end{pmatrix}\cdot\frac{1}{\sqrt{5}}\right|\approx 615\text{ km}$

3\. Zeit bis zum Aufeinandertreffen der Fronten:
$v_{gesamt}=44{,}72+67{,}08=111{,}8$ km/h, $t=\frac{615}{111{,}8}\approx 5{,}5$ Stunden
Nach ca. 5,5 weiteren Stunden treffen die Fronten aufeinander.

21\. Anflugroute g: $\vec{x}=\begin{pmatrix}2\\0\\2\end{pmatrix}+r\begin{pmatrix}4\\10\\-2\end{pmatrix}$; Ebene $\perp$ zu g durch S: E_S: $\left(\vec{x}-\begin{pmatrix}0\\3{,}5\\0{,}5\end{pmatrix}\right)\cdot\begin{pmatrix}4\\10\\-2\end{pmatrix}=0$

g in E_S: $\begin{pmatrix}2+4r\\-3{,}5+10r\\1{,}5-2r\end{pmatrix}\cdot\begin{pmatrix}4\\10\\-2\end{pmatrix}=-30+120r=0\Rightarrow\quad r=\frac{1}{4}\Rightarrow$ $F(3|2{,}5|1{,}5)$ ist Schnittpunkt

$d(F;S)=\sqrt{3^2+1^1+1^2}=\sqrt{11}\approx 3{,}32\text{km}$

Der Abstand von S zur Anflugroute beträgt etwa 3,32 km.

22\. a) $\overrightarrow{AA'}=\begin{pmatrix}400\\600\\-50\end{pmatrix}$, $\overrightarrow{BB'}=\begin{pmatrix}200\\300\\-25\end{pmatrix}\Rightarrow\ \overrightarrow{AA'}\,||\,\overrightarrow{BB'}$

b) g: $\vec{x}=\begin{pmatrix}1220\\2450\\150\end{pmatrix}+r\begin{pmatrix}400\\600\\-50\end{pmatrix}$ ist die Gerade durch A und A'.

E_B: $\left(\vec{x}-\begin{pmatrix}1405\\2760\\125\end{pmatrix}\right)\cdot\begin{pmatrix}400\\600\\-50\end{pmatrix}=0$ ist eine zu g orthogonale Ebene, die B enthält.

g in E_B: $\begin{pmatrix}-185+400r\\-310+600r\\25-50r\end{pmatrix}\cdot\begin{pmatrix}400\\600\\-50\end{pmatrix}=0\Rightarrow\ -261250+522500r=0\Rightarrow\ r=0{,}5\Rightarrow$, $F(1420|2750|125)$

$d(F;B)=\sqrt{15^2+10^2}=\sqrt{325}\approx 18{,}03\Rightarrow$ Der Abstand der Flugbahnen beträgt 18,03m.

c) 18,03m – 14m = 4,03m beträgt der Abstand der Flügelspitzen.

d) Ebene E_S $\perp$ zu g durch S, E_S: $\left(\vec{x}-\begin{pmatrix}3\\638\\20\end{pmatrix}\right)\cdot\begin{pmatrix}400\\600\\-50\end{pmatrix}=0$

g in E_S: $\left(\begin{pmatrix}1217+400r\\1812+600r\\130-50r\end{pmatrix}\right)\cdot\begin{pmatrix}400\\600\\-50\end{pmatrix}=0\Rightarrow\ 1567500+522500r=0\Rightarrow\ r=-3$, $T(20|650|300)$

$d(T;S)=\sqrt{17^2+12^2+280^2}\approx 280{,}77\text{m}$

Die kürzeste Entfernung des Flugzeuges vom Kontrollturm beträgt 280,77m.

417 23. Die Richtungsvektoren von g und h sind nicht kollinear, g und h sind nicht parallel. Gleichsetzen der Terme von g und h ergibt einen Widerspruch, also sind g und h windschief.
Normaleneinheitsvektor:

$$\vec{n}\cdot\begin{pmatrix}-6\\2\\1\end{pmatrix} = -6x+2y+z=0,\quad \vec{n}\cdot\begin{pmatrix}4\\1\\-3\end{pmatrix} = 4x+y-3z=0,\quad \vec{n}\cdot\begin{pmatrix}1\\2\\2\end{pmatrix},\quad \vec{n}_0\cdot\begin{pmatrix}1/3\\2/3\\2/3\end{pmatrix}$$

Abstand: $d = |(\vec{p}-\vec{q})\cdot\vec{n}_0| = |(\begin{pmatrix}9\\3\\8\end{pmatrix}-\begin{pmatrix}4\\2\\1\end{pmatrix}\cdot\begin{pmatrix}1/3\\2/3\\2/3\end{pmatrix}| = \begin{pmatrix}5\\1\\7\end{pmatrix}\cdot\begin{pmatrix}1\\2\\2\end{pmatrix}\cdot\frac{1}{3} = 7$

24. a) Die Richtungsvektoren von g und h sind nicht kollinear, g und h sind nicht parallel. Gleichsetzen der Terme von g und h liefert einen Widerspruch, g und h sind windschief.

$$\vec{n} = \begin{pmatrix}1\\2\\9\end{pmatrix},\quad \vec{n}_0 = \frac{1}{\sqrt{86}}\begin{pmatrix}1\\2\\9\end{pmatrix},\quad d = |(\vec{p}-\vec{q})\cdot\vec{n}_0| = |(\begin{pmatrix}0\\6\\0\end{pmatrix}-\begin{pmatrix}0\\3\\4\end{pmatrix})\cdot\begin{pmatrix}1\\2\\9\end{pmatrix}\cdot\frac{1}{\sqrt{86}}| = \frac{30}{\sqrt{86}} \approx 3{,}23$$

b) Eine Überprüfung wie oben zeigt, dass g und h windschief sind.

$$\vec{n} = \begin{pmatrix}2\\-3\\-6\end{pmatrix},\quad \vec{n}_0 = \frac{1}{7}\begin{pmatrix}2\\-3\\-6\end{pmatrix},\quad d = |(\vec{p}-\vec{q})\cdot\vec{n}_0| = |(\begin{pmatrix}0\\3\\1\end{pmatrix}-\begin{pmatrix}4\\6\\9\end{pmatrix})\cdot\begin{pmatrix}2\\-3\\-6\end{pmatrix}\cdot\frac{1}{7}| = \frac{49}{7} = 7$$

25. $\overline{AB} = g{:}\ \vec{x} = \begin{pmatrix}-2\\8\\-2\end{pmatrix}+r\begin{pmatrix}4\\-16\\4\end{pmatrix},\quad \overline{CD} = h{:}\ \vec{x} = \begin{pmatrix}0\\-2\\10\end{pmatrix}+s\begin{pmatrix}6\\6\\-9\end{pmatrix}$

$$\vec{n} = \begin{pmatrix}2\\1\\2\end{pmatrix},\quad \vec{n}_0 = \frac{1}{3}\begin{pmatrix}2\\1\\2\end{pmatrix},\quad d = |(\vec{p}-\vec{q})\cdot\vec{n}_0| = |(\begin{pmatrix}-2\\8\\-2\end{pmatrix}-\begin{pmatrix}0\\-2\\10\end{pmatrix})\cdot\begin{pmatrix}2\\1\\2\end{pmatrix}\cdot\frac{1}{3}| = \frac{18}{3} = 6$$

Der Abstand beträgt 6 cm. Es passen also maximal zwei Isolationsrohre von jeweils 3 cm Radius. Da die Rohre einen Durchmesser von 8 cm besitzen, passen sie nicht.

26. a) h ist der Abstand von S zur Geraden durch B und C.

$$g_{BC}{:}\ \vec{x} = \begin{pmatrix}6\\8\\2\end{pmatrix}+r\begin{pmatrix}-6\\4\\-2\end{pmatrix},\quad H\perp g,\quad S\in H{:}\ (\vec{x}-\begin{pmatrix}1\\6\\6\end{pmatrix})\cdot\begin{pmatrix}-6\\4\\-2\end{pmatrix} = 0,\quad g\cap H{:}\ r = \frac{1}{4}$$

$$F(4{,}5|9|1{,}5),\quad d = |\begin{pmatrix}4{,}5\\9\\1{,}5\end{pmatrix}-\begin{pmatrix}1\\6\\6\end{pmatrix}| = \sqrt{41{,}5} \approx 6{,}44$$

b) g_{AC} und h_{BS} sind offensichtlich windschief.

$$g_{AC}{:}\ \vec{x} = \begin{pmatrix}4\\4\\0\end{pmatrix}+r\begin{pmatrix}-4\\8\\0\end{pmatrix},\quad h_{BS}{:}\ \vec{x} = \begin{pmatrix}6\\8\\2\end{pmatrix}+s\begin{pmatrix}-5\\-2\\4\end{pmatrix}$$

$$\vec{n} = \begin{pmatrix}2\\1\\3\end{pmatrix},\quad \vec{n}_0 = \frac{1}{\sqrt{14}}\begin{pmatrix}2\\1\\3\end{pmatrix},\quad d = |(\vec{p}-\vec{q})\cdot\vec{n}_0| = |(\begin{pmatrix}4\\4\\0\end{pmatrix}-\begin{pmatrix}6\\8\\2\end{pmatrix})\cdot\begin{pmatrix}2\\1\\3\end{pmatrix}\cdot\frac{1}{\sqrt{14}}| = \sqrt{14} \approx 3{,}74$$

418

27. a) $\begin{pmatrix}2\\2\\1\end{pmatrix}\cdot\begin{pmatrix}1\\-2\\2\end{pmatrix}=0$, d.h. g verläuft parallel zu E.

$E:\ (\vec{x}-\begin{pmatrix}3\\0\\0\end{pmatrix})\cdot\begin{pmatrix}2\\2\\1\end{pmatrix}=0,\quad d=|(\begin{pmatrix}3\\1\\1\end{pmatrix}-\begin{pmatrix}3\\0\\0\end{pmatrix})\cdot\frac{1}{3}\begin{pmatrix}2\\2\\1\end{pmatrix}|=1$

Das Flugzeug fliegt im Abstand von 1 km parallel zur Wetterfront.

b) $h:\ \vec{x}=\begin{pmatrix}5\\5\\4\end{pmatrix}+r\begin{pmatrix}2\\2\\1\end{pmatrix}$ in E: $2(5+2r)+2(5+2r)+4+r=6$, $r=-2$, $A(1|1|2)$

c) hintere Begrenzungsebene: $B:\ \vec{x}=\begin{pmatrix}1\\1\\2\end{pmatrix}-1{,}5\begin{pmatrix}2\\2\\1\end{pmatrix}=\begin{pmatrix}-2\\-2\\0{,}5\end{pmatrix}$, $B(-2|-2|0{,}5)$

$F:\ (\vec{x}-\begin{pmatrix}-2\\-2\\0{,}5\end{pmatrix})\cdot\begin{pmatrix}2\\2\\1\end{pmatrix}=0$ bzw. $2x+2y+z=-7{,}5$

d) g = h liefert einen Widerspruch, also sind sie windschief.

Normalenvektor zu g und h: $\vec{n}=\begin{pmatrix}2\\-1\\-2\end{pmatrix}$, $d=|(\begin{pmatrix}2\\4\\3\end{pmatrix}\cdot\begin{pmatrix}2\\-1\\-2\end{pmatrix}\cdot\frac{1}{3}|=2$

Der Abstand beträgt 2 km.

28. a) Schnittpunkt von E mit $g:\ \vec{x}=\begin{pmatrix}5\\7\\26\end{pmatrix}+r\begin{pmatrix}0\\0\\-1\end{pmatrix}$, $r=\frac{76}{3}\approx 25{,}33$, $S(5|7|\frac{2}{3})$

Die Tanne ist ca. 25,33 m hoch.

b) $\sin\alpha=\frac{|\begin{pmatrix}2\\3\\6\end{pmatrix}\cdot\begin{pmatrix}0\\0\\-1\end{pmatrix}|}{7}=\frac{6}{7}$, $\alpha\approx 59°$

c) Schnittpunkt von $h:\ \vec{x}=\begin{pmatrix}5\\7\\17\end{pmatrix}+r\begin{pmatrix}2\\3\\6\end{pmatrix}$, $r=-2$, $Q(1|1|5)$

d) Ein waagerecht verlaufender Richtungsvektor, der parallel zu E ist, ist z.B. $\begin{pmatrix}-3\\2\\0\end{pmatrix}$, wie man der Ebenengleichung entnimmt.
Ein in 30 m Höhe liegender Punkt A(a|b|30) ist z.B. A(-2|-47|30).

Wanderweg: $\vec{x}=\begin{pmatrix}-2\\-47\\30\end{pmatrix}+r\begin{pmatrix}-3\\2\\0\end{pmatrix}$

e) B(5|7|h) ist die Bruchstelle. Dann gilt: $\sqrt{16+64+(h-6)^2}=26-h$, $h=14$

$d(B,S)=14-\frac{2}{3}=13\frac{1}{3}\approx 13{,}33$

Die Tanne ist in ca. 13,33m Höhe abgeknickt.

3. Untersuchung geometrischer Objekte im Raum

421 1. a) E: $\vec{x}=\begin{pmatrix}6\\0\\2\end{pmatrix}+r\begin{pmatrix}0\\4\\2\end{pmatrix}+s\begin{pmatrix}-4\\0\\3\end{pmatrix}$, $\left(\vec{x}-\begin{pmatrix}6\\0\\2\end{pmatrix}\right)\cdot\begin{pmatrix}3\\-2\\4\end{pmatrix}=0$

b) $\cos\alpha=\dfrac{\left|\begin{pmatrix}0\\-4\\-2\end{pmatrix}\cdot\begin{pmatrix}-4\\-4\\1\end{pmatrix}\right|}{\left|\begin{pmatrix}0\\-4\\-2\end{pmatrix}\right|\cdot\left|\begin{pmatrix}-4\\-4\\1\end{pmatrix}\right|}=\dfrac{14}{\sqrt{660}}$, $\alpha\approx 57°$

c) $\left|\left(\begin{pmatrix}6\\4\\0\end{pmatrix}-\begin{pmatrix}6\\0\\2\end{pmatrix}\right)\cdot\begin{pmatrix}3\\-2\\4\end{pmatrix}\cdot\frac{1}{\sqrt{29}}\right|\approx 2{,}97$

d) Hilfsebene: H: $\vec{x}\cdot\begin{pmatrix}0\\4\\2\end{pmatrix}=0$

$\overline{RS}$: $\vec{x}=\begin{pmatrix}6\\0\\2\end{pmatrix}+r\begin{pmatrix}0\\4\\2\end{pmatrix}$ in H: $\begin{pmatrix}6\\4r\\2+2r\end{pmatrix}\cdot\begin{pmatrix}0\\4\\2\end{pmatrix}=20r+4=0$, $r=-0{,}2$, $S(6\,|\,-0{,}8\,|\,1{,}6)$

$d=\sqrt{39{,}2}\approx 6{,}26$

422 2. a)

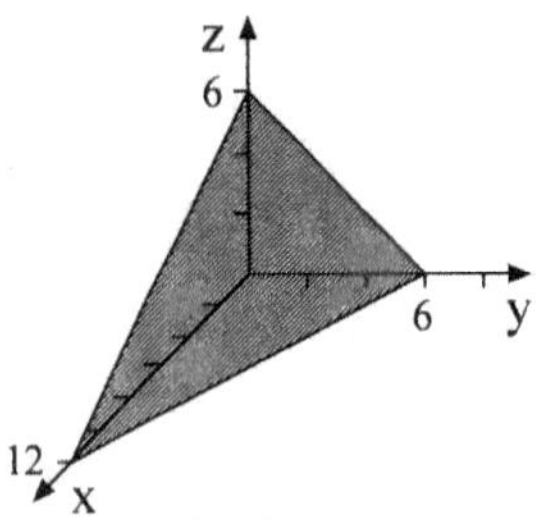

b) E: $\vec{x}=\begin{pmatrix}12\\0\\0\end{pmatrix}+r\begin{pmatrix}-12\\6\\0\end{pmatrix}+s\begin{pmatrix}-12\\0\\6\end{pmatrix}$, $\left(\vec{x}-\begin{pmatrix}12\\0\\0\end{pmatrix}\right)\cdot\begin{pmatrix}1\\2\\2\end{pmatrix}=0$

c) P erfüllt die Ebenengleichung für $r=\frac{1}{2}$, $s=\frac{1}{3}$.

d) $\overrightarrow{AB}=\begin{pmatrix}-12\\6\\0\end{pmatrix}$, $\overrightarrow{AC}=\begin{pmatrix}-12\\0\\6\end{pmatrix}$, $\cos\alpha=\dfrac{\begin{pmatrix}-12\\6\\0\end{pmatrix}\cdot\begin{pmatrix}-12\\0\\6\end{pmatrix}}{\left|\begin{pmatrix}-12\\6\\0\end{pmatrix}\right|\cdot\left|\begin{pmatrix}-12\\0\\6\end{pmatrix}\right|}=\dfrac{144}{180}=0{,}8$, $\alpha\approx 36{,}9°$

e) $z=0$, d.h. $s=0$: g_{xy}: $\vec{x}=\begin{pmatrix}12\\0\\0\end{pmatrix}+r\begin{pmatrix}-12\\6\\0\end{pmatrix}$

f) $|AC_a|=\sqrt{12^2+a^2}=13$, $a=\pm 5$

g) $V=\frac{1}{3}\cdot 36\cdot a=36$, $a=3$

h) Druckfehler im 1. Druck: Gerade g durch S(12|−1|−2) und T(10|0|−1)

g: $\vec{x}=\begin{pmatrix}12\\-1\\-2\end{pmatrix}+t\begin{pmatrix}-2\\1\\1\end{pmatrix}$ in $x+2y+\dfrac{12}{a}z=12$: $t=2+\frac{a}{6}$, $Q(8-\frac{a}{3}\,|\,1+\frac{a}{6}\,|\,\frac{a}{6})$

423 3. b) CS: $\vec{x}=\begin{pmatrix}3\\3\\0\end{pmatrix}+t\begin{pmatrix}-3\\-3\\6\end{pmatrix}$, $t=\frac{2}{3}$, $P(1\,|\,1\,|\,4)$

a)

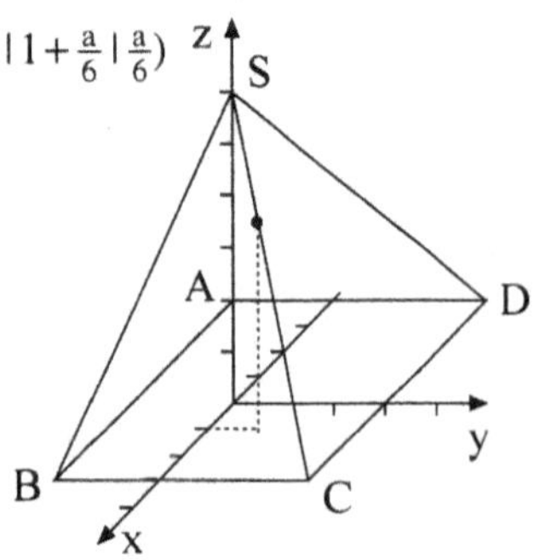

c) E: $\vec{x}=\begin{pmatrix}-4\\-2\\0\end{pmatrix}+r\begin{pmatrix}7\\0\\0\end{pmatrix}+s\begin{pmatrix}5\\3\\4\end{pmatrix}$ bzw. $-4y+3z=8$

d) DS: $\vec{x}=\begin{pmatrix}-4\\3\\0\end{pmatrix}+k\begin{pmatrix}4\\-3\\6\end{pmatrix}$, $Q(-\frac{4}{3}\,|\,1\,|\,4)$ $(k=\frac{2}{3};\ r=-\frac{1}{3};\ s=1)$

e) $M_1(-0{,}5\,|\,-2\,|\,0)$, PQ: $\vec{x} = \begin{pmatrix}1\\1\\4\end{pmatrix} + r\begin{pmatrix}-7/3\\0\\0\end{pmatrix} = \begin{pmatrix}-0{,}5\\1\\4\end{pmatrix}$, $r = \frac{9}{14}$ 423

$\overrightarrow{M_1M_2} = \begin{pmatrix}0\\3\\4\end{pmatrix}$, $\overrightarrow{AB} = \begin{pmatrix}7\\0\\0\end{pmatrix}$, $\overrightarrow{M_1M_2} \cdot \overrightarrow{AB} = 0$

f) $\overrightarrow{AB} \parallel \overrightarrow{PQ}$, $|AB| = 7$, $|PQ| = \frac{7}{3}$, $|M_1M_2| = 5$

$A = \frac{1}{2} \cdot \frac{28}{3} \cdot 5 = \frac{70}{3} \approx 23{,}33$

4. b) E: $\vec{x} = \begin{pmatrix}6\\0\\6\end{pmatrix} + r\begin{pmatrix}-6\\6\\0\end{pmatrix} + s\begin{pmatrix}-6\\0\\-3\end{pmatrix}$, BS: $\vec{x} = \begin{pmatrix}12\\12\\0\end{pmatrix} + t\begin{pmatrix}12\\12\\-12\end{pmatrix}$ a)

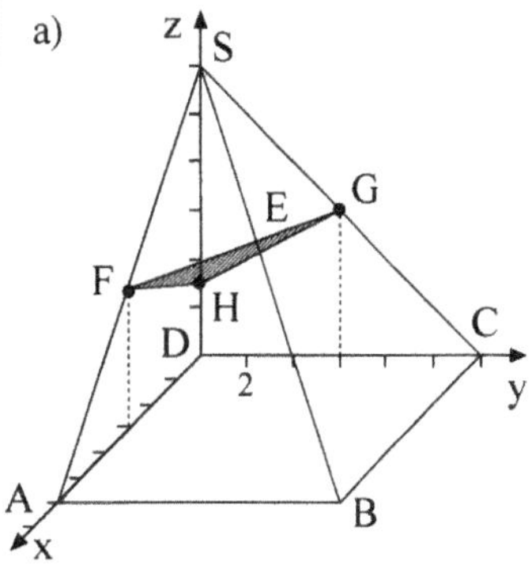

c) E = BS: $t = -\frac{5}{8}$; $r = \frac{3}{4}$; $s = -0{,}5$, $I(4{,}5\,|\,4{,}5\,|\,7{,}5)$

d) $\overrightarrow{FG} = \begin{pmatrix}-6\\6\\0\end{pmatrix}$, $\overrightarrow{HI} = \begin{pmatrix}4{,}5\\4{,}5\\4{,}5\end{pmatrix}$, $\overrightarrow{FG} \cdot \overrightarrow{HI} = 0$

FG: $\vec{x} = \begin{pmatrix}6\\0\\6\end{pmatrix} + r\begin{pmatrix}-1\\1\\0\end{pmatrix}$, HI: $\vec{x} = \begin{pmatrix}0\\0\\3\end{pmatrix} + s\begin{pmatrix}1\\1\\1\end{pmatrix}$

$T(3\,|\,3\,|\,6)$ $(r = s = 3)$

$A = \frac{1}{2} \cdot |\overrightarrow{FG}| \cdot |\overrightarrow{HI}| = \frac{1}{2} \cdot 6\sqrt{2} \cdot 4{,}5\sqrt{3} \approx 33{,}07$

e) **Druckfehler** im Lehrbuch: von der Geraden FG

$|ST| = \sqrt{9+9+36} = \sqrt{54} \approx 7{,}35$

f) $M(6|6|6)$

5. b) $M_1(3\,|\,-2\,|\,7)$, $M_2(1\,|\,2\,|\,7)$ a)

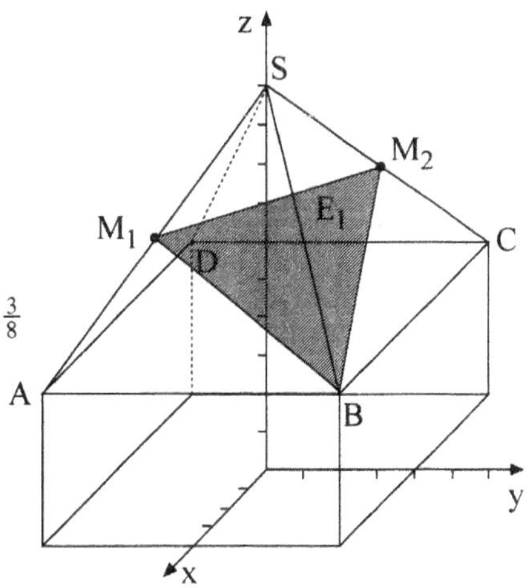

E_1: $\vec{x} = \begin{pmatrix}4\\4\\4\end{pmatrix} + r\begin{pmatrix}-1\\-6\\3\end{pmatrix} + s\begin{pmatrix}-3\\-2\\3\end{pmatrix}$

c) g: $\vec{x} = \begin{pmatrix}0\\-4\\4\end{pmatrix} + t\begin{pmatrix}2\\4\\6\end{pmatrix}$, $R(\frac{4}{3}\,|\,-\frac{4}{3}\,|\,8)$

d) E_2: $\vec{x} = \begin{pmatrix}2\\0\\10\end{pmatrix} + r\begin{pmatrix}2\\-4\\-6\end{pmatrix} + s\begin{pmatrix}2\\4\\-6\end{pmatrix} = \begin{pmatrix}3\\1\\7\end{pmatrix}$, $r = \frac{1}{8}$, $s = \frac{3}{8}$

e) $|AS| = \sqrt{56} = |BS|$, $\cos\alpha = \frac{32}{8 \cdot \sqrt{56}}$, $\alpha \approx 57{,}7°$

$A = \frac{8 \cdot \sqrt{40}}{2} \approx 25{,}30$

424 6. a) B(9|5|0), D(−5|3|0), E(3|−3|5), G(1|11|5), H(−5|3|5)

b) FGS: $\vec{x} = \begin{pmatrix} 9 \\ 5 \\ 5 \end{pmatrix} + r\begin{pmatrix} -5 \\ -2{,}5 \\ 4 \end{pmatrix} + s\begin{pmatrix} 3 \\ -8{,}5 \\ 4 \end{pmatrix}$, $\overrightarrow{FG} = \begin{pmatrix} -8 \\ 6 \\ 0 \end{pmatrix}$, $\overrightarrow{ST} = \begin{pmatrix} -4 \\ 3 \\ 0 \end{pmatrix}$, $\overrightarrow{FG} = 2 \cdot \overrightarrow{ST}$

c) $\overrightarrow{FS} = \begin{pmatrix} -5 \\ -2{,}5 \\ 4 \end{pmatrix}$, $\overrightarrow{FE} = \begin{pmatrix} -6 \\ -8 \\ 0 \end{pmatrix}$, $\cos\alpha = \frac{50}{\sqrt{47{,}25 \cdot 100}}$, $\alpha \approx 43{,}3°$

$\overrightarrow{ES} = \begin{pmatrix} 1 \\ 5{,}5 \\ 4 \end{pmatrix}$, $\overrightarrow{EF} = \begin{pmatrix} 6 \\ 8 \\ 0 \end{pmatrix}$, $\cos\beta = \frac{50}{\sqrt{47{,}25 \cdot 100}}$, $\beta \approx 43{,}3°$

$\overrightarrow{SE} = \begin{pmatrix} -1 \\ -5{,}5 \\ -4 \end{pmatrix}$, $\overrightarrow{SF} = \begin{pmatrix} 5 \\ 2{,}5 \\ -4 \end{pmatrix}$, $\cos\gamma = \frac{-2{,}75}{47{,}25}$, $\gamma \approx 93{,}3°$

d) M(6|1|5), $\overrightarrow{MS} = \begin{pmatrix} -2 \\ 1{,}5 \\ 4 \end{pmatrix}$, $\overrightarrow{MS} \cdot \overrightarrow{EF} = 0$

$A = \frac{1}{2} |\overrightarrow{EF}| \cdot |\overrightarrow{MS}| \approx 23{,}58$

e) g: $\vec{x} = \begin{pmatrix} 3 \\ 7 \\ 0 \end{pmatrix} + t\begin{pmatrix} 0 \\ 0 \\ 1 \end{pmatrix} = E_{FGS}$: Q(3|7|6,6) (t = 6,6; r = 0,9; s = −0,5)
Der Schornstein muss mindestens 8,6m hoch sein.

f) h: $\vec{x} = \begin{pmatrix} 3 \\ 7 \\ 9 \end{pmatrix} + t\begin{pmatrix} 5 \\ 0 \\ -6 \end{pmatrix} = E_{FGS}$: $R(\frac{19}{3}|7|5)$ $(t = \frac{2}{3};\ r = \frac{1}{3};\ s = -\frac{1}{3})$

$l = \sqrt{(\frac{10}{3})^2 + 1{,}6^2} \approx 3{,}70$

Der Schatten ist ca. 3,70m lang.

7. a) S(6|6|9)

b) E_{CDH}: $\vec{x} = \begin{pmatrix} 12 \\ 12 \\ 0 \end{pmatrix} + r\begin{pmatrix} -2 \\ -2 \\ 3 \end{pmatrix} + s\begin{pmatrix} -1 \\ 0 \\ 0 \end{pmatrix}$

c) g_{Laser}: $\vec{x} = \begin{pmatrix} 14 \\ 20 \\ 0 \end{pmatrix} + t\begin{pmatrix} -3 \\ -3 \\ 0{,}5 \end{pmatrix} = E_{CDH}$: Q(5|11|1,5) $(t = 3;\ r = \frac{1}{2};\ s = 6)$

d) z = 3 gilt für t = 6, d.h. bei x = −4 und y = 2 erreicht der Strahl das Deckenniveau.

e) Trapezhöhe $h = \sqrt{13}$, $A = 10 \cdot \sqrt{13} \approx 36{,}06$

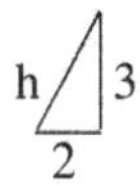

f) g: $\vec{x} = \begin{pmatrix} 6 \\ 6 \\ 8 \end{pmatrix} + r\begin{pmatrix} 2 \\ 1 \\ -2 \end{pmatrix}$, z = 0: r = 4, P(14|10|0)

g) x = 10, r = 2, z = 4, also 1m über der Kante: Q(6|6|7)

h) g: $\vec{x} = \begin{pmatrix} 6 \\ 6 \\ 7 \end{pmatrix} + r\begin{pmatrix} 2 \\ 1 \\ -2 \end{pmatrix}$, z = 0: r = 3,5 ⇒ R(13|9,5|0)
Der Strahl von Q aus über die Kante landet neben der Grundfläche, kann die Seitenfläche also nicht berührt haben.

i) T(10|8|3), $|TM| = \sqrt{16+4} \approx 4{,}47$, $|RP| = \sqrt{1+0{,}25} \approx 1{,}12$
Gesamtlänge ca. 5,59m.

8. a) A(0|0|0), B(0|8|0), C(−8|8|8), D(−8|0|8), E(0|0|16), F(0|8|16), S(−4|4|24), G(−8|8|16) 425

b) $\overrightarrow{SF} = \begin{pmatrix} 4 \\ 4 \\ -8 \end{pmatrix}, \quad \overrightarrow{SG} = \begin{pmatrix} -4 \\ 4 \\ -8 \end{pmatrix}, \quad \cos\gamma = \frac{64}{96}, \quad \gamma \approx 48{,}2°$

c) $A = 2\sqrt{96 \cdot 96 - 64^2} \approx 143{,}11\,\text{m}^2$

d) $K: \quad \vec{x} = r\begin{pmatrix} 0 \\ 8 \\ 0 \end{pmatrix} + s\begin{pmatrix} -8 \\ 0 \\ 8 \end{pmatrix}$

e) $m = 1\,, \quad \alpha = 45°$

f) $V_T = 64 \cdot 16 - 64 \cdot 4 = 768\,, \quad V_{Dach} = \frac{1}{3} \cdot 64 \cdot 8 \approx 170{,}67\,, \quad V \approx 938{,}67$

g) $V = \frac{24}{2} \cdot 8 \cdot 100 = 9600\,\text{m}^3$

h) $A_{BCGF} = 12 \cdot 8 = 96\,, \quad V = 96 \cdot 0{,}02 = 1{,}92\,\text{m}^3$

i) $h: \quad \vec{x} = \begin{pmatrix} -8 \\ 24 \\ 20 \end{pmatrix} + r\begin{pmatrix} 1 \\ -3 \\ -4 \end{pmatrix}, \quad E = h: \quad V = (-8\,|\,24\,|\,20)\,, \quad V'(-4\,|\,12\,|\,4)\,, \quad U(-8\,|\,24\,|\,8)$

Schattenlänge: $\sqrt{16 + 144 + 16} \approx 13{,}27\,\text{m}$

j) $h: \quad \vec{x} = \begin{pmatrix} -13 \\ 17 \\ 25 \end{pmatrix} + t\begin{pmatrix} 4 \\ -8 \\ -2 \end{pmatrix}, \quad E_{GHS}: \quad \vec{x} = \begin{pmatrix} -4 \\ 4 \\ 24 \end{pmatrix} + r\begin{pmatrix} -4 \\ -4 \\ -8 \end{pmatrix} + s\begin{pmatrix} -4 \\ 4 \\ -8 \end{pmatrix}$

$T'(-5{,}4\,|\,1{,}8\,|\,21{,}2)\ (t = 1{,}9;\ r = 0{,}45;\ s = -0{,}1)$

Er erreicht die Dachfläche nicht.

k) $g_{ES}: \quad \vec{x} = \begin{pmatrix} 0 \\ 0 \\ 16 \end{pmatrix} + r\begin{pmatrix} -4 \\ 4 \\ 8 \end{pmatrix}, \quad H: \quad \left(\vec{x} - \begin{pmatrix} 0 \\ 8 \\ 16 \end{pmatrix}\right) \cdot \begin{pmatrix} -4 \\ 4 \\ 8 \end{pmatrix} = 0\,, \quad H \cap g_{ES}: \quad P(-\frac{4}{3}\,|\,\frac{4}{3}\,|\,16 + \frac{8}{3})$

$|\,FP\,| = \sqrt{(\frac{4}{3})^2 + (\frac{20}{3})^2 + (\frac{8}{3})^2} \approx 7{,}30$

l) $E_{EFS}: \quad \vec{x} = \begin{pmatrix} 0 \\ 0 \\ 16 \end{pmatrix} + r\begin{pmatrix} -4 \\ 4 \\ 8 \end{pmatrix} + r\begin{pmatrix} -4 \\ -4 \\ 8 \end{pmatrix}, \quad \left(\vec{x} - \begin{pmatrix} 0 \\ 0 \\ 16 \end{pmatrix}\right) \cdot \begin{pmatrix} 2 \\ 0 \\ 1 \end{pmatrix} = 0\,, \quad 2x + z = 16$

m) $d = \left|\left(\begin{pmatrix} -8 \\ 8 \\ 16 \end{pmatrix} - \begin{pmatrix} 0 \\ 0 \\ 16 \end{pmatrix}\right) \cdot \begin{pmatrix} 2 \\ 0 \\ 1 \end{pmatrix} \cdot \frac{1}{5}\right| = 3{,}2$

429 9. a) $g_{AB}: \ \vec{x} = \begin{pmatrix} 6 \\ 4 \\ 7 \end{pmatrix} + t \begin{pmatrix} -2 \\ 4 \\ -2 \end{pmatrix}$

b) g_{AB} in E: $t = 2$, $S(2|12|3)$

10min mit 100m/min nach T(2|12|4)

c) $h: \ \vec{x} = \begin{pmatrix} 2 \\ 12 \\ 4 \end{pmatrix} + r \begin{pmatrix} -14 \\ 3 \\ -1{,}4 \end{pmatrix}$

d) P und Q mit x = –5: In h x = –5 liefert r = 0,5 und damit z = 3,3, also Überflug.

e) Er kommt also bis auf 300m an den Grat heran.

f) $|AS| = \sqrt{16+64+16} \approx 9{,}80\text{km}$, $4{,}9\text{min}$, $|TZ| = \sqrt{14^2+3^2+1{,}4^2} \approx 14{,}39\text{km(min)}$

dazu 10min Steigflug in E, macht zusammen 29,29min Flugmanöver.

10. a) $324 \frac{\text{km}}{\text{h}} = 90 \frac{\text{m}}{\text{s}}$

b) |v| ist der in 1s zurückgelegte Weg, die Geschwindigkeit in m/s.

c) Hilfsebene H: $(\vec{x} - \begin{pmatrix} 10180 \\ 3400 \\ 1240 \end{pmatrix}) \cdot \begin{pmatrix} 84 \\ 30 \\ 12 \end{pmatrix} = 0$, $g_A: \ \vec{x} = r \begin{pmatrix} 84 \\ 30 \\ 12 \end{pmatrix}$

in H: $8100r - 972000 = 0$, $r = 120$

$F(10080|3600|1440)$, $d_{min} = \sqrt{100^2+200^2+200^2} = 300\text{m}$

d) 120s nach dem Start

e) Ebene E parallel zu

$\vec{v}$ und $\vec{w}$: $\vec{n} = \vec{v} \times \vec{w} = \begin{pmatrix} 9120 \\ -18000 \\ -18840 \end{pmatrix}$, $\begin{pmatrix} 228 \\ -450 \\ -471 \end{pmatrix}$, E: $(\vec{x} - \begin{pmatrix} 10180 \\ 3400 \\ 1240 \end{pmatrix}) \cdot \begin{pmatrix} 228 \\ -450 \\ -471 \end{pmatrix} \cdot \frac{1}{\sqrt{476325}} = 0$

A(0|0|0) eingesetzt ergibt den Abstand $d \approx 299{,}9\text{m}$.

430 11. a) z(120) = –30 statt 30

b) E: $\vec{x} = \begin{pmatrix} 0 \\ 0 \\ 30 \end{pmatrix} + r \begin{pmatrix} 1 \\ 0 \\ 0 \end{pmatrix} + s \begin{pmatrix} 0 \\ 1 \\ 0 \end{pmatrix}$, $(\vec{x} - \begin{pmatrix} 0 \\ 0 \\ 30 \end{pmatrix}) \cdot \begin{pmatrix} 0 \\ 0 \\ 1 \end{pmatrix} = 0$, $z = 30$

c) Schnittpunkt von Parabel und Gerade:

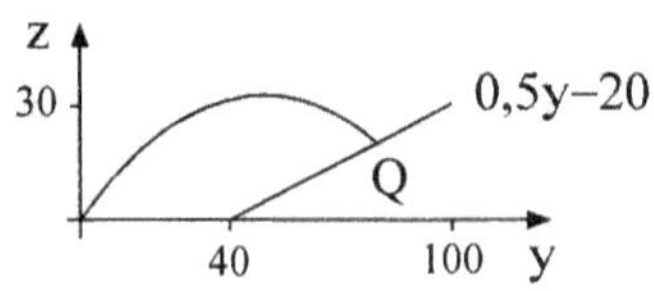

$-\frac{1}{80}y^2 + \frac{5}{4}y = \frac{1}{2}y - 20$, $y^2 - 60y - 1600 = 0$

$y = 30 \pm 50 = 80 \ (-20)$

Q(60|80|20)

d) $Z'(y) = -\frac{1}{40}y + \frac{5}{4}$, $z'(80) = -\frac{3}{4}$, $\alpha \approx 143{,}1°$

$m = \frac{1}{2}$, $\beta \approx 26{,}6°$, $\gamma \approx 116{,}5°$

Der Winkel beträgt ca. 116,5°.

e) $z'(y) = 0$, $y = 50$, $z(50) = 31{,}25$: G(60|50|31,25)

f) $-\frac{1}{80} \cdot 120^2 + a \cdot 120 = 30$, $a = \frac{7}{4}$

$z'(y) = -\frac{1}{40}y + \frac{7}{4}$, $z'(120) = -1{,}25$, $\alpha \approx 128{,}7°$, $z(100) = 50$

12. a) F: $|AB| = \sqrt{36^2 + 60^2 + 2^2} = 70\text{m}$, $v_F = 70\frac{\text{m}}{\text{s}} = 252\frac{\text{km}}{\text{h}}$ 430

G: $|CD| = \sqrt{36^2 + 36^2 + 3^2} = 51\text{m}$, $v_G = 51\frac{\text{m}}{\text{s}} \approx 183{,}6\frac{\text{km}}{\text{h}}$

b) Richtungsvektoren der Flieger: $\overrightarrow{AB} = \begin{pmatrix}36\\60\\2\end{pmatrix}$, $\overrightarrow{CD} = \begin{pmatrix}36\\36\\3\end{pmatrix}$

Normalenvektor dazu:

$36x + 60y + 2z = 0$ $\qquad x = -3$

$36x + 36y + 3z = 0$, $24y - z = 0$, $y = 1$, $z = 24$

$\vec{n} = \begin{pmatrix}-3\\1\\24\end{pmatrix}$, E: $\left(\vec{x} - \begin{pmatrix}1200\\1200\\1200\end{pmatrix}\right)\cdot\begin{pmatrix}-3\\1\\24\end{pmatrix}\cdot\frac{1}{\sqrt{586}} = 0$, C in E: $\begin{pmatrix}-30\\1450\\180\end{pmatrix}\cdot\begin{pmatrix}-3\\1\\24\end{pmatrix}\cdot\frac{1}{\sqrt{586}} \approx 242{,}07\text{m}$

c) $A'(3360|4800|1320)$, $B'(3330|4810|1560)$, $|A'B'| = \sqrt{30^2 + 10^2 + 240^2} \approx 242{,}07\text{m}$

d.h. nach einer Minute befinden sich die Flieger am nächsten.

13. a) l: $\vec{x} = \begin{pmatrix}24\\52\\0\end{pmatrix} + t\begin{pmatrix}-4\\-10\\2\end{pmatrix}$, h: $\vec{x} = \begin{pmatrix}20\\-8\\0\end{pmatrix} + u\begin{pmatrix}-24\\40\\16\end{pmatrix}$, $T(8|12|8)\ (t = 4; u = 0{,}5)$ 432

$\cos\alpha = \dfrac{\left|\begin{pmatrix}-4\\-10\\0\end{pmatrix}\cdot\begin{pmatrix}-24\\40\\16\end{pmatrix}\right|}{\left|\begin{pmatrix}-4\\-10\\-4\end{pmatrix}\right|\cdot\left|\begin{pmatrix}-24\\40\\16\end{pmatrix}\right|} = \frac{304}{566{,}59} \approx 0{,}536$, $\alpha \approx 57{,}6°$

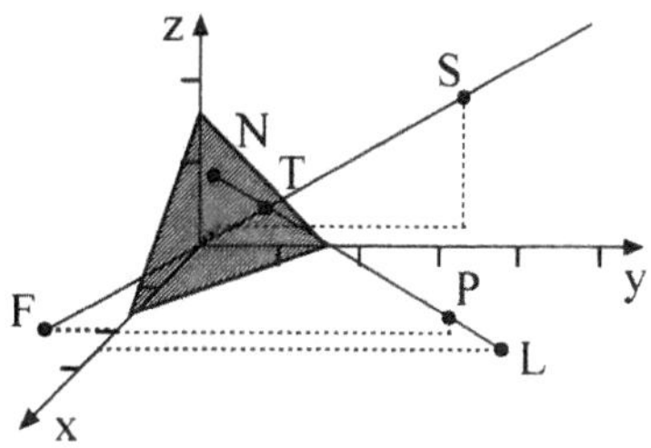

b) E: $\vec{x} = \begin{pmatrix}16\\0\\0\end{pmatrix} + r\begin{pmatrix}-16\\16\\0\end{pmatrix} + s\begin{pmatrix}-16\\0\\16\end{pmatrix}$

$N(4|2|10)\ (t = 5; r = \frac{1}{8}; s = \frac{5}{8})$

14. a) AB: g: $\vec{x} = \begin{pmatrix}0\\-50\\20\end{pmatrix} + r\begin{pmatrix}0\\100\\0\end{pmatrix}$, CD: h: $\vec{x} = \begin{pmatrix}-14\\46\\32\end{pmatrix} + r\begin{pmatrix}64\\-64\\-32\end{pmatrix}$ 433

Gleichsetzen der rechten Terme liefert einen Widerspruch, also kein Kollisionskurs.

b) M: $\vec{m} = \begin{pmatrix}-14\\46\\32\end{pmatrix} + \frac{1}{2}\begin{pmatrix}64\\-64\\-32\end{pmatrix} = \begin{pmatrix}18\\14\\16\end{pmatrix}$, $M(18|14|16)$

$|MT| = \sqrt{18^2 + 11^2 + 4^2} \approx 21{,}47$, $|TD| = \sqrt{50^2 + 43^2 + 20^2} \approx 68{,}91$

$21{,}47 + 68{,}91 = 90{,}38$; $90{,}38 - 0{,}5|CD| = 90{,}38 - 48 = 42{,}38\text{km}$ Umweg

c) MT: k: $\vec{x} = \begin{pmatrix}18\\14\\16\end{pmatrix} + r\begin{pmatrix}-18\\11\\4\end{pmatrix}$

g = k liefert mit s = 1 und r = 0,75 den Schnittpunkt $S(0|25|20)$.

d) $h \cap E$: $2(-14+64s) - 2(46-64s) - 32 + 32s = 20{,}8$; $s = 0{,}6$

Das 2. Flugzeug hat mit $s = 0{,}5 < 0{,}6$, also vor der Nebelfront den Kurs geändert.

433 15. a) E: $\vec{x} = \begin{pmatrix}0\\500\\0\end{pmatrix} + r\begin{pmatrix}100\\0\\0\end{pmatrix} + s\begin{pmatrix}0\\100\\100\end{pmatrix}$, $\left(\vec{x} - \begin{pmatrix}0\\500\\0\end{pmatrix}\right)\cdot\begin{pmatrix}0\\1\\-1\end{pmatrix} = 0$

b) $\cos\gamma = \dfrac{\left|\begin{pmatrix}0\\1\\-1\end{pmatrix}\cdot\begin{pmatrix}0\\0\\1\end{pmatrix}\right|}{\sqrt{2}}$, $\gamma = 45°$

c) $\vec{x} = \begin{pmatrix}2500\\750\\25\end{pmatrix} + r\begin{pmatrix}-10\\-50\\25\end{pmatrix}$ in E: $\begin{pmatrix}2500-10r\\250-50r\\25+25r\end{pmatrix}\cdot\begin{pmatrix}0\\1\\-1\end{pmatrix} = 225 - 75r = 0$

$r = 3$, $l = 3\cdot\left|\begin{pmatrix}-10\\-50\\25\end{pmatrix}\right| \approx 170{,}37\text{m}$

Ab einer Schnurlänge von ca. 170m gelangt der Drachen in den überwachten Luftraum.

d) $\sin 45° = \sqrt{0{,}5} = \dfrac{\left|\begin{pmatrix}10\\50\\z\end{pmatrix}\cdot\begin{pmatrix}0\\0\\1\end{pmatrix}\right|}{\sqrt{2600+z^2}}$, $\sqrt{0{,}5}\cdot\sqrt{2600+z^2} = z$

$0{,}5(2600+z^2) = z^2$, $z = \sqrt{2600} \approx 51$

Für z = 51 beträgt der Winkel der neuen Lage zur Erde 45°.
Winkel zwischen den Schnurstellungen:

$\cos\gamma' = \dfrac{\begin{pmatrix}-10\\-50\\25\end{pmatrix}\cdot\begin{pmatrix}10\\50\\51\end{pmatrix}}{\sqrt{3225\cdot 5201}}$, $\gamma' \approx 108{,}88°$ (Drehwinkel)

434 16. a) g_1: $\vec{x} = \begin{pmatrix}0\\10\\0\end{pmatrix} + r\begin{pmatrix}5\\-3\\1\end{pmatrix}$, g_2: $\vec{x} = \begin{pmatrix}0\\14\\0\end{pmatrix} + s\begin{pmatrix}5\\3\\1\end{pmatrix}$

T: $\vec{x} = \begin{pmatrix}0\\10\\0\end{pmatrix} + r\begin{pmatrix}5\\-3\\1\end{pmatrix} + s\begin{pmatrix}5\\3\\1\end{pmatrix}$, $\begin{pmatrix}0\\14\\0\end{pmatrix} \in T$, $r = -\frac{2}{3}$, $s = \frac{2}{3}$, T: $x - 5z = 0$

b) $\cos\gamma = \left|\dfrac{\begin{pmatrix}1\\0\\-5\end{pmatrix}\cdot\begin{pmatrix}0\\0\\1\end{pmatrix}}{\sqrt{26}}\right|$, $\gamma \approx 11{,}31°$ c) g: $\vec{x} = \begin{pmatrix}25\\2\\5\end{pmatrix} + r\begin{pmatrix}-10\\5\\-2\end{pmatrix}$

d) g_i: $\vec{x} = \begin{pmatrix}0\\12\\0\end{pmatrix} + t\begin{pmatrix}5\\0\\1\end{pmatrix}$ $g_i = g$: $t = 1$, $r = 2$, $S(5|12|1)$

e) $\cos\gamma = \dfrac{\left|\begin{pmatrix}-10\\5\\-2\end{pmatrix}\cdot\begin{pmatrix}5\\0\\1\end{pmatrix}\right|}{\sqrt{129\cdot 26}}$, $\gamma \approx 26{,}12°$

f) $d(A;S) = \sqrt{20^2 + 10^2 + 4^2} = \sqrt{516} \approx 22{,}7$

$d(S;M) = \sqrt{5^2 + 1^1} = \sqrt{26} \approx 5{,}1$, $l = 27{,}8\text{km}$, $t = \frac{l}{v} = \frac{27{,}8}{500} \approx 0{,}0556\text{h} \approx 3\,\text{min}\,20\text{s}$

17. a) Mit z.B. R(20|10|-0,4) $\in$ E: $\left|\left(\begin{pmatrix}11\\3\\0{,}1\end{pmatrix}-\begin{pmatrix}20\\10\\-0{,}4\end{pmatrix}\right)\cdot\begin{pmatrix}1\\2\\-2\end{pmatrix}\cdot\frac{1}{3}\right|=8$, Abstand 80km 434

b) AB: g: $\vec{x}=\begin{pmatrix}7\\2\\0{,}1\end{pmatrix}+r\begin{pmatrix}4\\1\\0\end{pmatrix}$, $\begin{pmatrix}4r-13\\r-8\\0{,}5\end{pmatrix}\cdot\begin{pmatrix}1\\2\\-2\end{pmatrix}=6r-30=0$, $r=5$, P(27|7|0,1)

c) $\begin{pmatrix}23\\6\\0{,}1\end{pmatrix}=\begin{pmatrix}7\\2\\0{,}1\end{pmatrix}+r\begin{pmatrix}4\\1\\0\end{pmatrix}$, $r=4<5$, also liegt Q vor P.

d) Neuer Kurs: $\vec{v}=\begin{pmatrix}4\\1\\z\end{pmatrix}$ mit $\begin{pmatrix}4\\1\\z\end{pmatrix}\cdot\begin{pmatrix}1\\2\\-2\end{pmatrix}=0\Rightarrow z=3$

g_Q: $\vec{x}=\begin{pmatrix}23\\6\\0{,}1\end{pmatrix}+r\begin{pmatrix}4\\1\\3\end{pmatrix}$, $\cos\gamma=\dfrac{\begin{pmatrix}4\\1\\0\end{pmatrix}\cdot\begin{pmatrix}4\\1\\3\end{pmatrix}}{\sqrt{17\cdot 26}}=\dfrac{17}{\sqrt{17\cdot 26}}$, $\gamma\approx 36°$

e) $d(Q,E)=\begin{pmatrix}3\\-4\\0{,}5\end{pmatrix}\cdot\begin{pmatrix}1\\2\\-2\end{pmatrix}\cdot\frac{1}{3}=2$, Abstand 20km

f) Mit $\begin{pmatrix}23\\6\\0{,}1\end{pmatrix}+r\begin{pmatrix}4\\1\\3\end{pmatrix}$ folgt $0{,}1+3r=0{,}4$ für $r=0{,}1$, also T(23,4|6,1|0,4)

Test

1. a) E: $\vec{x}=\begin{pmatrix}2\\2\\-1\end{pmatrix}+r\begin{pmatrix}-2\\1\\2\end{pmatrix}+s\begin{pmatrix}2\\-1\\2\end{pmatrix}$, E: $\frac{1}{\sqrt{5}}\left(\vec{x}-\begin{pmatrix}2\\2\\-1\end{pmatrix}\right)\cdot\begin{pmatrix}1\\2\\0\end{pmatrix}=0$ 438

b) P in E einsetzen liefert a = 2.

c) E: $x+2y=6$; X(6|00), Y(0|3|0), kein Schnittpunkt mit der z-Achse
E ist parallel zur z-Achse.

d) g: $\vec{x}=\begin{pmatrix}4\\6\\3\end{pmatrix}+r\begin{pmatrix}1\\2\\0\end{pmatrix}$, $g\cap E$: $r=-2$, F(2|2|3)

2. a) $E_1\cap E_2$: $(1-4r+4s)-2(1+r+2s)+(2+3r-3s)=4$, $s=-1-r$

Schnittgerade g: $\vec{x}=\begin{pmatrix}-3\\-1\\5\end{pmatrix}+r\begin{pmatrix}-8\\-1\\6\end{pmatrix}$

Schnittwinkel: $\vec{n}_1=\begin{pmatrix}3\\0\\4\end{pmatrix}$, $\vec{n}_2=\begin{pmatrix}1\\-2\\1\end{pmatrix}$, $\cos\gamma=\dfrac{\left|\begin{pmatrix}3\\0\\4\end{pmatrix}\cdot\begin{pmatrix}1\\-2\\1\end{pmatrix}\right|}{\sqrt{25\cdot 6}}=\dfrac{7}{\sqrt{150}}$, $\gamma\approx 55{,}14°$

b) E_1: $\left(\vec{x}-\begin{pmatrix}1\\1\\2\end{pmatrix}\right)\cdot\begin{pmatrix}3/5\\0\\4/5\end{pmatrix}=0$, $d=\left|\left(\begin{pmatrix}6\\3\\7\end{pmatrix}-\begin{pmatrix}1\\1\\2\end{pmatrix}\right)\cdot\begin{pmatrix}3/5\\0\\4/5\end{pmatrix}\right|=7$

c) F: $\left(\vec{x}-\begin{pmatrix}6\\3\\7\end{pmatrix}\right)\cdot\begin{pmatrix}3\\0\\4\end{pmatrix}=0$, $3x+4z=46$

438 3. a) $g \cap E$: $r = -4$, $S(0|-18|-6)$, $\sin\gamma = \frac{\left|\begin{pmatrix}2\\3\\2\end{pmatrix} \cdot \begin{pmatrix}3\\-4\\6\end{pmatrix}\right|}{\sqrt{17 \cdot 61}} = \frac{6}{\sqrt{17 \cdot 61}}$, $\gamma \approx 10{,}74°$

b) $H \perp g$, $P \in H$: $\left(\vec{x} - \begin{pmatrix}9\\6\\0\end{pmatrix}\right) \cdot \begin{pmatrix}2\\3\\2\end{pmatrix} = 0$, $H \cap g$: $r = 2$

$F(12|0|6)$, $d = \left|\begin{pmatrix}12\\0\\6\end{pmatrix} - \begin{pmatrix}9\\6\\0\end{pmatrix}\right| = \sqrt{81} = 9$

c) P ' liegt auf der Lotgeraden durch P und F und hat zum Punkt F ebenfalls den Abstand 9 (vgl. b). Daher gilt: $\overrightarrow{OP'} = \overrightarrow{OP} + 2 \cdot \overrightarrow{PF} = \begin{pmatrix}9\\6\\0\end{pmatrix} + 2 \cdot \begin{pmatrix}3\\-6\\6\end{pmatrix} = \begin{pmatrix}15\\-6\\12\end{pmatrix}$, $P'(15|-6|12)$

d) Gleichsetzen der Terme von g und h liefert einen Widerspruch, die Richtungsvektoren sind nicht kollinear, also sind g und h windschief.

$\vec{n} = \begin{pmatrix}3\\2\\-6\end{pmatrix}$, $\vec{n}_0 = \frac{1}{7}\begin{pmatrix}3\\2\\-6\end{pmatrix}$, $d = |(\vec{p} - \vec{q}) \cdot \vec{n}_0| = \left|\left(\begin{pmatrix}8\\-6\\2\end{pmatrix} - \begin{pmatrix}3\\-5\\8\end{pmatrix}\right) \cdot \begin{pmatrix}3\\2\\-6\end{pmatrix} \cdot \frac{1}{7}\right| = 7$

4. a) $A(0|0|3)$, $B(0|14|3)$, $C(-10|14|3)$, $D(-5|14|7)$, $E(-5|0|7)$

b) $\overrightarrow{BD} = \begin{pmatrix}-5\\0\\4\end{pmatrix}$, $\overrightarrow{CD} = \begin{pmatrix}5\\0\\4\end{pmatrix}$, $\cos\gamma = \frac{-9}{41} \approx -0{,}22$, $\gamma \approx 102{,}7°$

c) E_{ABD}: $\vec{x} = \begin{pmatrix}0\\0\\3\end{pmatrix} + r\begin{pmatrix}0\\14\\0\end{pmatrix} + s\begin{pmatrix}-5\\0\\4\end{pmatrix}$, g_S: $\vec{x} = \begin{pmatrix}-2\\10\\0\end{pmatrix} + t\begin{pmatrix}0\\0\\1\end{pmatrix}$

$E = g$ liefert $r = \frac{5}{7}$, $s = 0{,}4$, $t = 4{,}6$, $T(-2|10|4{,}6)$

Er ragt 1,6m heraus.

d) Lichtgerade durch s: h: $\vec{x} = \begin{pmatrix}-2\\10\\6\end{pmatrix} + t\begin{pmatrix}1\\-1\\-2\end{pmatrix}$

Schnittpunkt mit E_{ABD}: $s = \frac{1}{6}$, $t = \frac{7}{6}$, $r = \frac{53}{6 \cdot 53}$, $P(-\frac{5}{6}|\frac{53}{6}|\frac{22}{6})$, $l \approx \sqrt{3{,}59} \approx 1{,}90\text{m}$

e) $A = 20$, $K = 5 \cdot 30 = 150$ Euro

1. Mehrstufige Zufallsversuche

441

1. a) $P(gr,gr,gr) = \frac{3}{12} \cdot \frac{2}{11} \cdot \frac{1}{10} = \frac{6}{1320} = \frac{1}{220} \approx 0{,}0045$

   b) $P(3\text{ gleichf.}) = P(ge,ge,ge) + P(bl,bl,bl) + P(gr,gr,gr)$

   $= \frac{4}{12} \cdot \frac{3}{11} \cdot \frac{2}{10} + \frac{5}{12} \cdot \frac{4}{11} \cdot \frac{3}{10} + \frac{3}{12} \cdot \frac{2}{11} \cdot \frac{1}{10} = \frac{24}{1320} + \frac{60}{1320} + \frac{6}{1320} = \frac{9}{132} = \frac{3}{44} \approx 0{,}0682$

   c)

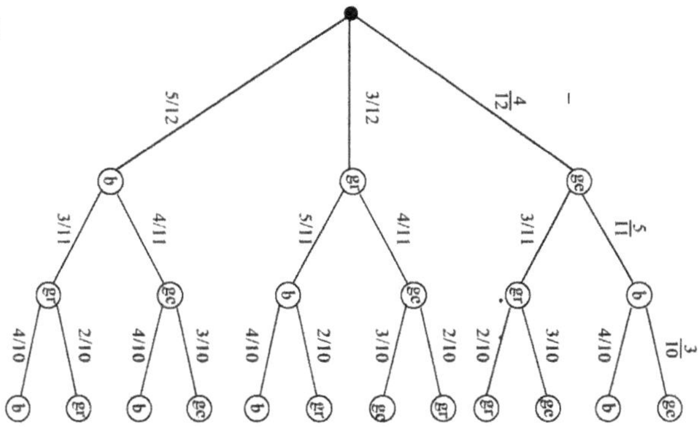

$\frac{5 \cdot 4 \cdot 3}{12 \cdot 11 \cdot 10} = \frac{60}{1320}$

$\frac{5 \cdot 4 \cdot 4}{12 \cdot 11 \cdot 10} = \frac{80}{1320}$

$\frac{4 \cdot 3 \cdot 3}{12 \cdot 11 \cdot 10} = \frac{36}{1320}$

$\frac{4 \cdot 3 \cdot 2}{12 \cdot 11 \cdot 10} = \frac{24}{1320}$

.
.
.
.

   c) $P(\text{genau 2 Farben}) = P(ge,ge,bl) + P(bl,bl,ge) + P(gr,gr,ge) + P(ge,ge,gr)$

   $+ P(bl,bl,gr) + P(gr,gr,bl)$

   $= \frac{4 \cdot 3 \cdot 5}{12 \cdot 11 \cdot 10} \cdot 3 + \frac{5 \cdot 4 \cdot 4}{12 \cdot 11 \cdot 10} \cdot 3 + \frac{3 \cdot 2 \cdot 4}{12 \cdot 11 \cdot 10} \cdot 3 + \frac{4 \cdot 3 \cdot 3}{12 \cdot 11 \cdot 10} \cdot 3 + \frac{5 \cdot 4 \cdot 3}{12 \cdot 11 \cdot 10} \cdot 3 + \frac{3 \cdot 2 \cdot 5}{12 \cdot 11 \cdot 10} \cdot 3$

   $= \frac{870}{1320} \approx 0{,}659$

2. $P(\text{min. 1 defekt}) = \frac{2}{5} \cdot \frac{1}{4} + \frac{2}{5} \cdot \frac{3}{4} + \frac{3}{5} \cdot \frac{2}{4} = \frac{14}{20} = 0{,}7$

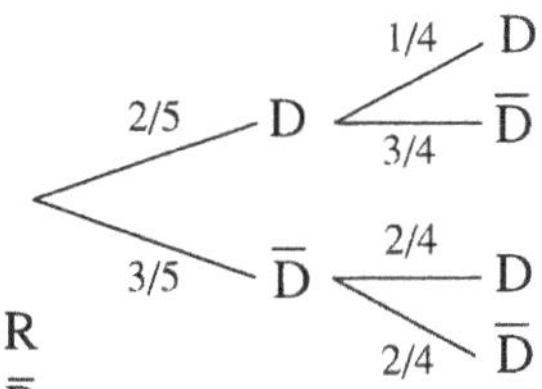

3. a) $P(2\,r) = \frac{1}{3} \cdot \frac{1}{3} = \frac{1}{9}$

   b) $P(\text{min. 1 r}) = \frac{1}{9} + \frac{2}{9} + \frac{2}{9} = \frac{5}{9}$

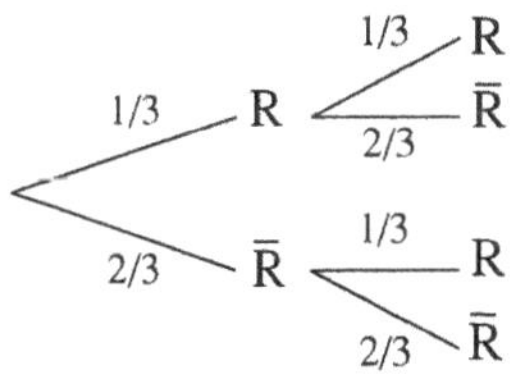

4. Wenn man wirft, bis zweimal hintereinander Kopf kommt und man nach vier Würfen fertig sein soll, muss beim 2. Wurf Zahl und im 3. und 4. Wurf Kopf kommen.

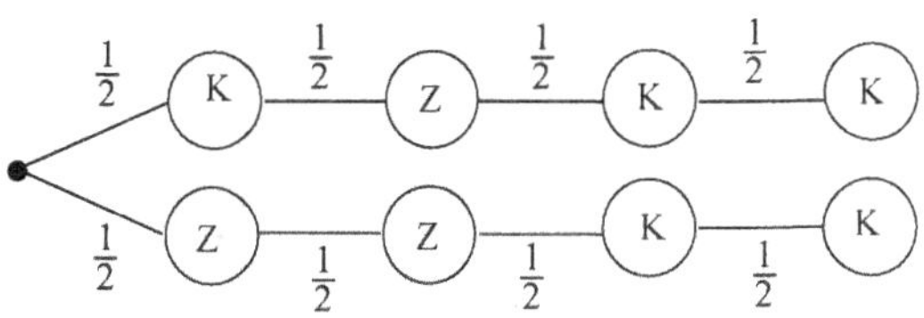

$P(\text{2-mal hintereinander Kopf bei exakt 4 Würfen}) = \frac{1}{16} + \frac{1}{16} = \frac{1}{8}$

441 5. a) $P(\text{"OTTO"}) = \frac{4}{7} \cdot \frac{3}{7} \cdot \frac{3}{7} \cdot \frac{4}{7} = \frac{144}{2401} \approx 0{,}05998 \approx 6\%$

b) Man muss zweimal ein O und zweimal ein T ziehen.
Für die Reihenfolge gibt es 6 Möglichkeiten:
OTTO, OOTT, TOOT, OTOT, TOTO, TTOO

$P(\{O,T,T,O\}) = 6 \cdot \frac{144}{2401} \approx 0{,}36 = 36\%$

6. a) $P(\text{"schöner Mittwoch"}) = 0{,}64 + 0{,}05 = 0{,}69 = 69\,\%$

b) $P(\text{"Freitag regnet es"}) = 0{,}128 + 0{,}12 + 0{,}01 + 0{,}1125 = 0{,}3705 = 37{,}05\,\%$

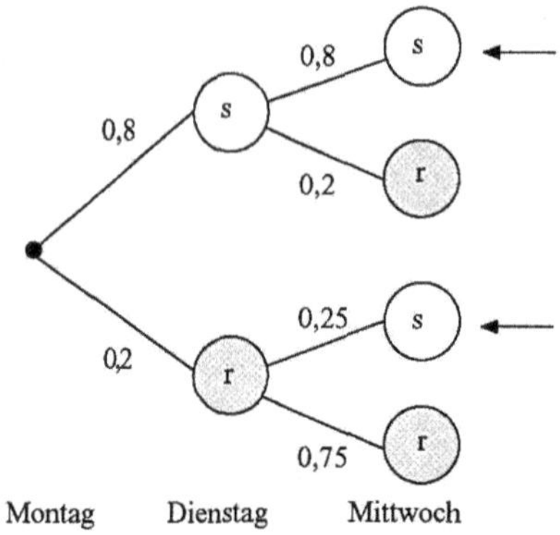

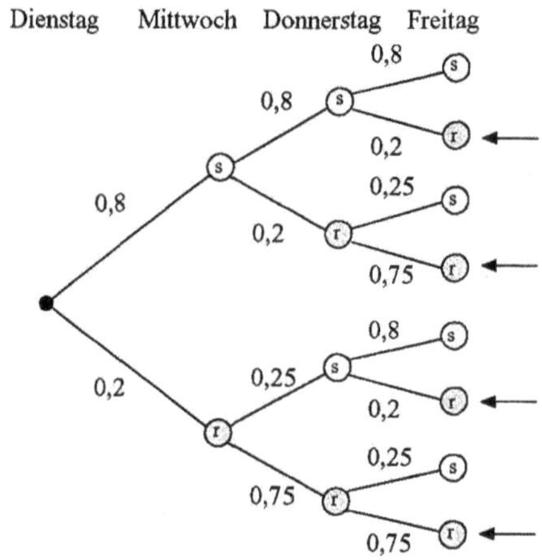

2. Kombinatorische Abzählverfahren

1. Es gibt 26 Buchstaben und 10 Ziffern. Daher sind $26^3 \cdot 10^2 = 1757600$ Autokennzeichen möglich. 442

2. $P(A,A,A) = \left(\frac{1}{26}\right)^3 \approx 0{,}00006$, $P(3\text{ gleiche}) = \left(\frac{1}{26}\right)^2 \approx 0{,}0015$ 443

3. $P(1w) = 10 \cdot \left(\frac{2}{3}\right)^9 \cdot \frac{1}{3} \approx 0{,}087$, $P(1w) + P(0w) = P(1w) + \left(\frac{2}{3}\right)^{10} \approx 0{,}104$

4. Anzahl der 5-stelligen Zahlencodes: $10^5 = 100000$ 444
   Anzahl der 5-stelligen Zahlencodes mit verschiedenen Ziffern: $10 \cdot 9 \cdot 8 \cdot 7 \cdot 6 = 30240$
   Anzahl der 5-stelligen Zahlencodes mit gleichen Ziffern: 10

5. a) $P(235) = \frac{1}{6} \cdot \frac{1}{5} \cdot \frac{1}{4} \approx 0{,}0083$

   b) $P(\text{Karo}) = \frac{8}{32} \cdot \frac{7}{31} \cdot \frac{6}{30} \cdot \frac{5}{29} \cdot \frac{4}{28} \cdot \frac{3}{27} \cdot \frac{2}{26} \cdot \frac{1}{25} \approx 0{,}000000095$

6. $\binom{49}{6} = 13983816$ 445

7. a) $\binom{8}{2} = 28$ b) $\binom{5000}{2} = 12497500$ c) $\binom{25}{3} = 2300$

8. a) $P(3R) = \frac{\binom{6}{3} \cdot \binom{43}{3}}{\binom{49}{6}} = \frac{20 \cdot 12341}{13983816} \approx 0{,}0177$ 446

   b) $P(\text{min. } 5R) = P(5R) + P(6R) = \frac{\binom{6}{5} \cdot \binom{43}{1}}{13983816} + \frac{\binom{6}{6} \cdot \binom{43}{0}}{13983816} = \frac{258}{13983816} + \frac{1}{13983816} \approx 0{,}000019$

9. a) $P(\text{genau 2def. Lampen}) = \frac{\binom{6}{3} \cdot \binom{4}{2}}{\binom{10}{5}} = \frac{120}{252} \approx 0{,}4762$

   b) $P(\text{min. 2def. Lampen}) = \frac{\binom{6}{3} \cdot \binom{4}{2} + \binom{6}{2} \cdot \binom{4}{3} + \binom{6}{1} \cdot \binom{4}{4}}{\binom{10}{5}} = \frac{186}{252} \approx 0{,}7381$

   c) $P(\text{höch.. 2def. Lampen}) = \frac{\binom{6}{5} \cdot \binom{4}{0} + \binom{6}{4} \cdot \binom{4}{1} + \binom{6}{3} \cdot \binom{4}{2}}{\binom{10}{5}} = \frac{186}{252} \approx 0{,}7381$

10. a) Es gibt $10^3 = 1000$ Zahlenkombinationen. 447
    b) Es gibt 500 Kombinationen mit höchstens einer ungeraden Ziffer.

447 11. $26^2 \cdot 10^4 + 26^2 \cdot 10^3 = 7436000$ Möglichkeiten

12. a) $12! = 479001600$ Möglichkeiten

b) Es gibt 4! Möglichkeiten die Kriminalromane anzuordnen.
Ebenso gibt es 5! Möglichkeiten der Anordnung der Abenteuerbücher und 3! Möglichkeiten der Anordnung der Mathematikbücher.
Dann gibt es 3! Möglichkeiten der Anordnung der Themen.
Insgesamt: $4! \cdot 5! \cdot 3! \cdot 3! = 103680$ Anordnungen.

13. P("Fuzzi kommt durch") $= \frac{6}{7} \cdot \frac{4}{5} \cdot \frac{2}{3} = \frac{48}{105} \approx 45{,}71\%$

14. Mögliche Endspielpaarungen: $\binom{12}{2} = 66$

Mögliche Halbfinalpaarungen: $\frac{1}{2}\binom{12}{2} \cdot \binom{10}{2} = 33 \cdot 45 = 1485$

15. $\binom{8}{4} \cdot \binom{4}{4} = 70$ Möglichkeiten

16. a) $\binom{11}{5} = 462$ Möglichkeiten

b) $11 \cdot 10 \cdot 9 \cdot 8 \cdot 7 = 55440$ Möglichkeiten

17. a) $\binom{32}{4} = 35960$ Möglichkeiten

b) $\binom{28}{2} \cdot \binom{4}{2} = 378 \cdot 6 = 2268$ Möglichkeiten

18. $P(\text{"3r"}) = \frac{\binom{5}{3} \cdot \binom{15}{5}}{\binom{20}{8}} \approx 23{,}84\%$

$P(\text{"mind. 4r"}) = P(\text{"4r"}) + P(\text{"5r"}) \approx 0{,}0542 + 0{,}0036 = 5{,}78\%$

19. $P(\text{"genau 1 defekt"}) = \frac{\binom{10}{1} \cdot \binom{70}{4}}{\binom{80}{5}} \approx 0{,}3814$

$P(\text{"genau 3 defekt"}) = \frac{\binom{10}{3} \cdot \binom{70}{2}}{\binom{80}{5}} \approx 0{,}0121$

$P(\text{"höchstens 4 defekt"}) = 1 - P(\text{"alle defekt"}) = 1 - \frac{\binom{10}{5} \cdot \binom{70}{0}}{\binom{80}{5}} \approx 0{,}9999895$

$P(\text{"mindestens 1 defekt"}) = 1 - P(\text{"keine defekt"}) = 1 - \frac{\binom{10}{0} \cdot \binom{70}{5}}{\binom{80}{5}} \approx 0{,}4965$

3. Bedingte Wahrscheinlichkeiten und Unabhängigkeit

1. Probiert Otto alle 5 Schlüssel, so hat er 5! = 120 Möglichkeiten der Anordnung. Bei jeweils 449
24 der 120 Möglichkeiten steht ein fester Schlüssel an einer beliebigen Stelle k (k = 1, ..., 5). Die Wahrscheinlichkeit, beim 2. Griff und auch beim 3. Griff den richtigen Schlüssel zu nehmen, beträgt jeweils 20%.

2. $P((B) = \frac{230}{1036} \approx 22{,}2\%$, $P_E(B) = \frac{70}{213} \approx 32{,}9\%$ 450
Das Sehvermögen der Kinder ist vom Sehvermögen der Eltern abhängig.

3. PKW: "Anreise mit dem PKW"
Zug: "Anreise mit dem Zug"
K: "Familie hat 2 oder mehr Kinder"
$P(Zug) = \frac{276}{738} \approx 0{,}374$, $P_K(Zug) = \frac{121}{396} \approx 0{,}306$
Offensichtlich ist das Verkehrsmittel von der Kinderzahl abhängig:
Sind 2 oder mehr Kinder vorhanden, wird öfter mit dem PKW verreist.

4. a) $P(B) = \frac{4}{36}$, $P_A(B) = \frac{1}{6}$, also stochastisch abhängig

b) $P(B) = \frac{6}{36} = \frac{1}{6}$, $P_A(B) = \frac{1}{5}$, also stochastisch abhängig

c) $P(A) = 0{,}4$, $P_B(A) = 0{,}4$, also stochastisch unabhängig

d) $P(A) = \frac{4}{10} \cdot \frac{3}{9} + \frac{6}{10} \cdot \frac{4}{9} = \frac{36}{90} = 0{,}4$, $P_B(A) = \frac{3}{9}$, stochastisch abhängig

4. Vierfeldertafel

452 1. a) $P_L(A) = \frac{300}{450} = \frac{2}{3} \approx 66{,}67\%$ b) $P_{\overline{L}}(\overline{A}) = \frac{350}{750} = \frac{7}{15} \approx 46{,}67\%$

c) falsch positiv: $P_{\overline{L}}(A) = \frac{400}{750} \approx 53{,}33\%$, falsch negativ: $P_L(\overline{A}) = \frac{150}{450} \approx 33{,}33\%$

d) $P_{\overline{L}}(A) = \frac{400}{750} \approx 53{,}33\%$

Bei 20 wahrheitsgemäßen Antworten sind das $0{,}5333 \cdot 20 = 10{,}67 \approx 11$ Fehler.

$P_L(\overline{A}) = \frac{150}{450} \approx 33{,}33\%$

Bei 30 Lügen sind das 10 Fehler. Bei 50 Fragen sind also 21 Fehler zu erwarten.

453 2. a)

	H	$\overline{H}$	
M	50	150	200
P	10	70	80
	60	220	280

b) $P_M(H) = \frac{50}{200} = 25\%$, $P_P(H) = \frac{10}{80} = 12{,}5\%$

Die Heilwahrscheinlichkeit mit Medikament ist doppelt so groß wie ohne Medikament.

c) $P_H(P) = \frac{10}{60} = \frac{1}{6} \approx 16{,}67\%$

3. a)

	W	M	
F	6	10	16
$\overline{F}$	12	2	14
	18	12	30

F: sprechen Französisch
$\overline{F}$: sprechen kein Französisch
W: Mädchen
M: Jungen

b) 10 Jungen sprechen Französisch. c) $P_M(F) = \frac{6}{18} = \frac{1}{3} \approx 33{,}33\%$

4. a)

	W	$\overline{W}$	
T	30	90	120
$\overline{T}$	70	10	80
	100	100	200

b) $P_T(\overline{W}) = \frac{90}{120} = \frac{3}{4} = 75\%$

c) $P_{\overline{W}}(\overline{T}) = \frac{10}{100} = 0{,}1 = 10\%$

5.

	I	$\overline{I}$	
E	200	800	1000
K	100	80	180
	300	880	1180

I: spielt Instrument
I: spielt kein Instrument
E: Erwachsener
K: Kind

a) Die Familie besteht aus 1180 Personen. b) $P_I(\text{Kind}) = \frac{100}{300} = \frac{1}{3} \approx 33{,}33\%$

6.

	FB	$\overline{FB}$	
M	40	380	420
W	20	560	580
	60	940	1000

M: männlich
W: weiblich
FB: farbenblind
$\overline{FB}$: nicht farbenblind

a) $P_W(FB) = \frac{20}{580} = \frac{1}{29} \approx 3{,}45\%$ b) $P_{\overline{FB}}(M) = \frac{380}{940} \approx 40{,}43\%$

Test

1. a) $N = \binom{15}{11} = \frac{15!}{11! \cdot 4!} = 1365$ Möglichkeiten für eine 11–er Auswahl aus 15 Schülern. 456

   b) $N = \binom{2}{1} \cdot \binom{5}{3} \cdot \binom{8}{7} = 160$ Möglichkeiten

   c) Es gibt noch $9! = 362880$ Möglichkeiten

2. $P_A(Z) = \frac{64}{108} \approx 59\%$, $P_{\bar{A}}(Z) = \frac{185}{345} \approx 53{,}6\%$

3. Intakte Bauteile werden nicht ausgesondert.
   D: Bauteil defekt
   A: Bauteil ausgesondert

   Vierfeldertafel:

	D	$\bar{D}$	
A	19	0	19
$\bar{A}$	1	80	81
	20	80	100

   $P_{\bar{A}}(D) = \frac{1}{81}$

4. Wir erstellen durch Differenzbildung eine Vierfeldertafel.

   Dann bestimmen wir $P_A(W) = \frac{|A \cap W|}{|A|} = \frac{359}{738} \approx 0{,}486$

   sowie $P(W) = \frac{900}{1850} \approx 0{,}486$.

   Die Blutgruppe ist nicht vom Geschlecht abhängig.

	W	$\bar{W}$	
A	359	379	738
$\bar{A}$	541	571	1112
	900	950	1850

5. a) $P(R) = 0{,}5 \cdot 0{,}7 + 0{,}5 \cdot 0{,}2 = 0{,}45$

   b) $P(U_1 \cap R) = 0{,}5 \cdot 0{,}7 = 0{,}35$

   $P_R(U_1) = \frac{0{,}35}{0{,}45} \approx 0{,}78 = 78\%$

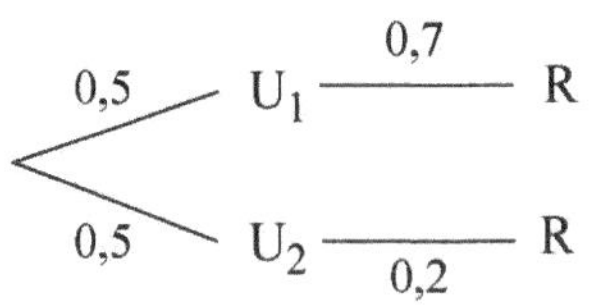

XIII. Zufallsgrößen
1. Zufallsgrößen und Wahrscheinlichkeiten

459 1. X kann die Werte 3, 1 oder −2 annehmen.

x_i	3	1	−2
$P(X=x_i)$	0,25	0,25	0,5

Das Spiel ist fair.

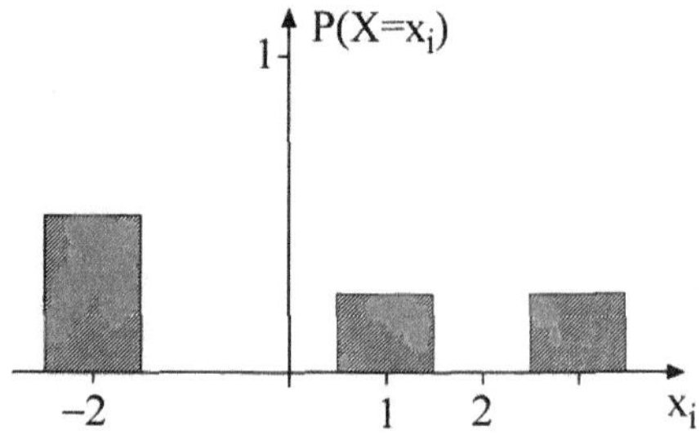

460 2. a) X kann die Werte 0, 1, 2 oder 3 annehmen.

b)

x_i	0	1	2	3
$P(X=x_i)$	$\frac{8}{125}$	$\frac{36}{125}$	$\frac{54}{125}$	$\frac{27}{125}$

c)

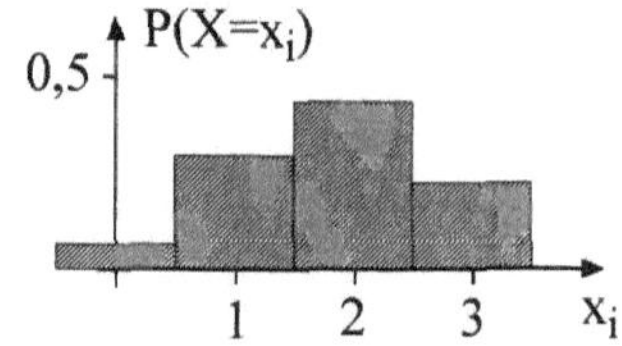

3. a) X kann die Werte −0,5; 0,5; 1,5; 3,5 annehmen.

b)

x_i	−0,5	0,5	1,5	3,5
$P(X=x_i)$	$\frac{19}{25}$	$\frac{3}{25}$	$\frac{2}{25}$	$\frac{1}{25}$

c) Bei 25 Spielen verliert man durchschnittlich 6 Cent pro Spiel, also ist es unfair.

4. Kopf beim 1. Wurf: Otto gewinnt 1 Euro
Kopf beim 2. Wurf: Otto gewinnt 0 Euro
Kopf beim 3. Wurf: Otto verliert 1 Euro
Kein Kopf: Otto verliert 3 Euro

a)

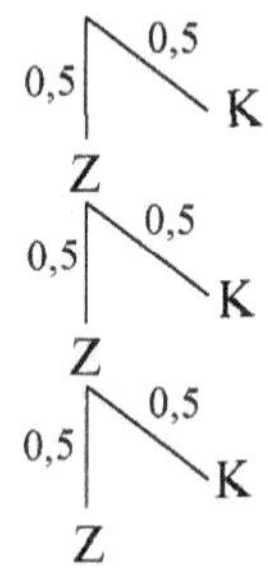

b) Wahrscheinlichkeitsverteilung von X

x_i	1	0	−1	−3
$P(X=x_i)$	$\frac{1}{2}$	$\frac{1}{4}$	$\frac{1}{8}$	$\frac{1}{8}$

c)

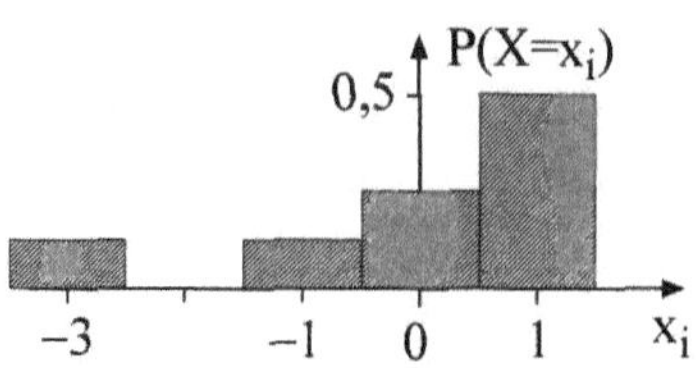

d) Das Spiel ist fair, keiner ist im Vorteil.

5. a) X kann die Werte 3, 2, 1 annehmen. 460

b)

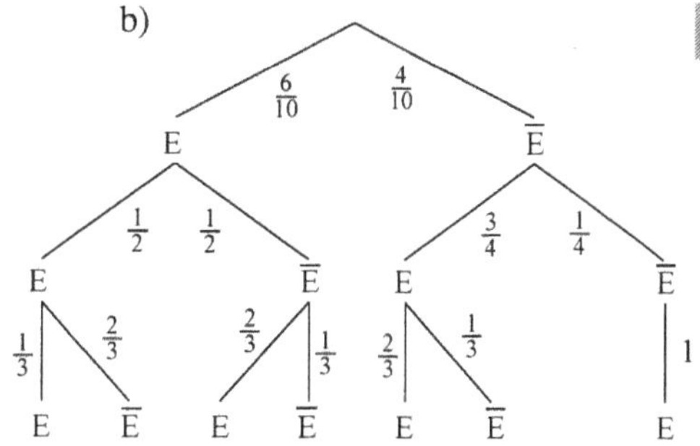

c)

x_i	3	2	1
$P(X=x_i)$	0,1	0,6	0,3

d) 2 Ertappte sind am wahrscheinlichsten.

6.

x_i	80	60	50
$P(X=x_i)$	$\frac{29}{60}$	$\frac{15}{60}$	$\frac{16}{60}$

$80 \cdot \frac{29}{60} + 60 \cdot \frac{15}{60} + 50 \cdot \frac{16}{60} = 67$

Die mittlere Fahrstrecke beträgt 67km.

2. Der Erwartungswert einer Zufallsgröße

1. 462

x_i	10	7	6	4	3	2
$P(X=x_i)$	$\frac{20}{1190}$	$\frac{100}{1190}$	$\frac{200}{1190}$	$\frac{90}{1190}$	$\frac{400}{1190}$	$\frac{380}{1190}$

$E(X) \approx 3,71$, das ist das langfristige Mittel.

2. a) $P(X \geq 1) = \frac{2}{6} \cdot 1 + \frac{4}{6} \cdot \frac{1}{6} = \frac{16}{36} = \frac{4}{9}$ 463

b)

x_i	8	−2
$P(X=x_i)$	$\frac{1}{6}$	$\frac{5}{6}$

$E(X) = -\frac{1}{3}$, das Spiel ist nicht fair.

c) Ja, das wäre für ihn günstig, da sich die Anzahl Pasch von 6 auf 4 erniedrigt (bei 36).

3. a)

x_i	0	1	2	3
$P(X=x_i)$	$\frac{1}{8}$	$\frac{3}{8}$	$\frac{3}{8}$	$\frac{1}{8}$

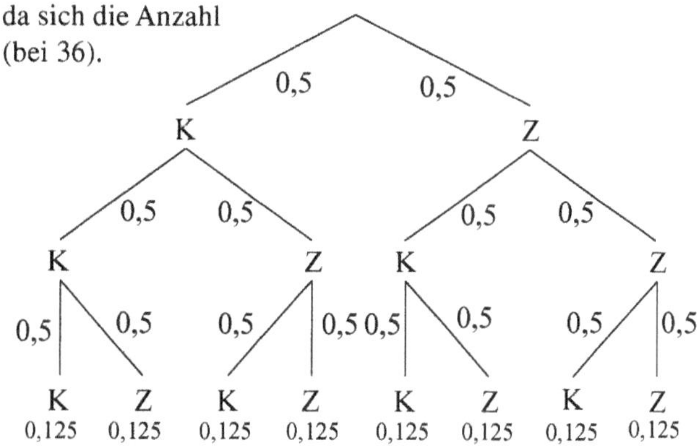

b) $E(X) = \frac{12}{8} = 1,5$

c) individueller Versuch

d) $E(X) = 3 \cdot 0,4^3 + 6 \cdot 0,4^2 \cdot 0,6 + 3 \cdot 0,4 \cdot 0,6^2 = 1,2$

4. a)

x_i	3	2	1	0

b)

$P(X=x_i)$	$\frac{1}{8}$	$\frac{3}{8}$	$\frac{3}{8}$	$\frac{1}{8}$

c) $E(X) = 1,5$

d) $E(X) = 3 \cdot 0,8^3 + 6 \cdot 0,8^2 \cdot 0,2 + 3 \cdot 0,8 \cdot 0,2^2 = 2,4$

463 5. a)

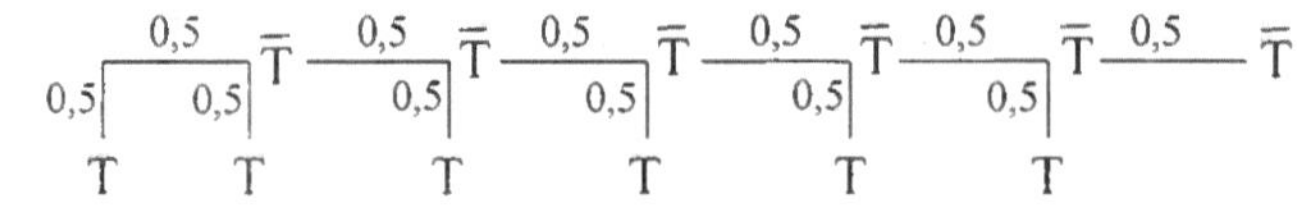

x_i	1	2	3	4	5	6
$P(X=x_i)$	$\frac{1}{2}$	$\frac{1}{4}$	$\frac{1}{8}$	$\frac{1}{16}$	$\frac{1}{32}$	$\frac{1}{32}$

b) $E(X)=\frac{1}{2}+2\cdot\frac{1}{4}+3\cdot\frac{1}{8}+4\cdot\frac{1}{16}+5\cdot\frac{1}{32}+6\cdot\frac{1}{32}=1{,}96875$

c)

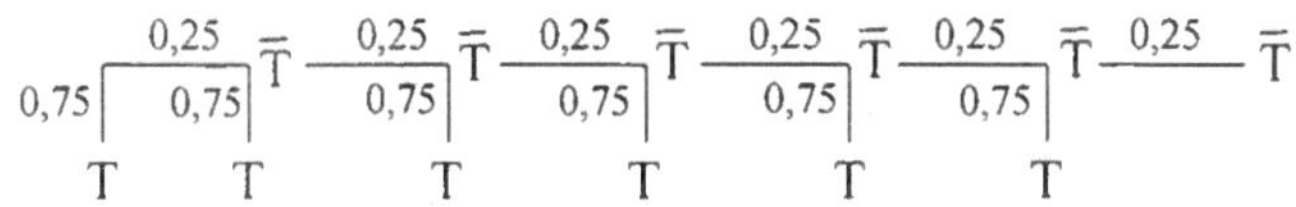

x_i	1	2	3	4	5	6
$P(X=x_i)$	$\frac{3}{4}$	$\frac{3}{16}$	$\frac{3}{64}$	$\frac{3}{256}$	$\frac{3}{1024}$	$\frac{1}{1024}$

$E(X)=1{,}333$

6. Egon erhält 0, 1, 2, 3, 5, 6, 7 oder 8 Cent, jeweils mit der Wahrscheinlichkeit von $\frac{1}{8}$.

$E(X)=\frac{1}{8}(1+2+3+5+6+7+8)-5=-1$, Otto ist im Vorteil; fair bei 4 Cent Einsatz

3. Die Standardabweichung einer Zufallsgröße

466 1. A

x_i	1	2	6
$P(X=x_i)$	$\frac{3}{6}$	$\frac{1}{6}$	$\frac{2}{6}$

$E(X)=\frac{17}{6}\approx 2{,}83$, $\sigma(X)=\sqrt{\frac{1110}{216}}\approx 2{,}27$

B

x_i	1	2	3	4	5	6
$P(X=x_i)$	$\frac{1}{6}$	$\frac{1}{6}$	$\frac{1}{6}$	$\frac{1}{6}$	$\frac{1}{6}$	$\frac{1}{6}$

$E(X)=\frac{21}{6}=3{,}5$, $\sigma(X)=\sqrt{\frac{35}{12}}\approx 1{,}71$

2. a) mittlere Sprungweite Heike D.: 6,82m ; Marion J.: 5,575m
   b) Heike D.: $\sigma\approx 0{,}042$m ; Marion J.: $\sigma\approx 2{,}502$m
   c) Heike springt stets ziemlich gleiche Weiten.
   Marion streut (auch wegen eines Fehlsprungs) sehr weit.

3. M_1:

x_i	996	997	998	999	1000	1001	1002	1003	1004
$P(X=x_i)$	0,01	0,02	0,08	0,18	0,45	0,16	0,04	0 ,04	0,02
$(x_i-\mu)^2$	16	9	4	1	0	1	4	9	16

M_2:

x_i	996	997	998	999	1000	1001	1002	1003	1004
$P(X=x_i)$	0,02	0,04	0,04	0,16	0,49	0,14	0,06	0,02	0,03
$(x_i-\mu)^2$	16	9	4	1	0	1	4	9	16

M_1: $E(X)=1000$, $V(X)=1{,}84$, $\sigma(X)=1{,}356$

M_2: $E(X)=1000$, $V(X)=2{,}04$, $\sigma(X)=1{,}428$, M_1 streut weniger

4. a) mittlere Schlafdauer: beide 8 Stunden 466

b) $\sigma_A \approx 1{,}05$, $\sigma_B \approx 2{,}45$

c) Der Mittelwert ist für Person A aussagekräftig für Person B nicht.

5.

X	0	1	2	3
$P(X=x_i)$	$\frac{1}{8}$	$\frac{3}{8}$	$\frac{3}{8}$	$\frac{1}{8}$

$E(X) = \frac{12}{8} = 1{,}5$, $\sigma \approx 0{,}87$

1. b) 467

X	2	3	6	7
$P(X=x_i)$	$\frac{12}{30}$	$\frac{8}{30}$	$\frac{8}{30}$	$\frac{2}{30}$

a)

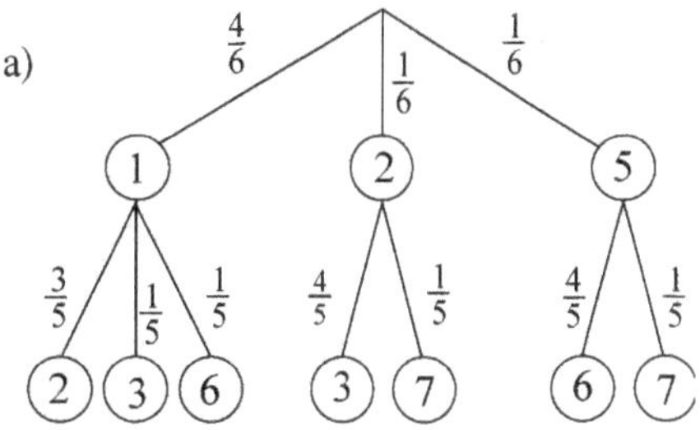

c) $E(X) = \frac{11}{3} \approx 3{,}67$ d) $\sigma \approx 1{,}85$

2. a) $a = 0{,}4$; $b = 0{,}3$
b) $\sigma(X) = 9$

3. a)

x_i	−18	−8	−3	2
$P(X = x_i)$	$\frac{1}{40}$	$\frac{3}{40}$	$\frac{4}{40}$	$\frac{32}{40}$

b) $E(X) = 0{,}25$, $V(X) \approx 16{,}94$, $\sigma(X) \approx 4{,}12$

c) Ansatz:

x_i	2−a	2
$P(X = x_i)$	$\frac{1}{4}$	$\frac{3}{4}$

$E(X) = \frac{1}{4}(2-a) + \frac{3}{4} \cdot 2 = 0{,}25 \Rightarrow a = 7$

4. a)

g_i	−1	1	2	3
$P(G = g_i)$	$\frac{125}{216}$	$\frac{75}{216}$	$\frac{15}{216}$	$\frac{1}{216}$

$E(X) = -\frac{125}{216} + \frac{75}{216} + \frac{30}{216} + \frac{3}{216} = -\frac{17}{216}$ nicht fair

b) $\frac{-125}{216} + \frac{75}{216} + \frac{30}{216} + \frac{a}{216} = 0 \Leftrightarrow a = 20$

5. b) $1 - P(2;2) = 1 - 0{,}04 = 0{,}96$ 468

a)

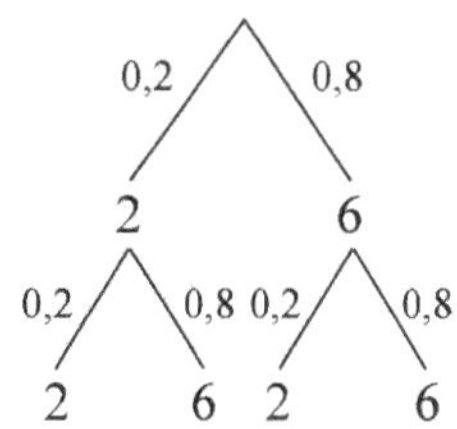

c)

X	4	8	12
$P(X=x_i)$	0,04	0,32	0,64

d) $A = 0{,}04 \cdot 15 + 0{,}64 \cdot 2 = 1{,}88 < 2$ also nicht fair
Die Auszahlung sollte auf 18 Euro erhöht werden.

6. b)

Y	0	60	80	20	140	80	100	160
X	0		1			2		3
$P(Y=y_i)$	0,024	0,056	0,096	0,036	0,224	0,084	0,144	0,336
$P(X=x_i)$	0,024		0,188			0,452		0,336

$E(Y) = 118$
$E(X) = 2{,}1$

$P(X \geq 2) = 78{,}8\%$

d) $K = 118 \cdot 0{,}6 \cdot 5 \cdot 30 = 10620$ Euro

468 7. a) Die Sammelprobe ist negativ: auf weitere Tests wird verzichtet, also 1 Test.
Die Sammelprobe ist positiv: alle 10 Einzelproben werden untersucht, also 11 Tests.

X	1	11
$P(X=x_i)$	$0{,}999^{10}$	$1-0{,}999^{10}$

$E(X) \approx 1{,}1$

b) Es müssen ca. 11 Tests statt 100 durchgeführt werden, eine Ersparnis von 89%.

Test

472 1. b)

x_i	2	3	6	7
$P(X=x_i)$	$\frac{12}{30}$	$\frac{8}{30}$	$\frac{8}{30}$	$\frac{2}{30}$

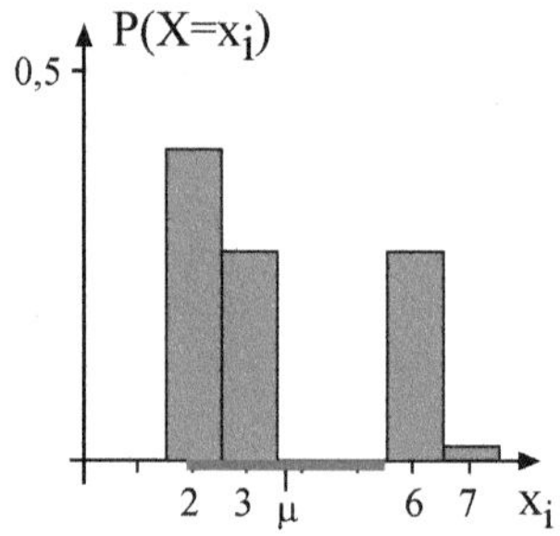

a)

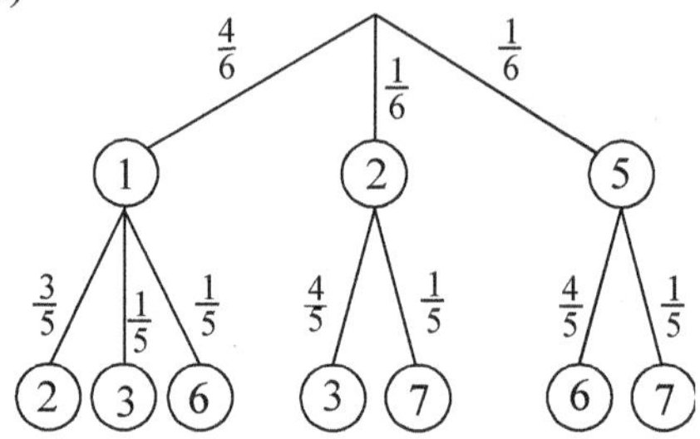

c) $E(X)=\frac{11}{3}\approx 3{,}67$, $\sigma(X)\approx 1{,}85$

2. a) 1 Kugel:

x_i	–5	2
$P(X=x_i)$	$\frac{1}{3}$	$\frac{2}{3}$

$E(X)=-\frac{1}{3}$, $\sigma(X)\approx 3{,}30$

b) 3 Kugeln:

x_i	–8	–1	6
$P(X=x_i)$	$\frac{1}{5}$	$\frac{3}{5}$	$\frac{1}{5}$

$E(X)=-1$, $\sigma(X)\approx 4{,}43$

Die Strategie von Vera ist schlechter als die Strategie von Stefan.

3. a) Mittelwert A: 200 ; B: 200 Standardabweichung A: $\sigma = 1{,}60$; B: $\sigma = 1{,}50$

b) Maschine A sollte als nächste gewartet werden.

4. a) G: Guthaben / Verlust

$E(G)=\frac{1}{4}+2+4=\frac{25}{4}$, $\sigma(X)\approx 5{,}76$

g_i	1	4	16
$P(G=g_i)$	$\frac{1}{4}$	$\frac{1}{2}$	$\frac{1}{4}$

b) Das Spiel ist fair, wenn $E(G) = 4$ gilt.

$E(G)=\frac{1}{4}+a+a^2=4$

g_i	1	2a	$4a^2$
$P(G=g_i)$	$\frac{1}{4}$	$\frac{1}{2}$	$\frac{1}{4}$

Wegen $a > 0$ muss $a = 1{,}5$ sein.

XIV. Binomialverteilung und Normalverteilung
1. Bernoulli-Ketten und Binomialverteilung

1. $P(X=1)=\binom{2}{1}\cdot 0,514\cdot 0,486\approx 0,4996=49,96\%$ 476

$P(X=2)=\binom{4}{2}\cdot 0,514^2\cdot 0,486^2\approx 0,3744=37,44\%$

$P(X=3)=\binom{6}{3}\cdot 0,514^3\cdot 0,486^3\approx 0,3118=31,18\%$

2. $n=6$; $k\le 2$; $p=0,23$, $P(X\le 2)=0,77^6+6\cdot 0,23\cdot 0,77^5+15\cdot 0,23^2\cdot 0,77^4\approx 86,09\%$

3. $n=10$; $k\ge 8$; $p=0,73$ (Internet Anschluss)

$P(X\ge 8)=\binom{10}{8}\cdot 0,73^8\cdot 0,27^2+\binom{10}{9}\cdot 0,73^9\cdot 0,27^1+0,73^{10}\approx 46,65\%$

4. $n=12$; $k=7, 8, 9, 10$; $p=0,7$

$P(7\le X\le 10)=\binom{12}{7}\cdot 0,7^7\cdot 0,3^5+\binom{12}{8}\cdot 0,7^8\cdot 0,3^4+\binom{12}{9}\cdot 0,7^9\cdot 0,3^3+\binom{12}{10}\cdot 0,7^{10}\cdot 0,3^2\approx 79,71\%$

5. $n=12$; $k>3$; $p=0,3$ (Verein)

$P(X>3)=1-P(X\le 3)=1-(P(X=0)+P(X=1)+P(X=2)+P(X=3))$
$=1-(0,7^{12}+\binom{12}{1}\cdot 0,3\cdot 0,7^{11}+\binom{12}{2}\cdot 0,3^2\cdot 0,7^{10}+\binom{12}{3}\cdot 0,3^3\cdot 0,7^9)\approx 50,75\%$

6. $p=\frac{1}{6}$; P(keine 6 bei n Würfen) = $\left(\frac{5}{6}\right)^n$

P(mindestens eine 6 bei n Würfen) = $1-\left(\frac{5}{6}\right)^n\ge 0,98 \Leftrightarrow \left(\frac{5}{6}\right)^n\le 0,02$, $n\ge\frac{\ln 0,02}{\ln\frac{5}{6}}\approx 21,46$

Der Würfel muss mindestens 22-mal geworfen werden.

7. E: "Brief am nächsten Tag zugestellt", $P(E)=0,9$, $n=8$

a) $k=8$: $B(8; 0,9; 8)=0,9^8=0,4305$

b) $k=6, 7, 8$

$B(8;0,9;6)+B(8;0,9;7)+B(8;0,9;8)=28\cdot 0,9^6\cdot 0,1^2+8\cdot 0,9^7\cdot 0,1+0,9^8=0,9619$

8. a) $n=6$; $k=1$; $p=0,15$, $P(X=1)=\binom{6}{1}\cdot 0,15\cdot 0,85^5\approx 39,93\%$

b) $n=10$; $k>2$; $p=0,15$

$P(X>2)=1-P(X\le 2)=1-(0,85^{10}+\binom{10}{1}\cdot 0,15\cdot 0,85^9+\binom{10}{2}\cdot 0,15^2\cdot 0,85^8\approx 17,98\%$

9. $\mu=8\cdot 0,5=4$, $\sigma=\sqrt{8\cdot 0,5\cdot 0,5}\approx 1,41$ 479

Angenäherte Berechnung von P mit der 2σ-Umgebung:

$P(\mu-2\sigma\le X\le\mu+2\sigma)\approx 0,955$
$P(4-2,82\le X\le 4+2,82)\approx 0,955$, $P(1,18\le X\le 6,82)\approx 0,955$
$P(2\le X\le 6)\approx 0,955=95,5\%$

Exakte Berechnung mithilfe der Bernoulli-Formel:

$P(2\le X\le 6)=P(X=2)+P(X=3)+P(X=4)+P(X=5)+P(X=6)$
$=B(8;0,5;2)+\ldots+B(8;0,5;6)\approx 0,9297=92,97\%$

479 9. Erläuterung der Abweichung:
Die Differenz beruht auf dem Problem, dass X ganzzahlig ist, aber die Grenze des 2σ-Intervalls nicht. So ergibt sich bei relativ kleinem Stichprobenumfang (n = 8) und nicht erfüllter Laplace-Bedingung ($\sigma \approx 1{,}41 < 3$) eine relativ große Abweichung vom exakten Ergebnis (ca. 2,5%).

10. a) Ein zufällig ausgewählter Schüler hat mit der Wahrscheinlichkeit $p = \frac{1}{7}$ am Sonntag Geburtstag.
Prognose mit der 2σ-Regel:
$n = 1000, \quad p = \frac{1}{7}, \quad X$ = Anzahl der Sonntagskinder unter 1000 Personen
$\mu = n \cdot p \approx 142{,}86, \quad \sigma = \sqrt{n \cdot p \cdot (1-p)} \approx 11{,}03 > 3$
$P(\mu - 2\sigma \le X \le \mu + 2\sigma) \approx 0{,}955$ (2σ-Regel)
$P(120{,}72 \le X \le 164{,}99) \approx 0{,}955, \quad P(121 \le X \le 164) \approx 0{,}955$

b) 1. Glaubhaftigkeit einer Aussage prüfen:
$n = 21, \; p = \frac{1}{7}$, X = Anzahl der Sonntagskinder unter den 21 Schülern
$\mu = 3, \quad \sigma \approx 1{,}6$
$P(\mu - 2\sigma \le X \le \mu + 2\sigma) \approx 0{,}955, \quad P(-0{,}2 \le X \le 6{,}2) \approx 0{,}955, \quad P(0 \le X \le 6) \approx 0{,}955$
$\Rightarrow P(X \ge 7) \le 1 - 0{,}955 = 0{,}045 \Rightarrow P(X \ge 8) \le 4{,}5\%$
Die Aussage ist wenig glaubhaft.
2. Exakte, aber aufwendige Lösung mit der Bernoulli-Formel:
$$P(X \ge 8) = 1 - P(X \le 7) = 1 - P(X = 1) - \ldots - P(X = 7)$$
$$= 1 - \binom{21}{0} \cdot (\tfrac{1}{7})^0 \cdot (\tfrac{1}{7})^{21} - \binom{21}{1} \cdot (\tfrac{1}{7})^1 \cdot (\tfrac{1}{7})^{20} - \ldots - \binom{21}{7} \cdot (\tfrac{1}{7})^7 \cdot (\tfrac{1}{7})^{14}$$
$$\approx 1 - 0{,}0393 - \ldots - 0{,}0163 \approx 0{,}0061 = 0{,}61\%$$
3. Exakte Lösung mit der Bernoulli-Formel (vgl. S. 483ff):
$$P(X \ge 8) = 1 - P(X \le 7) = 1 - B(21; \tfrac{1}{7}; 7)$$
$$= 1 - \text{binomCdf}(21, \tfrac{1}{7}, 7) \approx 0{,}0066 < 0{,}7\%$$
$$= 1 - \text{BinomialCD}(7, 21, \tfrac{1}{7}) \approx 0{,}00660{,}7\%$$
Die Richtigkeit der Aussage ist so unwahrscheinlich, dass sie nicht glaubhaft wirkt.
Bemerkung: Die 2σ-Regel liefert ein relativ ungenaues Resultat ($P(X \ge 8) < 4{,}5\%$).
Das genaue Resultat ist $P(X \ge 8) < 0{,}7\%$.
Der Grund: n ist relativ klein (n = 21) und die Laplace-Bedingung ($\sigma > 3$) ist nicht erfüllt.

11. a) $n = 200, p = 0{,}1, \mu = 20, \sigma \approx 4{,}24 > 3$
Y = Anzahl der Stornierungen unter den 200 Buchungen
$P(\mu - 2\sigma \le Y \le \mu + 2\sigma) \approx 0{,}955$
$P(11{,}52 \le Y \le 28{,}48) \approx 0{,}955, \quad P(12 \le Y \le 28) \approx 0{,}955$
$X = 200 - Y$
$P(200 - 28 \le X \le 200 - 12) \approx 0{,}955, \quad P(172 \le X \le 188) \approx 0{,}955$
Mit einer Wahrscheinlichkeit von 95,5% liegt die Anzahl der tatsächlich realisierten Buchungen zwischen 172 und 188. Die Gefahr einer Überbuchung erscheint recht hoch.

b) $n = 190, \quad p = 0{,}1, \quad \mu = 19, \quad \sigma \approx 4{,}14 > 3$, Y = Anzahl der Stornierungen
$P(\mu - 2\sigma \le Y \le \mu + 2\sigma) \approx 0{,}955, \quad P(10{,}72 \le Y \le 27{,}28), \quad P(11 \le Y \le 27) \approx 0{,}955$
$X = 190 - Y, \quad P(163 \le X \le 179) \approx 0{,}955 \Rightarrow P(X \ge 180) < \frac{1-0{,}955}{2} = 0{,}0225 = 2{,}25\%$
Das Risiko für Überbuchung beträgt also nur 2,25%, ist also erfreulich klein.

12. a) $\mu = n \cdot p = 20 \cdot 0{,}7 = 14$ 481

b) $P(X = 14) = B(20; 0{,}7; 14) = \binom{20}{14} \cdot 0{,}7^{14} \cdot 0{,}3^{6} \approx 0{,}1916 = 19{,}16\%$

13. a) $n = 5000$, $p = 0{,}04$, $\mu = n \cdot p = 200$, $\sigma \approx 13{,}86$

b) Bestellte Lampen – defekte Lampen = fehlerfreie Lampen:

$$\begin{aligned} n - n \cdot p &= 6000 \\ n - n \cdot 0{,}04 &= 6000 \\ 0{,}96 \cdot n &= 6000 \\ n &= 6250 \end{aligned}$$

Er sollte mindestens 6250 Lampen bestellen.

c) Anwendung der 3σ-Regel:

$n = 3000$, $\mu = 120$, $\sigma \approx 10{,}73 > 3$
$P(\mu - 3\sigma \le X \le \mu + 3\sigma) \approx 0{,}997$, $P(87{,}81 \le X \le 152{,}19) \approx 0{,}997$
$P(88 \le X \le 152) \approx 0{,}997$

14. a) $\mu = 60 \cdot \frac{1}{6} = 10$, $\sigma = \sqrt{60 \cdot \frac{1}{6} \cdot \frac{5}{6}} \approx 2{,}89$
$\mu - 1{,}64 \cdot \sigma \approx 5{,}26$, $\mu + 1{,}64 \cdot \sigma \approx 14{,}74 \Rightarrow 6 \le X \le 14$

b) $\mu = 100 \cdot \frac{1}{2} = 50$, $\sigma = \sqrt{100 \cdot \frac{1}{2} \cdot \frac{1}{2}} = 5$
90%: $\mu - 1{,}64 \cdot \sigma = 41{,}8$, $\mu + 1{,}64 \cdot \sigma = 58{,}2 \Rightarrow 42 \le X \le 58$
99%: $\mu - 2{,}58 \cdot \sigma = 37{,}1$, $\mu + 2{,}58 \cdot \sigma = 62{,}9 \Rightarrow 38 \le X \le 62$

c) $\mu = 100 \cdot 0{,}8 = 80$, $\sigma = \sqrt{100 \cdot 0{,}8 \cdot 0{,}2} = 4$
90%: $\mu - 1{,}64 \cdot \sigma = 73{,}44$, $\mu + 1{,}64 \cdot \sigma = 86{,}56 \Rightarrow 74 \le X \le 86$
95%: $\mu - 1{,}96 \cdot \sigma = 72{,}16$, $\mu + 1{,}96 \cdot \sigma = 87{,}84 \Rightarrow 73 \le X \le 87$
99%: $\mu - 2{,}58 \cdot \sigma = 69{,}68$, $\mu + 2{,}58 \cdot \sigma = 90{,}32 \Rightarrow 70 \le X \le 90$

d) $\mu = 1500 \cdot \frac{1}{40} = 37{,}5$, $\sigma = \sqrt{1500 \cdot \frac{1}{40} \cdot \frac{39}{40}} \approx 6{,}05$

Ist X die Anzahl der fehlerhaften Gläser, dann liegen 95,5% der Werte von X im Intervall $[\mu - 2\sigma; \mu + 2\sigma] = [26; 49]$.

15. a) Ziehen von n = 8 Kugeln mit Zurücklegen:
p = P(gezogene Kugel ist rot) = 0,2
X = Anzahl der roten Kugeln unter den n = 8 gezogenen Kugeln
1. Wahrscheinlichkeitstabelle:

k	0	1	2	3	4	5	6	7	8
P(X=k)	0,1678	0,3355	0,2936	0,1468	0,0459	0,0092	0,0011	0,0001	0

2. Verteilungsdiagramm:

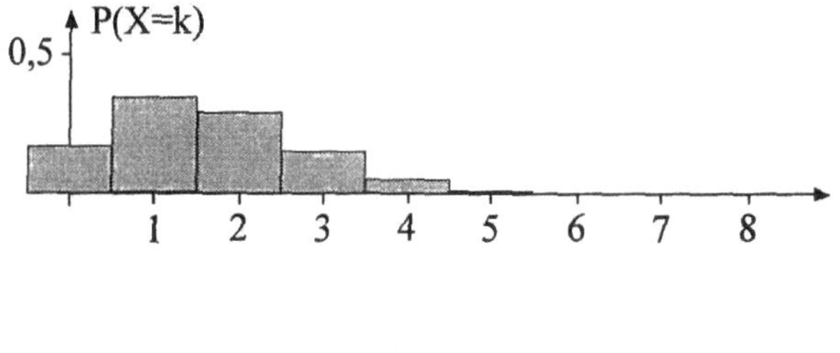

481 3. Erwartungswert und Standardabweichung:

$\mu = n \cdot p = 8 \cdot 0{,}2 = 1{,}6$, $\quad \sigma = \sqrt{n \cdot p \cdot (1-p)} \approx 1{,}13$

4. Wahrscheinlichkeitsberechnung:

$$P(X > \mu) = P(X > 1{,}6) = P(X \geq 2) = 1 - P(X \leq 1)$$
$$= 1 - P(X = 0) - P(X = 1) \approx 1 - 0{,}1678 - 0{,}3355 = 0{,}4967 = 49{,}67\%$$

b) p = P(gezogene Kugel ist gelb) = 0,3

$\mu = n \cdot p > 5$ (Ansatz)
$n \cdot 0{,}3 > 5$
$n > 16{,}67$
$n \leq 17$ Es müssen mindestens 17 Kugeln gezogen werden.

$\sigma = \sqrt{n \cdot p \cdot (1-p)} \geq \sqrt{17 \cdot 0{,}3 \cdot 0{,}7} \approx 1{,}89$

Die Standardabweichung beträgt mindestens 1,89.

c) p = P(gezogene Kugel ist rot) = 0,2

$\mu = n \cdot p \geq 1$, $\quad n \cdot 0{,}2 \geq 1$, $\quad n \geq 5$

Es müssen mindestens 5 Kugeln gezogen werden.

d) p = P(gezogene Kugel ist rot) = 0,2

Ansatz: $P(X \geq 1) \geq 0{,}9$, $\quad 1 - P(X = 0) \geq 0{,}9$, $\quad P(X = 0) \leq 0{,}1$

$B(n; 0{,}2; 0) \leq 0{,}1$, $\quad \binom{n}{0} \cdot 0{,}2^0 \cdot 0{,}8^n \leq 0{,}1$, $\quad 0{,}8^n \leq 0{,}1$

$n \cdot \ln 0{,}8 \leq \ln 0{,}1$, $\quad n \geq \frac{\ln 0{,}1}{\ln 0{,}8} \approx 10{,}32$, $\quad n \geq 11$

Es müssen mindestens 11 Kugeln gezogen werden.

2. Praxis der Binomialverteilung

1. n = 15 , p = P(Person ist eine Frau) = 0,5 , X = Anzahl der Frauen unter den 15 Personen 482
   P(doppelt so viele Männer wie Frauen) = P(10 Männer, 5 Frauen)

   $$= P(X = 5)$$
   $$= B(15;0,5;5)$$
   $$= \text{binomPdf}(15,0.5,5) \approx 0,0916 \ (\text{TI-GTR})$$
   $$= \text{BinomPD}(5,15,0.5) \approx 0,0916 \ (\text{CASIO-GTR})$$

   Die Wahrscheinlichkeit beträgt ca. 9,16%.
   Vergleichsrechnung:

   $$n = 15,\ p = 0,4;\ P(X = 5) = \text{binomPdf}(15,0.4,5) \approx 0,1859 \ (\text{TI-GTR})$$
   $$= \text{BinomPD}(5,15,0.4) \approx 0,1859 \ (\text{CASIO-GTR})$$

   Die Wahrscheinlichkeit beträgt ca. 18,59%.

2. $F(10;0,5;5) = \text{binomCdf}(10,0.5,5) \approx 0,6230$ 484

   $$= \text{BinomialCD}(5,10,0.5) \approx 0,6230$$
   $$F(10;0,5;3) = \text{binomCdf}(10,0.5,3) \approx 0,1719$$
   $$= \text{BinomialCD}(3,10,0.5) \approx 0,1719$$
   $$F(10;0,1;5) = \text{binomCdf}(10,0.1,5) \approx 0,9999$$
   $$= \text{BinomialCD}(5,10,0.1) \approx 0,9999$$
   $$F(10;0,1;1) = \text{binomCdf}(10,0.1,1) \approx 0,7361$$
   $$= \text{BinomialCD}(1,10,0.1) \approx 0,7361$$

3. a) $F(6;0,5;3) = P(X \leq 3)$
   Sechsfacher Münzwurf; Wahrscheinlichkeit für höchstens 3-mal Kopf.

   b) $F(6;\frac{1}{6};1) = P(X \leq 1)$
   Sechsfacher Würfelwurf; Wahrscheinlichkeit für höchstens eine Sechs.

   c) $F(100;0,4;35)$
   Ein Reißnagel wird geworfen. Die Wahrscheinlichkeit, dass er auf seinem Kopf zu liegen kommt, betrage 40% bei einem Wurf.
   Wie wahrscheinlich ist es, dass vo 100 gleichzeitig geworfenen Reißnägeln höchstens 35 in Kopflage fallen?

3. d) $F(7;0,3;2) = P(X \leq 2)$
   Die Wahrscheinlichkeit, dass Herbert den Wecker nicht hört betrage 30%.
   Wie groß ist die Wahrscheinlichkeit, dass er in einer Woche den Wecker höchstens 2-mal nicht hört?

484 4. a) $n = 1200$ (Anzahl der Geburten)
$p = 0{,}5$ (Wahrscheinlichkeit einer Mädchengeburt)
X = Anzahl der Mädchengeburten unter den 1200 Geburten

$$\begin{aligned} P(X < 590) &= P(X \le 589) = F(1200;0,5;589) \\ &= \text{binomCdf}(1200, 0.5, 589) \approx 0{,}2722 \\ &= \text{BinomialCD}(589, 1200, 0.5) \approx 0{,}2722 \end{aligned}$$

b1) $n = 100$ (Anzahl der Geburten im Mai)
$p = 0{,}5$ (Wahrscheinlichkeit für eine Jungengeburt)
X = Anzahl der Jungengeburten unter den 100 Geburten

$$\begin{aligned} P(X \le 45) &= F(100;0,5;45) \\ &= \text{binomCdf}(100, 0.5, 45) \approx 0{,}1841 \\ &= \text{BinomialCD}(45, 100, 0.5) \approx 0{,}1841 \end{aligned}$$

b2) $n = 1000$ (Anzahl der Geburten im Mai)
$p = 0{,}5$ (Wahrscheinlichkeit für eine Jungengeburt)
X = Anzahl der Jungengeburten unter den 1000 Geburten

$$\begin{aligned} P(X \le 450) &= F(1000;0,5;450) \\ &= \text{binomCdf}(1000, 0.5, 450) \approx 0{,}0009 \\ &= \text{BinomialCD}(450, 1000, 0.5) \approx 0{,}0009 \end{aligned}$$

Erwartet werden 50 Jungen bei 100 Geburten bzw. 500 bei 1000 Geburten. Die Abweichung um 10% nach unten ist bei 1000 Geburten viel unwahrscheinlicher als bei 100 Geburten, weil das Gesetz der großen Zahlen dann greift und solche massive Abweichungen kaum noch auftreten.

485 5. $n = 50$ (Anzahl der Würfe)
$p = 0{,}7$ (Wahrscheinlichkeit für Kopf)
X = Anzahl der Kopfwürfe unter den 50 Würfen

a) $$\begin{aligned} P(X \le 25) &= F(50;0,7;25) \\ &= \text{binomCdf}(50, 0.7, 25) \approx 0{,}0024 = 0{,}24\% \\ &= \text{BinomialCD}(25, 50, 0.7) \approx 0{,}0024 = 0{,}24\% \end{aligned}$$

b) $$\begin{aligned} P(X \le 30) &= F(50;0,7;30) \\ &= \text{binomCdf}(50, 0.7, 30) \approx 0{,}0848 = 8{,}48\% \\ &= \text{BinomialCD}(30, 50, 0.7) \approx 0{,}0848 = 8{,}48\% \end{aligned}$$

$$\begin{aligned} \mu &= E(\text{Gewinn}) = P(\text{Gewinn} = 18) \cdot 18 + P(\text{Gewinn} = -2) \cdot (-2) \\ &= P(X \le 30) \cdot 18 + P(X > 30) \cdot (-2) \approx 0{,}0848 \cdot 18 + 0{,}9152 \cdot (-2) = -0{,}304 \end{aligned}$$

Der Spieler verliert im Durchschnitt pro Spiel ca. 30,4 Cent.
Das Spiel ist für den Spieler ungünstig.

c) e sei der Einsatz, $\mu(\text{Gewinn}) = 0$: $P(X \le 30) \cdot (20 - e) + P(X > 30) \cdot (-e) = 0$
$0{,}0848 \cdot (20 - e) + 0{,}9152 \cdot (-e) = 0 \Rightarrow e \approx 1{,}696$

Der Einsatz müsste auf ca. 1,7 Euro pro Spiel festgelegt werden.

6. $p = P(\text{Sonne}) = 0{,}8$, $n = 7$, X = Anzahl der Sonnentage in der Besuchswoche 489
$p = P(\text{Regen}) = 0{,}2$, Y = Anzahl der Regentage in der Besuchswoche

a) $P(\text{Regen am 1. Tag}) = 0{,}2 = 20\%$

b) $P(\text{ganze Woche schönes Wetter}) = P(X = 7) = B(7;0{,}8;7) = \binom{7}{7} \cdot 0{,}8^7 \approx 0{,}2097$
$= \text{binomPdf}(7, 0.8, 7) \approx 0{,}2097$
$= \text{BinonialPD}(7, 7, 0.8) \approx 0{,}2097$

c) $P(\text{genau 1 Regentag}) = P(Y = 1) = B(7;0{,}2;1) = \binom{7}{1} \cdot 0{,}2^1 \cdot 0{,}8^6 \approx 0{,}3670$

d) $P(\text{genau 2 Regentage}) = P(Y = 2) = B(7;0{,}2;2) = \binom{7}{2} \cdot 0{,}2^2 \cdot 0{,}8^5 \approx 0{,}2753$

e) $P(\text{mind. 2 Regentage}) = P(Y \geq 2) = 1 - P(Y \leq 1) = 1 - F(7;0{,}2;1)$
$= 1 - \text{binomCdf}(7, 0.2, 1) \approx 0{,}4233$
$= 1 - \text{BinomialCD}(1, 7, 0.2) \approx 0{,}4233$

f) $P(\text{höchst. 2 Regentage}) = P(Y \leq 2) = F(7;0{,}2;2)$
$= \text{binomCdf}(7, 0.2, 2) \approx 0{,}8520$
$= \text{BinomialCD}(2, 7, 0.2) \approx 0{,}8520$

g) $n = 20$, $p = 0{,}8$
$P(\text{mehr Sonnen- als Regentage}) = P(\text{mind. 11 Sonnentage})$
$= P(X \geq 11) = 1 - P(X \leq 10) = 1 - F(20;0{,}8;10)$
$= 1 - \text{binomCdf}(20, 0.8, 10) \approx 1 - 0{,}0026 = 0{,}9974$
$= 1 - \text{BinomialCD}(10, 20, 0.8) \approx 1 - 0{,}0026 = 0{,}9974$

h) Ansatz: $P(X \geq 1) \geq 0{,}9999 \Rightarrow 1 - P(X = 0) \geq 0{,}9999 \Rightarrow P(X = 0) \leq 0{,}0001$
$\Rightarrow \binom{n}{0} \cdot 0{,}8^0 \cdot 0{,}2^n \leq 0{,}0001 \Rightarrow 0{,}2^n \leq 0{,}0001 \Rightarrow n \geq \frac{\ln 0{,}0001}{\ln 0{,}2} \approx 5{,}72 \; (\ln 0{,}2 < 0)$

Er muss mindestens für 6 Tage buchen.

7. $n = 8$ abgegebene Schüsse
$p = P(\text{Schuss wird abgewehrt}) = 0{,}3$
X = Anzahl der abgewehrten Schüsse unter den 8 Schüssen
$P(X \leq 3) = F(8;0{,}3;3) = \text{binomCdf}(8, 0.3, 3) \approx 0{,}8059$ (bzw. $\text{BinomialCD}(3, 8, 0.3)$)
Mit einer Wahrscheinlichkeit von ca. 80,59% treffen mehr Schüsse als abgewehrt werden.

8. $n = 10$, $p = 0{,}6$, X = Anzahl der einsatzbereiten Wachen unter den 10 vorhandenen Wachen

a) $P(X = 3) = B(10;0{,}6;3) = \text{binomPdf}(10, 0.6, 3) \approx 0{,}0425$ (bzw. $\text{BinomialPD}(3, 10, 0.6)$)

b) $P(X \geq 8) = 1 - P(X \leq 7) = 1 - F(10;0{,}6;7) = 1 - \text{binomCdf}(10, 0.6, 7)$
$\approx 1 - 0{,}8327 = 0{,}1673$ (bzw. $\text{BinomialCD}(7, 10, 0.6)$)

c) $P(X < 3) = P(X \leq 2) = F(10;0{,}6;2)$
$= \text{binomCdf}(10, 0.6, 2) \approx 0{,}0123$ (bzw. $\text{BinomialCD}(2, 10, 0.6)$)

d) Hier sind drei ganz spezielle Wachen gefragt, nicht drei beliebige.
Daher gilt: P(Südtor und Bahnhof und Hühnerberg sind einsatzbereit)
$= P(\text{Südtor}) \cdot P(\text{Bahnhof}) \cdot P(\text{Hühnerberg}) \cdot P(\text{restliche nicht})$
$= 0{,}6 \cdot 0{,}6 \cdot 0{,}6 \cdot 0{,}4^7 \approx 0{,}0004$

489 9. $n = 20$, $p = 0{,}8$, X = Anzahl der Personen unter den 20 Schützen, die abnehmen

a) $P(X \le 19) = F(20;0{,}8;19) = \begin{cases} \text{binomCdf}(20,0.8,19) \approx 0{,}9885 \\ \text{BinomialCD}(19,20,0.8) \approx 0{,}9885 \end{cases}$

b) $P(X \le 10) = F(20;0{,}8;10) = \begin{cases} \text{binomCdf}(20,0.8,10) \approx 0{,}0026 \\ \text{BinomialCD}(10,20,0.8) \approx 0{,}0026 \end{cases}$

c) $P(13 \le X < 18) = P(13 \le X \le 17) = \begin{cases} \text{binomCdf}(20,0.8,13,17) \approx 0{,}7618 \\ \text{BinomialCD}(13,17,20,0.8) \approx 0{,}7618 \end{cases}$

d) $P(\text{J,T schaffen es nicht}) \cdot P(\text{ein G schafft es nicht}) = 0{,}2^2 \cdot (1 - 0{,}8^2) = 0{,}0144$

Erläuterung: "Ein G schafft es nicht" ist Gegenereignis zu "beide schaffen es".

490 10. $n = 20$, $p = 0{,}3$, X = Anzahl Schüler unter den 20, die schadhafte Zähne haben

a) $P(A) = P(X = 0) = B(20;0{,}3;0) = \begin{cases} \text{binomPdf}(20,0.3,0) \approx 0{,}0008 \\ \text{BinomialPD}(0,20,0.3) \approx 0{,}0008 \end{cases}$

$P(B) = \binom{4}{4} \cdot 0{,}3^4 \cdot 0{,}7^0 \cdot \binom{16}{16} \cdot 0{,}3^0 \cdot 0{,}7^{16} \approx 0{,}000027$

$P(C) = P(1 \le X \le 5) = \begin{cases} \text{binomCdf}(20,0.3,1,5) \approx 0{,}4156 \\ \text{BinomialCD}(1,5,20,0.3) \approx 0{,}4156 \end{cases}$

b) geänderte Fragestellung:
Welche Zahl von Schülern mit schadhaften Zähnen wird bei der Untersuchung der 20 Schüler am wahrscheinlichsten aufgefunden?

Erwartungswert: $\mu = n \cdot p = 6$

$P(X = 5) \approx 0{,}1789$, $P(X = 6) \approx 0{,}1916$, $P(X = 7) \approx 0{,}1643$

Ein Vergleich zeigt:
Wie erwartet findet man am wahrscheinlichsten 6 Schüler mit schadhaften Zähnen.

c) Ansatz: $P(X \ge 1) \ge 0{,}9 \Rightarrow 1 - P(X = 0) \ge 0{,}9 \Rightarrow P(X = 0) \le 0{,}1 \Rightarrow B(n;0{,}3;0) \le 0{,}1$
$\Rightarrow \binom{n}{0} \cdot 0{,}3^0 \cdot 0{,}7^n \le 0{,}1 \Rightarrow n \ge \frac{\ln 0{,}1}{\ln 0{,}7} \approx 6{,}46 \; (\ln 0{,}7 < 0)$

Der Arzt muss mindestens 7 Schüler untersuchen.

11. $n = 20$, $p = 0{,}5$, X = Anzahl der Befürworter unter den 20 Ratsmitglieder

a) $P(X \ge 11) = 1 - P(X \le 10)$
$= 1 - F(20;0{,}5;10) = \begin{cases} 1 - \text{binomCdf}(20,0.5,10) \approx 1 - 0{,}5881 = 0{,}4119 \\ 1 - \text{BinomialCD}(10,20,0.5) \approx 1 - 0{,}5881 = 0{,}4119 \end{cases}$

b) $n = 17$, $p = 0{,}5$, Y = Anzahl der Befürworter unter den 17 Verbleibenden

$P(Y \ge 8) = 1 - P(Y \le 7) = 1 - F(17;0{,}5;7) = \begin{cases} 1 - \text{binomCdf}(17,0.5,7) \approx 1 - 0{,}3145 = 0{,}6855 \\ 1 - \text{BinomialCD}(7,17,0.5) \approx 1 - 0{,}3145 = 0{,}6855 \end{cases}$

12. Die Wahrscheinlichkeit, einsetzen zu können, wenn man an der Reihe ist beträgt: 490

$p = P(\text{Einsetzen}) = \frac{1}{6} + \frac{5}{6} \cdot \frac{1}{6} + (\frac{5}{6})^2 \cdot \frac{1}{6} \approx 0,4213$

n = Anzahl der Runden , p = 0,4213 , X = Anzahl der Einsetzungen bei n Runden

$P(X \geq 1) \geq 0,95 \Rightarrow \quad 1 - P(X=0) \geq 0,95 \Rightarrow \quad P(X=0) \leq 0,05 \Rightarrow \quad B(n;0,4213;0) \leq 0,05$

$\Rightarrow \binom{n}{0} \cdot 0,4213^0 \cdot 0,5787^n \leq 0,05 \Rightarrow \quad n \geq \frac{\ln 0,05}{\ln 0,5787} \approx 5,48 \; (\ln 0,5787 < 0)$

Mit 95% Wahrscheinlichkeit kann man spätestens in der 6. Runde einsetzen.

13. a) $P(A) = 0,25 \cdot 0,4 = 10\%$ 491

$P(B) = 0,25 \cdot 0,6 + 0,75 \cdot 0,4 = 45\%$

$P(C) = 0,75 \cdot 0,6 = 45\%$

b) n = 10 ;

D: $p = 0,1, \quad k = 2, \quad P(D) = P(X=2) = \binom{10}{2} \cdot 0,1^2 \cdot 0,9^8 \approx 19,37\%$

E: $p = 0,45, \quad k = 5, \quad P(E) = P(X=5) = \binom{10}{5} \cdot 0,45^5 \cdot 0,55^5 \approx 23,40\%$

F: $p = 0,1, \quad k \leq 2, \quad P(F) = P(X \leq 2) \approx 92,98\%$

G: $p = 0,25, \quad 4 \leq k \leq 6, \quad P(G) = P(X \leq 6) - P(X \leq 3) \approx 0,9965 - 0,7759 = 22,06\%$

c) P(n Durchgänge ohne Treffer) = $0,9^n$

$1 - 0,9^n \geq 0,9999, \quad n \geq \frac{\ln 0,0001}{\ln 0,9} \approx 87,4$

Er benötigt mindestens 88 Durchgänge.

14. a) n = 15 ; p = 0,95: $P(A) = 0,95^{15} \approx 46,33\%$

$P(B) = P(X \leq 12) = F(15;0,95;12) = \begin{cases} \text{binomCdf}(15,0.95,12) \approx 0,036 \\ \text{BinomialCD}(12,15,0.95) \approx 0,036 \end{cases}$

b) n = 10 ; p = 0,3:

$P(C) = P(X \geq 4) = 1 - P(X \leq 3) = 1 - F(10;0,3;3) = \begin{cases} \text{binomCdf}(10,0.3,3) \approx 0,3504 \\ \text{BinomialCD}(3,10,0.3) \approx 0,3504 \end{cases}$

$P(D) = P(X \leq 2) \approx 38,28\%$

$P(E) = 0,3 \cdot 0,7^9 \approx 1,21\%$

c) P(kein Treffer bei n Versuchen) = $0,7^n$

$1 - 0,7^n \geq 0,99, \quad n \geq \frac{\ln 0,01}{\ln 0,7} \approx 12,9$

Er benötigt mindestens 13 Versuche.

15. a) A: $n = 5, \quad p = 0,8, \quad k = 5: \quad P(A) = 0,8^5 \approx 32,77\%$

B: $n = 20, \quad p = 0,8, \quad 14 \leq k \leq 17: \quad P(B) = P(X \leq 17) - P(X \leq 13)$

$\approx 0,9133 - 0,2061 = 70,72\%$

b) P(alle Züge pünktlich) = $0,8^n$

$1 - 0,8^n \geq 0,99, \quad n \geq \frac{\ln 0,01}{\ln 0,8} \approx 20,6$

Es müssen mindestens 21 Züge abgefertigt werden.

3. Zusammengesetzte Problemstellungen

495 1. a) (1) P(dreimal ungerade Zahl) = $0{,}7^3 = 0{,}343$

(2) P(genau einmal 4) = $3 \cdot 0{,}12 \cdot 0{,}88^2 \approx 0{,}279$

(3) P(3 verschiedene Zahlen) = P(keine 4) + P(keine 3) + P(keine 2) + P(keine 1)

$= 6 \cdot (0{,}3 \cdot 0{,}18 \cdot 0{,}4 + 0{,}3 \cdot 0{,}18 \cdot 0{,}12 + 0{,}3 \cdot 0{,}4 \cdot 0{,}12 + 0{,}18 \cdot 0{,}4 \cdot 0{,}12) = 0{,}30672$

b) Erwartungswert der Pyramide: $\mu = 0{,}3 + 2 \cdot 0{,}18 + 3 \cdot 0{,}4 + 4 \cdot 0{,}12 = 2{,}34$

Erwartungswert eines Tetraederwürfels: $\mu = 0{,}25 \cdot (1+2+3+4) = 2{,}5$

Der Erwartungswert bei der betrachteten Pyramide ist kleiner als beim Tetraederwürfel.

c) Die Zufallsgröße X beschreibe die Gewinnerwartung des Spielers.
Wahrscheinlichkeitsverteilung von X: (bei ungerader Zahl: Verlust des Einsatzes, bei gerader Zahl: 1 Euro Gewinn bei 2 bzw 1,5 Euro Gewinn bei 4)

$X=x_i$	–1	1	1,5
$P(X=x_i)$	0,7	0,18	0,12

Erwartungswert von X: $\mu = -0{,}7 + 0{,}18 + 1{,}5 \cdot 0{,}12 = -0{,}34$

Der Spieler verliert langfristig pro Spiel 34 Cent.

d) Binomialverteilung mit den Kenngrößen:
n = 100, p =0,3 (2 oder 4), k ≥ 30. X sei die Anzahl der Gewinne.

$$P(X \geq 30) = 1 - P(X \leq 29) = \begin{cases} 1 - \text{binomCdf}(100, 0.3, 29) \approx 1 - 0{,}4623 = 0{,}5377 \\ 1 - \text{BinomialCD}(29, 100, 0.3) \approx 1 - 0{,}4623 = 0{,}5377 \end{cases}$$

496 2. a) Es gibt insgesamt $3^4 = 81$ verschiedene Ergebnisse.

b) $P(A) = \left(\frac{1}{3}\right)^4 \approx 1{,}23\%$ $\qquad P(B) = B(4;\frac{1}{3};2) = \binom{4}{2} \cdot \left(\frac{1}{3}\right)^2 \cdot \left(\frac{2}{3}\right)^2 \approx 29{,}63\%$

$P(C) = \left(\frac{1}{3}\right)^4 \approx 1{,}23\%$ $\qquad P(D) = \left(\frac{1}{3}\right)^4 \cdot 3 \approx 3{,}7\%$

c) $B(10;0{,}7037;10) = 0{,}7037^{10} \approx 3\%$

$B(10;0{,}2963;2) = \binom{10}{2} \cdot 0{,}2963^2 \cdot 0{,}7037^8 \approx 23{,}76\%$

d) $P(X \geq 1) = 1 - P(X = 0) = 1 - B(n;0{,}2963;0) = 1 - 0{,}7037^n > 0{,}95$

$0{,}05 > 0{,}7037^n$, $\quad n > \frac{\ln 0{,}05}{\ln 0{,}7037} \approx 8{,}53$, $\quad n \geq 9$

e) durchschnittliche Auszahlung: $30 \cdot \left(\frac{1}{3}\right)^4 + 5 \cdot \left(\frac{1}{3}\right)^2 \approx 0{,}9259$ bei einem Euro Einsatz

ergibt als durchschnittlichen Gewinn/Verlust ca. –0,0741 Euro
Das sind pro Tag $8 \cdot 20 \cdot 0{,}0741 \approx 11{,}86$ Euro Verlust.

f) Johannes: $B(5;0{,}123;5) \approx 0{,}00003$, das ist höchst unwahrscheinlich
Jana: $P(20 \leq X \leq 30) = F(100;0{,}3;30) - F(100;0{,}3;19) \approx 0{,}5491 - 0{,}0089 = 54{,}02\%$

3. a) $P(A) = 0{,}6 \cdot \frac{1}{3} + 0{,}4 \cdot 0{,}75 = 0{,}5$ 496

$P(B) = P_w(R) = \frac{0{,}2}{0{,}5} = 0{,}4$

$P(C) = 0{,}2$

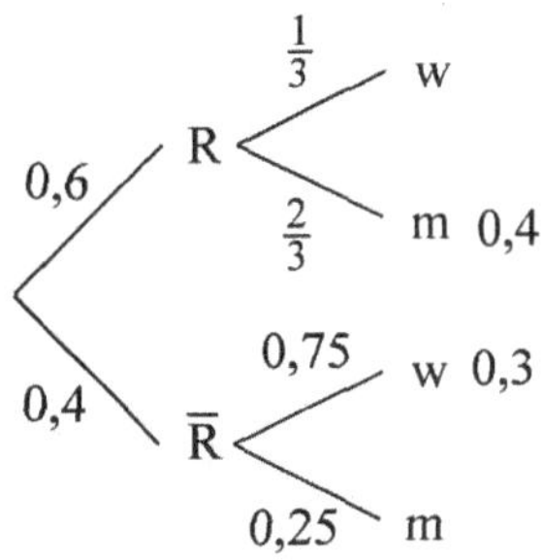

b)

	R	$\overline{R}$	
m	40	10	50
w	20	30	50
	60	40	100

c) $P(X \geq 5) = 1 - P(X \leq 4) = 1 - F(10;0{,}6;4) \approx 0{,}83{,}38\%$

$P(28 \leq X \leq 31) = F(50;0{,}6;31) - F(50;0{,}6;27) \approx 0{,}6644 - 0{,}234 = 43{,}04\%$

d) $1 - P(X{=}0) = 1 - B(n;0{,}4;0) = 1 - 0{,}6n > 0{,}95$

$0{,}05 > 0{,}6^n$, $\quad n > \frac{\ln 0{,}05}{\ln 0{,}6} \approx 5{,}86$, $\quad n \geq 6$

4. a) $P(A) = B(15;0{,}25;5) = \binom{15}{5} \cdot 0{,}25^5 \cdot 0{,}75^{10} \approx 16{,}51\%$ 497

$P(B) = P(X \geq 14) = 1 - P(X \leq 13) = 1 - F(15;0{,}75;13) \approx 8{,}02\%$

b) $P(X \geq 1) = 1 - P(X = 0) = 1 - B(n;0{,}25;0) = 1 - 0{,}75^n > 0{,}94$

$0{,}06 > 0{,}75^n$, $\quad n > \frac{\ln 0{,}06}{\ln 0{,}75} \approx 9{,}78$, $\quad n \geq 10$

c) $P(X \geq 1) = 1 - P(X = 0) = 1 - B(10;p;0) = 1 - (1-p)^{10} > 0{,}99$

$0{,}01 > (1-p)^{10}$, $\quad \ln(1-p) > \frac{\ln 0{,}01}{10}$, $\quad p = 1 - e^{\frac{\ln 0{,}01}{10}} \approx 36{,}9\%$

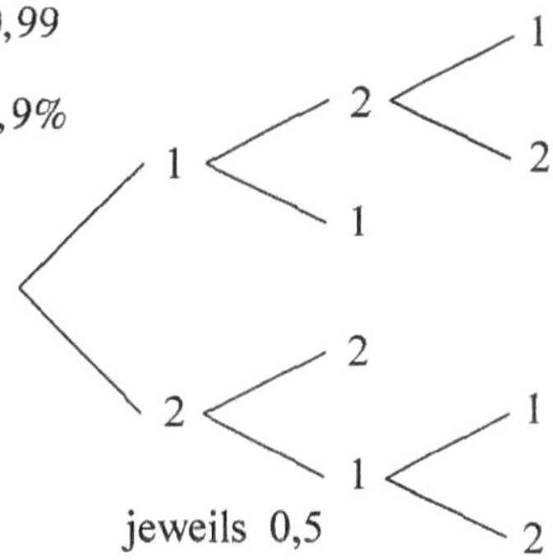

d) $P(X \leq 2) = 1 - P(X = 3) = 1 - \frac{6}{8} \cdot \frac{5}{7} \cdot \frac{4}{6} \approx 64{,}29\%$

e) Ein Spiel kann höchstens 3 Sätze dauern.
Die Wahrscheinlichkeit für 2 Sätze betägt 0,5,
die für 3 Sätze ebenfalls.
Der Erwartungswert beträgt also
$0{,}5 \cdot 2 + 0{,}5 \cdot 3 = 2{,}5$ Spiele.

497 5. a) $P(A) = P(X = 4) = \left(\frac{3}{10}\right)^4 \approx 0{,}0081$

$P(B) = 0{,}3$

$P(C) = P(X \geq 2) = 1 - P(X \leq 1) = 1 - F(4;0{,}3;1) \approx 1 - 0{,}6517 = 34{,}83\%$

b) $E(X) = 30$

$P(28 \leq X \leq 32) = F(100;0{,}3;32) - F(100;0{,}3;27) \approx 0{,}7107 - 0{,}2964 = 41{,}43\%$

c) $B(10;0{,}3;3) = \binom{10}{3} \cdot 0{,}3^3 \cdot 0{,}7^7 \approx 26{,}68\%$ ist wahrscheinlicher als

$B(20;0{,}3;6) = \binom{20}{6} \cdot 0{,}3^6 \cdot 0{,}7^{14} \approx 19{,}16\%$

d) $P(3b) = \frac{3}{10} \cdot \frac{2}{9} \cdot \frac{1}{8} \approx 0{,}83\%$ ist wahrscheinlicher als $P(5w) = \frac{5}{10} \cdot \frac{4}{9} \cdot \frac{3}{8} \cdot \frac{2}{7} \cdot \frac{1}{6} \approx 0{,}4\%$

e) $P(X \geq 1) = 1 - P(X = 0) = 1 - B(n;0{,}2;0) = 1 - 0{,}8^n > 0{,}99$

$0{,}01 > 0{,}8^n$, $n > \frac{\ln 0{,}01}{\ln 0{,}8} \approx 20{,}64$, $n \geq 21$

f) $P(X \geq 20) = 1 - P(X \leq 19) = 1 - F(50;0{,}2;19) \approx 1 - 0{,}9991 = 0{,}09\%$

Das ist höchst unwahrscheinlich und mehrfach kann es wohl erst recht nicht sein.

504

1. a) $n=100,\ p=\frac{2}{3}$

$P(X=66)=B(100;\tfrac{2}{3};66)=\frac{1}{\sqrt{100\cdot\frac{2}{3}\cdot\frac{1}{3}}}\cdot\frac{1}{\sqrt{2\pi}}\cdot e^{-0{,}5z^2}$ mit $z=\frac{\frac{2}{3}}{\frac{\sqrt{200}}{3}}=\frac{1}{\sqrt{50}}$

$=\frac{1}{\frac{\sqrt{200}}{3}\cdot\sqrt{2\pi}}\cdot e^{-\frac{1}{100}}\approx 0{,}0838$

b) $P(X=50)=B(100;\tfrac{2}{3};50)=\frac{1}{\frac{\sqrt{200}}{3}\cdot\sqrt{2\pi}}\cdot e^{-0{,}5z^2}$ mit $z=\frac{50-\frac{200}{3}}{\frac{\sqrt{200}}{3}}\approx-\frac{50}{\sqrt{200}}$

$\approx 0{,}0846\cdot e^{-6{,}25}\approx 0{,}00016$

2. $P(X\le 950)=F(6000;\tfrac{1}{6};950)$, Hilfsgröße $z=\frac{950-6000\cdot\frac{1}{6}+0{,}5}{\sqrt{6000\cdot\frac{1}{6}\cdot\frac{5}{6}}}\approx-1{,}71$

$P(X\le 950)=\Phi(-1{,}71)=1-\Phi(1{,}71)=1-0{,}9564=0{,}0436=4{,}36\%$

3. a) Laplace-Bedingung: $n\cdot\frac{5}{100}\cdot\frac{95}{100}>9,\ n>189$

Die Stichprobe muss (mindestens) die Größenordnung $n\approx 200$ haben.

b) $P(X\ge 30)=1-P(X\le 29)=1-F(500;0{,}05;29)$

Hilfsgröße $z=\frac{29-500\cdot 0{,}05+0{,}5}{\sqrt{500\cdot 0{,}05\cdot 0{,}95}}=0{,}92$

$P(X\ge 30)=1-\Phi(0{,}92)=1-0{,}8212=0{,}1788=17{,}88\%$

c) $P(X<20)=P(X\le 19)=F(500;0{,}05;19)$

Hilfsgröße $z=\frac{19-500\cdot 0{,}05+0{,}5}{\sqrt{500\cdot 0{,}05\cdot 0{,}95}}=-1{,}13$

$P(X<30)=\Phi(-1{,}13)=1-\Phi(1{,}13)=1-0{,}8708=0{,}1292=12{,}92\%$

4. X = Anzahl der Knaben unter 500 Neugeborenen

P(mehr Mädchen als Knaben) $=P(X<250)=(X\le 249)=F(500;0{,}514;249)$

Hilfsgröße $z=\frac{249-500\cdot 0{,}514+0{,}5}{\sqrt{500\cdot 0{,}514\cdot 0{,}486}}=-0{,}67$

$P(X<250)=\Phi(-0{,}67)=1-\Phi(0{,}67)=1-0{,}7486=0{,}2514=25{,}14\%$

5. Ein Laplace-Würfel würde $\frac{150}{6}=25$ Sechsen erwarten lassen.
Gesucht ist daher:

$P(X>25)=P(X\ge 26)=1-P(X\le 25)=1-F(150;0{,}12;25)$

Hilfsgröße $z=\frac{25-150\cdot 0{,}12+0{,}5}{\sqrt{150\cdot 0{,}12\cdot 0{,}88}}\approx 1{,}88$

$P(X>25)=1-\Phi(1{,}88)=1-0{,}9699=0{,}0301=3{,}01\%$

504 6. a) $n = 1000,\ p = \frac{1}{2},\quad \mu = 500,\quad \sigma = \sqrt{250} \approx 15{,}81$

b) $P(485 \le X \le 515)$

$= \Phi(z_2) - \Phi(z_1)$ mit $z_2 = \frac{515-500+0{,}5}{\sqrt{250}} \approx 0{,}98,\quad z_1 = \frac{485-500+0{,}5}{\sqrt{250}}$

$\approx \Phi(0{,}98) - (1 - \Phi(0{,}98)) = 2 \cdot \Phi(0{,}98) - 1 \approx 0{,}6730$

7. $n = 100,\ p = \frac{1}{3}$

$P(X \ge 50) = 1 - P(X \le 49)$

$\approx 1 - \Phi(z)$ mit $z_2 = \frac{49 - \frac{100}{3} + 0{,}5}{\frac{\sqrt{200}}{3}} \approx 3{,}43$

$\approx 1 - 0{,}9997$

$P(X < 40) = P(X \le 39) \approx 1 - \Phi(z)$ mit $z = \frac{39 - \frac{100}{3} + 0{,}5}{\frac{\sqrt{200}}{3}} \approx 1{,}31$

$\approx 0{,}9049$

$P(28 \le X \le 38) = P(X \le 38) - P(X \le 27)$

$\approx \Phi(z_2) - \Phi(z_1)$ mit $z_2 = \frac{38 - \frac{100}{3} + 0{,}5}{\frac{\sqrt{200}}{3}} \approx 1{,}10,\quad z_1 = \frac{27 - \frac{100}{3} + 0{,}5}{\frac{\sqrt{200}}{3}} \approx -1{,}24$

$\approx 0{,}8643 - (1 - 0{,}8925) \approx 0{,}7568$

8. a) $n = 500,\quad p = 0{,}05,\quad \mu = 25,\quad \sigma = \sqrt{23{,}75} \approx 4{,}87$

b) $P(X \le 10) \approx \Phi(z)$ mit $z = \frac{10-25+0{,}5}{\sqrt{23{,}75}} \approx -2{,}98$

$\approx 1 - 0{,}9986 = 0{,}0014$

$P(20 \le X \le 30) = P(X \le 30) - P(X \le 19)$

$\approx \Phi(z_2) - \Phi(z_1)$ mit $z_2 = \frac{30-25+0{,}5}{\sqrt{23{,}75}} \approx 1{,}13,\quad z_1 = \frac{19-25+0{,}5}{\sqrt{23{,}75}} \approx -1{,}13$

$\approx 0{,}7416$

5. Die Normalverteilung bei stetigen Zufallsgrößen

1. X: Gewicht eines Frosches, der per Zufall aus dem Vorkommen in Unna ausgewählt wird. 507

$$P(6 \le X \le 8) = \begin{cases} \text{NormCD}(6,8,0.5,9) \\ \text{normCdf}(6,8,9,0.5) \end{cases} \approx 0{,}02275 \approx 2{,}3\%$$

Die Wahrscheinlichkeit, dass ein Frosch des Sammlers aus dem Vorkommen in Unna stammt, beträgt ca. aufgrund seines niedrigen Gewichts nur ca. 2,3%.
Die Wahrscheinlichkeit, dass alle drei Frösche aus dem Vorkommen stammen, beträgt sogar nur $(0{,}023)^3 \approx 0{,}00001$, d.h. 1:100000.
Es ist also nahezu ausgeschlossen, dass der Sammler seine Frösche aus dem Vorkommen bezogen hat. Er wird also sehr wahrscheinlich zu Unrecht verdächtigt.

2. X. Verbrauch eines Unimog, der zufällig der Produktion entnommen wird. 508

a) $P(X < 15) = P(0 \le X \le 15) = \begin{cases} \text{NormCD}(0,15,2,18) \\ \text{normCdf}(0,15,18,2) \end{cases} \approx 0{,}0668 = 6{,}68\%$

Die Wahrscheinlichkeit, dass der gekaufte Wagen weniger als 15 Liter Sprit benötigt, liegt bei ca. 6,7%.

b) $P(X > 20) = 1 - P(0 \le X \le 20) = 1 - \begin{cases} \text{NormCD}(0,20,2,18) \\ \text{normCdf}(0,20,18,2) \end{cases} \approx 1 - 0{,}8413 = 0{,}1587$

Mit einer Wahrscheinlichkeit von ca. 15,9% verbraucht der gekaufte Wagen mehr als 20 Liter Sprit.

c) 5% von 18 Liter sind 0,9 Liter.
Aussage des Verkäufers: $P(17{,}1 \le X \le 18{,}9) \approx 0{,}50$

Überprüfung: $P(17{,}1 \le X \le 18{,}9) = \begin{cases} \text{NormCD}(17.1,18.9,2,18) \\ \text{normCdf}(17.1,18.9,18,2) \end{cases} \approx 0{,}3473$

Die Wahrscheinlichkeit für eine Abweichung von nur $\pm 5\%$ beträgt ca. 34,7%.
Der Verkäufer hat also eine stark geschönte Aussage zu seinen Gunsten gemacht, die daher nicht der Realität entspricht.

3. X: Gewicht einer beliebig ausgewählten Person aus der Gruppe der 18-20-jährigen deutschen Mädchen. 509

a) Ansatz: $P(60{,}9 - b \le X \le 60{,}9 + b) = 0{,}80$

$\Rightarrow P(X \le 60{,}9 - b) + P(X \ge 60{,}9 + b) = 0{,}20$

$\Rightarrow P(X \le 60{,}9 - b) \le 0{,}10$ (wg. der Symmetrie)

$$\Rightarrow 60{,}9 - b = \begin{cases} \text{InvnormCD}(p,\sigma,\mu) \\ \text{invNorm}(p,\mu,\sigma) \end{cases} = \begin{cases} \text{InvnormCD}(0.1,5,60.9) \\ \text{invNorm}(0.1,60.9,5) \end{cases} \approx 54{,}49\text{kg}$$

$\Rightarrow 60{,}9 - b \approx 54{,}49 \Rightarrow b \approx 6{,}41$

Bei 80% aller Mädchen liegt das Gewicht im Intervall $[54{,}41;67{,}31]$, welches symmetrisch ist zum Erwartungswert 60,9.

509 3. b) Ansatz: $P(X \le k) = 0{,}5$

$$\Rightarrow k = \begin{cases} \text{InvnormCD}(p, \sigma, \mu) \\ \text{invNorm}(p, \mu, \sigma) \end{cases} = \begin{cases} \text{InvNorm}(0.05, 5, 60.9) \\ \text{invNorm}(0.05, 60.9, 5) \end{cases} \approx 52{,}68\text{kg}$$

Das Gewicht der 5% der Mädchen, die am wenigsten wiegen, beträgt maximal 52,68kg.

c) Ansatz: $P(X \ge k) = 0{,}01$

$$\Rightarrow 1 - P(X \le k) = 0{,}01 \Rightarrow P(X \le k) = 0{,}99$$

$$\Rightarrow k = \begin{cases} \text{InvnormCD}(p, \sigma, \mu) \\ \text{invNorm}(p, \mu, \sigma) \end{cases} = \begin{cases} \text{InvNorm}(0.99, 5, 60.9) \\ \text{invNorm}(0.99, 60.9, 5) \end{cases} \approx 72{,}53\text{kg}$$

Das Gewicht der 1% Mädchen, die am meisten wiegen, beträgt mindestens 72,53kg.

511 4. X: Tragfähigkeit eines zufällig entnommenen Dübels.

a) Wir verwenden die 99%-Regel:

$$P(\mu - 2{,}58\sigma \le X \le \mu + 2{,}58\sigma) \approx 0{,}99$$
$$P(60 - 2{,}58\sigma \le X \le 60 + 2{,}58\sigma) \approx 0{,}99, \quad P(47{,}1 \le X \le 72{,}4) \approx 0{,}99$$

Mit 99%-iger Wahrscheinlichkeit liegt die tatsächliche Tragfähigkeit des Dübels zwischen 47,1kg und 72,4kg, so dass es in diesem Fall zu keinem Bruch kommt, wenn der Kunde die angegebene Nennlast von 40kg einhält.

b) $P(X < 58) = P(X \le 58) = \begin{cases} \text{NormCD}(0, 58, 5, 60) \\ \text{normCdf}(0, 58, 60, 5) \end{cases} \approx 0{,}3446 = 34{,}46\%$

Es besteht eine Wahrscheinlichkeit von 34,46%, dass der Dübel der erhöhten Belastung von 58kg statt der Nennlast von 40kg nicht standhält und bricht.

513 5. X: Körpergröße eines zufällig ausgewählten Grizzlys

a) $P(X \le 230) = \begin{cases} \text{NormCD}(0, 230, 10, 240) \\ \text{normCdf}(0, 230, 240, 10) \end{cases} \approx 0{,}1587 = 15{,}87\%$

Die Wahrscheinlichkeit, dass der Grizzly höchstens 230cm Körpergröße erreicht, beträgt nur ca. 15,87%.

b) $P(X \ge 250) = 1 - \begin{cases} \text{NormCD}(0, 250, 10, 240) \\ \text{normCdf}(0, 250, 240, 10) \end{cases} \approx 1 - 0{,}8413 = 15{,}87\%$

Die Wahrscheinlichkeit, dass der Grizzly mindestens 250cm Körpergröße erreicht, beträgt (ebenfalls) 15,87%.

c) $P(X = 240) = 0$, da bei einer stetigen normalverteilten Zufallsgröße jede Punktwahrscheinlichkeit gleich 0 ist.
Das Ergebnis kann durchaus eintreten aber die Wahrscheinlichkeit dafür ist 0.

6. X: Intelligenzquotient eines zufällig ausgewählten Deutschen.

a) $P(X > 100) = 1 - P(X \le 100) = 1 - \begin{cases} \text{NormCD}(0, 100, 15, 100) \\ \text{normCdf}(0, 100, 100, 15) \end{cases} \approx 1 - 0{,}5 = 0{,}5 = 50\%$

Die Wahrscheinlichkeit, dass ein zufällig ausgesuchter Deutscher einen IQ von über 100 hat, beträgt 50%.

6. b) $P(90 \le X \le 120) = \begin{cases} \text{NormCD}(90,120,15,100) \\ \text{normCdf}(90,120,100,15) \end{cases} \approx 0{,}6563 = 65{,}63\%$ 513

Die Wahrscheinlichkeit eines IQ zwischen 90 und 120 beträgt ca. 65,6%.

c) $P(X > 130) = 1 - P(X \le 130) = 1 - \begin{cases} \text{NormCD}(0,130,15,100) \\ \text{normCdf}(0,130,100,15) \end{cases} \approx 1 - 0{,}9772 = 2{,}28\%$

Die Wahrscheinlichkeit für Hochintelligenz beträgt ca. 2,28%.
Für eine Kleinstadt mit 30000 Einwohnern bedeutet das, dass die Stadt rechnerisch 684 hochintelligente Einwohner hat.

d) **Neuer Aufgabentext:** Gesucht ist ein Intervall $[130-b;130+c]$, in welchem der Intelligenzquotient von 4% der deutschen Bevölkerung liegt. Dabei sollen 2% einen IQ zwischen 130–b und 130 und 2% einen IQ zwischen 130 und 130+c haben.

Ansatz: $P(130-b \le X \le 130+c) = 0{,}04$ Wegen der 2%-Forderung folgt:

$$P(130-b \le X \le 130) = 0{,}02 \Rightarrow \underbrace{P(X \le 130)}_{\approx 0{,}9772} - P(X \le 130-b) = 0{,}02$$

$$\Rightarrow P(X \le 130-b) \approx 0{,}9572 \Rightarrow 130-b \approx \begin{cases} \text{InvNormCD}(0.9572,15,100) \\ \text{invnorm}(0.9572,100,15) \end{cases} \approx 125{,}79$$

$$\Rightarrow 130-b \approx 125{,}79 \Rightarrow b \approx 4{,}21$$

$$P(130 \le X \le 130+c) = 0{,}02 \Rightarrow P(X \le 130+c) - P(X \le 130) = 0{,}02$$

$$\Rightarrow P(X \le 130+c) - 0{,}9772 = 0{,}02 \Rightarrow P(X \le 130+c) \approx 0{,}9972$$

$$\Rightarrow 130+c = \begin{cases} \text{InvNormCD}(0.9972,15,100) \\ \text{invnorm}(0.9972,100,15) \end{cases} \approx 141{,}55$$

$$\Rightarrow 130 + c \approx 141{,}55 \Rightarrow c \approx 11{,}55$$

Das IQ-Intervall $[125{,}79;141{,}55]$ enthält 4% aller Deutschen. Dabei liegen 2% unter 130 und 2% über 130.

e) Wir gehen von ca. 80 Millionen Einwohnern aus. 10000 Personen von 80 Mio ergeben eine relative Häufigkeit von 0,000125.
Ansatz:

$$P(X \ge 130+c) = 0{,}000125 \Rightarrow 1 - P(X \le 130+c) \approx 0{,}000125$$

$$\Rightarrow P(X \le 130+c) \approx 0{,}999875 \Rightarrow 130+c = \begin{cases} \text{InvnormCD}(0.999875,15,100) \\ \text{invNorm}(0.999875,100,15) \end{cases} \approx 154{,}93$$

$$\Rightarrow 130+c \approx 154{,}93 \Rightarrow c \approx 24{,}93$$

Einen IQ von mindestens 154,93 haben ca. 10000 Deutsche.

513 7. X: Alter einer Frau, die ein Kind bekommt

a) 1. $P(25 \le X \le 35) = \begin{cases} \text{NormCD}(25,35,5.5,31) \\ \text{normCdf}(25,35,31,5.5) \end{cases} \approx 0{,}6288 = 62{,}88\%$

2. $P(X \le 22) = \begin{cases} \text{NormCD}(0,22,5.5,31) \\ \text{normCdf}(0,22,31,5.5) \end{cases} \approx 0{,}0509 = 5{,}09\%$

3. $P(X \ge 35) = 1 - P(X \le 35) = 1 - \begin{cases} \text{NormCD}(0,35,5.5,31) \\ \text{normCdf}(0,35,31,5.5) \end{cases} \approx 1 - 0{,}7665 = 23{,}35\%$

b) Ansatz: $P(31 - b \le X \le 31 + b) = 0{,}5 \Rightarrow P(X \le 31 - b) = 0{,}25$ (wg. Symmetrie)

$\Rightarrow 31 - b = \begin{cases} \text{invnormCD}(0.25,5.5,31) \\ \text{invNorm}(0.25,31,5.5) \end{cases} \approx 27{,}29 \Rightarrow 31 - b \approx 27{,}29 \Rightarrow b \approx 3{,}71$

Das Altersintervall $[27{,}29;34{,}71]$ enthält 50% der Frauen, die ein Kind bekommen.

c) Das Alter von genau 25 Jahren bedeutet, dass die Frau zwischen 25 und 26 Jahren alt ist: $25 \le \text{Alter} < 26$.

$P(25 \le X < 26) = P(25 \le X \le 26) = \begin{cases} \text{NormCD}(25,26,5.5,31) \\ \text{normCdf}(25,26,31,5.5) \end{cases} \approx 0{,}044 = 4{,}4\%$

514 **8. X: Länge einer zufällig ausgewählten Schraube**

a) $P(X > 78) = 1 - P(X \le 78) = 1 - \begin{cases} \text{NormCD}(0,78,2,80) \\ \text{normCdf}(0,78,80,2) \end{cases} \approx 1 - 0{,}1587 = 0{,}8413 = 84{,}13\%$

b) $P(78 \le X \le 80) = 0{,}5 \cdot P(\mu - \sigma \le X \le \mu + \sigma) \approx 34{,}15\%$

c) $P(78 \le X \le 82) = \begin{cases} \text{NormCD}(78,82,6,80) \\ \text{normCdf}(78,82,80,6) \end{cases} \approx 0{,}2611 = 26{,}11\%$

9. X: Tatsächliche Abfüllmenge einer zufällig ausgewählten Literflasche

a) $P(X < 1000) = P(X \le 1000) = \begin{cases} \text{NormCD}(0,1000,3,1005) \\ \text{normCdf}(0,1000,1005,3) \end{cases} \approx 0{,}0478 = 4{,}78\%$

b) **Druckfehler** im Lehrbuch: von nur noch 1ml ... etwa genau so groß
Ansatz: $P(X < 1000) = 0{,}0478$

$P(X \le 1000) = 0{,}0478, \quad \begin{cases} \text{NormCD}(0,1000,1,\mu) \\ \text{normCdf}(0,1000,\mu,1) \end{cases} = 0{,}0478$

Wir berechnen die Lösung durch Probeeinsetzungen für μ.
Wir beginnen dabei mit dem alten Wert $\mu = 1005$:

μ	$P(X \le 1000)$
1005	0,0000003
1003	0,001
1001	0,160
1001,5	0,07
1001,7	0,045

Wir erkennen, dass für $\mu = 1001{,}7$ etwa das gleiche Risiko für eine Unterfüllung besteht wie vorher.

514

10. X: Durchmesser einer zufällig ausgewählten Welle

a) **Druckfehler** im Lehrbuch:

... Antriebswellen mit dem Erwartungswert $\mu = 30\text{mm}$ und der Streuung $\sigma = 0{,}15\text{mm}$ ...

$$P(\text{Welle wird akzeptiert}) = P(89{,}6 \le X \le 30{,}4 = \begin{cases} \text{NormCD}(29.6, 30.4, 0.15, 30) \\ \text{normCdf}(29.6, 30.4, 30, 0.15) \end{cases}$$

$$= 0{,}9923 = 99{,}23\%$$

Von 2000 Wellen werden 99,23% akzeptiert, das sind ca. 1985 Wellen.
Es werden also nur ca. 15 Wellen zurückgewiesen.

b) $P(30 - a \le X \le 30 + a) = 0{,}20$

$P(X \le 30 - a) + P(X \ge 30 + a) = 0{,}80 \Rightarrow P(X \le 30 - a) = 0{,}40$ (wg. Symmetrie)

$$30 - a = \begin{cases} \text{invnormCD}(0.4, 0.15, 30) \\ \text{invNorm}(0.4, 30, 0.15) \end{cases} \approx 29{,}96 \Rightarrow a \approx 0{,}04$$

Die maximale Abweichung vom Normdurchmesser bzw. vom Erwartungswert $\mu = 30$ beträgt nur $\pm 0{,}04\text{mm}$.

c) Die Wahrscheinlichkeit (relative Häufigkeit) für eine Zurückweisung ist $p = \frac{365}{2000} = 0{,}1825$.

Ansatz:

$$P(29{,}6 \le X \le 30{,}4) = 1 - 0{,}1825 = 0{,}8175 \quad \Rightarrow \quad \begin{cases} \text{NormCD}(29.6, 30.4, 6, 30) \\ \text{normCdf}(29.6, 30.4, 30, 6) \end{cases} = 0{,}1875$$

Wir tasten uns mit einer Tabelle durch Probieren an die verwendete Standardabweichung σ heran, beginnend mit der alten Standardabweichung $\sigma = 0{,}15\text{mm}$.
Resultat: $\sigma = 0{,}30$

σ	$P(29{,}6 \le X \le 30{,}4)$
0,15	0,9923
0,20	0,9545
0,25	0,8904
0,30	0,8175

11. X: Länge eines Blattes, welches dem Nussbaum zufällig entnommen wird.

a) Wir nehmen den im Zentrum der Verteilung liegenden Wert $\mu = 20\text{mm}$ an.

b) Die 1σ-Regel besagt: 68,3% der Werte liegen im Intervall $[\mu - \sigma; \mu + \sigma]$, also hier $[20 - \sigma; 20 + \sigma]$.

Bei der Verteilungsgraphik bedeutet dies: 68,3% der Gesamtfläche unter der Kurve liegt im Intervall $[20 - \sigma; 20 + \sigma]$.

Wir bestimmen die Gesamtfläche unter der Kurve durch Abzählen der Kästchen. Es sind insgesamt 100 Kästchen. Nach links und rechts der Mitte müssen wir also ca. 34 Kästchen abzählen.

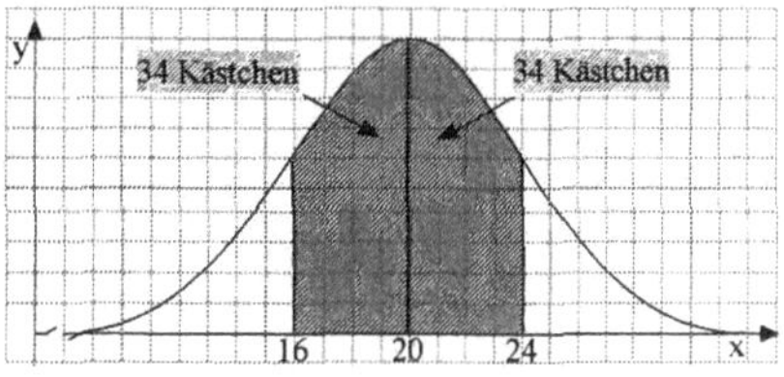

Dies führt auf das Intervall $[16; 24]$.
Also ist $\sigma = 4$.

514 11.c) $P(X>26)=1-P(X\le 26)=1-\begin{cases}\text{NormCD}(0,26,4,20)\\ \text{normCdf}(0,26,20,4)\end{cases}\approx 1-0{,}9332=0{,}0668=6{,}68\%$

Vergleich mit der Graphik:
Über dem Intervall [20;26] zählen wir 43 Kästchen. Also fehlen noch 7 Kästchen, die rechts von 26 liegen müssen, das sind ca. 7%, was dem Rechenergebnis gut entspricht.

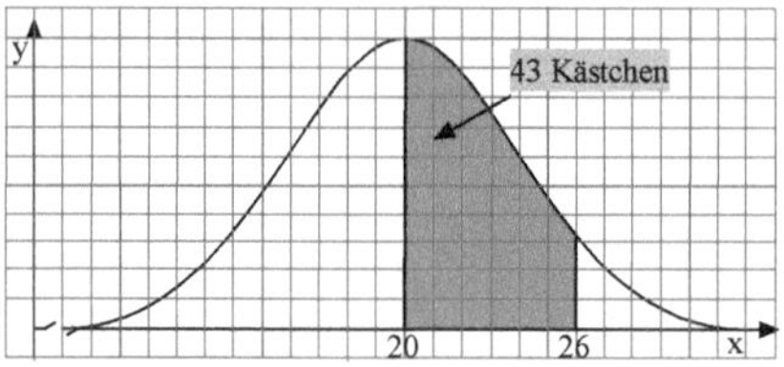

515 12. X: Windgeschwindigkeit bei einer zufällig angebrachten Messung

a) $P(X>25)=1-P(X\le 25)=1-\begin{cases}\text{NormCD}(0,25,6,18)\\ \text{normCdf}(0,25,18,6)\end{cases}\approx 1-0{,}8783=0{,}1217=12{,}17\%$

b) $P(X>15)=1-P(X\le 15)=1-\begin{cases}\text{NormCD}(0,15,6,18)\\ \text{normCdf}(0,15,18,6)\end{cases}\approx 1-0{,}3085=0{,}6915=69{,}15\%$

c) $P(\text{alle über } 15)\approx 0{,}6915^5\approx 0{,}1581=15{,}81\%$

d) Y: Anzahl der Regatten mit einer Windgeschwindigkeit über 15km/h unter den geplanten 10
Y ist eine binomialverteilte Zufallsgröße, n = 10, k = 3, p = 0,6915

$$P(Y\ge 3)=1-P(Y\le 2)=1-P(Y=0)-P(Y=1)-P(Y=2)$$
$$=1-\binom{10}{0}\cdot 0{,}6915^0\cdot 0{,}3085^{10}-\binom{10}{1}\cdot 0{,}6915^1\cdot 0{,}3085^9-\binom{10}{2}\cdot 0{,}6915^2\cdot 0{,}3085^8$$
$$\approx 1-0{,}000078-0{,}000175-0{,}001767\approx 0{,}9981=99{,}81\%$$

alternative Rechnung: $P(Y\ge 3)=1-P(Y\le 2)=1-F(10;0{,}6915;2)$

$$=1-\begin{cases}\text{BinomialCD}(2,10,0.6915)\\ \text{binomCdf}(10,0.6915,2)\end{cases}\approx 0{,}9981=99{,}81\%$$

13. X: Gewicht eines zufällig ausgewählten Erwachsenen

a) $P(X>85)=1-P(X\le 85)=1-\begin{cases}\text{NormCD}(0,85,10,70)\\ \text{normCdf}(0,85,70,10)\end{cases}\approx 1-0{,}9331=0{,}0669=6{,}69\%$

b) $P(X\le 80)=1-\begin{cases}\text{NormCD}(0,80,10,70)\\ \text{normCdf}(0,80,70,10)\end{cases}\approx 0{,}8413=84{,}13\%$

Y: Anzahl der Personen mit maximal 80kg Gewicht unter den 8 Aufzugfahrern

$P(\text{alle max. } 80\text{kg})=P(Y=8)=0{,}8413^8\approx 0{,}2510=25{,}1\%$

Die Chance, dass die Tragfähigkeit gewährleistet ist, beträgt nur ca. 25%.

c) letzten Satz von Teil c) ersetzen:
Wie viele Personen muss man überprüfen, um zwanzig geeignete Testkandidaten mit einer Wahrscheinlichkeit von mindestens 99% zu finden?

$P(65\le X\le 75)=\begin{cases}\text{NormCD}(65,75,10,70)\\ \text{normCdf}(65,75,70,10)\end{cases}\approx 0{,}3829=38{,}29\%$

13. c) Y: Anzahl der Personen in einer Stichprobe vom Umfang n, die zwischen 65 und 75kg wiegen. 515

Y ist binomialverteilt mit den Parametern n, $p = 0{,}3829$, $\mu = 70$.

Ansatz: $P(Y \geq 20) \geq 0{,}99 \Rightarrow 1 - P(Y \leq 19) \geq 0{,}99 \Rightarrow P(Y \leq 19) \leq 0{,}01$

$\Rightarrow F(n; 0{,}3829; 19) \leq 0{,}01$

Wir lösen diese Ungleichung durch Probeeinsetzungen für n. Wir beginnen mit n = 30.
Resultat: Bei 77 getesteten Personen ist die Chance, mindestens 20 Personen mit einem Gewicht zwischen 65 und 75kg zu finden, höher als 99%.

n	F(n;0,3829;19)
30	0,9985
50	0,5456
70	0,0341
75	0,0126
76	0,0102
77	0,0082

14. X: Geschwindigkeit eines überprüften Fahrers

a) $$P(X > 30) = 1 - P(X \leq 30) = 1 - \begin{cases} \text{NormCD}(0, 32, 7, 30) \\ \text{normCdf}(0, 32, 30, 7) \end{cases} \approx 1 - 0{,}6124 = 0{,}3876 = 38{,}76\%$$

b) $$P(X \geq 35) = 1 - P(X \leq 35) = 1 - \begin{cases} \text{NormCD}(0, 35, 7, 30) \\ \text{normCdf}(0, 35, 30, 7) \end{cases} \approx 1 - 0{,}7625 = 0{,}7625 = 76{,}25\%$$

c) Ansatz: $P(X > 50) \leq 0{,}30 \Rightarrow 1 - P(X \leq 50) \leq 0{,}30 \Rightarrow P(X \leq 50) \geq 0{,}70$

$$\Rightarrow \begin{cases} \text{NormCD}(0, 50, 10, \mu) \\ \text{normCdf}(0, 50, \mu, 10) \end{cases} \geq 0{,}7$$

Wir lösen diese Ungleichung durch Probieren mithilfe einer Tabelle. Wir beginnen mit $\mu = 50$.
Resultat:
Die Durchschnittsgeschwindigkeit beträgt nun ca. $\mu = 44{,}7$km/h.

m	$P(X \leq 50) = \begin{cases} \text{NormCD}(0,50,10,\mu) \\ \text{normCdf}(0,50,\mu,10) \end{cases}$
50	0,50
45	0,6915
.	.
44,7	0,7019

519

1. a) Es gibt 8 Pfade.

b) 3 Pfade führen zu Kasten Nr. 2.

c)

x_i	0	1	2	3
$P(X=x_i)$	$\frac{1}{8}$	$\frac{3}{8}$	$\frac{3}{8}$	$\frac{1}{8}$

(x_i: Kastennummer)

d) $P(X=0)+P(X=3)=\frac{1}{4}$

e)

x_i	0	1	2	3
$P(X=x_i)$	0,064	0,288	0,432	0,216

$P(X=0)+P(X=3)=0{,}28$

2. a) Mit 1.c) $p=\frac{3}{8}=0{,}375$

b) $n=10$; $p=0{,}375$; $k=4$; $P(X=4)=\binom{10}{4}\cdot 0{,}375^4\cdot 0{,}625^6\approx 0{,}2475$

c) $n=10$; $p=0{,}375$; $k=0, 1, 2, 3$; $P(X\leq 3)\approx 0{,}4467$

d) Ereignis A: $n=10$; $k=2$; $p=0{,}125$; $P(A)\approx 0{,}2416$

Ereignis B: $n=10$; $k=10$; $p=0{,}875$; $P(B)\approx 0{,}2631$

3. I. a) Es gibt 64 Wege.

b) P(Maus erreicht Karotte) $=\frac{5\cdot 2^4}{3^5}\approx 0{,}329$

P(Maus erreicht Walnuss) $=\left(\frac{2}{3}\right)^6\approx 0{,}088$

c) P(Maus erreicht Erdbeere) $=6\cdot\frac{2}{3}\left(\frac{1}{3}\right)^5\approx 0{,}016$

P(Maus erreicht Futter) $\approx 0{,}433$

II. a) $n=10$; $k\geq 5$; $p=\frac{4}{3^5}$; $P(X\geq 5)\approx 0{,}0000003$

b) P(keine von n Mäusen findet die Erdbeere) $=\left(\frac{239}{243}\right)^n$

P(mindestens eine von n Mäusen findet die Erdbeere) $=1-\left(\frac{239}{243}\right)^n$

$1-\left(\frac{239}{243}\right)^n\geq 0{,}99 \Leftrightarrow \left(\frac{239}{243}\right)^n\leq 0{,}01$; $n\geq\frac{\ln 0{,}01}{\ln\frac{239}{243}}\approx 277{,}5$

Es müssen mindestens 278 Mäuse durch das Labyrinth geschickt werden.

520

Test

1. $n = 6$; $p = \frac{1}{3}$; **Druckfehler im LB, b)** Standardabweichung $\sigma(X)$

a)

x_i	0	1	2	3	4	5	6
$P(X = x_i)$	0,0878	0,2634	0,3292	0,2195	0,0823	0,0165	0,0014

b) $E(X) = 2$; $\sigma(X) = \sqrt{\frac{4}{3}} \approx 1{,}15$

c) $P(X \geq 4) = 1 - P(X \leq 3) \approx 0{,}1001$

2. a) Wurfserie zu A: ZZZZ
Wurfserien zu C: ZZKK ZKZK ZKKZ KZZK KZKZ KKZZ

b) $P(E_1) = \frac{1}{16}$; $P(E_2) = \frac{6}{16}$; $P(E_3) = \frac{10}{16}$

c) $n = 10$; $k = 3$; $p = \frac{3}{8}$; $P(X = 3) = \binom{10}{3} \cdot \left(\frac{3}{8}\right)^3 \cdot \left(\frac{5}{8}\right)^7 = \frac{253125000}{2^{30}} \approx 0{,}2357$

d) P(Spieler erreicht nie A bei n Spielen) = $\left(\frac{15}{16}\right)^n$

P(Spieler erreicht mindestens einmal A bei n Spielen) = $1 - \left(\frac{15}{16}\right)^n$

$1 - \left(\frac{15}{16}\right)^n \geq 0{,}9 \quad \Leftrightarrow \quad \left(\frac{15}{16}\right)^n \leq 0{,}1, \quad n \geq \frac{\ln 0{,}1}{\ln \frac{15}{16}} \approx 35{,}68$; also 36 Spiele

3. X sei die Füllmenge der Brausetüte. X ist eine stetige Zufallsvariable, die im Prinzip jede reelle Zahl in der Umgebung des Mittelwertes als Wert annehmen kann. Füllmengen sind wegen des durch vielfältige mechanische Einflüsse beeinflussten Füllvorgangs normalverteilt.

a) $P(X \leq 5{,}6) = \text{NormCD}(0, 5.6, 0.1, 5.8) \approx 0{,}0228 = 2{,}28\%$ (CASIO)
$P(X \leq 5{,}6) = \text{normCdf}(0, 5.6, 5.8, 0.1) \approx 0{,}0228 = 2{,}28\%$ (TI)

b) $P(5{,}7 \leq X \leq 5{,}9) = \text{NormCD}(5.7, 5.9, 0.1, 5.8) \approx 0{,}6827 = 68{,}27\%$ (CASIO)
$P(5{,}7 \leq X \leq 5{,}9) = \text{normCdf}(5.7, 5.9, 5.8, 0.1) \approx 0{,}6827 = 68{,}27\%$ (TI)

c) Hier liegt das Umkehrproblem zur Normalverteilung vor.
Gegeben ist die Sicherheitswahrscheinlichkeit $p = 0{,}99$. Gesucht ist das Intervall $[0, a]$, für das $P(X \leq a) = 0{,}01$ gilt. Mit dem GTR-Befehl für die inverse Normalverteilung läßt sich a errechnen:
$a = \text{InvNormCD}(0.01, 0.1, 5.8) \approx 5{,}57$ g (CASIO)
$a = \text{invNormCdf}(0.01, 5.8, 0.1) \approx 5{,}57$ g (TI)
99% aller Füllmengen betragen mindestens 5,57g.

d) Gesucht ist eine Zahl a, für die $P(\mu - a \leq X \leq \mu + a) = 0{,}50$ gilt.
50 % der Messwerte liegen also im Intervall $[\mu - a, \mu + a]$. Dann liegen 50 % der Messwerte außerhalb des Intervalls und somit wegen der Symmetrie 25 % linksseitig des Intervalls.
Also muß gelten: $P(X \leq a) = 0{,}25$.
Diese Gleichung kann wie in Aufgabenteil c) mit der inversen Normalverteilung gelöst werden.
$a = \text{InvNormCD}(0.25, 0.1, 5.8) \approx 5{,}73$ g (CASIO)
$a = \text{invNormCdf}(0.25, 5.8, 0.1) \approx 5{,}73$ g (TI)
Im Intervall $[5{,}73; 5{,}87]$ liegen also ca. 50 % aller Meßwerte.

e) $P(X = 6{,}0) = 0$, da normalverteilte Punktmesswerte mit der Wahrscheinlichkeit 0 auftreten. denn es gibt unendlich viele mögliche Punktmesswerte.
Sie können auftreten, aber ihre Eintrittswahrscheinlichkeit ist jeweils 0.

XV. Das Testen von Hypothesen
1. Der Alternativtest

526 1. Bezeichnungen:
X = Anzahl der keimfähigen Samen unter den 10 entnommenen Samen
p = Anteil der keimfähigen Samen im geprüften Behälter

Hypothesen:	Entscheidungsregel:
H_0: p = 0,4	$H \leq 5 \Rightarrow$ Entscheidung für H_0
H_1: p = 0,7	$H > 5 \Rightarrow$ Entscheidung für H_1
Fehler 1. Art:	Fehler 2. Art:
$\alpha = P_{H_0}$ (Entscheidung für H_1)	$\beta = P_{H_1}$ (Entscheidung für H_0)
$= P(X > 5)$, n = 10, p = 0,4	$= P(X \leq 5)$, n = 10, p = 0,7
$= 1 - F(10;0,4;5)$	$= 1 - F(10;0,7;5)$
$= 0,1662 = 16,62\%$	$= 0,1503 = 15,03\%$

527 2. n = 50 ; Hypothesen: H_0: p = 0,5 ; H_1: p = 0,2

Entscheidungsregel: $X > K \Rightarrow$ Entscheidung für H_0
$X \leq K \Rightarrow$ Entscheidung für H_1

Bestimmung der kritischen Zahl K: $P_{H0}(\text{Entscheidung für } H_1) \leq 0,05$
$F(50;0,5;K) \leq 0,05$

Die Bedingung ist erfüllt für $K \leq 18$. Als kritische Zahl wird daher K = 18 gewählt.

3. Bezeichnungen: sinngemäß wie bei Übung 1
   1. Ansatz: $\alpha = P(\text{Fehler 1. Art}) \leq 0,05$
   $P(X > K) \leq 0,05$
   $1 - F(10;0,4;K) \leq 0,05$
   $F(10;0,4;K) \geq 0,95$
   Diese Bedingung ist für K = 1 bis K = 6 nicht erfüllt, aber für K = 7, wie man der Tabelle entnimmt (F(10;0,4;7) = 0,9877).
   Die neue Entscheidungsregel lautet: $X \leq 7 \Rightarrow$ Entscheidung für H_0
   $X > 7 \Rightarrow$ Entscheidung für H_1
   2. $\beta = P(\text{Fehler 2. Art}) = P(X \leq 7)$
   $= P(X \leq 7)$, n = 10, p = 0,7
   $= F(10;0,7;7) = 0,6172 = 61,72\%$

   Der β-Fehler ist also so groß, dass der Test nicht mehr akzeptabel erscheint.

528

4. a) Bezeichnungen: X : Anzahl der gewonnenen Spiele bei n = 50 Testspielen
p : tatsächliche Gewinnwahrscheinlichkeit des Spielers
H_0: p = 0,1 (Behauptung des Spielers ist falsch)
H_1: p = 0,3 (Behauptung des Spielers ist wahr)

Entscheidungsregel: $X > 9 \Rightarrow$ Entscheidung für H_1

$X \leq 9 \Rightarrow$ Entscheidung für H_0

$\alpha = P_{H0}(\text{Entscheidung für } H_1) = P(X > 9) = 1 - P(X \leq 9) = 1 - 0{,}9755 = 0{,}0245$

$\beta = P_{H1}(\text{Entscheidung für } H_0) = P(X \leq 9) \quad n = 50, \quad p = 0{,}3$
$= F(50;0{,}3;9) = 0{,}0402$

b) $\alpha = 1 - F(100;0{,}1;19) = 0{,}2\,\%$
$\beta = F(100;0{,}3;19) = 0{,}89\,\%$
a) $\alpha + \beta = 6{,}47\,\%$, b) $\alpha + \beta = 1{,}09\,\%$

5. Bezeichnungen:
X = Anzahl der Sechsen bei n = 100 Testwürfen mit dem zu testenden Würfel
p = Wahrscheinlichkeit für eine Sechs bei einem getesteten Würfel
H_0: p = 0,25 (gefälscht), H_1: p = 1/6 (fair)

$$\text{Entscheidungsregel:} \begin{cases} X > 20 \Rightarrow \text{Entscheidung für } H_0 \\ X \leq 20 \Rightarrow \text{Entscheidung für } H_1 \end{cases}$$

Rechnungen:

a) $\alpha = P_{H0}(\text{Entscheidung für } H_1) = P(X \leq 20),\ n = 100,\ p = 0{,}25 = F(100;0{,}25;20) = 14{,}88\,\%$

$\beta = P_{H1}(\text{Entscheidung für } H_0) = P(X > 20),\ n = 100,\ p = 1/6 = 1 - F(100;1/6;20) = 15{,}19\,\%$

b) $\alpha = P_{H0}(\text{Entscheidung für } H_1) < 0{,}03$ Ansatz

$F(100;0{,}25;K) < 0{,}03, \quad K \leq 16$

Entscheidungsregel: $X > 16 \Rightarrow$ Entscheidung für H_0

$X \leq 16 \Rightarrow$ Entscheidung für H_1

6. n = 20 Testlose
Bezeichnungen:
X = Anzahl der Gewinnlose unter den n = 20 aus der getesteten Mischung gezogenen Losen
p = Anteil der Gewinnlose in der getesteten Mischung
H_0: p = 0,2, H_1: p = 0,05

$$\text{Entscheidungsregel:} \begin{cases} X \leq K \Rightarrow \text{Entscheidung für } H_1 \\ X > K \Rightarrow \text{Entscheidung für } H_0 \end{cases}$$

Rechnungen:

$\alpha = P(\text{Fehler 1. Art}) = P_{H0}(\text{Entscheidung für } H_1) = P(X \leq K),\ n = 20,\ p = 0{,}2 = F(20;0{,}2;K)$

$\beta = P(\text{Fehler 2. Art}) = P_{H1}(\text{Entscheidung für } H_0) = P(X > K),\ n = 20,\ p = 0{,}05 = 1 - F(20;0{,}05;K)$

528 6. Mithilfe der Tabelle zur kumulierten Binomialverteilung (n = 20) erhalten wir folgende Zusammenstellung:

K	$\alpha = F(20;0,2;K)$	$\beta = 1 - F(20;0,05;K)$	$\alpha + \beta$
0	0,0115	0,6415	0,6530
1	0,0692	0,2642	0,3334
2	0,2061	0,0755	0,2816
3	0,4114	0,0159	0,4273
4	0,6296	0,0026	0,6322
5	0,8042	0,0003	0,8045
⋮	⋮	⋮	⋮

← Minimum: 28,16 % (bei K = 2)

Die Entscheidungsregel lautet daher: Sind höchstens 2 Gewinnlose unter den 20 gezogenen Testlosen, so wird die getestete Mischung als Mischung 2 eingestuft.

7. H_0: $p = 0{,}1$ (1. Wahl)
H_1: $p = 0{,}3$ (3. Wahl) , $n = 50$
X: Anzahl der ausschüssigen Kacheln in der Stichprobe

Entscheidungsregel: $X \leq K \Rightarrow$ Entscheidung für H_0
$X > K \Rightarrow$ Entscheidung für H_1

$P_{H1}(\text{Entscheidung für } H_0) = P(X \leq K) < 0{,}10$, $n = 50$, $p = 0{,}3$

Die Bedingung wird erfüllt für $K \leq 10$.

Entscheidungsregel: $X \leq 10 \Rightarrow$ Entscheidung für H_0
$X > 10 \Rightarrow$ Entscheidung für H_1

2. Der Signifikanztest

530 1. X = Anzahl der Linkshänder unter den n = 80 getesteten ABC-Schützen
p = Anteil der Linkshänder unter allen ABC-Schützen
H_0: $p = 0{,}2$, H_1: $p > 0{,}2$

$$\text{Entscheidungsregel:} \begin{cases} X > 20 \Rightarrow \text{Entscheidung für } H_1 \\ X \leq 20 \Rightarrow \text{Entscheidung für } H_0 \end{cases}$$

Rechnungen:

a) a $= P(\text{Fehler 1. Art})$
$= P_{H0}(\text{Entsch. für } H_1)$
$= P(X > 20)$, $n = 80$, $p = 0{,}20$
$= 1 - F(80;p;20) = 1 - F(80;0{,}2;20)$
$= 1 - 0{,}8934 = 0{,}1066 = 10{,}66\ \%$

b) $p_0 = 0{,}30$
$P(\text{Fehler 2. Art}) = P_{H1}(\text{Entsch. für } H_0)$
$= P(X \leq 20)$, $n = 80$, $p = 0{,}30$
$= F(80;0{,}3;20)$
$= 0{,}1978 = 19{,}78\ \%$

2. Bezeichnungen: sinngemäß wie im Beispiel 533
Rechnungen:

a) $\alpha = P(\text{Fehler 1. Art}) = P_{H0}(\text{Entsch. für } H_1) = P(X \le 30) + P(X \ge 50)$, $p = 0{,}5$
$= F(80;0{,}5;30) + (1 - F(80;0{,}5;49)) = 0{,}0330 = 3{,}3\,\%$

b) $p = 0{,}4$
$\beta = P(\text{Fehler 2. Art})$
$= P_{H1}(\text{Entsch. für } H_0)$
$= P(40 < X < 60)$, $n = 100$, $p = 0{,}4$
$= P(X \le 59) - P(X \le 40)$
$= F(100;0{,}4;59) - F(100;0{,}4;40)$
$= 1{,}0000 - 0{,}5433$
$= 0{,}4567 = 45{,}67\,\%$

$p = 0{,}7$
$\beta = P(40 < X < 60)$, $n = 100$, $p = 0{,}7$
$= P(X \le 59) - P(X \le 40)$
$= F(100;0{,}7;59) - F(100;0{,}7;40)$
$= 0{,}0125 - 0{,}0000$
$= 0{,}0125 = 1{,}25\,\%$

c) Ansatz: <u>Entscheidungsregel:</u> Weicht die Anzahl der Kopfwürfe um mehr als Z vom Erwartungswert 50 ab, so wird die Münze als unfair eingestuft.

$\alpha = P(\text{Fehler 1. Art}) \le 0{,}01$
$P_{H0}(\text{Entsch. für } H_1) \le 0{,}01$
$P(X \le 50{-}Z) + P(X \ge 50{+}Z) \le 0{,}01$, $n = 100$, $p = 0{,}5$
$F(100;0{,}5;50{-}Z) + (1 - F(100;0{,}5;49{+}Z) \le 0{,}01$
$Z = 11$: $\alpha = 0{,}0176 + 0{,}0176 = 0{,}0352 = 3{,}52\,\%$
$Z = 12$: $\alpha = 0{,}0105 + 0{,}0105 = 0{,}0210 = 2{,}10\,\%$
$Z = 13$: $\alpha = 0{,}0060 + 0{,}0060 = 0{,}0120 = 1{,}20\,\%$
$Z = 14$: $\alpha = 0{,}0033 + 0{,}0033 = 0{,}0066 = 0{,}66\,\%$

<u>Entscheidungsregel:</u> Die Münze wird als unfair eingestuft, wenn in 100 Testwürfen höchstens 36 oder wenigstens 64 Kopfwürfe auftreten.

3. $n = 100$, X = Anzahl der Personen, die der Marke "Airwaves" den Vorzug geben 535
H_0: $p = 0{,}25$, H_1: $p > 0{,}25$

$X < 30 \Rightarrow$ Entscheidung für H_0

$X \ge 30 \Rightarrow$ Entscheidung für H_1

$\alpha = P_{H0}(\text{Entscheidung für } H_1) = 1 - F(100;0{,}25;29) = 1 - 0{,}8505 = 0{,}1495$

4. $n = 100$, X = Anzahl der defekten Platinen in der Stichprobe
H_0: $p = 0{,}1$, H_1: $p > 0{,}1$
$X \le 14 \Rightarrow H_0$ wird angenommen, $X > 14 \Rightarrow H_1$ wird angenommen

a) α-Fehler: $P_{H0}(\text{Entsch. für } H_1) = P(X>14)$, $n = 100$, $p = 0{,}1$
$= 1 - F(100;0{,}1;14) = 1 - 0{,}9274 = 0{,}0726 = 7{,}26\,\%$

b) Zu berechnen ist: $F(100;0{,}2;14) = 0{,}0804 = 8{,}04\,\%$

535 5. a) X = Anzahl der Personen, die die Serie "Chicago Connektion" sehen

Entscheidungsregel: $X \leq K_1 \Rightarrow$ Entscheidung für H_1

$X \geq K_2 \Rightarrow$ Entscheidung für H_1

$K_1 < X < K_2 \Rightarrow$ Entscheidung für H_0

Bestimmung der kritischen Zahlen:

$P(X \leq K_1) \leq 0{,}05, \quad p = 0{,}4, \quad n = 50$

$F(50;0{,}4;K_1) \leq 0{,}05$ ist erfüllt für $K_1 \leq 13, \quad K_1 = 13$

$P(X \geq K_2) \leq 0{,}05$

$1 - F(50;0{,}4;K_2 - 1) \leq 0{,}05 \Leftrightarrow F(50;0{,}4;K_2 - 1) \geq 0{,}95$

ist erfüllt für $K_2 - 1 \geq 26 \Leftrightarrow K_2 \geq 27$

Entscheidungsregel: $13 < X < 27 \Rightarrow$ Entscheidung für H_0

b) Hypothesen: H_0: $p \leq 0{,}4$, H_1: $p > 0{,}4$

Entscheidungsregel: $\begin{cases} X \leq 48 \Rightarrow \text{Entscheidung für } H_0 \\ X > 48 \Rightarrow \text{Entscheidung für } H_1 \end{cases}$

Fehler 1. Art: $\alpha = P_{0,4}(X > 48) = 1 - F(100;0{,}4;48) = 1 - 0{,}9577 = 4{,}23\ \%$

Fehler 2. Art: $\beta = P_{0,6}(X \leq 48) = F(100;0{,}6;48) = 1 - 0{,}9900 = 1\ \%$

Auswirkung des α-Fehlers: Obwohl die Einschaltquote nicht gestiegen ist, werden weitere Folgen der Serie gekauft.

536 6. a) $P(X \geq 22) = 1 - P(X \leq 21) = 1 - F(100;0{,}2;21) \approx 1 - 0{,}654 = 0{,}346$

b) $P(X \geq K) = 1 - P(X < K) = 0{,}1 = 1 - F(100;0{,}2;K-1) = 0{,}1$ gilt für $K = 26$

Entscheidungsregel: Bei mindestens 26 Spendefreundlichen wird H_1 angenommen.

c) α-Fehler: $P(X \geq 27) = 1 - P(X \leq 26) = 1 - F(100;0{,}2;26) \approx 0{,}0558$

β-Fehler: $P(X < 27) = P(X \leq 26) = F(100;0{,}3;26) \approx 0{,}2244$

7. a) $P(X \geq 13) = 1 - P(X \leq 12) = 1 - F(20;0{,}5;12) \approx 0{,}1316$

b) $P(X \leq 12) = F(20;0{,}6;12) \approx 0{,}5841$

e) $P(X \geq K) \leq 0{,}05, \quad 1 - P(X \leq K-1) = 1 - F(20;0{,}5;K-1) \leq 0{,}05$

$0{,}95 \leq F(20;0{,}5;K-1), \quad K = 15$

Der β-Fehler hat sich nun verschlechtert. Die Gefahr, dass ein fairer Würfel falsch eingestuft wird und dem Zauberer Unrecht geschieht, ist größer geworden.

8. H_0: p = 0,05 Die Maschine hat sich durch die Umstellung verbessert. 537
H_1: p = 0,03 Die Maschine hat sich durch die Umstellung nicht verbessert.
n = 800 Umfang der Stichprobe
X = Anzahl der ausschüssigen Chips in der Stichprobe
Entscheidungsregel: $X \leq 30 \Rightarrow$ Entscheidung für H_1
$X > 30 \Rightarrow$ Entscheidung für H_0

$$\alpha - \text{Fehler} = P_{H0}(H_1) = P(X \leq 30), \quad n = 800, \quad p = 0{,}05$$
$$= F(800; 0{,}05; 30)$$
$$= \begin{cases} \text{BinomialCD}(30, 800, 0.05) \\ \text{binomCdf}(800, 0.05, 30) \end{cases} \approx 0{,}057 = 5{,}7\%$$

$$\beta - \text{Fehler} = P_{H1}(H_0) = P(X > 30), \quad n = 800, \quad p = 0{,}03$$
$$= 1 - P(X \leq 30)$$
$$= 1 - F(800; 0{,}03; 30)$$
$$= 1 - \begin{cases} \text{BinomialCD}(30, 800, 0.03) \\ \text{binomCdf}(800, 0.03, 30) \end{cases} \approx 1 - 0{,}9075 = 9{,}25\%$$

Interpretation: Die Wahrscheinlichkeit für einen α-Fehler (die Maschine wird als besser eingestuft, obwohl sie nicht besser geworden ist), ist recht klein.
Die Wahrscheinlichkeit für einen β-Fehler (die Maschine wird als schlecht eingestuft, obwohl sie sich verbessert hat), ist zwar größer, aber immer noch akzeptabel.
Die Entscheidungsregel kann als gut beurteilt werden. Eine weitere Verkleinerung der Irrtumswahrscheinlichkeiten könnte durch eine Erhöhung des Stichprobenumfangs n erreicht werden.

9. a) Maschine 1: $n = 200$, $p = 0{,}05$, $\mu = 10$, $\sigma = \sqrt{9{,}5} \approx 3{,}08$

Maschine 2: $n = 200$, $p = 0{,}08$, $\mu = 16$, $\sigma = 4$

b) $$\alpha = P_{H0}(\text{Entscheidung für } H_1)$$
$$= P(X > 12), \quad n = 200, \quad p = 0{,}05$$
$$= 1 - P(X \leq 12) = 1 - \Phi(z) \quad \text{mit} \quad z = \frac{12 - 10 + 0{,}5}{\sqrt{9{,}5}} \approx 0{,}81$$
$$\approx 1 - 0{,}7910 = 0{,}2090$$

$$\beta = P_{H1}(\text{Entscheidung für } H_0)$$
$$= P(X \leq 12), \quad n = 200, \quad p = 0{,}08$$
$$= \Phi(z) \quad \text{mit} \quad z = \frac{12 - 10 + 0{,}5}{\sqrt{9{,}5}} \approx -0{,}875$$
$$= 1 - \Phi(0{,}875) \approx 1 - 0{,}8106 = 0{,}1894$$

537 c) Entscheidungsregel: $\begin{cases} X \le K & \Rightarrow \text{Entscheidung für } H_0 \\ X > K & \Rightarrow \text{Entscheidung für } H_1 \end{cases}$

$$\alpha = P_{H0}(\text{Entscheidung für } H_1) = P(X > K), \quad n = 200, \quad p = 0{,}05$$
$$= 1 - P(X \le K) = 1 - \Phi(z) \le 0{,}05 \quad \Leftrightarrow \quad \Phi(z) \ge 0{,}95 \quad \text{d.h.}$$
$$z = \frac{K-10+0{,}5}{\sqrt{9{,}5}} \ge 1{,}65 \quad \Rightarrow \quad K \ge 14{,}58, \quad K = 15 \quad \text{wird gewählt}$$

10. a) $\alpha = P_{H0}(\text{Entscheidung für } H_1) = P(X \ge 4), \quad n = 50, \quad p = 0{,}05$

$$= 1 - P(X \le 3) = 1 - 0{,}7604 = 0{,}2396$$
$$\beta = P_{H1}(\text{Entscheidung für } H_0)$$
$$= P(X < 4) = P(X \le 3) = 0{,}2503, \quad n = 50, \quad p = 0{,}1$$

b) Entscheidungsregel: $X < K \Rightarrow$ Entscheidung für H_0

$X \ge K \Rightarrow$ Entscheidung für H_1

$$\alpha = P_{H0}(\text{Entscheidung für } H_1)$$
$$= P(X \ge K), \quad n = 200, \quad p = 0{,}05$$
$$= 1 - P(X \le K-1) \le 0{,}05 \quad \Leftrightarrow \quad \Phi(z) = P(X \le K-1) \ge 0{,}95$$
$$z = \frac{K-1-10+0{,}5}{\sqrt{9{,}5}} \ge 1{,}65 \quad \Rightarrow \quad K \ge 15{,}58$$

Als kritische Zahl wird 16 gewählt.

11. a) $\alpha = P_{H0}(\text{Entscheidung für } H_1)$

$$= P(X > 100), \quad n = 300, \quad p = 0{,}3, \quad \mu = 90, \quad \sigma = \sqrt{63}$$
$$= 1 - P(X \le 100) = 1 - \Phi(z) \quad \text{mit} \quad z = \frac{100-90+0{,}5}{\sqrt{63}} \approx 1{,}32$$
$$= 1 - 0{,}9066 = 0{,}0934$$

b) Entscheidungsregel: $X \le K \Rightarrow$ Entscheidung für H_0

$X > K \Rightarrow$ Entscheidung für H_1

$\alpha = 0{,}05$:

$$\alpha = 1 - P(X \le K), \quad n = 300, \quad p = 0{,}3$$
$$= 1 - \Phi(z) \le 0{,}05 \quad \Leftrightarrow \quad \Phi(z) \ge 0{,}95$$
$$z = \frac{K-90+0{,}5}{\sqrt{63}} \ge 1{,}65 \quad \Rightarrow \quad K \ge 102{,}6$$

Als kritische Zahl wird 103 gewählt.

$$\alpha = 0{,}01:$$ 537

$$1-\Phi(z) \le 0{,}01 \quad \Leftrightarrow \quad \Phi(z) \ge 0{,}99$$

$$z = \frac{K-90+0{,}5}{\sqrt{63}} \ge 2{,}33 \quad \Rightarrow \quad K \ge 107{,}99$$

Als kritische Zahl wird 108 gewählt.

12. a) n = 270 (Anzahl der angenommenen Buchungen) 538
X = Anzahl der anreisenden Gäste

$$p = 0{,}9\,, \quad \mu = 243\,, \quad \sigma = \sqrt{24{,}3}$$

$$P(X > 250) = 1 - P(X \le 250)$$
$$= 1 - \Phi(z) \quad \text{mit} \quad z = \frac{250-243+0{,}5}{\sqrt{24{,}3}} \approx 1{,}52$$
$$= 1 - 0{,}9357 = 0{,}0643$$

b) Hypothesen: H_0: p = 0,04 ; H_1: p < 0,04 , n = 200

$$\alpha = P_{H0}(\text{Entscheidung für } H_1)\,, \quad n = 200\,, \quad p = 0{,}04\,, \quad \sigma = \sqrt{7{,}68}$$
$$= P(X < 8) = P(X \le 7)$$

$$\Phi(z) \approx 1 - 0{,}5714 = 0{,}4286 \quad \text{mit} \quad z = \frac{7-8+0{,}5}{\sqrt{7{,}68}} \approx -0{,}18$$

c) Entscheidungsregel: $X \ge K \Rightarrow$ Entscheidung für H_0
$X < K \Rightarrow$ Entscheidung für H_1

$$\alpha = P_{H0}(\text{Entscheidung für } H_1)$$
$$= P(X \le K-1) = \Phi(z) \le 0{,}1 \quad \text{mit} \quad z = \frac{K-1-8+0{,}5}{\sqrt{7{,}68}} \approx -1{,}29 \quad \Rightarrow \quad K \le 4{,}92$$

Als kritische Zahl wird K = 4 gewählt.

13. a) Hypothesen: H_0: p = 0,4 ; H_1: p > 0,4

Entscheidungsregel: $X \le K \Rightarrow$ Entscheidung für H_0
$X > K \Rightarrow$ Entscheidung für H_1

$$\alpha = P_{H0}(\text{Entscheidung für } H_1)\,, \quad n = 500\,, \quad p = 0{,}4$$
$$= P(X > K) = 1 - P(X \le K) \le 0{,}1$$
$$\Phi(z) = P(X \le K) \ge 0{,}9 \quad \text{mit} \quad z = \frac{K-200+0{,}5}{\sqrt{120}} \ge 1{,}29 \quad \Rightarrow \quad K \ge 213{,}6$$

Als kritische Zahl wird K = 214 gewählt.

b) Entscheidungsregel: $X < K_1 \Rightarrow$ Entscheidung für H_1 , n = 500, p = 0,4
$X > K_2 \Rightarrow$ Entscheidung für H_1
$K_1 \le X \le K_2 \Rightarrow$ Entscheidung für H_0

Berechnung von K_1: $P(X < K_1) = P(X \le K_1 - 1) = \Phi(z_1) \le 0{,}05$

$$\text{mit} \quad z_1 = \frac{K_1-1-200+0{,}5}{\sqrt{120}} \le -1{,}65 \quad \Rightarrow \quad K_1 \le 182{,}43$$

Als kritische Zahl wird $K_1 = 182$ gewählt.

538 Berechnung von K_2:

$$P(X > K_2) = 1 - P(X \leq K_2) = 1 - \Phi(z_2) \leq 0{,}05\,, \quad \Phi(z_2) \geq 0{,}95$$

$$\Rightarrow \quad z_2 = \frac{K_2 - 200 + 0{,}5}{\sqrt{120}} \geq 1{,}65 \quad \Rightarrow \quad K_2 \geq 217{,}57\,, \quad K_2 = 218$$

14. a) $n = 300\,, \quad p = 0{,}2\,, \quad \mu = 60\,, \quad \sigma = \sqrt{48}$

$$P(X \geq 50) = 1 - P(X \leq 49) = 1 - \Phi(z) \approx 0{,}9357 \quad \text{mit} \quad z = \frac{49 - 60 + 0{,}5}{\sqrt{48}} \approx -1{,}52$$

b) Entscheidungsregel: $H_0: p = 0{,}4 \quad X \leq K \;\Rightarrow$ Entscheidung für H_1
$H_1: p < 0{,}4 \quad X > K \;\Rightarrow$ Entscheidung für H_0

$$\alpha = P_{H0}(\text{Entscheidung für } H_1) = P(X \leq K) = \Phi(z) \leq 0{,}03$$

mit $z = \frac{K - 120 + 0{,}5}{\sqrt{72}} \leq -1{,}89 \quad \Rightarrow \quad K \leq 103{,}5\,, \quad K = 103$

c) Praktische Auswirkungen des
α-Fehlers: Zu wenig Sicherheitspakete werden bestellt, es kann zu Produktionsengpässen kommen.
β-Fehlers: Zu viele Sicherheitspakete werden bestellt, was Kosten v erursacht.

Test

542 1. a) α-Fehler: Der Anteil der weißen Kugeln liegt bei 40%, es wird aber vermutet, dass er bei 50% liegt.
β-Fehler: Der Anteil der weißen Kugeln liegt bei 50%, es wird aber vermutet, dass er bei 40% liegt.

$$\alpha = P_{H0}(\text{Entscheidung für } H_1) = P(X > 45) = 1 - P(X \leq 45) \approx 1 - 0{,}8689 = 0{,}1311\,, \quad n = 100\,, \quad p = 0{,}4$$

$$\beta = P_{H1}(\text{Entscheidung für } H_0) = P(X \leq 45) \approx 0{,}1841\,, \quad n = 100\,, p = 0{,}5$$

b) Entscheidungsregel: $X < K \;\Rightarrow$ Entscheidung für H_0
$X \geq K \;\Rightarrow$ Entscheidung für H_1

$$\alpha = P_{H0}(\text{Entscheidung für } H_1) = 1 - P(X \leq K - 1) \leq 0{,}05$$

$$\Leftrightarrow \quad P(X \leq K - 1) \geq 0{,}95\,, \quad n = 100\,, \quad p = 0{,}4$$

Die Bedingung wird erfüllt für $K \geq 49$, d.h. $K = 49$ wird als kritische Zahl gewählt.

2. a) p = gegenwärtiger Stimmenanteil der Partei A 542
Hypothese: H_0: p = 0,3 , Gegenhypothese: H_1: p $\neq$ 0,3
b) X = Anzahl der Personen unter 100 Befragten, die für A votieren
Entscheidungsregel: $25 \leq X \leq 36 \Rightarrow$ Entscheidung für H_0
$X < 25$ oder $x > 36 \Rightarrow$ Entscheidung für H_1
P(Fehler 1. Art) = P_{H0}(Entsch. für H_1) = P(X < 25 oder x > 36), n = 100 , p = 0,3
$= P(X<25) + P(X>36) = P(X \leq 24) + 1 - P(X \leq 36)$
$= F(100;0,3;24) + 1 - F(100;0,3;36) = 0,1136 + 1 - 0,9201$
$= 0,1935 = 19,35\%$

c) H_0: p = 0,3 ; H_1: p < 0,3 , Entscheidungsregel: $X > K \Rightarrow$ Entscheidung für H_0
$X \leq K \Rightarrow$ Entscheidung für H_1

$\alpha = P_{H0}$(Entscheidung für H_1)
$= P(X \leq K) \leq 0,02$, n = 100 , p = 0,3

Die Bedingung wird derfüllt für $K \leq 20$, d.h. K = 20 wird als kritische Zahl gewählt.

3. a) $P(B) = P(230 \leq X \leq 245) = F(400;0,6;245) - F(400;0,6;229)$
Hilfsgrößen $z_1 = \frac{245-400 \cdot 0,6+0,5}{\sqrt{96}} \approx 0,56$, $z_2 = \frac{229-400 \cdot 0,6+0,5}{\sqrt{96}} \approx -1,07$
$P(B) = \Phi(0,56) - \Phi(-1,07) = \Phi(0,56) - (1 - \Phi(1,07))$
$= 0,7123 - 1 + 0,8577 = 0,57 = 57\%$

b_1) H_0: p = 0,6 , H_1: p < 0,6 , X: Anzahl der Goldstücke

$X \geq 110 \Rightarrow$ Entscheidung für H_0 , $X < 110 \Rightarrow$ Entscheidung für H_1
α – Fehler: n = 200 , p = 0,6
P_{H0} (Entscheidung für H_1) $= P(X < 110) = P(X \leq 109) \approx \Phi(z)$
$z = \frac{109-200 \cdot 0,6+0,5}{\sqrt{200 \cdot 0,6 \cdot 0,4}} \approx -1,52$
P_{H0} (Entscheidung für H_1) $\approx \Phi(-1,52) = 1 - \Phi(1,52) = 0,0643 = 6,43\%$

b_2) P_{H0} (Entscheidung für H_1) $= P(X \leq K-1) \approx \Phi(z) \leq 0,01$
bzw. $\Phi(-z) \geq 0,99$, $-z \geq 2,33$, $z \leq -2,33$
$z = \frac{K-1-200 \cdot 0,6+0,5}{\sqrt{200 \cdot 0,6 \cdot 0,4}} \approx -2,33$, $K \leq 1 - 16,14 + 200 \cdot 0,6 - 0,5 \approx 104,36$

K = 104 ist geeignet.

1. Matrizen

545 1. Teil (I):

a) $X = 3A + B = 3\begin{pmatrix} -2 & 4 & 2 \\ 8 & 2 & 4 \end{pmatrix} + \begin{pmatrix} 6 & 2 & -2 \\ 8 & 4 & 0 \end{pmatrix} = \begin{pmatrix} 0 & 14 & 4 \\ 32 & 10 & 12 \end{pmatrix}$

b) $2X + 4A = -B, \quad X = -2A - \frac{1}{2}B$

$X = -2\begin{pmatrix} -2 & 4 & 2 \\ 8 & 2 & 4 \end{pmatrix} - \frac{1}{2}\begin{pmatrix} 6 & 2 & -2 \\ 8 & 4 & 0 \end{pmatrix} = \begin{pmatrix} 1 & -9 & -3 \\ -20 & -6 & -8 \end{pmatrix}$

c) $X + \frac{1}{2}A = B + 2X, \quad X = \frac{1}{2}A - B$

$X = \frac{1}{2}\begin{pmatrix} -2 & 4 & 2 \\ 8 & 2 & 4 \end{pmatrix} - \begin{pmatrix} 6 & 2 & -2 \\ 8 & 4 & 0 \end{pmatrix} = \begin{pmatrix} -7 & 0 & 3 \\ -4 & -3 & 2 \end{pmatrix}$

d) $A - B - 0{,}5X = 0, \quad X = 2A - 2B$

$X = 2\begin{pmatrix} -2 & 4 & 2 \\ 8 & 2 & 4 \end{pmatrix} - 2\begin{pmatrix} 6 & 2 & -2 \\ 8 & 4 & 0 \end{pmatrix} = \begin{pmatrix} -16 & 4 & 8 \\ 0 & -4 & 8 \end{pmatrix}$

Teil (II):

a) $X = 3A + B, \quad X = 3\begin{pmatrix} 1 & 2 & 0 \\ 2 & 3 & 0 \\ 3 & 4 & 1 \end{pmatrix} + \begin{pmatrix} -3 & 2 & 0 \\ 2 & -1 & 0 \\ 1 & -2 & 1 \end{pmatrix} = \begin{pmatrix} 0 & 8 & 0 \\ 8 & 8 & 0 \\ 10 & 10 & 4 \end{pmatrix}$

b) $X = -2A - \frac{1}{2}B, \quad X = -2\begin{pmatrix} 1 & 2 & 0 \\ 2 & 3 & 0 \\ 3 & 4 & 1 \end{pmatrix} - \frac{1}{2}\begin{pmatrix} -3 & 2 & 0 \\ 2 & -1 & 0 \\ 1 & -2 & 1 \end{pmatrix} = \begin{pmatrix} -0{,}5 & -5 & 0 \\ -5 & -5{,}5 & 0 \\ -0{,}5 & -7 & -2{,}5 \end{pmatrix}$

c) $X = 0{,}5A - B, \quad X = 0{,}5\begin{pmatrix} 1 & 2 & 0 \\ 2 & 3 & 0 \\ 3 & 4 & 1 \end{pmatrix} - \begin{pmatrix} -3 & 2 & 0 \\ 2 & -1 & 0 \\ 1 & -2 & 1 \end{pmatrix} = \begin{pmatrix} 3{,}5 & -1 & 0 \\ -1 & 2{,}5 & 0 \\ 0{,}5 & 4 & -0{,}5 \end{pmatrix}$

d) $X = 2A - 2B, \quad X = 2\begin{pmatrix} 1 & 2 & 0 \\ 2 & 3 & 0 \\ 3 & 4 & 1 \end{pmatrix} - 2\begin{pmatrix} -3 & 2 & 0 \\ 2 & -1 & 0 \\ 1 & -2 & 1 \end{pmatrix} = \begin{pmatrix} 8 & 0 & 0 \\ 0 & 8 & 0 \\ 4 & 12 & 0 \end{pmatrix}$

547 2. a) $A \cdot B = \begin{pmatrix} 2 & 3 & -1 \\ 4 & -2 & 1 \end{pmatrix} \cdot \begin{pmatrix} 1 & 2 & -2 & 3 \\ -1 & 3 & 2 & 0 \\ 2 & 0 & 4 & 1 \end{pmatrix} = \begin{pmatrix} -3 & 13 & -2 & 5 \\ 8 & 2 & -8 & 13 \end{pmatrix}$

$A \cdot C = \begin{pmatrix} 2 & 3 & -1 \\ 4 & -2 & 1 \end{pmatrix} \cdot \begin{pmatrix} 1 & 2 & 0 \\ 2 & 3 & 0 \\ 3 & 4 & 1 \end{pmatrix} = \begin{pmatrix} 5 & 9 & -1 \\ 3 & 6 & 1 \end{pmatrix}$

b) $B \cdot A = \begin{pmatrix} 1 & 2 & -2 & 3 \\ -1 & 3 & 2 & 0 \\ 2 & 0 & 4 & 1 \end{pmatrix} \cdot \begin{pmatrix} 2 & 3 & -1 \\ 4 & -2 & 1 \end{pmatrix}$ Ist nicht berechenbar, da die Spaltenzahl von B nicht mit der Zeilemzahl von A übereinstimmt.

Spaltenzahl: 4 ; Zeilenzahl: 2

$B \cdot C = \begin{pmatrix} 1 & 2 & -2 & 3 \\ -1 & 3 & 2 & 0 \\ 2 & 0 & 4 & 1 \end{pmatrix} \cdot \begin{pmatrix} 1 & 2 & 0 \\ 2 & 3 & 0 \\ 3 & 4 & 1 \end{pmatrix}$ Ist nicht berechenbar.

Spaltenzahl: 4 ; Zeilenzahl: 3

c) $A \cdot \vec{v} = \begin{pmatrix} 2 & 3 & -1 \\ 4 & -2 & 1 \end{pmatrix} \cdot \begin{pmatrix} 1 \\ 2 \\ 3 \end{pmatrix} = \begin{pmatrix} 5 \\ 3 \end{pmatrix}, \quad C \cdot \vec{v} = \begin{pmatrix} 1 & 2 & 0 \\ 2 & 3 & 0 \\ 3 & 4 & 1 \end{pmatrix} \cdot \begin{pmatrix} 1 \\ 2 \\ 3 \end{pmatrix} = \begin{pmatrix} 5 \\ 8 \\ 14 \end{pmatrix}$

3. a) $A^2 = A \cdot A = \begin{pmatrix} -1 & 3 \\ 2 & -2 \end{pmatrix} \cdot \begin{pmatrix} -1 & 3 \\ 2 & -2 \end{pmatrix} = \begin{pmatrix} 7 & -9 \\ -6 & 10 \end{pmatrix}$, $A^3 = \begin{pmatrix} 7 & -9 \\ -6 & 10 \end{pmatrix} \cdot \begin{pmatrix} -1 & 3 \\ 2 & -2 \end{pmatrix} = \begin{pmatrix} -25 & 39 \\ 26 & -38 \end{pmatrix}$ 548

b) $A^2 = A \cdot A = \begin{pmatrix} 0{,}4 & 0{,}8 \\ 0{,}6 & 0{,}2 \end{pmatrix} \cdot \begin{pmatrix} 0{,}4 & 0{,}8 \\ 0{,}6 & 0{,}2 \end{pmatrix} = \begin{pmatrix} 0{,}64 & 0{,}48 \\ 0{,}36 & 0{,}52 \end{pmatrix}$

4. a) $A^2 = \begin{pmatrix} 0{,}9 & 0{,}7 \\ 0{,}1 & 0{,}3 \end{pmatrix}^2 = \begin{pmatrix} 0{,}88 & 0{,}84 \\ 0{,}12 & 0{,}16 \end{pmatrix}$, $A^3 = \begin{pmatrix} 0{,}9 & 0{,}7 \\ 0{,}1 & 0{,}3 \end{pmatrix}^3 = \begin{pmatrix} 0{,}876 & 0{,}868 \\ 0{,}124 & 0{,}132 \end{pmatrix}$, $A^{10} \approx \begin{pmatrix} 0{,}875 & 0{,}875 \\ 0{,}125 & 0{,}125 \end{pmatrix}$

b) $A^2 = \begin{pmatrix} 0{,}48 & 0{,}37 & 0{,}34 \\ 0{,}28 & 0{,}33 & 0{,}34 \\ 0{,}24 & 0{,}30 & 0{,}32 \end{pmatrix}$, $A^3 = \begin{pmatrix} 0{,}380 & 0{,}419 & 0{,}430 \\ 0{,}324 & 0{,}307 & 0{,}302 \\ 0{,}296 & 0{,}274 & 0{,}268 \end{pmatrix}$, $A^{10} \approx \begin{pmatrix} 0{,}4063 & 0{,}4063 & 0{,}4063 \\ 0{,}3125 & 0{,}3125 & 0{,}3125 \\ 0{,}2812 & 0{,}2812 & 0{,}2812 \end{pmatrix}$

5. a) $A \cdot \vec{v} = \begin{pmatrix} 0{,}4 & 0{,}2 & 0{,}7 \\ 0{,}3 & 0{,}5 & 0{,}1 \\ 0{,}3 & 0{,}3 & 0{,}2 \end{pmatrix} \cdot \begin{pmatrix} 0{,}5 \\ 0{,}2 \\ 0{,}3 \end{pmatrix} = \begin{pmatrix} 0{,}45 \\ 0{,}28 \\ 0{,}27 \end{pmatrix}$ 550

b) $A \cdot B = \begin{pmatrix} 0{,}4 & 0{,}2 & 0{,}7 \\ 0{,}3 & 0{,}5 & 0{,}1 \\ 0{,}3 & 0{,}3 & 0{,}2 \end{pmatrix} \cdot \begin{pmatrix} 3 & 1 \\ 2 & 0 \\ -1 & 4 \end{pmatrix} = \begin{pmatrix} 0{,}9 & 3{,}2 \\ 1{,}8 & 0{,}7 \\ 1{,}3 & 1{,}1 \end{pmatrix}$

c) $A^2 = \begin{pmatrix} 0{,}4 & 0{,}2 & 0{,}7 \\ 0{,}3 & 0{,}5 & 0{,}1 \\ 0{,}3 & 0{,}3 & 0{,}2 \end{pmatrix}^2 = \begin{pmatrix} 0{,}43 & 0{,}39 & 0{,}44 \\ 0{,}30 & 0{,}34 & 0{,}28 \\ 0{,}27 & 0{,}27 & 0{,}28 \end{pmatrix}$

d) $A^2 \cdot \vec{v} = \begin{pmatrix} 0{,}425 \\ 0{,}302 \\ 0{,}273 \end{pmatrix}$ e) $A^{10} \approx \begin{pmatrix} 0{,}4205 & 0{,}4205 & 0{,}4205 \\ 0{,}3068 & 0{,}3068 & 0{,}3068 \\ 0{,}2727 & 0{,}2727 & 0{,}2727 \end{pmatrix}$ f) $A^5 \cdot \vec{v} \approx \begin{pmatrix} 0{,}420495 \\ 0{,}306778 \\ 0{,}272727 \end{pmatrix}$

6. a) $A + B = \begin{pmatrix} 2 & 1 & 5 \\ 8 & -2 & 14 \\ 11 & 5 & 14 \end{pmatrix}$ b) $A - 2B = \begin{pmatrix} 5 & -14 & -4 \\ -19 & 19 & -4 \\ -1 & -1 & -10 \end{pmatrix}$ c) $3A + 4B = \begin{pmatrix} 5 & 8 & 18 \\ 29 & -13 & 48 \\ 37 & 17 & 15 \end{pmatrix}$ 551

d) $3(2A - B) = 6A - 3B = \begin{pmatrix} 21 & -39 & 3 \\ -33 & 51 & 30 \\ 30 & 12 & 12 \end{pmatrix}$

7. a) $A \cdot \vec{v} = \begin{pmatrix} -12 \\ 49 \\ -52 \end{pmatrix}$ b) $-2A \cdot \vec{v} = \begin{pmatrix} 24 \\ -98 \\ 104 \end{pmatrix}$ c) $-2A \cdot \vec{v} = \begin{pmatrix} 24 \\ -98 \\ 104 \end{pmatrix}$

d) $2A \cdot \vec{v} = \begin{pmatrix} -24 \\ 98 \\ -104 \end{pmatrix}$

8. a) $A \cdot B = \begin{pmatrix} 1 & 3 & 0 \\ -2 & 0 & 5 \\ 4 & 6 & 0 \end{pmatrix} \cdot \begin{pmatrix} 6 & 0 & -4 \\ -2 & 3 & 5 \\ 0 & 1 & 4 \end{pmatrix} = \begin{pmatrix} 0 & 9 & 11 \\ -12 & 5 & 28 \\ 12 & 18 & 14 \end{pmatrix}$

b) $A^2 = A \cdot A = \begin{pmatrix} 1 & 3 & 0 \\ -2 & 0 & 5 \\ 4 & 6 & 0 \end{pmatrix} \cdot \begin{pmatrix} 1 & 3 & 0 \\ -2 & 0 & 5 \\ 4 & 6 & 0 \end{pmatrix} = \begin{pmatrix} -5 & 3 & 15 \\ 18 & 24 & 0 \\ -8 & 12 & 30 \end{pmatrix}$

c) $B^2 = B \cdot B = \begin{pmatrix} 6 & 0 & -4 \\ -2 & 3 & 5 \\ 0 & 1 & 4 \end{pmatrix} \cdot \begin{pmatrix} 6 & 0 & -4 \\ -2 & 3 & 5 \\ 0 & 1 & 4 \end{pmatrix} = \begin{pmatrix} 36 & -4 & -40 \\ -18 & 14 & 43 \\ -2 & 7 & 21 \end{pmatrix}$

d) $(A + B) \cdot A = \begin{pmatrix} 7 & 3 & -4 \\ -4 & 3 & 10 \\ 4 & 7 & 4 \end{pmatrix} \cdot \begin{pmatrix} 1 & 3 & 0 \\ -2 & 0 & 5 \\ 4 & 6 & 0 \end{pmatrix} = \begin{pmatrix} -15 & -3 & 15 \\ 30 & 48 & 15 \\ 6 & 36 & 35 \end{pmatrix}$

551 9. a) $A \cdot B = \begin{pmatrix} 34 & 1 & -17 \\ 28 & 13 & -44 \\ 12 & -27 & 45 \end{pmatrix}$ b) $A^2 \cdot B^2 = \begin{pmatrix} -78 & 342 & 753 \\ -186 & 675 & -84 \\ 246 & -1092 & 1647 \end{pmatrix}$ c) $(A \cdot B)^2 = \begin{pmatrix} 980 & 506 & -1387 \\ 788 & 1385 & -3028 \\ 192 & -1554 & 3009 \end{pmatrix}$

d) $(2A - B) \cdot A^3 = \begin{pmatrix} -417 & -95 & -188 \\ 573 & 37 & 255 \\ 671 & 1253 & 1082 \end{pmatrix}$

10. a) $A \cdot B = \begin{pmatrix} -17 & 2 & -5 \\ 19 & 20 & 37 \\ 62 & -1 & 39 \end{pmatrix}$, $B \cdot A = \begin{pmatrix} 51 & -18 & -1 \\ 17 & -17 & 17 \\ 52 & -19 & 8 \end{pmatrix} \Rightarrow$ Das Kommutativgesetz gilt nicht.

b) $A \cdot (B + C) = \begin{pmatrix} 7 & 5 & 5 \\ 69 & 43 & 27 \\ 93 & -7 & -27 \end{pmatrix}$, $A \cdot B + A \cdot C = \begin{pmatrix} 7 & 5 & 5 \\ 69 & 43 & 27 \\ 93 & -7 & -27 \end{pmatrix} \Rightarrow$ Das Distributivgesetz gilt.

11. a) $A^4 = \begin{pmatrix} 451 & 300 & 362 \\ 93 & 386 & 211 \\ 1536 & 155 & 963 \end{pmatrix}$ b) $B^3 = \begin{pmatrix} 99 & 52 & 4 \\ 288 & -1 & 200 \\ 244 & -84 & 271 \end{pmatrix}$ c) $(A + B)^3 = \begin{pmatrix} 491 & 128 & 340 \\ 1128 & 115 & 788 \\ 2636 & 536 & 1935 \end{pmatrix}$

d) $A^2 \cdot B^3 = \begin{pmatrix} 6119 & -6 & 4220 \\ 6971 & -597 & 5543 \\ 8765 & -151 & 6202 \end{pmatrix}$ e) $A^{125} \approx \begin{pmatrix} 2{,}66 \cdot 10^{99} & 9{,}19 \cdot 10^{98} & 1{,}89 \cdot 10^{99} \\ 1{,}46 \cdot 10^{99} & 5{,}04 \cdot 10^{98} & 1{,}04 \cdot 10^{99} \\ 7{,}06 \cdot 10^{99} & 2{,}44 \cdot 10^{99} & 5{,}02 \cdot 10^{99} \end{pmatrix}$

f) Nicht berechenbar wegen Überschreitung von 10^{100}.

g) $C^3 = \begin{pmatrix} 0{,}256 & 0{,}251 & 0{,}248 \\ 0{,}496 & 0{,}504 & 0{,}496 \\ 0{,}248 & 0{,}243 & 0{,}256 \end{pmatrix}$ h) $C^{100} = \begin{pmatrix} 0{,}25 & 0{,}25 & 0{,}25 \\ 0{,}5 & 0{,}5 & 0{,}5 \\ 0{,}25 & 0{,}25 & 0{,}25 \end{pmatrix}$

i) $A \cdot D = \begin{pmatrix} 1 & 0 & 2 \\ 3 & -4 & 1 \\ 6 & 5 & 3 \end{pmatrix}$ j) $D^5 = \begin{pmatrix} 1 & 0 & 0 \\ 0 & 1 & 0 \\ 0 & 0 & 1 \end{pmatrix} = D$

2. Stochastische Prozesse

1. a)

nach / von	M	L	B
M	0,3	0,4	0,3
L	0,5	0,2	0,4
B	0,2	0,4	0,3

b) $M = \begin{pmatrix} 0,3 & 0,4 & 0,3 \\ 0,5 & 0,2 & 0,4 \\ 0,2 & 0,4 & 0,3 \end{pmatrix}$ 554

c) $M \cdot \vec{v}_0 = \begin{pmatrix} 0,3 & 0,4 & 0,3 \\ 0,5 & 0,2 & 0,4 \\ 0,2 & 0,4 & 0,3 \end{pmatrix} \cdot \begin{pmatrix} 0,5 \\ 0,2 \\ 0,3 \end{pmatrix} = \begin{pmatrix} 0,32 \\ 0,41 \\ 0,27 \end{pmatrix}$ Nach 1 Monat: M: 32%; L: 41%; B: 27%

$M^3 \cdot \vec{v}_0 = \begin{pmatrix} 0,336 \\ 0,362 \\ 0,302 \end{pmatrix}$ Nach 3 Monaten: M: 33,6%; L: 36,2%; B: 30,2%

d) Hier geht es um die Berechnung des Fixvektors $\vec{v}$, für den $M \cdot \vec{v} = \vec{v}$ gilt.
Die Berechnung ist mit dem GTR möglich (angenähert):

$\vec{v} \approx M^{100} \cdot \vec{v}_0 = \begin{pmatrix} 0,336 \\ 0,361 \\ 0,303 \end{pmatrix} \Rightarrow$ Langfristige Marktanteile: M: 33,6%; L: 36,1%; B: 30,3%

Die Berechnung ist alternativ auch manuell möglich (s. Buch S. 400, Bsp.):

Ansatz: $M \cdot \vec{v} = \vec{v}$ mit $\vec{v} = \begin{pmatrix} x \\ y \\ z \end{pmatrix}$ und $x + y + z = 1$

$$\begin{pmatrix} 0,3 & 0,4 & 0,3 \\ 0,5 & 0,2 & 0,4 \\ 0,2 & 0,4 & 0,3 \end{pmatrix} \cdot \begin{pmatrix} x \\ y \\ z \end{pmatrix} = \begin{pmatrix} x \\ y \\ z \end{pmatrix} \Rightarrow \begin{array}{lllllll} \text{I} & 0,3x & +0,4y & +0,3z & = & x \\ \text{II} & 0,5x & +0,2y & +0,4z & = & y \\ \text{III} & 0,2x & +0,4y & +0,3z & = & z \\ \text{IV} & x & +y & +z & = & 1 \end{array} \Rightarrow \begin{array}{llllll} \text{I} & -0,7x & +0,4y & +0,3z & = & 0 \\ \text{II} & 0,5x & -0,8y & +0,4z & = & 0 \\ \text{III} & x & y & +z & = & 1 \end{array}$$

$$\Rightarrow \begin{array}{llllll} \text{I} & -7x & +4y & +3z & = & 0 \\ \text{II} & 5x & -8y & +4z & = & 0 \\ \text{III} & x & +y & +z & = & 1 \end{array} \underset{\text{oder GTR}}{\overset{\text{Gauß}}{\Longrightarrow}} \begin{array}{llllll} \text{I} & x & = & 40/119 & \approx & 0,336 \\ \text{II} & y & = & 43/119 & \approx & 0,361 \\ \text{III} & z & = & 36/119 & \approx & 0,303 \end{array}$$

$\Rightarrow$ langfristige Anteile : M : 33,6%; L : 36,1% B : 30,3%

2. a) stochastisch (Elemente zwischen 0 und 1; Spaltensumme 1) 557
   b) nicht stochstisch (Summe 2. Spalte nicht gleich 1)
   c) stochastisch
   d) nicht stochastisch (Summe der 2. Spalte nicht 1; ein Element negativ)

3. a)

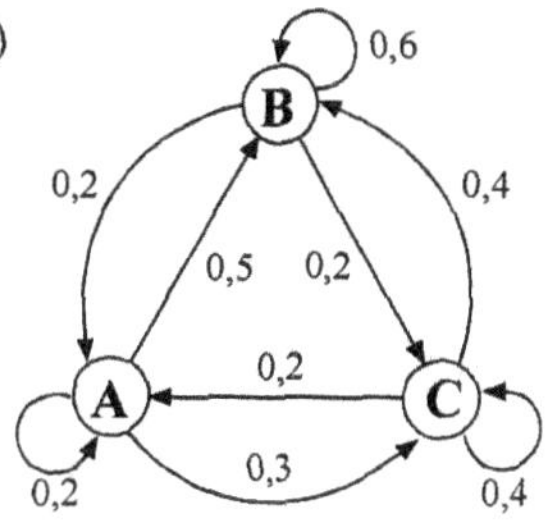

b) $M = \begin{pmatrix} 0,2 & 0,2 & 0,2 \\ 0,5 & 0,6 & 0,4 \\ 0,3 & 0,2 & 0,4 \end{pmatrix}$

557 4. a)

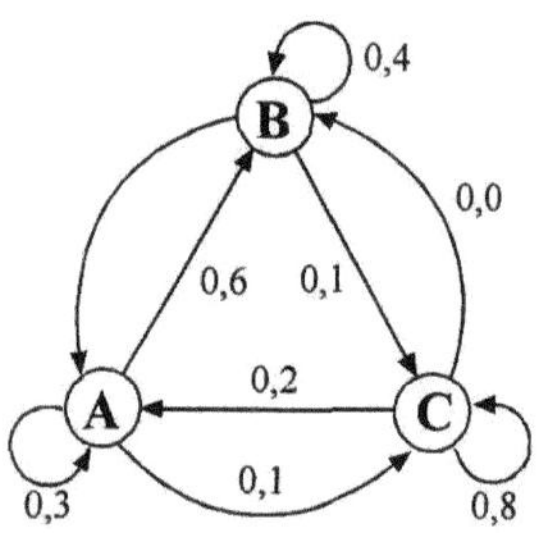

b) $M^2 = \begin{pmatrix} 0{,}3 & 0{,}5 & 0{,}2 \\ 0{,}6 & 0{,}4 & 0 \\ 0{,}1 & 0{,}1 & 0{,}8 \end{pmatrix} \cdot \begin{pmatrix} 0{,}3 & 0{,}5 & 0{,}2 \\ 0{,}6 & 0{,}4 & 0 \\ 0{,}1 & 0{,}1 & 0{,}8 \end{pmatrix} = \begin{pmatrix} 0{,}41 & 0{,}37 & 0{,}22 \\ 0{,}42 & 0{,}46 & 0{,}12 \\ 0{,}17 & 0{,}17 & 0{,}66 \end{pmatrix}$

c) $M^3 = \begin{pmatrix} 0{,}367 & 0{,}375 & 0{,}258 \\ 0{,}414 & 0{,}406 & 0{,}180 \\ 0{,}219 & 0{,}219 & 0{,}562 \end{pmatrix}$

d) Die erste Spalte von M^2 gibt an, wie sich der Anfangsbestand von A nach zwei Prozessschritten verteilt hat.
41% bleiben bei A, 42% wechseln zu B und 17% wechseln zu C.
Analoges gilt für die zweite und dritte Spalte, die angeben, wie sich die Anfangsanteile von B bzw. C nach zwei Prozessschritten verteilt haben.

5. a) $\vec{v}_0 = \begin{pmatrix} 0{,}2 \\ 0{,}3 \\ 0{,}5 \end{pmatrix}$ bedeutet: Zu Beginn des Prozesses befinden sich 20% der Moleküle am Ort A, 30% am Ort B und 50% am Ort C.

$\vec{v}_0 = \begin{pmatrix} 1 \\ 0 \\ 0 \end{pmatrix}$ bedeutet: Zu Beginn des Prozesses halten sich alle Moleküle am Ort A auf.

$\vec{v}_0 = \begin{pmatrix} 0 \\ 0 \\ 1 \end{pmatrix}$ bedeutet: Zu Beginn des Prozesses halten sich alle Moleküle am Ort C auf.

b) Übergangsmatrix: $M = \begin{pmatrix} 0{,}6 & 0 & 0{,}4 \\ 0{,}4 & 0{,}8 & 0 \\ 0 & 0{,}2 & 0{,}6 \end{pmatrix}$

I: $\vec{v}_1 = M \cdot \vec{v}_0 = \begin{pmatrix} 0{,}32 \\ 0{,}32 \\ 0{,}36 \end{pmatrix}$ II: $\vec{v}_1 = \begin{pmatrix} 0{,}6 \\ 0{,}4 \\ 0 \end{pmatrix}$ III: $\vec{v}_1 = \begin{pmatrix} 0{,}4 \\ 0 \\ 0{,}6 \end{pmatrix}$

6. Übergangsmatrix: $M = \begin{pmatrix} 0{,}6 & 0{,}1 & 0{,}6 \\ 0{,}2 & 0{,}8 & 0{,}3 \\ 0{,}2 & 0{,}1 & 0{,}1 \end{pmatrix}$, $\vec{v}_0 = \begin{pmatrix} 0{,}30 \\ 0{,}60 \\ 0{,}10 \end{pmatrix}$

$M^2 \cdot \vec{v}_0 = \begin{pmatrix} 0{,}315 \\ 0{,}555 \\ 0{,}130 \end{pmatrix}$, $M^5 \cdot \vec{v}_0 = \begin{pmatrix} 0{,}325625 \\ 0{,}537675 \\ 0{,}1327 \end{pmatrix}$, $M^{10} \cdot \vec{v}_0 = \begin{pmatrix} 0{,}333078375 \\ 0{,}5336318438 \\ 0{,}1332897813 \end{pmatrix}$

$M^{100} \cdot \vec{v}_0 \approx \begin{pmatrix} 0{,}333333333 \\ 0{,}533333333 \\ 0{,}133333333 \end{pmatrix} = \begin{pmatrix} 5/15 \\ 8/15 \\ 2/15 \end{pmatrix} \approx \begin{pmatrix} 0{,}33 \\ 0{,}53 \\ 0{,}13 \end{pmatrix}$

558 7. a) $M^\infty \approx M^{100} \approx \begin{pmatrix} 1/3 & 1/3 \\ 2/3 & 2/3 \end{pmatrix}$, Grenzverteilung: $\vec{v} = \begin{pmatrix} 1/3 \\ 2/3 \end{pmatrix}$
Die Grenzverteilung ist unabhängig von der Startverteilung: A: 33,3%; B: 66,7%

b) $M^\infty \approx M^{100} \approx \begin{pmatrix} 1/2 & 1/2 \\ 1/2 & 1/2 \end{pmatrix}$, $\vec{v} = \begin{pmatrix} 1/2 \\ 1/2 \end{pmatrix}$, A: 50%, B: 50%

c) $M^\infty \approx M^{100} \approx \begin{pmatrix} 0{,}20 & 0{,}20 & 0{,}20 \\ 0{,}35 & 0{,}35 & 0{,}35 \\ 0{,}45 & 0{,}45 & 0{,}45 \end{pmatrix}$, $\vec{v} = \begin{pmatrix} 0{,}20 \\ 0{,}35 \\ 0{,}45 \end{pmatrix}$, A: 20%, B: 35%, C: 45%

8. I. a)

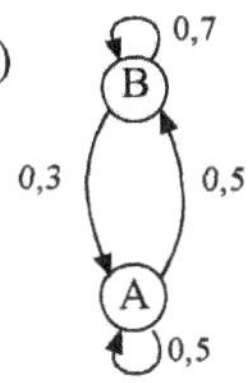

b) | n/v | A | B |
|---|---|---|
| A | 0,5 | 0,3 |
| B | 0,5 | 0,7 |

$\Rightarrow M = \begin{pmatrix} 0,5 & 0,3 \\ 0,5 & 0,7 \end{pmatrix}$ 558

c) $\vec{v}_1 = M \cdot \vec{v}_0 = \begin{pmatrix} 0,36 \\ 0,64 \end{pmatrix}$, $\vec{v}_2 = M^2 \cdot \vec{v}_0 = \begin{pmatrix} 0,372 \\ 0,628 \end{pmatrix}$, $\vec{v}_3 = M^3 \cdot \vec{v}_0 = \begin{pmatrix} 0,3744 \\ 0,6256 \end{pmatrix}$

d) $M \cdot \vec{v} = \vec{v} \Rightarrow \begin{array}{rrcl} -0,5x & +0,3y & = & 0 \\ 0,5x & -0,3y & = & 0 \\ x & +y & = & 1 \end{array} \Rightarrow \begin{array}{l} x=0,375 \\ y=0,625 \end{array}$, $\vec{v} = \begin{pmatrix} 0,375 \\ 0,625 \end{pmatrix}$

e) $M^\infty \approx M^{100} = \begin{pmatrix} 0,375 & 0,375 \\ 0,625 & 0,625 \end{pmatrix}$

II. a)

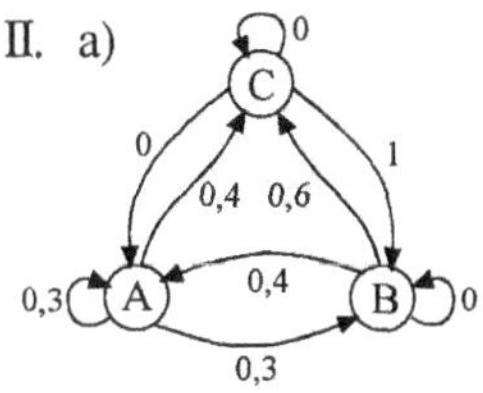

b) | n/v | A | B | C |
|---|---|---|---|
| A | 0,3 | 0,4 | 0 |
| B | 0,3 | 0 | 1 |
| C | 0,4 | 0,6 | 0 |

$\Rightarrow M = \begin{pmatrix} 0,3 & 0,4 & 0 \\ 0,3 & 0 & 1 \\ 0,4 & 0,6 & 0 \end{pmatrix}$

c) $\vec{v}_1 = M \cdot \vec{v}_0 = \begin{pmatrix} 0,26 \\ 0,38 \\ 0,38 \end{pmatrix}$, $\vec{v}_2 = M^2 \cdot \vec{v}_0 = \begin{pmatrix} 0,222 \\ 0,458 \\ 0,320 \end{pmatrix}$, $\vec{v}_3 = M^3 \cdot \vec{v}_0 = \begin{pmatrix} 0,2498 \\ 0,3866 \\ 0,3636 \end{pmatrix}$

d) $M \cdot \vec{v} = \vec{v} \Rightarrow \begin{pmatrix} 0,3 & 0,4 & 0 \\ 0,3 & 0 & 1 \\ 0,4 & 0,6 & 0 \end{pmatrix} \cdot \begin{pmatrix} x \\ y \\ z \end{pmatrix} = \begin{pmatrix} x \\ y \\ z \end{pmatrix} \Rightarrow \begin{array}{lrrrcl} \text{I} & 0,3x & +0,4y & & = & x \\ \text{II} & 0,3x & & +z & = & y \\ \text{III} & 0,4x & +0,6y & & = & z \\ \text{IV} & x & +y & +z & = & 1 \end{array} \Rightarrow \begin{array}{lrrrcl} \text{I} & -0,7x & +0,4y & & = & 0 \\ \text{II} & 0,3x & -y & +z & = & 0 \\ \text{III} & x & +y & +z & = & 1 \end{array}$

(III wurde weggelassen)

Lösung des LGS mittels GTR: $\begin{array}{l} x \approx 0,2381 \\ y \approx 0,4167 \\ z \approx 0,3452 \end{array} \Rightarrow$ A: 23,81%, B: 41,67%, C: 34,52%

e) $M^\infty \approx M^{100} = \begin{pmatrix} 0,2380 & 0,2380 & 0,2380 \\ 0,4167 & 0,4167 & 0,4167 \\ 0,3452 & 0,3452 & 0,3452 \end{pmatrix}$

9. I. a) $M = \begin{pmatrix} 0,8 & 0,3 & 0,2 \\ 0,1 & 0,4 & 0,2 \\ 0,1 & 0,3 & 0,6 \end{pmatrix}$

b) $\vec{v}_1 = M \cdot \vec{v}_0 = \begin{pmatrix} 0,4333 \\ 0,2333 \\ 0,3333 \end{pmatrix}$, $\vec{v}_2 = M^2 \cdot \vec{v}_0 = \begin{pmatrix} 0,4833 \\ 0,2033 \\ 0,3133 \end{pmatrix}$, $\vec{v}_3 = M^3 \cdot \vec{v}_0 = \begin{pmatrix} 0,5103 \\ 0,1923 \\ 0,2973 \end{pmatrix}$

c) $M^\infty \approx M^{100} \approx \begin{pmatrix} 0,5454 & 0,5454 & 0,5454 \\ 0,1818 & 0,1818 & 0,1818 \\ 0,2727 & 0,2727 & 0,2727 \end{pmatrix}$

d) $\vec{v} = M^\infty \cdot \vec{v}_0 \approx M^{100} \cdot \vec{v}_0 \approx \begin{pmatrix} 0,5454 \\ 0,1818 \\ 0,2727 \end{pmatrix} = \begin{pmatrix} 6/11 \\ 2/11 \\ 3/11 \end{pmatrix} \Rightarrow$ A : 54,54%, B : 18,18%, C 27,27%

e) $\vec{v}_0 = \begin{pmatrix} 1 \\ 0 \\ 0 \end{pmatrix}$: $\vec{v} = M^\infty \cdot \vec{v}_0 = M^{100} \cdot \vec{v}_0 \approx \begin{pmatrix} 0,5454 \\ 0,1818 \\ 0,2727 \end{pmatrix}$ Folgerung: Die Grenzverteilung ist unabhängig von der Startverteilung. Man erhält für jede Startverteilung das gleiche Ergebnis.

II. a) $M = \begin{pmatrix} 0,5 & 0 & 0 & 0 \\ 0,5 & 0,6 & 0,2 & 0 \\ 0 & 0,3 & 0,4 & 0,2 \\ 0 & 0,1 & 0,4 & 0,8 \end{pmatrix}$

b) $\vec{v}_1 = M \cdot \vec{v}_0 = \begin{pmatrix} 0,05 \\ 0,21 \\ 0,24 \\ 0,50 \end{pmatrix}$, $\vec{v}_2 = M^2 \cdot \vec{v}_0 = \begin{pmatrix} 0,025 \\ 0,199 \\ 0,259 \\ 0,517 \end{pmatrix}$, $\vec{v}_3 = M^3 \cdot \vec{v}_0 = \begin{pmatrix} 0,0125 \\ 0,1837 \\ 0,2667 \\ 0,5371 \end{pmatrix}$

558 9. II. c) $M^{\infty} \approx M^{100} \approx \begin{pmatrix} 0 & 0 & 0 & 0 \\ 0{,}1333 & 0{,}1333 & 0{,}1333 & 0{,}1333 \\ 0{,}2667 & 0{,}2667 & 0{,}2667 & 0{,}2667 \\ 0{,}6 & 0{,}6 & 0{,}6 & 0{,}6 \end{pmatrix}$

d) $\vec{v} = M^{\infty} \cdot \vec{v}_0 \approx M^{100} \cdot \vec{v}_0 \approx \begin{pmatrix} 0 \\ 0{,}1333 \\ 0{,}2667 \\ 0{,}6 \end{pmatrix} = \begin{pmatrix} 0 \\ 2/15 \\ 4/15 \\ 9/15 \end{pmatrix}$

$\Rightarrow A: 0\%, \quad B: 13{,}33\%, \quad C: 26{,}67\%, \quad D: 60\%$

e) $\vec{v}_0 = \begin{pmatrix} 1 \\ 0 \\ 0 \\ 0 \end{pmatrix} \Rightarrow \vec{v} = M^{\infty} \cdot \vec{v}_0 \approx M^{100} \cdot \vec{v}_0 \approx \begin{pmatrix} 0 \\ 0{,}1333 \\ 0{,}2667 \\ 0{,}6 \end{pmatrix}$ Folgerung: Die Grenzverteilung ist unabhängig von der Startverteilung. Man erhält für jede Startverteilung das gleiche Ergebnis.

10. Wir nehmen an, dass die Verteilung $\vec{v}_{-1} = \begin{pmatrix} x \\ y \end{pmatrix}$ nach einem Prozessschritt zur Verteilung $\vec{v}_0$ führt, also deren "Vergangenheit" ist.

Dann müsste gelten: $M \cdot \vec{v}_{-1} = \vec{v}_0, \quad M \cdot \begin{pmatrix} x \\ y \end{pmatrix} = \begin{pmatrix} 0 \\ 1 \end{pmatrix}$

$$\begin{pmatrix} 0{,}8 & 0{,}2 \\ 0{,}2 & 0{,}8 \end{pmatrix} \cdot \begin{pmatrix} x \\ y \end{pmatrix} = \begin{pmatrix} 0 \\ 1 \end{pmatrix}, \quad \begin{pmatrix} 0{,}8x+0{,}2y \\ 0{,}2x+0{,}8y \end{pmatrix} = \begin{pmatrix} 0 \\ 1 \end{pmatrix}$$

$$\begin{aligned} I:&\ 0{,}8x + 0{,}2y = 0 \\ II:&\ 0{,}2x + 0{,}8y = 1 \end{aligned}$$

Manuelle Lösung oder GTR-Lösung des Gleichungssystems führt auf $x = -\frac{1}{3}$ und $y = \frac{4}{3}$.

Also müsste gelten: $\vec{v}_1 = \begin{pmatrix} -1/3 \\ 4/3 \end{pmatrix}$.

Dies ist aber kein zulässiger Verteilungsvektor, denn ein solcher enthält keine negativen Elemente. Also hat der Startvektor $\vec{v}_0$ keine Vergangenheit, denn es gibt keinen zulässigen Verteilungsvektor $\vec{v}_{-1}$, der $M \cdot \vec{v}_{-1} = \vec{v}_0$ erfüllt, also zur Verteilung $\vec{v}_0$ führt.

11. a) $M = \begin{pmatrix} 0{,}6 & 0 & 0{,}4 \\ 0{,}4 & 0{,}8 & 0 \\ 0 & 0{,}2 & 0{,}6 \end{pmatrix}$ 559

M ist stochstisch, da alle Elemente zwischen 0 und 1 liegen und die Spaltensummen 1 betragen.

b) Zu zeigen ist, dass die Voraussetzungen von Satz XIV.1 gelten.
M ist eine stochastische Matrix.

Ihre Elemente sind zwar nicht alle positiv, aber es gilt: $M^2 = \begin{pmatrix} 0{,}36 & 0{,}08 & 0{,}48 \\ 0{,}56 & 0{,}64 & 0{,}16 \\ 0{,}08 & 0{,}28 & 0{,}36 \end{pmatrix}$. Somit sind alle Elemente von M^2 positiv und nach der Fußnote auf S. 401 gilt daher Satz XIV.1.
Laut XIV.1(1) gibt es daher einen eindeutigen, vom Nullvektor verschiedenen Fixvektor.

c) $M \cdot \vec{v} = \vec{v}, \quad \vec{v} = \begin{pmatrix} x \\ y \\ z \end{pmatrix}, \quad x + y + z = 1 \Rightarrow \begin{pmatrix} 0{,}6 & 0 & 0{,}4 \\ 0{,}4 & 0{,}8 & 0 \\ 0 & 0{,}2 & 0{,}6 \end{pmatrix} \cdot \begin{pmatrix} x \\ y \\ z \end{pmatrix} = \begin{pmatrix} x \\ y \\ z \end{pmatrix}$

$$\Rightarrow \begin{array}{lllll} \text{I} & 0{,}6x & & +0{,}4z & = x \\ \text{II} & 0{,}4x & +0{,}8y & & = y \\ \text{III} & & +0{,}2y & +0{,}6z & = z \\ \text{IV} & x & +y & +z & = 1 \end{array} \Rightarrow \begin{array}{l} x=0{,}25 \\ y=0{,}5 \\ z=0{,}25 \end{array} \Rightarrow \vec{v} = \begin{pmatrix} 0{,}25 \\ 0{,}5 \\ 0{,}25 \end{pmatrix}$$

d) $M^3 = \begin{pmatrix} 0{,}248 & 0{,}16 & 0{,}432 \\ 0{,}592 & 0{,}544 & 0{,}32 \\ 0{,}16 & 0{,}296 & 0{,}248 \end{pmatrix}, \quad M^4 = \begin{pmatrix} 0{,}2128 & 0{,}2144 & 0{,}3584 \\ 0{,}5728 & 0{,}4992 & 0{,}4288 \\ 0{,}2144 & 0{,}2864 & 0{,}2128 \end{pmatrix}, \quad M^5 = \begin{pmatrix} 0{,}21344 & 0{,}2432 & 0{,}30016 \\ 0{,}54336 & 0{,}48512 & 0{,}4864 \\ 0{,}2432 & 0{,}27168 & 0{,}21344 \end{pmatrix}$

e) $M^\infty \approx M^{100} \approx \begin{pmatrix} 0{,}25 & 0{,}25 & 0{,}25 \\ 0{,}5 & 0{,}5 & 0{,}5 \\ 0{,}25 & 0{,}25 & 0{,}25 \end{pmatrix}$

f) $\vec{v}_1 = M \cdot \vec{v}_0 = \begin{pmatrix} 0{,}6 & 0 & 0{,}4 \\ 0{,}4 & 0{,}8 & 0 \\ 0 & 0{,}2 & 0{,}6 \end{pmatrix} \cdot \begin{pmatrix} 0{,}20 \\ 0{,}30 \\ 0{,}50 \end{pmatrix} = \begin{pmatrix} 0{,}32 \\ 0{,}32 \\ 0{,}36 \end{pmatrix}, \quad A: 32\%, \quad B: 32\%, \quad C: 36\%$

$\vec{v}_{10} = M^{10} \cdot \vec{v}_0 \approx \begin{pmatrix} 0{,}2488 \\ 0{,}5009 \\ 0{,}2503 \end{pmatrix}, \quad A: 24{,}88\%, \quad B: 50{,}09\%, \quad C: 25{,}09\%$

Als langfristige Grenzverteilung ergibt sich laut Satz XIV.1(3) eine Spalte der Grenzmatrix:
A: 25% , B: 50% , C: 25%

g) Es könnte sich z.B. um die Verteilung von Handykunden auf drei Anbieter handeln, welche den Markt unter sich aufgeteilt haben. Das jährliche Übergangsverhalten wird durch die Matrix M beschrieben.

12. a) Ja, M ist stochastisch. Alle Elemente liegen zwischen 0 und 1 und die Spaltensummen sind 1.

b) Satz XIV.1 kann angewendet werden, wenn die Übergangsmatrix M (oder eine Potenz von M, s. Fußnote S. 401) nur positive Elemente enthält.
Hier aber haben sowohl M als auch die Potenzen von M stets Elemente, die gleich 0 sind.

c) $M \cdot \vec{v} = \vec{v}, \quad \vec{v} = \begin{pmatrix} x \\ y \end{pmatrix}, \quad x + y = 1, \quad \begin{pmatrix} 1 & 0 \\ 0 & 1 \end{pmatrix} \cdot \begin{pmatrix} x \\ y \end{pmatrix} = \begin{pmatrix} x \\ y \end{pmatrix} \Rightarrow \vec{v} = \begin{pmatrix} c \\ 1-c \end{pmatrix}, \quad 0 \le c \le 1$

analog gilt: $\begin{pmatrix} 1 & 0 & 0 \\ 0 & 1 & 0 \\ 0 & 0 & 1 \end{pmatrix} \cdot \begin{pmatrix} x \\ y \\ z \end{pmatrix} = \begin{pmatrix} x \\ y \\ z \end{pmatrix} \Rightarrow \vec{v} = \begin{pmatrix} c \\ d \\ 1-c-d \end{pmatrix}, \quad 0 \le c, d \le 1, \quad 0 \le 1 - c - d \le 1$

559 13. a) $\begin{pmatrix} 0,3 & 0,5 \\ 0,7 & 0,5 \end{pmatrix} \cdot \begin{pmatrix} x \\ y \end{pmatrix} = \begin{pmatrix} x \\ y \end{pmatrix} \Rightarrow \vec{v} = \begin{pmatrix} 5/12 \\ 7/12 \end{pmatrix}$

b) $\begin{pmatrix} 0 & 1 \\ 1 & 0 \end{pmatrix} \cdot \begin{pmatrix} x \\ y \end{pmatrix} = \begin{pmatrix} x \\ y \end{pmatrix} \Rightarrow \vec{v} = \begin{pmatrix} 0,5 \\ 0,5 \end{pmatrix}$

c) $\begin{pmatrix} 0,2 & 0,3 & 0,5 \\ 0,4 & 0,2 & 0,4 \\ 0,4 & 0,5 & 0,1 \end{pmatrix} \cdot \begin{pmatrix} x \\ y \\ z \end{pmatrix} = \begin{pmatrix} x \\ y \\ z \end{pmatrix} \Rightarrow \vec{v} = \begin{pmatrix} 1/3 \\ 1/3 \\ 1/3 \end{pmatrix}$

d) $\begin{pmatrix} 0 & 0 & 1 \\ 1 & 0 & 0 \\ 0 & 1 & 0 \end{pmatrix} \cdot \begin{pmatrix} x \\ y \\ z \end{pmatrix} = \begin{pmatrix} x \\ y \\ z \end{pmatrix} \Rightarrow \vec{v} = \begin{pmatrix} 1/3 \\ 1/3 \\ 1/3 \end{pmatrix}$

560 14. a) Man muss zunächst eine Übergangstabelle aufstellen, damit klar festgelegt ist, von wo nach wo die Übergänge erfolgen. Die Übergangsmatrix zeigt dies nicht an.

nach/von	H	D	A
H	0,3	0,2	0,1
D	0,5	0,5	0,2
A	0,2	0,3	0,7

$\Rightarrow M = \begin{pmatrix} 0,3 & 0,2 & 0,1 \\ 0,5 & 0,5 & 0,2 \\ 0,2 & 0,3 & 0,7 \end{pmatrix}$

b) $\vec{v}_1 = M \cdot \vec{v}_0 = \begin{pmatrix} 0,3 & 0,2 & 0,1 \\ 0,5 & 0,5 & 0,2 \\ 0,2 & 0,3 & 0,7 \end{pmatrix} \cdot \begin{pmatrix} 0,25 \\ 0,40 \\ 0,35 \end{pmatrix} = \begin{pmatrix} 0,19 \\ 0,395 \\ 0,415 \end{pmatrix} \Rightarrow A: 19\%, \quad B: 39,5\%, \quad C: 41,5\%$

c) $M^2 = \begin{pmatrix} 0,21 & 0,19 & 0,14 \\ 0,44 & 0,41 & 0,29 \\ 0,35 & 0,40 & 0,57 \end{pmatrix}, \quad M^3 = \begin{pmatrix} 0,186 & 0,179 & 0,157 \\ 0,395 & 0,38 & 0,329 \\ 0,419 & 0,441 & 0,514 \end{pmatrix}, \quad M^4 = \begin{pmatrix} 0,1767 & 0,1738 & 0,1643 \\ 0,3743 & 0,3677 & 0,3458 \\ 0,4490 & 0,4585 & 0,4899 \end{pmatrix}$

d) $M^\infty \approx M^{100} \approx \begin{pmatrix} 0,1698 & 0,1698 & 0,1698 \\ 0,3585 & 0,3585 & 0,3585 \\ 0,4717 & 0,4717 & 0,4717 \end{pmatrix} \approx \begin{pmatrix} 9/53 & 9/53 & 9/53 \\ 19/53 & 19/53 & 19/53 \\ 25/53 & 25/53 & 25/53 \end{pmatrix}$

Grenzverteilung: $\vec{v} = \begin{pmatrix} 9/53 \\ 19/53 \\ 25/53 \end{pmatrix} \approx \begin{pmatrix} 0,1698 \\ 0,3585 \\ 0,4717 \end{pmatrix}, \quad A: 16,98\%, \quad B: 35,85\%, \quad C: 47,17\%$

15. a)

nach/von	A	B	C
A	0,7	0,1	0,2
B	0,2	0,8	0,3
C	0,1	0,1	0,5

$\Rightarrow M = \begin{pmatrix} 0,7 & 0,1 & 0,2 \\ 0,2 & 0,8 & 0,3 \\ 0,1 & 0,1 & 0,5 \end{pmatrix}$

b) $\vec{v}_0 = \begin{pmatrix} 0,30 \\ 0,25 \\ 0,45 \end{pmatrix}, \quad \vec{v}_1 = M \cdot \vec{v}_0 = \begin{pmatrix} 0,325 \\ 0,395 \\ 0,28 \end{pmatrix}, \quad A: 32,5\%, \quad B: 39,5\%, \quad C: 28\%$

c) $\vec{v}_7 = M^7 \cdot \vec{v}_0 = \begin{pmatrix} 0,2956 \\ 0,5372 \\ 0,1671 \end{pmatrix}, \quad A: 29-30 \text{ Autos}, \quad B: 53-54 \text{ Autos}\%, \quad C: 16-17 \text{ Autos}$

d) $M^\infty \approx M^{100} \approx \begin{pmatrix} 0,2917 & 0,2917 & 0,2917 \\ 0,5417 & 0,5417 & 0,5417 \\ 0,1667 & 0,1667 & 0,1667 \end{pmatrix}$

e) $\vec{v} = M^\infty \cdot \underbrace{\begin{pmatrix} x_0 \\ y_0 \\ z_0 \end{pmatrix}}_{\substack{\text{Startverteilung} \\ \text{mit } x_0+y_0+z_0=1}} = \begin{pmatrix} 0,2917x_0+0,2917y_0+0,2917z_0 \\ 0,5417x_0+0,5417y_0+0,5417z_0 \\ 0,1667x_0+0,1667y_0+0,1667z_0 \end{pmatrix} = \begin{pmatrix} 0,2917(x_0+y_0+z_0) \\ 0,5417(x_0+y_0+z_0) \\ 0,1667(x_0+y_0+z_0) \end{pmatrix} \underset{\text{da } x_0+y_0+z_0=1}{=} \begin{pmatrix} 0,2917 \\ 0,5417 \\ 0,1667 \end{pmatrix}$

Alternative Lösung:
M ist eine stochastische Matrix mit lauter positiven Elementen. Daher ist Satz XIV.1(4) anwendbar. Dieser besagt, dass die Grenzmatrix für jeden Startvektor $\vec{v}_0$ gleich ist, nämlich gleich dem Fixvektor, der wiederum nach Satz XIV.1(3) mit den Spaltenvektoren der Grenzmatrix übereinstimmt.

16. a) M ist stochastisch, da die Elemente zwischen 0 und 1 liegen und die Spaltensummen 1 sind. 560

b)

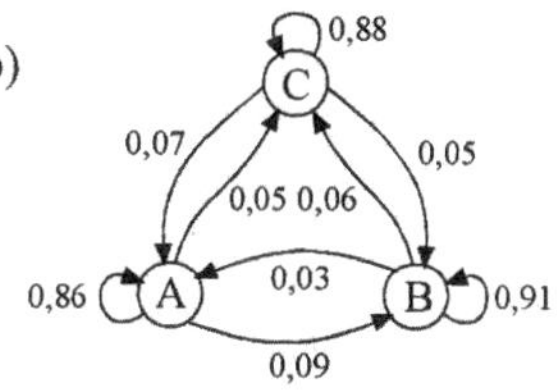

c) Juni: $\vec{v}_1 = M \cdot \vec{v}_0 = \begin{pmatrix} 0{,}86 & 0{,}03 & 0{,}07 \\ 0{,}09 & 0{,}91 & 0{,}05 \\ 0{,}05 & 0{,}06 & 0{,}88 \end{pmatrix} \cdot \begin{pmatrix} 19000 \\ 15000 \\ 16000 \end{pmatrix} = \begin{pmatrix} 17910 \\ 16160 \\ 15930 \end{pmatrix}$

Juli: $\vec{v}_2 = M^2 \cdot \vec{v}_0 = \begin{pmatrix} 17002{,}5 \\ 17114 \\ 15883{,}5 \end{pmatrix}$

August: $\vec{v}_3 = M^3 \cdot \vec{v}_0 = \begin{pmatrix} 16247{,}415 \\ 17898{,}14 \\ 15854{,}445 \end{pmatrix}$

d) Mai des Folgejahres: $\vec{v}_{12} = M^{12} \cdot \vec{v}_0 = \begin{pmatrix} 13243{,}5 \\ 20877{,}79 \\ 15878{,}71 \end{pmatrix}$

e) $\vec{v} \approx M^{100} \cdot \vec{v}_0 = \begin{pmatrix} 12580{,}65 \\ 21451{,}61 \\ 15967{,}74 \end{pmatrix} \Rightarrow$ A: 12580 Autos, B: 21451 Autos, C: 15967 Autos

17. a)

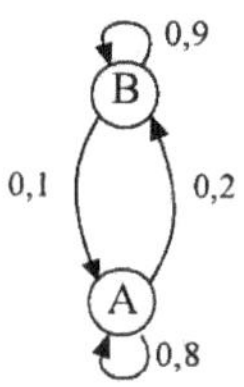

$M = \begin{matrix} & A & B \\ A & 0{,}8 & 0{,}1 \\ B & 0{,}2 & 0{,}9 \end{matrix}$ 561

b) $\vec{v}_0 = \begin{pmatrix} 27 \\ 9 \end{pmatrix}$, $\vec{v}_1 = M \cdot \vec{v}_0 = \begin{pmatrix} 22{,}5 \\ 13 \end{pmatrix}$

$\vec{v}_2 = M^2 \cdot \vec{v}_0 = \begin{pmatrix} 19{,}35 \\ 16{,}65 \end{pmatrix}$, $\vec{v}_3 = M^3 \cdot \vec{v}_0 = \begin{pmatrix} 17{,}145 \\ 18{,}855 \end{pmatrix}$

c) $\vec{v} = M^{\infty} \cdot \vec{v}_0 \approx M^{100} \cdot \vec{v}_0 = \begin{pmatrix} 12 \\ 24 \end{pmatrix} \Rightarrow$ A: 12Mio, B: 24Mio

d) $\vec{v}_0 = \begin{pmatrix} 36 \\ 0 \end{pmatrix} \Rightarrow \quad \vec{v} \approx M^{100} \cdot \vec{v}_0 = \begin{pmatrix} 12 \\ 24 \end{pmatrix}$

$\vec{v}_0 = \begin{pmatrix} 0 \\ 36 \end{pmatrix} \Rightarrow \quad \vec{v} \approx M^{100} \cdot \vec{v}_0 = \begin{pmatrix} 12 \\ 24 \end{pmatrix}$

Die langfristige Verteilung ist unabhängig von der Startverteilung, da M eine stochastische Matrix mit positiven Elementen ist.
Satz XIV.1(4)

18. a)

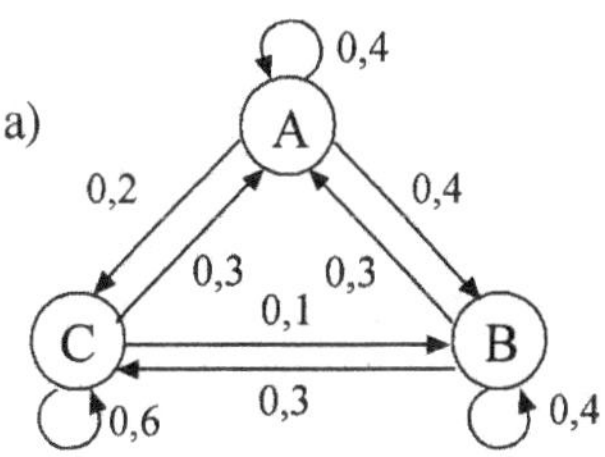

b) $M = \begin{matrix} & A & B & C \\ & 0{,}4 & 0{,}3 & 0{,}3 \\ & 0{,}4 & 0{,}4 & 0{,}1 \\ & 0{,}2 & 0{,}3 & 0{,}6 \end{matrix}$

c) $\vec{v}_0 = \begin{pmatrix} 0{,}25 \\ 0{,}35 \\ 0{,}40 \end{pmatrix}$, $\vec{v}_1 = M \cdot \vec{v}_0 = \begin{pmatrix} 0{,}325 \\ 0{,}28 \\ 0{,}395 \end{pmatrix}$

$\vec{v}_2 = M^2 \cdot \vec{v}_0 = \begin{pmatrix} 0{,}3325 \\ 0{,}2815 \\ 0{,}3860 \end{pmatrix}$

d) $\vec{v}_{12} = M^{12} \cdot \vec{v}_0 \approx \begin{pmatrix} 0{,}3333 \\ 0{,}2875 \\ 0{,}3810 \end{pmatrix} \Rightarrow$ A: 33,33%, B: 28,75%, C: 38,1%

Die Prognose ist nicht sehr realistisch, da das Wechselverhalten von Wählern über so lange Zeit nicht genügend konstant bleibt sondern von aktuellen Ereignissen abhängt.

e) $\vec{v}_0 = \begin{pmatrix} 0{,}05 \\ 0{,}35 \\ 0{,}60 \end{pmatrix}$, $\vec{v}_{12} = M^{12} \cdot \vec{v}_0 \approx \begin{pmatrix} 0{,}3333 \\ 0{,}2875 \\ 0{,}3810 \end{pmatrix}$

Die Prognose wäre die gleiche, da die Stabilisierung sehr schnell erfolgt.

561 19. a)

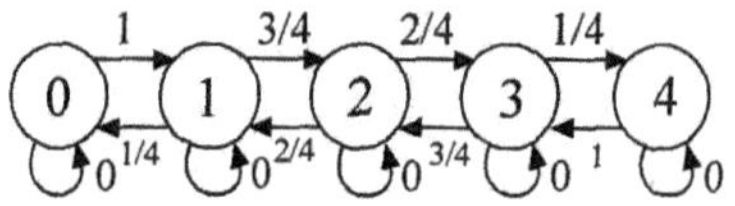

b) $M = \begin{array}{c} \\ 0\\1\\2\\3\\4 \end{array}\!\!\begin{array}{c} \begin{array}{ccccc} 0 & 1 & 2 & 3 & 4 \end{array} \\ \begin{pmatrix} 0 & 1/4 & 0 & 0 & 0 \\ 1 & 0 & 2/4 & 0 & 0 \\ 0 & 3/4 & 0 & 3/4 & 0 \\ 0 & 0 & 2/4 & 0 & 1 \\ 0 & 0 & 0 & 1/4 & 0 \end{pmatrix} \end{array}$ Startvektor: $\vec{v}_0 = \begin{pmatrix} 1\\0\\0\\0\\0 \end{pmatrix}$

M ist eine stochastische Matrix,da alle Elemente zwischen 0 und 1 liegen und die Spaltensummen alle gleich 1 sind.

c) $\vec{v}_1 = M \cdot \vec{v}_0 = \begin{pmatrix} 0\\1\\0\\0\\0 \end{pmatrix}, \vec{v}_2 = M^2 \cdot \vec{v}_0 = \begin{pmatrix} 0{,}25\\0\\0{,}75\\0\\0 \end{pmatrix}, \vec{v}_3 = M^3 \cdot \vec{v}_0 = \begin{pmatrix} 0\\0{,}625\\0\\0{,}375\\0 \end{pmatrix}, \vec{v}_{11} = M^{11} \cdot \vec{v}_0 = \begin{pmatrix} 0\\0{,}5005\\0{,}4995\\0\\0 \end{pmatrix}$

$\vec{v}_{12} = M^{12} \cdot \vec{v}_0 = \begin{pmatrix} 0{,}1251\\0\\0{,}75\\0\\0{,}1249 \end{pmatrix}, \quad \vec{v}_{13} = M^{13} \cdot \vec{v}_0 = \begin{pmatrix} 0\\0{,}5001\\0\\0{,}4999\\0 \end{pmatrix}, \quad \vec{v}_{14} = M^{14} \cdot \vec{v}_0 = \begin{pmatrix} 0{,}1250\\0\\0{,}75\\0\\0{,}1250 \end{pmatrix}$

d) Nach 10 Takten beträgt der Verteilungsvektor $\vec{v}_{10} = \begin{pmatrix} 0{,}125\\0\\0{,}75\\0\\0{,}125 \end{pmatrix}$.

Die Wahrscheinlichkeit für genau einen Engel beträgt also 0. Das heißt aber noch nicht, dass in der Praxis nicht doch ein Engel oben liegen kann. Aber das nebenstehende Diagramm zeigt, dass es sogar kombinatorisch unmöglich ist, dass nach 10 Sekunden genau ein Engel oben liegt sondern immer 4, 2 oder 0.

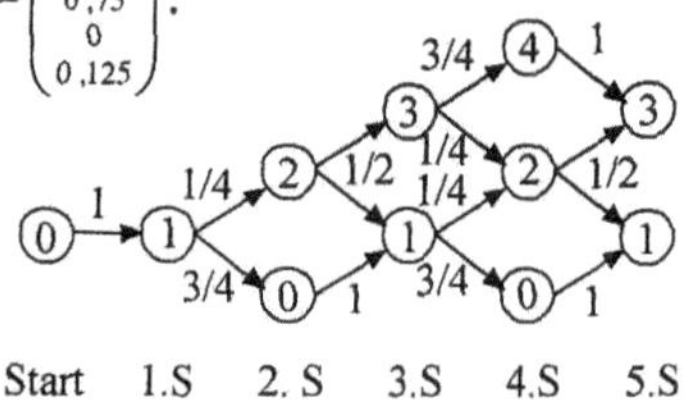

Nach der 10. Sekunde kann nur eine gerade Zahl von Engeln oben liegen, als0 4, 2 oder 0 Engel, aber niemals eine ungerade Zahl wie z.B. 3 oder 1 Engel.
Also ist es sogar unmöglich, dass nach 10 Sekunden genau 1 Engel oben liegt.

e) $M^{100} \approx \begin{pmatrix} 0{,}125 & 0 & 0{,}125 & 0 & 0{,}125 \\ 0 & 0{,}5 & 0 & 0{,}5 & 0 \\ 0{,}75 & 0 & 0{,}75 & 0 & 0{,}75 \\ 0 & 0{,}5 & 0 & 0{,}5 & 0 \\ 0{,}125 & 0 & 0{,}125 & 0 & 0{,}125 \end{pmatrix}, \quad M^{101} \approx \begin{pmatrix} 0 & 0{,}125 & 0 & 0{,}125 & 0 \\ 0{,}5 & 0 & 0{,}5 & 0 & 0{,}5 \\ 0 & 0{,}75 & 0 & 0{,}75 & 0 \\ 0{,}5 & 0 & 0{,}5 & 0 & 0{,}5 \\ 0 & 0{,}125 & 0 & 0{,}125 & 0 \end{pmatrix}, \quad M^{102} \approx \begin{pmatrix} 0{,}125 & 0 & 0{,}125 & 0 & 0{,}125 \\ 0 & 0{,}5 & 0 & 0{,}5 & 0 \\ 0{,}75 & 0 & 0{,}75 & 0 & 0{,}75 \\ 0 & 0{,}5 & 0 & 0{,}5 & 0 \\ 0{,}125 & 0 & 0{,}125 & 0 & 0{,}125 \end{pmatrix}$

Es kommt zu keiner Stabilisierung sondern die Potenzen von M fluktuieren.Satz XIV.1 ist nicht anwendbar, da M auch Nullen enthält und jede Potenz von M offenbar auch.

562 20. a) Alle Elemente von M liegen zwischen 0 und 1.
Die Spaltensummen von M sind alle gleich1.

b) $\vec{v}_0 = \begin{pmatrix} 0{,}60\\0{,}30\\0{,}10 \end{pmatrix}, \quad \vec{v}_1 = M \cdot \vec{v}_0 = \begin{pmatrix} 0{,}50\\0{,}36\\0{,}14 \end{pmatrix}, \quad \vec{v}_2 = M^2 \cdot \vec{v}_0 = \begin{pmatrix} 0{,}450\\0{,}388\\0{,}162 \end{pmatrix}, \quad \vec{v}_5 = M^5 \cdot \vec{v}_0 = \begin{pmatrix} 0{,}4250\\0{,}4004\\0{,}1746 \end{pmatrix}$

A: 50%	A: 45%	A: 42,5%
B: 36%	B: 38,8%	B: 40,04%
C: 14%	C: 16,2%	C: 17,46%

c) $\vec{v} = M^{\infty} \cdot \vec{v}_0 \approx M^{100} \cdot \vec{v}_0 = \begin{pmatrix} 0{,}4\\0{,}4\\0{,}2 \end{pmatrix} \Rightarrow W: 40\%, \quad G: 40\%, \quad S: 20\%$

d) $M = \begin{pmatrix} \boxed{0{,}8} & 0{,}2 & \boxed{0{,}1} \\ \boxed{0{,}1} & 0{,}8 & 0 \\ 0{,}1 & 0 & \boxed{0{,}9} \end{pmatrix}$

Erklärung:
Der Übergang von Wiese in Gestrüpp wird auf 10% verringert. 562
Der Übergang Wiese zu Wiese steigt daher auf 80%.
Der Übergang von Sumpf in Wiese wird auf 10% verringert.
Der Übergang Sumpf/Sumpf steigt daher auf 90%.

$$\vec{v}_5 = M^5 \cdot \vec{v}_0 = \begin{pmatrix} 0{,}4581 \\ 0{,}2704 \\ 0{,}2715 \end{pmatrix}, \quad \vec{v}_{10} = M^{10} \cdot \vec{v}_0 = \begin{pmatrix} 0{,}4237 \\ 0{,}2359 \\ 0{,}3404 \end{pmatrix}, \quad \vec{v} = M^{\infty} \cdot \vec{v}_0 \approx M^{100} \cdot \vec{v}_0 = \begin{pmatrix} 0{,}4 \\ 0{,}2 \\ 0{,}4 \end{pmatrix}$$

Der Sumpf profitiert von der Maßnahme auf Kosten des Gestrüpps.

21. a)

nach/von	DD	DB	BE
DD	0,70	0,30	0,40
DB	0,10	0,50	0,10
BE	0,20	0,20	0,50

$M = \begin{pmatrix} 0{,}7 & 0{,}3 & 0{,}4 \\ 0{,}1 & 0{,}5 & 0{,}1 \\ 0{,}2 & 0{,}2 & 0{,}5 \end{pmatrix}$

b) $\vec{v}_0 = \begin{pmatrix} 0{,}43 \\ 0{,}22 \\ 0{,}35 \end{pmatrix}, \quad \vec{v}_1 = M \cdot \vec{v}_0 = \begin{pmatrix} 0{,}507 \\ 0{,}188 \\ 0{,}305 \end{pmatrix}, \quad \vec{v}_3 = M^3 \cdot \vec{v}_0 = \begin{pmatrix} 0{,}5425 \\ 0{,}1701 \\ 0{,}2875 \end{pmatrix}, \quad \vec{v}_5 = M^5 \cdot \vec{v}_0 = \begin{pmatrix} 0{,}5469 \\ 0{,}1672 \\ 0{,}2859 \end{pmatrix}$

c) $\vec{v} = M^{\infty} \cdot \vec{v}_0 \approx M^{100} \cdot \vec{v}_0 \approx \begin{pmatrix} 0{,}5476 \\ 0{,}1667 \\ 0{,}2857 \end{pmatrix} \Rightarrow$ DD:54,76%, DB:16,67%, BE:28,57%

d) $M = \begin{pmatrix} 0{,}7 & 0{,}3 & 0{,}2 \\ 0{,}1 & 0{,}5 & 0{,}05 \\ 0{,}2 & 0{,}2 & 0{,}75 \end{pmatrix}$

Nur noch 20% gehen zur DD-Bank über.
Nur noch 5% gehen zur DB-Bank über.
75% bleiben bei der BE-Bank.

$\vec{v} = M^{\infty} \cdot \vec{v}_0 \approx M^{100} \cdot \vec{v}_0 \approx \begin{pmatrix} 0{,}4259 \\ 0{,}1296 \\ 0{,}4444 \end{pmatrix} \Rightarrow$ DD:42,59%, DB:12,96%, BE:44,44%

e) $\vec{v}_{-1} = \begin{pmatrix} 0{,}2 \\ 0{,}3 \\ 0{,}5 \end{pmatrix}, \quad M \cdot \vec{v}_{-1} = \begin{pmatrix} 0{,}43 \\ 0{,}22 \\ 0{,}35 \end{pmatrix} = \vec{v}_0$

f) 1. Übergangsmatrix: $M = \begin{pmatrix} 0{,}7 & 0{,}5 \\ 0{,}3 & 0{,}5 \end{pmatrix}$

2. $\vec{v}_0 = \begin{pmatrix} 0{,}6 \\ 0{,}4 \end{pmatrix}, \quad \vec{v}_1 = M \cdot \vec{v}_0 = \begin{pmatrix} 0{,}62 \\ 0{,}38 \end{pmatrix}, \quad \vec{v}_3 = M^3 \cdot \vec{v}_0 = \begin{pmatrix} 0{,}6248 \\ 0{,}3752 \end{pmatrix}, \quad \vec{v}_5 = M^5 \cdot \vec{v}_0 = \begin{pmatrix} 0{,}625 \\ 0{,}375 \end{pmatrix}$

3. $\vec{v} = M^{\infty} \cdot \vec{v}_0 \approx M^{100} \cdot \vec{v}_0 = \begin{pmatrix} 0{,}625 \\ 0{,}375 \end{pmatrix} \Rightarrow$ DD:62,5%, DB:37,5%

22. a) 563

nach/von	F	H
F	0,7	0,2
H	0,3	0,8

$M = \begin{pmatrix} 0{,}7 & 0{,}2 \\ 0{,}3 & 0{,}8 \end{pmatrix}$

$\vec{v}_0 = \begin{pmatrix} 0{,}6 \\ 0{,}4 \end{pmatrix}, \quad \vec{v}_1 = M \cdot \vec{v}_0 = \begin{pmatrix} 0{,}5 \\ 0{,}5 \end{pmatrix}$ Trend zu McHunger

$\vec{v} = M^{\infty} \cdot \vec{v}_0 \approx M^{100} \cdot \vec{v}_0 = \begin{pmatrix} 0{,}4 \\ 0{,}6 \end{pmatrix} \Rightarrow$ F : 40%, H : 60%

Das Verhältnis der Gastzahlen dreht sich im Endeffekt um.

b)

nach/von	F	H	A
F	0,6	0,2	0,1
H	0,3	0,7	0,3
A	0,1	0,1	0,6

$M = \begin{pmatrix} 0{,}6 & 0{,}2 & 0{,}1 \\ 0{,}3 & 0{,}7 & 0{,}3 \\ 0{,}1 & 0{,}1 & 0{,}6 \end{pmatrix}$

$\vec{v}_0 = \begin{pmatrix} 0{,}6 \\ 0{,}4 \\ 0 \end{pmatrix}, \quad \vec{v} = M^{\infty} \cdot \vec{v}_0 \approx M^{100} \cdot \vec{v}_0 = \begin{pmatrix} 0{,}3 \\ 0{,}5 \\ 0{,}2 \end{pmatrix} \Rightarrow$ F : 30%, H : 50%, A : 20%

Sowohl LaFille als auch McHunger müssen Stammgäste an PizAria abgeben.

563 23. a) Erläuterung: Die roten Blumen halten bei Generationenwechsel zur Hälfte ihre Farbe. 20% wechseln aber auf gelb und 30% auf blau, ect.

$$M = \begin{pmatrix} 0{,}5 & 0{,}2 & 0{,}3 \\ 0{,}2 & 0{,}6 & 0{,}3 \\ 0{,}3 & 0{,}2 & 0{,}4 \end{pmatrix}$$

b) $\vec{v}_0 = \begin{pmatrix} 0{,}5 \\ 0{,}3 \\ 0{,}2 \end{pmatrix}, \quad \vec{v}_1 = M \cdot \vec{v}_0 = \begin{pmatrix} 0{,}37 \\ 0{,}34 \\ 0{,}29 \end{pmatrix} \Rightarrow \; R: 37\%, \quad G: 34\%, \quad B: 29\%$

$$\vec{v}_2 = M^2 \cdot \vec{v}_0 = \begin{pmatrix} 0{,}340 \\ 0{,}365 \\ 0{,}295 \end{pmatrix} \Rightarrow \; R: 34\%, \quad G: 36{,}5\%, \quad B: 29{,}5\%$$

c) Ansatz: $M \cdot \vec{v} = \vec{v}$ mit $\vec{v} = \begin{pmatrix} x \\ y \\ z \end{pmatrix}$ und $x + y + z = 1$

$$\begin{array}{lrrrcl} \text{I} & 0{,}5x & +0{,}2y & +0{,}3z & = & x \\ \text{II} & 0{,}2x & +0{,}6y & +0{,}3z & = & y \\ \text{III} & 0{,}3x & +0{,}2y & +0{,}4z & = & z \\ \text{IV} & x & +y & +z & = & 1 \end{array} \Rightarrow \begin{array}{lrrrcl} \text{I} & -0{,}5x & +0{,}2y & +0{,}3z & = & 0 \\ \text{II} & 0{,}2x & -0{,}4y & +0{,}3z & = & 0 \\ \text{IV} & x & +y & +z & = & 1 \end{array} \Rightarrow \begin{array}{ll} x \approx 0{,}3272 & R{:}32{,}72\% \\ y \approx 0{,}3818 & G{:}38{,}18\% \\ z \approx 0{,}2909 & B{:}29{,}09\% \end{array}$$

alternative Lösung mit der Grenzmatrix: $\vec{v} = M^{\infty} \cdot \vec{v}_0 \approx M^{100} \cdot \vec{v}_0 \approx \begin{pmatrix} 0{,}3273 \\ 0{,}3818 \\ 0{,}2909 \end{pmatrix}$

d) $\vec{v}_0 = \begin{pmatrix} 0{,}35 \\ 0{,}35 \\ 0{,}30 \end{pmatrix}, \quad \vec{v}_{-2} = \begin{pmatrix} 0{,}60 \\ 0{,}20 \\ 0{,}20 \end{pmatrix} \Rightarrow \; M \cdot \vec{v}_{-2} = \begin{pmatrix} 0{,}40 \\ 0{,}30 \\ 0{,}30 \end{pmatrix}, \quad M^2 \cdot \vec{v}_{-2} = \begin{pmatrix} 0{,}35 \\ 0{,}35 \\ 0{,}30 \end{pmatrix}$

$\vec{v}_{-2}$ führt in 2 Jahren zu $\vec{v}_0$.

e) $N = \begin{array}{c} \\ R \\ G \\ B \end{array} \begin{array}{c} \begin{array}{ccc} R & G & B \end{array} \\ \begin{pmatrix} 0{,}5 & \boxed{0} & 0{,}3 \\ 0{,}2 & \boxed{0{,}2} & 0{,}3 \\ 0{,}3 & \boxed{0{,}8} & 0{,}4 \end{pmatrix} \end{array}, \quad \vec{v} = N^{\infty} \cdot \vec{v}_0 \approx N^{100} \cdot \vec{v}_0 \approx \begin{pmatrix} 0{,}2824 \\ 0{,}2470 \\ 0{,}4706 \end{pmatrix}$

$\Rightarrow R: 28{,}24\%, \quad G: 24{,}2\%, \quad B: 47{,}06\%$

Blau gewinnt, Gelb büßt stark ein, verschwindet aber nicht. Rot büßt ebenfalls ein.

564 24. a)

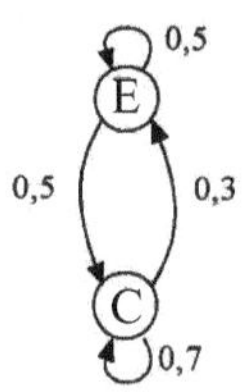

nach/von	C	E
C	0,7	0,5
E	0,3	0,5

$M = \begin{pmatrix} 0{,}7 & 0{,}5 \\ 0{,}3 & 0{,}5 \end{pmatrix}$

b) $\vec{v}_1 = M \cdot \vec{v}_0 = \begin{pmatrix} 1{,}2 \\ 0{,}8 \end{pmatrix}, \quad \vec{v}_2 = M^2 \cdot \vec{v}_0 = \begin{pmatrix} 1{,}24 \\ 0{,}76 \end{pmatrix}, \quad \vec{v}_3 = M^3 \cdot \vec{v}_0 = \begin{pmatrix} 1{,}248 \\ 0{,}752 \end{pmatrix}$

C: 1,2 Liter C: 1,24 Liter C: 1,248 Liter

c) Lösung 1: Die Rechnung aus b) deutet schon an, dass C langfristig den Inhalt 1,25 Liter und E den Inhalt 0,75 Liter haben wird.

Lösung 2: $\vec{v} = M^{\infty} \cdot \vec{v}_0 \approx M^{100} \cdot \vec{v}_0 = \begin{pmatrix} 1{,}25 \\ 0{,}75 \end{pmatrix}$

24. d) 1. Colamenge in Behälter C: 564

$$1\cdot 0{,}7 + 0\cdot 0{,}5 = 0{,}7\,\text{Liter}$$
$$0{,}7\cdot 0{,}7 + 0{,}3\cdot 0{,}5 = 0{,}64\,\text{Liter}$$
$$0{,}64\cdot 0{,}7 + 0{,}36\cdot 0{,}5 = 0{,}628\,\text{Liter}$$

2. Lösungsweg 1: Die Beispielrechnungen deuten an, dass die Colamenge in C langfristig gegen 0,625 Liter strebt.
Lösungsweg 2: Langfristig durchmischen sich die Flüssigkeiten vollständig. Dann ist die Hälfte des Inhalts von C Cola, also 0,625 Liter.

25. a)

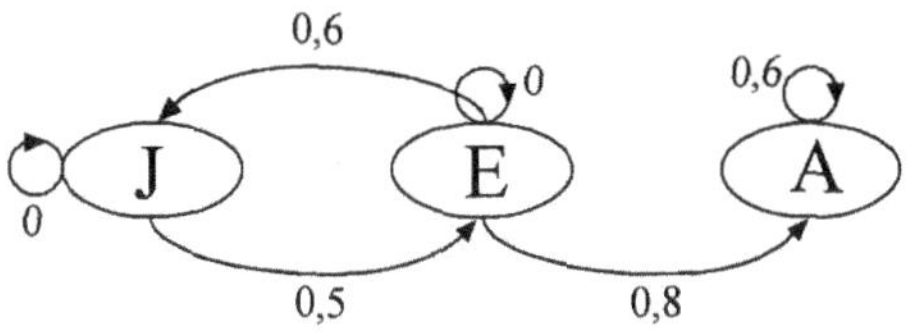

b)

nach/von	J	E	A
J	0	0,6	0
E	0,5	0	0
A	0	0,8	0,6

$M = \begin{pmatrix} 0 & 0{,}6 & 0 \\ 0{,}5 & 0 & 0 \\ 0 & 0{,}8 & 0{,}6 \end{pmatrix}$

M ist keine stochastische Matrix, da die Spaltensummen nicht 1 betragen.

c) $\vec{v}_0 = \begin{pmatrix} 40 \\ 100 \\ 60 \end{pmatrix}$, $\vec{v}_1 = M\cdot\vec{v}_0 = \begin{pmatrix} 60 \\ 20 \\ 116 \end{pmatrix}$, $\vec{v}_2 = M^2\cdot\vec{v}_0 = \begin{pmatrix} 12 \\ 30 \\ 85{,}6 \end{pmatrix}$, $\vec{v}_3 = M^3\cdot\vec{v}_0 = \begin{pmatrix} 18 \\ 6 \\ 75{,}4 \end{pmatrix}$

Gesamtzahl der Vögel: $z_0 = 200$, $z_1 = 196$, $z_2 \approx 128$, $z_3 \approx 99$

Die Kolonie schrumpft stark und würde aussterben.

d) $M = \begin{pmatrix} 0 & \boxed{2{,}1} & 0 \\ 0{,}5 & 0 & 0 \\ 0 & 0{,}8 & 0{,}6 \end{pmatrix}$, $\boxed{2{,}1}$ gesteigerte Nachwuchsrate

$\vec{v}_1 = \begin{pmatrix} 110 \\ 20 \\ 116 \end{pmatrix}$, $\vec{v}_2 = \begin{pmatrix} 42 \\ 105 \\ 85{,}6 \end{pmatrix}$, $\vec{v}_3 = \begin{pmatrix} 220{,}5 \\ 21 \\ 135{,}6 \end{pmatrix}$

Gesamtzahl der Vögel: $z_0 = 200$, $z_1 = 246$, $z_2 \approx 233$, $z_3 \approx 377$

Die Kolonie wächst fluktuierend an. Sie würde langfristig alle Grenzen übersteigen.

e) $M = \begin{pmatrix} 0 & \boxed{2} & 0 \\ 0{,}5 & 0 & 0 \\ 0 & 0{,}8 & 0{,}6 \end{pmatrix}$, $\boxed{2}$ auf 2 eingestellte Nachwuchsrate

$\vec{v}_1 = \begin{pmatrix} 200 \\ 100 \\ 110 \end{pmatrix}$, $\vec{v}_2 = \begin{pmatrix} 40 \\ 100 \\ 85{,}6 \end{pmatrix}$, $\vec{v}_3 = \begin{pmatrix} 200 \\ 20 \\ 131{,}4 \end{pmatrix}$, $\vec{v}_4 = \begin{pmatrix} 40 \\ 100 \\ 94{,}8 \end{pmatrix}$, $\vec{v}_5 = \begin{pmatrix} 200 \\ 20 \\ 136{,}9 \end{pmatrix}$

$\vec{v}_{10} = \begin{pmatrix} 40 \\ 100 \\ 99{,}8 \end{pmatrix}$, $\vec{v}_{11} = \begin{pmatrix} 200 \\ 20 \\ 139{,}9 \end{pmatrix}$, $\vec{v}_{12} = \begin{pmatrix} 40 \\ 100 \\ 99{,}9 \end{pmatrix}$, $\vec{v}_{13} = \begin{pmatrix} 200 \\ 20 \\ 139{,}9 \end{pmatrix}$

Gesamtzahl der Vögel:

$z_0 = 200$, $z_1 = 410$, $z_2 \approx 226$, $z_3 \approx 351$, $z_4 \approx 235$, $z_5 \approx 357$
$z_{10} = 240$, $z_{11} = 360$, $z_{12} \approx 240$, $z_{13} \approx 360$

Die Verteilungsvektoren stabilisieren sich fluktuierend auf $\begin{pmatrix} 40 \\ 100 \\ 100 \end{pmatrix}$ bzw. $\begin{pmatrix} 200 \\ 20 \\ 140 \end{pmatrix}$.

Die Zahl der Vögel schankt schließlich zwischen 240 und 360.

564 25. f) Hier stirbt die Population trotz der optimal verbesserten Überlebensrate der erwachsenen Vögel aus, weil deren Nachwuchsrate von 1,25 nicht ausreicht. Das Produkt aus Überlebensrate der Jungtiere (0,5) und Nachwuchsrate der erwachsenen Tiere (1,25) ist kleiner als 1 und damit nicht ausreichend für das Überleben, für welches das Produkt 1 oder größer als 1 sein muss.
Die Berechnung der Grenzmatrix zeigt dies auch:

$$M = \begin{pmatrix} 0 & 1{,}25 & 0 \\ 0{,}5 & 0 & 0 \\ 0 & 1 & 0 \end{pmatrix}, \quad M^{\infty} \approx M^{100} \approx \begin{pmatrix} 6\cdot 10^{-11} & 0 & 0 \\ 0 & 6\cdot 10^{-11} & 0 \\ 5\cdot 10^{-11} & 0 & 0 \end{pmatrix}$$

565 26. a) $M = \begin{matrix} & K & E & V \\ K & 0{,}6 & 0{,}1 & 0{,}1 \\ E & 0{,}2 & 0{,}5 & 0{,}3 \\ V & 0{,}2 & 0{,}4 & 0{,}6 \end{matrix}$

M ist eine stochastische Matrix, da alle Elemente zwischen 0 und 1 liegen und die Spaltensummen gleich 1 sind.

b) $\vec{v}_0 = \begin{pmatrix} 800 \\ 400 \\ 300 \end{pmatrix}$, 2017: $\vec{v}_3 = M^3 \cdot \vec{v}_0 = \begin{pmatrix} 362{,}5 \\ 504{,}5 \\ 633 \end{pmatrix} \Rightarrow$ K : 363, E : 505, V : 633

2021: $\vec{v}_7 = M^7 \cdot \vec{v}_0 = \begin{pmatrix} 303{,}9 \\ 523{,}7 \\ 672{,}4 \end{pmatrix} \Rightarrow$ K : 304, E : 524, V : 672

$\vec{v} = M^{\infty} \cdot \vec{v}_0 \approx M^{100} \cdot \vec{v}_0 = \begin{pmatrix} 300 \\ 525 \\ 675 \end{pmatrix} \Rightarrow$ K : 300, E : 525, V : 675

Da das Übergangsverhalten bei diesem Prozess stark an persönliche Meinungen der Mitglieder und modischen Strömungen abhängt, wird es nicht genügend gleichmäßig sein, um langfristige Vorhersagen machen zu können.

c) Veränderungen im Verhalten der Mitglieder:
Die Mitglieder der Gruppe K tendieren stärker als vorher dazu, eine Lesung zu besuchen. Die Mitglieder der Gruppe E können weniger oft als vorher für eine zweite Lesung gewonnenn werden. Die Mitglieder der Gruppe V tendieren verstärkt dazu auch in der Folgeperiode mehrere Lesungen zu besuchen.

d) Die Matrix unterscheidet sich von der Matrix M nur in der ersten Spalte. Von K nach K wechseln 10% = 0,1, von K nach E der unbekannte Anteil t, von K nach V der Rest 1−0,1−t = 0,9−t.

e) Die neue Matrix wird beim Übergang von 2014 nach 2015 angewandt.

Ansatz: $\vec{v}_1 = T \cdot \vec{v}_0 = \begin{pmatrix} 0{,}1 & 0{,}1 & 0{,}1 \\ t & 0{,}5 & 0{,}3 \\ 0{,}9-t & 0{,}4 & 0{,}6 \end{pmatrix} \cdot \begin{pmatrix} 800 \\ 400 \\ 300 \end{pmatrix} = \begin{pmatrix} 80+40+30 \\ 800t+200+90 \\ 720-800t+160+180 \end{pmatrix} = \begin{pmatrix} 150 \\ 800t+290 \\ 1060-800t \end{pmatrix}$

Da 610 Personen an genau einer Lesung teilnehmen, gilt:

$$\begin{aligned} 800t + 290 &= 610 \\ 800t &= 620 \\ t &= 0{,}4 \end{aligned} \quad \Rightarrow \quad T = \begin{pmatrix} 0{,}1 & 0{,}1 & 0{,}1 \\ 0{,}4 & 0{,}5 & 0{,}3 \\ 0{,}5 & 0{,}4 & 0{,}6 \end{pmatrix}$$

27. a)

nach/von	B	H	O
B	0,8	0,2	0,2
H	0,1	0,6	0,3
O	0,1	0,2	0,5

$\Rightarrow$

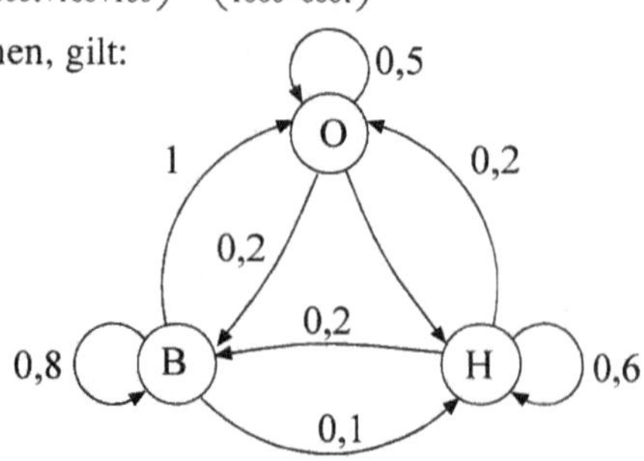

Übergangstabelle Übergangsgraph

b) $\vec{v}_0 = \begin{pmatrix} 50\% \\ 30\% \\ 20\% \end{pmatrix} = \begin{pmatrix} 0{,}5 \\ 0{,}3 \\ 0{,}2 \end{pmatrix}$ Startzustand (Mai) 565

Juni: $\vec{v}_1 = M \cdot \vec{v}_0 = \begin{pmatrix} 0{,}50 \\ 0{,}29 \\ 0{,}21 \end{pmatrix}$, B: 50%, H: 29%, O: 21%

Juli: $\vec{v}_2 = M^2 \cdot \vec{v}_0 = \begin{pmatrix} 0{,}50 \\ 0{,}287 \\ 0{,}213 \end{pmatrix}$, B: 50%, H: 28,7%, O: 21,3%

Dez.: $\vec{v}_7 = M^7 \cdot \vec{v}_0 = \begin{pmatrix} 0{,}50 \\ 0{,}2857 \\ 0{,}2143 \end{pmatrix}$, B: 50%, H: 28,57%, O: 21,43%

c) $M^5 = \begin{pmatrix} 0{,}5839 & 0{,}4611 & 0{,}4611 \\ 0{,}2599 & 0{,}3126 & 0{,}3101 \\ 0{,}2012 & 0{,}2263 & 0{,}2288 \end{pmatrix}$

Das Element $m_{21} = 0{,}2599$ gibt an, welcher Anteil nach 5 Tagen von Baumarkt B zu Baumarkt H gewechselt ist. Das sind 25,99%. Also wechseln von Mai bis Oktober 25,99% des ursprünglichen Kundenanteils von Baumarkt B hin zu Baumarkt H.

d) Die Spaltensumme 1 bedeutet, dass Kundenübergänge des im Spaltenkopf genannten Baumarktes nur zu den beiden anderen Baumärkten vorkommen, nicht aber zu Dritten.

e) Methode 1: Grenzmatrix $M^\infty \approx M^{100} \approx \begin{pmatrix} 0{,}5 & 0{,}5 & 0{,}5 \\ 0{,}2857 & 0{,}2857 & 0{,}2857 \\ 0{,}2143 & 0{,}2143 & 0{,}2143 \end{pmatrix}$

Die Spalten der Grenzmatrix sind identisch. Sie geben die stabile Grenzverteilung an. Langfristig entsteht folgende stabile Verteilung: B: 50% , H: 28,57% , O: 21,43%

Methode 2: Stabiler Zustandvektor $\vec{v}$

Ansatz: $M \cdot \vec{v} = \vec{v}$ mit $\vec{v} = \begin{pmatrix} x \\ y \\ z \end{pmatrix}$ und $x + y + z = 1$

$$M \cdot \begin{pmatrix} x \\ y \\ z \end{pmatrix} = \begin{pmatrix} x \\ y \\ z \end{pmatrix} \quad \text{mit } x + y + z = 1$$

$$\begin{pmatrix} 0{,}8 & 0{,}2 & 0{,}2 \\ 0{,}1 & 0{,}6 & 0{,}3 \\ 0{,}1 & 0{,}2 & 0{,}5 \end{pmatrix} \cdot \begin{pmatrix} x \\ y \\ z \end{pmatrix} = \begin{pmatrix} x \\ y \\ z \end{pmatrix} \Rightarrow \begin{array}{llll} \text{I} & 0{,}8x & +0{,}2y & +0{,}2z = x \\ \text{II} & 0{,}1x & +0{,}6y & +0{,}3z = y \\ \text{III} & 0{,}1x & +0{,}2y & +0{,}5z = z \\ \text{IV} & x & +y & +z = 1 \end{array}$$

$$\Rightarrow \begin{array}{llll} \text{I} & -0{,}2x & +0{,}2y & +0{,}2z = x \\ \text{II} & 0{,}1x & -0{,}4y & +0{,}3z = y \\ \\ \text{IV} & x & +y & +z = 1 \end{array} \Rightarrow \begin{array}{l} x = 0{,}5 \\ y = 0{,}2857 \\ z = 0{,}2143 \end{array}$$

stabile Grenzverteilung: B: 50% , H: 28,57% , O: 21,43%

f) $M_{NEU} \cdot \begin{pmatrix} 20000 \\ 15000 \\ 10000 \end{pmatrix} = \begin{pmatrix} 22000 \\ 18000 \\ 5000 \end{pmatrix}$

$$\begin{pmatrix} 0{,}8 & 0{,}2 & a \\ 0{,}1 & 0{,}6 & b \\ 0{,}1 & 0{,}2 & 1-a-b \end{pmatrix} \cdot \begin{pmatrix} 20000 \\ 15000 \\ 10000 \end{pmatrix} = \begin{pmatrix} 22000 \\ 18000 \\ 5000 \end{pmatrix} \Rightarrow \begin{array}{l} a = 0{,}3 \\ b = 0{,}7 \end{array} \Rightarrow M_{NEU} = \begin{pmatrix} 0{,}8 & 0{,}2 & 0{,}3 \\ 0{,}1 & 0{,}6 & 0{,}7 \\ 0{,}1 & 0{,}2 & 0 \end{pmatrix}$$

568 28. a) 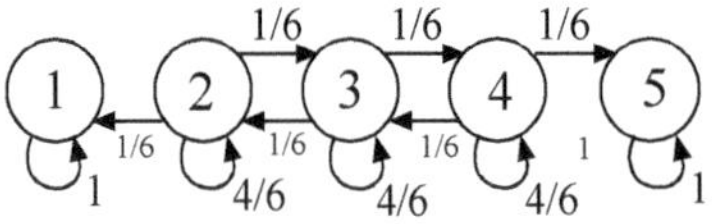

$\Rightarrow \quad M = \begin{pmatrix} 1 & 1/6 & 0 & 0 & 0 \\ 0 & 4/6 & 1/6 & 0 & 0 \\ 0 & 1/6 & 4/6 & 1/6 & 0 \\ 0 & 0 & 1/6 & 4/6 & 0 \\ 0 & 0 & 0 & 1/6 & 1 \end{pmatrix}$

b) $\vec{v}_0 = \begin{pmatrix} 0 \\ 0 \\ 1 \\ 0 \\ 0 \end{pmatrix}$ c) $\vec{v}_2 = M^2 \cdot \vec{v}_0 = \begin{pmatrix} 1/36 \\ 8/36 \\ 18/36 \\ 8/36 \\ 1/36 \end{pmatrix} \approx \begin{pmatrix} 0{,}0278 \\ 0{,}2222 \\ 0{,}5 \\ 0{,}2222 \\ 0{,}0278 \end{pmatrix}$ d) $\vec{v}_{10} = M^{10} \cdot \vec{v}_0 \approx \begin{pmatrix} 0{,}2840 \\ 0{,}1265 \\ 0{,}1791 \\ 0{,}1265 \\ 0{,}2840 \end{pmatrix}$

e) $\vec{v} = M^{\infty} \cdot \vec{v}_0 \approx M^{100} \cdot \vec{v}_0 \approx \begin{pmatrix} 0{,}5 \\ 0 \\ 0 \\ 0 \\ 0{,}5 \end{pmatrix}$ f) $\vec{v}_0 = \begin{pmatrix} 0 \\ 1 \\ 0 \\ 0 \\ 0 \end{pmatrix} \Rightarrow \vec{v} = M^{\infty} \cdot \vec{v}_0 \approx M^{100} \cdot \vec{v}_0 \approx \begin{pmatrix} 0{,}75 \\ 0 \\ 0 \\ 0 \\ 0{,}25 \end{pmatrix}$

g) $\vec{v}_0 = \begin{pmatrix} 0 \\ 0 \\ 0 \\ 1 \\ 0 \end{pmatrix} \Rightarrow \vec{v} = M^{\infty} \cdot \vec{v}_0 \approx M^{100} \cdot \vec{v}_0 \approx \begin{pmatrix} 0{,}25 \\ 0 \\ 0 \\ 0 \\ 0{,}75 \end{pmatrix}$ h) $M^{\infty} \approx M^{100} \approx \begin{pmatrix} 1 & 0{,}75 & 0{,}5 & 0{,}25 & 0 \\ 0 & 0 & 0 & 0 & 0 \\ 0 & 0 & 0 & 0 & 0 \\ 0 & 0 & 0 & 0 & 0 \\ 0 & 0{,}25 & 0{,}5 & 0{,}75 & 1 \end{pmatrix}$

29. a) Vermögen: 0 bis 4 Euro 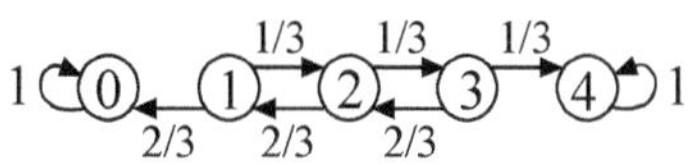

b) $M = \begin{array}{c} \\ 0 \\ 1 \\ 2 \\ 3 \\ 4 \end{array} \begin{array}{c} \begin{array}{ccccc} 0 & 1 & 2 & 3 & 4 \end{array} \\ \begin{pmatrix} 1 & 2/3 & 0 & 0 & 0 \\ 0 & 0 & 2/3 & 0 & 0 \\ 0 & 1/3 & 0 & 2/3 & 0 \\ 0 & 0 & 1/3 & 0 & 0 \\ 0 & 0 & 0 & 1/3 & 1 \end{pmatrix} \end{array}$ c) $M \cdot \begin{pmatrix} 0 \\ 0 \\ 0 \\ 1 \\ 0 \end{pmatrix} \approx \begin{pmatrix} 0 \\ 0 \\ 2/3 \\ 0 \\ 1/3 \end{pmatrix}$, langfristig: $M^{100} \cdot \begin{pmatrix} 0 \\ 0 \\ 0 \\ 1 \\ 0 \end{pmatrix} = \begin{pmatrix} 0{,}53 \\ 0 \\ 0 \\ 0 \\ 0{,}47 \end{pmatrix}$

d) $\vec{v}_0 = \begin{pmatrix} 0 \\ 0 \\ 1 \\ 0 \\ 0 \end{pmatrix} \Rightarrow \vec{v}_2 = M^2 \cdot \vec{v}_0 = \begin{pmatrix} 0{,}44 \\ 0 \\ 0{,}44 \\ 0 \\ 0{,}11 \end{pmatrix}$, $\vec{v} = M^{\infty} \cdot \vec{v}_0 \approx M^{100} \cdot \vec{v}_0 \approx \begin{pmatrix} 0{,}8 \\ 0 \\ 0 \\ 0 \\ 0{,}2 \end{pmatrix}$

e) $\vec{v}_0 = \begin{pmatrix} 0 \\ 1 \\ 0 \\ 0 \\ 0 \end{pmatrix} \Rightarrow \vec{v}_5 = M^5 \cdot \vec{v}_0 \approx \begin{pmatrix} 0{,}88 \\ 0 \\ 0{,}07 \\ 0 \\ 0{,}05 \end{pmatrix}$, $\vec{v} = M^{\infty} \cdot \vec{v}_0 \approx M^{100} \cdot \vec{v}_0 \approx \begin{pmatrix} 0{,}93 \\ 0 \\ 0 \\ 0 \\ 0{,}07 \end{pmatrix}$

f) $M^{\infty} \approx M^{100} \approx \begin{pmatrix} 1 & 0{,}93 & 0{,}8 & 0{,}53 & 0 \\ 0 & 0 & 0 & 0 & 0 \\ 0 & 0 & 0 & 0 & 0 \\ 0 & 0 & 0 & 0 & 0 \\ 0 & 0{,}07 & 0{,}2 & 0{,}47 & 1 \end{pmatrix}$

g) Beim Start von jedem inneren Zustand ist das Risiko, auf 0 Euro abzusacken, größer als die Chance, auf 4 Euro aufzusteigen.

30. a) $M = \begin{array}{c} \\ 1 \\ 2 \\ 3 \\ 4 \\ 5 \end{array} \begin{array}{c} \begin{array}{ccccc} 1 & 2 & 3 & 4 & 5 \end{array} \\ \begin{pmatrix} 0 & 0{,}2 & 0{,}25 & 0 & 0 \\ 0{,}25 & 0 & 0{,}5 & 0 & 0 \\ 0{,}75 & 0{,}6 & 0 & 0 & 0 \\ 0 & 0{,}2 & 0 & 1 & 0 \\ 0 & 0 & 0{,}25 & 0 & 1 \end{pmatrix} \end{array}$ 569

b) Position 1: $\vec{v}_0 = \begin{pmatrix} 1 \\ 0 \\ 0 \\ 0 \\ 0 \end{pmatrix} \Rightarrow \vec{v}_3 = M^3 \cdot \vec{v}_0 \approx \begin{pmatrix} 0{,}1125 \\ 0{,}1344 \\ 0{,}4031 \\ 0{,}125 \\ 0{,}225 \end{pmatrix}$

Sie übersteht bis hierhin, wenn sie nicht in die Position 4 und 5 gerät, also mit der Wahrscheinlichkeit von 65%.

30. b) Position 2: $\vec{v}_0 = \begin{pmatrix} 0 \\ 1 \\ 0 \\ 0 \\ 0 \end{pmatrix} \Rightarrow \vec{v}_3 = M^3 \cdot \vec{v}_0 \approx \begin{pmatrix} 0{,}1075 \\ 0{,}1125 \\ 0{,}3225 \\ 0{,}27 \\ 0{,}1875 \end{pmatrix}$

Sie übersteht bis hierhin mit einer Wahrscheinlichkeit von 54,25%.

c) $\vec{v}_0 = \begin{pmatrix} 1 \\ 0 \\ 0 \\ 0 \\ 0 \end{pmatrix} \Rightarrow \vec{v} = M^{\infty} \cdot \vec{v}_0 \approx M^{100} \cdot \vec{v}_0 \approx \begin{pmatrix} 0 \\ 0 \\ 0 \\ 0{,}3571 \\ 0{,}6429 \end{pmatrix}$

Sie wird mit 35,71% Wahrscheinlichkeit vom Bären 4 und mit 64,29% vom Bären 5 gefangen, wenn sie in 1 startet.

d) $M^{2000} \cdot \vec{v}_0 \approx \begin{pmatrix} 0 & 0 & 0 & 0 & 0 \\ 0 & 0 & 0 & 0 & 0 \\ 0 & 0 & 0 & 0 & 0 \\ 0{,}3571 & 0{,}4643 & 0{,}3214 & 1 & 0 \\ 0{,}6429 & 0{,}5357 & 0{,}6786 & 0 & 1 \end{pmatrix}$

Die Spalten geben angenähert die Grenzverteilung der Ameisenposition an, abhängig von der Startposition. Zum Beispiel gibt Spalte 3 die Grenzverteilung beim Start in Position 3 an. Die Ameise wird in diesem Fall mit einer Wahrscheinlichkeit von 32,14% beim Bären 4 und mit 67,86% beim Bären 5 landen.

31. a)

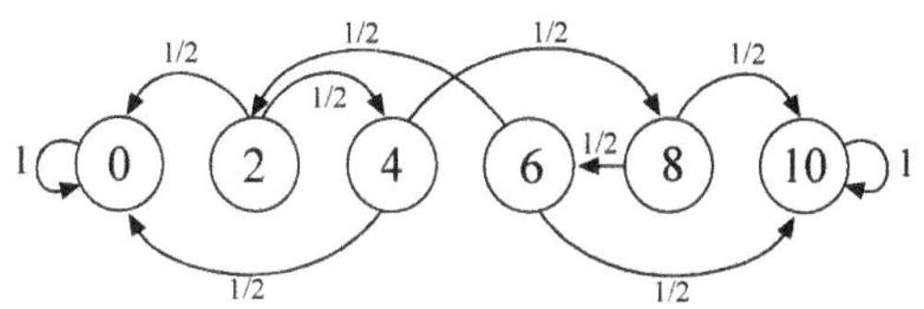

b) $M = \begin{array}{c} \\ 0 \\ 2 \\ 4 \\ 6 \\ 8 \\ 10 \end{array} \begin{array}{c} \begin{array}{cccccc} 0 & 2 & 4 & 6 & 8 & 10 \end{array} \\ \begin{pmatrix} 1 & 0{,}5 & 0{,}5 & 0 & 0 & 0 \\ 0 & 0 & 0 & 0{,}5 & 0 & 0 \\ 0 & 0{,}5 & 0 & 0 & 0 & 0 \\ 0 & 0 & 0 & 0 & 0{,}5 & 0 \\ 0 & 0 & 0{,}5 & 0 & 0 & 0 \\ 0 & 0 & 0 & 0{,}5 & 0{,}5 & 1 \end{pmatrix} \end{array}$

c) $\vec{v}_0 = \begin{pmatrix} 0 \\ 1 \\ 0 \\ 0 \\ 0 \\ 0 \end{pmatrix} \Rightarrow \vec{v}_1 = M \cdot \vec{v}_0 = \begin{pmatrix} 0{,}5 \\ 0 \\ 0{,}5 \\ 0 \\ 0 \\ 0 \end{pmatrix}, \quad \vec{v}_2 = M^2 \cdot \vec{v}_0 = \begin{pmatrix} 075 \\ 0 \\ 0 \\ 0 \\ 0 \\ 0{,}25 \end{pmatrix}, \quad \vec{v}_3 = M^3 \cdot \vec{v}_0 = \begin{pmatrix} 0{,}75 \\ 0 \\ 0 \\ 0{,}125 \\ 0 \\ 0{,}125 \end{pmatrix}$

$\vec{v}_4 = M^4 \cdot \vec{v}_0 = \begin{pmatrix} 0{,}75 \\ 0{,}0625 \\ 0 \\ 0 \\ 0 \\ 0{,}1875 \end{pmatrix}, \quad \vec{v}_{10} = M^{10} \cdot \vec{v}_0 \approx \begin{pmatrix} 0{,}7998 \\ 0 \\ 0 \\ 0 \\ 0 \\ 0{,}1992 \end{pmatrix}$

d)

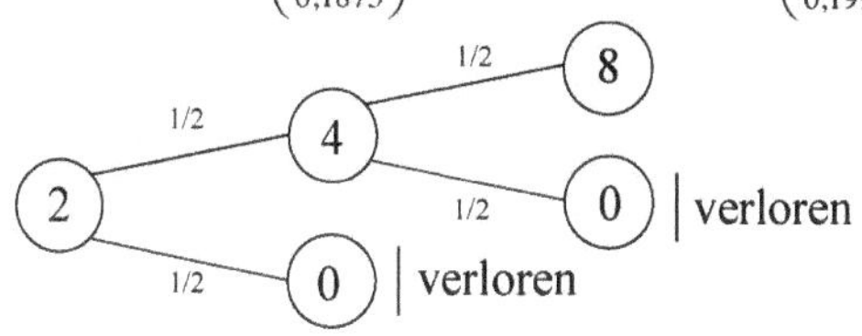

$\Rightarrow$ P(Verloren spätestens im 2. Zug)
$= \frac{1}{2} + \frac{1}{4} = \frac{3}{4} = 75\%$

569

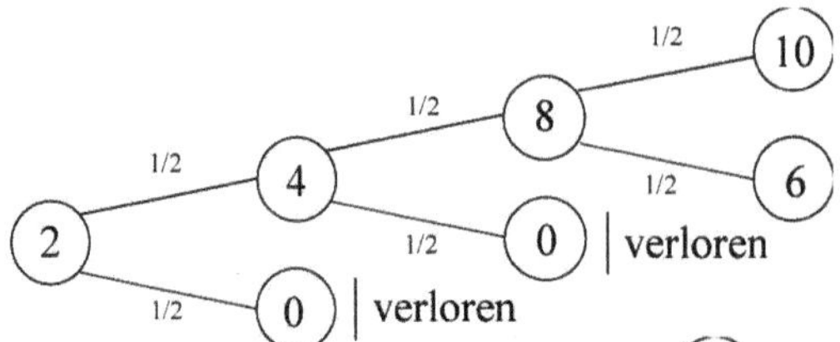

$\Rightarrow P(\text{V. sp. im 3. Zug})$
$= \frac{1}{2} + \frac{1}{4} = \frac{3}{4} = 75\%$

Die Verlustwahrscheinlichkeit wird nicht höher, da man im 3. Zug nicht verlieren kann.

e)

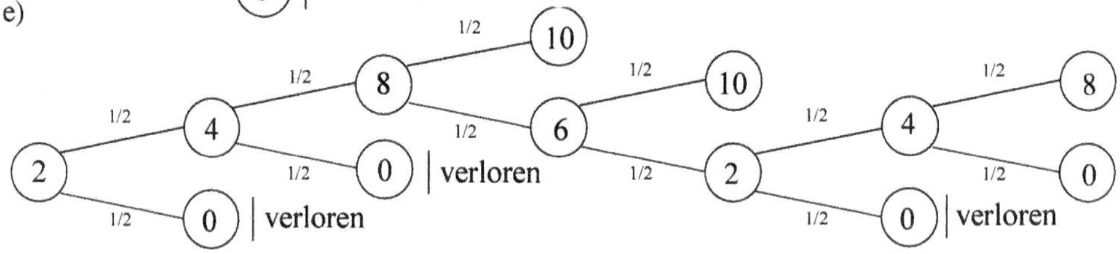

Gewinn nach 3 Zügen: $p = \frac{1}{8}$ Die wahrscheinlichste Zugzahl bis zum Gewinn ist 3.

Gewinn nach 4 Zügen: $p = \frac{1}{16}$

Gewinn nach 5 Zügen: $p = 0$; Gewinn nach 6 Zügen: $p = 0$

f) $$\vec{v} = M^{\infty} \cdot \vec{v}_0 \approx M^{100} \cdot \vec{v}_0 \approx \begin{pmatrix} 0{,}8 \\ 0 \\ 0 \\ 0 \\ 0 \\ 0{,}2 \end{pmatrix}$$

g) $$M^{\infty} \approx M^{100} = \begin{pmatrix} 1 & 0{,}8 & 0{,}6 & 0{,}4 & 0{,}2 & 0 \\ 0 & 0 & 0 & 0 & 0 & 0 \\ 0 & 0 & 0 & 0 & 0 & 0 \\ 0 & 0 & 0 & 0 & 0 & 0 \\ 0 & 0 & 0 & 0 & 0 & 0 \\ 0 & 0{,}2 & 0{,}4 & 0{,}6 & 0{,}8 & 1 \end{pmatrix}$$

Die Spalten geben die Grenzverteilungen an bezogen auf die abgehende Startposition. Beispielsweise gibt Spalte 3 die Grenzverteilung beim Start mit 4 Euro Startkapital an.

h) Start mit 2 Euro: Man erreicht die 10 mit einer Wahrscheinlichkeit von 20% und landet pleite bei 0 mit einer Wahrscheinlichkeit von 80%.

Der Erwartungswert für das Vermögen ist also: $\mu = 10 \cdot 0{,}2 + 0 \cdot 0{,}8 = 2$ Euro

Das Spiel ist fair.

Start mit 8 Euro: Bei einem Start mit 8 Euro Vermögen lautet die Rechnung:

$\mu = 10 \cdot 0{,}8 + 0 \cdot 0{,}2 = 8$ Euro Auch hier ist das Spiel fair.

i)

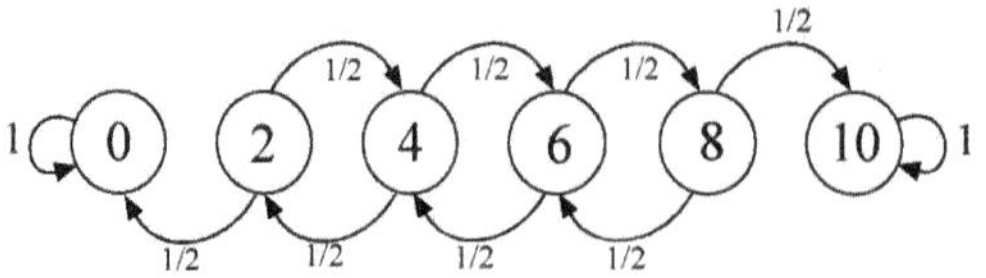

$$M = \begin{pmatrix} 1 & 0{,}5 & 0 & 0 & 0 & 0 \\ 0 & 0 & 0{,}5 & 0 & 0 & 0 \\ 0 & 0{,}5 & 0 & 0{,}5 & 0 & 0 \\ 0 & 0 & 0{,}5 & 0 & 0{,}5 & 0 \\ 0 & 0 & 0 & 0{,}5 & 0 & 0 \\ 0 & 0 & 0 & 0 & 0{,}5 & 1 \end{pmatrix}, \quad M^{\infty} \approx M^{100} = \begin{pmatrix} 1 & 0{,}8 & 0{,}6 & 0{,}4 & 0{,}2 & 0 \\ 0 & 0 & 0 & 0 & 0 & 0 \\ 0 & 0 & 0 & 0 & 0 & 0 \\ 0 & 0 & 0 & 0 & 0 & 0 \\ 0 & 0 & 0 & 0 & 0 & 0 \\ 0 & 0{,}2 & 0{,}4 & 0{,}6 & 0{,}8 & 1 \end{pmatrix}$$

Es ergibt sich die gleiche Grenzmatrix wie bei der alten Strategie.
Die Chancen sind also die gleichen.

Streifzuglösung s.S. 240

Test

1. a) $A \cdot B = \begin{pmatrix} 3 & 3 \\ 10 & 7 \\ -3 & 1 \end{pmatrix}$ b) $A \cdot \vec{v} = \begin{pmatrix} 5 \\ 18 \\ -8 \end{pmatrix}$ c) $A^4 = \begin{pmatrix} -4 & 13 & -13 \\ -13 & 48 & -52 \\ 0 & -13 & 22 \end{pmatrix}$ 574

2. (1) richtig (2) falsch (3) richtig (4) richtig

3. a) Eine stochastische Matrix A hat zwei Eigenschaften:
   (1) Ihre Elemente liegen zwischen 0 und 1: $0 \le a_{ij} \le 1$
   (2) Die Spaltensummen betragen alle 1.
   b) I ja, II nein (ein Element negativ), III ja, IV nein (2. und 3. Spaltensumme 1,4 bzw. 0,6)

4. a)

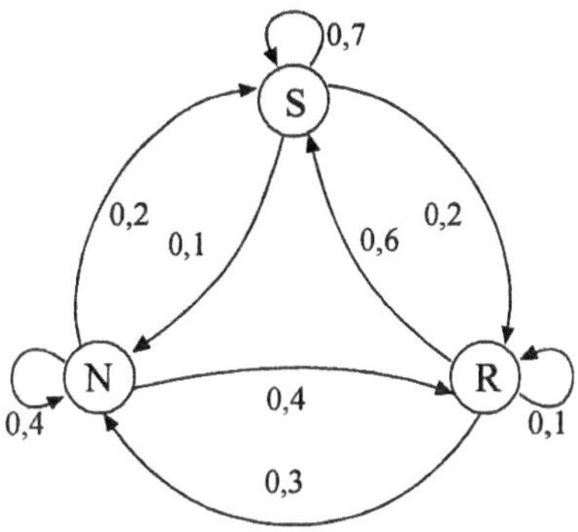

b)

	S	N	R
S	0,7	0,2	0,6
N	0,1	0,4	0,3
R	0,2	0,4	0,1

$M = \begin{pmatrix} 0,7 & 0,2 & 0,6 \\ 0,1 & 0,4 & 0,3 \\ 0,2 & 0,4 & 0,1 \end{pmatrix}$

c) $\vec{v} = \begin{pmatrix} 1 \\ 0 \\ 0 \end{pmatrix}$; $M^2 \cdot \vec{v}_0 = \begin{pmatrix} 0,7 & 0,2 & 0,6 \\ 0,1 & 0,4 & 0,3 \\ 0,2 & 0,4 & 0,1 \end{pmatrix}^2 \cdot \begin{pmatrix} 1 \\ 0 \\ 0 \end{pmatrix} = \begin{pmatrix} 0,63 \\ 0,17 \\ 0,20 \end{pmatrix}$; übermorgen mit 63%

$M^7 \cdot \vec{v}_0 = \begin{pmatrix} 0,7 & 0,2 & 0,6 \\ 0,1 & 0,4 & 0,3 \\ 0,2 & 0,4 & 0,1 \end{pmatrix}^7 \cdot \begin{pmatrix} 1 \\ 0 \\ 0 \end{pmatrix} = \begin{pmatrix} 0,576 \\ 0,205 \\ 0,219 \end{pmatrix}$; in einer Woche mit 57,6%

d) Grenzmatrix: $M^\infty \approx M^{100} \approx \begin{pmatrix} 0,5753 & 0,5753 & 0,5753 \\ 0,2055 & 0,2055 & 0,2055 \\ 0,2192 & 0,2192 & 0,2192 \end{pmatrix}$

e) $M \cdot \vec{v} = \vec{v}$: $\begin{pmatrix} 0,7 & 0,2 & 0,6 \\ 0,1 & 0,4 & 0,3 \\ 0,2 & 0,4 & 0,1 \end{pmatrix} \cdot \begin{pmatrix} x \\ y \\ z \end{pmatrix} = \begin{pmatrix} x \\ y \\ z \end{pmatrix}$

$$\Rightarrow \begin{array}{llllll} \text{I} & 0,7x & +0,2y & +0,6z & = & x \\ \text{II} & 0,1x & +0,4y & +0,3z & = & y \\ \text{III} & 0,2x & +0,4y & +0,1z & = & z \\ \text{IV} & x & +y & +z & = & 1 \end{array} \Rightarrow \begin{array}{llllll} \text{I} & -0,3x & +0,2y & +0,6z & = & x \\ \text{II} & 0,1x & -0,6y & +0,3z & = & y \\ & & & & & \\ \text{IV} & x & +y & +z & = & 1 \end{array} \Rightarrow \begin{array}{l} x=42/73 \\ y=16/73 \\ \\ z=15/73 \end{array}$$

Fixvektor: $\vec{v} = \frac{1}{73}\begin{pmatrix} 42 \\ 15 \\ 16 \end{pmatrix} \approx \begin{pmatrix} 0,5753 \\ 0,2055 \\ 0,2191 \end{pmatrix}$

1. Analysis

577 1.

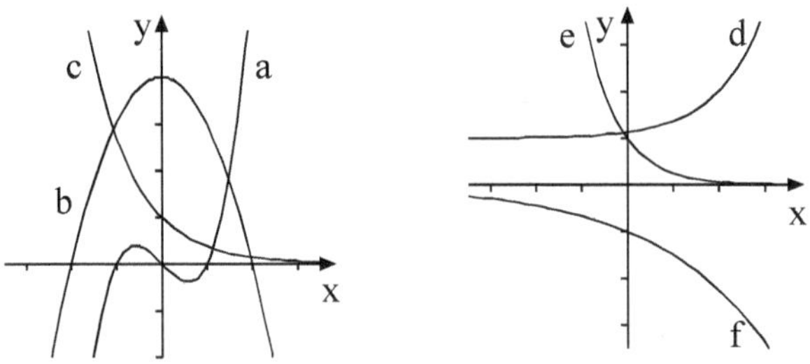

2. a) $x=-2$; $x=3$ b) $x=0{,}5$; $x=1$; $x=3$ c) $x=0$; $x=4$
   d) keine e) $x=0$; $x=3$

3. a) nur gerade Exponenten: Symmetrie zur y-Achse
   b) nur ungerade Exponenten: Punktsymmetrie zum Ursprung
   c) gerade und ungerade Exponenten: keine der Symmetrien
   d) $f \to 0$ für $x \to \infty$, $f \to \infty$ für $x \to -\infty$: keine der Symmetrien
   e) $f(-x) = e^{-x} + e^{x} = f(x)$: Symmetrie zur y-Achse

4. a) $f'(x) = -e^{-x}$ b) $f'(x) = 2e^{x}$ c) $f'(x) = 2e^{2x} + 1$
   d) $f'(x) = -\frac{1}{2}e^{-\frac{1}{2}x}$ e) $f'(x) = ke^{kx}$ f) $f'(x) = -3e^{2-3x}$
   g) $f'(x) = 0{,}5^{x} \cdot \ln 0{,}5$ h) $f'(x) = 0{,}5^{2x} \cdot \ln(0{,}5^{2}) = 0{,}5^{2x} \cdot 2\ln 0{,}5$

5.

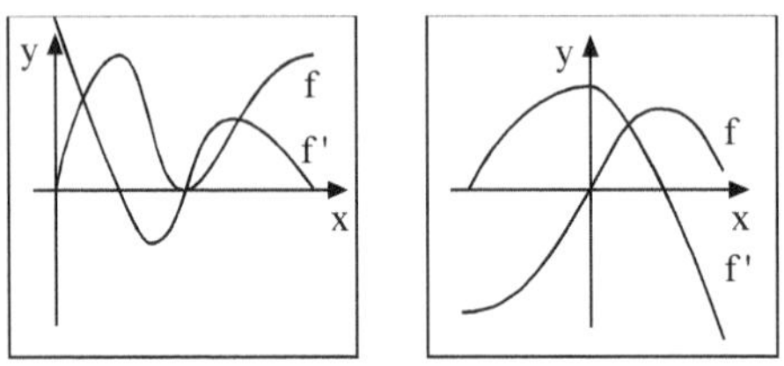

6. I, B; II, A; III, C; IV, D

7. $f'(x) = 12x^{3} + 3x^{2}$, $f''(x) = 36x^{2} + 6x$, $f'''(x) = 72x + 6$
   Extrema: $f'(x) = 0$, $x = 0$, $x = -\frac{1}{4}$
   $f''(0) = 0$, $f'''(0) \neq 0 \Rightarrow S(0|0)$, $f''(\frac{1}{4}) > 0 \Rightarrow T(-\frac{1}{4}|-0{,}004)$
   Wendepunkte: $f''(x) = 0$: $x = 0$, $x = -\frac{1}{6}$, $f'''(-\frac{1}{6}) \neq 0 \Rightarrow W(-\frac{1}{6}|-0{,}002)$

578 8. a) $0{,}7^{x} = e^{\ln 0{,}7 \cdot x}$ b) $e^{-\frac{1}{2}x} = (e^{-\frac{1}{2}})^{x} = (\frac{1}{\sqrt{e}})^{x} \approx 0{,}61^{x}$
   c) $f(x) = e^{\ln 0{,}8 \cdot x}$, $f'(x) = \ln 0{,}8 \cdot e^{\ln 0{,}8 \cdot x} = \ln 0{,}8 \cdot 0{,}8^{x}$

9. a) $A = a \cdot b, \quad 2a + \frac{3}{2}b = 60, \quad b = 40 - \frac{4}{3}a$ 578

$A(a) = 40a - \frac{4}{3}a^2, \quad A'(a) = 40 - \frac{8}{3}a = 0, \quad a = 15, \quad b = 20$

b) $P = a \cdot b, \quad a + b = 10, \quad b = 10 - a$

$P(a) = 10a - a^2, \quad P'(a) = 10 - 2a = 0, \quad a = 5, \quad b = 5$

c) $A(x) = 4x - \frac{1}{4}x^2, \quad A'(x) = 4 - \frac{1}{2}x = 0, \quad x = 8$

d) $S = a + b, \quad a \cdot b = 25, \quad b = \frac{25}{a}$

$S(a) = a + \frac{25}{a}, \quad S'(a) = 1 - \frac{25}{a^2} = 0, \quad a = 5, \quad b = 5$

10.

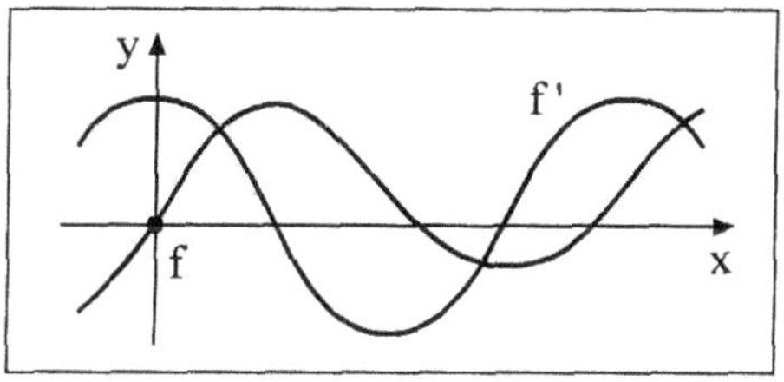

11. a) $F(x) = \frac{1}{3}x^3 + x^2 + 5x$ b) $F(x) = -\frac{1}{16}x^4 + \frac{1}{15}x^3$ c) $F(x) = \frac{a}{4}x^4 + \frac{c}{2}x^2$
d) $F(x) = -2e^{-x}$ e) $F(x) = 2e^{\frac{1}{2}x+1} + \frac{1}{2}x^2$ f) $F(x) = 0{,}3x^2$

12. a) $F'(x) = 3x^2 + 0{,}5x + 1 = f(x)$ b) $F'(x) = 2e^x + e^{-x} = f(x)$
c) $F'(x) = (2 + 2x - 6)e^x = (2x - 4)e^x = f(x)$
d) $F'(x) = (2x - x^2 - 4)e^{-x} = (-x^2 + 2x - 4)e^{-x} = f(x)$

13. a) $s'(t) = v(t)$ Geschwindigkeit zur Zeit t
b) $h'(x)$ Höhenänderung an der Stelle x
c) $K'(t)$ Erkrankungsrate zur Zeit t

14. a) $\int_0^2 (x^2 - 4)dx = [\frac{1}{3}x^3 - 4x]_0^2 = -\frac{16}{3}$ 579

b) $\int_0^4 (e^{-x} + x)dx = [-e^{-x} + \frac{1}{2}x^2]_0^4 = -e^{-4} + 9 \approx 8{,}98$

c) $\int_b^a e^{2-x}dx = [-e^{2-x}]_b^a = -e^{2-a} + e^{2-b}$

15. a) $f(x) = 2e^{-x} = 1, \quad x = -\ln\frac{1}{2} = \ln 2, \quad A = \int_0^{\ln 2} (2e^{-x} - 1)dx = [-2e^{-x} - x]_0^{\ln 2} = 1 - \ln 2$

b) $-\frac{1}{3}x + \frac{4}{3} = 4x - x^2, \quad x^2 - \frac{13}{3}x + \frac{4}{3} = 0, \quad x = 4, \quad x = \frac{1}{3}$

$A = \int_{1/3}^{4} (-x^2 + \frac{13}{3}x - \frac{4}{3})dx = [-\frac{1}{3}x^3 + \frac{13}{6}x^2 - \frac{4}{3}x]_{1/3}^4 \approx 8{,}22$

579 16. a) $s = 3 + 15 + 6 = 24\text{m}$

17. $f(t) = 0:\quad t^2 - 8t - 20 = 0,\quad t = 10\quad (-2)$

$F(t) = -\frac{1}{30}t^3 + 0{,}4t^2 + 2t + 2,\quad H_{max} = F(10) = -\frac{100}{3} + 62 \approx 28{,}7\text{cm}$

18. a) $f'(x) = 0{,}4e^{0{,}4x} - 2,\quad f''(x) = 0{,}16e^{0{,}4x}$, $T(4{,}02|-3{,}05)$

b) $f''(x) \neq 0$ daher keine Wendepunkte

c) $f(6) < 0$ und $f(7) > 0$, d.h. dazwischen muss $f(x) = 0$ gelten

d) $t(x) = -1{,}6x + 1$

e) $F(x) = 2{,}5 \cdot e^{0{,}4x} - x^2$

19. a) $f'(x) = (2 - x) \cdot e^{-0{,}5x} = 0,\quad f''(x) = (\frac{1}{2}x - 2) \cdot e^{-0{,}5x},\quad f''(2) < 0,\quad x = 2,\quad H(2|\frac{4}{e})$

b) $f'(1) = e^{-0{,}5},\quad f(1) = \frac{2}{\sqrt{e}},\quad t(x) = \frac{1}{\sqrt{e}}(x - 1) + \frac{2}{\sqrt{e}} = \frac{1}{\sqrt{e}}x + \frac{1}{\sqrt{e}}$

c) $F'(x) = -4(-0{,}5x) \cdot e^{-0{,}5x} = 2x \cdot e^{-0{,}5x} = f(x)$

20. a) $f_a(0) = a - 15 = 5,\quad a = 20$

b) $f_{20}(x) = 20 - 15 \cdot e^{-0{,}1x} = 10,\quad x = \frac{\ln\frac{2}{3}}{-0{,}1} \approx 4{,}05$

c) $f'_{20}(x) = 1{,}5 \cdot e^{-0{,}1x} = 1,\quad x = \frac{\ln\frac{2}{3}}{-0{,}1} \approx 4{,}05$

d) $G = 20,\quad f_{20}(x) = 20 - 15 \cdot e^{-0{,}1x} = 18,\quad x = \frac{\ln\frac{2}{15}}{-0{,}1} \approx 20{,}15$

e) $F_a(x) = ax + 150 \cdot e^{-0{,}1x}$

B. Analysis: Komplexe Aufgaben

1. b) Mit wachsendem a wandert der Tiefpunkt nach rechts, der Hochpunkt bleibt im Ursprung. a) 580

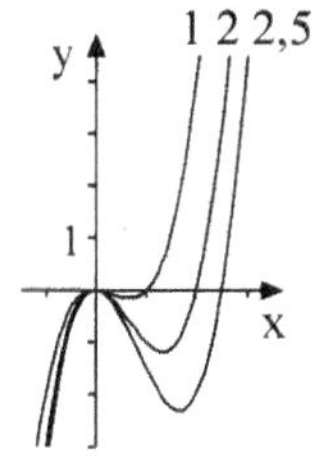

c) $f_a'(x) = 3x^2 - 2ax, \quad f_a''(x) = 6x - 2a, \quad f_a'''(x) = 6$

d) Extrema: $f_a'(x) = 0, \quad x = 0, \quad x = \frac{2}{3}a$

$f_a''(0) < 0 \Rightarrow H(0 \mid 0), \quad f_a''(\frac{2}{3}a) > 0 \Rightarrow T(\frac{2}{3}a \mid -\frac{4}{27}a^3)$

Wendepunkt: $f_a''(x) = 0, \quad x = \frac{a}{3}, \quad W(\frac{a}{3} \mid -\frac{2}{27}a^3)$

e) $\frac{2}{3}a = \frac{4}{3} \Rightarrow a = 2, \quad -\frac{2}{27}a^3 = -\frac{1}{4} \Rightarrow a = \frac{3}{2}$

$f_a'(\frac{a}{3}) = \frac{a^2}{3} - \frac{2a^2}{3} = -\frac{a^2}{3} = -1 \Rightarrow a = \sqrt{3}$

f) $t(x) = -\frac{a^2}{3}(x - \frac{a}{3}) - \frac{2}{27}a^3 = -\frac{a^2}{3}x + \frac{1}{27}a^3$

g) $x = \frac{a}{3}, \quad a = 3x, \quad y = -\frac{2}{27}a^3, \quad y(x) = -2x^3$

h) $\int_0^a f_a(x)dx = [\frac{1}{4}x^4 - \frac{a}{3}x^3]_0^a = -\frac{1}{12}a^4$

i) $\frac{1}{12}a^4 = \frac{4}{3} \Rightarrow a = 2$ (A unterhalb der x-Achse)

2. a) f und g haben nur gerade Exponenten, sind daher symmetrisch zur y-Achse, also auch das Werkstück.

b) $f'(x) = 4x^3 - 2x, \quad f''(x) = 12x^2 - 2$

$f'(x) = 0, \quad x = 0, \quad x = \pm\sqrt{\frac{1}{2}}, \quad f''(0) < 0, \quad f''(\pm\sqrt{\frac{1}{2}}) > 0 \Rightarrow T_{1/2}(\pm\sqrt{\frac{1}{2}} \mid -\frac{1}{4})$

$g''(x) = 12x^2 - 6 = 0, \quad x = \pm\sqrt{\frac{1}{2}}$, gleicher Abstand

c) Nullstellen von g: $x^2 = 1{,}5 \pm 0{,}5, \quad x^2 = 2, \quad x^2 = 1, \quad x = \pm\sqrt{2}, \quad f(\sqrt{2}) = 2 \Rightarrow C = -2$

d) $a^4x^4 - a^2x^2 = 0, \quad x = \frac{1}{a} = \sqrt{2} \Rightarrow a = \sqrt{\frac{1}{2}}$

e) $A = 2\int_0^1 (-2x^2 + 2)dx = 2[-\frac{2}{3}x^3 + 2x]_0^1 = \frac{8}{3}, \quad V = \frac{16}{3} \cdot 0{,}01\text{cm}^3 \approx 0{,}053\text{cm}^3$

f) $g_a'(x) = 4x^3 - 2(a^2 - 1)x, \quad g_a''(x) = 12x^2 - 2(a^2 - 1) = 0, \quad x = \pm\sqrt{\frac{a^2-1}{6}}$

W-Form bei 2 Wendepunkten, also $a^2 > 1$, d.h. $a > 1$

wendepunktfrei für $a \leq 1$

g) **Druckfehler** im Lehrbuch: Zeigen Sie, dass für die x-Koordinaten der Tiefpunkte und der Wendepunkte xT und xW von fa unabhängig von a > 0 stets gilt: $x_T = k \cdot x_W$. Bestimmen Sie k.

$x_T = \pm\frac{1}{a}\sqrt{\frac{1}{2}}, \quad x_W = \pm\frac{1}{a}\sqrt{\frac{1}{6}} = \sqrt{\frac{1}{3}} \cdot (\pm\frac{1}{a}\sqrt{\frac{1}{2}}), \quad k = \sqrt{3}$

581 3. a) f: X(4|0), Y(0|1) ; f': X(3|0), Y(0|0,75)

b) $f'(x) = \frac{1}{4}(3-x)\cdot e^x$, $f''(x) = \frac{1}{4}(2-x)\cdot e^x$, $f'''(x) = \frac{1}{4}(1-x)\cdot e^x$

Extrema: $f'(x) = 0$, $x = 3$, $f''(3) < 0 \Rightarrow H(3\,|\,\frac{e^3}{4})$

Wendepunkt: $f''(x) = 0$, $x = 2$, $f'''(2) \neq 0 \Rightarrow W(2\,|\,\frac{e^2}{2})$

c) $f'(2) = \frac{e^2}{4}$, $t(x) = \frac{e^2}{4}(x-2) + \frac{e^2}{2} = \frac{e^2}{4}x$

d) $F'(x) = \frac{1}{4}(4-x)\cdot e^x$

e) $A_1 = \int_0^3 (f(x) - f'(x))dx = \frac{1}{4}\int_0^3 e^x dx = \frac{1}{4}[e^x]_0^3 = \frac{e^3-1}{4} \approx 4{,}77$

$A_2 = F(4) - F(3) = \frac{1}{4}e^4 - \frac{1}{2}e^3 \approx 3{,}61$

$A = A_1 + A_2 \approx 8{,}38$

f) f wird an der y-Achse gespiegelt und um eine Einheit in y-Richtung verschoben.

$g(x) = \frac{1}{4}(4+x)\cdot e^{-x} + 1$

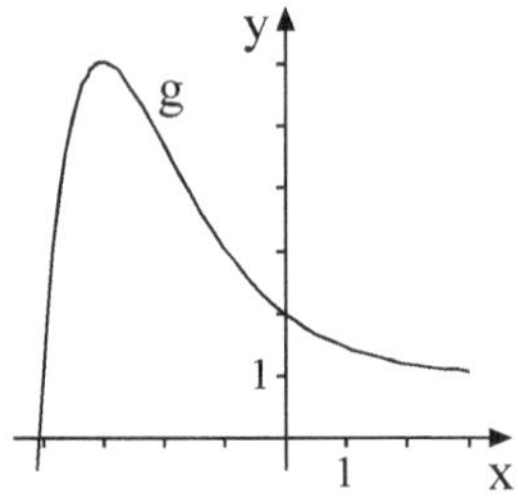

4. a) Die Zahl der wöchentlich Neuerkrankten steigt bis t = 3, dann nimmt sie schnell bis t = 4 auf null Neuerkrankte ab.
Die Zahl der insgesamt Erkrankten steigt von t = 0 bis t = 4 auf einen Höchststand.

b) $\frac{1}{4}\int_0^4 (4-t)\cdot e^t dt = \frac{1}{4}[(5-t)\cdot e^t]_0^4 = \frac{e^4-5}{4} \approx 12{,}40$

Es sind 12400 Neuerkrankte zu erwarten.

c) $f(3{,}5) = \frac{1}{8}e^{3,5}$, $f'(3{,}5) = -\frac{1}{8}e^{3,5}$, $g(x) = -\frac{1}{8}e^{3,5}(x-3{,}5) + \frac{1}{8}e^{3,5} = -\frac{1}{8}e^{3,5}x + \frac{4{,}5}{8}e^{3,5}$

$g(x) = 0$, $x = 4{,}5$

Sie verlängert sich um eine halbe Woche.

d) $F'(x) = \frac{1}{4}(4-t)\cdot e^t = f(t)$, $F(0) = \frac{5}{4} + C = 0 \Rightarrow C = -\frac{5}{4}$

e) $A_1 = F(4) - F(3{,}5) \approx 1{,}23$

$A_2 = \frac{g\cdot h}{2} = \frac{1}{8}e^{3,5}\cdot\frac{1}{2} \approx 2{,}07$, $A = A_2 - A_1 \approx 0{,}84$

Es handelt sich um ca. 840 zusätzliche Neuerkrankungen.

582 5. a) $f(0) = 200$, $200000\,m^3$

$f(12) = 140e^{2,4} \approx 1543{,}245$, $1543245\,m^3$

$f(24) = 80e^{4,8} \approx 7920{,}833$, $7920833\,m^3$

$f(x) = 0$, $x = 40$

b) $f'(t) = (35-t)\cdot e^{0,2t}$

c) $f'(t) = 0$, $t = 35$, $f(35) \approx 27415{,}829$, $27415829\,m^3$

5. d) $(200-5t)\cdot e^{0,2t}=20000$, $30\le t\le 38$ 582

e) $F'(t)=25(8-0,2t)\cdot e^{0,2t}=(200-5t)\cdot e^{0,2t}=f(t)$

f) $F(40)-F(0)=371494{,}748$; $371494748\,m^3$

g) $g(t)=at+b$

$g(35)=27416$: $35a+b=27416$

$g(50)=0$: $50a+b=0$, $-15a=27416$, $a\approx-1827{,}7$, $b\approx 91385{,}5$

$g(t)=-1827{,}7t+91385{,}5$

h) $F(40)-F(35)\approx 98462$, $G(t)=-913{,}85t^2+91385{,}5t$, $G(50)-G(35)\approx 205624$

zusätzliche Gasmenge: $107162000\,m^3$

6. a) $D=\mathbb{R}^+$; Nullstellen: $x=1$

b) $f'(x)=\ln x+1-\frac{1}{x}$, $f''(x)=\frac{1}{x}+\frac{1}{x^2}$

$f'(x)=0\Rightarrow x=1$, $f''(1)=2>0\Rightarrow T(1|0)$ Minimum

c) $f''(x)=\frac{1}{x}+\frac{1}{x^2}>0$ für $x>0$, also existieren keine Wendepunkte

d) $f\to\infty$ für $x\to\infty$, $f\to\infty$ für $x\to 0$

e) $F'(x)=(x-1)\cdot\ln x+\frac{1}{2}x-1-\frac{1}{2}x+1=(x-1)\cdot\ln x=f(x)$

f) $f'(e)=2-\frac{1}{e}$, $t(x)=(2-\frac{1}{e})(x-e)+e-1=(2-\frac{1}{e})x-e$

g) $t=0$ für $x=\frac{e^2}{2e-1}$

$A=F(e)-F(1)-\frac{1}{2}(e-\frac{e^2}{2e-1})\cdot(e-1)\approx 0{,}193$

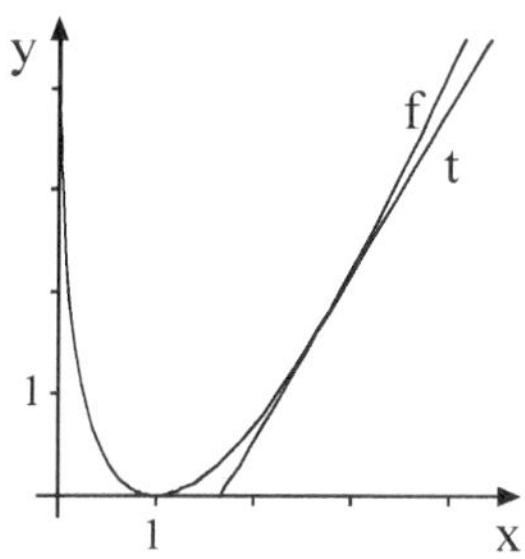

7. a) x-Achse: $x=-\frac{1}{a}$, $S_x(-\frac{1}{a}|0)$; y-Achse: $y=1$, $S_y(0|1)$ 583

b) $f_a'(x)=-a^2x\cdot e^{-ax}$, $f_a''(x)=(a^3x-a^2)\cdot e^{-ax}$

Extrema: $f_a'(x)=0$, $x=0$, $f_a''(0)=-a^2<0\Rightarrow H(0|1)$

Wendepunkt: $f_a''(x)=0$, $x=\frac{1}{a}$, $W(\frac{1}{a}|\frac{2}{e})$

c) $f_a'(\frac{1}{a})=-\frac{a}{e}$, $t(x)=-\frac{a}{e}(x-\frac{1}{a})+\frac{2}{e}=-\frac{a}{e}x+\frac{3}{e}$

$t(0)=\frac{3}{e}$ unabhängig von a

d) $F_a'(x)=(ax-1+2)\cdot e^{-ax}=(ax+1)\cdot e^{-ax}=f_a(x)$

e) $A=F(\frac{1}{a})-F(0)-\frac{1}{a}\cdot\frac{2}{e}\cdot\frac{1}{2}=(-\frac{3}{a})\cdot e^{-1}+\frac{2}{a}-\frac{1}{ae}=\frac{1}{a}(2-\frac{4}{e})\approx\frac{0{,}53}{a}$

f) Es gilt: $m_N=-\frac{1}{m_T}$

$P(z|(z+1)\cdot e^{-z})$, $f'(z)=-z\cdot e^{-z}$, $\frac{(z+1)\cdot e^{-z}}{z}=\frac{e^z}{z}$, $e^{2z}=z+1$

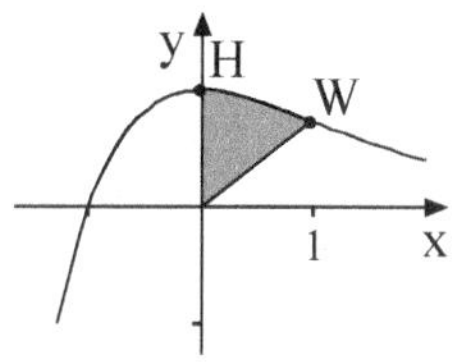

583 8. a) Die Konzentration nimmt langsamer werdend zu bis zum Hochpunkt bei ca. 18, danach nimmt sie wieder ab.

b) $f(t) = -0{,}5 \cdot e^{-0{,}05t} - 0{,}01t + C, \quad f(0) = -0{,}5 + C = 1 \Rightarrow C = 1{,}5$

c) $f(30) \approx 1{,}088$; sie fällt

d) $f'(t) = 0, \quad t \approx 18{,}33, \quad f(18{,}33) \approx 1{,}12$

e) $f(t) = 0{,}03$ gilt für $t \approx 147$

f) $f(t) = 0{,}01$ gilt für $t \approx 149{,}9, \quad f(t) = 0, \quad t \approx 149{,}97$

g) Mittelwert von f für $0 \le t \le 40$: $\frac{1}{40}\int_0^{40} f(t)dt \approx 1{,}084$

h) $f'(t) \ge 0{,}01$ für $0 \le t \le 4{,}46$

573 1. $\begin{pmatrix} 5 & 2 \\ 3 & 1 \end{pmatrix} \cdot \begin{pmatrix} 13 & 9 & 3 & 8 & 1 & 5 & 12 & 10 & 1 \\ 3 & 11 & 19 & 15 & 14 & 12 & 5 & 2 & 20 \end{pmatrix} = \begin{pmatrix} 71 & 67 & 53 & 70 & 33 & 49 & 70 & 54 & 45 \\ 42 & 38 & 28 & 39 & 17 & 27 & 41 & 32 & 23 \end{pmatrix}$

$\begin{pmatrix} -1 & 2 \\ 3 & -5 \end{pmatrix} \cdot \begin{pmatrix} 71 & 67 & 53 & 70 & 33 & 49 & 70 & 54 & 45 \\ 42 & 38 & 28 & 39 & 17 & 27 & 41 & 32 & 23 \end{pmatrix} = \begin{pmatrix} 13 & 9 & 3 & 8 & 1 & 5 & 12 & 10 & 1 \\ 3 & 11 & 19 & 15 & 14 & 12 & 5 & 2 & 20 \end{pmatrix}$

2. a) $\begin{pmatrix} 4 & 3 \\ 1 & 1 \end{pmatrix} \cdot \begin{pmatrix} 1 & 21 & 7 & 5 & 14 \\ 2 & 12 & 9 & 3 & 11 \end{pmatrix} = \begin{pmatrix} 10 & 120 & 55 & 29 & 89 \\ 3 & 33 & 16 & 8 & 25 \end{pmatrix}$

b) Mit Hilfe des GTR: $C^{-1} = \begin{pmatrix} 1 & -3 \\ -1 & 4 \end{pmatrix}$

c) $\begin{pmatrix} 1 & -3 \\ -1 & 4 \end{pmatrix} \cdot \begin{pmatrix} 92 & 98 & 99 & 98 & 74 & 47 & 63 \\ 28 & 31 & 26 & 26 & 23 & 13 & 18 \end{pmatrix} = \begin{pmatrix} 8 & 5 & 21 & 20 & 5 & 8 & 9 \\ 20 & 26 & 5 & 6 & 18 & 5 & 9 \end{pmatrix}$: HEUTEHITZEFREI

d) D hat keine Inverse, ist also ungeeignet.

E hat zwar die Inverse $E^{-1} = \begin{pmatrix} 0{,}5 & 0{,}5 \\ 0{,}5 & -0{,}5 \end{pmatrix}$, die allerdings keine ganzzahligen Elemente besitzt. E ist also auch ungeeignet.

3. D hat keine Inverse, also wurde C verwendet, GTR: $C^{-1} = \begin{pmatrix} 5 & -3 \\ -3 & 2 \end{pmatrix}$.

$\begin{pmatrix} 5 & -3 \\ -3 & 2 \end{pmatrix} \cdot \begin{pmatrix} 44 & 27 & 11 & 61 & 100 & 57 & 78 & 45 & 49 & 53 & 25 \\ 73 & 41 & 18 & 97 & 160 & 88 & 124 & 72 & 77 & 86 & 38 \end{pmatrix} = \begin{pmatrix} 1 & 12 & 1 & 14 & 20 & 21 & 18 & 9 & 14 & 7 & 11 \\ 14 & 1 & 3 & 11 & 20 & 5 & 14 & 9 & 7 & 13 & 1 \end{pmatrix}$

ALAN TURING KNACKTE ENIGMA

Alan Turing (1912-1954) war ein englischer Mathematiker, der wichtige Beiträge zur Entwicklung der Grundlagen der Informatik leistete.

Im zweiten Weltkrieg war er wesentlich an der Entschlüsselung der deutschen Funksprüche beteiligt, welche von der deutschen Wehrmacht und den U-Booten mit der legendären Chiffiermaschine ENIGMA verschlüsselt wurden.

http://de.wikipedia.org/wiki/Enigma.(Maschine); http://wikipedia.org/wiki/Alan.Turing

9. a) g(t) nimmt in 20 min um jeweils 18,5 ml ab. Daher ist g(t) eine lineare Funktion. 584
Aus g(0) = 200 und g(20) = 181,5 folgt mit dem Ansatz $g(t) = 200 - m \cdot t$: $m = 0{,}925$
$g(t) = 200 - 0{,}925 \cdot t$

b) $f(20) = a(1 - e^{20b}) = 5{,}44$
$f(40) = a(1 - e^{40b}) = a(1 - e^{20b})(1 + e^{20b}) = 5{,}44(1 + e^{20b}) = 9{,}89$
$1 + e^{20b} \approx 1{,}818$
$b \approx -0{,}01$

Einsetzen des Ergebnisses in die 1. Gleichung ergibt a ≈ 30.

c) $g'(t) = -0{,}925$ kontinuierliche Abnahme

$f'(t) = 0{,}3 \cdot e^{-0{,}01t}$ Zunahme, die immer schwächer wird

d) Obergrenze: 30 ME

90% der Obergrenze: 27 ME; Ansatz: $27 = 30(1 - e^{-0{,}01t})$, $t \approx 230\,\text{min}$

Ansatz: $0{,}3 \cdot e^{-0{,}01t} = 0{,}2$, $t \approx 40{,}5$

f) $\int_0^{60} f'(t)dt = f(60) - f(0)$
$= f(60) = 13{,}54$

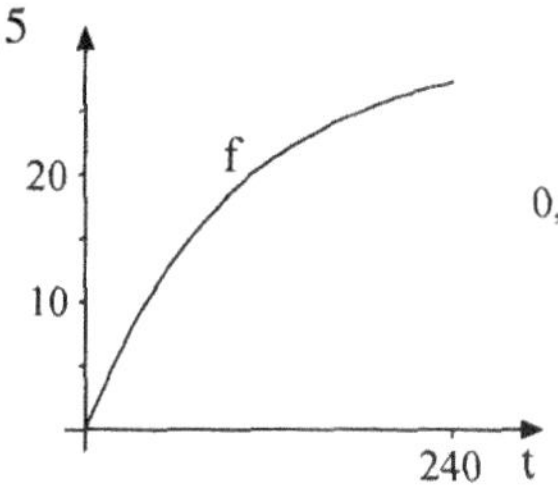

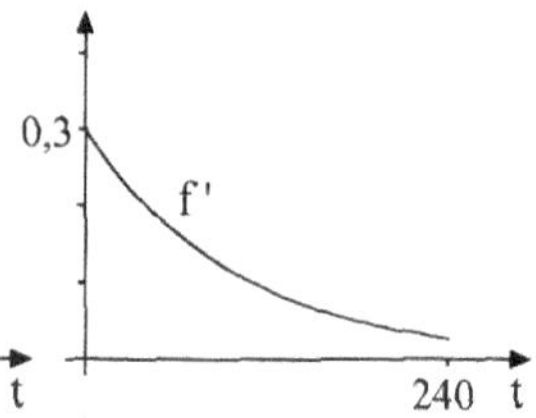

10. a) x = 0: $Y(0|e^2)$, y = 0: X(1|0)
Für $x \to \infty$ geht e^{2-x} schneller gegen 0 als (1–x) gegen $-\infty$.
$x \to -\infty \Rightarrow f(x) \to \infty$

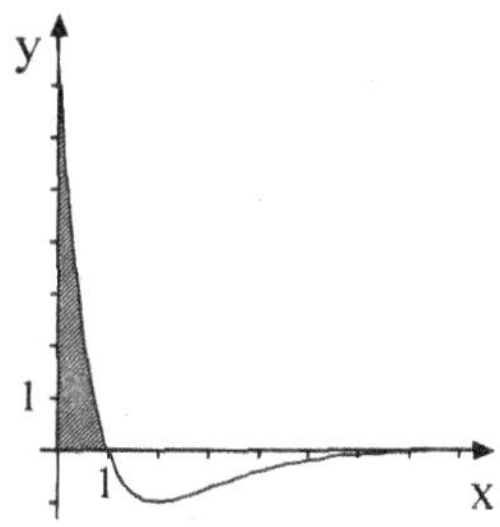

b) $f'(x) = (x - 2) \cdot e^{2-x}$, $f''(x) = (3 - x) \cdot e^{2-x}$
$f'(x) = 0$: $x = 2$, $f''(2) = 1 > 0 \Rightarrow T(2|-1)$

c) f_2 hat nur eine Nullstelle x = 1.
Damit f_2 rechts von T die x-Achse nicht schneidet, muss dort ein Wendepunkt sein.

d) $F_2(x) = x \cdot e^{2-x}$, $A = F(1) - F(0) = e$

e) $f_a'(x) = \frac{1}{a-1}(x-2) \cdot e^{a-x}$, $f_a''(x) = \frac{1}{a-1}(3-x) \cdot e^{a-x}$
$f_a'(x) = 0 \Rightarrow x = 2$, $f_a''(2) = \frac{1}{a-1} \cdot e^{a-2} > 0 \Rightarrow$ Minimum, $T(2 | -\frac{1}{a-1}e^{a-2})$

f) $y(a) = -\frac{1}{a-1} \cdot e^{a-2}$, $y'(a) = (\frac{1}{(a-1)^2} - \frac{1}{a-1}) \cdot e^{a-2}$
$y'(a) = 0 \Rightarrow a = 2$

Druckfehler im Lehrbuch 1. Druck: Letzten Satz streichen.

A. Geometrie: Elementare Aufgaben

585 1. a) $\begin{pmatrix}2\\3\\-2\end{pmatrix} \parallel \begin{pmatrix}-1\\-1{,}5\\1\end{pmatrix}$, $\begin{pmatrix}4\\6\\4\end{pmatrix} \parallel \begin{pmatrix}1\\1{,}5\\1\end{pmatrix}$, $\begin{pmatrix}3\\3\\-2\end{pmatrix} \parallel \begin{pmatrix}-1{,}5\\-1{,}5\\1\end{pmatrix}$, $\begin{pmatrix}-6\\-2\\8\end{pmatrix} \parallel \begin{pmatrix}4\\4/3\\-16/3\end{pmatrix}$, $\begin{pmatrix}-3\\-2\\4\end{pmatrix} \parallel \begin{pmatrix}12\\8\\-16\end{pmatrix}$

2. a) $\vec{a} \perp \vec{c}$ b) $\vec{a} \perp \vec{c}$

3. a) Sie schneiden sich in S(2|4|3).

b) $\overrightarrow{AB} = \begin{pmatrix}0\\2\\6\end{pmatrix}$, $\overrightarrow{CD} = \begin{pmatrix}0\\1\\3\end{pmatrix}$

g und h sind echt parallel.

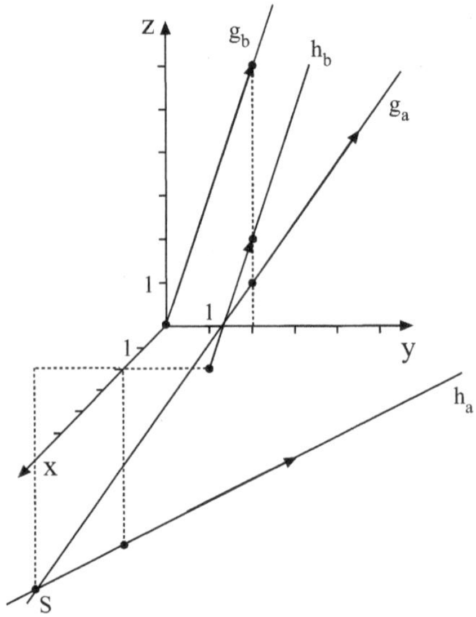

4. a) $\overrightarrow{AB} = \begin{pmatrix}2\\1\\2\end{pmatrix}$, $\overrightarrow{AC} = \begin{pmatrix}1\\2\\2\end{pmatrix}$, $\overrightarrow{BC} = \begin{pmatrix}-1\\1\\0\end{pmatrix}$

Das Dreieck ist nicht rechtwinklig aber es ist gleichschenklig.

b) $\overrightarrow{AB} = \begin{pmatrix}2\\3\\2\end{pmatrix}$, $\overrightarrow{AC} = \begin{pmatrix}1\\2\\4\end{pmatrix}$, $\overrightarrow{BC} = \begin{pmatrix}-1\\-1\\6\end{pmatrix}$

Das Dreieck ist rechtwinklig bei A aber nicht gleichschenklig.

5. a) Nein b) Nein c) Ja, für $a = -2$

6. $S_{xy}(12|-4|0)$; $S_{xz}(4|0|4)$; $S_{yz}(0|2|6)$

7. a) $\cos\alpha = \dfrac{\begin{pmatrix}-4\\6\\0\end{pmatrix}\cdot\begin{pmatrix}-4\\0\\4\end{pmatrix}}{\left|\begin{pmatrix}-4\\6\\0\end{pmatrix}\right|\cdot\left|\begin{pmatrix}-4\\0\\4\end{pmatrix}\right|}$, $\alpha \approx 66{,}9°$, $\cos\beta = \dfrac{\begin{pmatrix}4\\-6\\0\end{pmatrix}\cdot\begin{pmatrix}0\\-6\\4\end{pmatrix}}{\left|\begin{pmatrix}4\\-6\\0\end{pmatrix}\right|\cdot\left|\begin{pmatrix}0\\-6\\4\end{pmatrix}\right|}$, $\beta \approx 46{,}2°$, $\cos\gamma = \dfrac{\begin{pmatrix}4\\0\\-4\end{pmatrix}\cdot\begin{pmatrix}0\\6\\-4\end{pmatrix}}{\left|\begin{pmatrix}4\\0\\-4\end{pmatrix}\right|\cdot\left|\begin{pmatrix}0\\6\\-4\end{pmatrix}\right|}$, $\gamma \approx 66{,}9°$

b) Mit M(2|0|2) ist $\overrightarrow{MB} = \begin{pmatrix}-2\\6\\-2\end{pmatrix}$ senkrecht zu $\overrightarrow{AC} = \begin{pmatrix}-4\\0\\4\end{pmatrix}$.

Dann gilt: $A = \dfrac{\left|\begin{pmatrix}-2\\6\\-2\end{pmatrix}\right|\cdot\left|\begin{pmatrix}-4\\0\\4\end{pmatrix}\right|}{2} = \sqrt{352} \approx 18{,}76$

alternativ: $A = \frac{1}{2}\sqrt{\begin{pmatrix}-2\\6\\-2\end{pmatrix}^2 \cdot \begin{pmatrix}-4\\0\\4\end{pmatrix}^2 - \left(\begin{pmatrix}-2\\6\\-2\end{pmatrix}\cdot\begin{pmatrix}-4\\0\\4\end{pmatrix}\right)^2} = \sqrt{352}$

c) D(4|−6|4)

8. a) E: $\vec{x}=\begin{pmatrix}3\\2\\0\end{pmatrix}+r\begin{pmatrix}-3\\0\\4\end{pmatrix}+s\begin{pmatrix}0\\-2\\4\end{pmatrix}$ 586

b) X(6|0|0) ; Y(0|4|0) ; Z(0|0|8)

c) $g_{xy}:\ \vec{x}=\begin{pmatrix}6\\0\\0\end{pmatrix}+r\begin{pmatrix}-6\\4\\0\end{pmatrix},\quad g_{xz}:\ \vec{x}=\begin{pmatrix}6\\0\\0\end{pmatrix}+r\begin{pmatrix}-6\\0\\8\end{pmatrix}$

$g_{yz}:\ \vec{x}=\begin{pmatrix}0\\4\\0\end{pmatrix}+r\begin{pmatrix}0\\-4\\8\end{pmatrix}$

d)

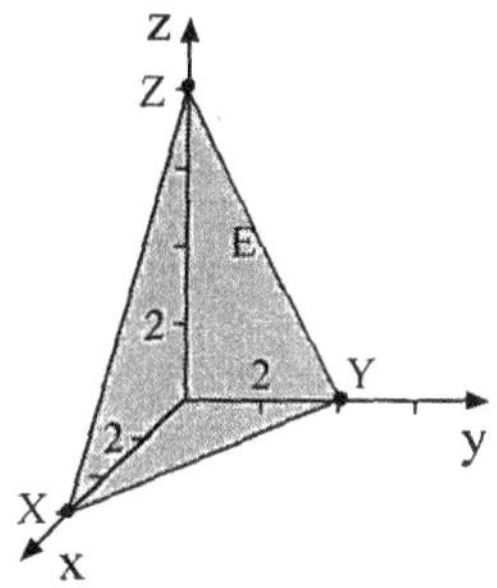

e) P liegt auf E (r = 0 , s = 0,5), Q liegt nicht auf E.

9. a) E = g: r = –1 , s = 0 , t = –1 , S(2|2|3)

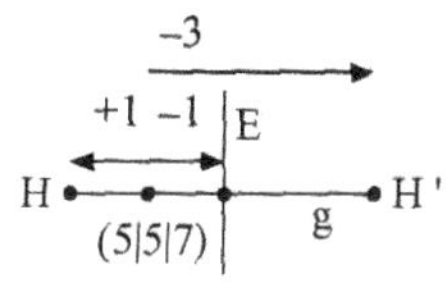

b) $\begin{pmatrix}3\\3\\4\end{pmatrix}\cdot\begin{pmatrix}1\\-1\\0\end{pmatrix}=0$ und $\begin{pmatrix}3\\3\\4\end{pmatrix}\cdot\begin{pmatrix}4\\0\\-3\end{pmatrix}=0$

c) Der Punkt H liegt auf g (t = 1).
Für t = –3 in g erhält man also den Spiegelpunkt H '(–4|–4|–5) von H.

10. $g_{AB}:\ \vec{x}=\begin{pmatrix}3\\0\\1\end{pmatrix}+t\begin{pmatrix}4\\8\\4\end{pmatrix}$, P liegt für t = 0,25 < 1 auf $\overline{AB}$.

Q liegt für t = 1,25 > 1 auf g aber nicht auf $\overline{AB}$.

R liegt nicht auf g und damit auch nicht auf $\overline{AB}$.

11. a) $E_{ABC}:\ \vec{x}=\begin{pmatrix}4\\0\\0\end{pmatrix}+r\begin{pmatrix}-4\\8\\0\end{pmatrix}+s\begin{pmatrix}-4\\0\\8\end{pmatrix}$
P liegt für r = s = 0,25 auf E und wegen r + s = 0,5 < 1 auch im Dreieck ABC.
Q liegt nicht auf E und damit auch nicht im Dreieck ABC.
R liegt für r = 0,25 und s = 0,5 auf E und wegen r + s = 0,75 < 1 auch im Dreieck ABC.

b) E = g: r = 0,5 , s = 0,25 , t = 1 , S(1|4|2) liegt auf E und wegen r + s = 0,75 < 1 in ABC.

12. a) x = 1 , y = 2,5 , z = 1,5 b) x = 1 , y = –2 + 3c , z = c , Lösung: (1;1;1)

13. **Druckfehler** im Lehrbuch: Q(8|10|0)

$g_P:\ \vec{x}=\begin{pmatrix}8\\10\\10\end{pmatrix}+t\begin{pmatrix}-1\\-1\\-2\end{pmatrix},\quad y=6,\quad t=4,\quad P'(4|6|2),\quad P''(4|6|0)$

$|QP''|=\sqrt{32}\approx 5{,}66,\quad$ Gesamtlänge: $5{,}66+2=7{,}66$m

14. a) $\vec{v}\cdot\overrightarrow{AB}=\begin{pmatrix}3\\0\\2\end{pmatrix}\cdot\begin{pmatrix}0\\6\\0\end{pmatrix}=0,\quad \vec{v}\cdot\overrightarrow{AD}=\begin{pmatrix}3\\0\\2\end{pmatrix}\cdot\begin{pmatrix}-4\\0\\6\end{pmatrix}=0$ 587

b) E = g: $r=\frac{1}{3},\quad s=\frac{1}{2},\quad t=1$, S(2|4|3)

c) h: $\vec{x}=\begin{pmatrix}5\\5\\5\end{pmatrix}+t\begin{pmatrix}3\\0\\2\end{pmatrix}$ schneidet E für t = –1 in W(2|5|3).
Spiegelpunkt T '(–1|5|1) für t = –2. Spiegelgerade: g': $\vec{x}=\begin{pmatrix}2\\4\\3\end{pmatrix}+r\begin{pmatrix}3\\-1\\2\end{pmatrix}$

587 15. a) $\overrightarrow{AB} = \begin{pmatrix} 2 \\ 4 \\ 0 \end{pmatrix}$, $\overrightarrow{CD} = \begin{pmatrix} -1 \\ -2 \\ 0 \end{pmatrix}$, $\overrightarrow{AB} \parallel \overrightarrow{CD}$, also Trapez

b) $\overrightarrow{AB} = \begin{pmatrix} 2 \\ 6 \\ -1 \end{pmatrix}$, $\overrightarrow{CD} = \begin{pmatrix} 1 \\ 3 \\ -2 \end{pmatrix}$, $\overrightarrow{BC} = \begin{pmatrix} -3 \\ -4 \\ 3 \end{pmatrix}$, $\overrightarrow{AD} = \begin{pmatrix} 0 \\ 5 \\ 0 \end{pmatrix}$, kein Trapez

16. a) E: $\vec{x} = \begin{pmatrix} 6 \\ 0 \\ 0 \end{pmatrix} + r\begin{pmatrix} -6 \\ 8 \\ 0 \end{pmatrix} + s\begin{pmatrix} -6 \\ 0 \\ 4 \end{pmatrix}$

b) E: $\vec{x} = \begin{pmatrix} 0 \\ 4 \\ 0 \end{pmatrix} + r\begin{pmatrix} 1 \\ 0 \\ 0 \end{pmatrix} + s\begin{pmatrix} 0 \\ -4 \\ 4 \end{pmatrix}$

c) E: $\vec{x} = \begin{pmatrix} 0 \\ 4 \\ 0 \end{pmatrix} + r\begin{pmatrix} 1 \\ 0 \\ 0 \end{pmatrix} + s\begin{pmatrix} 0 \\ 0 \\ 1 \end{pmatrix}$

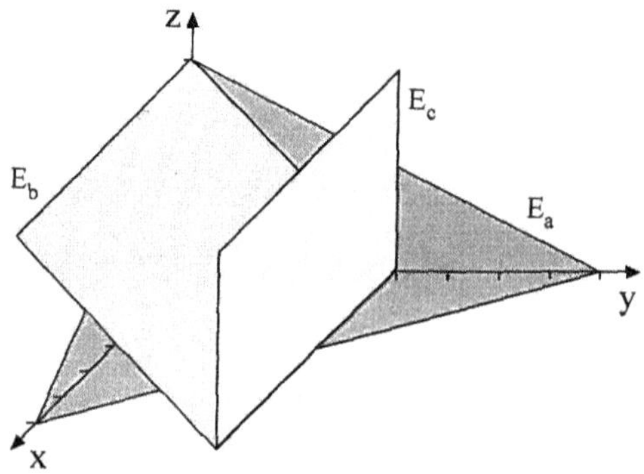

17. a) $\overrightarrow{AB} = \begin{pmatrix} 3 \\ 6 \\ 6 \end{pmatrix}$, $\overrightarrow{BC} = \begin{pmatrix} -6 \\ -3 \\ 6 \end{pmatrix}$

$\overrightarrow{AD} = \overrightarrow{BC} = \begin{pmatrix} -6 \\ -3 \\ 6 \end{pmatrix}$, D(0|0|7)

b) $\overrightarrow{AB} \cdot \begin{pmatrix} 2 \\ -2 \\ 1 \end{pmatrix} = \begin{pmatrix} 3 \\ 6 \\ 6 \end{pmatrix} \cdot \begin{pmatrix} 2 \\ -2 \\ 1 \end{pmatrix} = 0$ und $\overrightarrow{BC} \cdot \begin{pmatrix} 2 \\ -2 \\ 1 \end{pmatrix} = \begin{pmatrix} -6 \\ -3 \\ 6 \end{pmatrix} \cdot \begin{pmatrix} 2 \\ -2 \\ 1 \end{pmatrix} = 0$

c) M(4,5|4,5|7), g: $\vec{x} = \begin{pmatrix} 4,5 \\ 4,5 \\ 7 \end{pmatrix} + r\begin{pmatrix} 2 \\ -2 \\ 1 \end{pmatrix}$

d) $t = 6$: P(16,5|−7,5|13), $t = -6$: Q(−7,5|16,5|1)

18. a) $\begin{pmatrix} 1 \\ 2 \\ 3 \end{pmatrix} = k\begin{pmatrix} 2 \\ a \\ b \end{pmatrix}$ $k=0,5$ $a=4$ $b=6$

b) $\begin{pmatrix} 1 \\ 2 \\ 3 \end{pmatrix} \cdot \begin{pmatrix} 2 \\ a \\ b \end{pmatrix} = 2 + 2a + 3b = 0 \Rightarrow a = -1 - 1,5b$

19. g_{PQ}: $\vec{x} = \begin{pmatrix} 3 \\ 4 \\ 3 \end{pmatrix} + r\begin{pmatrix} -2 \\ -2 \\ -4 \end{pmatrix}$ in E liefert für $t = 0,5$ den Schnittpunkt S(2|3|1).

Die Ebene E halbiert also mit S die Strecke $\overline{PQ}$, d.h. die Punkte liegen auf verschiedenen Seiten von E.

588 20. a) $\overrightarrow{AB} = \begin{pmatrix} 0 \\ 0 \\ -8 \end{pmatrix}$, $\overrightarrow{BC} = \begin{pmatrix} 6 \\ 6 \\ 0 \end{pmatrix}$, $\overrightarrow{AD} = \overrightarrow{BC} = \begin{pmatrix} 6 \\ 6 \\ 0 \end{pmatrix}$, D(6|6|8)

b) $\begin{pmatrix} 1 \\ -1 \\ 0 \end{pmatrix} \cdot \begin{pmatrix} 0 \\ 0 \\ -8 \end{pmatrix} = 0$ und $\begin{pmatrix} 1 \\ -1 \\ 0 \end{pmatrix} \cdot \begin{pmatrix} 6 \\ 6 \\ 0 \end{pmatrix} = 0$

c) M(3|3|4), g: $\vec{x} = \begin{pmatrix} 3 \\ 3 \\ 4 \end{pmatrix} + t\begin{pmatrix} 1 \\ -1 \\ 0 \end{pmatrix}$, $t = 6$ liefert S

d) $V = \frac{G \cdot h}{3} = \frac{\left|\begin{pmatrix} 0 \\ 0 \\ -8 \end{pmatrix}\right| \cdot \left|\begin{pmatrix} 6 \\ 6 \\ 0 \end{pmatrix}\right| \cdot \left|\begin{pmatrix} 6 \\ -6 \\ 0 \end{pmatrix}\right|}{3} = 192$

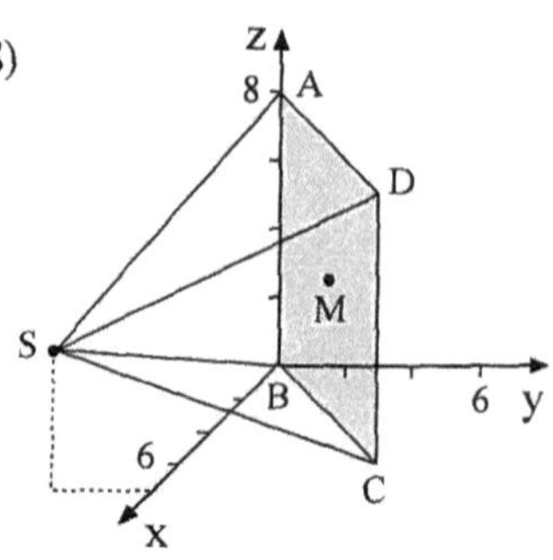

21. a) $|AB| = \sqrt{20^2 + 30^2 + 60^2} = 70$ 588

Für die halbe Strecke von 35m benötigt er 7 Sekunden.

b) Von A nach B in 14s, zurück in 7s, das bedeutet: $\overline{v} = \frac{140}{21} \frac{m}{s} \approx 6{,}67 \frac{m}{s}$

c) $\overline{v} = \frac{140}{14+t} = 8$, $t = \frac{28}{8} = 3{,}5$, $v = \frac{70}{3{,}5} = 20$

Er müsste mit 20m/s zurücklaufen.

22. $g_1: \vec{x} = \begin{pmatrix} 4 \\ 1 \\ 6 \end{pmatrix} + r \begin{pmatrix} 6 \\ 9 \\ -6 \end{pmatrix}$, $g_2: \vec{x} = \begin{pmatrix} 2 \\ 6 \\ 8 \end{pmatrix} + s \begin{pmatrix} 8 \\ -4 \\ -8 \end{pmatrix}$, $g_1 = g_2: \; r = \frac{1}{3}$, $s = \frac{1}{2}$, $S(6|4|4)$

Die Behauptung stimmt.

23. a) $\vec{v}_A = \begin{pmatrix} -1 \\ 2 \end{pmatrix}$

b) Bande A: A(9|16) ; Bande B: B(8|18) weiter mit $\vec{v}_B = \begin{pmatrix} -1 \\ -2 \end{pmatrix}$; Bande C: C(0|2)

c) Die Kugel erreicht das Loch L nicht, sie verpasst es um eine Einheit.

B. Geometrie: Komplexe Aufgaben

589 1. a) $\varepsilon:\ \vec{x}=\begin{pmatrix}10\\0\\0\end{pmatrix}+r\begin{pmatrix}0\\1\\0\end{pmatrix}+s\begin{pmatrix}-10\\0\\2\end{pmatrix}$

b) $\begin{pmatrix}1\\0\\5\end{pmatrix}\cdot\begin{pmatrix}0\\1\\0\end{pmatrix}=0,\quad \begin{pmatrix}1\\0\\5\end{pmatrix}\cdot\begin{pmatrix}-10\\0\\2\end{pmatrix}=0$

c) $S(5|5|30),\quad g_S:\ \vec{x}=\begin{pmatrix}5\\5\\30\end{pmatrix}+t\begin{pmatrix}1\\0\\5\end{pmatrix}$ in ε: $t=-\frac{145}{26},\quad S'(-0{,}58|5|2{,}12),\quad |SS'|\approx 28{,}43$

d) Es handelt sich um Die Dachfläche FGS: $\vec{x}=\begin{pmatrix}10\\10\\20\end{pmatrix}+r\begin{pmatrix}-10\\0\\0\end{pmatrix}+s\begin{pmatrix}-5\\-5\\10\end{pmatrix}$

$g:\ \vec{x}=\begin{pmatrix}5\\5\\30\end{pmatrix}+t\begin{pmatrix}0\\-2\\-1\end{pmatrix},\quad g=\varepsilon:\ t=29,\quad S''(5|-53|1)$

e) Wir vergleichen die Abstände von $S(5|5|30)$ und $E(10|0|20)$ zu $P(5|5|p)$.
$(30-p)^2=5^2+5^2+(20-p)^2,\ p=22{,}5$

2. a) $g_{AB}:\ \vec{x}=\begin{pmatrix}4\\-2\\5\end{pmatrix}+r\begin{pmatrix}3\\-4\\1\end{pmatrix},\quad z=0:\ r=-5,\quad S_{xy}(-11|18|0)$

b) $g_{AB}=g_0:\ A(4|-2|5),\quad \cos\gamma=\frac{\left|\begin{pmatrix}3\\-4\\1\end{pmatrix}\cdot\begin{pmatrix}2\\-1\\2\end{pmatrix}\right|}{\sqrt{26}\cdot 3},\quad \gamma\approx 38{,}3^\circ$

c) $F:\ \vec{x}=\begin{pmatrix}7\\-6\\6\end{pmatrix}+r\begin{pmatrix}2\\-1\\2\end{pmatrix}+s\begin{pmatrix}3\\-4\\1\end{pmatrix},\quad \left(\vec{x}-\begin{pmatrix}7\\-6\\6\end{pmatrix}\right)\cdot\begin{pmatrix}7\\4\\-5\end{pmatrix}=0,\quad 7x+4y-5z=-5$

d) $A\in g_a, E,\quad \begin{pmatrix}2\\2\\-1\end{pmatrix}\cdot\begin{pmatrix}2+a\\-1-2a\\2-2a\end{pmatrix}=0$ d.h. $g_a\subset E$

e) $H_a:\ \vec{x}=\begin{pmatrix}4\\-2\\5\end{pmatrix}+r\begin{pmatrix}2+a\\-1-2a\\2-2a\end{pmatrix}+s\begin{pmatrix}7\\4\\-5\end{pmatrix}$

f) $g_1:\ \vec{x}=\begin{pmatrix}4\\-2\\5\end{pmatrix}+r\begin{pmatrix}3\\-3\\0\end{pmatrix},\quad r=1: P(7|-5|5),\quad r=-\frac{7}{3}: Q(-3|5|5)$

g) $\begin{pmatrix}3\\-4\\1\end{pmatrix}=\begin{pmatrix}2+a\\-1-2a\\2-2a\end{pmatrix}\begin{matrix}\Rightarrow a=1\\ \\ \Rightarrow a=0{,}5\end{matrix},$ Widerspruch $\Rightarrow g_{AB}\notin g_a$

h) $\begin{pmatrix}2+u\\-1-2u\\2-2u\end{pmatrix}\cdot\begin{pmatrix}2+v\\-1-2v\\2-2v\end{pmatrix}=9+9uv=0\Rightarrow uv=-1$ bzw. $u=-\frac{1}{v}$

3. a) $D(3|2|0)$ 590

b) $E_{ABS}: \ \vec{x} = \begin{pmatrix} 7 \\ 5 \\ 0 \end{pmatrix} + r\begin{pmatrix} -3 \\ 4 \\ 0 \end{pmatrix} + s\begin{pmatrix} -3,5 \\ 0,5 \\ 12 \end{pmatrix}, \ (\vec{x} - \begin{pmatrix} 7 \\ 5 \\ 0 \end{pmatrix}) \cdot \begin{pmatrix} 48 \\ 36 \\ 12,5 \end{pmatrix} = 0$

$48x + 36y + 12,5z = 516, \quad X(10,75|0|0)$

c) $|AS| = \sqrt{3,5^2 + 0,5^2 + 12^2} \approx 12,51, \quad |BS| = \sqrt{0,5^2 + 3,5^2 + 12^2} \approx 12,51$

d) $M(3,5|5,5|0)$

e) $d(S, \overline{AB}) = \sqrt{12^2 + 2,5^2} \approx 12,26$

f) $\overrightarrow{CS} = \begin{pmatrix} 3,5 \\ -0,5 \\ 12 \end{pmatrix}, \quad \vec{v} = \begin{pmatrix} 0 \\ 1 \\ 0 \end{pmatrix}, \quad \cos\alpha = \frac{-0,5}{12,51}, \quad \alpha \approx 92,3° \Rightarrow$ Schnittwinkel $\gamma \approx 87,7°$

g) s. Lehrbuch

h) $g: \ \vec{x} = \begin{pmatrix} 3,5 \\ 5,5 \\ 12 \end{pmatrix} + r\begin{pmatrix} -3 \\ -11 \\ -4 \end{pmatrix}, \quad y = 0 \Rightarrow r = 0,5, \quad S_{xz}(2|0|10)$

4. a) $g_{AB}: \ \vec{x} = \begin{pmatrix} 0 \\ 5 \\ -1 \end{pmatrix} + r\begin{pmatrix} 8 \\ -4 \\ 8 \end{pmatrix}, \quad g_{CD}: \ \vec{x} = \begin{pmatrix} -2 \\ 2 \\ 5 \end{pmatrix} + s\begin{pmatrix} 12 \\ 6 \\ -12 \end{pmatrix}$

$g_{AB} = g_{CD}: \quad r = \frac{1}{4}, \quad s = \frac{1}{3}, \quad S(2|4|1)$

b) $|AS| = \sqrt{4+1+4} = 3, \quad |CS| = \sqrt{16+4+16} = 6$ Gesamtlänge: 9km

c) $d(s) = \sqrt{(-3+12s)^2 + (-3+6s)^2 + 144s^2}, \quad (d(s))^2 = 324s^2 - 108s + 18$

$((d(s))^2)' = 648s - 108 = 0 \Rightarrow s = \frac{1}{6} < \frac{1}{3} \Rightarrow F \in \overline{CS}, \quad F(0|3|3), \quad d(\frac{1}{6}) = \sqrt{9} = 3\,\text{km}$

d) $-4x + y + z = 0, \quad x + y - 2z = 0 \Rightarrow \vec{n} = \begin{pmatrix} 3 \\ 7 \\ 5 \end{pmatrix}, \quad E: \ (\vec{x} - \begin{pmatrix} 1 \\ 5 \\ 5 \end{pmatrix}) \cdot \begin{pmatrix} 3 \\ 7 \\ 5 \end{pmatrix} = 0$

$\cos\gamma = \frac{\left|\begin{pmatrix} 3 \\ 7 \\ 5 \end{pmatrix} \cdot \begin{pmatrix} 1 \\ 2 \\ 2 \end{pmatrix}\right|}{\sqrt{83 \cdot 9}}, \quad \gamma \approx 8,9°, \quad \text{Schnittwinkel}: 81,1°$

e) $g_{AB} = g_{CD}: \ \begin{matrix} 8r & -10s & = & -2 \\ -4r & -5s & = & -3 \\ 8r & +12s & = & 6 \end{matrix} \ \begin{matrix} \Rightarrow r = 0,25, \quad s = 0,4 \\ \\ \Rightarrow \text{WID} \end{matrix} \qquad \begin{matrix} 8x & -4y & +8z & = & 0 \\ 10x & +5y & -12z & = & 0 \end{matrix}, \quad \vec{n} = \begin{pmatrix} 1 \\ 22 \\ 10 \end{pmatrix}$

$d = \left|(\begin{pmatrix} 0 \\ 5 \\ -1 \end{pmatrix} - \begin{pmatrix} -2 \\ 2 \\ 5 \end{pmatrix}) \cdot \begin{pmatrix} 1 \\ 22 \\ 10 \end{pmatrix} \cdot \frac{1}{\sqrt{585}}\right| \approx 0,33$

Sie wären im Abstand von ca. 330m vorbeigelaufen.

f) $\overrightarrow{PC} = \begin{pmatrix} 12 \\ 6 \\ z \end{pmatrix}, \quad \text{Ebenenvektor}: \begin{pmatrix} 12 \\ 6 \\ 0 \end{pmatrix}$

$\cos 6° = \frac{\left|\begin{pmatrix} 12 \\ 6 \\ z \end{pmatrix} \cdot \begin{pmatrix} 12 \\ 6 \\ 0 \end{pmatrix}\right|}{\sqrt{180+z^2} \cdot \sqrt{180}} = \frac{\sqrt{180}}{\sqrt{180+z^2}} \approx 0,995, \quad z^2 = (\frac{\sqrt{180}}{0,995})^2 - 180, \quad z \approx 1,35, \quad \vec{v} = \begin{pmatrix} 12 \\ 6 \\ 1,35 \end{pmatrix}$

591 5. a) E: $\vec{x} = \begin{pmatrix} 100 \\ 100 \\ 0 \end{pmatrix} + r\begin{pmatrix} -100 \\ 0 \\ 0 \end{pmatrix} + s\begin{pmatrix} -50 \\ -50 \\ 100 \end{pmatrix}$

b) Mit $r = 0{,}1$ und $s = 0{,}8$ liegt P auf E.

c) $\overrightarrow{PQ} = \begin{pmatrix} 0 \\ 40 \\ 20 \end{pmatrix}$, $\begin{pmatrix} 0 \\ 40 \\ 20 \end{pmatrix} \cdot \begin{pmatrix} -100 \\ 0 \\ 0 \end{pmatrix} = 0$, $\begin{pmatrix} 0 \\ 40 \\ 20 \end{pmatrix} \cdot \begin{pmatrix} -50 \\ -50 \\ 100 \end{pmatrix} = 0$, $\left|\begin{pmatrix} 0 \\ 40 \\ 20 \end{pmatrix}\right| = \sqrt{2000} \approx 44{,}72$

d) $T(50|80|90)$, $g_{RT}: \vec{x} = \begin{pmatrix} 50 \\ 80 \\ 90 \end{pmatrix} + t\begin{pmatrix} 0 \\ 0 \\ -1 \end{pmatrix}$, $g_{RT} = E: \begin{smallmatrix} r=0{,}3 \\ s=0{,}4 \\ t=50 \end{smallmatrix}$, $R(50|80|40)$

e) $M(50|100|0)$, $\cos\alpha = \dfrac{\left|\begin{pmatrix} 0 \\ -40 \\ -20 \end{pmatrix} \cdot \begin{pmatrix} 0 \\ 0 \\ -100 \end{pmatrix}\right|}{\left|\begin{pmatrix} 0 \\ -40 \\ -20 \end{pmatrix}\right| \cdot \left|\begin{pmatrix} 0 \\ 0 \\ -100 \end{pmatrix}\right|} = \dfrac{2000}{\sqrt{2000} \cdot 100}$, $\alpha \approx 63{,}4°°$

f) $g_{AS}: \vec{x} = \begin{pmatrix} 100 \\ 0 \\ 0 \end{pmatrix} + r\begin{pmatrix} -50 \\ 50 \\ 100 \end{pmatrix}$, $r = 0{,}8 \Rightarrow V(60|40|80)$

$g_{DS}: \vec{x} = r\begin{pmatrix} 50 \\ 50 \\ 100 \end{pmatrix}$, $r = 0{,}8 \Rightarrow U(40|40|80)$

$\overrightarrow{AD} = \begin{pmatrix} -100 \\ 0 \\ 0 \end{pmatrix}$, $\overrightarrow{UV} = \begin{pmatrix} 20 \\ 0 \\ 0 \end{pmatrix}$ sind parallel, also liegt ein Trapez vor.

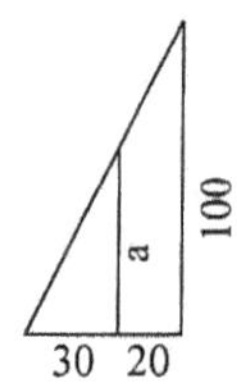

g) s. Strahlensatzfigur: $\frac{50}{100} = \frac{30}{a} \Rightarrow a = 60$

6. a) g: $\vec{x} = \begin{pmatrix} 3 \\ 24 \\ 3{,}1 \end{pmatrix} + r\begin{pmatrix} 2 \\ -18 \\ -3{,}1 \end{pmatrix}$, $y = 12 \Rightarrow r = \frac{2}{3} \Rightarrow z = 1{,}033$

Der Ball geht ca. 3,3cm über das Netz.

b) Winkel zum Boden: 13,7°

c) g: $\vec{x} = \begin{pmatrix} 5 \\ 6 \\ 0 \end{pmatrix} + r\begin{pmatrix} 2 \\ -18 \\ 3{,}1 \end{pmatrix}$, $y = 0 \Rightarrow r = \frac{1}{3}$, $K(\frac{17}{3}|0|\frac{3{,}1}{3})$

$s \approx 24\text{m}$, $v = 40\frac{\text{m}}{\text{s}}$, $t \approx \frac{24}{40} = 0{,}6\text{s}$

d) g: $\vec{x} = \begin{pmatrix} 3 \\ 24 \\ 2 \end{pmatrix} + r\begin{pmatrix} 7 \\ -18 \\ -2 \end{pmatrix}$, $y = 12 \Rightarrow t = \frac{2}{3}$, $z = \frac{2}{3} < 1$: Es gelingt nicht.

Am Netz 0,1m über der Seilkante: g: $\vec{x} = \begin{pmatrix} 3 \\ 24 \\ 2 \end{pmatrix} + r\begin{pmatrix} 2 \\ -12 \\ -0{,}9 \end{pmatrix}$

$z = 0 \Rightarrow r = \frac{2}{0{,}9}$, $x = 3 + 2 \cdot \frac{2}{0{,}9} \approx 7{,}44$, $y = 24 - 12 \cdot \frac{2}{0{,}9} \approx -2{,}67$

Der Aufschlagpunkt $A(7{,}44|-2{,}67|0)$ liegt ausserhalb des Spielfeldes.

7. a) f: $\vec{x} = \begin{pmatrix}8\\8\\4\end{pmatrix} + r\begin{pmatrix}-4\\4\\2\end{pmatrix}$ 592

b) Startpunkt bei $z = 0$, d.h. $r = -2$ und damit L(16|0|0)

c) $|AB| = 6, \quad v = \frac{s}{t} = \frac{6}{2} = 3\,\frac{km}{min} = 180\,\frac{km}{h}$

d) $z = 9$ gilt für $r = 2{,}5$, d.h. P(−2|18|9) ; $z = 10$ gilt für $r = 3$, d.h. Q(−4|20|10)

e) $\cos\alpha = \dfrac{\begin{pmatrix}-4\\4\\2\end{pmatrix}\cdot\begin{pmatrix}-4\\4\\0\end{pmatrix}}{\left|\begin{pmatrix}-4\\4\\2\end{pmatrix}\right|\cdot\left|\begin{pmatrix}-4\\4\\0\end{pmatrix}\right|} = \dfrac{32}{\sqrt{36\cdot 32}} \approx 0{,}9428, \quad \alpha \approx 19{,}47°$

f) $\overrightarrow{TR} = \begin{pmatrix}10\\6\\8\end{pmatrix}, \quad \vec{m} = \begin{pmatrix}-4\\4\\2\end{pmatrix}, \quad \overrightarrow{TR}\cdot\vec{m} = 0$

Das bedeutet, die Strecke TR steht senkrecht zu f, R ist also der zu T nächste Bahnpunkt.

g) h: $\vec{x} = \begin{pmatrix}8\\11\\0\end{pmatrix} + s\begin{pmatrix}-4\\-2\\10\end{pmatrix}, \quad f = h: \quad r = 0{,}5, \quad s = 0{,}5, \quad S(6|10|5), \quad |AS| = 3, \quad |CS| \approx 5{,}48$

S ist der Mittelpunkt von AB, f erreicht ihn also nach genau einer Minute.
h befindet sich dann noch ca. 480m vor S, keine Kollision.

8. a) g: $\vec{x} = \begin{pmatrix}4\\1\\2\end{pmatrix} + t\begin{pmatrix}2\\1\\-1\end{pmatrix}, \quad F: \vec{x} = \begin{pmatrix}0\\-1\\4\end{pmatrix} + r\begin{pmatrix}7\\5\\-2\end{pmatrix} + s\begin{pmatrix}2\\1\\-1\end{pmatrix}, \quad \left(\vec{x} - \begin{pmatrix}0\\-1\\4\end{pmatrix}\right)\cdot\begin{pmatrix}1\\-1\\1\end{pmatrix} = 0, \quad S(4|1|2)$

b) F: $x - y + z = 5, \quad X(5|0|0), \quad Y(0|-5|0), \quad Z(0|0|5)$, Seitenlänge $\sqrt{50}$

c) $E_2: \left(\vec{x} - \begin{pmatrix}3\\-1\\1\end{pmatrix}\right)\cdot\begin{pmatrix}3\\-5\\1\end{pmatrix} = 0, \quad$ F in E_2: $\begin{pmatrix}-3+7r+2s\\5r+s\\3-2r-s\end{pmatrix}\cdot\begin{pmatrix}3\\-5\\1\end{pmatrix} = -6-6r = 0, \quad r = -1$

s: $\vec{x} = \begin{pmatrix}-7\\-6\\6\end{pmatrix} + s\begin{pmatrix}2\\1\\-1\end{pmatrix}, \quad$ s in E_a: $\begin{pmatrix}-10+2s\\-5+s\\5-s\end{pmatrix}\cdot\begin{pmatrix}a+1\\-2a-1\\1\end{pmatrix} = 0$

E_a ist erfüllt, unabhängig von a, d.h. s liegt in jeder Ebene von E_a.

$\begin{pmatrix}2\\1\\-1\end{pmatrix}$ ist jeweils Richtungsvektor von g und s, A(4|1|2) liegt nicht auf s, also echt parallel.

Abstand: Ebene durch A senkrecht zu s: E: $\left(\vec{x} - \begin{pmatrix}4\\1\\2\end{pmatrix}\right)\cdot\begin{pmatrix}2\\1\\-1\end{pmatrix} = 0$

s in E: $\begin{pmatrix}-11+2s\\-7+s\\4-s\end{pmatrix}\cdot\begin{pmatrix}2\\1\\-1\end{pmatrix} = -33+6s = 0, \quad s = 5{,}5$

$S(4|-0{,}5|0{,}5), \quad |AS| = \sqrt{2{,}25+2{,}25} \approx 2{,}12$

d) Ansatz: g in E_a: erfüllt für $a = 0$, d.h. g liegt in E_0.
$F = E_0$

e) $\begin{pmatrix}a+1\\-2a-1\\1\end{pmatrix}\cdot\begin{pmatrix}0\\0\\1\end{pmatrix}$ $\begin{matrix}\Rightarrow a=-1\\ \Rightarrow a=-0{,}5\end{matrix}$ Widerspruch, also keine Orthogonalität zur x-y-Ebene.

H: $\vec{x} = \begin{pmatrix}-7\\-6\\6\end{pmatrix} + r\begin{pmatrix}2\\1\\-1\end{pmatrix} + s\begin{pmatrix}0\\0\\1\end{pmatrix}$

A. Wahrscheinlichkeitsrechnung: Elementare Aufgaben

593 1. a) $N = 5! = 120$ b) $N = 2 \cdot 3! = 12$

2. a) $N = 11 \cdot 10 \cdot 9 = 990$ b) $N = \binom{11}{4} = \frac{11!}{4! \cdot 7!} = 330$

c) $P(\text{mind.}1) = 1 - P(\text{keiner}) = 1 - \frac{\binom{8}{4}}{\binom{11}{4}} = 1 - \frac{70}{330} \approx 78{,}79\%$

3. Es gibt $\binom{12}{6} = 924$ Möglichkeiten ein Team von 6 Spielern aus der Gruppe der 12 auszuwählen.

4.

alle aus	1 an	2 an	3 an	4 an	5 an	6 an	7 an	8 an	9 an	alle an
1	10	$\binom{10}{2} = 45$	120	210	252	210	120	45	10	1

Es gibt 1024 Möglichkeiten.
Alternativlösung: Jede Lampe hat zwei Zustandsmöglichkeiten: an oder aus.

Das sind insgesamt $2 \cdot 2 \cdot \ldots \cdot 2 = 2^{10} = 1024$ Möglichkeiten.

5.

	P	$\overline{P}$	
Z	9,5	0,5	10
$\overline{Z}$	3,6	86,4	90
	13,1	86,9	100

a) $P(p) = 13{,}1\%$

b) $P_P(Z) = \frac{9{,}5}{13{,}1} \approx 72{,}52\%$

6. a)

X	0	1	2	3	4
$P(X{=}x_i)$	$\frac{1}{16}$	$\frac{4}{16}$	$\frac{6}{16}$	$\frac{4}{16}$	$\frac{1}{16}$

b) $E(X) = 2$

7. $P(A) = P(X = 5) = B(5;0{,}8;5) = 0{,}8^5 = 32{,}768\%$

$P(B) = 0{,}8^4 \cdot 0{,}2 = 8{,}192\%$, $P(C) = 0{,}8^4 = 40{,}96\%$

$P(D) = P(X \geq 4) = P(X = 4) + P(X = 5) = \binom{5}{4} \cdot 0{,}8^4 \cdot 0{,}2 + 0{,}8^5 = 73{,}728\%$

8. a) $P(X = 1) = B(8;0{,}25;1) = \binom{8}{1} \cdot 0{,}25 \cdot 0{,}75^7 \approx 26{,}70\%$

b) $P(X \geq 1) = 1 - P(X = 0) = 1 - 0{,}75^6 \approx 82{,}20\%$

c) $\mu = 60 \cdot 0{,}25 = 15$

d) $\mu = 100 \cdot 0{,}25 = 25$, $\sigma = \sqrt{100 \cdot 0{,}25 \cdot 0{,}75} \approx 4{,}33$
95% liegen in der 2σ-Umgebung von μ: $[25 - 2 \cdot 4{,}33; 25 + 2 \cdot 4{,}33] = [17;33]$
Kontrollrechnung: $P(17 \leq X \leq 33) \approx 0{,}951$

594 9. $P = \frac{1}{6} + \frac{5}{6} \cdot \frac{1}{6} + \frac{25}{36} \cdot \frac{1}{6} \approx 42{,}13\%$

10. a)

X	4	9	−1
$P(X{=}x_i)$	$\frac{5}{36}$	$\frac{1}{36}$	$\frac{30}{36}$

b) $E(X) = 4 \cdot \frac{5}{36} + 9 \cdot \frac{1}{36} - \frac{30}{36} = -\frac{1}{36}$ Euro (ca. 3 Cent)

11. a)

	F	$\overline{F}$	
T	600	60	660
$\overline{T}$	100	40	140
	700	100	800

b) $P_F(T) = \frac{600}{700} \approx 85{,}71\%$

12. a) $P(wsw) = 0{,}3 \cdot 0{,}7 \cdot 0{,}3 = 0{,}063 = 6{,}3\%$

b) $P(www) = 0{,}3^3 = 2{,}7\%$

c) $P(X \geq 1) = 1 - P(X = 0) = 1 - 0{,}3^3 = 97{,}3\%$

d) $P(wsw) = \frac{3}{10} \cdot \frac{7}{9} \cdot \frac{2}{8} \approx 5{,}8\%$, $P(www) = \frac{3}{10} \cdot \frac{2}{9} \cdot \frac{1}{8} \approx 0{,}8\%$

$P(X \geq 1) = 1 - \frac{3}{10} \cdot \frac{2}{9} \cdot \frac{1}{8} \approx 99{,}2\%$

13. 1. Bezeichnungen: A: LED kommt aus Werk A
B: LED kommt aus Werk B
D: LED ist defekt
$\overline{D}$: LED ist in Ordnung

2. geg. Wahrscheinlichkeiten: $P(A) = 0{,}3$; $P(B) = 0{,}7$; $P_A(D) = 0{,}05$; $P_B(D) = 0{,}02$

3. Rechnungen:

a) $P(D) = P_A(D) \cdot P(A) + P_B(D) \cdot P(B) = 0{,}05 \cdot 0{,}3 + 0{,}02 \cdot 0{,}7 = 0{,}029 = 2{,}9\%$

b) $P_D(B) = \frac{P_B(D) \cdot P(B)}{P(D)} = \frac{0{,}02 \cdot 0{,}7}{0{,}029} \approx 0{,}4828 = 48{,}28\%$

c) X: Anzahl der defekten Leuchten in der Stichprobe vom Umfang n = 200

$$P(X \leq 3) = F(200;0{,}02;3) = \begin{cases} \text{BinomialCD}(3,200,0.02) \\ \text{binomCdf}(200,0.02,3) \end{cases} \approx 0{,}4315 = 43{,}15\%$$

d) $$P(X \geq 18) = 1 - F(200;0{,}05;17) = 1 - \begin{cases} \text{BinomialCD}(17,200,0.05) \\ \text{binomCdf}(200,0.05,17) \end{cases} \approx 1{,}21\%$$

Der Kunde sollte einen weiteren Karton testen.

14. Bezeichnungen: T: Treffer , $p = P(T) = 0{,}80$
X: Anzahl der Treffer in einer Serie von n Würfen

a) $P(X = 8) = B(10;0{,}80;8) = \binom{10}{8} \cdot 0{,}8^8 \cdot 0{,}2^2 \approx 0{,}3020 = 30{,}2\%$

b) $$P(X < 3) = P(X \leq 2) = F(20;0{,}8;2) = \begin{cases} \text{BinomialCD}(2,20,0.8) \\ \text{binomCdf}(20,0.8,2) \end{cases} \approx 0{,}2061 = 20{,}61\%$$

c) Erwartungswert von X: $\mu = E(X) = n \cdot p = 60 \cdot 0{,}8 = 48$

d) K sei die garantierte Anzahl von Treffern

$P(X \geq K) \geq 0{,}95$, $1 - P(X \leq K-1) \geq 0{,}95$, $P(X \leq K-1) \leq 0{,}05$

$$F(50;0{,}8;K-1) \leq 0{,}05, \quad \begin{cases} \text{BinimialCD}(K-1,50,0.8) \\ \text{binomCdf}(50,0.8,K-1) \end{cases} \leq 0{,}05$$

Probieren liefert K = 35 Treffer.

B. Wahrscheinlichkeitsrechnung: Komplexe Aufgaben

595 1. a) X = Anzahl der Raser unter den kontrollierten Fahrern

$$P(A) = P(X=0) = B(55;0,06;0) = \binom{n}{0} \cdot 0,06^0 \cdot 0,97^{55} = \begin{cases} \text{binomPdf}(55,0.03,0) \approx 0,0333 \\ \text{BinomialPD}(0,55,0.03) \approx 0,0333 \end{cases}$$

$$P(B) = P(X \geq 1) = 1 - P(X=0) = 1 - B(60;0,06;0) = \begin{cases} 1-\text{binomPdf}(60,0.06,0) \approx 0,9756 \\ 1-\text{BinomialPD}(0,60,0.06) \approx 0,9755 \end{cases}$$

b) P(Fahrzeug wird kontrolliert) = 0,05

$$P(C) = 0,05 \cdot 0,95^3 \approx 0,0429 = 4,29\%$$
$$P(D) = 4 \cdot 0,05^2 \cdot 0,95^3 \approx 0,0086 = 0,86\%$$

c) $P(X \geq 1) \geq 0,5 \Rightarrow 1 - P(X=0) \geq 0,5 \Rightarrow P(X=0) \leq 0,5$

$$\Rightarrow \binom{n}{0} \cdot 0,06^0 \cdot 0,94^n \leq 0,5 \Rightarrow n \geq \tfrac{\ln 0,5}{\ln 0,94} \approx 11,2 (\ln 0,5 < 0) \Rightarrow n \geq 12$$

d) $n = 10$, X = Anteil der Motorradfahrer unter den 10 kontrollierten Fahrern, die mit korrekter Geschwindigkeit fahren
P(genau 2 Fahrer fahren mit überhöhter Geschwindigkeit)

$$= P(X=8) = \binom{10}{8} \cdot p^8 \cdot (1-p)^2 = 45 \cdot p^8 \cdot (1 - 2p + p^2) = 45(p^{10} - 2p^9 + p^8)$$

P(X=8) ist eine Funktion von p. Sie nimmt ihr lokales Maximum an, wenn ihre Ableitung null ist: $P'(X=8) = 45(10p^9 - 18p^8 + 8p^7) = 0 \Rightarrow 10p^7(p^2 - 1,8p + 0,8) = 0$

$$\Rightarrow p = 0,9 \pm 0,1, \quad p = 0,8 \; (p = 0, \quad p = 1)$$

2. a) Es gibt insgesamt $3^4 = 81$ verschiedene Ergebnisse.

b) $P(A) = \left(\frac{1}{3}\right)^4 \approx 1,23\%$ $\qquad P(B) = B(4;\frac{1}{3};2) = \binom{4}{2} \cdot \left(\frac{1}{3}\right)^2 \cdot \left(\frac{2}{3}\right)^2 \approx 29,63\%$

$P(C) = \left(\frac{1}{3}\right)^4 \approx 1,23\%$ $\qquad P(D) = \left(\frac{1}{3}\right)^4 \cdot 3 \approx 3,7\%$

c) $B(10;0,7037;10) = 0,7037^{10} \approx 3\%$
$B(10;0,2963;2) = \binom{10}{2} \cdot 0,2963^2 \cdot 0,7037^8 \approx 23,76\%$

d) $P(X \geq 1) = 1 - P(X=0) = 1 - B(n;0,2963;0) = 1 - 0,7037^n > 0,95$

$0,05 > 0,7037^n, \quad n > \frac{\ln 0,05}{\ln 0,7037} \approx 8,53, \quad n \geq 9$

e) durchschnittliche Auszahlung: $30 \cdot \left(\frac{1}{3}\right)^4 + 5 \cdot \left(\frac{1}{3}\right)^2 \approx 0,5555$ bei einem Euro Einsatz ergibt als durchschnittlichen Gewinn/Verlust ca. –0,44 Euro (unfaires Spiel)
Das sind pro Tag $8 \cdot 20 \cdot 0,44 \approx 71,11$ Euro Gewinn für den Betreiber.

f) Aussage von Johannes: $p(\text{Gewinn}) = \frac{4}{81}$, Z = Anzahl der Gewinne in 5 Spielen

$P(Z=5) = \binom{5}{5} \cdot \left(\frac{4}{81}\right)^5 \approx 0,0000003$, das ist höchst unwahrscheinlich.

Jana: $P(20 \leq X \leq 30) = F(100;0,3;30) - F(100;0,3;19) \approx 0,5491 - 0,0089 = 54,02\%$
Das ist glaubhaft.

3. a) $n = 20$, $p = 0{,}08$, X = Anzahl der Kranken unter den 20 ausgewählten Personen 596

$$P(X = 0) = B(20;0{,}08;0) = \binom{20}{0} \cdot 0{,}08^0 \cdot 0{,}92^{20} \approx 0{,}1887 = 18{,}87\%$$

$$P(X \geq 3) = 1 - P(X \leq 2) = 1 - F(20;0{,}08;2) = \begin{cases} 1 - \text{binomCdf}(20, 0.08, 2) \approx 0{,}2121 \\ 1 - \text{BinomialCD}(2, 20, 0.08) \approx 0{,}2121 \end{cases}$$

b) G: Person leidet an Glaukom, I: Person leidet an Erhöhung des Augeninnendrucks

$P(G) = 0{,}025$, $P_G(I) = 0{,}75$, $P_{\bar{G}}(I) = 0{,}08$

$$P(I) = P_G(I) \cdot P(G) + P_{\bar{G}}(I) \cdot P(\bar{G}) = 0{,}75 \cdot 0{,}025 + 0{,}08 \cdot (1 - 0{,}025) \approx 0{,}0968 = 9{,}68\%$$

c) $P_I(G) = \frac{P_G(I) \cdot P(G)}{P(I)} = \frac{0{,}75 \cdot 0{,}025}{0{,}0968} \approx 0{,}1937 = 19{,}37\%$

d) $n = 200$, $p = 0{,}0968$, X = Anzahl der Kranken unter den 200 ausgewählten Personen

$$P(X > 25) = 1 - P(X \leq 25)$$

$$= 1 - F(200;0{,}0968;25) = \begin{cases} 1 - \text{binomCdf}(200, 0.0968, 25) \approx 0{,}0753 \\ 1 - \text{BinomialCD}(25, 200, 0.0968) \approx 0{,}0753 \end{cases}$$

e) $p = 0{,}025$, X = Anzahl der Kranken unter den untersuchten Personen

$$P(X \geq 1) \geq 0{,}9 \Rightarrow 1 - P(X = 0) \geq 0{,}9 \Rightarrow P(X = 0) \leq 0{,}1$$

$$\Rightarrow B(n;0{,}025;0) \leq 0{,}1 \Rightarrow \binom{n}{0} \cdot 0{,}025^0 \cdot 0{,}975^n \leq 0{,}1 \Rightarrow n \geq \frac{\ln 0{,}1}{\ln 0{,}975} \approx 90{,}95 \Rightarrow n \geq 91$$

4. a) Vorbemerkung: Es zählen nur die 15 Flächen 1 bis 15.

x_i	1	2	3	4	5	6
$P(X{=}x_i)$	$\frac{1}{15}$	$\frac{2}{15}$	$\frac{2}{15}$	$\frac{3}{15}$	$\frac{3}{15}$	$\frac{4}{15}$

$$\mu = E(X) = 1 \cdot \tfrac{1}{15} + 2 \cdot \tfrac{2}{15} + 3 \cdot \tfrac{2}{15} + 4 \cdot \tfrac{3}{15} + 5 \cdot \tfrac{3}{15} + 6 \cdot \tfrac{4}{15} = \tfrac{62}{15} \approx 4{,}13$$

b) $P(\text{Eintritt 1.Runde}) = \frac{4}{15} + \frac{11}{15} \cdot \frac{4}{15} + (\frac{11}{15})^2 \cdot \frac{4}{15} = 0{,}6056 = 60{,}56\%$

$P(\text{3Runden ohne Eintritt}) \approx (1 - 0{,}6056)^3 \approx 0{,}0613 = 6{,}13\%$

c) $p = \frac{4}{15}$, X = Anzahl der Sechsen bei n Würfen

$$P(X \geq 1) \geq 0{,}99 \Rightarrow 1 - P(X = 0) \geq 0{,}99 \Rightarrow P(X = 0) \leq 0{,}01$$

$$\Rightarrow B(n;\tfrac{4}{15};0) \leq 0{,}01 \Rightarrow \binom{n}{0} \cdot (\tfrac{4}{15})^0 \cdot (\tfrac{11}{15})^n \leq 0{,}01 \Rightarrow n \geq \frac{\ln 0{,}01}{\ln \frac{11}{15}} \approx 14{,}85 \Rightarrow n \geq 15$$

d) $P(X > 25) = 1 - P(X \leq 25) = \begin{cases} 1 - \text{binomCdf}(100, \frac{4}{15}, 25) \approx 0{,}5976 \\ 1 - \text{Binomial(CD}(25, 100, \frac{4}{15}) \approx 0{,}5976 \end{cases}$

e) $P(5+6;6+5) = \frac{24}{225}$, $P(6+6) = \frac{16}{225}$, $P(\text{Augensumme} > 10) = \frac{40}{225}$

$\mu = E(\text{Gewinn}) = 11 \cdot \frac{24}{225} + 12 \cdot \frac{16}{225} - 2 \approx 0{,}027$

Der Spieler kann pro Spiel mit ca. 2,7 Cent Gewinn rechnen.
Der Anbieter muss mit dem gleichen Verlust rechnen.

596 f) $p = P(\text{Augensumme}>10) = \frac{40}{225}$, X = Anzahl der gewonnenen Spiele bei 100 Spielen

$$P(X \geq 25) = 1 - P(X \leq 24) = 1 - F(100;24;\tfrac{40}{225}) = \begin{cases} 1 - \text{binomCdf}(100,24,\tfrac{40}{225}) \approx 0{,}0436 \\ 1 - \text{BinomialCD}(24,100,\tfrac{40}{225}) \approx 0{,}0436 \end{cases}$$

Mit 4,36% ist das Ereignis nicht sehr wahrscheinlich. Aber für unglaubwürdig kann man die Aussage bei dieser Wahrscheinlichkeit jedenfalls nicht erklären.

597 5. a) kumulierte Binomialverteilung:

$P(X > 5) = 1 - P(X \leq 5) = 1 - F(100;0{,}03;5) \approx 1 - 0{,}9192 = 0{,}0808 = 8{,}08\%$

b) Bernoulliformel:

$P(X = 0) \leq 0{,}20$, $B(n;0{,}03;0) \leq 0{,}20$, $\binom{n}{0} \cdot 0{,}03^0 \cdot 0{,}97^n \leq 0{,}20$

$0{,}97^n \leq 0{,}20$, $n \cdot \ln 0{,}97 \leq \ln 0{,}20$, $n \geq \frac{\ln 0{,}20}{\ln 0{,}97} \approx 52{,}84$

Ab einem Kaufumfang von ca. 53 Jeans.

c) Mit $P(M) = 3\%$, $P(S) = 80\%$ und $P_S(M) = 2{,}8\%$ lässt sich eine 4-Feldertafel erstellen.

	M	$\overline{M}$	
S	2,8	77,2	80
$\overline{S}$	0,2	19,8	20
	3	97	100

Ihr entnimmt man $P_{\overline{S}}(M) = \frac{0{,}2}{20} = 0{,}01 = 1\%$ als Anteil der Jeans mit Mängel bei der Luxusausführung.

Die Wahrscheinlichkeit für eine Luxusausführung wenn ein Mangel feststeht beträgt $P_M(\overline{S}) = \frac{0{,}2}{3} \approx 0{,}067 = 6{,}7\%$.

d) Normalverteilung, Φ -Tabelle:

$P(X \leq 22) = F(500;0{,}03;22)$, $z = \frac{(22-15)+0{,}5}{\sqrt{500 \cdot 0{,}03 \cdot 0{,}97}} \approx 1{,}97$

$\Phi(1{,}97) \approx 0{,}9756 = 97{,}56\%$

Schranke K:

$P(X \leq K) \geq 0{,}99$, $F(500;0{,}03;K) \geq 0{,}99$, $\Phi(z) \geq 0{,}99$

$z = \frac{(K-15)+0{,}5}{\sqrt{14{,}5}} \approx 2{,}33$, $K \approx 23{,}4$

K = 24 ist die gesuchte Schranke.

e) Einnahme durch Restverkauf: $105 \cdot 49{,}90 = 5239{,}50$

gleiche Einnahme bei regulärem Preis: $\frac{5239{,}50}{79{,}90} \approx 65{,}58$, also bei ca. 66 Stück

Die Wahrscheinlichkeit dafür beträgt

$P(X \geq 66) = 1 - P(X \leq 65) = 1 - F(120;0{,}5;65)$, $z = \frac{(65-60)+0{,}5}{\sqrt{120 \cdot 0{,}5 \cdot 0{,}5}} \approx 1$

$1 - \Phi(1) \approx 1 - 0{,}8413 = 0{,}1587 = 15{,}87\%$

Er hat also eine gute Entscheidung getroffen.

6. Bezeichnungen: 597

A_1: Erkrankung durch Erregen A_1

A_2: Erkrankung durch A_2

K: Person ist erkrankt

X: Anzahl der Erkrankten in der Bevölkerung

geg. Wahrscheinlichkeit: p = 0,08 (8%)

a) Wahrscheinlichkeit von A: mit Formel von Bernoulli

$$P(A) = P(X \leq 1) = P(X = 0) + P(X = 1) = B(20; 0,08; 0) + B(20; 0,08; 1)$$
$$= 0,08^0 \cdot 0,92^{20} + 20 \cdot 0,08^1 \cdot 0,92^{19} \approx 0,1887 + 0,3282 = 0,5169 = 51,69\%$$

Wahrscheinlichkeit von B: mit Normalverteilung und Φ -Tabelle

$$P(B) = P(X > 90) = 1 - P(X \leq 90), \quad z = \frac{(90-96)+0,5}{\sqrt{1200 \cdot 0,08 \cdot 0,92}} \approx -0,59$$
$$= 1 - F(1200; 0,08; 90)$$
$$= 1 - \Phi(-0,59) \approx 0,7224 = 72,24\%$$

b) Wahrscheinlichkeit von P(T) und $P_T(K)$:

T: Test fällt positiv aus

K: Person ist krank

	K	$\overline{K}$	
T	7,84	3,68	11,52
$\overline{T}$	0,16	88,32	88,48
	8	92	100

$$P(T \cap K) = 0,08 \cdot 0,98 = 0,0784 = 7,84\%$$
$$P(T \cap \overline{K}) = 0,92 \cdot 0,04 = 0,0368 = 3,68\%$$

Eine 4-Feldertafel liefert $P(\overline{T}) = 88,48\%$, d.h. der Test sagt: gesund.

Der Test weist als gesund aus, trotzdem krank: $P_{\overline{T}}(K) = \frac{0,16}{88,48} = 0,0018 = 0,18\%$

c) M: Medikament wirkt

Ansatz: $P(M) = P_{A_1}(M) \cdot P(A_1) + P_{A_2}(M) \cdot P(A_2)$
$$= 0,6 \cdot P(A_1) + 0,8 \cdot (1 - P(A_1)) = 0,71$$
$$P(A_1) = \frac{0,09}{0,2} = 0,45 = 45\%$$

d) X: Anzahl der Kunden, die das Medikament verlangen

K: Vorrat des Apothekers für das Medikament (Stückzahl)

$$P(X \leq K) \geq 0,99$$
$$F(1200; 0,06; K) \geq 0,99, \quad \Phi(z) \geq 0,99, \quad z \geq 2,33 \quad \text{(Tabelle)}$$
$$z = \frac{(K-72)+0,5}{\sqrt{1200 \cdot 0,06 \cdot 0,94}} \geq 2,33, \quad K \geq 90,67$$
$$K \geq 91$$

Der Apotheker muss also mindestens 91 Packungen auf Lager halten.

e) Für die 3 aus 40-Auswahl gilt:

$$P(1;1;1) = \frac{\binom{6}{1} \cdot \binom{x}{1} \cdot \binom{34-x}{1}}{\binom{40}{3}} = \frac{9(34x - x^2)}{38 \cdot 390}$$ soll maximal werden, d.h. P ' = 0.

0 = 34 - 2x: x = 17

Die beschriebene Auswahl ist für x = 17 am wahrscheinlichsten und beträgt dann ca. 17,55%.

598 7. Bezeichnungen: Z: Zander
G: groß
F: Fisch

Wahrscheinlichkeiten: $P_Z(G) = 0{,}25$
$P(G) = 0{,}30$
$P(Z \cap G) = 0{,}10$

a) Bernoulliformel:

$$P(A) = P(X \geq 2) = 1 - P(X \leq 1) = 1 - B(9;0{,}25;0) - B(9;0{,}25;1)$$
$$= 1 - 0{,}25^0 \cdot 0{,}75^9 - 9 \cdot 0{,}25^1 \cdot 0{,}75^8 \approx 1 - 0{,}0751 - 0{,}2253 = 0{,}6996 = 69{,}96\%$$

$$P(B) = P(140 \leq Y \leq 170) = P(Y \leq 170) - P(Y \leq 139)$$
$$= F(500;0{,}3;170) - F(500;0{,}3;139), \quad z_1 = \tfrac{(170-150)+0{,}5}{\sqrt{500 \cdot 0{,}7 \cdot 0{,}3}} \approx 2, z_2 = \tfrac{(139-150)+0{,}5}{\sqrt{500 \cdot 0{,}7 \cdot 0{,}3}} \approx -1{,}02$$
$$= \Phi(2) - \Phi(-1{,}02) \approx 0{,}9772 - 1 + 0{,}8461 = 0{,}8233 = 82{,}33\%$$

b) $P(X \geq 1) = 1 - P(X = 0) \geq 0{,}98$

$B(n;0{,}25;0) = 0{,}25^0 \cdot 0{,}75^n \leq 0{,}02, \quad n \geq \frac{\ln 0{,}02}{\ln 0{,}75} \approx 13{,}60$

Er muss mindestens 14 Fische fangen.

c)

	G	$\bar{G}$	
Z	100	300	400
$\bar{Z}$	200	400	600
	300	700	1000

Beginnend mit den gegebenen Wahrscheinlichkeiten, werden die restlichen berechnet:

$P(Z \cap G) = 0{,}1, \quad |Z \cap G| = 100, \quad P(G) = 0{,}3, \quad |G| = 300$
$\Rightarrow \quad |\bar{Z} \cap G| = 200, \quad |\bar{G}| = 700$
$P_Z(G) = \frac{P(Z \cap G)}{P(Z)} = \frac{0{,}1}{P(Z)} = 0{,}25 \quad \Rightarrow \quad P(Z) = 0{,}4, \quad |Z| = 400$
$\Rightarrow \quad |Z \cap \bar{G}| = 300 \quad \Rightarrow \quad |\bar{Z} \cap \bar{G}| = 400, \quad |\bar{Z}| = 600$

d) $P(C) = \frac{200}{1000} = 0{,}2, \quad P(D) = \frac{600}{1000} = 0{,}6, \quad P(E) = \frac{100}{300} = \frac{1}{3}$

e) e_1: $P(X > 20) = 1 - P(X \leq 20) = 1 - F(150;0{,}1;20), \quad z = \frac{20-15+0{,}5}{\sqrt{150 \cdot 0{,}1 \cdot 0{,}9}} \approx 1{,}50$
$= 1 - \Phi(z) \approx 1 - 0{,}9332 = 0{,}0668 = 6{,}68\%$

e_2: H_0: $p = 0{,}1 \quad H_1$: $p = 0{,}15$

Entscheidungsregel: $X \leq K \Rightarrow$ Entscheidung für H_0
$X > K \Rightarrow$ Entscheidung für H_1

K ist so zu bestimmen, dass gilt:

$P_{H_1}(H_0) \leq 0{,}2, \quad n = 150, \quad p = 0{,}15, \quad \mu = 22{,}5, \quad \sigma = \sqrt{19{,}125}$
$P(X \leq K) = F(150;0{,}15;K) = \Phi(z) \leq 0{,}2, \quad z = \frac{K-22{,}5+0{,}5}{\sqrt{19{,}125}} \leq -0{,}85$
$K \leq 18{,}3$

Entscheidungsregel: $X \leq 18 \Rightarrow$ Entscheidung für H_0
$X > 18 \Rightarrow$ Entscheidung für H_1

8. a) 1. Die Stichprobe besteht aus n = 10 zufällig ausgewählten Personen. 598
Bernoulliformel:

$$P(A) = P(X = 2) = B(10;0,18;2) = \binom{10}{2} \cdot 0,18^2 \cdot 0,82^8 \approx 0,2980 = 29,80\%$$

2. Die Stichprobe besteht aus n = 7 zufällig ausgewählten Personen.
Bernoulliformel:

$$P(B) = P(X \leq 1) = B(7;0,18;0) + B(7;0,18;1)$$
$$= \binom{7}{0} \cdot 0,18^0 \cdot 0,82^7 + \binom{7}{1} \cdot 0,18^1 \cdot 0,82^6 \approx 0,6323 = 63,23\%$$

3. Die Stichprobe besteht aus n = 1000 zufällig ausgewählten Personen.
Normalverteilung, Φ -Tabelle:

$$P(C) = P(165 \leq X \leq 210) = P(X \leq 210) - P(X \leq 164)$$
$$= F(1000;0,18;210) - F(1000;0,18;164)$$
$$= \Phi(z_1) - \Phi(z_2), \quad z_1 = \frac{(210-180)+0,5}{\sqrt{1000 \cdot 0,18 \cdot 0,82}} \approx 2,51, \quad z_2 = \frac{(164-180)+0,5}{\sqrt{1000 \cdot 0,18 \cdot 0,82}} \approx -1,28$$
$$\approx 0,9940 - 1 + 0,8997 = 0,8937 = 89,37\%$$

b) Bernoulliformel:

$$P(X \geq 1) = 1 - P(X = 0) \geq 0,995, \quad B(n;0,18;0) = 0,82^n \leq 0,005, \quad n \geq \frac{\ln 0,005}{\ln 0,82} \approx 26,70$$

Es müssen mindestens 27 Personen befragt werden.

c) F: Fehldruck , T: Testergebnis positiv

Mit $P(F) = 3\%$, $P_F(T) = 97\%$ und $P_{\overline{F}}(\overline{T}) = 99\%$

folgt $P(F \cap T) = 2,91\%$ und $P(\overline{F} \cap \overline{T}) = 96,03\%$
womit sich eine 4-Feldertafel erstellen lässt.

	T	$\overline{T}$	
F	2,91	0,09	3
$\overline{F}$	0,97	96,03	97
	3,88	96,12	100

Damit folgt: $P(D) = 3,88\%$

$$P(E) = \frac{2,91}{3,88} = 0,75 = 75\%$$
$$P(F) = \frac{0,09}{96,12} \approx 0,0009 = 0,09\%$$

d) Normalverteilung, Φ -Tabelle:

$$P(X \leq 150) = F(n;0,96;150) \geq 0,96, \quad z \geq \frac{(150-n \cdot 0,96)+0,5}{\sqrt{n \cdot 0,0384}} \approx 1,76$$

Überprüfung: n = 151: z ≈ 2,30 > 1,76
n = 152: z ≈ 1,90 > 1,76
n = 153: z ≈ 1,49 < 1,76 Resultat: maximal 152 Reservierungen

599 9. a) Bernoulliformel, Lottomodell:

$$P(X=2)=B(4;0{,}02;2)=\binom{4}{2}\cdot 0{,}02^2\cdot 0{,}98^2\approx 0{,}0023=0{,}23\%$$

Vier Richtige im Lotto: $P(X=4)=\dfrac{\binom{6}{4}\cdot\binom{43}{2}}{\binom{49}{6}}=0{,}00097$

Nein, Peter hat nicht Recht.

b) Durchschnittlich sind 2 Ausschussteile pro Packung zu erwarten.
Die Wahrscheinlichkeit für mehr als 2 Ausschussteile pro Packung beträgt
$P(X>2)=1-P(X\le 2)=1-F(100;0{,}02;2)\approx 1-0{,}6767=0{,}3233=32{,}33\%$.

c) Y: Anzahl der Zündungen bis zum Versagen.
Die Anzahl Y ist eine normalverteilte Zufallsgröße mit $\mu=300$ und $\sigma=15$.

$$P(X\le 280)=\Phi(z),\quad z=\frac{280-300+0{,}5}{15}=-1{,}3$$
$$\approx 1-0{,}9032=0{,}0968=9{,}68\%$$

d) Die durchschnittlichen Kosten pro Feuerzeug betragen:
$0{,}50+0{,}10+2{,}5\cdot P(\text{defekt})=0{,}60+2{,}5\cdot 0{,}02=0{,}65<0{,}70$
d.h. die Kosten pro Feuerzeug liegen noch unter der 0,70-Marke.

10. a) $P(X\ge 17)=1-\text{normcdf}(0,17,14,1.5)=0{,}023$

$P(X\le 12)=\text{normcdf}(0,12,14,1.5)=0{,}091$

b) $\text{invnorm}(0.75,14,1.5)=15{,}012$ obere Intervallgrenze
$\text{invnorm}(0.25,14,1.5)=12{,}988$ untere Intervallgrenze

d) Aus a): Wahrscheinlichkeit, dass die Temperatur höchstens 12° beträgt: 0,091
invnorm(0.691, 14, 1.5) = 14,76

e) Mittelwert: 30 Standardabweichung: 2,57
normcdf(0, 29.5, 30, 2.57) = 0,4229
normcdf(0, 27.5, 30, 2.57) = 0,1653
Gesuchte Wahrscheinlichkeit: 0,2576

A. Stochastische Prozesse: Elementare Aufgaben

1. a) $M\cdot\vec{v}=\begin{pmatrix}0{,}58\\0{,}42\end{pmatrix}$ b) $M^2=\begin{pmatrix}0{,}55 & 0{,}54\\0{,}45 & 0{,}46\end{pmatrix}$ c) $N^2=\begin{pmatrix}0{,}41 & 0{,}38 & 0{,}30\\0{,}31 & 0{,}42 & 0{,}15\\0{,}28 & 0{,}20 & 0{,}55\end{pmatrix}$ 600

   d) $N^2\cdot\vec{u}=\begin{pmatrix}0{,}346\\0{,}263\\0{,}391\end{pmatrix}$

2. a) M hat nur Elemente zwischen 0 und 1 $(0\le m_{ij}\le 1)$.

   Die Spaltensummen sind alle gleich 1.

   b) M: stochastisch; N: nicht stochastisch (negatives Element, 2. Spaltensumme ungleich 1)
   P: stochastisch; Q: stochastisch

   c) $M=\begin{pmatrix}0{,}1 & \boxed{0{,}5} & 0{,}1\\\boxed{0{,}5} & 0{,}5 & 0{,}3\\0{,}4 & 0 & \boxed{0{,}6}\end{pmatrix}$, $N=\begin{pmatrix}\boxed{1} & 0{,}5\\0 & \boxed{0{,}5}\end{pmatrix}$, $P=\begin{pmatrix}0{,}1 & 0{,}5 & 0{,}2 & 0\\0{,}2 & 0{,}3 & 0{,}3 & \boxed{1}\\0{,}6 & \boxed{0} & 0{,}6 & 0\\\boxed{0{,}1} & 0{,}2 & \boxed{} & 0\end{pmatrix}$

   Summe>1

3. a)

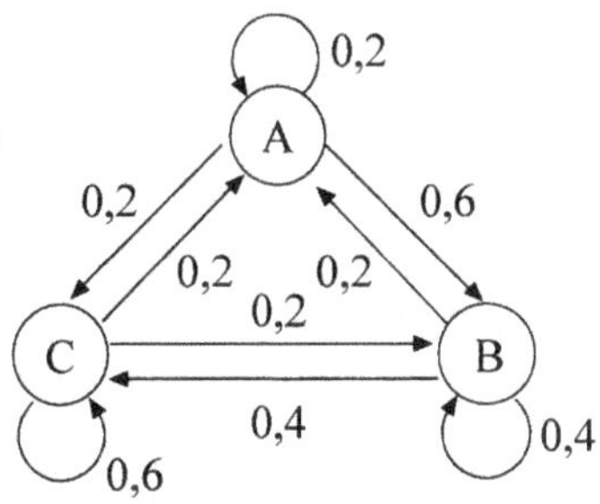

   b)

nach/von	A	B	C
A	0,2	0,2	0,2
B	0,6	0,4	0,2
C	0,2	0,4	0,6

$\Rightarrow M=\begin{pmatrix}0{,}2 & 0{,}2 & 0{,}2\\0{,}6 & 0{,}4 & 0{,}2\\0{,}2 & 0{,}4 & 0{,}6\end{pmatrix}$

   c) $M\cdot\vec{v}=\vec{v}$, $\vec{v}=\begin{pmatrix}x\\y\\z\end{pmatrix}$, $x+y+z=1$

$$\begin{array}{llllll} \text{I} & 0{,}2x & +0{,}2y & +0{,}2z & = & x\\ \text{II} & 0{,}6x & +0{,}4y & +0{,}2z & = & y\\ \text{III} & 0{,}2x & +0{,}4y & +0{,}6z & = & z\\ \text{IV} & x & +y & +z & = & 1\end{array} \qquad \begin{array}{llllll} \text{I} & -0{,}8x & +0{,}2y & +0{,}2z & = & 0\\ \text{II} & 0{,}6x & -0{,}6y & +0{,}2z & = & 0\\ & & & & & \\ \text{IV} & x & +y & +z & = & 1\end{array}$$

$x=0{,}2$, $y=0{,}35$, $z=0{,}45$

   d) $\vec{v}_1=M\cdot\vec{v}_0=\begin{pmatrix}0{,}20\\0{,}46\\0{,}34\end{pmatrix}$

4. a) $M=\begin{pmatrix}1 & 0{,}1 & 0 & 0\\0 & 0{,}8 & 0{,}6 & 0\\0 & 0{,}1 & 0{,}2 & 0\\0 & 0 & 0{,}2 & 1\end{pmatrix}$ (Spalten: A B C D) b) A und D sind absorbierend.

   c) $\vec{v}_1=M\cdot\vec{v}_0=\begin{pmatrix}1 & 0{,}1 & 0 & 0\\0 & 0{,}8 & 0{,}6 & 0\\0 & 0{,}1 & 0{,}2 & 0\\0 & 0 & 0{,}2 & 1\end{pmatrix}\cdot\begin{pmatrix}0\\1\\0\\0\end{pmatrix}=\begin{pmatrix}0{,}1\\0{,}8\\0{,}1\\0\end{pmatrix}$

   d) $M\cdot\vec{v}=\begin{pmatrix}1 & 0{,}1 & 0 & 0\\0 & 0{,}8 & 0{,}6 & 0\\0 & 0{,}1 & 0{,}2 & 0\\0 & 0 & 0{,}2 & 1\end{pmatrix}\cdot\begin{pmatrix}0{,}8\\0\\0\\0{,}2\end{pmatrix}=\begin{pmatrix}0{,}8\\0\\0\\0{,}2\end{pmatrix}$

B. Stochastische Prozesse: Komplexe Aufgaben

601 1. a) M hat nur Elemente zwischen 0 und 1. Die Spaltensummen sind alle gleich 1.

b)

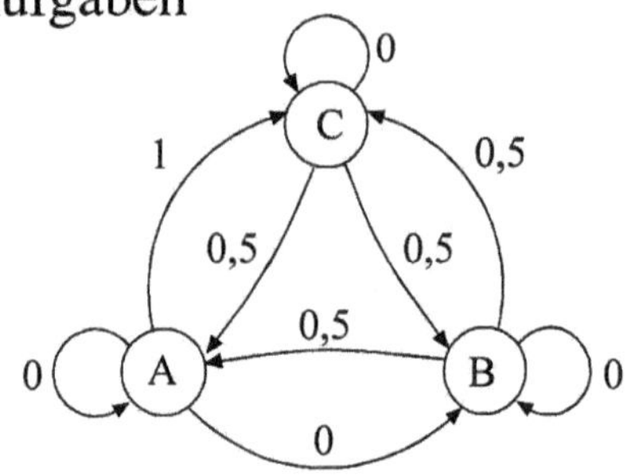

c) $M^2 = \begin{pmatrix} 0{,}5 & 0{,}25 & 0{,}25 \\ 0{,}5 & 0{,}25 & 0 \\ 0 & 0{,}5 & 0{,}75 \end{pmatrix}$, $M^2 \cdot \vec{v}_0 = \begin{pmatrix} 0{,}300 \\ 0{,}175 \\ 0{,}525 \end{pmatrix}$

$M^2 \cdot \vec{v}_0$ gibt die Folgeverteilung nach zwei Übergängen an.

d) $\vec{v}_1 = M \cdot \vec{v}_0 = \begin{pmatrix} 0{,}40 \\ 0{,}25 \\ 0{,}35 \end{pmatrix}$, $\vec{v}_5 = M^5 \cdot \vec{v}_0 \approx \begin{pmatrix} 0{,}34 \\ 0{,}24 \\ 0{,}42 \end{pmatrix}$, $\vec{v}_{10} = M^{10} \cdot \vec{v}_0 \approx \begin{pmatrix} 0{,}33 \\ 0{,}22 \\ 0{,}45 \end{pmatrix}$

e) $M \cdot \vec{v} = \vec{v}$, $\vec{v} = \begin{pmatrix} x \\ y \\ z \end{pmatrix}$, $x + y + z = 1$

$$\begin{array}{lllll} \text{I} & & 0{,}5y & +0{,}5z & = x \\ \text{II} & & & 0{,}5z & = y \\ \text{III} & x & +0{,}5y & & = z \\ \text{IV} & x & +y & +z & = 1 \end{array} \Rightarrow \begin{array}{lllll} \text{I} & -x & +0{,}5y & +0{,}5z & = x \\ \text{II} & & -y & 0{,}5z & = y \\ & & & & \\ \text{IV} & x & +y & +z & = 1 \end{array} \Rightarrow \vec{v} = \begin{pmatrix} 3/9 \\ 2/9 \\ 4/9 \end{pmatrix}$$

f) $M^\infty \approx M^{100} \approx \begin{pmatrix} 0{,}3333 & 0{,}3333 & 0{,}3333 \\ 0{,}2222 & 0{,}2222 & 0{,}2222 \\ 0{,}444 & 0{,}4444 & 0{,}4444 \end{pmatrix}$ Die Spalten von M^∞ stimmen mit dem Fixvektor überein.

2. a)

nach/von	S	P	R
S	0,5	0,3	0,2
P	0,1	0,5	0,2
R	0,4	0,2	0,6

, $M = \begin{pmatrix} 0{,}5 & 0{,}3 & 0{,}2 \\ 0{,}1 & 0{,}5 & 0{,}2 \\ 0{,}4 & 0{,}2 & 0{,}6 \end{pmatrix}$

b) 1. Alle Elemente von M liegen zwischen 0 und 1 $(0 \le m_{ij} \le 1)$.

2. Die Spaltensummen von M sind alle gleich 1.

c) $M^2 = \begin{pmatrix} 0{,}36 & 0{,}34 & 0{,}28 \\ 0{,}18 & 0{,}32 & 0{,}24 \\ 0{,}46 & 0{,}34 & 0{,}48 \end{pmatrix}$ $a_{23} = 0{,}28$ steht in der 2. Zeile und 3. Spalte von M^2. Das Element gibt an, welcher Prozentteil der Reisesser beim 2. Übergang zu den Pizzaessern übergeht: 24%

d) $\vec{v}_0 = \begin{pmatrix} 0{,}34 \\ 0{,}22 \\ 0{,}44 \end{pmatrix}$, $\vec{v}_2 = M^2 \cdot \vec{v}_0 = \begin{pmatrix} 0{,}3204 \\ 0{,}2372 \\ 0{,}4424 \end{pmatrix}$, $\vec{v}_5 = M^5 \cdot \vec{v}_0 = \begin{pmatrix} 0{,}3199 \\ 0{,}2399 \\ 0{,}4401 \end{pmatrix}$

e) **Druckfehler** im Lehrbuch: 2 Tage vor Beobachtungsbeginn

$M \cdot \begin{pmatrix} 0{,}6 \\ 0{,}2 \\ 0{,}2 \end{pmatrix} = \begin{pmatrix} 0{,}4 \\ 0{,}2 \\ 0{,}4 \end{pmatrix}$, $M^2 \cdot \begin{pmatrix} 0{,}6 \\ 0{,}2 \\ 0{,}2 \end{pmatrix} = \begin{pmatrix} 0{,}34 \\ 0{,}22 \\ 0{,}44 \end{pmatrix}$ Die alte Startverteilung ist in zwei erlaubten Schritten erreicht.

f) $M \cdot \vec{v} = \vec{v}$, $\vec{v} = \begin{pmatrix} x \\ y \\ z \end{pmatrix}$, $x + y + z = 1$

$$\begin{array}{lllll} \text{I} & 0{,}5x & +0{,}3y & +0{,}2z & = x \\ \text{II} & 0{,}1x & +0{,}5y & +0{,}2z & = y \\ \text{III} & 0{,}4x & +0{,}2y & +0{,}6z & = z \\ \text{IV} & x & +y & +z & = 1 \end{array} \Rightarrow \begin{array}{lllll} \text{I} & -0{,}5x & +0{,}3y & +0{,}2z & = 0 \\ \text{II} & 0{,}1x & -0{,}5y & +0{,}2z & = 0 \\ \text{III} & & & & \\ \text{IV} & x & +y & +z & = 1 \end{array} \Rightarrow \vec{v} = \begin{pmatrix} 0{,}32 \\ 0{,}24 \\ 0{,}44 \end{pmatrix}$$

2. g) $M^{\infty} \approx M^{100} \approx \begin{pmatrix} 0{,}32 & 0{,}32 & 0{,}32 \\ 0{,}24 & 0{,}24 & 0{,}24 \\ 0{,}44 & 0{,}44 & 0{,}44 \end{pmatrix}$ Die Spalten von M stimmen mit dem Fixvektor überein. 601

h) Die neue Übergangsmatrix ist $N = \begin{pmatrix} 0{,}5 & \boxed{0{,}1} & 0{,}2 \\ 0{,}1 & \boxed{0{,}8} & 0{,}2 \\ 0{,}4 & \boxed{0{,}1} & 0{,}6 \end{pmatrix}$.

Die Grenzverteilung lautet nun: $\vec{v} = N^{\infty} \cdot \vec{v}_0 \approx N^{100} \cdot \vec{v}_0 \approx \begin{pmatrix} 2/9 \\ 4/9 \\ 3/9 \end{pmatrix}$.

i) **Tage** statt Wochen
Die neue Übergangsmatrix ist nun $K = \begin{pmatrix} 1 & 0 & 0{,}02 \\ 0 & 1 & 0{,}03 \\ 0 & 0 & 0{,}95 \end{pmatrix}$ mit zwei absorbierenden Zuständen.

$\vec{v}_2 = K^2 \cdot \begin{pmatrix} 1/3 \\ 1/3 \\ 1/3 \end{pmatrix} \approx \begin{pmatrix} 0{,}3463 \\ 0{,}3528 \\ 0{,}3008 \end{pmatrix}, \quad \vec{v}_{14} = K^{14} \cdot \begin{pmatrix} 1/3 \\ 1/3 \\ 1/3 \end{pmatrix} \approx \begin{pmatrix} 0{,}4016 \\ 0{,}4360 \\ 0{,}1626 \end{pmatrix}$

$\vec{v}_{\infty} = K^{\infty} \cdot \begin{pmatrix} 1/3 \\ 1/3 \\ 1/3 \end{pmatrix} \approx K^{100} \cdot \begin{pmatrix} 1/3 \\ 1/3 \\ 1/3 \end{pmatrix} \approx \begin{pmatrix} 0{,}4659 \\ 0{,}5321 \\ 0{,}0020 \end{pmatrix}$

3. a) Wir benötigen fünf Begründungen: 602
1. *Man beginnt im Zustand 1: Start.*
Wenn der Werfer nun K wirft, geht er in den Zustand 2: K über (p = 0,5).
Wenn er aber Z wirft, geht er in den Zustand 3: Z über (p = 0,5).
2. Wird nun im Zustand 2 (K) ein K geworfen, so ist die Folge KK erreicht und Max hat gewonnen. Man kann dies durch das Erreichen des Zustandes 4 (KK) symbolisieren, der ein absorbierender Zustand ist.
3. Wird im Zustand 3 (Z) ein K geworfen, so ist die Folge ZK erreicht (p = 0,5)und Moritz hat gewonnen. Dies kann man durch Erreichen des Zustandes 5 (ZK) symbolisieren, der ein absorbierender Zustand ist.
4. Wirs im Zustand 2 (K) ein Z geworfen, so ist die Folge KZ erreicht, also noch keine Entscheidung gefallen. Das K ist aber dann für den Ausgang des Spiels unwesentlich, da es beim noch notwendigen nächsten Wurf keine Rolle mehr spielt. Also wirkt KZ genauso wie Z allein.
Daher gehen wir in diesem Fall einfach zu Zustand 3 (Z) über (p = 0,5).
5. Wird im Zustand 3 (Z) noch ein Z geworfen, so entsteht die Folge ZZ, also ist keine Entscheidung gefallen und noch ein Wurf notwendig. Dann spielt aber das erste Z in ZZ keine Rolle mehr. Daher gehen wir in diesem Fall von Zustand 3 (Z) in den gleichen Zustand 3 (Z) über (p = 0,5).

b) Wir stellen zunächst die etwas anschaulichere Übergangstabelle auf, aus der dann unmittelbar die Übergangsmatrix folgt.

		1	2	3	4	5
	nach/von	Start	K	Z	KK	ZK
1	Start	0	0	0	0	0
2	K	0,5	0	0	0	0
3	Z	0,5	0,5	0,5	0	0
4	KK	0	0,5	0	1	0
5	ZK	0	0	0,5	0	1

$\Rightarrow M = \begin{pmatrix} 0 & 0 & 0 & 0 & 0 \\ 0{,}5 & 0 & 0 & 0 & 0 \\ 0{,}5 & 0{,}5 & 0{,}5 & 0 & 0 \\ 0 & 0{,}5 & 0 & 1 & 0 \\ 0 & 0 & 0{,}5 & 0 & 1 \end{pmatrix}$

Die Übergangsmatrix ist stochastisch, da sie nur Elemente zwischen 0 und 1 enthält und ihre Spaltensummen 1 betragen.

602 3. c) Es ist klar, dass als Startvektor nur $\vec{v}=\begin{pmatrix}1\\0\\0\\0\\0\end{pmatrix}$ in Frage kommt, denn das Spiel muss im Zustand 1 (Start) begonnen werden.

Mit dem GTR berechnen wir $\vec{v}_1=M\cdot\vec{v}_0$, $\vec{v}_2=M^2\cdot\vec{v}_0$ und $\vec{v}_3=M^3\cdot\vec{v}_0$ und erhalten die

Folgeverteilungen: $\vec{v}_1=\begin{pmatrix}0\\0,5\\0,5\\0\\0\end{pmatrix}$, $\vec{v}_2=\begin{pmatrix}0\\0\\0,5\\0,25\\0,25\end{pmatrix}$, $\vec{v}_3=\begin{pmatrix}0\\0,5\\0,5\\0\\0\end{pmatrix}$

d) $M^\infty \approx M^{100} \approx \begin{pmatrix}0&0&0&0&0\\0&0&0&0&0\\0&0&0&0&0\\0,5&1&0&1&0\\0,5&0&1&0&1\end{pmatrix}$

e) Für die ersten fünf Züge gilt:
Max gewinnt: $0,5^2 = 0,25$
Moritz gewinnt:
$0,5^3 + 0,5^4 + 0,5^5$
$+ 0,5^2 + 0,5^3 + 0,5^4 + 0,5^5 = 0,6875$
Also wird das Spiel in 93,75% aller Fälle schon in den ersten fünf Zügen entschieden.

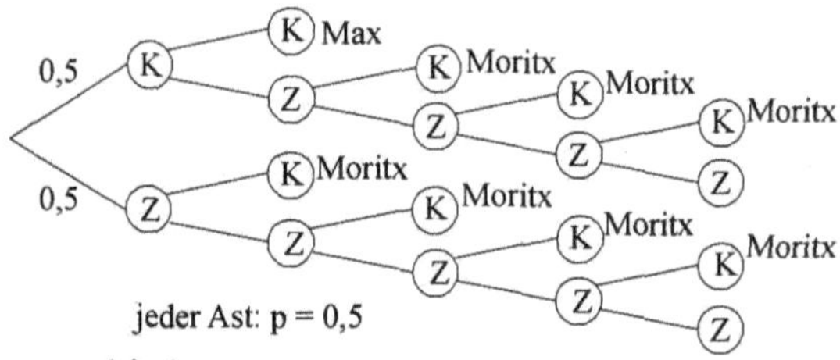

4. a) Das Element $a_{11} = 0,9$ bedeutet, dass 90% der Bewohner von Bezirk A auch nach einem Jahr noch im Bezirk wohnen.
Das Element $A_{21} = 0,05$ bedeutet, dass 5% der Bewohner von Bezirk A nach einem Jahr in Bezirk B gezogen sind.
Das Element $a_{31} = 0,05$ bedeutet, dass 5% der Bewohner von Bezirk A nach einem Jahr im Bezirk C wohnen.
Die erste Spalte gibt also das Wechselverhalten der Bewohner von Bezirk A an Analog gibt die zweite Spalte das Wechselverhalten der Bewohner von Bezirk B und die dritte Spalte das Wechselverhalten der Bewohner von Bezirk C an.

Prozessdiagramm
Übergangsgraph

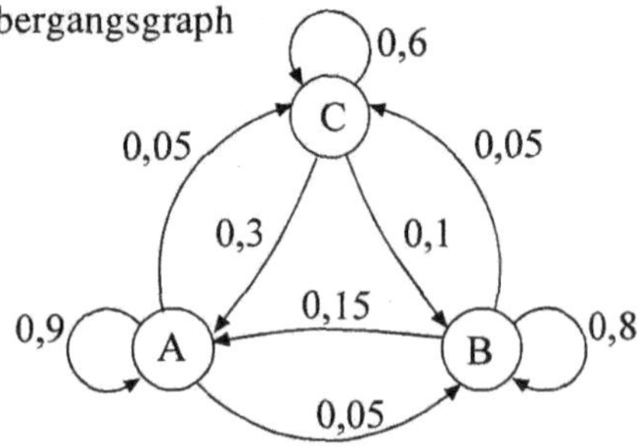

b) Wir berechnen manuell oder mit dem GTR die Folgeverteilung:

$\vec{v}_2 = M^2 \cdot \vec{v}_0 = \begin{pmatrix}33,3\\12,975\\13,725\end{pmatrix}$, Bezirk A hat nach 2 Jahren ca. 33,3 (Tausend) = 33300 Einwohner.

4. c) Wir vergleichen die Verteilungen $\vec{v}_0$, $\vec{v}_1$ und $\vec{v}_2$ um die Einwohnerzahlen der Bezirke 602

der ersten beiden Jahre zu erhalten: $\vec{v}_0 = \begin{pmatrix} 20 \\ 10 \\ 30 \end{pmatrix}$, $\vec{v}_1 = \begin{pmatrix} 28{,}5 \\ 12 \\ 19{,}5 \end{pmatrix}$, $\vec{v}_2 = \begin{pmatrix} 33{,}3 \\ 12{,}975 \\ 13{,}725 \end{pmatrix}$

Nun müssen wir etwas genauer hinschauen. Im ersten Jahr ziehen 5% von 20000 Einwohnern von A nach C, das sind 1000 Personen. Im zweiten Jahr ziehen 5% der 28500 Einwohner von A nach C, das sind noch einmal 1425 Personen, zusammen also 2425. In die umgekehrte Richtung von C nach A ziehen im ersten Jahr 30% der 30000 Einwohner von C, d.h. 9000 Personen. Im zweiten Jahr sind es 30% von 19500 Einwohner, also 5850 Personen. Insgesamt ziehen 14850 Personen von C nach A. C erleidet also einen Wanderungsverlust von 14850 – 2425 = 12425 Personen an Bezirk A.

d) $\vec{v}_5 = M^5 \cdot \vec{v}_0 = \begin{pmatrix} 38{,}09 \\ 15{,}07 \\ 6{,}83 \end{pmatrix}$, $\vec{v}_{10} = \begin{pmatrix} 39{,}57 \\ 13{,}75 \\ 6{,}68 \end{pmatrix}$

e) $\vec{v}_{100} = M^{100} \cdot \vec{v}_0 = \begin{pmatrix} 40 \\ 13\frac{1}{3} \\ 6\frac{2}{3} \end{pmatrix}$, d.h. A: 40000 ; B: 13333 ; C: 6667

f) $M \cdot \vec{v} = \vec{v}$, $\vec{v} = \begin{pmatrix} x \\ y \\ z \end{pmatrix}$, $x + y + z = 1$

$$\begin{array}{llllll} \text{I} & 0{,}9x & +0{,}15y & +0{,}3z & = & x \\ \text{II} & 0{,}05x & +0{,}8y & +0{,}1z & = & y \\ \text{III} & 0{,}05x & +0{,}05y & +0{,}6 & = & z \\ \text{IV} & x & +y & +z & = & 60 \end{array}, \quad \begin{array}{llllll} \text{I} & -0{,}1x & +0{,}15y & +0{,}3z & = & 0 \\ \text{II} & 0{,}05x & -0{,}2y & +0{,}1z & = & 0 \\ & & & & & \\ \text{IV} & x & +y & +z & = & 60 \end{array}, \quad \vec{v} = \begin{pmatrix} 40 \\ 13\frac{1}{3} \\ 6\frac{2}{3} \end{pmatrix}$$

g) Da alle Elemente der Matrix M echt positive Zahlen zwishen 0 und 1 sind und die Spaltensummen 1 betragen, ergibt sich unabhängig von der Startverteilung stets die gleiche Grenzverteilung. Der Fixvektor ist eindeutig bestimmt.

Beispiel: $M^{\infty} \cdot \begin{pmatrix} 5 \\ 5 \\ 50 \end{pmatrix} \approx M^{100} \cdot \begin{pmatrix} 5 \\ 5 \\ 50 \end{pmatrix} \approx \begin{pmatrix} 40 \\ 13\frac{1}{3} \\ 6\frac{2}{3} \end{pmatrix}$